湛庐CHEERS

与最聪明的人共同进化

HERE COMES EVERYBODY

The Blank Slate

白板

[美] 史蒂芬·平克
Steven Pinker　著
袁冬华　译

浙江科学技术出版社·杭州

测一测

你了解人性的本源吗？

扫码激活这本书
获取你的专属福利

扫码获取全部测试题及答案，
一起了解人性科学领域的
最新成果

- 婴儿大脑的生理结构是白板一块吗？

  A. 是

  B. 否

- 大脑可以任由经验进行无限的塑造吗？

  A. 能

  B. 否

- 《独立宣言》中说："人人生而平等。"其中说的"平等"是：

  A. 权利上的平等

  B. 生物意义上的相似

扫描左侧二维码查看本书更多测试题

Steven Pinker

史蒂芬·平克

当代思想家
世界顶尖语言学家和认知心理学家

Steven Pinker

世界顶尖语言学家和认知心理学家

史蒂芬·平克，犹太人，1954 年 9 月 18 日出生于加拿大蒙特利尔。

1976 年，平克取得加拿大麦吉尔大学心理学学士学位；1979 年，取得哈佛大学实验心理学博士学位。

1980—1982 年，平克先后在哈佛大学、斯坦福大学担任助理教授。之后，他加入麻省理工学院，开始在脑与认知科学系任教，专心研究儿童的语言学习模式。他认为，语言是人类经过自然选择形成的一种适应功能，通过不断再生和优化，语言同手、眼等器官一样也在进化。1990 年，平克和他的学生——现耶鲁大学心理学教授保罗·布卢姆（Paul Bloom）联名发表了论文《自然语言和自然选择》（*Natural Language and Natural Selection*），在学术界引起巨大反响。

在这篇论文的启发下，平克出版了《语言本能》一书。这本书一经出版，就成为轰动一时的畅销书，并入选《美国科学家》杂志（*American Scientist*）评出的“20 世纪 100 本最佳科学书籍”。凭借此书的成功，平克得以拓展研究领域，开始思索更宽泛的人性问题。史蒂芬·平克于 1994 年成为麻省理工学院认知神经学中心的掌门人。

2003 年，平克回到哈佛大学，担任哈佛大学心理学教授。2008—2013 年，因在教学方面的杰出贡献，史蒂芬·平克被授予哈佛学院荣誉教授头衔。

截至目前，平克获得了麦吉尔大学、纽卡斯尔大学、特拉维夫大学等多所大学授予的 9 个荣誉博士学位；共出版了 9 部面向大众的通俗著作，并于 1998 年和 2003 年两次入围普利策奖终选名单。

1986 年，平克获得美国心理学协会的博伊德·麦克坎德莱斯奖（Boyd McCandless Award），1993 年获得美国国家科学院特罗兰研究奖（Troland Research Award），2004 年获得英国皇家神经科学亨利·戴乐奖（Henry Dale Prize），2010 年获得认知神经科学学会的乔治·米勒奖（George A. Miller Prize）。

平克的父亲曾是一名律师，母亲曾是一所中学的副校长。他的妹妹苏珊·平克（Susan Pinker）也是著名的发展心理学家，是畅销书《性别悖论》（*The Sexual Paradox*）和《村落效应》（*The Village Effect*）的作者。

史蒂芬·平克在其著作《词与规则》（*Words and Rules*）中引用了小说家和哲学家丽贝卡·戈尔茨坦（Rebecca Goldstein）小说中的不规则动词“stridden”，他们因此而相识。丽贝卡·戈尔茨坦十分敬仰平克，她说，自大卫·休谟（David Hume）之后，就没有哪位思想家打动过她，但平克是个例外。2007 年，史蒂芬·平克与丽贝卡·戈尔茨坦结婚，这是他的第三次婚姻。

2004 年，平克当选《时代周刊》“全球 100 位最有影响力人物”。2005 年和 2008 年，他两度被《前景》（*Prospect*）杂志和《外交政策》（*Foreign Policy*）杂志联合评选为“世界最受尊敬的 100 位公共知识分子”。

2006 年，因在人类进化知识普及方面的突出贡献，史蒂芬 · 平克当选美国人道主义协会（American Humanist Association）“年度人道主义者”。

2010 年和 2011 年，平克两度被《外交政策》杂志评选为“全球顶尖思想家”。在 2013 年《前景》杂志“最伟大思想家”的评选中，平克名列第三。

2016 年，平克当选为美国国家科学院院士。2021 年，根据学术影响力网站（Academic Influence）的计算，在 2010—2020 年的 10 年间，平克是世界上第二大最有影响力的心理学家。

新科学正在揭开人性的奥秘

“不要再写关于天性和教养的书了！真的还有人相信人类心智就是一块白板吗？对一部分孩子的父母来说，或者对异性恋者来说，或者对那些注意到儿童能够学会语言而家中宠物却无法学会语言的人来说，人类生来就具有某些天赋和秉性，这不是很明显的事实吗？难道还有人相信遗传和环境的简单二分法吗？我们难道不都觉得人类所有的行为都属于遗传和环境交互作用的产物吗？”

人类心智 = 天性 + 教养

当我向周围同事说起这本书的写作计划时，他们都表现出了上述反应。乍看起来，他们的反应并不是没有道理。天性和教养之争是一个过时的话题。但凡对当前心理和行为研究领域比较熟悉的人，都会了解下面这些持中间立场的观点：

> 如果读者觉得单纯用基因或者环境因素而不用考虑另外一种因素就能解释清楚，那只能说是因为我们未能清晰地揭示另外一种要素的作用。我们认为，基因和环境都会对这个问题产生影响。那么，两者是如何共同发挥作用的呢？对于这个问题，我们是坚定的不可知论者，我们无法确定，因为到目前为止没有任何证据能够让我们做出判断。
>
> 本书并不认为任何行为都是由基因决定的。环境的重要性一点儿也不亚于基因。儿童的成长经历与他们与生俱来的特质具有同等的重要性。
>
> 即便某个行为是可遗传的，但就个体的行为而言，它依然是个体发展的产物，因此，它与环境因素之间也存在一定的因果关系。现代观点认为，表现型是由基因和环境因素共同决定的，这实际上意味着，文化传统是最为关键的因素（儿童的行为是从他们的父母那里模仿而来的）。

如果你觉得这些平淡无奇的折中表明人们都已经超越了天性与教养之争，那你就得三思了。实际上，我引用的这几段话出自过去 10 年中最具煽动性的三本书。第一段话出自理查德·赫恩斯坦（Richard Hernstein）和查尔斯·默里（Charles Murray）合著的《钟形曲线》（*The Bell Curve*），这本书的一个基本观点是：非裔美国人和白人在平均智商水平上的差异是由基因和环境共同造就的。第二段话出自朱迪思·里奇·哈里斯（Judith Rich Harris）的《教养的迷思》（*The Nurture Assumption*），这本书的观点是：儿童的人格是由他们的基因以及环境决定的，因此，儿童和父母的相似性源于他们之间基因的共性，而不是源于父母的养育。第三段话出自兰迪·桑希尔（Randy Thornhill）和克雷格·帕尔默（Craig Palmer）合著的《强奸的自然史》（*A Natural History of Rape*），他们的观点是：强奸不单单是文化的产物，还根源于男性的性欲。由于他们用教养和天性两种因素而不仅仅是教养一种因素来解释人类行为，因此遭到了各种抗议和斥责，受到新闻媒体的严厉抨击，甚至于美国国会的公开指责。其他一些人也表达了类似的观点，而他们的言论则受到审查，人身受到攻击，甚至有人威胁说要对他们提出指控。

人类心智在一定程度上是天性和教养共同作用的结果，尽管这种观点可能最终会被证明是错的，但它并不是空洞无聊的，也并非无懈可击的，即便是在 21 世纪，在这一议题出现了数千年之后依然如此。在解释人类的思想和行为时，那些认为遗传有可能发挥了一定作用的观点依然会让很多人感到不安。在这些人看来，承认人性的存在就会导致种族主义、性别歧视、战争、贪婪、种族灭绝、虚无主义、反动政治，以及对儿童和其他处境不利人群的漠视。任何主张人类拥有先天大脑组织的观点都会给人们带来冲击，人们并不是把这种观点视作一种有可能错误的假说，而是将其视为一种不道德的思考方式。

本书要探讨的是人性这一概念在现代生活中引发的道德、情感和政治上的反应。我将从历史的角度来追溯人类是如何将人性视为一种危险观念的，我将试图揭示形成这种看法的道德和政治源头。虽然没有一本探讨人性的书能够避免争议，但我写这本书的目的并不是想追求“爆炸性”，尽管将这个词放在书本封面上效果会非常不错。我也不会像很多人认为的那样，用极端的“天性”立场来反驳极端的“教养”立场，也不会说真理就在于这两者的折中。在一些情境下，极端环境决定论者的观点确实是正确的，比如一个人会讲哪种语言就是一个明显的例证，不同种族的人们在测验成绩方面的差异时则提供了另外一种例证。在其他一些情境下，比如就某些遗传性的神经性疾病而言，极端遗传论者的观点则是正确的。在大部分情境下，要想对人类行为做出正确的解释，需要探讨遗传和环境之间复杂的交互作用：文化很关键，但如果人类大脑不具备学习和创造文化的能力，那么文化也就不存在了。本书并不是说基因决定一切，文化毫无影响（也没有人会相信这一点），而是要探讨为什么一些极端立场（文化决定一切）会被人们认为是比较温和的，一些比较温和的立场反而会被认为是比较极端的。

并非像很多人担忧的那样，承认人性的存在会带来一系列消极的政治含义，比如说，它不会要求人们放弃女性主义，或者接受当前存在的种种不公或暴力，或者把道德性看成是虚幻的产物。在本书的大部分章节中，我都不会提出某些特定的政策，推进左派或右派的政策议程。在我看来，围绕政策产生的争议总是涉及不同的价值观之间的权衡，我们可以用科学来验证而不是解决这种权衡。我将向读者表明，许多权衡都源于人类的本性，通过确认这些特性，我希望我们在进行集体选择之前能够获得更高层次的知识。如果一定要说我鼓吹了什么，那必定是那些在现代社会讨论人类事务时，被忽视或者被压制的关于人性的科学发现。

否认人性存在的恶果

为什么说把关于人性的科学发现整理出来具有如此重要的地位？拒绝承认人类的本性，就像维多利亚时期人们谈性色变一样，只会让事情变得更糟：它会带来科学发现和学术研究的扭曲，我们的公共话语及日常生活都会受到影响。逻辑学家告诉我们，最简单的矛盾就可以使得一系列观点站不住脚，从而使谎言扩散开来。当来自科学的证据和人类的常识都表明人性确实存在时，那种否定人性存在的教条主义，正面临着这种窘境。

首先，那种认为人类心智是一块白板的教条扭曲了关于人类的研究，从而使公众和个体依据这些研究做出决策时受到影响。比如，很多关于儿童抚养的政策都是建立在父母和儿童行为之间存在相关性这样一种研究发现之上的。父母仁爱，孩子就会比较自信；父母强调权威（既不放任又不严惩），孩子就会有良好的举止；父母经常和孩子交谈，孩子的语言技能就会比较高；等等。每个人都认为要想培养出最出色的孩子，父母必须充满仁爱、威严和善于交谈。如果儿童没有表现得这么出色，那肯定是父母的问题。这种论点是建立在这样一种信念之上的：儿童的心智就是一块白板。然而，我们应该要知道，父母提供给孩子的，除了家庭环境，还包括基因。因此，父母和儿童之间的相关性可能源于这样一种可能性：使父母充满仁爱、威严和善于交谈的基因可能同样会使儿童充满自信、行为良好、能言善辩。除非我们对被收养的儿童（他们从父母那里获得的只有环境，没有基因）也进行研究，验证到底是基因造就了所有的不同，还是父母教养导致了所有的差异。然而，几乎在所有情况下，研究者考虑的都是最极端的情况：父母的养育意味着一切。

视人性的存在为禁忌，不仅使研究者不敢越雷池一步，而且还使任何关于该问题的讨论都成为一种被禁止的异端邪说。很多作者为了否定人性的存在，甚至放弃了逻辑和最基本的素养。他们通过一些最初级的区分："一些"与"全部"，"可能"与"总是"，"实然"与"应然"，从而将提倡人性的说法描绘成一种极端主义的教条，以避免读者去关注这些学说。他们对这些观念很少进行理性分析，往往代之以政治层面的污蔑和人格层面的攻击。这种对学术氛围的毒害，让我们无法去分析那些关于人性的重大问题，但新的科学发展正在使这些问题变得越来越突出。

对人性的否认已经超出学术界，导致知识研究和常识的分离。我撰写这本书，最初的想法源于我收集到的一些评论员和社会批评家关于人类心理可塑性的令人惊诧的言论：小男孩之所以会争吵、打闹是因为大人鼓励他们这样做；儿童之所以喜欢吃糖，是因为他们的父母经常用糖来奖励他们，从而鼓励儿童多吃蔬菜；十几岁的青少年从英语拼字比赛和学术奖励中学到的东西会使得他们相互比拼容貌和时尚；男人可以通过对艳遇对象的想象获得性高潮，这是由他们的社会化方式决定的。问题在于，这些观点不仅荒唐可笑，而且可能经不起常识的拷问。这是宗教狂热信仰的典型心智特征，信徒们通过炫耀这些虚假的信条来显示自己的虔诚。在我看来，这种心智无法与对真理的尊崇共存，它是当前知识界一些令人遗憾的潮流的根源。这种潮流的表现之一就是，一些学者公然表达了对真理、逻辑和证据这样一些概念的轻视。另一种表现是知识分子的言不由衷，在公开场合的发言和他真正相信的往往不一致。第三种表现是故意大放厥词的“政治取向错误”的娱乐节目主持人文化的盛行，这些主持人既反智又固执，而知识界的研究在社会大众眼中可信度的丧失，无疑又进一步纵容了他们的口无遮拦。

最后一点，对人性的否定不仅使批评界和学术界分崩离析，而且还对现实世界中芸芸众生的生活造成了伤害。那种认为父母可以像捏泥块一样塑造自己孩子的观点，给儿童抚养方法带来了很大的问题，其中一些方法明显违背了儿童的天性，有些甚至显得极为残酷。当一些母亲试图在她生活的方方面面中做出权衡时，这种观点会限制她们的选择，而且会让父母因孩子没有按照自己期望的方式发展而烦恼。那种认为人类的好恶只是一种可逆转的文化产物的观念，使得社会计划者抹杀了人类对于装饰、自然光、人性化的需求，强迫上百万的人们住进毫无生气的水泥盒子里。那种认为一切罪恶都是社会产物的浪漫观点，使那些危险的精神病患者被释放出来，而这些人极有可能会给无辜的人们带来伤害。那种认为人性可以通过大规模的社会运动进行重新塑造的信念更是导致了人类历史上一些极大的暴行。

科学视角下的人性观

我的很多观点都是通过冷静分析得出的，从逻辑上说，承认人性的存在并不会带来很多人担忧的消极影响，而且我将证明，这反而会带来积极的效果。契诃夫说：“当你向人类展示他是什么样的时候，他会变得更好。”因此，关于人性的科学新发现，带来的将是一种更加现实的、建立在生物学知识之上的人道主义。它将揭示出，虽然不存在拥有同样面孔的两个人，各种地方文化也存在种种差异，但这些都只是一种表象，就本质而言，人类拥有同样的心理结构。它使得我们赞叹人类心智的复杂性，心智运行是如此奇妙，以至于我们往往把这看成是理所当然的。它确认了道德直觉的存在，使得我们可以发挥这种直觉的作用，以改善人类的命运。它将会带来一种更加自然的人际关系，鼓励我们在待人接物时关注对方的真实感受，而不是像一些理论所宣称的对方应该是怎样的感受。它提供了一块试金石，当苦难和压迫出现时，我们能够对之进行明辨，从而揭开强权者看似合理的借口背后的荒谬。它使得我们能够看穿那些自封的社会改革家的鬼把戏，这些人的所作所为只会剥夺我们的快乐。它使得我们再次赞叹民主和法治的伟大成就。它为艺术家、哲学家在新千年对人类境况的反思提供了强有力的支撑。

对人性进行一番认真的探讨在任何时候都是合适的。整个 20 世纪，许多知识分子在论证人类的高贵品质时，立论的材料都经不起推敲。比如，从生物学角度来看，人们彼此之间没有太大的差别，他们的内心并没有什么卑劣的动机，就本质而言，他们完全有能力去做出自由的选择。但这些观点如今都受到了来自心理学、大脑科学、基因科学和进化领域的新进展的质疑。单单“人类基因组计划”的完成，就将史无前例地为我们揭开人类智力和情感的基因根源，这会让我们猛醒。新科学的发展已经对那种否定人性存在的观点构成了挑战。如果我们不想放弃和平、平等这样的价值观，以及对科学和真理的热爱，那我们一定要注意，不能将这些价值观建立在那种轻而易举就被证明是错误的关于人类心智的观念之上。

本书适合的阅读对象是：想了解人性是如何成为一个敏感话题的人，或者想了解向这一禁忌发起挑战是真的充满危险还是仅仅因为人们不熟悉而抗拒它的人。它还适合那些对人类这一物种的最新研究发现好奇的人，以及那些好奇如何对这些新的发现提出合理批评的人。本书也适合那些怀疑视人性的存在为禁忌将会导致我们无法很好应对人类当前面临的迫切挑战的人。本书还适合那些认为心理、大脑、基因和进化科学的新发展将会永远改变我们对自身看法的读者，进而他们会思索我们先前信奉的那些价值观将会消亡还是得以保存，又或是得到强化（我将具体阐明这一点）。

目 录

第一部分

“白板说”的兴起与挑战

每个人都持有自己的一套人性论，据此对他人的行为做出预测，也就是说，我们都需要一种理论来解释“是什么原因激发人们做出某类行为”。思想和情感会引发行动，这是一种被默认的人性论，它深深影响着我们看待人性的方式。我们内观自己的心理活动，并假定周围人与自己相似，同时还对人们的外在行为进行观察并加以概括，通过此类方式来补充我们的人性论。我们还会采纳来自知识分子的洞见，如权威专家的看法和一些传统智慧。

我们所持的人性论是我们生活的重要源泉。在准备对他人进行劝说或者威胁时，或是决定告知其真相还是欺瞒时，我们都会从人性论的角度加以考虑。我们所持的人性论还引导我们如何经营婚姻、养育子女以及调整自己的行为。人性论中关于学习的假设影响着教育政策的制定，关于动机的假设影响着经济、法律以及犯罪等问题的政策制定。人性论界定了什么是人们轻而易举就能够获得的，什么是必须付出一定的代价或艰难的努力才能获得的，甚至什么是人们根本不可能企及的，因此，人性论从根本上影响着我们的价值观——作为个体或社会而言，什么是值得为之奋斗的。在不同的生活方式和不同的政治体制中，相互对立的人性论往往交织在一起，这也正是历史进程中许多冲突的根源所在。

数千年来，关于人性的诸多理论多源于宗教。例如，犹太教和基督教的教义中，提供了许多关于人性问题的解释（这些问题在今天仍然是生理学和心理学的研究内容），如人类是依照上帝的形象创造的，与动物之间没有任何关联；女性是由男性衍生而来的，注定要受到男性的统治；心灵属于一种非物质实体，它所具有的力量并不仅限于生理结构中；即使肉体死亡，灵魂依然能够继续存在；心灵的组成部分主要包括道德感、爱的能力、辨认某种行为是否遵循真善美原则的判断力、选择行为方式的决策能力；这种决策能力不受因果规律的约束，因此它具有选择罪恶的内在倾向性；我们的认知和感知能力之所以能够精确地发挥作用，是因为上帝在其中植入了一些观念，使得它们与现实相对应，同时他（上帝）也协调着人的认知能力和感知能力与外部世界的运作；心理健康就源自能够识别上帝的意图，弃恶扬善，爱上帝，并以上帝之名去爱我们每一个人类同伴。

犹太教和基督教理论主要基于《圣经》中所描述的事件。我们知道，人类心理与动物心理之间并没有多少共同之处，这是因为《圣经》中讲到，人类是由上帝单独创造出来的。接下来《圣经》提到，夏娃是由亚当的一根肋骨造出来的，因此女人是按照男人的设计而被制造出来的。我们可能会猜测，人类的决策并不一定是由某种原因导致的，因为上帝坚持让亚当和夏娃为他们偷吃智慧树上的苹果而付出代价，这说明他们本可以做出其他的选择。作为对夏娃逆反行为的惩罚，女人就应该被男人支配。亚当和夏娃的原罪就由男人和女人们继承下去。

犹太教和基督教的观念仍然是当今美国最为流行的人性论。根据最近的民意调查显示，76% 的美国人相信上帝造物说，79% 的人相信《圣经》中描述的那些奇迹曾经真实发生过，76% 的人相信天使、魔鬼以及其他非实体的灵魂的存在，67% 的人相信他们死后将会以某种形式继续存在，只有 15% 的人认为查尔斯·达尔文（Charles Darwin）的进化论是对地球上人类生命起源的最好解答。右翼政治家们明确表示拥护宗教理论，而没有一个主流的政治家敢公然与之对抗。然而，宇宙论、地质学、生物学和考古学等现代科学使得具备科学文化素养的人不再相信《圣经》中关于上帝造人的故事是真实的。因此，犹太教和基督教的人性论不可能再被大多数学者、新闻记者、社会问题分析专家以及其他知识分子公然拥护。

每个社会都必须围绕一种人性论来运作，而知识主流则致力于另外一种理论。这种理论很少被清楚地阐述出来或者被其他人公然接受，但它却能够在诸多宗教信仰和政策中居于核心地位。伯特兰·罗素（Bertrand Russell）曾写道："一个人，无论他走到哪里，都会被一大堆安抚性的信念包围着，就好像夏天到处都会有蚊子在耳边嗡嗡叫一样。"对当今的知识分子来说，很多这样的信念都与心理学以及社会关系相关。我将那些理论归类为"白板说"，"白板说"认为，人的大脑并不存在固有的结构，而是可以由社会或者人类自身随意塑造的。

上述这种人性论，即本书的标题，认为几乎不存在什么先天的人性。由于各种宗教都有其各自的一套人性论，因此各种人性论也承担了宗教的部分功能，"白板说"也成了当代知识分子的世俗信仰。"白板说"被视作价值观的来源，因此，即便该理论是建立在"复杂的心灵源自虚无"这一奇迹之上的，它的地位也没能被撼动。对"白板说"的挑战来自一些无神论者和科学家，这让不少信奉该学说的人陷入了信仰危机，也使得其他一些信仰者对这些挑战进行了猛烈的攻击，而这种攻击通常是指向异教徒和异端论者的。正如许多宗教传统最终会将自身与来自科学的外在威胁进行调和一样（比如由哥白尼的"日心说"和达尔文的进化论引发的科学革命），我认为，我们的价值观也将会在"白板说"的废墟上继续存在着。

本书第一部分主要讲述"白板说"在当今知识界占据的优越地位，以及向其发起挑战的有关人性的新观点及文化。在接下来的部分，我们将见证由这一挑战引发的忧虑（第二部分），以及如何缓解这一忧虑（第三部分）。然后，我将阐明一套更加翔实的人性观可以如何帮助我们更清晰地看待语言、思维、社会生活和道德等问题（第四部分），以及如何澄清关于政治、暴力、性别、养育子女和艺术的争议（第五部分）。最后，我将证明，为何"白板说"的消逝并不会像其乍看起来那样让人感到忧虑，而且也不会在某些方面引发革命性的剧变（结语部分）。

The Blank Slate
The Modern Denial of Human Nature

01

三种流行的人性论

白板说

“白板”是对古老的拉丁语“tabularasa”一词的一种比较宽泛的解释，从字面来看，“tabularasa”意指“被擦得干干净净的写字板”。通常这一说法要追溯到哲学家约翰·洛克（John Locke, 1632—1704），尽管他实际上使用的是另一种隐喻的说法。下面是选自其经典著作《人类理解论》（*An Essay Concerning Human Understanding*）中非常著名的一段话：

> 让我们假设，人类的心灵如同通常所说的那样，是一张没有任何印迹的白纸，不存在任何思想。那么，人的心灵是如何形成的呢？人类大脑中所具有的复杂且无穷无尽的想象力是从哪里来的呢？人类拥有的推理知识和能力又从何而来呢？对于该问题，我的回答是来源于“经验”。

洛克针对的是那些强调先天观念的理论。这些理论认为，数学理念、永恒真理以及关于上帝的概念都是人们与生俱来的。洛克提出的另一套理论，即经验论，既可以被认为是一种心理学理论（即人类的心智是如何运作的），又可以被看作一种认识论（即我们是如何认识事实真相的）。上述双重目标激发了他的政治哲学思想，而这通常又被人们尊奉为自由民主的基石。洛克反对那些维护政治现状的教条主义论断，比如教会的权威以及国王的神圣权力，而这些在当时被吹捧为不证自明的真理。洛克认为，社会契约应该通过协商来制定，而且应当获得双方的认可，还应该以每个人都能理解的知识为基础。既然思想来源于经验，而每个人获得的经验都是不同的，那么观点的差异就并不是因为一种思想掌握了真理，而另一种思想存在缺陷，而是因为这两种思想都有其不同的历史成因。因此，这些差异应该被包容而不是被压制。洛克的“白板说”瓦解了皇室世袭制和贵族特权，因为这些皇亲贵族和其他人一样，大脑原本都是白板一块，他们无法再声称自己拥有先天的智慧和优越性。“白板说”还抨击了奴隶制，认为不能把奴隶看成是天生低人一等或者原本就应该居于受奴役的地位。

在20世纪，“白板说”成了许多社会科学和人文科学的研究议题。正如我们看到的那样，心理学试图用一些简化的习得机制来解释所有的思维、情感和行为。社会科学试图把所有的风俗习惯以及社会安排看成是儿童在文化环境的影响下不断社会化的产物。这些文化环境包括词汇系统、形象、刻板印象、角色模型和奖惩条件等。从人类的思维方式来看，一系列数量不断增加的概念（诸如情感、血缘关系、性行为、疾病、天性和世界等）似乎是天生就有的，而现在却被认为是“被创造的”或“由社会建构而成的”。

“白板说”也已成为政治理念和伦理观念的圣典。依照这种学说，我们看到的有关种族、民族、性别以及人与人之间的任何差异都并非源自先天素质方面的不同，而是源自经验上的差异。通过改变个人经历，包括重塑父母养育子女的方式、教育、媒介和社会奖励机制，就能改变个人本身，而学业不良、贫困以及反社会行为等问题也能得到改善，而不这样做就是不负责任的表现。依据所谓先天性别或者种族特质而造成的歧视，也是非常盲目和不理性的表现。

高贵的野蛮人

“白板说”通常伴随着另外两种理论学说，它们在现代知识界也拥有着神圣的地位。第一种理论通常要追溯到法国哲学家让-雅克·卢梭（Jean-Jacques Rousseau, 1712—1778），尽管这一观点真正的出处是约翰·德莱顿（John Dryden,

1631—1700）于 1670 年发表的《格拉纳达的征服》（*The Conquest of Granada*）：

> 我像大自然最早创造出的人类那般逍遥，
> 束缚人的规则尚未运行，
> 那高贵的野蛮人在林中纵横驰骋。

“高贵的野蛮人”这一概念是欧洲殖民者在美洲、非洲以及（后来的）大洋洲发现当地的土著居民时产生的。它认为，人在自然状态下是天性无私、崇尚和平、无忧无虑的，而贪婪、焦虑以及暴力等负面事物都是文明的产物。卢梭在 1755 年写道：

> 许多人竟草率地得出结论：人天生是残忍的，需要借助文明制度来约束。实际上，当大自然让人类同样远离野兽的愚昧和文明人狡黠的智慧时，再没有比原始状态中的人更为高贵的了……
>
> 对此，我们越加以深思，便越觉得这一状态极不容易发生变革，而且也是最适合人类的一种状态。除非由于某种不幸的偶然事件，否则自然人会永远停留在他的原始状态。为了人类的共同利益，这种偶然事件最好永远不要发生。我们发现的野蛮人几乎都处于这种状态。他们的事例似乎可以证实：人类生来就是为了停留在这种状态的。这种状态是人世真正的青春，后来的种种进步（指脱离自然状态）表面上使人的理性趋于完善，实则却使整个人类败坏了下去。

在卢梭参考的作家群中，首先要提到的是托马斯·霍布斯（Thomas Hobbes，1588—1679），霍布斯提出了一种截然不同的论断：

> 由此，我们显然可以看出，在没有一个公共权力使大家慑服的时候，人们便只能处在所谓的战争状态中，而且是所有人对所有人的战争……
>
> 在这种状况下，产业是无法存在的，因为其成果带有不确定性。因此，土壤栽培、航海、使用进口商品、舒适的建筑、移动与卸除需花费巨大力量的物体的工具、地貌知识、时间记载、文艺、文学和社会等都将不存在。而最糟糕的是，人们会处在暴力死亡的持续恐惧和威胁之中，他们的生活孤独、贫困、卑劣、残忍而短寿。

霍布斯认为，人们只有将自己的自主权交给一个统治者或统治集团，才能够脱离这种悲惨、恐怖的生存状态，他将这一统治者称为利维坦（leviathan）。利维坦是一种希伯来语的说法，指的是耶和华在创造万物之前降服的巨型海中魔兽。

问题的关键在于，这些擅长纸上谈兵的人类学家中，谁的说法是正确的？如果人类确实是“高贵的野蛮人”，那么专制独裁的利维坦就没有存在的必要。事实上，由于强迫人们划定私有财产并由国家进行认可（原本他们是可以共享这些财产的），利维坦引发了贪婪和争斗，而人们设计利维坦的初衷是要对这两者加以控制。追求幸福的社会生活将成为人类与生俱来的权利，我们需要做的就是消除阻碍我们获得幸福的制度壁垒。

反过来看，如果人们天生就是卑劣的，那么最理想的情形就是借助警察和军队等强制手段来阻止人与人之间的争斗。对于个人生活来说，上述两种理论也同样具有重要意义。每个孩子在出生之时都如同一个野蛮人，即处于未开化的状态。如果野蛮人天生就是高贵的，那么养育孩子就是为他们提供各种机会以促进其潜能的发展，可见，邪恶者是由于社会原因才走向堕落的。如果野蛮人天生就是卑劣的，那么养育孩子就相当于将其放置在一个充满约束与冲突的训练场，邪恶者正是表现出了其未被完全驯服的阴暗面。

哲学家们的原著往往比他们在教科书中提出的那些理论复杂得多。事实上，霍布斯和卢梭的观点之间并不存在太大的分歧。与霍布斯一样，卢梭也错误地认为，野蛮人是与世隔绝的，不存在丝毫的爱与忠诚，他们既不勤劳，也不具备任何技能。卢梭甚至还认为，野蛮人不具备任何语言能力。因此，与霍布斯相比，卢梭更是有过之而无不及。霍布斯把利维坦描绘成集体意志的化身，而这种集体意志要通过某种形式的社会契约才能得以实现；卢梭最为有名的著作是《社会契约论》（*The Social Contract*），在这本书中，他呼吁人们要使自我利益服从于“公共意志”。

尽管如此，霍布斯和卢梭却对人类的自然状态做出了截然相反的描述，而这一问题在过去的数个世纪里一直激发着思想家们的灵感。所有人都意识到“高贵的野蛮人”学说对当代人的观念产生的影响。可以看到，当下人们崇尚各种天然事物（如天然食物、天然药物、自然分娩），质疑各类人工制造的事物，而权威式的抚养和教育方式已经陈旧过时，人们认为社会问题属于制度中可以补救的缺陷，而不是人类生存状态中固有的灾难。

机器中的幽灵

另一种常常伴随“白板说”的圣典要追溯到科学家、数学家兼哲学家的勒内·笛卡儿（René Descartes, 1596—1650）：

> 心灵和肉体之间有很大差别，这个差别在于，就其性质来说，肉体永远是可分的，而心灵完全是不可分的……当我考虑我的心灵时，也就是说，当我把自己仅仅作为一个正在思考的事物时，在我心灵里划分不出任何部分来，只能把我自己理解为一个统一的整体。而且，尽管整个心灵似乎与整个肉体结合在一起，可是当一只脚或一只胳膊或别的什么部位从我的肉体上脱离开的时候，一定没有从我的心灵上截去什么东西。我能意识到自己的心灵中什么也没有缺失。从真正意义上来说，愿望、感觉和理解等功能也不能算是心灵的一部分，因为心灵是服务于愿望、感觉和理解等活动的。而物质性的或者有广延性的东西就完全相反，因为凡是物质性的、有广延性的东西，无一例外地都可以很容易被我用思维划分成很多部分……无须从别处知道，单凭这一点就足以告诉我，人的心灵或灵魂与肉体是完全不同的。

三个世纪后，批评家、哲学家吉尔伯特·赖尔（Gilbert Ryle, 1900—1976）为笛卡儿的这套学说赋予了一个令人印象深刻的名称：

> 有这么一套关于心灵本质及其栖居地的学说，它在理论研究者当中非常盛行，甚至在普通人当中也非常盛行，因而应称之为“官方理论”……这套官方理论主要来自笛卡儿，它的主要思想大致是这样的：可能除白痴和襁褓中的婴儿之外，每个人都拥有一个躯体和一个心灵。有些人则宁愿说，每个人都既是一个躯体又是一个心灵。通常，他的躯体和心灵是结合在一起的，但是在躯体死后，他的心灵可能依然存在并发挥作用。人的躯体存在于空间之中，并服从于支配着空间内存在的其他一切事物的机械法则……但心灵却

> 不存在于空间之中，它们的活动也不受机械法则的支配……
>
> ……上述就是这种官方理论的大致情形。我经常贬斥这个理论，并称之为“机器中的幽灵的教条”。

“机器中的幽灵”与“高贵的野蛮人”一样，在一定程度上都是出于反对霍布斯的观点而提出的。霍布斯认为，生命和心灵都可以用机械主义的词语来解释。光线使我们的神经和大脑活动起来，形成了所谓的“看见”。大脑也可以持续动作，就像船划过水流的尾迹或者是被拨动的琴弦的颤动，形成所谓的“想象”。大量的事物不断出入大脑，就形成了所谓的“思维”。

对于“心灵是按照物理法则运行的”这一观念，笛卡儿是拒绝接受的。他认为，行为，尤其是言语行为，不是由其他原因导致的，而是我们自由选择的。笛卡儿注意到，与躯体和其他自然物质不同，意识是不可分割的，也不能在空间中呈现出来。他指出，我们不能怀疑心灵的存在（事实上，不可否认，我们每个人就是一个心灵存在），因为思维活动本身就预先设定了“心灵是存在的”这样一个前提。但我们可以怀疑躯体的存在，因为我们可以把自己想象成非实体的精神，只有在梦境、幻觉情境下，我们才是有躯体的。

笛卡儿还在他的二元论（即认为心灵与肉体是两种截然不同的事物）中发现了道德红利：“可以想象一下，动物的灵魂在本质上与我们是相同的，因此在生命终结之后，我们就如同昆虫和蚂蚁一样，没有任何值得担忧或期待的东西了。除此之外，没有其他更为有效的方式可以将人类孱弱的精神引向通往美德的光明大道上。”赖尔对笛卡儿的两难困境做了如下解释：

> 当伽利略表明，他的科学探索方法能够提供一种力学理论，可以说明任何存在于空间中的事物时，笛卡儿的内心出现了两种彼此冲突的状态。作为一个科学天才，他只能选择赞同力学主张，但作为一个有信仰和讲道德的人，他却不能像霍布斯那样接受这些力学主张的附加条款，即认为人性仅仅在复杂程度上不同于钟表构件，这令他感到特别沮丧。

将我们自己视为经过美化的齿轮和发条，这确实让人很不舒服。机器本身没有知觉，它只是制造出来供人使用的工具。而人类则具有感知能力，拥有尊严、权利以及至高无上的尊贵感。一台机器只具有一些普通的功能，如碾磨谷物或者削铅笔，而人则具有更高级的功能，如喜爱、崇拜、善举以及创造知识和创造美。机器的活动表现主要由那些不可违背的物理和化学定律所决定，但人的行为表现却是其自由选择的。有选择才会有自由，我们才会对未来的可能性持一种乐观的态度。同时，选择还意味着责任，因此人们必须对自己的行为负责。当然，如果心灵与肉体是相分离的，那么当肉体毁灭时，心灵仍然可以继续存在，我们的思想和欢乐也不会在某一天永远消逝。

正如我之前提到的，许多美国人仍然坚信灵魂是不朽的，认为它是由一些非实体的物质构成的，而这些物质能够与肉体相分离。即使是一些没有明确承认上述观点的人也仍旧会这样猜想：我们的大脑中除了电波活动和化学反应，必定还有某些不甚明了的东西存在。正是由于选择、尊严和责任等人类所独有的天赋，才使我们与宇宙中的其他万事万物从根本上区分开来，这一看法似乎与那种认为“人类只是分子的有机组合”的观点格格不入。那些试图用机械论的术语解释行为的人，往往被指责为“还原论者”或“决定论者”。事实上，那些指责者们并不确切地知道这些词语的真正含义，但所有人都明白，他们是在用这些词语指代那些不好的事情。灵肉分离的思想已经普及到了日常用语中，比如，当我们说“动动你的脑子”，其实意指的是“身体之外的经验”；当我们说“约翰的身体”或“约翰的脑袋”时，其实已经预设了一个所有者——约翰，并且这个所有者与其大脑之间是可以分离的。专栏作家有时候会探讨“大脑移植”的问题，但事实上应该称之为“大脑器官移植”，因为正如哲学家丹尼尔·丹尼特（Daniel Dennett）[①]指出的那样，这是一种器官移植手术，而最好的是成为捐赠者而不是受赠者。

从逻辑上看，“白板说”“高贵的野蛮人”以及“机器中的幽灵”（或者像哲学家称呼的那样，经验主义、浪漫主义和二元论）这三者之间是没有关联的，然而在实践中它们却经常彼此交织在一起。如果大脑如同白板一块，严格来讲，它

① 丹尼尔·丹尼特是世界知名哲学家、认知科学家。《直觉泵和其他思考工具》一书综合哲学、人工智能与神经科学方面的前沿知识，带领读者探索各种好用的思考工具。该书中文简体字版已由湛庐引进，浙江教育出版社出版。——编者注

就不可能发出行善或作恶的指令。但善与恶之间并不是对称的：伤害人的途径比帮助人的途径要多，善行对人的帮助并不足以抵消恶行对人的伤害。因此，与一个拥有各种动机的大脑相比，如同白板一块的大脑注定会给我们留下更加深刻的印象，因为它不单单无法行善，更为重要的是，它也不能作恶。事实上，卢梭并不认为人的大脑是白板一块，但他却认为，不良行为是学习与社会化的产物。卢梭写道："人是邪恶的，持续不断的悲惨经历使得关于这一论断的任何证明都显得毫无必要。"但人的邪恶又源于社会："在人的心灵中，根本就没有生来就有的邪恶，任何邪恶我们都能说出它是什么样子又是从什么地方进入心灵的。"如果日常话语中的隐喻可以作为一种线索的话，那么我们所有人都会像卢梭那样，将大脑的空白状态与美德联系在一起，而不是和空无一物联系在一起。尝试去思考一下这些词语所蕴含的道德内涵，形容词：清白的、公平的、无瑕的、纯粹的、纯真的、纯洁的、未玷污的、未受污染的；名词：污点、伤痕、瑕疵、污染。

既然大脑是白板一块，那么它就很适合作为幽灵栖居的场所，这样一来，"白板说"自然就可以与"机器中的幽灵"学说共存了。如果幽灵掌管了机器，那么工厂就能以最小部分的设备来运载这一机器装置。不需要高科技的执行程序、操控系统或者中央处理器，幽灵就可以解码身体的各种信息，操控身体这个机器。行为控制与钟表结构之间的区别越大，我们就越不依赖于像时钟那样受控的机械行为。基于同样的原因，"机器中的幽灵"理论与"高贵的野蛮人"学说之间也是可以并行不悖的。如果机器做出了一些可耻的行为，我们可以责备幽灵，因为那些不义的行为是由它决定执行的，我们也就无须深究机器设计上的缺陷了。

时下，哲学已经不再受人尊崇。很多科学家把哲学看作没有任何实质意义的思考。当我的同事内德·布洛克（Ned Block）告诉他的父亲自己准备主修哲学时，他父亲的回答是"Luft"，即犹太语中"空气，不真实"的意思。还有这样一个笑话，一个年轻人告诉他的母亲自己即将获得哲学博士学位，他的母亲说："太好了！但是……但是哲学是哪种疾病？”①

虽然哲学现在被认为毫无价值和不切实际，但是许多世纪以来，哲学家们的思想都有着重要的影响力。“白板说”以及伴随它出现的其他学说已经渗透到了我们这个文明社会的传统智慧中，并且经常会在意想不到的地方被提及。威廉·戈德温（William Godwin, 1756—1835）是自由主义政治哲学的奠基人之一，他写道：“儿童是被放在我们手中的原材料，他们的心灵就像一张白纸。”沃尔特·迪斯尼（Walt Disney）也受到“白板说”隐喻的启发，他写道：“我认为孩子们的心灵就像一本空白的书，在个体生命的前几年，生活将会在这本书上进行浓墨重彩的刻画。刻画的质量将会对这个孩子未来的生活产生深远的影响。”

洛克肯定想象不到的是，他的话会在某天导致“小鹿斑比”这个形象的出现，迪斯尼创作《小鹿斑比》（*Bambi*）这部动画片的意图是教导人们自力更生；卢梭也不可能想象到“波卡洪塔斯”（Pocahontas）这个最后的“高贵的野蛮人”的出现。甚至，卢梭的观点似乎与《波士顿环球报》的一位社论作者之间颇有几分相似之处，该作者在其新近发表的一篇感恩节社论中这样写道：

> 我认为，与今天的社会相比，美国土著居民拥有更加稳定和幸福的生活环境，那里的野蛮现象也更少……不存在任何就业问题，社会更加和谐，人们根本不知道药物滥用这种事情，犯罪现象也几乎不存在。部落之间的冲突多是通过仪式来解决的，很少会发生不分青红皂白的肆意屠杀。即使在艰苦的岁月里，对大多数人来说，生活仍是比较稳定和有保障的……因为土著居民尊重自己周围的一切事物，根本不会出现因污染或生物灭绝而导致的水资源短缺或者食物资源的浪费问题，而诸如篮子、船只、小木屋以及木柴等日常生活的必需品也不会出现短缺。

当然，有人也对此提出了疑问：

① 他的母亲认为他将成为治疗某种疾病的医生，doctor在英语中既可以指医生，又可以指博士。——译者注

当今，“机器中的幽灵”依然能够让人们感觉到它的存在。2001 年，乔治·布什宣布，如果科学家为了提取干细胞而不得不毁坏新的胚胎，那么美国政府将不再对人类胚胎干细胞研究进行资助（美国之前的政策允许研究者从胚胎中抽取干细胞群进行研究）。为了推行这项政策，布什不仅咨询了科学家，还咨询了哲学和宗教领域的思想家。在这些思想家当中，许多人都用“赋予灵魂”一词来指代其中的道德问题，该词指的是“将来能成长为一个人的细胞群被赋予灵魂的时刻”。一些思想家认为，赋予灵魂虽然是在概念层面发生的，但从道德层面来看，它意味着胚泡（受精卵发育 5 天后的胚胎形态，干细胞就是从其中取出的）与一个人是等同的，因此毁坏胚泡也是一种谋杀行为。这些观念被证明具有决定性意义，这意味着美国在制定这项有关 21 世纪最具发展前景的医学技术的政策时，考虑的这个道德问题实际上与几个世纪前就出现的问题一样：“幽灵是何时进入机器的？”

这些仅仅是“白板说”“高贵的野蛮人”以及“机器中的幽灵”学说在当代知识界的部分影响。在接下来的章节中，我们将会看到，启蒙哲学家的这些看似不切实际的观点在现代人的观念中是如何得以巩固的，以及它们又是如何被最新科学研究发现质疑的。

The Blank Slate
The Modern Denial of Human Nature

02

人性理论的前世今生

社会达尔文主义的衰落

丹麦语言学家奥托·叶斯柏森（Otto Jespersen, 1860—1943）是历史上最受爱戴的语言学家之一。他的著作生动有趣，直至今天依然深受很多读者的喜爱，他在 1905 年出版的《英语的发展与结构》（*Growth and Structure of the English Language*）一书更是如此。虽然叶斯柏森的学识归属于彻头彻尾的现代主义，但那本书的开头却提醒我们，它并不是一本带有现代意味的著作：

> 无论何时，只要我思考英语这门语言，把它与其他语言进行对比，就会有一个想法在我的大脑中挥之不去：这门语言好像具有特别明显的阳刚之气，它就像是一个成熟的男人，孩子气和女性化与它绝缘……
>
> 为了论证这些观点，我随机选取了夏威夷语中的一句话："I kona hiki ana aku ilaila ua hooipa ia mai la oia me ke aloha pumehana loa." 并将它与英语加以对比，夏威夷语就是按照这种方式进行表达的，没有一个单词以辅音结尾，也没有一组或者更多的辅音字母构成的单词。谁会想到这样一种听起来欢快悦耳而又协调的语言，给人的总体印象竟然充满了孩子气和女人气？因此，你不可能期待一个讲这种语言的人会充满活力和能量。这种语言似乎只适用于热带地区的居民，那里土壤肥沃，几乎不需要什么人工就能生产出人们需要的所有东西。因此，在那里生活的人们不需要与自然

抗争，也不需要与周围人抗争。我们发现，意大利语和西班牙语中也存在着类似的语音结构，当然相似程度要低一些。真正的差别在于欧洲北部的语言。

叶斯柏森接下来大肆渲染了英语的男子汉气概以及它的严肃性和逻辑性。在该章节的结尾处，叶斯柏森这样写道：“这门语言如此，这个国家亦是如此。”

任何一个具有现代思想的读者无不为这段话中的大男子主义、种族主义和沙文主义而感到震惊：它暗示女人充满了孩子气，刻板地认为殖民地人民都是懒汉，并毫无根据地拔高自己的文化。同样让人感到惊奇的是这位大学者的偏执立场，他竟然如此主观地断定一种语言是“成熟的”“充满阳刚之气的”，这简直没有任何意义。他毫无根据地把一种个性特质扩展到整个人类，然后鼓吹两种理论，即语音体系反映了一种个性，温暖的气候滋生了惰性。他甚至没有使用任何相关数据来支撑自己的观点，更不用说进行因果检验了。即使以他自己的国家为依据，这样的推理也是站不住脚的。像夏威夷语这样带有辅音－元音音节结构的语言，在传达同样的信息时需要更长的单词，要是夏威夷人缺乏“活力或能量”的话能做到吗？英语的辅音连接音节在说话时容易被漏掉，并导致误听，要是英国人讲逻辑、有条理，还会这样吗？

然而，最让人感到恼火的是，叶斯柏森忘了他的这些论述可能会引起反对意见。叶斯柏森坚信他的读者都是他的同胞，都是说“我们”北欧话的人，因此他想当然地认为这些人和他有着同样的偏见。他极富诱导性地问道：“谁会怀疑呢？”他断言：“你不能指望使用那种语言的人会充满活力。”叶斯柏森还认为女性和其他民族的劣等性是不辩自明的，也无须对持有这种观点感到抱歉。

我列举叶斯柏森作为那个时代男人的例子，是想说明标准是如何转变的。这段话只是从一个世纪前的知识界随机抽取出来的。在 19 世纪或 20 世纪初的知识分子的著作中，随处可见类似令人恼火的论述。那个时代的白种人觉得自己承担起了领导责任，他们领导着“那些刚刚被发现的、一半是魔鬼一半是孩子的阴郁的其他人种”。那个时代的海滩上挤满了惨遭无情拒绝的偷渡者，那个时代的欧洲帝国主义势力互相仇视，有时还大打出手。帝国主义、移民、民族主义以及奴隶制的合法性使各个种族之间的差异凸显。有些种族看起来受过良好教育，有文化、有教养，有些种族则显得愚昧落后，有些种族则在用拳头和棍棒来捍卫自己的安全，有些种族则通过纳税依靠政府和军队来保护自己。这很容易让人得出结论，认为北欧人属于优等民族，理应去统治其他种族。这就像那种认为女人天生就适合做饭、做礼拜和照顾孩子的观念一样，因为有“研究”显示，脑力劳动会对女性的生理和心理健康造成伤害。

种族偏见也被罩上了科学的外衣。达尔文的进化论被错误地用来说明知识和道德的进步，而脱离了它的本意，即解释生物如何适应自己所面临的生态环境。这很容易让人觉得非白种人的进化阶段介于类人猿和欧洲人之间。更糟糕的是，达尔文的追随者赫伯特·斯宾塞（Hebert Spencer, 1820—1903）认为，那些不切实际的社会改良家如果试图改善贫困阶层和贫困种族的生活，他们就是在干预进化进程。在斯宾塞看来，从生物学的角度来讲，贫困阶层和贫困种族是不适应进化过程的。社会达尔文主义（或者更确切地说，应该叫社会斯宾塞主义，因为达尔文一点儿也不赞同这些主张）的信条对诸如约翰·洛克菲勒（John D. Rockefeller）和安德鲁·卡内基（Andrew Carnegie）这样的人产生吸引力毫不奇怪。达尔文的表弟弗朗西斯·高尔顿（Francis Galton）曾经建议，应该通过一种他称为优生学的方法来阻止不健康的婴儿降生，以促使人类更好地进化。在几十年的时间里，加拿大、斯堪的纳维亚半岛诸国、美国的 30 个州以及德国相继通过了一系列法律，主张对违法者和低能者实施绝育，以确保人类的进化。纳粹党后来也用自己高人一等的种族意识形态作为杀害数百万犹太人、吉卜赛人和同性恋者的借口。

我们走过了一条漫长的道路。虽然一些比叶斯柏森的主张还要糟糕的观念依然在世界上绝大部分地区以及我们这个社会的部分地区存在，但在西方民主社会知识界的主流群体中已经扫除了这些观念。今天，美国、英国以及西欧其他国家的任何一位有名望的公众人物都不能再随意贬低女性，或者散布诽谤其他种族和民族的刻板偏见。有识之士也尽可能地对自己潜在的偏见保持警觉，用事实和他人的感受来反观自己的偏见。在公共生活中，我们尽可能地从个体角度来判断一个人，而不是从他所属的性别或者民族来加以判断。我们努力区分权力与正义，个人偏好与客观价值，并由此对那些不同于我们或者不如我们的文化保持尊重。我们意识到，没有哪个官员的才智足以指导人类的进化过程。因某个民族的生物学特征而对其成员实施迫害，这样的观念只会让我们深恶痛绝。

上述这些变化是在人们经历了私刑、世界大战和大屠杀等惨痛的教训之后产生的，这些沉痛的教训揭示了对某个民族进行诋毁的惨痛后果。但它们只是一个无计划的实验（现代时期的大规模移民、社会流动以及知识扩散）的衍生物，缓慢浮现于 20 世纪早期。维多利亚时代的大部分绅士都想象不到：犹太先驱和士兵在接下来的一个世纪建立了一个犹太国家，非洲后裔知识分子开始大量涌入美国，印度的班加罗尔成了一个软件产业聚集地。他们也无法预料到：女人能够在战争时期领导一个国家、掌控一个大公司或者赢得诺贝尔科学奖项。我们现在认识到，每种性别、每个民族的人都能取得同样的成就。

这些众多变化中也包括了科学家和知识分子关于人性看法的一场革命性变革。虽然那些关于种族和性别的新观念冲击了整个学术界，但学术界也为引导这场潮流提供了支持：学术界通过书籍和杂志发表了大量关于人性的观点，也向政府官员提供专业知识。盛行的心理学理论使得种族主义、大男子主义再也无法立足。"白板说"也以标准社会科学的模式或者社会建构主义的形式在知识界被确立起来。这一模式今日已经为人们广泛熟知，很少有人去关注它背后隐含的历史。研究这场革命最权威的历史学家卡尔·戴格勒（Carl Degler）对它做了如下总结：

> 现似乎有证据表明，那种认为世界原本可以更加自由和公正的意识形态（或者说哲学观念），在这场从生物学向文化学的转变过程中扮演了相当重要的角色。科学或者至少说某些科学原理或创新性的学术成就也促进了这次转变，但它们的作用都比较有限。这场转变最主要的推动力来自建立这样一种社会秩序的意愿：生物学具有的先天的、不可改变的力量并不能决定社会群体的行为。

虽然"白板说"是沿着心理学和其他社会科学的不同理论脉络进入知识界的，但这些理论的发展都受到了同样的历史事件和进步主义意识形态的驱动。到了 20 世纪二三十年代，那种关于女性和其他种族的刻板偏见已经显得非常愚蠢了。

南欧和东欧的移民大军，其中包括很多犹太人，正在涌入美国的各个城市，开始谋求更高的社会地位。非裔美国人利用众多新成立的“非裔美国人大学”提供的教育机会，开始向北迁移，发起哈莱姆文艺复兴运动。毕业于众多女子学院的学生发起了第一波女性主义运动。在大学里，第一次出现了不再由盎格鲁－撒克逊白人男性教授和学生一统天下的局面。那种认为这些人在本质上就高人一等的说法，不仅冒犯了他人，而且也与人们看到的实际情况相矛盾。社会科学对女性、犹太人、亚裔和非洲后裔的美国人产生了特别的吸引力，其中一些人还成了极具影响力的思想家。

在 20 世纪的前 10 年，很多紧迫的社会问题关注的都是上述群体中的弱势成员。应该允许更多的移民吗？如果可以的话，那么应该从哪些国家移民呢？移民一旦到了美国，应该鼓励他们融入美国社会吗？如果可以的话，怎样让他们融入呢？应该赋予女性同样平等的政治权利和经济机会吗？应该消除非裔美国人和白人之间的隔阂吗？还有其他一些挑战则是关于儿童的，如国家有责任进行义务教育。随着城市的大量出现以及家庭纽带变得松散，处境不利的儿童以及问题儿童成了每个人都可能遭遇的麻烦事，成立幼儿园、孤儿院等机构，改革学校教育，开展野外露营活动，建立人道促进会、建立男孩女孩俱乐部等一系列政策被制定出来，用于解决儿童这一首要问题。但这些社会问题至今也没有消失，最富人道主义精神的观念认为，如果得到适当的抚养和教育，获得合适的机会，每个人都有同样的潜能来获取成功。很多社会科学家都把强化这种观念作为自己的职业。

白板说，从洛克、密尔到斯金纳

任何一本心理学入门教材都会明确指出，现代心理学理论深受约翰·洛克以及其他启蒙时期思想家的影响。对洛克来说，“白板说”是一个反抗教会和暴君的武器，但到了 19 世纪，在讲英语的国家里，这两股势力已经构不成任何威胁了。今天我们可以确认，洛克的学术衣钵继承人约翰·斯图尔特·密尔（John Stuart Mill）可能是第一个用“白板说”这种心理学理论服务于自己的政治立场的人。

密尔是较早主张赋予妇女投票权、实行义务教育以及改善弱势阶层生存状况的人士之一。这些政治主张与他的心理学与哲学立场密切相关，这一点在他的自传中也有所论述：

> 我一直觉得，那种认为人类之间各种明显差异是先天固有的、不可改变的普遍看法，那种对那些由无可反驳的证据确认的事实视而不见的普遍态度（到目前为止，人类之间的大部分差别，不管是个体之间、种族之间还是两性之间，不仅可能是，而且确实是由环境差异造成的），是理性解决重大社会问题最主要的绊脚石，是人类社会进步的主要障碍……（这些流行的观点）反映了人类的心理惰性，也符合保守派的利益。除非从根源上驳斥它，否则与直觉主义哲学所持的更温和的观点相比，这些观点会更长时间地占据人们的头脑。

所谓“直觉主义哲学”，密尔指的是欧洲大陆的那些知识分子的观点，他们主张，推理的范畴是先天性的。密尔试图从根源上批驳这些人的心理学理论，从而批判这种理论所暗含的保守的社会观点。他进一步完善了联结主义学习理论（这一理论最早是由洛克提出的），以解释人类知识的获得方式，这样就不必借助于任何先天的大脑组织来说明问题了。按照联结主义学习理论，空白的大脑将各种感觉记录下来，洛克称之为“观念”，现代心理学家称之为“特征”。那些以连续方式重复出现的观念（如苹果是红的、圆的、甜的）彼此之间会建立联结，因此，其中任何一个观念都能使人联想起另外一些观念。自然界中相同的事物会在大脑中形成一系列重叠的观念。例如，大脑感知到很多狗以后，这些狗具有的共同特征（有皮毛、会叫、四条腿等）就会被整合起来，从而构成“狗”这个范畴。

自此以后，洛克和密尔的联结主义就在心理学界树立起来了。它成了大部分学习理论，尤其是行为主义的核心观点，后者曾经在 20 世纪 20 年代到 60 年代统治着整个心理学界。行为主义奠基人约翰·华生（John B. Waston, 1878—1958）曾经提出过 20 世纪最著名的关于“白板说”的论断：

> 给我一打健康没有缺陷的婴儿，把他们放在我设计的环境里进行培养，我可以担保，随便挑选任何一个，我都能够把他训练成我所选定的任何一

种类型的专家——医生、律师、艺术家、商界巨子甚至是乞丐或者窃贼，而无须考虑他的天赋、兴趣、倾向、能力或其祖先的种族和职业。

依照行为主义理论，一个婴儿的天赋和能力并不起作用，因为并不存在天赋、先天才能之类的东西。华生把这些概念与心理的其他内容，如观念、信仰、欲望和情感等一并从心理学中驱逐了出去。他认为，这些都是主观的、无法测量的事物，无法对其进行科学研究，科学只研究客观的、可以测量的事物。对行为主义者来说，心理学唯一合法的研究对象就是外在的行为以及其是如何被现在和过去的环境所控制的。

洛克的“观念”被“刺激”和“反应”这样的概念所替代，但他的联结定律依然为条件反射定律所继承。一个反应可以与一个新的刺激建立联结，正如华生把一只白鼠带到一个婴儿面前，然后用锤子击打铁条，并由此认为已经使得这个婴儿将恐惧与毛皮联系了起来。同时，反应可以与奖赏联系起来，比如，把一只猫放在箱子里，它最终会发现拉一根绳子就能打开箱子，从而可以逃出去。在上述情境中，实验者在一个刺激与另外一个刺激之间或一个反应与一个奖赏之间建立起了偶然联系。而按照行为主义者的说法，在自然环境条件下，这些偶然联系属于世界的因果关系的一部分，它们无情地塑造着包括人类在内的所有有机体的行为。

行为主义学派的这种简约主义使一大批内涵丰富的心理学思想长期受到压制，其中也包括威廉·詹姆斯（William James, 1842—1910）的心理学理论。达尔文认为，感觉、认知和情感与身体器官一样，都是人类适应环境进化的结果。受此观点启发，詹姆斯用本能的概念来解释人类和动物的偏好，他还提出了包括短时记忆和长时记忆在内的很多心理活动的机理。但这些理论贡献都由于行为主义的出现而被束之高阁。1923 年，心理学家 J. R. 坎特（J. R. Kantor）曾这样写道：“简约是一切问题的答案，就像社会心理学和本能的关系一样。很显然，两者没有任何关系。”即便性欲也被重新定义为一种条件反射。中国心理学家郭任远在 1929 年写道：

行为不是遗传因素的外化，它也不能用遗传的那一套词汇来表述。它

> 是由有机体的结构模式和环境力量的本质机械地决定的……我们的性欲是社会刺激的产物。有机体并不存在原本就有的对异性的任何反应，更不用说它具有什么天生的观念了。

行为主义者认为，不用考虑有机体的其他生物学特性和动物的基因构成，也不用考虑物种的进化历史，就能够理解行为。于是，心理学展开了关于动物如何学习的实验室研究。20 世纪中期，最著名的心理学家 B. F. 斯金纳（B. F. Skinner, 1904—1990）写了一本名为《有机体的行为》（*The Behavior of Organism*）的著作，这本书中只记录了老鼠和鸽子两种有机体，它们的行为只是压杠杆和啄按键。要使有机体像马戏团里的动物那样听话需要花费不少工夫，这也提醒心理学家，物种类别和它们的本能对行为是有影响的。在一篇名为《有机体的反常行为》（*The Misbehavior of Organism*）的文章中，斯金纳的两个学生，科勒·布里兰和玛丽安·布里兰夫妇（Keller and Marian Breland）提到，当他们试图使用斯金纳的技术训练动物把扑克牌插入自动售货机时，小鸡会啄这些扑克牌，浣熊会把这些牌弄湿，而猪则会用嘴去拱这些牌。行为学家就像仇视基因一样仇视对大脑的研究。直到 1974 年斯金纳还认为，研究大脑，从有机体内部而不是从外部世界来寻求行为发生的原因属于另一种带有误导性的观念。

行为主义不仅统治着心理学界，而且还渗入公众的思想当中。华生曾写过一本非常有影响的儿童抚养手册，鼓吹父母要制订严格的养育计划，给予婴儿最低限度的关注和爱抚。华生写道："如果你去安抚一个哭泣的婴儿，就等于你是在为他的哭泣奖励他，这将会增加其哭泣行为发生的频率。"而本杰明·斯波克（Benjamin Spock）出版于 1946 年的《育儿经》（*Child Care*）一书，则以提倡对儿童的溺爱而著称，这种观点在一定程度上可以看作对华生观点的一种反驳。斯金纳在他写的几本畅销书中提出，不良行为既不是出于本能，也不是可以随意选择的，而是在一些偶然条件下形成的。如果我们把社会变成一个巨大的斯金纳箱，对行为进行精心的而非随意的控制，我们就能消除侵犯、人口过剩、拥挤、污染和不公正等不良现象，从而实现乌托邦梦想。于是，"高贵的野蛮人"就变成了"高贵的鸽子"。

极端行为主义在心理学界已经失去了市场，但是它的很多观念依然存在。许多关于学习的数学模型以及神经网络模拟研究依然在用联结主义作为其理论基础。许多神经科学家把学习等同于联结的建立，试图在神经元和神经突触中找到刺激之间的联结点，而忽视了其他有助于促进大脑进行学习的运算形式。例如，对自然界那些野生动物拥有的高度发达的巡视和搜寻能力来说，把像 x = 3 这样一个变量值储存在大脑中是一个很关键的运算步骤，但是这种学习不能还原为联结的形成，因此神经科学对其不理不睬。

心理学家和神经科学家依然认为，有机体之间是可以互换的，他们很少去质疑那些便于进行实验的动物（老鼠、猫和猴子）在某些重要方面是否与人类相似。直到最近，很多心理学家依然没有关注信仰和情感的内涵，也不去关注是否存在这样的可能性：人类的心智已经进化到能够对那些重要的生物学范畴采取不同于动物的处理方式。而那些有关记忆和推理的理论也不区分关于人的看法和关于岩石或房屋的看法有何不同。那些关于情感的理论也不区分恐惧、愤怒、嫉妒或者爱情。研究社会关系的理论也没有区分家庭成员之间、朋友之间、敌我之间以及陌生人之间的关系。事实上，那些外行人感兴趣的心理学话题，如爱情、仇恨、工作、娱乐、食物、性、身份、支配、妒忌、友谊、宗教和艺术等，在心理学教科书中基本上看不到。

20 世纪后期最主要的心理学著作当属戴维·鲁姆哈特（David Rumehart）和詹姆斯·麦克兰德（James McClelland）以及他们的合作者共同编写的两卷本《平行分布加工》（*Parallel Distributed Processing*）。他们在这本书中提出了一种叫作联结主义的神经网络模型。鲁姆哈特和麦克兰德认为，通用的联结主义网络模型，在经过大量训练之后，就能够解释所有的认知活动。但他们意识到，从该理论中他们并不能找到一个完美的答案来回答“为什么人比老鼠聪明”这一问题。下面是他们的答案：

> 考虑到上述这些内容，这个问题确实让人感到疑惑……人类比老鼠或者其他灵长类动物拥有更多的大脑皮层；尤其是人类有许多……大脑结构，不是用来实现输入/输出功能的。而且，据推测，这些特殊的大脑皮层可能

> 承担了使人类区别于老鼠或者类人猿等低等动物的功能……
>
> 但是，肯定还有其他方面的因素也导致了老鼠和人之间的差别。那就是人类环境，其中包括其他人以及人类发明的用来组织自己思维过程的文化工具。

于是，在这些人眼中，人类就如同老鼠，只不过有着更大的如同白板一样的大脑，当然再加上一些被称为“文化工具”的东西。说到“文化工具”，我们有必要来关注 20 世纪社会科学革命的另一部分内容。

涂尔干的“橡皮泥”隐喻

“文化”这个词指的是高雅的娱乐，如诗歌、歌剧和芭蕾。而在一个世纪前，文化还有另一个我们熟悉的含义，即在社会中传播的行为模式的总称，包括艺术、信仰、制度和其他所有人劳作和思考的产物。英语中“文化”一词含义的转变是现代人类学之父弗朗兹·博厄斯（Franz Boas, 1858—1942）留给我们的遗产之一。

博厄斯的想法与心理学界著名的思想家一样，都可以追溯到启蒙时期的经验主义哲学家那里。具体来说，博厄斯的文化观念受到了乔治·贝克莱（George Berkeley, 1685—1753）的启发。贝克莱构建了一种唯心主义理论，他认为观念（而非实体）是现实的最终构成要素。经过一系列复杂的修正和演变，唯心主义对 19 世纪的德国思想家们产生了重大影响。博厄斯，这位出生于德国一个非宗教的、有着自由主义氛围的犹太家庭的年轻人，欣然接受了唯心主义这种哲学观念。

唯心主义使博厄斯为平等主义找到了一个新的知识根基。他认为，人类的各个种族和民族之间存在差异，并不是来自他们的生理构成，而是来自他们的文化。在这里，文化指的是经由语言和其他社会行为而得以传播的观念和价值系统。人类的差异源于他们文化上的差异。事实上，这正是我们要强调的：因纽特文化指的不是因纽特族，犹太文化指的也不是犹太族。这种认为“心理是由文化塑造的”的观念筑起了一道反对种族主义的壁垒，而且从道德角度考虑，这种观念应该得到重视。博厄斯写道："我认为，我们必须相信一切复杂的行为都是由社会环境决定的，而不是由遗传因素决定的，除非找到反证。"

博厄斯理论的出发点不是道德律令，而是有着真实的科学发现做支撑。博厄斯通过对土著居民、移民以及孤儿院的儿童的研究来证明，不同群体的人也可以有同样的潜能。关于叶斯柏森的观点，博厄斯认为，原始人的语言并不比欧洲人的语言更简单，它们只是不同的语言而已。例如，因纽特人辨别英语的语言发音很困难，就如同我们辨别他们的语言发音同样困难。当然，很多非西方语言缺乏用来表达抽象概念的词语。例如，这些语言中可能缺乏用来表达超过"3"以上的数词，也可能缺乏用来表达不同于个人善行的通常意义上的美德。但是，这些局限仅仅反映了他们在生活方面的日常需求，而不能就此证明他们的思维能力存在缺陷。正如苏格拉底设法使一个奴隶男孩学会抽象的哲学概念的故事所表明的那样，博厄斯也使得居住于太平洋西北海岸的夸扣特尔人（Kwakiutl）学会了用于表达像"善良"和"怜悯"这样的抽象概念的新词语。博厄斯注意到，当土著人进入文明社会，获得那些必须计算数量的事物时，这些人很快就会学会借用文明社会成熟的计数系统。

虽然博厄斯一直在强调文化的重要性，但他并不是一个相对主义者，不会认为所有的文化都有同等的价值；他也不是一个经验主义者，不会相信"白板说"的主张。他所谓的欧洲文明比部族文化更优越，强调的只是所有人都能达到这种文明程度。博厄斯并没有否认可能存在普遍的人性，也并不否认同一种族的人彼此之间可能存在差异。对他来说，重要的是所有民族都有着相同的基本心智。在这一点上，博厄斯的主张是正确的。当前，这一观念几乎已经被所有的学者和科学家接受了。

但是，博厄斯也创造了一个怪物。他的弟子们统治了美国的社会科学研究领域，而且每一代都比上一代有着更彻底的文化观。他们认为，不仅种族之间的差异要用文化来解释，而且人类各个层面的差异也都要用文化来解释。例如，博厄斯认为，除非证明是错的，否则就应该支持来自社会文化的解释，但他的学生阿尔伯特·克罗伯（Albert Kroeber）却认为，社会解释可以不用考虑证据。克罗伯写道："不应该允许遗传在历史中扮演任何角色。"相反，包括由其他历史事件引发的历史事件的绝对条件在内的一系列事件造成了人与人之间的差异。

克罗伯不仅否认社会行为可以用先天的心理特性来解释，他还否认社会行为可以用任何心理特性来解释。他写道："文化是超机体的——在自己的宇宙中运行，不与活生生的男人和女人们的血肉发生联系。文明不是智力活动，而是一系列智力实践的产物……智力与个体相关，而社会或文化从本质上讲是非个体的。文明开始的地方即是个体这个概念消失的地方。"

这两种观念（即否认人性的存在和文化脱离个体的智力以自主的状态存在）在社会学奠基人埃米尔·涂尔干（Emile Durkheim, 1858—1917）那里也有着清晰的表达，克罗伯有关超机体的理论在涂尔干那里也有所预兆：

> 每当我们直接用心理现象去解释社会现象时，这种解释十有八九会出错……群体的思想、感情和行为模式与组成群体的个体在组织起来形成社会之前的思想、感情和行为模式之间存在极大的不同……如果我们从个体的角度来解释社会现象，可能就没法理解群体内发生的任何事情……个人的本质只是一种带有不确定性的物质，需要社会因素加以雕琢和改造。它们无法形成群体的态度，也无法形成模糊的、带有可塑性的群体倾向。

涂尔干提出了社会科学的一条法则："应该从以往的社会现象中去寻找当前某种社会现象发生的确切原因，而不能从个体意识状态中去挖掘这种原因。"这条法则直到现在依然会被经常引用。

由此，心理学和其他社会科学都否认个体心理的重要作用，但他们的学术取向却并不相同。心理学放弃了像信仰、欲望之类的心理存在，而代之以刺激和反应。其他社会科学则从文化和社会层面而非个人层面来研究信仰和愿望。不同的社会科学领域都赞同这一点，即认知的内容包括观念、思想和计划等，都属于语言现象，每个人都能听到，也能把它写下来。例如，华生认为，"思考"其实包含了嘴巴和喉咙的细微动作。但大部分社会科学都对本能和进化这两个概念非常反感。很多杰出的社会科学家都在反复强调，大脑就是白板一块：

埃尔斯沃思·法瑞斯（Ellsworth Faris, 1927）

本能不能创造出风俗习惯。恰恰相反，是风俗习惯创造了本能。那些被认定的人类本能从来都是后天习得的，而不是与生俱来的。

乔治·默多克（George Murdock, 1932）

文化现象……无论从哪一方面来看都不能先天地遗传给个体，个体只能通过学习来掌握它，毫无例外。

奥尔特加·加赛特（Ortega Gasset, 1935）

人类没有本性，有的只是历史。

阿什利·蒙塔古（Ashley Montagu, 1973）

除了在婴儿时期会对突然失去父母的依靠以及突如其来的巨大声响做出类似本能的反应，人是完完全全没有本能的……人之所以为人，是因为他没有本能，因为他的所作所为以及他拥有的一切，都是从他所处的文化和环境中经由人类加工过的部分和其他人那里学习和获得的。

当然，学者们不再使用“擦得干干净净的写字板”或者“白纸”这样的隐喻来指代大脑了。涂尔干使用的词语是“带有不确定性的物质”，经由文化的塑造、锤炼而形成。也许，最为时髦的隐喻当属孩子们玩的“彩色橡皮泥”，既可以拷贝印刷好的东西（就像一块白板），也可以把它捏成自己想要的任意形状（就像带有不确定性的物质）。可塑性隐喻在博厄斯的两个最有名的学生那里再次浮现出来：

鲁思·本尼迪克特（Ruth Benedict, 1934）

大部分人是按照他们的文化模式而被加以塑造的，因为他们有着与生俱来的可塑性…… 绝大多数个体很轻易地就接受了他所面临的文化。

玛格丽特·米德（Margaret Mead, 1935）

我们不得不得出结论说，人类本性具有令人难以置信的可塑性，能够对不同的文化环境加以区分并做出准确的反应。

其他一些人则将人的心理比作过滤器：

莱斯利·怀特(Leslie White, 1949)

所谓的“人类本性”,仅仅是文化经过人的神经、腺体、感觉器官、肌肉等过滤网筛选之后的产物。

或者把心理比作工厂加工的原材料:

玛格丽特·米德(1928)

人类本性是最原始、最没有差别的原材料。

克利福德·格尔茨(Clifford Geertz, 1973)

我们的思想,我们的价值,我们的行动,甚至我们的情感,像我们的神经系统自身一样,都是文化的产物——它们确实是由我们与生俱来的欲望、能力和气质制造出来的。

或者把心理比作没有安装程序的计算机:

克利福德·格尔茨(1973)

人类显然是这样一种动物,极度依赖于那些超出遗传的、在其皮肤之外的控制机制和文化程序来控制自己的行为。

或者把心理比作一些无确定形状的东西,很多事物都可以作用于它:

理查德·施威德(Richard Shweder, 1990)

文化心理学研究的是文化传统和社会活动是如何对人类心理进行调控、表达、改造和变更,从而造成不同种族而非个体在理智、自我和情感方面的不同的。

超机体的心理或者说群体心理也成了社会科学研究的一个领域。博厄斯的另一名学生罗伯特·洛维(Robert Rowie)这样写道:“心理学原理不能够解释文化现象,就像万有引力不能够解释建筑风格一样。”如果你没有完全理解这句话的意思,人类学家莱斯利·怀特会更加清楚地告诉你:

> 与把个体看作文化进程的第一推动力、主要原动力、发起者和决定性因素的观点不同，我们现在把个体看成是庞大的社会文化系统的一个微小而又相对不重要的组成部分，庞大的社会文化系统在任何时候都包含许许多多的个体，即使在古老的过去也是如此……出于科学解释的目的，可以把文化进程看作一种自成一类的事物；文化只有用文化对其进行解释，才能解释得通。

换句话说，我们应该忘记像“你”这样的单个个体心理，因为它是一个巨大的社会文化系统的细小而又微不足道的构成部分。有价值的是群体心理，它能够自行进行思考、感觉和行动。

超机体学说不仅是社会科学家笔下的产物，它还对现代社会生活产生了影响。它为那种把“社会”具体化为一个如同人一样的道德主体，从而可以指责其罪恶面的观点提供了理论基础。它促进了认同政治的形成，公民权利和政治特权被赋予的是群体而不是个体。正如我们在后面的章节中将要看到的那样，它也勾勒出了 20 世纪的主要政治体制间的一些显著差异。

怀疑论者钟爱“高贵的野蛮人”

“白板说”并不是社会科学家们感到有必要给予支持的唯一官方理论。他们也试图将“高贵的野蛮人”学说视作圣典。米德把土著人刻画成了和平的、平等主义的、物质上满足的、两性之间不存在冲突的形象。这种与我们过去社会一致（因此我们可以再次创造这种社会）的振奋人心的形象，被其他一些像伯特兰·罗素和 H. L. 门肯（H. L. Manchen）这样的持怀疑论的学者所接受。阿什利·蒙塔古（也属于博厄斯学术圈）这位公共知识分子自 20 世纪 50 年代到其去世之前都很有名，他一直孜孜不倦地强调“高贵的野蛮人”的论点，以满足我们对和平友爱的需求，并对那些认为这种努力注定徒劳无功的看法进行反驳。例如，在 20 世纪 50 年代，蒙塔古为新成立的联合国教科文组织起草了一份声明，宣称“生物学研究为普适的友爱伦理提供了支撑，因为人生来就有合作的内驱力，除非这些需求被满足，否则个人和国家都会呈现出一种病态”。一想到第二次世界大战中 3 500 万受害者尸骨未寒，任何一个有理智的人都会怀疑生物学研究怎么能够为和平友爱提供支撑，因此，这份声明被拒绝了。但是在接下来的几十年中，蒙塔古却有着极好的运气，因为联合国教科文组织和其他很多学术协会都采取了类似的立场。

从更一般的意义上来看，社会科学家把人的可塑性和文化的自主性视作一种圣典，认为它们有助于实现人类由来已久的完美主义梦想。他们认为，人类不会一直处于我们并不喜欢的困境之中。除非我们缺乏意志，愚昧地坚信生物学构造决定人类要永远受制于这种困境，否则，没有什么能够阻挡人类去改变这种困境。很多社会科学家都表达了对一种全新的、经过完善的人类本性的期望：

奥托 · 克兰伯格（Otto Klineberg, 1928）

我觉得不论何时用数据来检验，从环境角度来进行解释都是更为可取的，因为它更乐观，为我们提供了改造人类的希望。

查尔斯 · 埃尔伍德（Charles Ellwood, 1922）

现代社会学和人类学都认为，文化物质或者说文明就是社会传统，这种社会传统通过学习能够极大地改造个体，从而实现一种更幸福、更美好的人与人之间的相处之道……因此，对制度的科学研究唤醒了改造人类本性、改造人类社会生活的信仰。

罗伯特 · 法瑞斯（Robert Faris, 1961）

那种认为任何人都可以学会任何事物的新乐观主义，使得许多知识领域的障碍都被远远甩在了后面……我们已经放弃那种认为人的能力是某种固定的心理结构的观念，并开始认识到，人的能力是极具弹性和多样性的，能够得到极大的改善。

虽然心理学的政治化程度不如其他社会科学严重，但它有时也会受到乌托邦观念的驱使：认为改变儿童养育和教育方式将会改善社会的种种病态和人类福祉。心理学家有时也会赋予联结主义和其他经验主义理论以道德意蕴，反对那些先天论具有的消极含义。例如，他们认为，先天论为强调先天差异的观念打开了大门，可能会导致种族主义的滋长，这种理论还意味着人的特性是无法改变的，从而弱化了对那些改善人类生存的社会计划的支持。

从“因果关系”到“机器中的幽灵”

20 世纪的社会科学不仅包含了对“白板说”和“高贵的野蛮人”的研究，还包括对“机器中的幽灵”的研究。那种宣称我们可以改变我们所不喜欢的自身缺陷的观点成了社会科学的口号。但这只会引发此类问题——我们是谁或者我们是什么。如果那些能够改变自身缺陷的“我们”只是人之外的其他生物，那么我们发现的任何行为的可塑性都无济于事，因为我们作为改造者，从生物学上来讲是受到种种限制的，因此我们可能不是改造者，或者我们能让自己按照对社会最有益的方式成为被改造者。正是“机器中的幽灵”把人类意志（包括改变社会的意志）从机械论的因果关系中解放了出来。人类学家洛伦·艾斯利（Loren Eiseley）也清晰地表达了这一思想，他写道：

> 人类的心灵，由于它的不确定性、进行选择的力量以及文化沟通，正处在逃离决定主义世界观的盲目控制的边缘，达尔文主义曾无意识地用这种世界观来束缚人类。极端主义的生物学者赋予人类的先天特性化为了泡影……华莱士看到，而且是相当准确地看到，随着人类的出现，生理器官的进化已经相当不重要了，心灵已然成了人类命运的主宰。

艾斯利在文中提到的“华莱士”指的是阿尔弗雷德·拉塞尔·华莱士（Alfred Russel Wallace, 1823—1913），他与达尔文分别独立发现了自然选择理论。与达尔文不同的是，华莱士认为，人类的心理不能用进化来解释，它只能是更高等级的智慧设计的产物。华莱士确信，人类的心理能够逃离“决定主义世界观的盲目控制”。华莱士成了一个唯灵论者，他的余生都用在寻找与逝者的灵魂进行沟通的方法上。

认为文化可以与生物学截然分开的社会科学家们可能不会相信，人的头脑中存在着一个四处游荡的幽灵。有些学者则用生物和非生物之间的区别来进行类比。克罗伯写道："社会的发端……不是任何链条中的一环，也不是某条道路上的一步，而是迈向另一个水平的跳跃……（它就像）无生命的宇宙中第一次出现了生命……从这一刻起，这个宇宙中便有了两个不同的世界。"洛维坚持认为，文化是"自成一类"的，并且只能用文化来对其进行解释，"不是神秘主义，而是正确的科学方法"，因为每个人都知道，在生物学里一个有生命的细胞只能来自另一个有生命的细胞。

在克罗伯和洛维进行研究的时代，他们的论点得到了生物学发现的支持。很多生物学家相信，生命体是由一种特殊的要素—— 一种重要的活力赋予其生命的，它不能还原成无生命的物质。1931 年，一本生物学历史书在提及那个时代所理解的遗传学时曾这样写道："这种最新的生物学理论使我们明白自己是从哪里开始的，它展示了一种叫作生命或者心灵的力量，这种力量不仅是自成一类的，而且它展示出来的每种特性都是独一无二的。"在第 3 章中，我们将会看到文化自主性和生命自主性之间的类似之处，这将比社会科学家们了解到的更加生动。

连接生物学与文化的四座桥梁

1755 年，塞缪尔·约翰逊（Samuel Johnson）写道：“人们不应该寄希望于他的词典能够改变尘世（sublunary）的本质，让世人彻底摆脱愚昧、空虚和虚伪。”现在已经很少有人熟悉“sublunary”这个有趣的词了，其字面意思是“月亮之下”，它暗指一种很古老的观念，即认为原始淳朴、受自然规律支配、亘古不变的宇宙，与人类居住的污浊、混乱、变幻莫测的位于其脚下的地球之间存在着严格的界限。当约翰逊使用这个词的时候，这种界限的含义早已过时了，因为艾萨克·牛顿（Isaac Newton）已经证明，使苹果落在地上和使月球在天上的轨道中运行的是同一种力量。

牛顿的理论认为，宇宙间万事万物的运动都遵循同一个规律，因此该理论也是人类认识发展史上具有头等作用的重大事件：这就是知识的统合，生物学家爱德华·威尔逊（E.O.Wilson）称之为“逻辑上的一致”。牛顿突破了竖立在天地之间的这面墙，在此之后，曾一度竖立在充满创造性的过去和停滞不前的当下之间的同样牢不可破的那面墙（现在同样被遗忘了）也很快坍塌了。这些事情发生在这一事实之后：查尔斯·莱尔（Charles Lyell）证明，地球地表的形态是在我们今天能够看到的外力（如地震、侵蚀等）作用下长年累月塑造而成的。

生命体与非生命体也不再存在于各自不同的世界。1628 年，威廉·哈维（William Harvey）证明，人的身体就是一台机器，是依靠水压和其他机械原理运作的。1828 年，弗里德里希·沃勒（Friedrich Wohler）证明，生命的构成元素并非一种神秘的、极度活跃的凝胶，而是完全遵循化学规律的普通化合物。查尔斯·达尔文揭示出，生命的丰富多样性以及大自然中无处不在的造物迹象很可能源于复制基因中表现出的自然选择的物理过程。格雷戈尔·孟德尔（Gregor Mendel）以及后来的詹姆斯·沃森（James Watson）① 和弗朗西斯·克里克（Francis Crick）证明了如何运用物理学术语来理解复制过程本身。

人类对生命的理解和对物质与能量的理解，这两者之间的统一，算得上是 20 世纪后半叶最伟大的科学成就了。它所产生的诸多结果之一便是推翻了诸如克罗伯以及洛维等一些社会科学家的观点，他们用“听起来貌似科学的方法”，将生命体和非生命体置于完全没有交集的两个世界。我们现在已经知道，细胞并不总是来自其他细胞，生命的出现也并不会创造出一个不同于它出现之前的那个世界的第二个世界。细胞是由更为简单的被复制的分子演化而成的，物理世界中的非生命部分，或许可以被理解为分子零件构成的机器的集合，当然是那种看起来很荒谬的复杂机器，但确实是机器。

这就在知识领域里竖起了一面墙，而且是 20 世纪的社会科学家们曾经非常警觉地捍卫的一面墙。它将物质与心灵、物质的与精神的、生理的与心理的、生物学与文化、天性与社会环境、科学与社会科学、人文及艺术区分开来。这一区分融入了官方理论的每一种学说中：生物学概念上的如同白板的大脑与经验和文化对心灵的塑造之间的对立，野蛮人天生状态的高贵与社会机制的堕落之间的对立，遵循必然规律的机器与能够自由选择并改善人类生存状态的幽灵之间的对立。

但是，这面墙也正在倾覆。产生于心理学、脑科学、遗传学和进化论这四种前沿知识中的新观念正在突破这面墙，这些新观念展示给我们关于人性的全新理解。在本章中，我将阐述这些新观念是如何认为白板一块的大脑其实是有着各种

① 詹姆斯·沃森，20 世纪分子生物学的带头人之一，1953 年和弗朗西斯·克里克发现 DNA 双螺旋结构，获得诺贝尔生理学或医学奖，被誉为“DNA 之父”。其著作《双螺旋》（插图注释本）中文简体字版已由湛庐引进，浙江教育出版社出版。——编者注

天赋的，又是如何贬斥“高贵的野蛮人”的看法的，最后又是如何将幽灵从机器中驱逐出去的。在第 4 章中，我将会介绍人性以及与生物学有关的新概念，并阐释它们如何与上述这些人文及社会科学产生关联。这一新概念能够赋予文化现象应有的地位，而不是把它隔离在另一个不同的世界里。

桥梁 1：心理学和认知科学

生物学与文化之间的第一座桥梁是心理学和认知科学。自从人们开始反思自己的思想和情感以来，心灵这一概念就一直困扰着我们。在各个历史时期和各种文化背景下，正是这一概念衍生出了各种互相矛盾的、迷信的以及怪异的理论。20 世纪前半叶的行为主义者和社会建构主义者们认为，心灵是高深莫测的或者说它是一个概念上的陷阱，因此，最好避免谈论这一概念，这样才能更好地认识外在行为或文化特性，对此观点几乎所有人都深表认同。

然而，20 世纪 50 年代伊始出现的认知革命，使一切都发生了改变。现在，认识心理活动过程已经成为可能，甚至还能够在实验室中对之进行研究。紧紧抓住心灵这一概念，我们可以看到，“白板说”中那些曾经非常引人注目的信条，现在看起来却显得无足轻重甚至逻辑不通。下面，我们将介绍认知革命所引发的五种观念，正是它们改变了我们看待和谈论心灵的方式。

第一种观念：可以通过信息、运算、反馈等概念，将心理世界置于物理世界中加以理解。长久以来，精神与物质之间的天壤之别一直被看作是很自然的事情，因为与其他物理事件相比，行为似乎是由另一套不同的发动机制所引发的。看上去显得一般的事物都受到因果关系的制约，而人类的行为则受到动机的驱使。我曾经参与过一期主题为“科学能否解释人类行为”的 BBC 电视辩论赛。反对这一命题的一位哲学家说，这是在蓄意煽动种族仇恨，并且质问我们：为什么有些人会被关进监狱，这该如何解释？她说，目的、仇恨，甚至监狱，这些概念并不能用物理学语言来描述。用分子运动术语来界定“仇恨”或“监狱”绝对不可行。她认为，对行为的解释就像是叙述故事一样，要根据行为者的意图来表达，这与自然科学完全不在一个层面上。或者举一个更简单的例子：我们如何解释为什么雷克斯径直走到了电话机旁？我们不可能说，电话机产生的刺激致使雷克斯的胳膊做出了弧形的摆动。相反，我们可能会说，雷克斯想与他的朋友塞西尔通话，并且他还知道塞西尔在家中。除此之外，没有其他更有预测力的解释了。如果雷克斯不再同塞西尔交往，或者他记得这天晚上塞西尔出去玩保龄球了的话，他的身体就不会从沙发上起来。

一边是物理事件，另一边是意义、内容、观念、原因和意图，数千年来，两者之间的鸿沟似乎将宇宙一分为二。那些同“被煽动的仇恨”或“与塞西尔进行对话的想法”同样虚无缥缈的东西如何能够让物质在空间里产生运动？然而，认知革命运用一种极具影响力的新理论将理念世界与物质世界统一了起来，该理论认为，可以用信息、运算、反馈这些术语来解释心理活动。信念和记忆都是信息的集合，就如同数据库中的资料一样，只不过它们存在于行为模式和大脑结构中。思维和计划是这些模式系统化的转换形式，就像计算机程序的运行一样。期待和尝试属于反馈环路，它们同自动调温器的原理是一样的：在接收到关于目标状态和当前状态之间不一致的信息后开始执行操作，以试图消除这一差异。将内心世界与外部世界连接在一起的是我们的感知器官，它们负责将外部的物理能量转化为大脑可以识别的数据结构，然后大脑通过运动程序来控制肌肉的动作。

这一基本观念可以被称作心智计算理论。它同心灵的“计算机隐喻”并不完全是一回事，这一隐喻认为，心理活动的原理同人们发明的数据库、计算机程序或者自动调温器一样。心智计算理论认为，我们在对人的心理和人工信息处理器进行解释时，可以使用相同的原则。这一点，就像自然界与人类工程学之间存在重合的情况一样。生理学家可能会运用相同的光学原理来解释人眼与照相机的工作原理，但这并不意味着眼睛与照相机在每一处细节上都是相同的。

心智计算理论并没有借用“机器中的幽灵”这一理论下对认识、思考以及尝试进行了解释，尽管这些足以让人发出惊叹。该理论还解释了这些过程是如何得以智能化的，即理性是如何从没有意识的物理过程中产生的。如果储存在大块物质（如大脑组织或硅元素）中的信息转化序列反映了演绎的顺序，遵循世界上的逻辑规则、概率规则或因果关系，那么它们就能够对这个世界进行正确的预测。在搜索目标时能做出正确预测，这是对“智力”的完美界定。

当然，天下之大，无奇不有。事实上，霍布斯对心智计算理论早有预言，他曾将心理活动描述成极其细微的动作，并认为“推理仅仅是一种计算”。三个半世纪之后，科学研究已经开始证明霍布斯的预言，对感知、记忆、想象、推理、决策、言语以及动作控制进行了实验研究，并且成功地将它们模拟为诸如规则、字符串、矩阵、指示器、列表、文件、目录、排列、环路、命题和网络等运算技术。比如，认知心理学家们正在研究头脑内部的图表系统，并据此来解释人们如何通过心理表象的方式来“看”到问题的解决方法。他们正在研究长时记忆中的概念网络，并以此来解释为何某些事情要比其他事情更容易被回忆起来。他们还研究言语系统如何进行信息处理和记忆，进而探讨为何某些语句读起来很轻松，而有些语句读起来则很费劲。

如果说心智计算理论证明了普通物质也能够完成那些被认为只有心理元素才能实现的神奇功能的话，那么与其邻近的人工智能领域则进一步证实了这一观点。20 世纪 50 年代，计算机已经被称作“电脑”，因为它们具有运算、整理数据、证明命题的功能。很快，它们就能够纠正拼写错误、处理排版、解方程，并能够在那些诸如挑选股票、诊断疾病等具有严格要求的项目上模拟专家所扮演的角色。数十年来，心理学家告知我们，没有任何计算机能够阅读文本、翻译语言或识别面孔，从而维护了人类自我吹嘘的权利。但是这些自我吹嘘现在已经过时了。今天，能够识别印刷体字母和口语的软件都已经安装在了家用计算机上。在许多研究工具和帮助程序中，用于帮助理解或者翻译语句的基本程序都是可以利用的，并且正在逐步得到完善。面部识别系统的发展更是让一些公民自由意志论者担心，在公共场所将这一系统与监控摄像头结合起来使用可能会带来一些弊端。

那些人类中心主义者仍可能会将这些低水平的奇迹抹杀掉。的确，他们说这些输入和输出过程可以勉强用计算模型来表示，但这仍然离不开具有判断、反思和创造性等能力的人类使用者。然而，根据心智计算理论，这些能力依然是信息加工的形式，可以在计算机系统中得以执行。1997 年，一台被命名为“深蓝”

的 IBM 计算机打败了国际象棋世界冠军加里·卡斯帕罗夫（Garry Kasparov），与它的前辈不同的是，深蓝并非只通过简单模式匹配算法来对棋子数以万计的下法进行评估，而是运用了对比赛中的棋局做出智能化的反应策略。《新闻周刊》称这一比赛为“人脑的背水一战”。卡斯帕罗夫称这一比赛结果为“人类的终结”。

或许你仍旧会质疑：国际象棋比赛只是一种具有离散步骤，且只有一个明确胜利者的人工情境，这种情境完全适合于严格遵循规则的计算机。而另一方面，人们生活在一个纷繁复杂的世界中，其中蕴含着无限可能的步骤和模糊不清的目标。这自然就需要人们具备创造性和直觉判断能力，这也正是为何每个人都明白计算机永远不可能谱写一首曲子、撰写一部小说或者画出一幅画的原因。然而，也许所有人都错了。最新的人工智能系统已经编写出了令人难以置信的短篇小说，谱写出了令人折服的莫扎特般的交响乐，绘制出了非常具有感染力的人物及风景图画，以及构思出了非常巧妙的广告创意。

上述这些并非表明人类大脑的工作原理如同一台数字计算机，也并非表明人工智能在将来可以完全复制人类的心理活动，也并非说明计算机具有意识，能够感受当事人的主观体验。但这的确证明了推理、智能、想象和创造性属于信息加工的表现形式，而信息加工则是人们熟知的物理过程。在心智计算理论的帮助下，认知科学至少已经驱除了机器中的一个幽灵。

第二种观念：人的心灵不可能是一块白板，因为白板是不能做任何事情的。只要人们对人类心灵是什么或者对它的运作方式不甚明了，他们就不会排斥“受环境塑造的白板”这一隐喻。但是，只要人们开始认真思考什么样的运算可以使一个系统能够观察、思考、说话以及制订计划，那么，由“白板说”引发的问题就更加明显：白板什么也做不了。外部环境对心灵的塑造将永远停留在空白状态，除非有某种事物启动了该塑造过程中的各种模式，并且将这些模式和大脑在其他时间段内习得的模式联结起来，然后依靠这种联结将新的思想铭刻在大脑中，并对结果进行检查，以引导行为逐步接近目标。洛克认识到了这一问题，并暗示其中的“某种事物”可以被称作“理解”，它能看到大脑中的印刻并执行认知、思考及联想等活动。不过，用这一被称作“理解”的“某种事物”来解释大脑如何实现“理解”，这本身就属于一种循环。

戈特弗里德·威廉·莱布尼茨（Gottfried Wilhelm Leibniz, 1646—1716）在给洛克的信中，简洁地表达了他反对“白板说”的观点。莱布尼茨重复了经验主义者的箴言：“智力中的所有内容无一不是先进入人的感官世界的。”然后他又补充道：“除了智力本身。”如果心灵中的“某种事物”是学习成为可能的唯一机制，那么它必须是先天的。这一“某种事物”看到的必须是一个客观真实的世界，而不是一个万花筒般千变万化的虚幻世界。这一“某种事物”必须能对语句的内容进行推断，而不是反复琢磨具体的措辞问题。这一“某种事物”必须对他人试图实现目标的行为进行解释，而不是单纯地描述四肢的运动轨迹。

依照洛克的逻辑，人们可以将这些技能看作由某种抽象的事物造就的——也许不是“理解”，而是“学习”“智力”“可塑性”或者“适应”。但正如莱布尼茨所说的那样，这样做就等于“依靠虚构的能力或超自然的特性来‘维持体面’……想象它们就像是小魔鬼，能够随心所欲而不受阻挠，就好像怀表通过特定的钟表机制而无须齿轮就可以准确报时，或者就好像磨盘通过摩擦装置而无需任何的粉碎器械就能够打磨谷物”。莱布尼茨同霍布斯（对他产生极大影响的人）同样都认识到，智力是一种信息加工形式，需要复杂的机制才能实现这一过程。在这一点上，他们的认识是超越那个时代的。正如我们现在所知道的，当计算机刚从装配线上生产出来时，它并不能够理解语言或者识别文本，使用者必须先安装适当的软件才行。同样，这种情况也适用于高度复杂的人类行为。认知模型的支持者发现，诸如绕着家具走、理解语句、回忆事实和猜测某人的意图等平常活动都属于难以克服的工程问题，处于或者超出了人工智能的前沿水平。认为某种被称作“文化”的事物塑造而成的彩色橡皮泥（即大脑）能够解决上述问题的观点，并不能解开人们的疑问。

这并不是说，认知科学家们已经将天性与教养之争完全置于了脑后，现在关注的是人类的心理活动究竟在多大程度上是由大脑中的神经回路决定的，这样一来，这场争论就是沿着连续的统一体进行的。处于争论一端的是哲学家杰瑞·福多（Jerry Fodor），他认为，所有的概念应该都是先天就有的（甚至包括像“门把手”和“钳子”这样的概念），还有语言学家诺姆·乔姆斯基（Noam Chomsky），他认为，“学习”这个词语具有误导性，相反，我们应该说儿童“生成了”语言。

争论的另一端是包括戴维·鲁姆哈特、詹姆斯·麦克兰德、杰弗瑞·艾尔曼（Jeffrey Elman）以及伊丽莎白·贝茨（Elizabeth Bates）等人在内的联结主义者，他们建构了相对简化的计算机模型，并将生命智慧排除在外。因为持第一种极端立场的学者主要来自麻省理工学院，所以那些狂热者将这种立场称为“东极”，这是一个神秘的地方，从这里出发所有的方向都是西方。这些人将第二种极端立场（持这种立场的学者主要来自加利福尼亚大学圣迭戈分校）称为“西极”，这也是一个神秘的地方，从那里看去，所有的方向都是东方。这些名词是福多在麻省理工学院的研讨会上提出的，他严词谴责“西海岸的那些理论家们”。这些词还来自某位不知名的人士，他指出，从技术上来讲，那些在耶鲁大学工作的理论家们应该是位于东海岸的。

然而，这里要讲的是为什么东–西两极之争不同于那些使哲学家们痴迷了数千年的问题：因为双方都不相信“白板说”。所有人都承认，如果没有先天的学习回路，就不可能存在学习。在西极宣言《关于天性的再思考》（*Rethinking Innateness*）这本书中，贝茨和艾尔曼以及他们的合作者很坦然地承认了这一点：“没有任何一种学习理论能够完全脱离理论内容，写字板也不会完全成为白板的。”他们解释说：

> 存在这样一种普遍的看法，即联结主义模型（或者模型提出者）都热衷于这种经验主义的极端形式；他们对任何形式的先验知识都像对瘟疫一样唯恐避之不及……很显然，我们并不赞同这种观点……我们有充分的理由相信，对学习模型限定一些先决条件很有必要。事实上，所有的联结主义模型必然要提出一些被认为是构成先天限制的假设。

这两种意见的争论虽然很有意义，但太拘泥于细节：存在多少种先天的学习网络机制？它们如何负责一些特定的工作任务？我们将在后面探讨这些争议。

第三种观念：头脑中有限的程序组合能够产生无限多的行为反应。行为科学已经以另一种方式削弱了“白板说”和“机器中的幽灵”学说。之前，人们嘲笑那些假设：从与动物世界相似的意义上来讲，人类行为是“由遗传决定的”或者可以说是“进化的产物”，这些嘲讽都是可以被谅解的。人类行为并非像鱼攻击红点或者母鸡孵蛋那样属于本能的条件反射。相反，人们会崇拜上帝，在网络上拍卖劣质艺术品，在听摇滚时做出佯装弹奏吉他的动作，为弥补过去的罪孽而采取斋戒，佯装将草坪躺椅构筑成堡垒，等等。看起来，人类拥有无限多的行为。看一眼《国家地理》就可以发现，即便是当前文化当中最奇怪的行为，也没有超出人类的能力范围。如果任何行为都有可能发生，那么人们可能会想，我们究竟是橡皮泥，还是不受任何束缚的行动者呢?

但是心理的计算机化取向已经使这种看法显得过时了，而早在“白板说”涌现的年代里，心智计算理论是根本无法被想象的。最明显的一个例证便是乔姆斯基的语言学革命。语言是创造性的体现，是变化着的行为。许多话语都是全新的词语组合，之前在人类历史上从未出现过。我们不像娃娃那样，身体内部有着固定的装置，面对刺激时能发出几种套路固定的声响来。但乔姆斯基指出，语言的开放性也并非完全没有条件；它遵循一定的规则和模式。一个说英语的人能够讲出一串前所未有的词语，比如“Every day new universes come into existence”（每天都有新的宇宙诞生），或者“He likes his toast with cream cheese and ketchup”（他喜欢吃烧烤冰激凌和番茄酱），或者“My car has been eaten by wolverines”（我的汽车被狼獾吃了）。但没有一个人会讲“Car my been eaten has wolverines by”（汽车，我的，被吃了，是狼獾），或其他类似可能的英语单词顺序。人类头脑中的某种事物必然能够生成更高级的系统化的词语组合，而不是任意的词语组合。

头脑中的这种事物属于一种软件，一种能够形成新的词语排列的生成语法。诸如“一个英语句子里面包含一个主语和一个谓语”“一个谓语里面包含一个动词、一个宾语和一个补语”“吃饭的主语是吃饭者”等一系列语法规则可以解释人们讲话时表现出的无穷创造力。因为有数千个名词可以起到主语的作用，几千个动词可以起到谓语的作用，所以个体就拥有数百万种遣词造句的方法。这些可能的组合很轻松地就能增长到非常庞大的数目。的确，语句的总数从理论上来讲是无限多的，因为语言规则使用了一种叫作递归的策略。递归策略可以允许一个短语中包含与其本身有关的例子，比如“She thinks that he thinks that they think that he knows”（她想他认为他们认为他知道）这样的句子就属于此类，而且这样的句子可以一直延续下去。如果语句的数目是无限的，那么可能产生的思想和意图也将是无限的，因为从本质上来讲，每句话表达的都是不同的思想和意图。语言中的组合语法与头脑中其他的组合程序相互配合，产生出了思想和动机。这样一来，大脑的各个部分之间有限的组合方式就能够通过肌肉的活动产生无限多的行为。

一旦从心理软件而非身体行为的角度来考虑问题，那么不同人类文化间根本性的差异将大大缩减，由此也引出了第四种新观念：人类普遍拥有的心理机制可以解释文化间的表面性差异。我们可以再次用语言作为行为无限性的一个范例。人类大概能够说出 6 000 种相互之间不可理解的语言。然而，他们头脑中语法程序上的差异要远远小于他们口头言语间的差异。很久以前，我们就已经知道，所有的人类语言都可以传递同一种思想。《圣经》已经被翻译成数百种非西方语言和文字，在第二次世界大战期间，美国海军陆战队从印第安土著部落纳瓦霍族（Navajo）招募士兵，并利用该族的古老语言来传递跨越大洋的秘密情报。任何语言都可以用来传递任意的旨意（从神学上的寓言到军队的指令），这表明所有语言都如出一辙。

乔姆斯基提出，从单一模式上来看，个体的语言生成语法是变化的，他将这一语言生成语法称作通用语法。比如，在英语中，动词总是位于宾语之前，如“drink beer”（喝啤酒），介词总是位于名词短语之前，如“from the bottle”（从瓶中流出来）。在日语中，宾语则总是出现在动词之前。但是，可以很明显地发现，这两种语言中都包含有动词、宾语以及开头用的前置词或后置词，而不是人们可能想象出的其他无数种用于支撑交流系统的语言搭配。而且，很显然，这些毫无关联的语言都以一个中心语（如一个动词或介词）和一个补语（如一个名词短语）来构造短语，并且这两者都以同样的顺序排列。在英语中，中心语往往出现在最前；在日语中，中心语却是在最后出现。但在短语结构的其他诸多方面，这两种语言之间有着惊人的相似性。从逻辑上来讲，常见的中心语和补语类型的排列顺序可以有 128 种可能，但世界上 95% 的语言都属于这两种排列顺序中的一种：

或者是英语的顺序，或者是其镜中影像（两者正好是翻转的），即日语的顺序。对于这种一致性，最简单的总结是，除语法中的参量或转换形式要么是属于“中心语在前”，要么是属于“中心语在后”之外，所有语言的语法都是相同的。最近，语言学家马克·贝克（Mark Baker）总结出 12 种变量，这些变量简洁明了地说明了世界上现有的各种语言之间的差异。

从这些通用模式中抽取出变异，并非仅仅是一种对一大堆杂乱无章的数据进行整理的方法，它还能够提供一些线索，有助于我们了解那些使学习成为可能的先天神经回路。如果将规则的通用部分植根于神经回路，那么当婴儿首次学习讲话时，就可以对他们加以引导，也就能够解释为何在没有指导的情况下，儿童可以如此轻易而又无一例外地学会语言。儿童并非只将妈妈口中的发音作为一种有趣的声音而进行逐字逐句的模仿，或者任意将其分割为很小的部分，相反，他们在认真地捕捉其中的中心语和补语，并注意到了它们呈现的先后顺序，然后再构建一套同这一顺序相一致的语法体系。

这一观念也可以解释其他方面的跨文化差异。许多赞同社会建构主义的人类学家声称，类似于生气这样一些为我们所熟知的情绪，在某些文化中却是不存在的。一些人类学家还声称，没有任何情绪的文化是存在的！例如，凯瑟琳·卢茨（Catherine Lutz）曾写道，伊法鲁克人（Ifaluk，密克罗尼西亚的伊法鲁克岛上的居民）不会体验到我们所谓的“生气”，相反他们会体验到被称为“song”的情绪。“song”是一种愤怒的状态，是被有悖道德的行为（如触犯宗教禁忌，或者狂妄自大）激发出来的。它允许人们躲避、厌恶犯忌者，或者对其进行恐吓和非议，却很少进行身体上的攻击。“song”这种情绪指向的对象会体验到一种不为西方人所知的情绪“metagu”，“metagu”是一种恐惧的情绪状态，并迫使其向感受“songful”的人表示道歉、交罚款或者赠送礼物，以平息对方的情绪。

哲学家罗恩·玛伦（Ron Mallon）和史蒂芬·斯蒂奇（Stephen Stich）受乔姆斯基和其他认知科学家的启发提出：伊法鲁克人的“song”和西方人的“anger”（生气）是否属于同一种情绪，这一问题是对表示情绪的词汇含义的诡辩——应当根据外显行为还是内在心理运算来对它们进行界定。如果一种情绪是根据行为来进行界定的，那么各个文化之间的情绪自然会存在很大差异。伊法鲁克人如果看到一个女性在月经期间仍在芋头地里干活或者看到一个男人走进产房时，情绪反应会很激烈，而我们则不会。我们会对那些进行种族侮辱或者竖起中指的人产生强烈的情绪反应，但伊法鲁克人并不会对此类行为产生情绪反应。而如果依照心理机制，诸如保罗·艾克曼（Paul Ekman）、理查德·拉扎勒斯（Richard Lazarus）等心理学家称作“情绪程序”或者“如果－那么公式”的这些计算机术语来界定一种情绪的话，那么我们和伊法鲁克人之间的那些差异就不存在了。我们也许都拥有一个程序，即当我们的利益或尊严受到侵犯时，它能够产生一种非常强烈的不愉快情绪反应，促使我们去惩罚或者要求赔偿。但关于什么是侵犯，在某些特定的情境中我们是否觉得怒目而视可以被许可，我们认为自己应当获得多少补偿等都取决于我们的文化。刺激与反应可能是不同的，但心理状态却是相同的，无论它们是否能被我们语言中的词语准确无误地表达出来。

以语言为例，如果没有某些能进行心理运算的先天机制，我们就没有办法去学习文化中必须掌握的内容。激发伊法鲁克人产生“song”这种情绪的情境包括冒犯宗教禁忌、懒惰、无礼、拒绝合作，却不包括尊重宗教禁忌、善良谦恭和替他人着想，这并不是巧合。伊法鲁克人将前三种情况视作是相似的，因为它们唤起的是同一种情绪程序，被认为是冒犯的。这样就可以使人很容易明白，它们唤起的是相同的反应，人们更可能将这三种情况同等看待，认为它们会唤起某种单一的情绪。

道德包括一些人们熟知的行为类型，如婚姻习俗、食物禁忌和民间迷信等，它们在不同的文化中自然会有所差别，并被人们所习得，但它们产生的心理运算的深层机制或许是先天固有且通用的。人们的穿着可能会大不相同，但每个人都在努力通过自己的外表来展示自己的身份。他们可能只是尊重自己家族其他成员的权利，或者将这种对他人的尊重延伸至了自己所在的部落、民族、国家或种族，但所有人都会把世界一分为二地划为内群体和外群体。将哪些结果归为人类这种具有意识性的生物的某种意图的产物，在这一问题上人们之间可能存在差异。比如，一些人只承认手工制品是人类意识的产物，另一些人则相信疾病来源于敌人施加的神秘咒语，还有一些人则认为世界上所有生命都是由造物主创造的。但他们都在借助于有精神的实体概念来对某些事情进行解释，认为这些实体为了实现其目的而导致了事情的发生。那种认为受自然规律支配的是意识而非行为的观念与行为主义者的观点正好相反。

第五种观念：心理是由许多互动的部分组成的一个复杂系统。心理学家对不同文化中的情绪进行了研究，并得到了另一重大发现。在自然状态下，各个地方的人的面部表情看上去都一样，但在某些文化中，一些高雅阶层的人逐渐学会了保持面无表情。对此，一种简单的解释是，对所有人来说，情绪程序总是以同样的方式唤起情绪，但另一种独立的“表现规则”决定着这些情绪在何时才可以表现出来。

这两种机制之间的差异强调了另一种关于认知革命的观点。认知革命开始之前，评论者们借用了大量诸如“智力”“理解”之类的黑箱子，对人性进行了粗略的描述和判断，比如，从本质上讲，我们是高贵的或卑劣的。但现在我们知道，人的大脑并非只是一个被注入了单一能量或整体特性的均匀球体，而是模块化的，它是由许多部分共同协作，共同生成一套思想或者有组织的行为。大脑具有一套独特的信息加工系统，可以起到排除干扰、掌握学习技巧、控制身体、记忆事情、暂时储存信息、储存和执行规则等功能。进入该信息加工系统的内容包括分配至诸如语言、数字、空间、工具和生活事件等不同方面的心理能力（有时候被称为多元智力）。东极学派的认知科学家们对此提出疑问说，基于内容的心理模块受到基因的作用，会产生极大的分化；而西极学派的认知科学家们则认为，起初这些模块之间只存在非常细微的注意偏差，在感觉输出阶段，这些偏差才扩大到了统计学意义上的差异。然而，这两派都认为，大脑并非一个均匀的肉球，还可以在情绪程序中发现另一层面的信息加工系统，即动机和情感系统。

那么结果便是：产生于一种模块的某种欲望或习惯可能会以不同的方式被其他某些模块转化为行为（或者完全受到压抑）。举一个简单的例子，认知心理学家认为，被称作“习惯系统”的模块是我们倾向于产生特定的习惯性反应的基础（如我们看到一个书面词语时，就会自动地产生默读的反应倾向）。但另一个被称作“注意监控系统”的模块则可以克服这种反应情绪，并将注意力集中到与当前问题相关的信息上，如对词语的印刷字体、颜色进行命名或想出一个与该词语相匹配的动作。

从更一般的意义上讲，心理系统之间的相互作用可以解释人们如何怀有了他们之前从未产生过的复仇性幻想，或者只是在心里面想象自己犯了强奸罪。产生于认知革命的人性论，与犹太-基督教的人性论以及弗洛伊德的精神分析理论之间有着更多的共通之处，而与行为主义、社会建构主义以及其他版本的“白板说”之间的共通之处则较少。行为并非只是简单地输出和诱发，也并非直接源自文化或社会。行为产生于大脑内部具有不同行为指向和目标的心理模块之间的竞争。

认为人的大脑是一个具有普适性和生成性的运算模块的观念来自认知革命，它消除了长达数个世纪的人性之争。如果现在继续追问：人类是具有可塑性的还是已经被程序设计好了的呢？各种文化背景下人们的行为是一致的还是不同的？行为是后天习得的还是先天固有的？我们的本性是善良的还是邪恶的？那就是在误导人们。人类的行为是灵活的，因为他们具有预设的程序：人类头脑内部存在着合成的软件，能够产生无限多的思想和行为序列。人类行为可能因文化不同而存在差异，但生成行为的心理程序在构造上并不一定存在差异。明智的行为可以被个体成功掌握，因为我们拥有先天的能够学习的系统。同时，所有人都可能同时具有善良和邪恶的动机，但并不是每个人都会按照同样的方式将它们转化为行动。

桥梁 2：认知神经科学

第二个在心灵与物质之间起纽带作用的是神经科学，尤其是认知神经科学，它研究的是认知和情感在大脑中是如何实现的。弗朗西斯·克里克写了一部有关大脑的书，叫作《惊人的假说》(*The Astonishing Hypothesis*)，书中间接地提到，人类所有的思想和感受，欢乐和痛苦，梦想和愿望，都存在于我们大脑的活动中。一些冷嘲热讽的科学家们认为，这一观念是理所当然的，他们还嘲笑这一标题，但克里克并没有错：对大多数人来说，这个假设确实非常令人惊讶，他们也是第一次停下来对它进行认真思索。当受监禁的德米特里·卡拉马佐夫（Dmitri Karamazov，俄国著名作家陀思妥耶夫斯基小说《卡拉马佐夫兄弟》中的人物）试图弄懂他刚刚从学术访问中学到的内容时，又有谁不能够理解他呢？

> 你想象一下：在神经里，在头脑里——也就是，在大脑中的这些神经里……有一种小尾巴（真见鬼！），就是那些神经上的小尾巴，只要它们一哆嗦……也就是，我抬眼望一望什么东西，就这样望一望，那些小尾巴就开始哆嗦起来……而它们哆嗦起来时，就出现了一个形象……它不是立刻出现的，而是等一刹那，等那么一秒钟……就仿佛出现了一个契机；哦，不是契机——去它的契机！——而是一个形象；也就是，一个物体，或一个事件，活见鬼！这就是为何我能看，还能思考的缘故，是因为有那些尾巴，而不是因为我有灵魂，或者我就是那种形象或模型，那全是蠢话。兄弟，这是米哈伊尔昨天对我讲的，我当时好像被火烫了似的。阿廖沙，科学真伟大！一种新的人就要出现了——这一点我明白……但是，到底可惜了上帝！

陀思妥耶夫斯基的前科学思想本身也是非常惊人的，因为在1880年，人们对神经功能只有一些初步的了解，甚至一个具有理性的人也会对此表示怀疑：人的所有经验都源于颤动的神经尾部。但在不久之后，人们就认识到正是大脑的信息加工活动形成了人的心理，或者说人们认识到，这种信息加工活动就是我们的心理。但是这两种情形都清楚地表明，心理活动的每一方面都完全取决于大脑组织中发生的生理事件。

当外科医生将电流通入人的大脑时，人就会感受到一种生动逼真的体验。向大脑中注射化学物质，就能够改变人的知觉、情绪、个性以及推理活动。当某部分脑组织死亡时，与其相对应的某种心理功能便会消失：一个有神经障碍的病人可能会失去对工具命名、识别面孔、评估自身行为的结果、同情他人、记住空间位置或辨别自己身体的能力。笛卡儿曾说："心灵根本是不可分割的。"他还认为，心灵与肉体之间截然不同，这种观点显然是错误的。任何一种情绪和思想都会发出生理上的信号，而且探测这些信号的新技术手段已经达到了相当精确的水平，它们能够准确地识别一个人的心理状态，并告知认知神经科学家，这个人正在想象一个面孔或一个地方。

神经科学家们能够从老鼠体内提取基因（在人体内也发现了这种基因），使这些老鼠无法再进行新的学习；或者再植入另外一些基因副本，以提高老鼠的学习效率。在显微镜下可以看到，大脑组织呈现出纵横交错的复杂性，约有 1 000 亿个神经元通过 10 000 亿左右的神经突触联结起来，这一点与人类错综复杂的思想和情感体验相匹配。神经网络模型的提出者们已经开展研究，旨在探明诸如储存和提取模式之类的心理运算及其有关组块是如何在神经回路中得以实现的。当大脑死亡时，这个人就不复存在了。尽管阿尔弗雷德·拉塞尔·华莱士以及其他维多利亚时代的科学家们进行了不懈的努力和探索，但与死去的人进行交流显然是不可能的。

当然，受过教育的人都知道，感觉、认知、言语以及情绪都源自大脑。但人们仍旧会像古老的教育类动画片里描述的那样来看待大脑，认为大脑就像具有标准尺和杠杆的控制面板一样，由使用者（可能是自我、灵魂、幽灵、人或者“我”）进行操作。然而，认知神经科学的研究表明，自我也只是大脑系统的另一种网络结构而已。

第一个线索来自菲尼亚斯·盖奇（Phineas Gage），这位 19 世纪的铁路工人为一代又一代的心理学专业的学生所熟知。当时，盖奇正用一根一米长的铁锹把炸药填塞到岩石孔中，一颗火星引爆了炸药，爆炸的威力使这根铁锹从他的左颧骨下方穿入头部又从头顶飞出。盖奇奇迹般地存活下来了，并且他的感觉、记忆、言语以及动作能力都没有受到影响。但他的工友说了一句非常有名的话：“盖奇不再是盖奇了。”一块铁片竟然完全改变了一个人，将他从一个有礼貌、负责任、有抱负的人变成了一个粗鲁的、不可靠、反复无常的人。之所以会这样，是因为盖奇的腹内侧前额叶皮层，即眼睛以上的大脑区域被刺穿了，我们现在已经知道，该区域具有推测他人意图的功能。同时，该区域还同前额叶皮层的其他区域以及边缘系统（负责情绪的区域）一起，共同负责预测他人的行为后果，并根据个人目标不断地调整行为。

认知神经科学家们不仅将幽灵驱除了出去，而且还证明大脑内部甚至并不存在一个能够像幽灵一样行事的区域（将所有情况进行全面总结并做出决策，便于大脑的其他区域来执行）。每一个人都会觉得，只有唯一的“我”在发挥着控制功能。但那只是大脑运行产生的一种幻觉，就像我们觉得自己在视野中看到的所有事物都非常详细一样。事实上，除了注视点，我们看不到任何细节。我们会迅速地将目光转移到那些有趣的事物上，这就使得我们误以为所有的细节都能保持在我们的视野中。大脑的前额叶皮层和前扣带皮层区域确实存在一个监管系统，负责各类行为，如克服习惯和抑制冲动。但这些系统同时还具有某些怪异和局限之处；它们不能够担负起理性自由主体的功能，而这一功能在传统上被认为与灵魂或自我联系在一起。

神经科学家迈克尔·加扎尼加（Michael Gazzaniga）①和罗杰·斯佩里（Roger Sperry）的研究生动形象地证实了统一自我的存在只是一种幻觉，他们通过实验证明，如果外科医生将联结大脑两半球的胼胝体切除，就相当于将“自我”割裂成了两部分，大脑半球的每一部分即使没有另一部分的建议和指令，也能够行使自由意志。甚至更为骇人听闻的是，如果没有来自大脑右半球的信息，大脑左半球会不断地进行着连贯却又错误的行为选择。例如，如果实验人员将指令“走”投射到个体的大脑右半球（通过控制个体视野的方式，仅仅让其大脑右半球看到这一指令），该个体则会遵从实验要求，开始慢慢地走出房间。但是当问及该个体（更确切地讲，是他的大脑左半球）刚才起身走动的原因时，他却非常真诚地回答“去取可乐”，而不是“我不大清楚”“我只是有这种冲动”或“自从我做手术以来，你对我已经进行了数年的测试，有时候你让我做一些事情，但我并不清楚你具体要求我做什么”。

同样地，如果该病人的大脑左半球看到的是一只小鸡的图片，大脑右半球看到的是一幅雪景，然后要求两个大脑半球必须分别选择出与它们看到的内容相吻合的图片时（分别用左右两手来实现），大脑左半球选择的是爪子（这是正确的），大脑右半球选择的是铲子（这也是正确的）。但当问到大脑左半球为什么会做出这些选择时，他爽快地回答道：“哦，这很简单。小鸡的爪子和小鸡一块儿走开了，你就需要一个铲子来清理鸡棚。”

---

① 迈克尔·加扎尼加，当代最伟大的思想家，认知神经科学之父。其代表作《谁说了算？》《双脑记》中文简体字版已由湛庐引进，浙江人民出版社及北京联合出版公司出版。——编者注

令人感觉怪异的地方在于，当我们尝试去理解由大脑的其他部分产生的意图时，我们没理由认为，病人大脑左半球的这种胡思乱想与我们的行为有任何不同。意识（自我或者灵魂）其实就是一个政委，而不是一个统帅。弗洛伊德毫不客气地写道："人类终将蒙受由科学之手带来的对其幼稚的自爱天性的三大羞辱。"因为科学发现证实我们的世界并非天体的中心，而只是浩瀚宇宙中的一粒微尘；科学发现也证实了我们并非造物主创造出来的，相反，我们是由动物进化而来的；科学发现还证实了大多数时候我们的意识并不能够控制我们的行为，它只是告诉我们自己正在做什么。弗洛伊德关于这些累积影响的看法是正确的，但上述第三个冲击来自认知神经科学而非精神分析理论。

认知神经科学不仅冲击了"机器中的幽灵"理论，而且还消解了"高贵的野蛮人"理论。前额叶皮层受到损伤，不仅会使个体变得迟钝或者使其某些行为功能受到损伤，而且还可能致使个体产生攻击性行为。之所以会如此，是因为额叶受损之后就不能再作为部分边缘系统的闸门了，尤其不能再作为一种神经回路的抑制闸门（这种神经回路经由一种叫作"终纹"的神经线路将扁桃体与视丘下部连接起来）。每一侧大脑半球的前额叶与边缘系统相连接的部分提供了一个平衡杠杆，人的知识和目标可以通过这个杠杆来抑制某些行为机制，而这些行为机制看起来好像是被设计出来，以产生那些对他人有害的行为。

大脑的生理结构也并非白板一块。19 世纪中叶，神经解剖学家保罗·布罗卡（Paul Broca）发现，大脑皮层中的褶皱并非像人的指纹那样是随机生成的，而是一种可被识别的图形。的确如此，大脑与大脑之间的褶皱分布都是一致的，每一道褶皱都可以被命名。在此之后，神经科学家还发现，大脑巨视（粗略）解剖（大小、形状、脑叶与脑细胞核之间的连接部分，大脑皮层的基图）的绝大部分是由产前的常态发育形成的。因此，人的大脑不同区域中灰质的数量，包括这些区域在内，构成了言语和推理能力产生的基础。

这些先天固有的图像和神经线路能够对人的思维、感觉及行为产生实质性影响。我们在后面的章节中可以看到，某些大脑区域受到损伤的婴儿，随着他们慢慢长大，在特定的心理机制方面就会存在永久性缺陷。而那些在出生之时在这些典型的神经回路方面存在很大差别的人，他们的心理活动方式也会存在极大的差异。最近一项关于同卵双胞胎和异卵双胞胎大脑的研究表明，额叶部分灰质数量的多少不仅受到遗传的影响，与智力差异也有着非常显著的相关性。

还有一项关于爱因斯坦大脑的研究表明，他拥有一个巨大的、结构非同寻常的顶上小叶，这一区域和人的空间推理能力以及对数字的直觉能力有关。在男同性恋者的下丘脑前内侧核内，更可能存在一个较小的第三间质核，人们已经认识到，这种细胞核决定了个体的性别差异。那些杀人犯以及其他暴力型反社会的人与正常人相比，他们的前额叶可能会较小，也显得较为不活跃，大脑的前额叶部分主要负责制定决策及抑制冲动。大脑的这些基本结构特征几乎不会因受到来自感官信息的影响而发生变化，这也就意味着智力、科学天赋、性别取向以及冲动性暴力等方面的个体差异并非完全是后天习得的结果。

事实上，就神经科学而言，直到最近，大脑的先天结构仍处于一种令人困惑的状态。大脑不可能是经由基因一直向下传递至最后一个突触而形成的，因为在基因组中，并没有足够多的信息来完成上述任务。正如我们所知道的那样，在生活中人们时时刻刻都在不断地学习，因此这些学习的结果必须在大脑内以某种方式进行储存。除非你相信“机器中的幽灵”真的存在，否则个体学到的任何东西都势必会影响到大脑的某一部位。更确切地说，学习就是大脑特定部位发生的改变。但在大脑的先天结构中找到能够反映学习引起的改变的那些脑部特征非常困难。随着个体的数学能力、运动协调能力或者视觉辨别能力逐步增强，大脑并不会像通过举重来提高肌肉力量那样得到增强。

现在，神经科学终于开始与心理学一起来研究因学习所引发的脑部变化。我们将会看到，负责不同的身体部位、天赋甚至身体感觉的那些大脑皮层的定位是可以通过学习和练习加以调整的。一些神经科学家非常兴奋地发现，他们正在将研究推向另一个方向，即越来越强调大脑皮层的可塑性。但由于诸多原因（这些将在第 5 章中具体阐述），大多数神经科学家认为，这些改变仅仅发生在由基因构造限定的范围内。而关于个体发育过程中大脑是如何发展的，我们仍知之甚少，但我们知道，大脑并非可以任由经验进行无限的塑造。

桥梁 3：行为遗传学

生物学与心理学之间的第三个联系纽带是行为遗传学，即研究基因如何影响人类行为的科学。能够将人类与其他动物区分开的思维、学习和情感等所有潜能都依赖于受精卵的 DNA 中包含的信息。当我们进行物种比较时，这一点就更为明显了。由人类家庭抚养长大的黑猩猩不会说话、思考或像人类那样行动，这是因为它们有 10 兆字节的 DNA 信息与人类相异。即使黑猩猩的种族不同，即在普通黑猩猩和倭黑猩猩之间，在它们的基因组中也会存在百分之零点几的差异，这些差异会表现在它们的行为上。最初动物饲养员常将它们混为一谈，后来在不经意间才发现了它们在行为方面的某些差异。在动物学中，普通的黑猩猩属于最具攻击性的哺乳动物，而倭黑猩猩则属于最友好的哺乳动物；在普通的黑猩猩中，总是雄性支配雌性，而在倭黑猩猩中，雌性则处于优势地位；普通黑猩猩的性行为是为了繁衍，而倭黑猩猩的性行为仅仅是为了娱乐。基因中的细微差异可以导致行为表现的巨大差异。它们能够影响到大脑不同部位的大小、性质、联结方式以及释放、凝固和利用荷尔蒙与神经递质的纳米技术。

异常的基因可能通过多种途径导致异常的心理状态，这进一步强调了基因在正常大脑构造中的作用。我还在读大学时，在变态心理学的课程考试中遇到了这样一个题目："能够预测一个人是否将成为一个精神分裂症患者的最佳因素是什么？"答案是："这个人有一个同卵双胞胎的兄弟（或姐妹）患上了精神分裂症。"这在当时是一个很刁钻的问题，因为当时关于精神分裂症的主流理论都在强调社会压力因素，例如母亲患有精神分裂症、处于进退两难的境地以及受到其他生活经验的影响（后来证明这些因素并没有对精神分裂症有很高或者非常重要的预测力）；而当时很少有人能够想到把基因作为一个可能的致病因素。

然而即便如此，证据还是很明显的，即同卵双生子患精神分裂症的可能性高度吻合，这是由于他们的 DNA 和生活环境都是相同的，但是异卵双生子之间患该病的一致性就大大降低了，因为虽然他们的生活环境也基本相同，但他们的 DNA 只有一半是相同的。面对临床观察到的每一种真实存在的认知或情感失调或变异的病例时，人们都可以提出类似的刁钻问题，并且会得到相同的答案。孤独者、诵读困难、语言发育迟缓、语言损伤、学习障碍、左利手、严重抑郁症、双相障碍（一种主要由感情引起的精神失常，其特点为躁狂与抑郁并发）、强迫性神经症、性取向问题以及其他各种家族遗传疾病，同卵双生子之间患病概率的一致性要远远高于异卵双生子。在对这些疾病的预测方面，具有血缘关系的亲属比那些只存在收养关系的亲属之间具有更强的预测力，而有关环境的测量指标的预测力则很弱。

遗传并不仅仅会使我们处于异常的心理机能状态下，而且会使我们虽然处在正常的心理机能范围内，但心理机能的分布状态却并不一致，这就导致我们周围的人在能力和秉性等方面存在着巨大的个体差异。查尔斯·亚当斯（Charles Addams）创作的一幅著名漫画发表在《纽约客》上，该画对上述观点只是做了些轻微夸张的描述：

自出生后就被分开抚养，偶然相见的双胞胎兄弟。

同卵双生子之间在想法和感受上都十分相似，以至于人们认为他们之间存在着心灵感应。当同卵双生子在出生时就分开，成人之后再次见面时他们会说，感觉就好像彼此之间已经认识了一辈子。测验结果证实，无论同卵双生子在出生时是否被分开，他们在任何一种特质方面的测量结果上都非常相似（当然，不会是完全一样的）。他们在语言、数学、一般智力、生活满意度以及在诸如内向性、宜人性、神经质、责任感和对经验的开放性等人格特质方面都非常相似。他们对一些有争议性的问题（如死刑、宗教、现代音乐等）都持有相同的态度。他们不仅在纸笔测验的结果上非常相似，而且在诸如赌博、离婚、犯罪、遭遇意外事故和看电视等序列行为方面也非常相似。他们还很夸张地表现出几十种共同具有的习性，如不断地傻笑，无休止地重复简单问题的答案，将蘸有黄油的面包浸入咖啡，等等。

在阿比盖尔·凡·布仑（Abigail van Buren）和安·兰德斯（Ann Landers）的案例中，他们写的报刊专栏让人无法区分到底是谁写的。他们的脑电波的波峰和波谷都非常相似，就好像同一个人在两个时间段测试所得的结果，他们的大脑褶皱以及皮层中的灰质分布情况也同样非常相似。

基因方面的差异对心理差异的影响是可以测量的，无论使用什么样的测量尺度，都会得出同样的粗略估计结果（0% ～ 100%）。无论是分开抚养还是在一起抚养，同卵双生子之间的相似度要远远大于异卵双生子；分开抚养的同卵双生子之间的相似度也非常高；无论是分开还是一起抚养长大，有血缘关系的兄弟姐妹之间的相似度要远远高于被收养的兄弟姐妹之间的相似度。这些结论大都来源于对斯堪的纳维亚半岛上那些国家的大量研究，这些国家的政府部门掌握了自己公民的大量数据，他们使用的是心理学中效度非常高的测量工具。怀疑论者试图使基因的作用降至零，他们提出了另一种解释，出生之时就被分开抚养的同卵双生子可能被寄养在了相似的家庭环境中，在接受测验之前这些双生子可能已经相互有所接触，因为他们长相很相似，因而可能受到了相似的待遇，除了基因相同，他们还拥有一个完全相同的子宫环境。

但我们在关于儿童的章节中将会看到，人们对这些解释进行了验证，并完全将其否决了。最近已经出现了一种大量的新类型证据。“虚拟双生子”是分开抚养的同卵双生子的镜像：他们之间是没有血缘关系的兄弟姐妹，其中一个或者两个都是被收养的，从婴儿时起他们就在一起被抚养长大。尽管他们年龄相同，并在同样的家庭中成长，然而心理学家南希·西格尔（Nancy Segal）发现，他们在

IQ 得分上几乎没有任何相关性。在该研究中，一位父亲说，他尽可能地以同样的方式对待他们，但这对虚拟双生子之间的差异“就像黑夜和白昼”那样明显。

对双生子和收养子女的研究属于自然实验法，它可以提供强有力的间接证据证明心理方面的差异可能源自基因方面的差异。最近，遗传学家已经探测出一些可能导致个体差异的基因。基因中存在一种单一的、飘忽不定的核苷酸，被称作 FOXP2，它可以导致说话和语言方面的遗传秩序被打破。在同一条染色体上的一种叫作 LIM 激酶 1 的基因，能够产生一种可以在生长的神经细胞上发现的蛋白质，这种蛋白质有助于个体发展空间认知能力：在这种基因被删除之后，个体仍然具有正常的智力水平，但不能够装配物品、排列图块或者复制图形。

该基因的一种变体 IGF2R 同高水平的一般智力有关，它可以解释 4% 的 IQ 差异和正常群体中 2% 的智力变异。如果你的 D4DR 多巴胺受体基因比常规长度长，你就很有可能成为一个喜好刺激的探险者，这种人敢从飞机上往下跳、敢沿着结冰的瀑布攀岩或者有更大可能同陌生人发生性关系。如果你的 17 号染色体上面抑制 5– 羟色胺递质的基因链较短，那你很可能会成为一个神经质或焦虑的人，这种人总是担心会冒犯他人或担心自己表现得像个傻子，因此他们很难适应任何社交场合。

能够产生极大影响的单独基因，正是基因可以影响心理特质的生动写照，但它们并非最具代表性的例子。许多心理特性是许多基因共同作用的结果，在其他基因参与的情况下，这些基因各自的作用非常微小，心理特性并非由一些似乎具有极大影响力的单个基因作用的结果，单个基因不是无所不能的。这也正是为何关于同卵双生子（两个人的所有基因都完全相同）的研究总是持续不断地证明遗传对于某种心理特性的影响，即使是未能成功地找到导致这种心理特性的单独基因，也不影响这种证明。

2001 年，人类染色体组的全部序列被公布，随之而来的是我们拥有了一种新的识别基因及其生成物（包括那些仍在大脑中活跃着的生成物）的强大能力。在未来 10 年中，遗传学家将要找出那些使我们不同于黑猩猩的基因，并根据这些来判断在我们的祖先进化成为人类的几百万年里，哪些基因受到了自然选择法则的支配，而哪些基因组合与正常的、反常的，或与异常的心理能力有关，并开始追寻胎儿发展的因果路径，以此来探明哪些基因构成了可以让我们学习、感知和行动的大脑系统。

人们有时候会担心，如果心理完完全全地受基因的影响，那么他们必须彻底消除这种影响。这种看法是错误的，原因有两种。第一种原因是：基因的大部分作用只是一种概率。如果同卵双生子中的一个人具有某种心理特性，那么另外一个人具有该特性的概率通常不会超过 50%，尽管他们的基因完全相同。行为遗传学家估算出，在既定的环境中，大多数心理特性的变异中，只有一半的变异同基因有关。在有关儿童的章节中，我们将探讨这意味着什么以及另外一半的变异来自哪里。

认为基因并非万能的第二种原因是：基因的作用通常取决于环境。在任何一本遗传学教科书上都可以找到最简单的例子。不同种类的玉米生长在同一块田间，因为它们的基因不同，高度也会不同；同一种玉米生长在不同的田里（一块是干旱的，一块是经过灌溉的），因为生长环境不同，它们的高度也不相同。伍迪·艾伦（Woody Allen）则提供了一个关于人类的例证。尽管他的声望、财富及吸引美丽女性的能力可能都源于他所具有的能增加幽默感的基因，但在《星尘往事》（*Stardust Memories*）中，伍迪·艾伦则向一个嫉妒他的儿时好友解释说，环境因素同样很关键："我们生活在一个重视幽默的社会中……如果我是阿帕齐印第安人，而那些家伙们不需要幽默剧，那么我就会失业。"

弄明白在各种情况下行为遗传学的研究结果对于我们理解人性的意义很有必要。一个变异基因就能够导致机能失调，这表明要拥有一种正常的人类心理状态，标准化的基因形态必不可少。但是标准形态的基因并不能够立即显现其作用。如果一个有残缺的齿轮在每次转动时都会发出沉闷的声响，我们并不会认为完好无缺的齿轮就可以消除这种沉闷的声响。

因此，干扰到某种心理能力的基因并不必然就是残缺的。它可能会产生某种毒素，并妨碍大脑的正常发育，或者使免疫系统出现一个漏洞，然后病原体就会感染大脑，又或者它会使个体看起来显得非常愚钝或险恶，继而影响到周围人对他的反应。在过去，遗传学家们并不能够排除一些无意义的可能性（比如可能出现基因并不直接影响大脑功能的情况）。怀疑论者表示，所有关于遗传作用的研究都没有意义，基因的作用仅仅在于使白板一块的大脑变得异常或者损害大脑的功能，而并非变异成一种无效的基因，从而赋予复杂的大脑以一种先天固有的结构。但是，逐渐地，研究者们开始将基因与大脑联系在一起了。

一个被看好的例子是 FOXP2 基因，它同一个大家族的语音和语言障碍有关。研究者已经在该家族中所有语言功能受损者身上发现了变异的核苷酸（核苷酸是 DNA 和 RNA 的基本成分。同时，在该家族之外的另一个人身上，研究者也发现了同样的综合病症），但在其他正常的家族成员身上却没有发现这种物质，在来自该家族之外的正常群体的 364 对染色体上也没有发现该物质。这种基因属于一种转录因子的基因一族（能够激活其他基因的蛋白质），它们在胚胎形成过程中起着至关重要的作用。

这种突变破坏了能锁定 DNA 特定部位的那部分蛋白质，而这正是在正确时间里激活正确基因的关键环节。在胚胎脑组织中，这种基因似乎尤为活跃。在老鼠身上发现的极其接近的基因形态，在正处于发育阶段的大脑皮层中也非常活跃。根据这些研究者们的说法，种种迹象表明，这种标准形态的基因可以激活一连串的活动，这些活动有助于构造出一个正常发育的大脑。

正常个体身上发生的基因变异（与那些导致大脑出现某种问题的基因缺陷不同）的意义也需要进行深入研究。人与人之间的先天差异与各个种族之间共有的先天人性并不是同一回事。证明人与人之间的不同之处并不能直接说明人性的运作情况，这正如证明汽车类型之间的不同之处并不能够直接说明汽车引擎如何工作一样。然而，基因变异对人类而言具有重大意义。

从遗传的角度来看，人的心理状况可以有诸多变化形式，那么心理的许多成分和属性就会受遗传影响，这使变化成为可能。同样，任何来源于生物学的现代人性观（与来源于哲学、宗教或常识的传统人性观截然相反）都必然认为，尽管构成人性的那些天赋才能，其基本构造（即它们的工作原理）是共通的，但它们在不同的人身上存在着量的差异。自然选择必须有赖于基因变异，尽管它在塑造每一代的有机体时已经减少了这种变异，但自然选择从未将这种变异完全消除。

无论最终的正确解释是什么，行为遗传学的研究结果都极大地冲击了“白板说”及其相应的学说。如果不同的基因能够或多或少地让人变得聪明，或善于表达，或勇于冒险，或羞怯，或愉快，或有责任感，或神经质，或开放，或内向，或白痴，或行动不便，又或者使人乐于将涂了黄油的面包蘸在咖啡里，那么大脑就不会是空白的。基因能够以上述种种方式对心理产生影响，那么与之对应，心理本身就应该具有多种成分和特征，以接受来自基因的各种影响。类似地，如果某种基因出现了突变或缺失，从而影响到认知的空间结构能力或感觉寻求这样的人格特质，那么这种特质或许就属于纷繁复杂的心灵的一种独特成分。

此外，受基因影响的许多特质并非都是高贵的。心理学家发现，个体在人格方面的差异主要体现在五大方面：不同程度的内向或外向，神经质或情绪稳定，封闭或开放，合群或敌对，责任感或无所拘束。在未删减版的词典中，18 000 个关于人格特质的词语大多可以归为上述五个维度之一，包括诸如漫无目标的、粗心大意的、因循守旧的、缺乏耐心的、狭隘的、粗鲁的、自怨自艾的、自私的、怀疑的、不合作的、不可信赖的等一些描述过失和缺点的词语。上述五方面的人格维度具有可遗传性，在具有典型代表性的人群中，大约有 40% ～ 50% 的变异都与其遗传基因有关。那些不幸具有内向、神经质、狭隘、自私和不可信赖等人格特质的人，其人格在很大程度上是由遗传基因造成的。同样地，那些与其同伴相比更带有上述某种倾向性的人，其性格也在一定程度上受到基因的影响。

除了一些消极的性格特质带有部分遗传性，那些能够产生实际效果的真实行为也同样具有遗传性。越来越多的研究结果表明，从事反社会行为的意愿，包括撒谎、盗窃、挑起事端和破坏财产等，都具有一定程度的遗传性（尽管同所有可遗传性特质一样，在某些特定环境下这些特质表现得更为突出）。那些犯下滔天罪行的人，比如诈骗老年人的毕生积蓄、强奸多名妇女、在抢劫过程中用枪将无辜的便利店职员射倒在地等，往往被诊断为“心理变态”或“反社会人格”。

大多数心理变态者在孩提时就表现出了犯罪的迹象。他们欺负比自己小的孩子，虐待小动物，习惯于撒谎，缺乏同情心，尽管他们出生在正常的家庭中，父母也对他们进行过苦口婆心的教导，但仍无济于事。许多心理病理专家认为，这种情况主要源于遗传易感性，在某些情况下也有可能源自早期的大脑损伤。无论哪种情况，遗传学和神经科学研究都表明，心理的阴暗面并不总是归结于父母或社会因素。

即使基因一点儿也不能决定命运，也不要轻信我们的直觉，即认为我们是“机器中的幽灵”。假设你正在为如何选择而苦恼，如从事何种职业，是否要结婚，投哪位候选人的票，今天该穿什么样的衣服等，最后，你很艰难地做出了一个决定。正在这时，电话铃响了，是你的同卵双胞胎姐妹打来的，而在这之前你从来不知道她的存在。通过一段愉快的交谈，你得知她正巧和你一样，也刚刚选择了一个类似的职业，下决心准备在大致相同的时间结婚，正计划将她的选票投给同一位总统候选人，她穿着和你同样颜色的衬衣，这些巧合正如那位对你进行追踪研究的行为遗传学家曾经预言的情况一模一样。如果这些选择结果已经被预先决定好了，或者至少从概率统计的角度来看，是由数十年前你母亲的输卵管内发生的事件决定的，那么在做出这些选择时，“你”真正拥有的判断力有多少呢？

桥梁 4：进化心理学

生物学与文化之间的第四种纽带是进化心理学，它主要是研究种系演化史以及心理适应功能的学科。该学科有望能够让我们了解心理的构造与目的，这并非从神秘主义和目的论的角度来讲的，而是从自然界普遍存在的对设计创造模仿的角度而言的。我们可以看到，这些设计创造的迹象随处可见：所有的眼睛好像都被设计来可以形成图像；所有的心脏好像都被设计来可以形成血压；所有的翅膀好像都被设计来使鸟儿能够飞翔。

当然，达尔文认为，自然界中存在的这种设计幻觉可以用自然选择来解释。的确，眼睛的构造如此巧妙以至于让人不敢相信它是偶然形成的。任何疣或瘤，或者任何一种突变所导致的后果，都不可能如此幸运地具有晶状体、虹膜、视网膜和泪腺，等等，所有这一切都组合得如此完美，且能够生成图像。当然，眼睛也并非由创造人类的造物主依照自己的形象设计而形成的杰作。人类的眼睛与其他有机体的眼睛之间具有惊人的相似性，并且仍然带有那些已经灭绝了的远祖身上的奇怪的进化痕迹。今天的人类器官是对我们祖先的器官的复制，这些器官设计得比其他器官能更好地发挥作用，正因为如此，他们才能成为我们祖先的样子。自然选择是我们知道的能够模拟设计的唯一物理过程，因为在这一过程中，事物的性能如何会对它的未来发展形态起着先决性作用。

进化对我们理解生命极为关键，包括理解人类的生命。与所有的生物一样，人类也是自然选择的结果。人类之所以能延续到今天，是因为我们遗传了那些使我们祖先得以生存、求偶和繁衍的特质。这一重大发现解释了我们生活中最深层的奋斗目标：为何一个忘恩负义的孩子比毒蛇的牙齿更具有危险性？为何这是一个放之四海而皆准的真理，即一个拥有巨额财富的单身男人必定想拥有一个妻子？为何美丽的夜色没有让我们变得温文尔雅，反而让我们为光明的逝去而变得狂暴？

进化论对我们理解自身极为关键，因为人类身上的设计迹象并非仅仅停留在心脏或眼睛里。尽管眼睛拥有无与伦比的精巧构造，但若没有大脑，眼睛就失去了它的用途。它的输出结果并非如同一个毫无意义的屏幕储存器，而是神经回路中形成外部世界表征的原始材料。这些表征需要再输入其他神经回路中，找出事件的原因并对其进行分类，在此基础上我们可以提出有用的假设，进而理解外部世界的意义。反过来，这些对意义的理解，起到了诸如饥饿、恐惧、爱、好奇、寻求地位和自尊之类的动机性作用。正如我之前提到的那样，人类那些看似毫不费力的能力，比如对事件进行分类、因果推论和寻求冲突性目标等，正是在设计智能系统时面临的最大挑战，机器人设计者一直试图对人类的这些能力加以复制，至今仍未成功。

人类心理中的设计迹象一直都是十分明显的，这也正是为何心理学总是倾向于进化论取向的原因。认知与情感机制往往被认为是非随机的、复杂的和实用的，这意味着它们必定是神灵设计或自然选择的结果。但是直到现在，进化论在心理学中很少被明确引用，因为对许多问题来说，一般性的常识就足以解释适应环境这一问题了。根本就无须进化论生物学家来告诉你，深度知觉可以使动物避免跌下悬崖或者撞上树干，口中感到干渴可以使你避免脱水而死，记住哪些是有用的、哪些是无用的要比记忆缺失好很多。

但在我们精神生活的其他方面，尤其是在社会领域中，某种天赋的功能并非很容易就能推测出来。自然选择偏好那些在特定环境中能够进行大量繁殖的有机体。当环境中包含岩石、草地和毒蛇时，哪些策略有效、哪些策略无效就相当明显了。但是当环境中还包括其他种族的成员，并且他们也形成了自己的策略时，策略是否奏效就不那么明确了。在进化过程中，是单一配偶好还是有多个配偶好？温柔和富有攻击性哪个更好？合作与自私哪个更好？纵容孩子与严厉管教哪个更好？乐观主义、务实主义与悲观主义，哪个更好？

对于上述问题，直觉就不那么管用了，这也正是为何进化生物学被越来越多地引入心理学领域的原因。进化生物学家告诉我们，将一切有益于人类幸福的事物（如群体凝聚力、避免暴力、固定配偶的一夫一妻制、美的享受和自尊等，都属于“适应性”的）都看成是人类“适应环境”的产物，这种观点是错误的。日常生活中某种“适应环境”的特性，从技术层面来看，并不必然就会在物种进化史上受到自然选择的偏好。自然选择是一个道德中立的过程，在这一过程中，最有效的事物在自我复制能力方面超过了其他对手，从而在数量上占绝对优势。那些被选择的基因自然是“自私的”，更确切地用理查德·道金斯（Richard Dawkins）① 的比喻来讲，它们属于自大狂，即它们对自身进行了最大程度的复制。所谓适应，其实就是在基因的协助下，任何能实现这种自大狂式自我复制的事物，不管其是否有助于实现人类的抱负。而在日常生活中，人们形成的关于自身能力的直观感受与这种看法有着天壤之别。

基因的自大狂并不意味着仁爱与合作不能演化，就像万有引力定律无法证明飞翔不能演化一样。这仅仅意味着，与飞翔一样，仁爱属于一种需要加以解释的特殊事件状态，而不是一种偶发事件。它只有在特定情境下才能得以演化，而且还需要一套认知和情感能力的支持。因此，仁爱以及其他的社会动机必须被置于

① 理查德·道金斯，英国著名演化生物学家、牛津大学教授，有“达尔文的斗犬”之称。其《基因之河》是继《自私的基因》之后的又一经典作品。该书中文简体字版已由湛庐引进，浙江人民出版社出版。——编者注

聚光灯下，而不仅仅被视作构成设备的零部件。在 20 世纪 70 年代的社会生物学革命中，进化生物学家将这种失真的感觉（即有机体的进化是为了其自身利益最大化）替换为这样一种论断：在个体与子女、配偶、兄弟姐妹、朋友、陌生人及竞争对手的交往过程中，哪些动机更有可能得到进化呢?

当这些假设与人类在狩猎－采集的生活方式下不断进化的一些基本事实合并起来时，先前那些不可预测的心理成分就被证明具有与深度知觉和饥渴调节相同的合理性。例如，以审美的眼光来看，人们往往把目光锁定在那些看起来健康且生殖能力强的面孔上，这正像人们所预测的那样，通过这种进化可以帮助观察者找到最适合自己的配偶。同情、感恩、内疚、愤怒等情绪可以使人们在合作中获益，从而避免被谎言和欺骗所利用。在那些并不能拨打电话求助警察的社会里，坚强的品质及复仇的渴望是防御侵略的最好方法。儿童能够本能地掌握口头语言，而掌握书面语言却需要他们的辛苦努力，这是因为在数万年甚至数十万年之前，口语已经成为人类生活的重要特征，而书面语言进入人类生活并逐渐得以推广只是近代的事情。

上述这些并非意味着人们完全在试图复制自己的基因。如果这就是心理运作机制，那么男性就可能会排着队走入精子银行，而女性则需支付费用来使自己的卵细胞受精，然后将受精卵分给那些不能生育的夫妇。上述这些仅仅意味着有关学习、思维和情感的遗传系统中具有一种设计，从平均水平看，在我们祖先不断进化的环境中，它可以提高人类的生存和繁衍机会。人类喜欢在一个没有垃圾食物的社会里生活，这可以使他们的身体变得强壮，尽管他们的头脑中不存在食物营养成分这样的概念。人类偏爱性行为，喜欢孩子，在一个不能避孕的社会里，这一特征对基因的自我保存已经足够了。

推动有机体产生即时行为的机制和在进化时期形成有机体的设计机制这两者之间的差异，对理解一些术语非常重要。行为的直接原因是在即时情况下推动行为按钮的机制，比如饥饿和性欲，它们促使人们去饮食和发生性行为。但行为的根本原因是适应的合理性，它使上述直接的行为原因得以进化，比如营养和繁衍的需要可以为我们提供饥饿与性的驱动力。要理解我们自身，行为的直接原因和根本原因之间的区别不可或缺，因为它决定了诸如“为何人们要这样做”等所有问题的答案。举一个最简单的例子，从根本上讲，人们渴望性行为，主要是为了繁衍，因为发生性行为的根本原因是繁衍后代，但从直接原因看，他们也会做那些并不导致繁衍的任何事情，因为性行为的直接原因是乐趣。

直接目标和根本目标之间的差异属于另一种证据，可以证明我们并非一块白板。无论什么时候，人类都会为了一些明显属于奖励范畴的事物而努力，如追求健康和幸福，这既具有直接意义，又具有根本意义，那么人们可能会想当然地推断，人类的心理活动仅仅是为了渴望获得幸福和健康，而大脑中特定的因果关系运算，将有助于他们获得自己想要的。但人类却经常希望破坏自己当下触手可及的幸福，希望自己不会说话，希望自己（包括自己所在的社会）不幸被消灭。他们可能对邻居妻子的美貌垂涎三尺，可能因为饮食不当而自掘坟墓，可能因为微不足道的小事情大发雷霆，可能不能够善待自己的继子女。而当遇到自己无法应对或无法逃避的压力时，他们的身体机能会加速运转，为了与自己周围的人攀比，或者为了追逐往上爬而使自己精疲力竭。他们可能宁愿选择一个性感却危险的伴侣，也不愿选择一个平凡却可靠的伴侣。这些令人困惑的个体动机背后却具有很明显的进化意义上的合理性，这些动机表明，人的头脑中充满了各种由自然选择形成的欲望，但是不存在追求个人幸福之类的一般欲望。

进化心理学还进一步解释了为何我们的大脑不是一块白板。大脑是在达尔文所谓的物种竞争中塑造而成的，比较迟钝的大脑势必要逊色于那些具有更高技能的大脑，因为那些大脑具有敏锐的知觉系统、出色的问题解决能力、精明的策略以及敏感的反馈回路。但依然比较糟糕的是，如果大脑确实具有可塑性，那么它会很容易受到对手的操纵，因为对手能够对我们的大脑进行塑造或调控，让我们服务于他们的需要，而不是服务于自身的需要。因此，一个具有可塑性的大脑很快就会被自然所淘汰。

人文科学领域的研究者们已经开始提供更多具体的论证，以证实大脑在进化过程中具有一种普适的复杂设计这一假设。一些人类学家开始转向民族志研究，这些民族志在过去往往被用来描述不同文化之间的差异，现在却有了惊人的发现：

在一系列具体的才能和喜好上，各种文化之间具有相同之处。共有的这些思维、情感和生活方式让我们看起来仿佛归属于一个共同的部落，人类学家唐纳德·布朗（Donald Brown）将之称为普遍人类，这是受到了乔姆斯基的通用语法的启发。从对蛇的恐惧到逻辑运算，从浪漫的爱情到嬉笑怒骂，从诗歌到食物禁忌，从商品交换到对逝者的悼念等数百种特性，都可以在有记载的社会中找到它们的存在。并不是说每一种普遍行为都可以直接反映人性的某种普遍构成部分——许多可能源自心理、身体和世界的普遍特性之间的相互作用。然而，对普遍人性的刻画是如此丰富和翔实，这对于那种认为"人的大脑是一块白板或者文化间的差异是无止境的直觉"的看法无疑是一个沉重的打击，而且普遍人性列表中的一些东西能够将任何基于这种直觉构建的理论加以驳斥。没有什么比完整的布朗列表更能说明这一点了。

自然选择赋予了人类一种普遍的复杂心理，这一看法得到了来自其他区域的证据支持。儿童心理学家不再认为婴儿世界处于一种十足的"叽叽喳喳"的混乱状态，因为他们已经在婴儿身上发现了有关基本分类的心理迹象（比如有关物体、人物及工具的分类）。考古学家和考古生物学家发现，史前人类并非粗野的洞穴人，他们通过艺术、仪式、交易、武力、合作、技术和符号来锻炼自己的心理活动能力。灵长类动物学家研究发现，我们带毛发的近亲并不像实验室里的老鼠那样只是等待着被人操纵，它们具备了许多通常被认为是人类独有的复杂能力，包括概念、空间感、使用工具、嫉妒、亲子之爱、互惠互利、调解争端和性别差异等。在所有的人类文化中，在还未掌握文化的儿童身上以及几乎没有任何文化的动物身上，都出现了如此多的心理能力，因此，心理看上去不再像是一种可以被文化随意塑造成任何形状的东西。

然而，"高贵的野蛮人"学说成了这一新的进化思想最主要的批判对象。任何非常高贵的事物根本不可能是自然选择的产物，因为那些希望通过下一代而得到延续的基因之间在相互竞争的过程中，高贵的基因往往会排在最后面。生命体之间的利益冲突是普遍存在的，因为两个动物不会共享同一条鱼，也不会共享同一个配偶。从某种程度上讲，社会性动机是适应环境的产物，因为它们可以将那些推动它们产生的基因进行最大化复制，它们的设计应该有助于自己在竞争中获胜，其中一种获胜的途径便是压制竞争。正如威廉·詹姆斯提到的（当然他有点夸大）："我们，正是一幕幕大屠杀的成功发起者，尽管我们同时具备爱好和平的优点，而且至今我们身上还保留着它们，随时等待着爆发出来，但是性格中的阴暗和邪恶的特性却依然存在，并通过无数次的大屠杀形式体现出来，伤害了他人，而自己却安然无恙。”

从卢梭到本书第 1 章中提到的感恩节专栏作家，许多知识分子都信奉那种宁静、平等和热爱生态的土著人的图景。但在过去 20 年间，人类学家收集了前国家社会中生者和死者的有关数据，而不是仅仅接受那些令人兴奋但又失真的刻板印象。他们从中有什么发现？简要地讲：霍布斯的观点是正确的，而卢梭的观点是错误的。

首先，关于这些部落的故事中提到，那里的人从来没有听到过任何暴力事件，但人们后来发现这只是来自流传于城市中的传说。玛格丽特 · 米德关于热爱和平的新几内亚人和对两性关系冷淡的萨摩亚人的描述，基于的是很不严谨的研究结果，后来这些描述被证明几乎是完全错误的。正如人类学家德里克 · 弗里曼（Derek Freeman）后来所讲的那样，如果萨摩亚人的女孩在新婚之夜不是处女的话，她们就可能遭到殴打或者被杀死，得不到处女的年轻男子可能会对某个处女实施强暴，并逼迫她与自己一起私奔，一个被戴了绿帽子的丈夫可能会殴打或者杀死那个第三者。

伊丽莎白 · 马歇尔 · 托马斯（Elizabeth Marshall Thomas）在一本同名书中，将喀拉哈里沙漠里的昆申人描述为“不会伤害他人的人”。但是，当人类学家有足够的时间驻扎在那里收集数据时，他们很快发现，昆申人的凶杀犯罪率要远远高于美国内陆的城市居民。他们还了解到，在这群人当中刚刚发生了一起复仇性凶杀案，他们偷偷潜入凶手所在的部落，并趁所有人熟睡的时候，杀死了所有男人、妇女以及孩子。但至少昆申人是存在的。在 20 世纪 70 年代早期，《纽约时报》报道了在菲律宾热带雨林中发现的“文雅的塔萨代人”，那里的人们不会讲关于冲突、暴力或武器之类的话语。人们后来发现，塔萨代人原来是当地的农民，他们为了能够有机会被人拍照而身穿树叶，这样，斐迪南 · 马科斯（Ferdinand Marcos，菲律宾律师、政治家，1965 年当选菲律宾总统）的亲友们就可以将他们的“国土”保留下来，使得自己独享这一区域的矿物开采权和树木砍伐权。

人类学家与历史学家也对尸体萌生了兴趣。许多知识分子都将前国家社会里少量的战场人员伤亡作为证据来证明原始社会的战争很大程度上是仪式性的。

他们却没有注意到，每 50 人中有 2 人死亡，这就相当于美国整个国家人口中有 1 000 万人死亡。考古学家劳伦斯 · 基利（Lawrence Keeley）对能够收集到数据的许多部落或种族进行了考察，统计了战争导致的男性死亡比例。

在图 3-1 中，比例较高的前八位范围约是 10% ～ 60%，均来自南美洲和新几内亚岛的土著人。最底端几乎看不到的条形代表的是 20 世纪的美国和欧洲，这包括了两次世界大战的统计数据在内。而且，基利和其他研究者还注意到，当发起战争时，土著人的死亡率非常高。在技术许可的情况下，土著人中的许多人都会制造出极具杀伤力的武器，当敌人逃跑时就趁机消灭他们，并且通过折磨俘虏、掠夺战利品、使用敌人的血肉制作食物等方式来增强自己的体验。

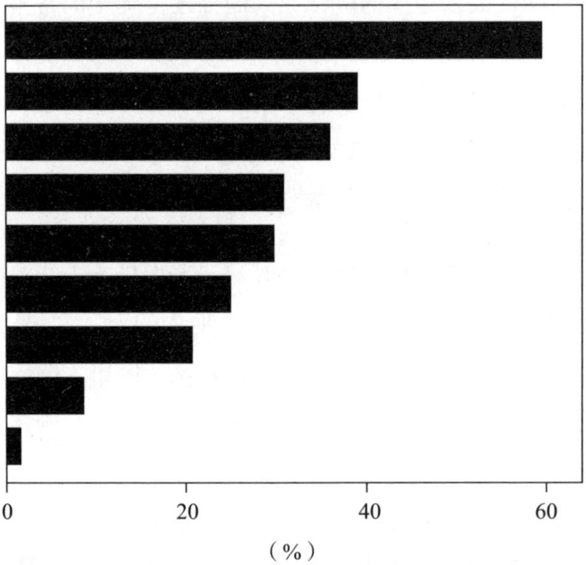

图 3-1　战争导致男性死亡的比例

从研究尸体转向研究社会，人类学家同样获得了非常残酷的数据。1978 年，人类学家卡洛 · 恩伯（Carol Ember）的研究统计结果表明，90% 的狩猎部落都会发生争端，64% 的部落在两年之内至少会发动一次战争。甚至高达 90% 的数据都被低估了，因为人类学家往往没有足够长的时间对一个部落进行研究，以观测出大约每 10 年内战争爆发的次数（可以设想一下，一位人类学家在 1918 年至 1938 年间对和平的欧洲进行了研究）。1972 年，另一位人类学家 W.T. 狄瓦勒（W.T. Divale）对 37 种文化背景下的 99 个狩猎部落进行了调查研究，结果发现，其中的 68 个部落在当时正处于战争状态，其中的 20 个部落在 5 ～ 20 年之前曾经发生过战争，剩余的部落在更为遥远的过去也都曾发生过战事。根据上述以及其他的人类学研究，唐纳德 · 布朗将冲突、强奸、复仇、嫉妒、支配以及男性联合暴力都归纳为人类的普遍特性。

当然，人们不愿意承认前国家社会中存在暴力现象，这是可以理解的。数个世纪以来，人们使用“野蛮的野蛮人”这样一种刻板印象作为借口，消灭这些土著人，并掠走他们的土地。然而，可以确信的是，无须错误地将这些人描述成爱好和平、爱护环境的形象，从而得以谴责施加于这些人的种种罪行，这似乎意味着，只有在被迫害者属于好人的情况下，种族屠杀才是不人道的。

在那种人类得以进化的环境中，暴力的普遍存在并不意味着人类有希望他人死亡的愿望、天生就渴望流血或者生来就希望扩展领土。从进化论的角度看，我们这些充满智慧的人类有足够的理由尝试在一个和平的环境里生活。许多计算机模拟以及数学模型均表明，只要参与合作的人拥有正常的大脑，能够将认知与情感能力恰当地结合起来，合作就会获利。因而，尽管冲突是人类的普遍特性，但解决冲突也是人类的一种普遍特性。尽管带有卑劣和野蛮的动机，但所有人都表现出了许许多多更善良、更高尚的动机：具有道德感、正义感、集体感以及拥有在决定怎样做时对后果进行预期的能力，还有对子女、配偶和朋友的关爱之情。某群人是否会采取暴力行动或者是否会为了和平而努力，这主要取决于是哪一套动机系统在起作用，关于这个主题我将在后面的章节中进行详细阐述。

然而，并非所有人都会对这些研究成果感到宽慰，因为这些研究成果消解了现代知识界重视的第三种假设（即“机器中的幽灵”学说）。在传统观点看来，爱、意志和良心是灵魂的产物，而不是纯粹的“生物学”产物。如果爱、意志和良心这些天赋也是“生物学”造就的（即为了适应进化而在大脑回路中形成的），那么幽灵就会无事可做，或许它可以永久地退出舞台了。

文化是有助于人类生存的一种独特设计

正如所有的巴比伦人一样，我当过总督；正如所有的人一样，我当过奴隶；我有过至高无上的权力，也受过屈辱，蹲过监狱。瞧，我右手的食指已被剁掉。瞧，从我的袍子的裂口可以看到一个橙黄色刺花，那是希伯来语的第二字母“Beth”。在每个满月的夜晚，这个字母赋予我支配那些刺有“Gimel”（希伯来语的第三个字母）记号的人，但是我得听从于那些带有“Aleph”（希伯来语的第一个字母）记号的人，而他们在没有月亮的夜晚则受到有“Gimei”记号的人的支配。拂晓的时候，我在地窖的一块黑色岩石前扼杀圣牛。有一个太阴年，我被宣布为无形：我大声呼喊，却无人理睬；我偷面包，却不会被抓住砍头……

我的异乎寻常的多样性要归功于一种制度：彩票，那是别的共和国所不知道的，或者说不够完善、不公开的。

阿根廷作家豪尔赫·路易斯·博尔赫斯（Jorge Luis Borges）的小说《巴比伦彩票》（*The Lottery in Babylon*），或许可以算作对“文化是一系列的角色和符号，能够对那些消极的人产生不可思议的冲击力”这一思想的最好阐释了。在这部小说中，彩票最初是作为一种较为常见的游戏出现的，彩票中奖就可以获得高额的奖金。然而，为了增加悬念，游戏操纵者增加了一些号码，这些号码的彩票持有者需要缴纳一定的罚金，而不是获得奖金。后来，制度发展到拒不缴纳罚金者就会被判一定的狱刑，最终这一制度扩展至许多非货币性的奖惩方式。彩票（游戏）

逐步变得更加随意、更加具有强制性和无所不能，并且越来越神秘。对此，人们开始思索：它是如何运作的？它又最终能否继续存在下去？

乍看上去，人类文化的确表现出了类似于博尔赫斯描述的彩票那样异乎寻常的多样性。现代智人会食用包括从蛆虫到牛尿甚至人肉在内的任何东西。他们对身体部位进行捆绑、刺穿、刻上疤痕和拉伸，这些方式甚至让今天许多在身体上打孔的西方青少年都望而生畏。人类会认可一些很奇怪的行为，比如，父母为他们5岁大的子女安排婚姻。人类文化呈现出的多样性，自然而然地会引发这样一种观点：文化的存在独立于大脑、基因和进化之外。反过来，这种划分又有赖于这样一种关于大脑的观念——即从生物学的角度看，大脑属于白板一块，依赖于文化对其进行塑造。既然我试图让人相信大脑不是空白的，那么现在我们就该把文化也纳入考虑范畴之中了。这样就能完成从生命科学到关于人性的科学，直至社会科学、人文和艺术学科的统一。

在本章中，我将提出不同于“文化如同彩票”的另一种观点。文化反过来可以被视为人类表型的一部分：文化是使我们能够生存、繁荣并延续血统的一种独特设计构造。人类是一种能够运用知识并相互合作的物种，文化在这种生活方式中应运而生。我们可以看一下：当人们积累了自己的发明创造并制定风俗习惯来调整劳动分工和裁决冲突时，我们称之为“文化”（culture）的现象就出现了。当处在不同时空背景中的人类群体不断积累各自不同的发明创造和风俗习惯时，我们采用复数形式（cultures）。不同的文化并非来自不同的基因，对此，博厄斯及其弟子的看法是正确的，但是文化并非处在一个与基因隔绝的世界里，或许可以将文化看成是在没有任何形状的心灵上面打下的烙印。

神经回路让文化传递成为可能

将文化与关于人性的科学衔接起来的第一步在于，我们需要认识到，文化并非像毒气那样，可以通过皮肤渗入人的身体里面。文化离不开那些负责我们学习能力的神经回路。那些回路并没有使我们成为失去辨别能力的模仿者，相反，它们通过异常精巧的活动方式使文化的传递成为可能。这也正是为何对大脑内在机制的研究并不能够取代对学习、文化和社会化研究的原因，前者只是尝试去解释后者是如何运作的。

以一个人的母语为例，这是一种习得性的最优秀的文化技能。如果将一只鹦鹉和一个儿童同时置于一定的语言情境中，两者都能够进行学习，但是只有儿童具有心智计算能力，可以从声波中提取出词语和规则，并在此基础上讲出或者理解无数的新句子。这种与生俱来的语言天赋实际上是一种学习语言的先天机制。同样，儿童在学习文化时也并非像摄像机那样只是被动地将画面和声音记录下来。他们必须具有特定的心理机制才能够将隐含在人们行为背后的有关信念和价值提取出来，只有这样，儿童才能够成为一个熟练掌握该文化的人。

即使是文化学习过程中最简单、最基础的事情，如模仿父母或者同伴的行为，实际上也远非看上去那么简单。为了弄清楚当我们毫不费力地学习他人时，我们的头脑中发生了什么，我们不得不想象，假如拥有另外一种大脑，将会出现怎样的情况。幸运的是，认知科学家们已经替我们考虑到了这一点，他们对机器人、动物以及脑损伤病人的大脑进行了探测。

人工智能研究专家罗德尼·布鲁克斯（Rodney Brooks）希望能够制造出具有模仿学习能力的机器人，但是当他想运用计算机科学中比较常见的学习技巧时，很快就面临着这样一个难题：

> 机器人观察到一个人正在打开玻璃瓶。这个人走近机器人，将瓶子放在机器人旁边的桌子上。他（人）将两只手放在一起反复摩擦着，然后将瓶盖从瓶子上面取下来。他一只手握紧瓶子，另一只手握着盖子，然后开始沿逆时针方向旋松盖子。当他打开瓶子时，停下来擦了一下自己的额头，然后瞥了一眼机器人，看它正在做什么。接下来，他继续开瓶盖。机器人试图去模仿这一动作。但哪些重要的动作是需要模仿的（比如，逆时针旋转盖子），哪些又是不需要模仿的（比如，擦一下自己的额头）……机器人如何才能对它从这次经历中获得的知识进行概括，并将其运用到其他相似的情境中呢？

答案就在于，必须使机器人具备洞察被模仿者心理的能力，这样它才能够推断出人的活动目标，并判断出人是通过哪些行为表现来实现自己的目标的。认知心理学家称这种能力为直觉心理学、大众心理学或者是心智理论（“理论”在这里是指被人、动物或机器人所默认的观念，而非科学家们持有的外显观念）。而目前已开发出来的机器人还远远不具备上述能力。

人们还发现，黑猩猩的头脑也很难推断他人的目标。心理学家劳拉·佩蒂托（Laura Petitto）对一只名为宁姆·猩斯基（Nim Chimpsky）的雄性黑猩猩进行了符号语言训练，并与它在大学公寓里共同生活了一年。起初，宁姆看上去仿佛在“模仿”她洗盘子，但实质上还是有很大的区别。宁姆用洗碗布擦洗盘子之后，盘子未必会比之前更为干净。如果给它一个并不脏的盘子，宁姆仍旧会按照洗脏盘子的方式来“刷洗”。宁姆并没有掌握“刷洗”的概念，即使用液体让某种物品变得干净。它只是在模仿佩蒂托擦洗的动作，同时也很喜欢手上沾着热水的感觉。许多实验室实验均得到了相似的结果。虽然黑猩猩和其他灵长类动物都喜欢模仿（即“见样学样”），但它们模仿人类行为的能力（即复制他人的意图而不是执行他人动作的能力）并不成熟，因为它们的直觉心理学不够成熟。

即使可以通过其他方式进行学习，一个不能识别他人信念和意图的大脑也不会采用这种传承文化的学习方式。孤独症患者进行这种学习的能力受到了损伤。他们能够掌握诸如地图和图表之类的表征客观事物的东西，却不能掌握表征心理的事物，也就是说，他们不能揣测他人的心思。尽管他们的确是在模仿，却是以一些很奇特的方式在模仿。一些人总喜欢模仿他人的言语，逐字逐句地重复着别人的发音，而不是提取出其中的语法模式，但正是这些语法模式可以帮助他们构造出他们自己的语句。

一些孤独症患者也会试着学习自己说话，却经常将“你”这个词当作自己的名字来使用，因为周围的人会用“你”来指代他，但对病人而言，他却从未意识到“你”这个词是具有相对意义的，只是在讲话者对着自己的说话对象时才会使用。如果一个家长敲击一块玻璃，并喊道：“噢，该死的！”患孤独症的儿童就可能会认为“噢，该死的”指代的是玻璃，这就驳斥了经验论者提出的理论，他们认为，随着时间的日积月累，正常孩子仅仅通过将语音和事件联结起来就可以学会语言。孤独症儿童的这些行为并非低能造成的后果。在解决其他问题时，孤独症儿童是可以胜任的（甚至算得上是专家），其他一些未患孤独症的智障儿童，并没有表现出同样的言语和模仿能力的缺陷。孤独症属于一种先天性神经症状，具有很强的遗传性。孤独症患者以及机器人和黑猩猩的例子提示我们：文化学习是可能的，但只有神经正常的个体才具有天生的能力来完成这种学习。

人类拥有比较长的童年时期，科学家往往将其解释为一种适应方式，它使儿童在步入成年独立打拼之前能够从他们的文化中汲取大量信息。如果文化学习依赖于某种特殊的心理装置，那么我们将会看到，这种能力在儿童早期就已经表现出来了。我们也的确看到了这种情况。

有实验结果表明，1 岁半的婴儿并非只将重叠的事物不加辨别地联系在一起的联结主义者。他们属于直觉心理学家，在模仿他人的行为之前会对被模仿人的意图进行揣测。当一个成年人在一个婴儿面前说出一个词，比如，“那是 toma”这句话中“toma”这个词，婴儿会记住这个词，并认为它是成年人讲话时正在看着的那个玩具的名字，而不会认为它是自己看到的那个玩具的名字。如果成年人用一个道具做出演奏小提琴的动作，并暗示这只是一种偶然事件（高声发出“哎呀”的喊叫），那么婴儿就不会刻意去模仿他的动作。如果成年人做出同样的动作，并暗示这是他有意这样做的，那么婴儿就会对其进行模仿。当成年人试图去做某件事情却失败了时，比如，试图去按门铃上的按钮或者把线缠绕在钉子上，婴儿就会模仿成年人原本想做的事情，而不是模仿成年人真正做过的事情。作为一个研究儿童如何掌握语言的研究者，我总是非常惊讶于他们如此早就“掌握”了语言逻辑，以至于在 3 岁时就能够掌握本国语言中的大部分口语。还有一种可能是，一旦我们的大脑发育到一定程度，有能力操纵我们的文化获得装置时，基因组就试图使这些装置尽可能早地发挥作用。

心智，天生就有揣摩他人意图和模仿他人行为的能力

心智具有一种可以揣摩他人意图的机制，这样就可以去模仿他人试图实施的行为。然而，我们为何想要这样做呢？尽管我们想当然地认为，掌握文化是一件好事，但对文化学习这一行为本身却总是不屑一顾。“码头工人哲学家”埃里克·霍弗（Eric Hoffer）曾写道：“当人们可以随心所欲地做自己喜欢的事情时，他们总是相互效仿。”我们可以使用动物园的隐喻来说明这一现象，人类的这一典型能力并无异于动物的行为：除了见样学样，我们还具有和猿猴、鹦鹉、绵羊、旅鼠以及牛等动物相同的心智。

社会心理学家曾有过详细的阐述，他们认为，人具有模仿周围人的强烈冲动。当主试在不知情的被试身边安插了许多假被试时（主试会付给这些假被试一定的报酬，要求他们故意做出一些很奇怪的行为），会发现大多数被试都会对假被试的行为进行附和。被试会否认自己亲眼看到的事实，并认为一条长线段是“比较短的”，或者认为一条短线段是“比较长的”；或当通风口冒出浓烟时，依然漫不经心地填写着调查问卷，或者突然莫名其妙地脱下自己的内衣（通过袖珍照相机拍摄到的）。但心理学家认为，在人为操纵的实验情境下，无论人们的从众行为看上去多么可笑，在社会生活中这些行为都具有实实在在的合理性。

信息合理性，即希望从他人的知识和判断中受益。退伍军人委员会认为，一个群体的 IQ 相当于群体中智商最低的那个成员的 IQ 除以这个群体的人数，然而，这种看法似乎显得过于悲观了。人类是一个能够使用语言、拥有直觉心理学和具有合作意愿的物种，是能够将过去和当前的各种来之不易的发明加以搜集和整理的群体，我们要比那些习惯于离群索居的族群更具智慧。狩猎采集者积累了大量有关如何制造工具、使用火种、捕捉猎物和去除植物毒性等方面的知识，即使没有任何个体能够从零开始重新创造这些知识，他们也能够利用这种集体智慧生存下去。同样，他们能够对行为进行调整。比如，大家轮流驾车或在其他人去搜寻食物时轮流照看孩子，人们就可以像一个多首多足的巨兽那样行动，并取得顽固的个人主义者不可能企及的成就。众多的眼睛、耳朵和头脑之间彼此联系，远胜过带有缺陷和怪癖的单独个体。犹太人的一句话可以说是对那些不满现状者

和阴谋论者做出的最现实的评价：整个世界并非处于疯狂之中。

我们称为文化的内容大部分只是积累起来的本土智慧：制造工艺品的方法，如何选择食物，如何分配意外之财，等等。一些人类学家，比如，马文·哈里斯（Marvin Harris）认为，许多看似非常随意的活动，比如彩票，事实上都可能是解决生态问题的方法。他提出，在印度，牛的确非常神圣，因为它们提供食物（牛奶和牛油），提供燃料（牛粪），还提供力量（用牛犁地），因此保护牛的习俗就避免了那些杀鸡取卵的企图。另一些文化差异或许具有繁衍的合理性，如在一些社会中，男人们生活在父系家庭中，抚养自己的妻子儿女；而在另一些社会中，男人们则生活在母系家庭中，抚养自己的姐妹、外甥和外甥女。

第二种制度常见于某些社会中，其中的男人大部分时间不待在家中，通奸现象相对而言比较普遍，因此他们不能确定妻子生的孩子是不是自己的。从生物学角度看，无论谁与谁通奸，一个男人的姐妹（即其母亲所生的女儿）生的孩子必然和他有血缘关系，因此在母系家庭中，男人更愿意抚养那些必然携带有他们部分基因的孩子。

当然，只有普罗克汝斯忒斯（Procrustes，古希腊传说中的一个强盗）才可能认为，所有的文化实践都有直接的经济或基因上的收益。从众的第二个动机是标准化，不管人们身处什么样的团体，都希望遵循团体的标准。但这也并非像旅鼠那样愚笨。许多文化实践活动从形式上看是主观任意的，但它们生成并存在的原因却并非主观任意的。没有充分的理由可以证明，为何人们沿着公路右边行驶比在左边行驶更好，或者沿着公路左边行驶比在右边行驶更好。但人们在公路的同一侧行驶，则是有其特定原因的。因此，任意地选择在公路哪一边行驶，然后要求多数人普遍遵守这一选择标准非常重要。类似地，人类其他一些看起来主观任意却又协调一致的选择现象，被经济学家称为“合作均衡”（cooperative equilibria），它包括货币、法定休息日以及构成语言词汇的声音和意义之间的匹配等。

共同遵守那些主观任意制定的习俗有助于人们应对这样一个事实：尽管生活中许多事情的分布具有连续性，但我们做出的抉择却是二元性的。儿童并非一瞬间就可以长大成人，约会的恋人也并非立即就会成为终身配偶。一些人生大事庆典及其现代替代形式，比如身份证和结婚证之类的证件，可以有助于第三方决定如何处理一些含糊不清的问题（如儿童和成人之间、已婚者和约会者之间的区分），而不会因为双方观点上的差异无休止地争执下去。

在所有的分类问题中，最含糊不清的当属对他人的意图和目的进行分类了。他是忠实于联盟的一员（我希望能够与这样的人并肩作战），还是一个在处境艰难的情况下可能叛变的卖国贼？他的心是偏向于他父亲这一派还是偏向于他岳父这一派？她是一个可疑的风流寡妇，还是会坚守自己的贞节呢？他是讨厌我，还是只是一时着急呢？成人礼、部落勋章、哀悼日和演讲的各种仪式，或许都不能确切地回答这些问题，但它们可以消除萦绕在人们头脑中的疑云。

当风俗习惯一旦在较广的范围内确立下来，就会成为一种现实，尽管它们只存在于人们的观念之中。哲学家约翰·塞尔（John Searle）在他的著作《社会实在的建构》（*The Construction of Social Reality*）中指出，某些特定的事实之所以是客观真实的，仅仅是因为人们以它们是真实的前提去行事的。比如，乔治·布什是第 43 任美国总统，辛普森并没有被证明犯了谋杀罪，波士顿凯尔特人队在 1986 年获得了 NBA 总冠军，一个巨无霸汉堡售价为 2.62 美元，它们都属于真实的存在，而非某种判断。然而，尽管这些都是客观存在的事实，但它们并不像镉的原子数目或者像鲸鱼可以被划为哺乳动物那样，属于物理世界中的真实存在。它们存在于某个群体大多数成员的记忆里，通常是对一些人准许（或否认）权力和地位的协议。

在纷繁复杂的社会中，生活被建构在社会现实之上，最明显的例证是金钱和法规。然而，一种社会现实全然取决于人们是否愿意将其作为事实来看待。它只存在于特定的群体中，当人们都拒绝使用外币交易或者不认同那种自封为领导者的权力时，我们就能明白这点。而且，它可能会随着集体心理的改变而走向终结，正如当恶性的通货膨胀出现后货币就会变成废纸，或者由于全体人民一致反抗警察和军队会导致一个政权的土崩瓦解。虽然社会现实只存在于群体之中，然而它依赖于每一个体当前的认知能力：对授予权力和地位的公共协议的理解力，以及在他人支持公共协议时自己也表示赞同。

某些心理事件，如发明创造、矫饰物以及以何种方式与某种类型的人打交道的决策等，是如何转化成一种社会文化现实的（如一种传统、一种习俗、一种精神气质或一种生活方式）？依据认知人类学家丹·斯珀伯（Dan Sperber）的看法，我们应该将文化理解成像流行病一样蔓延的心理表征：观念以及实践活动在人群之中的传播。当前有许多科学家运用流行病学（疾病是如何传播的）或者种群生物学（基因和有机体是如何蔓延开的）的数学工具来模拟文化的进化过程。他们的研究表明，人们乐于接受来自他人的创新，这一倾向性会产生一系列结果，而我们往往会使用诸如流行病、野火、雪球和引爆点这样的隐喻来理解这些结果。如此一来，个体心理便转化成了一种集体文化。

文化是人们为了生活而积累起来的全部技术创新和社会创新

文化就是人们为了自己的生活而积累起来的技术工具和社会创新，而不是他们将偶然碰到的角色和符号随意地收集在一起。这一观点有助于解释“什么导致了文化之间的相似和不同”这一问题。当某一分裂出来的小群体离开自己的部落，并被海洋、山脉或非军事化区域隔离时，在隔离区域一端产生的发明创造就绝不可能传播到隔离区域的另一端。正如每一群体都会对其积累的发明和习俗进行修正一样，这些积淀也会发生变异，这就导致群体之间拥有不同的文化。即使两个群体之间近在咫尺，如果他们存在激烈的矛盾纠纷，那么他们也会运用行动式的身份象征，表明自己站在哪一方立场上，并将两者之间的任何差异进一步扩大。这种分歧和差异在语言的演化上是显而易见的，语言或许可以算得上是关于文化演化的一个最为清晰的例子了。正如达尔文指出的那样，物种的起源是具有近似平行性的，这种情况往往发生在这样的情形之下：一个族群分裂成两个小群体，且他们各自的后代分别朝着不同的方向演化。与语言和物种一样，新近时期才出现分裂的各个文化之间会具有更多的相似性。例如，与毛利文化和夏威夷文化相比，意大利和法兰西的传统文化之间具有更多的相似性。

文化的心理根源也同样有助于解释为什么一部分文化发生了变化，而另一部分文化则保持不变。一些集体文化习俗具有极强的惯性，因为它们会使得那些试图率先改变这些习俗的个体付出极高的成本。由沿着公路左侧行驶转变为沿着公路右侧行驶，这不可能是由某些敢于打破陈规者或某场草根运动发起的，而更可能是自上而下强制推行的（这正是 1967 年 9 月 3 日，星期日早上 5 时发生在瑞典的那场运动）。其他的例子包括：当全副武装的敌对邻邦来犯时，放下你的武器投降；不再使用 QWERTY 式键盘；指出皇帝身上并没有穿任何衣物；等等。

然而传统文化也是会发生改变的，其变化的剧烈程度可能会超出大多数人的想象。如今保存文化多样性被认为有着极其重要的价值，但生活在不同文化中的人并不总是这么认为。人们有着各种各样的欲望和需求，当不同的文化发生碰撞时，如果某一种文化能够更好地满足这些欲望和需求，它肯定会被处于另一文化背景下的人注意到。历史告诉我们，当他们注意到这些时，就会选择放下颜面，从对方的文化中借鉴更好的事物。

文化绝不是能够保护自我形态的一块铁板，相反，它是很容易被渗透的，总是处于变迁之中，语言就是一个很明显的例子。虽然纯粹主义者和语言研究者一直在哀叹，但是没有哪种语言的表达方式与一个世纪前完全相同。我们只需要将当前的英语与莎士比亚时期的英语进行对比，或者将莎士比亚时期的英语与乔叟时期的英语进行对比就能明白这一点。还有很多“传统的”文化活动实际上都是最近才出现的。犹太教哈希德派的先驱们在黎凡特的沙漠中生活时，并不是穿黑衣戴毛线帽的，平原印第安人在欧洲人到达美洲大陆之前并不骑马。同样，许多国家的烹调的历史也并不久远。爱尔兰的土豆、匈牙利的胡椒、意大利的西红柿、印度和中国的红辣椒以及非洲的木薯都是来自美洲大陆的作物，它们都是在哥伦布到达美洲后的几个世纪中被带到它们的“传统”国度的。

文化是一种生存工具，这一观点甚至可以解释这一问题：最早是怎样的事实促使博厄斯提出了这样相反的论断？该论断认为，文化是一个由多种观念构成的自主系统。地球上各种文化之间最明显的差异在于，就物质层面而言，一些文化比另一些文化更加成功。在过去的几个世纪中，来自欧洲和亚洲的文化大肆毁灭着非洲、美洲、大洋洲和太平洋沿岸的文化。甚至在欧洲和亚洲内部，文化的命运也各不相同，一些不断发展扩张的文明在艺术、科学和技术方面取得了极大成就，而另一些则陷入贫穷之中，无法抵御外来者的征服。是什么使得一小群西班牙人跨过大西洋打败了庞大的印加帝国和阿兹特克帝国，而不是相反的结果呢？为什么不是非洲部族将欧洲变成了殖民地，而恰恰与之相反呢？直接的答案是：富裕的征服者拥有更好的技术、更加复杂的政治和经济组织。但这只是回到了"为什么一些文化发展出了更复杂的生活方式，而另一些文化则没有"这一老问题上。

博厄斯的观点有助于推翻19世纪那种糟糕的种族科学，种族科学将不同文化间的不一致归结为种族间进化上的差异。博厄斯的继承者们认为，人类行为是由文化决定的，而文化是独立于生物学的。遗憾的是，这并没有解释不同文化间生动有趣的差异是如何形成的，好像这些差异如同巴比伦的彩票游戏结果一样，只是随机生成的。事实上，这些差异并不是无法解释的，只是人们觉得它不宜被提及，这完全是出于这样一种担忧：一些文化在技术层面上比另一些文化更加复杂，这种现象可能会让人错误地从道德层面将其解释为先进社会比原始社会更好。但所有人都会注意到，某些文化能比其他文化更好地为人类提供他们向往的事物（比如健康和舒适）。认为文化的变化不可预料的观点，并不能驳斥很多人私下所持的看法，即认为一些种族注定会发展科学、技术和政府治理，而其他一些种族则不会。

但最近有两名学者分别通过各自的研究得出了明确的结论，他们认为，不需要用种族这个概念来解释文化上的差异。他们都是在放弃了标准社会科学模型（Standard Social Science Model）的情况下得出这种结论的。标准社会科学模型认为，文化是主观的符号系统，不依赖于个体的心理活动而存在。经济学家托马斯·索维尔（Thomas Sowell）在他的《种族与文化》（*Race and Culture*）、《移民与文化》（*Migrations and Cultures*）、《征服与文化》（*Conquests and Cultures*）三部曲中，解释了他在分析文化差异时的出发点：

> 文化并不是符号模式，也不能够像琥珀中的蝴蝶那样被保存下来。文化不存在于博物馆之中，而是体现在日常生活的实践活动中，它在各种互相冲突的目标和其他存在竞争关系的文化压力之下不断演化。文化不是以静止的“有差别”的方式存在的，而是作为一种更好的或更糟的处理事物的方式，通过与其他文化的竞争而存在的——它是更好的还是更糟的，不取决于旁观者的看法，而是来自生活在其中的人们的看法，因为是他们在应对着现实生活中的各种坎坷。

进化生物学家贾雷德·戴蒙德(Jared Diamond)[①] 既是一位进化心理学的先驱，也是一位寻求科学和人文学科，尤其是与历史学科相融合的前辈。在《枪炮、病菌与钢铁》(*Guns, Germs, and Steel*) 这本经典著作中，戴蒙德放弃了那种通常认为历史只是一些琐碎事件集合的观点，试图将人类上万年的历史更替放在人类进化和生态学的背景下进行解释。索维尔和戴蒙德非常令人信服地证明了，人类社会的命运既不是因为偶然也不是来自种族，而是来自人类吸收他人创新的动力，以及来自地理环境和生态环境的变迁。

戴蒙德以人类文明的起源作为出发点来展开自己的研究。在人类进化史的大部分时间里，我们都过着狩猎 - 采集的生活。文明的陷阱（定居、城市、劳动分工、政府、职业化军队、写作、冶金技术）是近代才发展起来的，而农耕则是在10 000 年前左右发展起来的。农耕依赖于植物和被驯化的能够利用的动物，而只有极少的几个物种是适合的。它们碰巧都集中在世界上的几个区域中，包括新月沃地、中国、中美洲和南美洲。人类的第一批文明就出现在这些地区。

从那时起，文明的地域分布就有了定数。戴蒙德和索维尔指出，欧亚大陆——世界上最大的陆地，是一个巨大的各种地方性创新的聚集地。商人、旅居者和征服者将这些创新收集了起来并将它们传播到了各地，而那些居住在交通要道的人会更容易将这些创新集中起来。此外，欧亚大陆是呈东西方向分布的，而非洲和美洲则是按照南北方向分布的。在欧亚地区，在一个区域被驯化的庄稼和动物，

① 贾雷德·戴蒙德在《性的进化》一书中通过有趣的案例梳理了人类性征进化历程的多个方面。该书中文简体字版已由湛庐引进，天津科学技术出版社出版。——编者注

能够很容易扩展到同一纬度的其他地域，因为同一纬度的区域气候很相似，但扩展到同一经度的其他区域就没有那么容易了，因为在同一经度上如果相差几百千米的距离，气候就可能从温带变为热带。例如，在西伯利亚大草原被驯化的马匹，我们很容易就可以在西至欧洲、东至中国的范围内看到它们的身影，但在安第斯山脉被驯化的美洲驼和羊驼则很难在墨西哥出现，因此，在玛雅文明和阿兹特克文明中并没有可以用来运输东西的驮兽。直到近代，远距离的笨重货物只能依靠水路运输，而贸易商人和他们的观念的传播也是如此。欧洲和亚洲的部分地区具有先天优势，它们有着锯齿状的地形，因此形成了许多天然的港湾和航运河流，而非洲和澳大利亚则没有这样的便利条件。

欧亚大陆的居民之所以能够征服世界，不是因为他们更聪明，而是因为他们最大限度地利用了“众人拾柴火焰高”这一原理。事实上，欧洲任何一个征服过世界其他地区的国家的“文化”，都最大程度地集合了数千千米之外的以及数千年来的发明创造。例如不列颠文化，它集合了包括来自中东的谷物和字母拼写方式，中国的火药和纸张，乌克兰的驯马以及许多其他事物。但由于其与世隔绝，因此澳大利亚、非洲和美洲地区的人们不得不使用本土发展起来的技术，结果是，他们无法与那些“兼容并蓄”的征服者相抗衡。即便是在欧亚大陆内部和（后来的）美洲大陆内部，那些被高山隔绝的文化与周遭那些拥有巨大的交流网络的人们相比，也要落后数个世纪，例如阿巴拉契亚地区、巴尔干半岛和苏格兰高地地区的文化。

戴蒙德指出，最极端的案例是塔斯马尼亚岛。塔斯马尼亚人是有历史记载以来技术水平最为原始的族群，在 19 世纪几乎被欧洲人灭绝了。与澳大利亚大陆上的土著居民不同，塔斯马尼亚人不会生火，不会制造回旋镖或梭镖，没有特制的石器，没有带柄的斧子，没有独木舟，没有缝纫用的针，也不会捕鱼。令人惊讶的是，有考古发现，塔斯马尼亚人的祖先来自澳大利亚大陆，而且是带着上述技术在 10 000 年前来到那里的。但是随后，连接塔斯马尼亚和澳大利亚大陆的陆桥沉了下去，这个岛屿便由此与世隔绝了。戴蒙德推断，某一文化的任何技术都可能在其历史的某个时代被遗失。也许是因为原材料变得紧缺，于是人们不再制造依赖这种原材料的产品；也许是因为所有熟练的手工艺人都没有躲过某次暴风雨的袭击；也许是因为某些史前的勒德分子或者是阿亚图拉基于某个空洞的理由禁止了某些行为。当上述这些事件发生在一个与其他文化有来往的文化中时，遗失的技术最终会重新为人们所掌握，因为他们希望自己像周边文化中的人那样过上更好的生活。但是，在与世隔绝的塔斯马尼亚，每次那些公认的能促进历史前进的技术遗失后，他们就不得不重新发明它们，因此，塔斯马尼亚人的生活水准在不断下滑。

对标准社会科学模型最彻底的批评是，它无法实现它最初被提出时所设定的目标：无须借助种族的概念就能解释人类社会的不同命运。今天，对这一问题的最佳解释完全是基于文化角度的，但这种解释将文化看作了人类愿望的产物，而不是将文化看作人类愿望的塑造者。

建立在科学基础上的心理学，是历史与文化的基础

这样一来，历史和文化就能够以心理学为基础进行研究了，而心理学又是以计算机科学、神经科学、遗传学和进化论为基础的。但这种说法让许多非科学界人士非常担忧。他们担心，科学与人文学科的融合只是一群穿白大褂的门外汉试图接管人文学科、艺术和社会科学时放出的烟幕弹而已，主观事物的丰富多样性将会消失在神经元、基因、进化的冲动等一些空洞苍白的词语之中。这一学说通常被称为“还原论”（reductionism），我将通过对本章的总结来说明，为什么科学与人文学科的融合并不会导致上述担忧的出现。

“还原论”与胆固醇一样，有好也有坏。坏的“还原论”，也被称为“贪婪还原论”或者“破坏性还原论”（它在解释一种现象时，试图用这一现象最小或者最简单的构成要素来进行说明）。“贪婪还原论”并不是一种虚假的存在。我知道有几位科学家就相信（或者最起码是赞成），通过对神经细胞膜的生物物理学研究或者对神经突触分子结构的研究，我们就能够在教育、平息冲突和其他社会焦点问题上取得突破性进展。但是“贪婪还原论”并不是主流的观点，我们很容易就能看到它错在什么地方。正如哲学家希拉里·普特南（Hilary Putnam）指出的

那样，即便是像方榫头不能楔进圆孔洞这样简单的事实，也无法用分子和原子来进行解释，而应从更高的层面，如从硬度（不管是什么构成了方榫头的硬度）和几何学的角度进行解释。如果有人真的相信社会学、文学或者历史学能够被生物学取代，那么他的思路为什么要停在那里呢？生物学是以化学为基础的，而化学又是以物理学为基础的，如此一来，人们就不得不从电子、夸克的层面来分析第一次世界大战爆发的原因。即第一次世界大战什么都不是，只是由无数夸克构成的极其复杂的运动模式，但按照这种方式来描述并不能为我们提供任何见解。

好的"还原论"，也被称为"分层还原论"，它不仅是用一个领域的知识替换另一领域的知识，而且还将这两个领域有机联系起来或者统一起来。一个知识领域的基石在另一个知识领域成了被放在显微镜下进行研究的对象。正如黑箱被打开了，股票成了现金。一位地理学家可能会指出，非洲大陆和美洲大陆曾经连接在一起，但由于它们分别位于朝着相反方向运动的不同板块之上，因此两个大陆虽然分开了，但是它们的海岸线仍能够契合在一起。板块为什么移动的问题要由地质学家来回答，地质学家会指出，地球内部岩浆的上涌造成了板块的分裂。至于岩浆的温度为什么这么高，这需要物理学家从地核和地幔之间的互动来解释。所有这些科学家都是不可或缺的。如果仅有地理学家的话，他会认为是某种神秘力量造成了陆地的移动，而如果仅有物理学家的话，他便无法预测到南美洲的形状。

因此，要想在生物学和文化之间架起一座桥梁也需要这么做。那些研究人性科学的伟大思想家们的观念不可动摇，他们认为，人类的心智活动必须从几个不同的层面去理解，而不能仅从最低端的层面去理解。语言学家诺姆·乔姆斯基、计算神经科学家大卫·马尔（David Marr）、动物学家尼克·丁伯根（Niko Tinbergen）也分别指出了在研究大脑功能时所需的一系列分析层次，这些层次包括大脑的功能（从最根本的进化意义上来看，它能够实现什么功能）、大脑的实时运行（它在这一刻到下一刻的过程中是如何运行的）、大脑活动在神经组织这个层面的实现方式、个体大脑的发育以及整个人类大脑的演化。

例如，语言以一套组合语法为基础，通过这套语法，人们才能沟通无限的思想。人们通过记忆搜索和规则运用之间的互动才能使用语言。语言的生成是由位于大脑左半球中心部分的神经网络区域实现的，因为这个区域能够将记忆、计划、词语意义和语言整合起来。语言能力是在个体生命的前三年中形成的，先是咿呀乱语，然后是单词，最后是词组，其中也包括了乱用语法规则产生的错误。语言通过发声器官和大脑神经回路（这些在人类进化的早期有其他用途）的变化而不断演进，这些器官的变化有助于我们的祖先建立起各种各样的社会联系，积累丰富的知识，从而促进人类的繁荣。其中的任何一个分析层面都不能为其他分析层面所取代，如果将某层面单独割裂开来，我们就无法获得全面的理解。

乔姆斯基对上述这些层面（他本人很少使用分析层面，而其他语言学家却常常引用）进行了区分。我刚才提到的观点的优势在于，它将语言看作了一种内在的、为个体所拥有的事物，如我脑海中拥有的关于加拿大英语的知识。但语言也可以被看成一种外在实体:“英语”作为一个整体而存在有着 1 500 年历史,在全球范围内有着数不清的英语方言以及混杂了其他语言而形成的新的变种,《牛津英语词典》共列出了 50 万个单词。对生活在不同时空下的数千万人拥有的内在语言进行抽象，便形成了某种外在语言。它不能脱离人们大脑中的用于进行交谈的内部语言而存在，但也不能还原成任何个人拥有的内在语言。例如，即便是在“任意一个讲英语的人的词汇量都比任意一个说日语的人词汇量要小”的情况下,“英语词汇比日语词汇多”这个论断也仍然可以是真实的。

英语的形成受到了一系列历史事件的影响，这些事件并不存在于个体的头脑之中。这些事件包括：斯堪的纳维亚人和诺曼人在中世纪对英国的入侵，它们使英语中增加了非盎格鲁 - 撒克逊语词汇；15 世纪的元音大推移，使长元音的发音变得混乱，也使英语的拼写发生了不规则变化；大英帝国的扩张，使得一系列英语的变种开始出现（如美国英语、澳大利亚英语和新加坡英语）；随着全球化电子媒体的出现，可能会使得英语变得更加同质化，因为我们所有人看的都是同样的网页和同样的电视节目。

与此同时，对这些力量的理解，也离不开将有血有肉的个体思想过程纳入我们的思考范畴。这些个体包括了那些将法语单词吸收进英语中并对其进行重新分解的英国人；那些记不住动词不规则过去式（如 writhe-wrothe, crow-crew），从而将它们按照规则形式处理的孩子们；那些通过烦琐的发音将自己与底层人民区分开来的贵族们；那些说话含糊不清，发不出来一些辅音的人给我们留下了 made 和 had（这两个词最初的形式是 maked 和 haved）这样的单词；而那些首先将“I had the house built”（我建造了房子）改成了“I had built the house”的人使得英语有了完美的时态。每一代人都对语言进行了再创造，因为它必然要经由那些使用者的大脑而得以传递。

当然，作为一种文化的极佳范例，外在语言也是社会科学家和人文学者们感兴趣的研究领域。我们可以按照大脑、进化、个体认知过程及巨型文化系统的顺序对语言进行研究，这样一来，我们就可以理解文化和生物学之间是如何建立联系的。在人类其他知识领域也存在着很多可能的联系，这本书将为你一一呈现。道德感能够说明法律规则和伦理戒律。侵略心理可以帮助我们理解战争和冲突的本质。亲缘心理学可以帮助我们理解社会政治规则的形成过程，性别差异与两性间的政治斗争密切相关。人类的审美感和情感有助于加深我们对艺术的理解。

将社会和文化层面的分析与心理学和生物学层面的分析联系起来，会有什么样的收获呢？我们将会收获许多激动人心的发现，如美的普适性、语言的逻辑性以及道德感的构成要素，而这是单个学科无法实现的。我们将会从其他科学的融合中获得令人满意的独特见解：将肌肉看成是由细小的有磁性的棘轮构成的，将花朵看成是吸引昆虫授粉的工具，将彩虹看成由光波波长的发散而形成的独特现象，而在通常情况下，这些波长混合起来形成的是白光。我们将会体会到邮票收集和侦探工作的差异，将会明白唬人的行话和真正洞见之间的差异；将会明白描述事物是什么和解释事物为什么按照这种方式而非其他方式构成这两者之间的差异。在一场以蒙蒂·皮东（Monty Python）的《飞行的马戏团》（*Flying Circus*）为母本举行的搞怪模仿秀中，一位研究恐龙的专家大声宣讲了她在雷龙研究方面的新理论：“所有雷龙的身体的一端都比较细小，然后越往中间变得越厚重，而在另一端又开始慢慢变细。”这句话逗得我们哄堂大笑，因为她没有对其研究对象做出深度解释，也就是说，她没有很好地对它进行“还原”。而“理解”（understand）这个词从字面上看是“站在下边”（stand under），意思是要进行更深入的分析。

只有将活生生的肉体看成是由分子构成的精密组织，而不是由震颤的细胞质构成的事物；只有从物理学定律的角度来探讨鸟类的飞行，而不是认为它是对物理学定律的违背，我们对生命的理解才能更为透彻。同样，只有将大脑看成由负责思考、感知和学习等活动的复杂神经回路构成的事物，而不是将其看成白板、柔软而形状不确定的块状物或神秘的幽灵，我们对自身及文化的理解才能更为充分。

The Blank Slate The Modern Denial of Human Nature

05

最后的抵抗

人性属于一个科学议题，随着新事实的不断涌现，我们关于这一概念的理解也会发生改变。有时候，新的事实可能会表明，某些理论或许过于强调人类大脑中的先天结构了。例如，我们拥有的语言天赋可能并不涉及掌握名词、动词、形容词和介词，我们只是能够区分一个词是更像名词还是更像动词罢了。而另一些时候，我们可能会发现，某些理论对人类大脑的先天结构又过于忽略了。当前，没有任何一种人格理论能够解释为何被分开抚养的一对同卵双胞胎都会喜欢将橡皮筋绑在手腕上，或者总是在拥挤的电梯里假装打喷嚏。

另一个值得注意的问题是，大脑是如何运用我们通过感觉获取到的信息的。我们在语言和社会互动方面的机制一旦被启用，某些类型的学习或许仅仅是在记住将来可能有用的信息，如某个人的姓名或者一条新的法律条文内容。另一些类型的学习可能包括拨打电话、按动开关或者计算平均数，这些情况类似于仪器装置就绪而输入的参数未定，这时大脑就会搜寻出当前情境涉及的特定变量。还有一些类型的学习是使用常规环境提供给我们的，诸如地心引力、各种颜色以及视觉领域中的各种线条之类的信息来调整我们的感觉运动系统。同时，先天禀赋和后天教养之间还存在其他一些交互作用方式，两者之间存在的大量交互作用使它们之间的界限变得日渐模糊。

本书基于的是这样一种判断：不管相关研究最终能精确到何种程度，人性都必然是普适的和复杂的。我想，我们应该有理由相信，人类大脑中存在着一系列用于推理和沟通的情感、动机和能力方面的组织结构，这些结构有着共同的逻辑，不会因文化不同而变化，既不可能被消除，也不可能对其进行再造，它们是在人类进化过程中通过自然选择形成的，它们的一些最基本的构造以及某些变异是由基因组中的信息决定的。对人性这样一个大致的判断，意味着我们需要去接受当前和未来的一系列理论以及大量可预见的科学发现。

但这并不意味着我们要接受任何理论和研究发现。可以想象的是，科学家们可能会发现，没有足够的信息表明基因组中存在着明确负责先天神经活动的基因，或者他们会发现大脑中尚不存在能容纳先天神经活动的机制。又或者，他们可能会发现，大脑中的物质都是有多种用途的，因此它能够吸收感知器官输入的任何形式的信息并对其进行组织，从而实现各种目标。前一种研究发现决定了先天组织不可能存在；而后一种发现则决定了先天组织没有存在的必要。这些发现将使得人性这一概念受到质疑。与那些来自道德和政治领域对人性概念的质疑（亦即我将在本书后面的章节中讨论的那些质疑）不同的是，上述这些质疑是从科学角度提出的。如果真有这样一些发现的话，我觉得最好要先对它们进行一番仔细的审视。

本章关注的是三方面的科学进展，这些科学进展有时候会被认为消解了复杂人性存在的可能性。第一个方面的挑战来自“人类基因组计划”（Human Genome Project）。当人类的基因组序列在 2001 年被首次公布出来时，遗传学家们感到很诧异，因为基因的数目比他们之前预计的少了很多。统计出来的基因数目大概 3.4 万个，而之前估计的数目在 5 万～ 10 万个之间。一些报刊的评论文章认为，基因的数目较少，意味着大脑不能承载太多的事物，因此，任何认为存在先天才能或者禀赋的说法都站不住脚，甚至还有人将这视作对自由意志的辩护：大脑这个机器越小，留给自由意志这个幽灵的空间就越大。

第二方面的挑战来自用计算机模型来比拟神经网络，进而对认知过程进行研究取得的一些发现。这些神经网络模型在解释大脑如何掌握它所接收的信息的统计模式方面非常成功。一些来自认知科学中的联结主义学派的模型构建者认为，一般的神经网络就能解释人类所有的认知活动，基本，或者说根本不存在特定的负责某种先天特定能力（如社会性推理和语言）的神经网络。在第 2 章中，我们提到了联结主义的奠基人戴维·鲁姆哈特和詹姆斯·麦克兰德，他们认为，人类之所以比老鼠聪明，只是因为人脑中有着更多的联络皮层，并且人类的环境中包含着能够将其组织起来的文化。

第三个方面的挑战来自对神经系统可塑性的研究。这些研究考察了胎儿和婴幼儿大脑的发展机制，以及动物的大脑在学习记录这些经验时的作用方式。神经科学家最近的研究已经揭示出了大脑在进行学习、实践和处理获得的感官信息的变化方式。从这些发现引申出来的一种观念可以被称为极端可塑论。按照这种观念，大脑皮层（负责感知、思维、言语和记忆功能的呈螺旋状的大脑灰质）属于一种多变物质，它可以随着环境和要求的改变而发生无限可能的变化。如此一来，空空如也的白板就变成了可塑板。

联结主义和极端可塑论在西极学派的认知科学家中间非常盛行，他们否认大脑如同一块白板，却试图将先天的大脑组织结构限定在注意与记忆偏差之内。无论是对于神经科学家还是对于企业家来说，极端可塑论都具有确切无疑的吸引力，因为神经科学家们想要强调他们的研究领域对于教育和社会政策的重要性，而企业家们则急于出售那些促进婴儿发育、治疗学习困难或是延缓衰老的商品。在科学领域之外，这三方面的研究进展也受到了不少人文学科领域学者的青睐，这些人试图抵制生物学对人文领域的侵蚀。可以说，基因组数目的缩水、联结主义以及极端可塑性理论是“白板说”最后的救命稻草。

本章的主旨在于，阐明上述这些主张并不是“白板说”的辩词，而是“白板说”的衍生物。包括一些科学家在内的不少人都抱有先入为主的看法，认为大脑不可能有什么先天的组织结构，或是过于简单地认为，如果大脑中存在先天的组织结构，那么这种结构又是如何在基因中进行编码，并在大脑中得以发展的呢？因此，他们会选择性地看待有关证据，有时甚至达到了莫名其妙的地步。

从一开始我就认为，“白板说”的这几种新理论非常令人难以置信，事实上，这些理论几乎没有逻辑条理。大脑里一无所有，那么它就什么也产生不了，因此大脑的复杂性必然有其出处。它不可能仅仅来自环境，因为拥有大脑的关键之处在于它会实现某些特定的目标，而环境无法告诉我们这些目标应该是什么。特定的环境会促使有机体能够修筑水坝，依据星象而迁徙，通过舞动和叫声来吸引雌性的注意，用腺体在树木上做标记，写十四行诗，等等。对于某个种族而言，某句话可能寓意着逃走的警告；而对于另外一个种族来说，这句话可能很新奇，会被新纳入他们的语音体系中；而对于其他的种族而言，他们又可能会把这句话作为语法分析的对象。因为，信息本身并不能告诉你应该怎么做。

同样，大脑组织也并非什么可以使人类个体获得某种实用能力的妖魔鬼怪。它只是一种生理机制，一种能够按照特定的方式将输入转化为输出的物质组合。那种认为单一的普通物质可以做到深入洞察、控制手部活动、吸引伴侣、养育孩子、躲避捕食者和战胜猎物等一系列活动，而无须分化为特定的具体用途的看法并不可信。与其认为大脑之所以能够解决这些问题是因为它的“可塑性”，还不如说大脑是通过魔法来解决这些问题的。

在本章中，我还会对那些反对人性概念的最新科学发现进行深入的检验。从其自身来看，这些发现都非常重要，即使它并不支持之前得出的一些过于夸张的结论。对“白板说”的这些救命稻草进行评估后，我们就能准确地总结出反对“白板说”的科学论据。

基因重要，环境也重要

人类的基因组通常被视为人类这个物种的精华所在，因此，在 2001 年人类基因组序列被公布出来后，评论者们蜂拥而至的场景也就毫不奇怪了，他们纷纷运用它来对人类的各种事件进行科学的阐释。克雷格·文特尔（Craig Venter）[①] 的公司塞莱拉曾经与一家公共事业机构在基因序列的研究方面展开竞争，文特尔在一次新闻发布会上提出，基因数目比预期的要少。他说：“我们拥有的基因数

① “人造生命之父”克雷格·文特尔合成了第一个“人造细胞”。其作品《生命的未来》中文简体字版已由湛庐引进，浙江人民出版社出版。——编者注

目并不足以证明生物决定论是正确的，人类的多样性并非由我们的遗传密码决定的，我们所处的环境才是关键所在。”在英国，《卫报》将这一言论作为了头条新闻：“……已经发现了人类行为的秘密所在。决定我们行为的，是环境而不是基因。”另一家英国报纸的社论这样写道：“看上去，我们原有的自由应当远远超出了目前已经获得的自由。这一发现也会让左派感觉很欣慰，因为他们认为不论出身如何，每个人都有着巨大的潜力。然而，它斥责了右派对统治阶级和原罪的偏爱。”

所有的一切都源自 3.4 万这样一个数目！如此一来就产生一个问题：基因的数目究竟要达到多少才能够证明人类的丰富多样性是由我们的基因密码决定的？才能证明我们未来所能获得的自由将少于我们现在所拥有的？才能证明右派是对的而左派是错的？是 5 万个还是 15 万个？或者反过来，如果研究结果表明人类的基因数目是 2 万，这能否表明我们原本应该更加自由？或者说环境的作用应该更大？又或者左派会更加感到欣慰？事实上，没有人知道这些数字意味着什么。没有人知道要多少个基因才能构成大脑的一个功能单元，构成一个通用的学习模式，或者构成介于这两者之间的任何事物——更不用说原罪或是统治阶级的优越性了。因为目前尚无法知晓基因是如何构建出大脑的，所以人类基因组中的基因数目只是一个数字而已。

如果你对此不以为然，那么就请思考一下秀丽隐杆线虫（Caenorhabditis elegans）的例子吧。这种小线虫拥有约 1.8 万个基因，按照那些基因组评论家们的逻辑，它的自由、多样性和潜能应该是人类的 2 倍。而事实上，这种线虫只有在显微镜下才能看清楚，它由 959 个细胞构成，严格地遵循基因程序而发展为一个神经系统，这个神经系统由 302 个神经元依照固定的线路图构成。就其行为而言，它的进食、交配、趋近或逃避特定的气味等活动也很有限。单就这些，就可以使我们显而易见地认识到，人类的自由和行动的多样性源于我们所具有的复杂的生物学构造，而并非某种单一的构造。

因此，真正神奇的是人类拥有的细胞数以百万亿计，神经细胞数以千亿计，但我们真正需要的基因数目只是蛔虫这样低级生物的 2 倍。许多生物学家认为，人类基因的统计数目可能被低估了。基因组中的基因数目只能是粗略的估算；就现阶段来说，它们的确切数目尚无法统计出来。基因估算程序寻找的是 DNA 中那些与已知基因相似的基因序列，以及那些具有足够活性、能够参与到蛋白质形成过程中的基因序列。那些人类独有的基因或者仅在形成胎儿的大脑时具有活性的基因（这些都是与人性最相关的一些基因）以及其他一些不易察觉的基因可能没有被纳入估算范围中。当前有一些不同的看法，认为人类的基因数目应该是 5.7 万个或者 7.5 万个，甚至是 12 万个。然而，即便是人类拥有的基因数目是蛔虫的 6 倍，而不是 2 倍，这依然是一个难解之谜。

许多对此感到迷惑不解的生物学家并没有得出结论说，人类没有我们之前想象得那么复杂。相反，他们认为，基因组中的基因数目与有机体的复杂程度并没有什么关系。基因与生理构造并不是一一对应的，并不是说一个有机体有 2 万个基因，它就有 2 万个生理构造，或者说一个有机体有 3 万个基因，它就有 3 万个生理构造。基因构成了特定的蛋白质，其中某些种类的蛋白质形成了有机体的肉体和体液。但其他一些种类的蛋白质则可能会开启或者关闭基因的功能、增加或者抑制它们的活性，或者将其他蛋白质分解或合成新的化合物。詹姆斯·沃森指出，过去我们总在直观上认为，特定数目的基因负责特定的功能，而现在，这种看法应该有所调整了："想象一下，如果你观看的是一出有 3 万名演员参与的戏剧，最后你可能就会糊涂了。"

通过基因间的交互作用，一种有机体被构建的过程可能比另一种有着和它一样基因数目的有机体的构建过程要复杂得多。对一个简单的有机体来说，许多基因共同构建成了一种蛋白质，并且这种蛋白质形成了该有机体的组成部分。对一个复杂的有机体来说，一个基因可能开启了另一个基因的功能，并由此又激发了第三个基因的活性（但这只有在第四个基因具有活性的情况下才行得通），而第三个基因又关闭了第一个基因的功能（但这只是在第五个基因不具有活性的情况下才可以），如此等等。这实际上描绘了在基因数目一定的情况下，如何构造出更为复杂的有机体的方法。这样一来，有机体的复杂程度不仅取决于基因的数目，而且还取决于用方框－箭形图描绘的基因之间互相作用的复杂程度。增加一个基因，并不意味着仅仅是增加了一个成分，还意味着基因之间互相作用的方式也将成倍增加，因此，有机体的复杂性取决于活性基因和非活性基因可能的联结方式。遗传学家让－米歇尔·克莱威利（Jean-Michel Claverie）认为，可以将基因数目作为 2（活性基因与非活性基因）的乘方的指数，从而估算出有机体的复杂程度。按照这种方法计算的话，人类基因组的复杂程度就不是蛔虫的 2 倍，而是它的 $2^{16\,000}$ 倍（计算出来的数字有 4 800 位。）

基因的数目并不能反映出基因组的复杂程度，这可能还有另外两个原因。一个原因是，一种基因可能不止会参与一种蛋白质的合成，而会参与几种蛋白质的合成。就像在杂志的文章中插入广告一样，一个基因通常被分解成 DNA 上的几个片段，负责蛋白质片段的编码（编码序列），而 DNA 上那些不参与蛋白质片段编码的片段（基因内区）则插入了这些片段中间。因此，一个基因的片段可以按照多种方式结合起来。一个由 A、B、C、D 四种编码序列构成的基因，可以按照 ABC、ABD、ACD 等方式合成蛋白质——每个基因可以合成 10 种不同的蛋白质。与简单的有机体相比，复杂的有机体中更可能出现这样的合成方式。

第二个原因是，这 3.4 万个基因只占人类基因组的 3%。人类基因的其他部分，还包括并不负责蛋白质编码的 DNA 以及可以被看成“垃圾”的 DNA。但正如一位生物学家最近指出的那样，“‘垃圾 DNA’这个词暴露了我们的无知”。不负责编码的 DNA 的规模、排列以及构成内容会对激发其周围基因的活性，从而合成蛋白质的方式产生巨大影响。基因组那些不负责编码的区域的数百万个基本构成部分包含的信息，是决定人类个体特殊性的因素之一，也超过了 3.4 万个基因包含的信息。

因此，尽管存在一些奇怪的看法（认为人几乎和蠕虫一样简单），但人类的基因组完全能够构建出复杂的大脑。当然，“人类的复杂多样性并不是由我们的遗传编码决定的”，但我们并不需要借助于基因的概念来说明这一点——我们早就知道，一个在日本长大的孩子会说日语，同样的，如果这个孩子在英国长大的话，就会说英语。我们在本书的其他章节中还会讨论这一问题：为了构建某种道德立场，科学发现被篡改得面目全非，而这种道德立场借助于其他理论基础原本是可以更容易建立起来的。

联结主义

关于“白板说”的第二种科学辩护来自联结主义，该理论认为，大脑就像计算机中的人工神经网络，可以掌握各类统计模式。

认知科学家认为，组成大脑指令系统的一些基本过程（比如，对联结的储存和提取，对各要素的排序，注意聚焦，等等）通过大脑中紧密交织的神经细胞（大脑细胞）网络而得以执行。那么问题在于，某种类型的神经网络在经由环境塑造之后，能否解释人类所有的心理活动？或者说是由基因组形成了不同的神经网络，以符合诸如语言、视觉、道德、恐惧、性欲和直觉心理学等特定领域的需要？当然，联结主义者是不会信奉“白板说”的，但是他们却信奉最可靠的机械论学说，即他们认为大脑是一个通用学习装置。

神经网络究竟是什么呢？联结主义者使用这一概念，指代的并非大脑中真实的神经回路，而是作为一种隐喻，指代基于神经元和神经线路的计算机程序。在最常见的理论取向中，“神经细胞”携带的信息活跃程度高低不一。它们的活动水平标志着客观世界的某种单一特征的存在或不存在（或者说是强烈程度和确信程度）。这些特征可能是某种颜色，或者是一条具有一定倾斜度的线条，或者是字母表中的某个字母，又或者是某种动物拥有四条腿的特性。

神经网络可以表示不同的概念，这主要取决于神经网络中哪些神经细胞处于激活状态。如果与“黄色”“飞行物”“歌唱”这些概念相对应的神经细胞处于激活状态，那么神经网络就会联想到“金丝雀”；如果与“银色”“飞行物”“轰鸣声”这些概念相对应的细胞处于激活状态，那么神经网络就会联想到“飞机”。人工神经网络是按照这种方式进行运算的：神经细胞通过类似于突触的结点与其他神经细胞发生联系。每一个神经细胞都会对来自其他神经细胞的输入信息进行运算，并相应地改变其活动水平。神经网络通过信息输入来改变细胞之间的联结强度，从而掌握相关信息。联结的强度决定了负责信息输入的神经细胞激活或抑制那些负责信息输出的神经细胞的可能性。

联结主义的神经网络之所以能够学会对各类事物进行运算，主要有赖于神经细胞代表的是什么，它们之间是如何具有先天性联系的，经过训练之后这些联结会发生怎样的变化。如果任何一种事物都与其他事物存在联系，那么神经网络就会将一系列事物所有特性之间的联系都纳入其中。例如，在给出了关于许多鸟类的特征描述之后，神经网络就能够做出假定，具有歌唱特征的事物往往能够飞翔，有羽毛而又能飞翔的事物往往会歌唱，或者既会歌唱又会飞翔的事物往往长有羽毛。如果一个神经网络中的输入层面与输出层面发生联系，它就能够掌握两种观念之间存在的联系，比如，小型软体飞行物是动物，而大型金属飞行物是飞行器。如果该神经网络的信息输出层面将信息反馈到了前面的信息输入层面，那么神经网络就会按照既定次序做出标记，比如构成单词的某些发音。

神经网络模型的吸引人之处在于，这些网络能够自动地将已有的联系推广应用到类似的新项目上。如果某个神经网络已经从训练当中得知，老虎食用“Frosted Flakes”（一种著名的谷类食物品牌），那么它就会总结出，狮子也食用“Frosted Flakes”，因为“食用 Frosted Flakes”并没有和“老虎”联结起来，而是与“吼叫”“长有腮须”等更为简化的特征联结在了一起，而这些特征同时也构成了关于“狮子”的表征。与洛克、大卫·休谟（David Hume）及密尔等人拥护的联结主义学派一样，联结主义学派也声称，这种类化正是智慧的关键所在。如果情况果真如此，那么经过严格训练的其他类别的神经网络也就可以对人类智慧进行解释了。

计算机模型建构者往往将他们的模型用于一些简单化的游戏问题上，以此来证明这些模型大体上是有用的。于是，就引申出这样一个问题：这些模型能否“按比例扩大”，以使其能够解决一些更具现实性的问题？或者，像怀疑论者说的那样，这些模型建构者是在“上树捞月亮”。在此，我们发现了联结主义存在的问题。在阅读一长串词语或者学习各种关于动物的固定看法等一些限定性的问题上，简单的联结主义网络能够展示出超凡的记忆能力和概括能力。然而，在模拟那些更接近现实生活的人类智慧的特征方面，比如，理解语句或者对生命体进行推理，联结主义网络显然具有局限性。

人类并非只是随意地将彼此之间具有相似性的事物联系起来，也不是单纯地将经常出现在一起的事物联系起来。相反，人类大脑拥有联合智能，能够形成各种理论假设：例如，关于事物的真实情况是怎样的，对哪些人做了什么事情，时间、地点和原因是什么，等等。这些都依赖于一个复杂的运算体系，其复杂程度远远超过了通用联结主义神经网络中神经细胞间纷乱复杂的联结。该运算体系还需要具备像规则、变量、命题、目标状态和不同类型的数据结构等类型的逻辑构建，并将它们组织成一个更大的系统。包括盖瑞·马库斯（Gary Marcus）、马文·明斯基（Marvin Minsky）[①]、西摩·佩珀特（Seymour Papert）、杰瑞·福多、芝诺·派利夏恩（Zenon Pylyshyn）、约翰·安德森（John Anderson）、汤姆·贝弗（Tom Bever）、罗伯特·哈德利（Robert Hadley）在内的不少认知科学家都证明了这一点。同样认同这一点的还有一些不在联结主义学派之列的神经网络模型的提出者，比如，约翰·赫梅尔（John Hummel）、洛肯德拉·夏斯特里（Lokendra Shastri）、保罗·斯莫伦斯基（Paul Smolensky）。对于联结主义的局限性，我曾经在一些学术性文章和通俗读物中都进行过详细阐述，这里对我自己的部分观点仅做简要说明。

在《心智探奇》（*How the Mind Works*）中有这样一个概念，叫作“联结浆糊”（Connectoplasm）[②]，其中我列举了一些简单的逻辑关系，这些逻辑关系暗含在我们对一个完整思想（比如某句话的含义）的理解背后，却很难用通用的网络模型进行表征。第一种能力是对某个种类和某个个体之间的区别做出鉴别的能力：作为通称的鸭子和某个特定的鸭子。这两者之间具有一些共同特征（如游泳、嘎嘎叫、有羽毛等），而在标准的联结主义模型当中，它们同样是由一些活跃的单元序列所表征的，但人们却很清楚这两者之间的区别。

第二种能力是综合，即能够形成一种复杂的新思想的能力。所谓新思想，并非只是将简单想法合并起来，而且还包含它们之间的各种关系。比如，“猫捉老鼠”

---

① 马文·明斯基，“人工智能之父”和框架理论的创立者，曾获 1969 年图灵奖，是第一位获此殊荣的人工智能学者。其著作《情感机器》中文简体字版已由湛庐引进，浙江人民出版社出版。——编者注

② Connectoplasm 是作者合并 Connectionism（联结主义）和 Cytoplasm（细胞浆）自创的词，暗示联结主义的神经网络模型像在同质的神经元细胞之间建立杂乱无章的关联。《心智探奇》中文简体字版已由湛庐引进，浙江科学技术出版社出版。——编者注

就不能通过对“猫”“老鼠”“捕捉”这样的单元进行逐一激活的方式来获得。

第三种能力是量化逻辑（或者说对变量的绑定）：比如，对“一直在捉弄一部分人”和“有时候会捉弄所有的人”进行区分。如果没有像“x”“y”“括号”这样的运算替代符号以及像“对所有的 x 来说都成立”这样的陈述，那么网络模型也无法告诉你这两者之间的差别。

第四种能力是递推：将一种思想嵌入另一种思想中，这样一来，我们不仅能够接纳“艾维斯还活着”这样的想法，而且还可以接纳“《国家问询者》报道说艾维斯还活着”这样的想法，或者可以接纳“一些人认为《国家问询者》报道说艾维斯还活着”这样的想法，或者“令人惊奇的是，一些人认为《国家问询者》报道说艾维斯还活着”的想法，如此，等等。联结主义网络将会对这些命题进行叠加，因此也就混淆了它们使用的各种主语和谓语。

最后一种令人费解的能力，是我们能够做出直接的而不是含糊不清的推理：比如，我们会知道鲍勃·迪伦（Bob Dylan）是一位祖父，尽管他看上去不像一个祖父，或者知道地鼠不属于啮齿类动物，尽管它们看上去很像老鼠。如果什么也没有，只有一小簇的神经细胞来代表客体的特性，而且也没有对规则、变量、定义进行界定，那么神经网络只有借助于固定的模式，而在面对一些非典型案例时，它就会感到很困惑。

在《语词和规则》（*Words and Rules*）一书中，我对一种单一的语言现象进行了细致研究，并将其作为个案来检测联结网络在解释语言实质方面的能力。这种语言现象就是将词语或者只言片语组合，从而形成新的词语搭配。人们不只是记住一些语言片段，而且还能够创造出新的语言。比如，一个很简单的例子就是英语中的过去式。像“to spam”或者“to snarf”这样一些既定的新词，人们无须翻词典来查看它们的过去式是怎样的，他们本能地就会知道这些词的过去式是“spammed”和“snarfed”。个体在 2 岁左右就具备了合成新词的能力，这个时期的儿童会不断地运用那些不规则动词的过去式后缀，比如“We hold the baby rabbits”（我们捉住了小兔子）和“Horton heard a Who”（霍顿认识无名氏）。

很显然，要解释这种能力，需要借助于大脑中的两种运算操作。像“held”和“heard”这样的一些被储存在记忆中的不规则词语，用的时候需要从大脑提取，就同其他的词语一样。像“walk-walked”这样的规则形式可以通过语法规则的心理描述（mental version），即“在动词后面加上‘ed’”来生成。即使个体失忆，他依然会使用这条规则。当遇到的词语不熟悉或者其过去式没有储存在记忆中时，就会运用到这一规则。比如，对于“to spam”，当儿童不能够回想起像“head”这样的不规则形式，而又需要一定的方式来标示出它的时态时，儿童就会运用这一规则。将某个后缀与动词结合起来只是关于人类重要能力的一个简单例子：将词语和短语结合起来形成新的句子用来表达新的思想。这是第 3 章中介绍的认知革命的新观点之一，它是对我在前面讨论中提到的联结主义的一种逻辑层面的挑战。

联结主义者曾经用过去式作为他们的试验场，以此来考证能否在不使用规则和不把大脑活动过程划分为记忆系统和语法合并系统的情况下，对这一体现人类创造性的范本进行复制。有一系列的计算机模型都试图用简单的联结网络模型来生成过去式。这些网络通常是把动词中的声音和过去式中的声音联系起来：比如，“am”和“ammed”联系起来，“ing”和“ung”联系起来，等等。这些模型通过类比就可生成新的形式，正如从老虎类化到狮子一样：掌握了“crammed”，模型就可以猜测出“spammed”；掌握了“folded”，模型就会生成“holded”。

然而，人类讲话的能力远不止会从声音联想到声音，因此这些模型不可能完全做到与人类相仿。之所以如此，是由于这些网络模型缺乏解决逻辑关系问题的机制。多数模型在面对那些发音不同于已知词语的新词时，都会感到很困惑，因而它们不可能通过类比产生新词。比如，假定碰见一个新词“flig”，多数模型并不会像人类那样联想到“frilged”，相反，其会联想到一个非常奇怪的混合“freezled”。这主要是因为，这些模型并没有设置变量，如代数中的 x 或者语法中的“动词”，不管对某一范畴的属性的熟悉程度如何，对于该范畴中的任何元素来说，这些变量都是适用的。正是这种配置使得人们可以进行明确的而不是含糊不清的推理。网络模型只能让一部分发音与另一部分发音联系，因此，当遇到一个陌生的动词时，由于其发音与以往习得的任何词语的发音都不同，它们就会从网络中搜索最为相似的发音，并把这些发音拼凑在一起。

同样，这些网络模型也不能对那些有着相同发音但过去式不一样的动词加以区分，比如“ring the bell-rang the bell”（摇铃）和“ring the city-ringed the city”（环绕城市）。这主要是由于标准模型表征的只是声音，它们并不清楚那些需要进行不同变形的动词之间在语法上的差异。这里最关键的区别在于，像“ring”这样简单的词根表示的意思是“发生共振”（其过去式为“rang”），而由名词“ring”衍生而来的比较复杂的动词代表的是“环绕”（其过去式为“ringed”）的意思。为了记录这些差别，一种语言使用系统必须配置有分组数据结构（比如“由名词ring转化来的动词”），而不仅仅是各个基本单元的简单合并。

然而，另一个问题是，联结主义网络模型对那些输入的统计资料进行了严密的追踪：以确定对每一种发音模式而言，它们可能会存在多少个动词形式。这就使得它们不能对这样一种现象做出解释：儿童发现了过去式的“-ed”规则之后，就开始出现诸如“holded”或“heared”之类的错误。联结主义网络模型提出者只有通过频繁、持续地输入规则动词（由此向网络灌入“-ed”规则）才能引发类似的错误，而这种方式完全脱离了儿童的经验。最后，来自认知神经科学的大量证据表明，语法组合（包括规则动词在内）和词汇查找（包括不规则动词在内）在大脑内是由不同的系统分别进行处理的，而不是由某个单一联想网络进行处理的。

问题并不在于，神经网络模型能否理解句子的含义，或者是能否完成语法结合的任务。它们最好不具备这种能力，因为那种认为思维属于一种神经系统运算形式的观念蕴含的意思是：某种神经网络能够对大脑所做的一切进行复制。问题在于这样一种观念：只要进行充分练习，人类就可以使用通用模型去从事任何活动。许多模型提出者都对网络模型进行了加强和翻新，或者是将这些模型合并到了那些更加复杂、更加强大的系统当中。他们认为，可以由一些大块的神经网络硬件专门用来负责那些像“动词”或者“命题”这样的抽象符号，而将一些其他机制（比如同步发射模式）联结在类似于创作型和复述型的符号结构中。模型提出者们还认为，存在一系列负责词语、英语后缀，负责关键语法特征的神经细胞。他们还认为，存在一种可以在记忆中提取不规则形式的网络，和另一种能够合并动词与后缀的网络，两者共同建构成了混合系统。

一个由扩大的子网络构建而成的系统可以逃脱所有的批评。但这样一来，我们讨论的对象就不再是某种通用的神经网络模型了，而是变成了某种复杂的系统，它天生就是为了完成某项人们擅长的任务的。在童话故事《石头汤》中，一个流浪汉借用了一位妇女的厨房，宣称要用石头做汤。但他一步一步地请求妇女给予他越来越多的原料来调和汤的味道，最终，他借助这位妇女提供的材料做出了一锅丰盛的汤。那些认为不需要任何先天事物就能从通用的神经网络中构建出智力的联结主义模型支持者，与故事中流浪汉的行为如出一辙。使神经网络变得更为智慧的设计选项还包括对大脑中的先天结构进行建模，这样就能明白每一个神经细胞会对什么东西做出反应，它们如何联结在一起，什么样的神经网络会并入更高一级的系统之中，以及以什么方式并入等问题。

这些设计通常是经过模型提出者们精挑细选的，就如同发明者在装有晶体管和二极管的盒子内细致地搜寻那样。然而在真正的人脑中，那些构造是通过自然选择演化而来的。当然，一些神经网络的模型构造是从对自然选择的模拟过程演化而来的。唯一可行的解释是，以往学习的某些情节会使得神经网络处于一种准备状态，从而能够进行当前的学习活动。不过问题在于，引发初始学习过程的神经网络必然是先天就被划分好了的。

因此，那些认为神经网络可以用统计学习来替代心理结构的流言是不真实的。简单的通用网络并不能达到人类思维和言语的最基本要求；复杂且经过分化的网络只是一锅石头汤，其中大量有意义的工作都是围绕着如何设置网络内部的先天神经线路进行的。一旦认识到这一点，神经网络模型就成了复杂人性论不可或缺的一个补充，而不是替代物。神经网络模型消除了基本认知步骤和大脑生理活动之间的沟壑，从而在生物学与文化之间的解释链条上发挥着重要的纽带作用。

神经系统的可塑性

从其形成历史来看，神经科学大部分时间都面临着一种尴尬：大脑似乎在每一个具体方面都是先天分化好了的。就身体而言，我们可以看到个体生活经验带来的诸多影响：比如，皮肤是棕褐色的或者苍白的，是结了硬茧或者柔软的，是骨瘦如柴、臃肿不堪又或是轮廓分明的。然而，在大脑中并不会发现这样的烙印。那么，肯定是我们的描述存在一些问题。人们通过学习可以获得大量的知识——掌握他们自己的语言、文化、技术和事实资料等。同样，一个750兆的基因组不可能对大脑中数百万亿的联结进行逐个分化。大脑必定是以某种我们不知道的方式发生着变化，以应对外部环境输入的信息。那么唯一的问题就是，大脑是如何发生变化的？

现在我们终于开始探讨大脑是如何发生变化的了。神经系统的可塑性是科学家们研究的热点问题。几乎每周都能看到与之相关的研究成果。这些成果揭示了大脑在子宫中的分化过程以及个体出生后大脑适应外部环境的方式。尽管在这数十年间并没有人真正弄清楚过大脑中究竟发生了什么变化，但关于大脑可塑性的发现对天性与教养之争起到了推波助澜的作用，这并不奇怪。一些人将大脑的可塑性描述成了可以扩展人类潜能的一个征兆，认为可以通过利用大脑潜能来对儿童教养方式、教育、医疗和老龄化等问题进行改革。

而且，还有一些宣言声称，大脑的可塑性证明了大脑不可能具有任何重要的先天性组织。杰弗瑞·艾尔曼以及由西极学派的联结主义者组成的研究小组在《关于天性的再思考》一书中写道："以不同的方式去思考不同事情（比如语言、人类和物体等）的倾向性或许只能作为捕捉人们注意力的工具在大脑中实现，从而确保有机体能够接收到在后续学习开始之前必须输入的特定大量经验。"理论神经科学家史蒂芬·夸兹（Stephen Quartz）和特伦斯·谢诺沃斯基（Terrence Sejnowski）在一份"建构主义宣言"中写道："尽管大脑皮层并非一块白板……然而在生命早期阶段，大脑皮层在很大程度上近似于一块白板，因而那些天赋论看起来令人难以置信。"

毫无疑问，神经发育和大脑可塑性成了人类知识新领域的重要部分。一组线性DNA序列是如何负责如此错综复杂，使我们思考、感知和学习的三维器官装配的呢？这是一个令人难以想象的问题，它吸引着神经科学家进行了数十年的探索，此外，它还证明了那种认为我们正在到达"科学终点"的看法是错误的。

这些研究发现本身很有吸引力，同时也颇具挑衅意味。众所周知，大脑皮层（表层灰质）可以被划分成不同的功能区。一些区域代表特定身体部分的功能；另一些区域代表视野或声音方面的功能；还有一些区域则侧重于代表言语或思维。现在我们知道，经过学习和训练之后，这些区域之间的界限可能会发生改变。但这并非意味着大脑组织能够生长或萎缩，只是意味着如果用电极对大脑皮层进行探测或者用扫描仪进行监测的话，可以发现脑区之间的界限会有所变动，而界限就是大脑功能停止和功能开启的地方。例如，对于小提琴演奏者而言，他们的大脑皮层中代表左手手指功能的区域就有所扩展。神经科学家们观察后发现，如果使用诸如识别图形或者注意某个空间位置之类的简单任务来对一个人或者一只猴子进行训练，大脑中的部分皮层区域，甚至是某些单个的神经细胞可以被确定是在执行该项任务。

当人们丧失某种感知或者身体部位的功能时，在新任务中大脑组织的重新分配就会表现得尤为明显。先天性盲人会运用他们的视觉皮层阅读盲文。先天性聋人会运用他们的听觉皮层来进行手势语言的加工。截肢者会使用之前负责失去肢体功能的脑区来负责身体其他部分的功能。年幼的儿童在经历脑损伤后，甚至是在大脑左半球（成年人的这个区域是负责言语和逻辑推理的）完全切除之后，他们长大之后仍可以表现得相对比较正常，而对于经历同样遭遇的成年人来说，这种损伤则可能导致瘫痪。所有这些例证都表明，大脑组织在感知和认知加工中的分配并不是永久性的，也并不是建立在颅骨内的大脑组织精确定位基础上的，而取决于大脑本身的信息加工方式。

当大脑尚在子宫里孕育时，我们就可以看到大脑组织的这种动态分配。并非像工厂里装配电脑那样，完成装配之后还需要进行首次启动，大脑在被塑造的过程中本身就是动态的，而且这些活动本身又参与了大脑的塑造过程。有关猫科动物和其他哺乳动物的实验发现，如果在胚胎发育过程中大脑的化学活性被抑制，最终就可能会导致严重的畸形。

而且，大脑皮层的不同区域之所以会出现不同的发育状况，还取决于它们接收输入信息的不同。在一项精细设计的实验中，神经科学家米甘卡·苏尔（Mriganka

Sur）将雪貂的大脑进行了精密的“重组”，使来自眼睛的信号传送到其主要的听觉皮层，也就是通常是用来接收来自耳朵信号的大脑区域。接下来当他用电极探测听觉皮层时，他发现，该区域的许多活动功能与视觉皮层相类似。视野内的地点、位置就好像一幅图画那样在听觉皮层被呈现了出来，单个神经元会对特定空间方位和运动方向的线条做出反应，这与正常的视觉皮层中的神经元相类似。雪貂甚至还能够运用它们被重组的大脑来接近某些物体，而这些物体只能通过视觉途径探测到。输入感知觉皮层的信息必然参与到这样一种整合过程中：视觉输入使得听觉皮层的部分功能类似于视觉皮层。

这些研究发现究竟意味着什么呢？它们是否表明，正如词典中关于“可塑性”的定义解释的那样，大脑是“可以被塑形、被铸造、被模塑或者被雕琢的”？在本章的后半部分，我将向你证明答案绝非如此。关于大脑如何因经验而发生改变的研究成果并没有证明学习的影响力远远超出了我们的想象，或者是外界输入的信息能够对大脑进行明显的重塑，或者基因并不能决定大脑的形状。事实上，有关大脑可塑性的论证远没有它们乍看起来那样激进：我们假定的那些具有可塑性的大脑皮层区域，在功能上几乎与它们在发生改变之前完全等同。而且，关于大脑发育的最新研究结果驳斥了那种认为大脑具有很强可塑性的观点。现在，我们就来对这些观点进行依次审视。

实际情况是，我们在学习时大脑发生的变化并非像一部分人声称的那样，属于一项革命性的研究发现，对天性与教养之争或者人类潜能具有重大意义。19 世纪，德米特里·卡拉马佐夫在牢房里反复琢磨着这件事：思维来源于神经尾部的颤动，而不是来源于某种非实体的灵魂，当时他已经做出了这一推断。如果思维和行动是大脑生理活动的产物，并且思维和活动会受到经验的影响，那么经验就必然会在大脑的生理结构上留下痕迹。

因此，并不存在诸如经验、学习和训练是否会影响大脑之类的科学问题，即便稍微了解一些科学常识的人也会知道，它们肯定会对大脑产生影响。会拉小提琴的人，他们的大脑不同于那些不会拉小提琴的人，还有那些使用手势语言或盲文的人，他们的大脑也不同于那些具有语言或阅读能力的人，这些都不足为奇。当你被介绍给一位陌生人，或者当你听到一些闲言碎语，当你观看奥斯卡电影时，又或者当你擦拭高尔夫球杆时，你的大脑都在发生变化。简而言之，无论何时，经验都会在大脑中留下痕迹。

唯一的问题在于，学习是如何对大脑产生影响的。难道记忆就储存在蛋白序列里，或储存在新的神经细胞或者突触里，或储存于原有突触的能量改变之中吗？当人们学会某种新的技能时，记忆是否只是储存在专门负责技能学习的器官当中（比如小脑和脑基底核）呢？或者，同时它也会对大脑皮层的功能进行调节？灵敏度的提高是取决于更多大脑皮层的参与，还是取决于在既定面积的大脑皮层中更为密切的神经突触的参与？这些都属于重要的科学议题，然而，对人们能否学习或者能够在多大程度上进行学习的问题，这些议题并没有给出任何解释。我们已经知道，接受过训练的小提琴演奏者要比那些初学者演奏得更好，否则我们最初就不会用扫描仪对他们的大脑进行扫描了。神经系统的可塑性仅仅是学习和发展的另一种表述，它们被置于不同的分析水平上进行了描述。

这些原本是显而易见的事情，但目前任何有关学习的陈词滥调都可以披上神经科学术语的外衣，并被视为一种伟大的科学启示。《纽约时报》的头版头条新闻曾有过这样的报道："一位精神病学家认为，谈话治疗能够改变病人的大脑结构。"我希望如此，否则这位精神病学家就是在欺骗她的病人了。"通过对环境的操控可以改变一个儿童的大脑发育方式，"儿科神经病学家哈里·丘加尼（Harry Chugani）在接受《波士顿环球报》采访时说，"一个生活在充满攻击、暴力或者缺乏刺激环境中的儿童，将会在他的大脑联结和行为当中体现出来。"的确如此。如果环境能够从根本上影响儿童的成长，那么它必然会通过改变大脑中的联结来实现这一点。

《教育技术与社会》杂志的一期专刊就旨在"考察学习者大脑中学习活动发生的确切位置，教育技术应该基于它们对学生大脑产生的影响来进行设计和评价"。该刊特邀编辑（一位生物学家）并没有指出其他可能，比如，学习可能发生在一些诸如胰腺之类的其他身体器官当中，或者发生在某种非物质的灵魂中。

甚至神经科学领域的某些教授曾一度声称，只有对那些“机器中的幽灵”的信奉者们而言，这些“研究发现”才会成为新闻：“科学家已经发现，大脑内部的联结是可以发生改变的……你有能力改变大脑内部神经末端的联结。”这是一件好事，因为如果不是这样的话，我们可能会成为永久的健忘者。

这位神经科学家是一家“运用大脑研究技术来研制一些旨在促进人们学习和表现的产品”的公司主管人员。还有许多类似的新公司都怀有这样一种雄心壮志。一位咨询师说道：“如果能够得到适当的重视和培养，人类将具有无限的创造力。”他向顾客讲授如何绘制出“与他们的神经模式相匹配的图表”的观点。一位表示满意的顾客说：“年龄越大，大脑当中形成的联结和联系就越多，因此大脑中就会储存更多的信息。我们要做的就是去利用它。”许多人都对神经科学倡导者倡导的一些缺乏证据基础的公开声明坚信不疑，如经常变换开车回家的路线能够延迟衰老带来的影响。于是，随后就出现了一批销售天才，他们意识到滑轮、球类以及其他玩具能够“提供视觉和触觉方面的刺激”，能够“鼓励人们进行运动和追击”，这些都是一项声势浩大的“基于大脑”的儿童教养和教育运动的一部分，我们将在后面关于儿童的章节里再次谈到这一运动。

这些公司正是利用了人们对“机器中的幽灵”的信仰，暗示影响大脑的任何一种学习形式（可以推断，这种形式是相对于那些不会对大脑产生影响的学习形式而言的）的作用都将会是意想不到的真实、深远和强大。然而，这纯属误解。所有的学习都会对大脑产生影响。当科学家研究出学习如何影响大脑时，这毫无疑问十分令人振奋，但它并不会使学习本身变得更为广泛和深远。

对于神经系统可塑性的第二种误解，可以追溯到那种认为头脑中的任何事物都源于感觉的观念。在被广为宣扬的有关大脑皮层可塑性的研究中，探讨的主要都是初级感觉皮层，即首先接收感官（经由丘脑和其他皮层下器官）信号的灰质块。使用可塑性来支持“白板说”的作者们认为，如果初级感觉皮层具有可塑性，那么大脑的其他部分必然会更具可塑性，因为心灵是在感觉经验的基础上建立起来的。比如，一位神经科学家认为，苏尔的重组实验“向近年来强调基因力量的观点发起了挑战，并且将促使人们重新考虑环境因素在塑造正常的大脑组织方面的作用”。

然而，如果大脑是一个由许多构件组成的复杂器官，那么道德就不会应运而生了。初级感觉皮层并不是心理活动产生的基础，而只是大脑当中的一个小配件，恰巧在感觉分析最初阶段专门负责特定的信号加工。我们假定，初级感觉皮层的形状并不固定，它的结构完全由外界输入的信息决定。这是否就意味着整个大脑没有形状，而且其所有的结构都源于外部信息的输入呢？但事实绝非如此。举例来说，初级感觉皮层只是错综复杂的庞大系统的一部分。

随着大脑的不断发育，不同系列的基因会在不同的大脑区域里被激活。大脑的储存机制一应俱全，可以将神经元联结起来，其中还包括那些通过吸引或排斥轴突（形成神经纤维）从而接近目标的分子，以及那些将轴突黏合或隔离开的分子。对不同种类的哺乳动物而言，大脑皮层区域的数目、大小以及联结程度也有所差异；人类和其他灵长类动物在这些方面也存在差别。这些差别是由进化过程中基因方面的变化导致的，而这些进化过程也刚刚为我们所认识。例如，遗传学家最近发现，人类大脑的发育过程中激活的基因序列和黑猩猩大脑发育过程中激活的基因序列并不相同。

在显微镜下，大脑皮层的不同区域看起来几乎是相同的，这一情境使我们难以弄清楚大脑是否有可能分化出了负责不同任务的不同皮层。然而，由于大脑是一个信息加工系统，因此这并不能说明什么。无论 CD 储存的内容是什么，它们表面的显微孔看上去都是一样的。同样，对那些不懂的外行来说，不同书本上的字符串看上去也没有什么差别。在一个携带有信息的媒介上面，其内容取决于基本元素的组合模式（比如，大脑中的信息就取决于微型神经线路的具体情况），而不是取决于它们的物理表象。

而且，大脑皮层本身并不等同于整个大脑。皮层褶皱下隐藏的是其他一些大脑器官，人性的重要内容正是由这些器官驱动的。这些器官包括：海马，它可以巩固记忆并支撑我们的心理地图；杏仁核，它可以赋予我们的经验以特定的情感色彩；丘脑下部，它激发着我们的性欲和其他欲望。即使许多神经科学家深受大脑皮层可塑性的影响，他们仍指出，皮层下结构的可塑性极其微小。这并非属于解剖学上的一个小瑕疵。一些评论者特别指出，神经可塑性证明了进化心理学的错误性，他们认为，大脑皮层的可塑性说明，大脑不支持进化过程中的特化现象。然而，进化心理学中的大部分主张都是关于恐惧、性欲、爱和攻击之类的内驱力的，它们绝大部分存在于皮层下的神经线路中。简要来讲就是，不管哪一种理论，但凡人类先天形成的能力都必须通过某种皮层和皮层下网络才能得以实现，而不是由某一块单独的感觉皮层决定的。

关于大脑的另一个基本问题也因为近年来人们对可塑性的狂热追逐而被忽略了。神经活动在大脑发育过程中起着至关重要的作用，但这样的研究发现并没有证明学习在大脑形成过程中起关键作用，也没有证明基因不能决定大脑的形成。

有关神经发育的研究往往局限于天性与教养的说法，但如果将其作为发展生物学方面的问题（即一个由单一细胞构成的球体是如何分化成了一个功能完好的器官）来考虑的话，我们的研究就会得到富有成效的发现。但如果这么做的话，研究者就需要抵制他们头脑当中的那些联结主义的传统观点。初级感觉皮层并不是大脑中最稳定的部分，一系列经验通过它之后只会变得更具可塑性。相反，初级感觉皮层可能算得上是大脑中极易受信息输入影响的部位了，这些信息输入使得大脑有了适当的发展。

在大脑的装配过程中，不可能存在一幅完整的基因蓝图，原因有二。第一个原因是，一种基因不可能会预测到环境（包括由基因组中的其他基因构成的环境）中的每一处细节。它必须分化出一个明确的适应性发展程序，以确保有机体作为一个整体，能够在营养、其他基因、生命周期中的生长速度以及物理和社会环境等条件发生变异的情况下正常运作。那么，这就需要关于有机体其他构成部分的发展模式的反馈信息。

以身体发育为例，构建起股骨形状的基因并不能够确定其上面的杵的形状，因为杵必须与盆骨中的髋臼相联结，而髋臼的形成过程又受到基因、营养、年龄和其他偶然因素的影响。因此，当胎儿在子宫里踢腿的时候，杵臼会不断地调整各自的形状，以便更好地围绕彼此进行转动（我们知道这一点，是因为实验当中的动物都会发育出粗大变形的关节并因此导致瘫痪）。同样，构成眼睛晶状体的基因并不会知道视网膜在多远的位置上，或者构成视网膜的基因并不知道晶状体在多远的位置上。

因此，婴儿的大脑当中配置了一个反馈环路，这个回路可以利用视网膜上的图形清晰度作为信号来减缓或加速眼球的生理发育。这些都是关于"可塑性"很好的案例，不过这些可塑性物质的隐喻却容易令人误解。这些机制被设计出来并不是为了让不同的环境去塑造不同的器官。恰恰相反：这些机制需要确保能够产生一个恒定不变的器官，并且这个器官能够胜任其职责，而不论环境怎样变化。

与身体一样，大脑也必须利用反馈回路来将其自身塑造成一个工作系统。这一点在感觉区域尤为明显，因为这一区域必须应对不断增长的感觉器官。单就这一原因而言，我们也能预料到，大脑活动在其自身发育过程中也起到了一定的作用，尽管其最终形态与股骨和眼球一样，在某种意义上具有一定的遗传性。目前，这一切是怎样发生的在一定程度上仍是一个谜，但我们已经知道，神经刺激的模式能够引发基因的表达，并且一种基因也可以引发其他基因的表达。既然每个大脑细胞都包含一个完整的遗传程序，那么从原理上来讲，之所以存在这样一种装置，是为了产生神经活动以引发任何不同区域内的某种先天构成的神经回路的发育。如果事实真的如此，大脑活动就不会对大脑形状进行塑造；相反，大脑活动只是会告知基因组某个神经回路应该到达大脑的哪一部位。

因此，即使是一个彻头彻尾的天赋论者也不一定会相信，在颅骨中的"GPS"的协调作用下，大脑本身会不断地进行分化，这一分化过程遵循着这样一个原则：如果是位于左鬓角和左耳之间，那么就会成为一个言语回路（恐惧回路或面孔识别回路）。在正在发育的大脑的某些部位，某种发展程序可能会被一些混合在一起的刺激源、神经放电模式、化学环境以及其他信号激活，其最终结果是形成某种才能。对于不同的人而言，这种才能在大脑中的位置也各不相同。总之，大脑属于一个运算器官，而且只要信息流模式相同，同一运算就可能发生在不同的位置上。就好比在你的计算机上，某个文件或程序可能会位于不同的存储部位，或者被分别存储在不同的分区或磁盘内，但每次它都会以相同的方式运行。我们无须惊讶的是，正在发育的大脑为了符合各种运算需要，至少会对神经中枢资源进行动态分配。

大脑的发育不可能取决于一个完整的基因蓝图的第二个原因是，基因组的资源非常有限。在进化过程中，基因总是在不断发生变异，通过自然选择就可以逐渐将那些不好的基因淘汰。大多数进化论生物学家认为，自然选择只能支撑这么大一个基因组。这意味着，如此复杂的大脑中的基因算法必须进行最大限度的压缩，以便能够更好地与大脑的发育和功能保持一致。尽管在大脑当中有一大半基因组要么起主要作用，要么完全不起作用，但这并不足以详细描述大脑内部的联结图。

大脑的发展程序必须是富有策略性的。比如，将眼睛中的每一个轴突（输出神经纤维）都以有条不紊的方式与大脑联结起来。眼睛的临近点必然会与大脑的临近点之间发生联结（一种被称作地形图的排列），与两眼相对应的位置最终在大脑里也会非常接近，但并不会混杂在一起。

哺乳类动物的大脑能够用更明智的方式对这些联结进行规划，而不是为每一个轴突在基因上安排一个特定位置。神经生物学家卡拉·沙茨（Carla Shatz）在有关猫的大脑发育的研究中发现，通过每只眼睛的脑电波先是朝向一个方向运动，然后又转到其他方向去了。这就意味着，一只眼睛中相邻的神经元可能会在同一个时间内向四周产生电冲，因为它们常常会被同一个波阵面所击中。不过，对于那些位于不同眼睛当中的轴突或者位于同一只眼睛当中的距离较远的轴突而言，它们的活动就不会产生关联，因为一条脑电波如果掠过一个轴突，它将会错过另一个轴突。正如在球迷们从不同的方向形成“人浪”时，你仅仅知道在某个时间某人会站起来（因为同时站起来的那些人必定是坐在一起的），在这种情况下，你能够重新勾画出球场的座位分布图。同样地，大脑通过监听哪些位置的输入神经元同时产生了电冲，也能够重构两只眼睛的空间分布。

最早由心理学家唐纳德·赫布（Donald Hebb）提出的神经网络中的学习法则

之一便是，“同步放电的神经元会产生联结；活动不同步的神经元不会发生联系”。当电波在视网膜上发生数天或者数周的交叉时，视丘下部就会将自身组成不同的层面，每个层面都来自一只眼睛，同时，相邻的神经元对应着视网膜上的相应部位。从理论上讲，大脑皮层能够以类似的方式对它的联结进行处理。

另外一个问题是，到底是大脑的哪些部位在运用这种自动安装技能呢？视觉系统似乎并不需要这种技能来生成形态学方面的联结组织，而是在基因的直接控制作用下生成了一个粗略的地形图。一部分神经科学家认为，在使地形图更加精细化的过程中或者在对来自两只眼睛的输入信息进行整合时，“同步放电的神经元紧密联结在一起”这种技能或许仍然派得上用场。当然，这一观点也受到了质疑，不过，我们可以假定它是正确的，然后看它到底意味着什么。

从理论上说，“同步放电的神经元紧密联结在一起”这种方法可以通过眼球对外部世界的凝视来实现。外部世界存在着线条和边角，会同时对视网膜上的邻近部位产生刺激，这样就给大脑提供了信息，以便形成一个规则的地图或对其进行微调。不过，在沙茨关于猫的例子中，“同步放电的神经元紧密连在一起”是在没有任何外部环境信息输入的情况下起作用的。在动物的眼睛能够睁开以前，以及在杆体和锥体相互衔接并开始发挥作用之前，视觉系统是在漆黑的子宫里发育起来的。在视觉大脑中枢必须进行自我联结的过程中，视网膜电波就在视网膜组织内部生成了。也就是说，眼睛生成了一个测试图样，大脑利用它完成了自身的装配过程。

在通常情况下，眼部轴突会携带一些与外部环境相关的事物的信息，然而，这种发展程序会命令那些轴突负责携带一些信息，以洞察某些来自同一只眼睛或者同一只眼睛的同一个部位的神经元。当我看到有线电视装配工找出地下室中的哪根电线通往楼上特定房间时，我感觉可以用它做一个近似的类比。装配工在卧室里的电线终端接上了一个被称作“单块效果器”的音频发生器，然后到楼下听取装在墙体内部的电线束中每根电线的信号。尽管这些电线是用来往楼上传递电视信号而不是往楼下传递测试音的，但在装配的过程中，这些电线也起到了往楼下传递测试音的作用，因为一种信息通道可以服务于两种目的。这一类比的寓意在于，“大脑发育取决于大脑活动”这一研究发现并没有表现学习或经验方面的任何问题，这仅仅是表明，大脑在自我联结的过程中运用了其自身的信息传递能力。

“同步放电的神经元紧密联结在一起”这样的策略，解决了一种特定的神经通路问题：将感觉器官的表面与大脑皮层中的类地图表征联结起来。这种问题不仅仅存在于视觉系统，也存在于其他的空间感觉系统中，比如触觉。因为覆盖一片初级视觉皮层（以接收来自二维的视网膜表面的信息）这一问题就类似于覆盖一片初级体觉皮层（以接收来自二维的皮肤表面的信息）。甚至听觉系统也可能会使用这种技术，因为表示不同声音频率（简单来说就是间距）的信息输入发生在内耳里单维的隔膜处，而且大脑会用它处理视觉和触觉中的空间信息的方式来处理听觉中的音高。

不过在其他大脑皮层区域，这种策略可能会失灵。例如，嗅觉系统以另一种完全不同的技术进行自我联结。不像视觉、听觉和触觉，当它们到达感觉皮层时都会按照相应位置进行排序，而当嗅觉到达感觉皮层时，各种味道都混合在了一起，并且是按照构成它们的化合物成分进行分析的，每一种嗅觉都是由鼻子当中不同类型的感受器进行探测的。每一个感受器都与一个神经元发生联结，这个神经元能够把感受器探测到的信号传递到大脑，当将这些轴突联结至大脑中的相应位置时，基因组确实会针对不同的轴突使用不同的基因，所有的基因数目多达上千种。这种方式极大地节省了基因。由每个基因产生的蛋白质都会被使用两次：一次是在鼻子里，作为一种感受器来探测空气中的化学物质；第二次是在大脑中，在对应的轴突末端作为一种探测器将这种气味引导至嗅球中的适当位置。

另外一些大脑区域在联结问题方面也是各不相同的。比如延髓，它能够产生吞咽反射以及其他一些固定的活动模式；又如杏仁核，它主要负责恐惧和其他一些情绪；再如腹内侧额叶，它主要参与社会推断过程。对于感觉地图以及其他一些只是再现冗余重复的外部世界信息或者大脑其他部位的结构而言（比如，用于视觉、触觉和听觉的初级感觉皮层），“同步放电的神经元紧密联结在一起”的策略或许算得上是一种比较理想的方法了。不过其他一些涉及诸如味觉、吞咽、逃避危险或者结交朋友之类的功能区域，必然需要通过更为复杂的技术来进行联结。这仅仅是对于我在本章开头所提的基本观点的一种推理：环境并不会告知有机体的不同部位，以及有机体的目标是什么。

极端可塑论把初级感觉皮层中发现的可塑性作为了一种隐喻，来说明大脑的其他部位发生了什么。这两章的最终结果表明，这并不是一个很确切的隐喻。如果感觉皮层的可塑性可以代表整体心理状态的可塑性，那么关于我们自身或他人身上的不足之处就很容易改变了。举一个完全不同于视觉的例子，如性取向。多数男性同性恋者的荷尔蒙首次发生变化，亦即预示着他们的青春期到来之时，他们会从其他男性身上感受到一种激动人心的吸引力。谁也不清楚为何一些男孩子成为同性恋者，基因、产前激素或其他一些生物因素和偶然因素都有可能导致同性恋，但我个人认为，导致同性恋的因素并不像导致异性恋的因素那样多。

在过去，社会的包容性不太强，一些痛苦的同性恋者只好去求助于心理医生，希望医生能够帮助自己改变性取向。即便在今天，仍有一些宗教群体会迫使他们当中的同性恋者去“选择”异性恋人。在这一过程中，他们对同性恋者采用了不少欺骗手段——精神分析、捏造罪行以及条件反射等技术，这些技术都运用了“彼此激发，彼此结合”这一无懈可击的逻辑（比如，在激发起同性恋者的性欲的同时，让他们去注意《花花公子》杂志中的折页）。但这些技术后来均以失败告终。尽管有少数不确定的特例（这些人可能进行了有意识的自我控制，而不是性取向真正发生了改变），但大多数同性恋者的性取向并不能靠经验而改变。大脑的某些部位是没有可塑性的，而且有关感觉皮层如何进行联结的研究成果并不会改变这一事实。

当大脑经历了我们称为“可塑性”的变化时，它到底在做什么呢？一位评论者认为，“基督的大脑等价物可以将水变成酒”，并认为这是对那些主张进化使大脑各个部位获得了负责不同任务的专门化功能理论的反证。那些不相信奇迹的人对此提出了疑问。神经组织并不是一种有魔力的物质，它们不能根据需要以各种形式呈现，相反，它只是一种遵循因果定律的机械装置。当我们仔细审视那些有关可塑性的典型例子时会发现，那些变化根本就不是什么奇迹。在每个案例中，发生变化的大脑皮层与它们改变之前相比，在功能上并没有很大的差异。

关于可塑性的多数例证都涉及初级感觉皮层重新划分区域的问题。与被截断或不能活动的手指功能相关联的脑区可能会被与其相邻的手指借用，或者要扩展与某个灵活的手指有关的脑区的功能范围，就必须牺牲其邻近区域的功能。大脑对外部信息输入进行重新评估的能力非常强大，但那种由替代皮层完成的信息加工并没有实质性变化，大脑皮层仍然会对皮肤表层以及联结点处的信息进行加工。不管对它们进行怎样的刺激，有关一根手指或视野部分的象征意义都不可能无限放大，而且大脑本身固有的联结也会起到一定的限制作用。

对盲人来说，他们的视觉皮层被盲文借用会怎样呢？乍一看，就好像发生了真正的质变。但或许并非如此。我们并没有看到大脑皮层的哪一处空白点被某种天赋借用了。有关视觉皮层在解剖结构方面的功能运用，盲人阅读盲文和正常人阅读之间可能没什么两样。

神经解剖学家早已弄清楚了，有多少从眼睛给大脑皮层传递信息的神经纤维，就有多少从其他脑区给视觉皮层传递信息的神经纤维。这种双向的联结方式有多种用途。它们可能会把注意力集中在视野当中的一部分，或者将视觉与其他感觉之间进行协调，或者给图像分区，或者使用心理表象（即在头脑想象当中浮现事物图像的能力）。也许盲人仅仅是运用这些预先设置好的双向的联结来阅读盲文。当他们触摸这些盲文时，他们可能只是对这一行行的凸点进行了“想象”，就好像一个眼睛被蒙住的人也可以对放在他手上的物体进行想象一样，当然盲人的速度要快得多。

已有研究证明，盲人具有的心理图像——或许只是视觉图像——包含着一定的空间信息。视觉皮层非常适合盲文阅读中所需的心理运算。对视力正常的人而言，眼睛可以对景物进行扫视，为视网膜中央窝（即视网膜的高分辨率中心）提供更为详细的信息。这一点类似于盲人在一行盲文上不断移动手指，给指尖上高分辨率的皮肤提供详细信息。因此，盲人的视觉系统功能在很大程度上与视力正常的人一样，尽管他们缺乏来自眼睛的信息输入。对触觉世界进行长年累月的想象练习以及对盲文具体信息的关注，都有助于视觉皮层充分利用来自大脑其他部位的先天性信息输入。

对聋哑人来说也同样如此。某种感觉不仅是转移到先前被闲置的区域，而且是接管了对相应神经回路的控制。劳拉·佩蒂托及其同事经过研究发现，聋哑人利用颞叶上回（临近初级听觉皮层的一个区域）来识别手语当中的手势成分，就如同听力正常的人利用同一位置来加工口语当中的语音一样。同时他们还发现，聋哑人使用侧前额叶从记忆当中提取手势，就像听力正常的人用它从记忆当中提取词语一样。这些现象应该不足为奇。

正如语言学家早已知道的那样，手语的组织形式与口语非常相似。它们使用词汇、语法，以及将无意义的手势合并成有意义的信号的语音规则，正如口语当中的语音规则，将无意义的发音合并成有意义的词语一样。而且，口语在一定程度上是模式化的：词语和规则的表征可以根据将它们与耳朵和嘴巴联结在一起的输入 - 输出系统来加以区分。佩蒂托及其同事们认可的最简单的解释是：对手语使用者来说，他们大脑中特定的皮质区域专门负责语言（词语和规则），而不负责语言本身。聋人大脑中的这些区域的作用和听力正常的人是一样的。

让我们回过头来重新审视那种最令人惊讶的可塑性：雪貂的大脑被重新进行了联结，它的眼睛为丘脑和大脑皮层的听觉区域提供信息输入，使得这些区域的功能与丘脑和大脑皮层的视觉区域一样。但是，即使在这种情况下，水也没有变成酒。苏尔和他的同事们注意到，重新定向的信息输入并没有改变听觉脑干的真正联结，而只是改变了突触的强度模式。由此他们也发现，新生成的听觉脑干和正常视觉脑干之间存在许多差异。听觉脑干中的视野表征更加模糊和混乱，因为该处的脑组织适宜于听觉分析而不适宜于视觉分析。例如，左右方向的视野图像要比上下方向的视野图像更为精确。这是由于左右方向的图像映在听觉皮层的中轴线上，对正常动物而言，这代表的是不同的声音频率，并由此获得来自内耳的信息输入，然后按照频率对这些输入信息进行精确处理。但上下方向的图像会垂直映在听觉皮层的中轴线上，这种情况下通常会获得大量的相同频率的信息输入。同时，苏尔还注意到，初级听觉皮层和其他用于听觉的脑区之间的联结并没有被新的信息输入所改变。

因此，信息输入模式会对一块感觉皮层做出调适，使之与该信息输入相啮合，但这仅仅局限于联结已经存在的情况下。苏尔认为，雪貂听觉皮层的神经线路在经过重新布置之后之所以能够加工视觉信息，是因为特定的信号处理方式同样可以用于处理那些未经加工的感觉输入，不管它们是视觉的、听觉的还是触觉的。

> 根据这种观点，感觉丘脑或皮层有一种功能是完成特定信息输入的模式化操作，而与它们属于哪种形式的信息输入（视觉、听觉或触觉）无关；当然，具体类型的感觉输入会提供一些被传输和加工的基础信息……如果中枢听觉构造的正常组织形式没有被听觉信息输入改变，或者至少是没有发生明显的变化，那么我们就可以假定，一些类似于实验中在雪貂身上观察到的视觉信息输入操作，对正常的雪貂来说，也同样可以通过听觉途径来完成。也就是说，这些动物的视觉信息输入被诱发至听觉通道，为我们提供了另一扇不同的窗口，从中我们可以看到某些类似于正常个体听觉丘脑和皮层方面的功能运作方式。

那种认为听觉皮层天生就适合分析视觉输入信息的观点并不牵强附会。我认为，听觉当中的频率（音高）发挥了类似于空间视觉的诸多功能。大脑会使用不同的强度去处理各种音高，就如同它们是处于不同位置上的物体一样。同时，大脑处理音高阶差的方式与它处理空间中物体运动的方式相一致。这就意味着，某些对视觉方面所进行的分析可能与对声音方面所进行的分析一样，至少可以在一定程度上估算出这些分析都使用了相似类型的神经线路。来自耳朵的信息输入代表的是不同的频率；而来自眼睛的信息输入代表的是不同位置的地点。感觉皮层当中的神经元（无论是视觉的还是听觉的）可以接收来自邻近的输入纤维传递的信息，并从中提取出简单化的模式。因此，听觉皮层当中的神经元通常会探测滑音是上升还是下降，是混合音还是纯音，并能够分辨来自不同方位的声音。但对于大脑神经线路被重新联结的雪貂来说，听觉皮层中的神经元却能自动探测到一定倾斜度的线条、地点以及运动方向等。

这并不是说，初级听觉皮层可以处理来自大脑外部的视觉信息输入。大脑皮层仍然会调整突触之间的联结，以更好地适应信息输入模式。重新进行了神经联结的雪貂就是一个极为典型的例证，它表明，发育过程中的感觉皮层会进行自我组织并成为功能良好的系统。然而，其他有关可塑性的例子并没有证明来自感官的信息输入能够使一个无固定形状的大脑变得无所不能。大脑皮层具有先天性结构，这样它就能够进行特定的运算。在许多有关“可塑性”的例证中，或许还隐含着使信息输入与这种先天结构相吻合的前提。

任何看过探索频道（Discovery Chanel）的人，都会看到有关小牛羚或者小斑马刚刚出生的纪录片段，它们摇晃不定地站立一到两分钟之后，就可以欢快地走到妈妈身边，它们在感觉、力度以及运动控制方面简直运用自如。这种情况出现得如此之快，以至于模式化的经验还来不及对它们的大脑进行组织，因此必然存在一定的遗传机制来促进个体出生之前大脑方面的塑造。在可塑性还没有广为人知的时候，神经科学家就已经注意到了这一点。

戴维·休布尔（David Hubel）和托斯坦·维瑟尔（Torsten Wiesel）关于视觉系统发展的早期研究表明，猴子大脑中的微型线路在其出生之时就已经基本完成了。他们最为著名的实验证明了，在某个生长发育的关键期，猫的视觉系统是可以被经验改变的（比如，在黑暗的圆筒中喂养或者缝上其中一只眼睛）。但这一论证也仅仅是表明，要维持视觉系统的功能，并且在动物的成长过程中对其进行再调节，经验是必不可少的。而他们并没有证明，在大脑开始联结时，经验是不可或缺的。

我们大体知道在基因的引导下大脑是如何进行自我组织的，甚至在大脑皮层形成之前，构成不同脑区的神经元就被组织成了一个“原型图”。构成原型图的每个区域都由具有不同特性的神经元、吸引不同输入纤维的分子机制和不同的信息输入反应模式构成。轴突被许多溶解在周围液体当中或依附于临近细胞膈膜上的分子吸附或排斥。同时，不同序列的基因表现在不同的皮层发育部位。神经生物学家劳伦斯·卡茨（Lawrence Katz）曾哀叹道：“彼此激发彼此结合”已成为阻碍神经生物学家考察这些遗传机制如何尽可能发挥作用的“教条”。

不过这一趋势正在转变，最新研究结果正在逐步阐明，在没有任何感官信息的情况下的大脑自我组织机制。在被《科学》杂志称作“异端邪说”的实验当中，卡茨的研究小组将正处于成长阶段的雪貂的一只或者两只眼睛去除掉，剥夺了其通向视觉皮层的任何信息输入。然而，这只雪貂的视觉皮层最终却拥有来自双眼的标准联结分布。

利用基因技术繁殖出来的老鼠也为我们提供了一些十分重要的线索，因为只破坏某一种基因比破坏神经元或者切割大脑的传统技术要更为精确。有一个研究小组繁殖出一只老鼠，它的神经突触联结完全被阻断，神经元之间不能相互发送信号。它的大脑发育完全正常，具有完整的皮层结构、神经纤维路径以及出现在适当位置的突触。而在出生之后，该老鼠的大脑很快就退化了，这再次证明，相对于大脑在联结方面的功能，神经活动的维持大脑方面的功能或许更为重要。另一个研究小组繁殖出了一只丘脑失去功能的老鼠，它的整个大脑皮质的信息输入都丧失了。然而，它的大脑皮质却分化成了正常的皮层和分区，每一部分都是由不同序列的基因造就的。而在第三种研究中，科研人员繁殖出的老鼠缺失了一种引导分子渐变的基因，这种分子会通过激发其他某些特定位置的基因来促进大脑的形成。这种缺失的基因会导致很大的差异：大脑皮层区域之间的界限会严重扭曲。这些在被损害老鼠身上进行的实验表明，在皮层的组织结构形成方面，基因或许比神经活动更为重要。毫无疑问，神经活动起着一定的作用，这主要取决于动物种类、所处的发展阶段以及在大脑中的部位，但它仅仅是大脑的一种能力，而不是决定大脑结构的根源。

那么对于人类而言又会怎样呢？我们可以回过头来想一下有关双胞胎的一项研究。该研究证明了大脑皮层在解剖学上的差异，尤其是不同皮层区域的灰质总量是受基因控制的，类似地，还存在着智力以及其他心理特质方面的差异。关于人类大脑可塑性的例证并没有排除重要的基因组织。在关于人类和猴子可塑性的例子中被引用最为广泛的是，与某个被切除的或者失去知觉的身体部位相对应的大脑皮层有可能会重新与其他身体部位发生联结。然而，信息输入通道一旦建立就会改变大脑，这一事实并不意味着信息输入一开始就起着塑造大脑的作用。许多截肢者都会体验到幻肢的存在：对失去的肢体产生一种非常逼真、细致的幻觉。令人吃惊的是，在天生就失去某个肢体的人当中，有相当一部分人也会产生这种古怪的体验。他们能够描绘出幻肢的组织结构（例如，他们能够感觉到根本不存在的脚上有多少个脚趾），甚至还能感觉到在交谈的时候用他们虚幻的手来打手势。有一个女孩竟然能够利用虚幻的手指做算术题！心理学家罗纳德·梅尔扎克（Ronald Melzack）查阅了大量此类案例，她认为，大脑具有一个先天性的“神经矩阵”，分布在几个不同的皮层及皮层下区域，能够用来表征身体的各个部位。

认为人类大脑具有无限可塑性的看法也源自这样一些例证：儿童在早期大脑受到损伤之后，往往能够得以恢复。然而，大脑性麻痹现象（由大脑畸形或早期脑损伤导致的运动控制和语言方面的终身残疾）证明，即使是儿童，其大脑可塑性也是有一定限度的。关于人类拥有完全可塑性的一个最著名的例证是，即使一些儿童在婴儿时期通过外科手术将一个大脑半球切除，他们长大之后仍相对正常。但这或许只属于个例，它源自这样一个事实：灵长类动物的大脑基本上是一个左右对称的器官。人类大脑不对称性的典型特征（左半球主要负责语言，右半球主要负责空间注意以及一些情绪情感）是基于对称性设计这一基础的。如果大脑两半球被基因设定了几乎完全相同的能力，同时还被设定了一些细微的偏差，这些偏差使得每个大脑半球专门负责某些特定的能力，而其他能力则会逐步衰退，这也许并不会令人惊讶。当其中一个大脑半球不存在时，另一个大脑半球则需要将其所有的潜能充分发挥出来。

如果儿童的大脑两半球都有一部分皮层受到损伤，由此导致没有任何一个半球可以接替另外一个半球的功能的话，将会出现什么情况呢？如果大脑皮层区域之间可以相互替换，具有可塑性且会受到输入信息的影响，那么未受损害的大脑部位就应该能够接替受损害部位的功能。这个孩子可能会有些反应迟钝，因为他只能使用较少的大脑组织，不过他应该可以逐步发展出比较完善的人类能力。但事实似乎并非如此。数十年前，神经生物学家对一个男孩进行了研究，由于暂时性的脑缺氧导致这个男孩大脑左半球的标准语言区域和该区域在大脑右半球的镜像受到了损伤。尽管遭受这一创伤时，这个男孩刚刚出生 10 天，但他长大之后却成了一个在语言和理解方面存在永久性障碍的残疾儿童。

与许多儿科神经病理学的研究一样，该案例并不完全科学。不过有关另外两种心理机能的一些新近研究证明，婴儿大脑的可塑性可能并没有人们想象得那样强大。心理学家玛莎·法拉（Martha Farah）及其合作者对一个 16 岁的男孩进行了研究，该男孩在仅出生一天时就患了脑膜炎，并因此导致视觉皮层以及两侧大脑颞叶底部受损。如果一个人在成年期受到这种损伤，就会丧失识别面孔的能力，同时也很难对动物进行识别，尽管他们通常能够识别词语、工具、家具以及其他形状的物体。这个男孩完全符合上述症状。虽然他长大之后具有正常的口语能力，却完全不能进行面孔识别。他甚至不能识别出他最喜爱的电视剧《海岸救生队》（*Baywatch*）当中的演员的照片，尽管在之前一年半时间内，他每天都会观看一个小时的这个节目。由于大脑内部缺乏适当的联结，即使在长达 16 年的面孔观察后，并且拥有可利用的大脑皮层，也没能让他获得人类最基本的依靠视觉来辨别他人的能力。

神经生物学家史蒂夫·安德森（Steven Anderson）、安东尼奥·达马西奥（Antonio Damasio）与其同事对两名青年人进行了测试，这两名青年人在非常年幼的时候，腹内侧前额叶皮层和眶前额叶皮层受到了损伤。这些脑损伤部位都位于眼睛上方，对移情、社会技能和自我管理（正如我们知道的菲尼亚斯·盖奇的例子，这位铁路工人的大脑被铁锨刺穿）等方面会产生重要影响。这两个孩子在健全的家庭环境中成长，拥有自己的兄弟姐妹，父母都受过大学教育。如果大脑确实是同质性的，且具有可塑性，那么这两个孩子的健康的大脑部位就必然会受到正常社会环境的塑造，并接替大脑损伤部位的功能。

但这些都没有在这两个孩子身上发生。其中一个孩子是在她 15 个月大时被一辆汽车碾压，长大后，她成了一个令人头痛的孩子，不服管教且强迫自己不断撒谎。在少年时期，她进入商店行窃，从父母那里偷窃，交不到朋友，毫无同情心和怜悯之心，而且更危险的是，她对自己的孩子也毫不在意。另一名患者是一位年轻男性，在他 3 个月大的时候，由于肿瘤的缘故，他丧失了同样的大脑部位。

长大之后，他也同样缺少朋友，毫无志向，喜欢偷窃，性情鲁莽。除了上述不良表现，他们连一些简单的道德问题都难以弄清楚，尽管他们的智商在正常范围之内。比如，当两个人在观看哪个电视频道的问题上发生争议时，他们甚至不知道自己应该怎么办；他们也不能确定一个人为了医治自己的妻子是否应该去偷药。

这些案例不只是驳斥了极端可塑性学说，事实上它们还向 21 世纪的遗传学和神经科学发出了挑战。基因组是如何让一个处于发育期的大脑分化出神经网络，完成诸如识别面孔或考虑他人利益之类的抽象问题的呢？

“白板说”正在“背水一战”，不过，正如我们看到的那样，它最新的科学堡垒并不可靠。或许人类基因组拥有的基因数目实际上要小于生物学之前声称的数目，不过这仅仅表明，基因组中的基因数目与有机体的复杂性之间并没有太大的联系。联结主义网络模型或许可以对认知过程的基本成分做出解释，不过它们的解释力过小，仅凭它们自身不能解释思维和语言；神经网络必然天生就是为了胜任这些工作而被设计和装配出来的。神经可塑性并不是大脑具有的一种魔幻般的变化能力，它只是一套工具，可以将基因组的兆字节转换为大脑的太字节，这样就可以使大脑皮层与其信息输入相契合，这一过程的实施被称为学习。

因此，基因组学、神经网络模型、神经可塑性与近几十年间涌现的关于复杂人性的描述是相符合的。当然，这种本性并不是严格按照程序设计，不受任何信息输入影响，不受文化制约或者被赋予了每一种概念和情感的所有细节。相反，复杂人性是一种足以担负起观察、移动、计划、谈话、生存、理解周围环境、与他人进行协调的本质。

对“白板说”最后的堡垒的描述为我们提供了一个绝佳的机会，我们可以借机重新审视其他替代学说。在此，我对有关复杂人性存在的证据进行了总结，其中一些是对前面章节中的观点的重申，另一些则是对后面章节中的观点的预告。

简单逻辑认为，如果没有能够进行学习的先天机制，就不可能存在学习。这些机制必须足以解释人类做出的各种学习行为。易学性理论（learnability theory，对如何能够从根本上进行学习这一问题所做的数学分析）告诉我们，学习者往往能够从有限的信息输入中总结出无限多的结论。例如，儿童可以将他们听到的句子作为逐字逐句不断重复的基础，用同样比例的名词和动词生成任意一种词语组合，或者对其中暗含的语法进行分析，并生成与之相符的新句子。根据同样的逻辑进行判断，看到一个人在洗盘子，就会促使学习者试图去洗盘子或让温水滑过自己的手指。于是，一个成功的学习者必须从信息输入而不是从其他方面得出一定的结论。人工智能就支持了这一点。在设定好程序之后，计算机和机器人就能够像人类那样去行事，其内部必然植入了许多复杂的模块。

进化生物学研究表明，复杂适应性在生物世界随处可见，在自然选择的作用下，生物能够发展出包括复杂的认知和行为方面的适应能力。有关自然栖息地的动物行为的研究表明，各个物种之间在内驱力和能力方面具有先天性差异，比如，在空中飞行或者捕食就需要复杂的、专门化的神经系统。基因进化论视角下关于人类的研究表明，许多心理机能（比如，喜欢含有脂肪的事物，追求社会地位，从事危险的性行为）都是为了能够更好地适应我们祖先的生活环境对进化的要求，而不是为了适应当前环境中的现实需要。人类学的调查结果表明，数百种与人类方方面面的经验有关的一般性概念，都远远超越了当前的社会文化。

认知科学家发现，在不同的知识领域中会用到截然不同的表征和加工方式，比如语言中的语词和规则，理解物理世界所需的某种永恒性客体的概念，理解他人的某种心智理论，等等。发展心理学研究表明，这些独特的经验解释方式在生命早期就已经存在了：婴儿已经具备了理解客体、数量、面孔、工具、语言以及人类认知的其他方面的基本能力。

无论是在基因里还是在非编码区域里，人类基因组当中都包含着数目庞大的信息，它们引导着复杂有机体的建构。越来越多的案例表明，特定的基因可以与认知、语言和人格的某些方面发生联系。当一些心理特质发生变化时，其中的变异大多源自基因方面的不同：无论是一起抚养还是分开抚养，同卵双生子都要比异卵双生子更为相像，生物学意义上的兄弟姐妹之间要比领养意义上的兄弟姐妹之间更为相像。一个人的气质和个性在生命早期就会显现出来，并在整个生命历程中保持着相当强的稳定性。而且，在他们自己的文化背景当中，无论是个性还是智力都没有受到儿童所处的特定家庭环境的影响：在同一个家庭长大的儿童之所以非常相似，主要是由于他们拥有相同的基因。

最后，神经科学研究逐步表明，大脑基本结构是在基因的控制下逐渐形成的。学习和可塑性的重要性是经不住考验的，大脑的各个系统显示出了与生俱来的专门化迹象，并且相互之间的功能是不可随意替代的。

在上述三个章节中，我对当前有关复杂人性的科学研究例证做了简要介绍。本书其余部分将围绕其寓意进行阐述。

The Blank Slate

The Modern Denial of Human Nature

第二部分

科学视角 VS 政治视角

社会科学家在20世纪上半叶提出的那些思想，到了20世纪后半叶中期就赢得了当之无愧的胜利。在当时的西方主流社会，优生学、社会达尔文主义、殖民征服、针对战时儿童的狄更斯政策、知识分子阶层对种族主义和性别歧视的公然表露、对妇女和少数民族的公然歧视等诸多问题已经得到彻底根除，或者至少可以说正在急剧消退。

与此同时，“白板说”理论也开始受到冲击，尽管在20世纪的大部分时间内，它曾经与平等、进步的思想混淆在一起。随着关于人性的新科学的蓬勃发展，以下这些问题将会变得更为明显：思维属于一种物理过程；人类并不是一种心理复制品；性别差异不仅表现在生理方面，也存在于心理方面；人类大脑不可能置身于进化过程之外。进化生物学的新观点已经阐明，不同文化背景下的人拥有某些共同的心理特性。

这些新的科学发展使知识分子面临着选择。那些头脑冷静者认为，这些研究发现与政治意义上的机会均等和权利均等的观念毫不相干，因为那些观念只是一些道德教条，关注的是应该如何对待人们，而不是关于人们看起来是怎样的科学假设。毫无疑问，不管哪个全能的科学家能够提供多么有预见性的证据或理论，针对人类的奴役、压迫、歧视或杀害等行径都是不应该的。

然而，这并不是一个属于头脑冷静者的时代。包括一些国际知名科学家在内的许多知识分子，他们非但没有将那些道德教条从科学理论中分离出来，不论实验室或知识界有什么新发现，都确保不会让历史倒退，恰恰相反，他们试图用尽一切可能将两者联系在一起。人们对人性的新发现既畏惧又厌恶，因为在他们看来，这些发现威胁到了进步的观念。如果不是因为那些曾经自称为激进派的知识分子现在已经成了当权派，如果不是他们对人性观念的厌恶已深深植根于现代知识界，那么上述这些情况都可以被写进历史教科书了。

本书的这一部分将介绍有关人性的新科学发现激起了怎样的政治反应。尽管这些反对意见最早是由左派提出的，但现在右派之中也开始有越来越多的人对此表示认同，其主要代表人物也因为受到了同样的道德异议的冲击而勃然大怒。在第 6 章中，我对这些针对人性的新思想引发的闹剧进行了详细阐述。在第 7 章中，我将证明这些源于道德戒律的反应是如何支持“白板说”“高贵的野蛮人”以及“机器中的幽灵”这三种学说的。

06

两本著作引发的论战

1976年，我还在哈佛大学读研究生的时候，听的第一场讲座是由著名的计算机科学家约瑟夫·魏泽鲍姆（Joseph Weizenbaum）主讲的。他是早期人工智能领域的奠基人之一，并且因为他的Eliza程序著称于世，这一程序曾经让人们一度误认为计算机能够进行对话，而实际上它只不过是输出一些事前录入的机敏回答而已。魏泽鲍姆当时已经出版了《计算机能力与人类推理》（*Computer Power and Human Reason*）一书，该书对人工智能与计算机的认知模型进行了批判，被誉为“过去10年间最重要的计算机书目”。我对此书心存疑虑，因为它缺乏论证，而对科学的虔诚又太过假装。例如，他认为人工智能的某些特定观念，比如那种将神经系统与计算机相结合的科幻主张，是“纯粹的亵渎。对于任何一个有教养的人来说，这些‘应用’的真实意图只能增加他们的反感……人们可能想知道，到底发生了什么事情，会影响到这些提议者对生命的感知，以及对自己作为生命连续统一体上的构成要素的感知，以至于他们会产生这样的想法”。而那天下午的讲座也同样缺乏论证，让我觉得连去哈佛大学科学中心图书馆查找资料进行验证的必要也没有。

魏泽鲍姆讨论了计算机科学家艾伦·纽厄尔（Alan Newell）和赫伯特·西蒙（Herbert Simon）在类比性基础上开发的人工智能程序，如果该程序知道一个问题的解决途径，它就会将这一解决途径运用到其他具有类似逻辑结构的问题上去。

魏泽鲍姆告诉我们，事实上，这一程序是为了帮助五角大楼寻找如何镇压越南反抗的解决方案而开发的。据说越南人“在丛林中的行动就像鱼儿游在水中那般自如”。他说，如果向该程序输入这一信息，将会得出这样的推断：就像竭泽而渔那样，可以将丛林铲除，从而暴露出越南人的行踪。接着他又谈论了有关计算机言语识别的研究。魏泽鲍姆认为，对言语知觉进行研究，唯一可以想象的原因就是方便中央情报局对数以百万计的电话聊天内容进行同步监控。魏泽鲍姆建议在座的所有学生听众要联合起来抵制这一研究课题。然而，他又补充说，如果我们不听从他的忠告也不要紧，因为他深信，到 2000 年的时候，我们就都已经逝去了，对此观点，他毫不怀疑。最后，魏泽鲍姆向年青一代说了一番鼓舞人心的话语后便结束了他的讲座。

后来证明，有关我们的死亡的传闻被极度夸大了，那个下午魏泽鲍姆提到的其他预言也没有得到证实。在推理中使用类比，绝非什么邪恶的工作，恰恰相反，这是当代认知科学领域中非常重大的课题之一，且被普遍认为这正是人类智慧的关键所在。言语识别软件通常被用于电话信息服务，并被压缩组装在家用电脑上，这对于那些残障人士或反复遭受压力性损伤的人来说，无异于上天的恩赐。魏泽鲍姆的批判性立场反映了 19 世纪 70 年代以政治妄想症和道德表现狂为特征的大学生活，在那个时期，对当前人性科学的批评已经出现了。

学术话语会被引入美国的文化殿堂，成为文化中心议题，对于这样一个问题，无论我怎样设想，或许都不应该感到惊讶。纵观历史，观点之间的论战过程中往往充斥着形形色色、道德化、妖魔化、夸张的以及其他更为糟糕的论调。人们认为，科学应该是这样一个场域，只针对观念而非针对个人进行抨击，可证实的真相与政治观念之间是相分离的。然而，当科学开始向人性这一主题进军时，旁观者对此的反应完全不同于他们对一些重大发现（比如彗星的起源或者蜥蜴的分类等问题）的反应，科学家们恢复了道德说教式的思维倾向，并认为这是人类社会中自然而然存在的现象。

有关人性方面的研究在任何时期都存在争议，但关于它的科学研究方面的新进展遇到了一个非常糟糕的时期，这就使它成了公众注意的焦点。在 20 世纪 70

年代，知识分子转变成了政治上的激进分子。传统观念中对人性的疑虑，成了坚定的左派意识形态的一部分，于是那些在生物学背景下对人类心理进行研究的科学家，被认为是极端保守的国家统治阶级的御用文人。批评者宣称，这些科学家是“激进的科学运动”的一部分，由此，关于这个群体，我们便有了一个便捷的称谓。

魏泽鲍姆对人工智能和认知科学领域将心智和机械统一起来的尝试极为反感，但与人性相关的另一门科学也遭到了强烈的批评。1971 年，心理学家理查德·赫恩斯坦在《大西洋月刊》发表了一篇名为《IQ》的文章。虽然赫恩斯坦是首次提出这种看法，但这实际上是一种很常见的观点。他写道，随着社会身份越来越不受那些不合理的遗赠（如种族、门第和继承财富）的影响，它将更多地由天赋决定，尤其是（在现代经济中）由智力决定。由于智力上的差异具有部分的遗传性，由于聪明人倾向于和其他聪明人结婚，因此，当一个社会更加公平的时候，它就会按照遗传基因来形成不同的社会阶层。聪明人会进入上层社会中，于是他们的子女也会处于上层社会。赫恩斯坦的这些观点很老套，因为它建立在数学必然性的基础之上：在影响社会地位的诸因素中，当非遗传因素所能解释的变异量下降时，遗传因素所能解释的变异量就会增加。只有在智力天赋对社会地位没有影响（这要求人们不再喜欢雇用聪明人或者与他们做生意），或者遗传对智力没有影响（这意味着人们的大脑要么是白板，要么是依据同一个模本克隆出来的）的情况下，这个结论才是错误的。

赫恩斯坦的观点并没有揭示出，种族之间在平均智力水平上的任何差异是属于先天性的，这是心理学家阿瑟·詹森（Arthur Jensen）早在两年前就提出的一个不同寻常的假设，赫恩斯坦本人也明确否认自己持这种主张。那个时候距离学校废除种族隔离才不过一代人的时间，非裔美国人的公民权利获得法律认可还不到 10 年，因此，非裔美国人和白人在平均智商方面的差异可以很容易被归结为机会上的差异。认为赫恩斯坦的推断意味着按照遗传进行分层，非裔美国人终其一生只能待在社会最底层，这种观点的实质是将一种毫无根据的假设强加在赫恩斯坦的头上。该假设认为：就遗传的角度而言，非裔美国人的平均智力水平不如白人，而这一点正是赫恩斯坦极力回避的。

然而，一位很有影响力的精神病医学专家阿尔文·普森特（Alvin Poussaint）认为，赫恩斯坦“成了非裔美国人的敌人，他的观点对每一位在美国生存的非裔美国人都是一种威胁”。他又反问道：“我们应该拉个条幅，支持赫恩斯坦的言论自由权吗？”在波士顿地区的大学里，有人散发传单，鼓动学生“抨击哈佛教授的法西斯谎言”，哈佛广场贴满了赫恩斯坦的照片，上面写着“追求种族主义”这样的字眼，以及所谓的关于他的文章的五处错误引用。赫恩斯坦受到了死亡恐吓，而且，他也不能谈论自己的研究专长——鸽子的学习，因为不管他到哪里去做学术讲座，报告厅里总是挤满了抗议的人群。例如，在普林斯顿大学，学生们宣称要堵住礼堂的门，逼着他回答有关 IQ 方面的争议问题。有几场讲座甚至被取消了，因为主办大学认为他们无法保证他的安全。

人与人之间存在着先天性差异，这个问题具有明显的政治含义，我在后边的章节里将会对其进行检验。但人与人之间拥有天生的共性，这样一种看起来让人感到温馨和感动的观点，也让许多学者感觉很愤怒。20 世纪 60 年代末期，心理学家保罗·艾克曼发现，微笑、皱眉、冷笑、鬼脸以及其他一些面部表情，是全世界人类都有的表情，大家也都能理解这些表情的意义，即便那些之前与西方人没有接触过的原始人也是如此。他认为，这些发现证实了达尔文 1872 年的著作《人与动物的情绪表达》（*The Expressions of the Emotions in Man and Animals*）中的两个观点。第一个观点认为，进化过程赋予了人类情绪表达的天赋；另一个观点认为，所有的人类种族都是从一个共同的祖先进化而来的，这在达尔文的时代显得比较激进。而玛格丽特·米德对这些激动人心的发现视而不见，她认为艾克曼的研究是“无耻的”“骇人的”，是一个“耻辱”——而这还算是比较温和的反应。

在美国人类学学会的年会上，艾伦·罗马克斯（Alan Lomax）从观众席上站起来大声咆哮，认为不应该让艾克曼发言，因为艾克曼的观点是法西斯主义的。在另外一个场合，一位非洲裔美国活动家指责他是法西斯主义，因为艾克曼竟然声称非裔美国人的面部表情和白人一样。有时候，你是无法获得辩论上的胜利的。不单单是人类在与生俱来的能力方面存在差异这一观点会让激进主义者愤愤不平，只要是认为任何一个物种存在着天生能力上的差异的观点，都会招致这样的反应。神经学家托斯坦·维瑟尔发表了他与戴维·休布尔合作的具有历史意义的著作，他们认为，猫的视觉系统很大程度上是与生俱来的，当时另一位神经学家愤怒地称维瑟尔为法西斯主义分子，并且发誓要证明他的观点是错误的。

威尔逊的《社会生物学》

有一些反对意见带有鲜明的时代特点，会随着激进时尚的消退而逐步消失。然而，有两本进化方面的书，关于它们的反对意见持续了数十年之久，并且已经成了知识界主导潮流的一部分。

第一本书是 1975 年爱德华·威尔逊写的《社会生物学》(*Sociobiology*)。社会生物学综合了许多动物行为方面的文献，使用了来自乔治·威廉姆斯（George Williams）、威廉·汉密尔顿（William Hamilton）、约翰·梅纳德·史密斯（John Maynard Smith）以及罗伯特·特里弗斯（Robert Trivers）的自然选择方面的新观点。这本书回顾了沟通、利他主义、攻击性、性和子女养育等的进化原理，并将这些原理应用到了对一些主要的社会性动物（如昆虫，鱼类和鸟类）的归类研究之中。这本书的第 27 章将这些原理运用到了对人类的研究中，把人类作为动物王国的一个分支来对待。它还对研究不同社会的普遍性和差异性的文献进行了回顾，对语言以及语言对文化的影响进行了讨论，提出了一些假设，认为一些普遍性（如道德情感）可能源于自然选择形成的人性。威尔逊希望这一观念能够将生物学与社会科学和哲学联系起来，这也是他后来的出版的《论契合》(*Consilience*)一书的主题。

对《社会生物学》的批评，首先是针对它那些主要的“异端邪说”展开的。在一本批评性的书中，人类学家马歇尔·萨林斯（Marshall Sahlins）将“粗俗的社会生物学”视作对涂尔干和克罗伯的超机体概念的挑战。超机体学说认为，文化和社会存在于一个独立于个体及他们思想和情感之外的领域。萨林斯写道：“粗俗的社会生物学将人类的社会行为解释为人类机体的需求和内驱力的产物，并将需求、内驱力等秉性看成由生物进化塑造的人性的一部分。”萨林斯承认，他担心这可能会侵入自己的学术地盘。萨林斯又补充道：“核心的学术问题，归根到底是文化和文化研究的自主性。社会生物学试图挑战文化作为自在之物以及作为独特的、符号性的人类创造物之间的统一性。”

萨林斯这本书的书名是《生物学的应用和滥用》(*The Use and Abuse of Biology*)。据说，滥用生物学的一个例子是，汉密尔顿的包容适应性理论能够解释家庭纽带在人类生活中的重要性。汉密尔顿的研究表明，为亲人牺牲的倾向是可以通过进化获得的。亲人之间具有共同的基因，因此，有机体去帮助亲人，实际上是在间接地实施自我复制。如果帮助亲人带来的成本小于给予亲人帮助带来的收益，那么这个基因就会出现激增。当然，给予亲人帮助带来的收益会随着亲近程度的疏远而减少(亲兄妹或后代带来的收益为1/2，堂兄弟为1/8，等等，以此类推)。萨林斯提出，真实情况并不是这样，因为在大多数文化中，人们缺乏分数的概念，所以他们无法指出亲戚关系的系数，以便知道自己该帮助哪个亲人，又该提供多少帮助。萨林斯的这本书混淆了近因和远因，就好像是在说由于大部分文化中并没有三角这样的数学概念，而这又是构成立体视觉的基础，因此，人们不可能看得更深入、更彻底一样。

无论如何，“粗俗”都不及对它批评的一半。著名生物学家C.H.沃丁顿(C.H.Waddington)在《纽约书评》上发表了赞同社会生物学的书评之后，社会生物学研究小组包括威尔逊在哈佛大学的两位同事斯蒂芬·杰伊·古尔德(Stephen Jay Gould)和理查德·列文廷(Richard Lewontin)，也在这上面发表了一篇广为流传的攻击性书评《反对〈社会生物学〉》(*Against 'Sociology'*)。他们将威尔逊和优生学的倡导者社会达尔文主义，以及詹森认为种族之间存在着先天智力上的差别的假设视为一丘之貉，之后，这些作者们在该书评中写道：

> 这些周期性的决定论之所以会残存下来，是因为它们总是倾向于从遗传的角度为社会现状以及特定的阶层、种族、性别群体的优势地位提供辩护……这些理论为美国1910年到1930年《绝育法》和《限制移民法》的颁布提供了重要的思想来源，这些理论也是优生政策的思想来源，而这一政策导致了纳粹德国毒气室的建立。
>
> ……威尔逊的这本书向我们表明，研究者不仅很难排除环境的影响(例如文化的传播)，而且研究者摆脱个人偏见和所属社会阶层的偏见也很困难。

威尔逊加入了生物学决定论者的行列，这些人的研究目的是将自己对社会问题的责任排除在外，以巩固他们所处社会的制度。

他们还指责威尔逊探讨了“种族灭绝的益处”以及“奴隶制这样的制度……在人类社会似乎是自然而然的事情，因为这种制度在生物王国是‘普遍存在’的”。如果说这种联系在这里还不够清楚的话，其中一位作者在另外一个地方还写道：“通过最终分析可以看出，社会生物学研究为优生学转化为纳粹德国的种族灭绝行为提供了概念框架。”

我们肯定能够在《社会生物学》这本书的最后一章发现值得批判的地方。现在我们知道，威尔逊论述的一些普遍性是不准确的，或者说表达得过于粗糙，威尔逊认为道德推理在未来某一天会被今后的生物学取代，这种观点肯定是错误的。但《反对〈社会生物学〉》一文对它的批评显然也是错误的。威尔逊被他们称作“决定论者”，他们认为威尔逊相信人类社会遵循的是机械僵化的遗传法则。但威尔逊对自己的观点是这样表述的：

首要的，也是最容易确证的人类社会的特性是，它本质上是服从统计学分布的。人类社会性组织的参变量与其他哺乳类动物社会性组织的参变量相比，更加多样化……为何人类社会具有这样的灵活性呢？

同样，一些人指责威尔逊，认为他盲目地相信人被束缚在了由其种族、阶级、性别和个体基因组决定的社会地位上。但事实上，威尔逊曾说“几乎没有证据表明，社会地位能够稳定地遗传”“人与人之间在遗传方面并没有差别”。而且，威尔逊认为：

人类社会已经发展到极端复杂的程度，因为人类有智力、会变通，从而能够扮演任何专门化的角色，能够依据不同场合的需求扮演不同的角色。现代人类在很多方面都扮演着相应的角色，因此，在面对不断变化的环境需求时，人类会因自己的局限而力不从心。

至于说攻击的不可避免性——这是人们批评威尔逊时发表的另一种危险的观念。威尔逊是这样认为的，在人类进化过程中，“攻击性受到了约束，灵长类动物那些旧式的统治习性为复杂的社会技巧所取代”。指责威尔逊（终其一生都是一个自由民主主义者）带有个人偏见，为种族主义、性别主义、不公平、奴隶制和种族灭绝辩护是特别不公正的，也是不负责任的，因为诽谤和滋扰他的人，都是只听反对者的口号而没有去阅读威尔逊的著作的人。

哈佛大学中出现了针对威尔逊的传单和座谈会，一名抗议者拿着大喇叭要求校方解雇威尔逊，他的教室里会冲入高喊口号的学生。当威尔逊在其他学校演讲时，抗议者称他是“右翼父权主义的倡导者”，号召人们在他演讲时高声喧闹。威尔逊本来打算在美国科学促进会于 1978 年举办的一个会议上发表演说，但涌进来一群拿着标语牌的人（其中一个拿着纳粹党徽），他们冲上讲台，高喊：“威尔逊，你这个纳粹分子，放下你的伪装，我们要控诉你对种族灭绝的宣传。”一个抗议者抢过了麦克风，对着听众高谈阔论，而另一个抗议者则捧着一个大水罐向威尔逊泼水。

在随后的许多年中，《社会生物学》声名狼藉，而且这本书引用了汉密尔顿和特里弗斯的许多原创思想，导致这两位研究者也成了人们批评的对象。人类学家伊尔文·德沃尔（Irven DeVore）和莱昂内尔·泰格尔（Lionel Tiger）在教授这本书的某些观念时就是这么做的。影射特里弗斯是种族主义的鼓吹手，是支持种族压迫的右派，这是对他的一种中伤，因为特里弗斯本人是一个政治激进分子，是美国黑豹党（Black Panthers）的支持者，是休伊·牛顿（Huey Newton，美国黑豹党的领袖以及创立者之一）在学术上的合作者。特里弗斯认为，如果非要说社会生物学有什么不一样的地方，那就是，它是一种可以促进政治进步的力量。

他的这种看法依据的是这样一种观点：有机体的进化不是为了家庭、团体或者种群的利益，而是因为构成这些群体的个体在基因层面存在冲突，只有捍卫自己的利益才能生存下去。这一观点瞬间推翻了那种令人觉得自然而然的观点：掌握权力的统治者会为所有人谋福利，这使得公众注意到了社会中那些被遮蔽起来的行动者，如女性和年轻人。而且，通过揭示利他主义的进化基础，社会生物学指出，公平感在人类大脑中有着坚实的基础，并不会与人类有机体的本性相冲突。通过揭示自欺会发生进化（因为最好的撒谎者是会相信自己的谎言的人），社会生物学鼓励人们进行自我审视，帮助人们揭穿虚伪和腐败。我将在第 16 章中，继续讨论特里弗斯和其他“左派达尔文主义者”的政治观念。

后来，特里弗斯对那些针对社会生物学的批评做出了回应：“虽然一些批评者是著名生物学家，但这些批评从学术角度而言是站不住脚的，而且显得没有做足功课。只要这些批评能够为政治上的斗争提供一个有利的位置，那么人们对它们在逻辑上的过失就会视而不见……在这些批评者看来，我们是统治利益集团的御用文人（在我看来，这些批评者也是这一集团的御用文人），是这一集团的代言人，目的是进一步深化对公众的欺骗，从而保持统治精英不公正的优势地位。虽然从进化论的角度进行推理，人们的争论终究（有时候是故意的）都是带有私心的，但从先验的角度来看，邪恶完全属于某一派代言人，而美德完全属于另一派代言人的现象似乎不太可能。”

特里弗斯所说的“著名的生物学家”指的是古尔德、列文廷以及英国神经学家斯蒂芬·罗斯（Stephen Rose），他们属于激进科学运动在知识界的先驱人物。25 年来，他们不屈不挠地从事着反对行为遗传学、社会生物学（后来是进化心理学）以及具有敏感的政治含义的神经科学方面的研究议题（如性别差异与大脑疾病）的斗争。然而，他们的主要批评目标还不是威尔逊，而是理查德·道金斯。道金斯于 1976 年出版的著作《自私的基因》（*The Selfish Gene*），内容涉及很多与威尔逊相同的观念，但他的论述是依据新的进化理论展开的，而没有迷失在动物学的细枝末节中。关于人类，他几乎没有进行任何论述。

这些激进科学家反对威尔逊和道金斯的理由可以归结为两个词：“决定论”和“还原论”。他们的批评文章中充斥着这样的字眼，但是他们并不是从技术的层面来使用这些词的，而是滥用，使人弄不清楚这些词的真正意义。例如，下面这两段代表性文字，就出自列文廷、罗斯以及心理学家利昂·卡民（Leon Kamin）编著的一本带有“白板说”理论色彩的挑战性著作《不在我们的基因中》（*Not in Our Genes*）：

> 社会生物学是从还原论、生物决定论角度对人类的存在进行解释的学问。它的信奉者们认为，现在以及过往的种种社会安排都是基因的特定作用的必然表现形式。

> 还原论者认为，人类社会的特性不过是构成社会的单个个体的行为与意向的总和。例如，社会之所以“具有攻击性”，是因为构成社会的个体“具有攻击性”。

我们在本章前面对威尔逊的引用表明，他从来没有表达过与这类荒唐的观念相近的观点，而道金斯也没有表达过此类观点。例如，在讨论雄性哺乳动物相对于雌性哺乳动物来说倾向于寻求更多的性伙伴之后，道金斯专门用了这样一段话来表达他对人类社会的看法：

> 这种令人惊异的多样性意味着男性的生活方式在很大程度上是由文化而不是基因决定的。然而，男性倾向于滥交，女性倾向于一夫一妻制，这种可能性依然是存在的，我们从进化的角度也是能够预测出这一点的。男性和女性的这两种倾向，哪一种会在某个特定的社会中取得胜利，取决于具体的文化环境，就像其他不同的动物种群受制于具体的生态环境一样。

“决定论”和“还原论”的确切含义是什么？数学家对这个词的使用是最准确的，在他们看来，一个“决定论”的系统，它的当前状态是由之前确定无疑的状态决定的，而不是由概率决定的。无论是道金斯，还是任何其他头脑清醒的生物学家，都不会梦想着人类的行为是“注定的”，人们在任何情况下都必然会做出滥交、攻击和自私的行为。在激进的科学家以及许多受到他们影响的知识分子那里，“决定论”这个词有了一个与真正含义相反的含义，即认为人们在某些环境中会有按照某种方式行事的倾向性，这种观点才是这个词现在的含义。这明显是“白板说”固有观念的体现，认为大于零的可能性必然等同于百分之百的可能性。不存在任何天性才是唯一被认可的观念，所有偏离这一主张的观点都会受到无差别的“决定论”的指责。

对于遗传决定论，批评者是这样看待的，那么对于“还原论”（在第 4 章中我们已经探讨过这个概念）以及那种认为道金斯是“社会生物学家中最主要的还原论者”，认为道金斯相信人类的每种特性都源于基因的主张，批评者又是如何看待的呢？列文廷、罗斯和卡民试图提供一种替代“还原论”的理论，他们称之为“辩证生物学”（dialectical biology），以此告诉读者事物运行的规律：

> 例如，思考一下烘焙蛋糕的例子：蛋糕的味道是各种原料——如奶油、糖和面粉——经过各个温度烘烤之后，发生复杂反应的结果；虽然每一种原料都是做成最终产品不可或缺的成分，但是产品的味道并不能分割为多少百分比的面粉和多少百分比的奶油。

我将用道金斯的话对他们的观点进行评论：

> 如果是那样的话，辩证生物学似乎是很有意义的。也许我也是一名辩证生物学家。回想一下，我是不是有一些类似于这个蛋糕例子的论述？是的，在1981年，我这个社会生物学领域最主要的还原论者是这样阐述自己的观点的：
>
> "如果我们按照某本烹饪书中某个特定的菜谱，逐字逐句地进行操作，那么我们就能从烤箱里做出一个蛋糕来。但现在我们却不能把这个蛋糕分解成碎屑，然后说：这一块蛋糕碎屑对应的是菜谱中的第一个单词，这块对应的是第二个单词，等等。就像蛋糕顶部会放上樱桃一样，菜谱上的文字和蛋糕的'碎片'之间不存在一一对应的关系。与蛋糕对应的是整个菜谱。"
>
> 当然，对于蛋糕的重要性，我并不感兴趣……但是我希望，菜谱和蛋糕的成分之间不存在对应性这一事实，至少能让罗斯和列文廷保持沉默。这难道不是在说明他们的批评对象并不是幼稚的原子论还原论者，但他们却拼命地希望是吗？

事实上，对"还原论"的指控是颠倒黑白的，因为列文廷和罗斯在他们自己的研究中，是从基因和分子的层面来解释各种现象的，他们才是典型的还原论者。与列文廷和罗斯不同，道金斯接受的是动物行为学方面的训练，研究的是动物在自然习性下的行为。威尔逊是一位生态学研究的先行者，是这一处于危险领域的热情捍卫者，而分子生物学家则轻蔑地称这一领域为"鸟类和树木"生物学。

列文廷、罗斯和卡民的所有批评都失败了，于是他们一再错误地引用道金斯的话："它们（基因）控制着我们，从身体到心灵。"这句话听起来带有很强的决定论色彩。但道金斯的原话是这样的："基因创造了我们，包括身体和心灵。"

这两句话的意思完全不同。列文廷在多个不同的场合都使用过这一篡改过的说法。

对于特里弗斯说的这些“过失”，我们能有任何宽容些的解释吗？一种可能是，道金斯和威尔逊在讨论像利他主义、一夫一妻制和攻击性等社会性行为时，使用了“一个负责什么什么的基因”这样的表达。列文廷、罗斯和古尔德紧紧抓住这类语言不放，在他们看来，这种表达指的是行为总是由基因导致的，而且基因是行为发生的唯一原因。但道金斯说得很清楚，这个短语的意思是，与某个基因座上的其他基因相比，某种基因增加了某种行为的可能性。这种可能性是一种平均率，是相对于其他在进化中与它伴生的基因而言的，是相对于拥有该基因的有机体所处的环境来说的。

这种对短语“一个负责什么什么的基因”的非还原论者、决定论者的用法，在遗传学家和进化生物学家那里很常见，因为这对于他们的研究工作来说是不可或缺的。一些行为必然受到了某种基因的影响，否则我们将永远无法解释为什么狮子和绵羊的行为相异，为什么母鸡会孵蛋而不是把蛋吃了，为什么雄鹿会用头部攻击同性而沙鼠不会，等等。进化生物学的核心是要解释为什么这些基因进化成了这些动物，而不是进化成了其他动物。一个特定的基因在各种环境下所带来的结果可能是不同的，但它带来的结果具有一般性。这种一般性就是自然选择的结果（所有条件都相同的情况下），这就是“负责”这个词在“一个负责什么什么的基因”这个短语中的含义。因此，古尔德和列文廷这两位进化生物学家竟然会对这种用法感到迷惑不解很难让人信服，如果他们确实迷惑不解，那也就解释了为什么 25 年来他们的批评不得要领了。

对他人的攻击能卑劣到何种程度？嘲笑反对者的性生活，这看起来是一部蹩脚的嘲讽学术生活的小说中才有的事情。但列文廷、罗斯和卡民就这么做了，在谈到社会学家斯蒂文·古德伯格（Steven Goldberg）的一个观点，即女性长于操控他人的情感时，他们的评论是：“这是多么令人同情的画面啊，古德伯格易受媚惑，由此可见一斑。”他们还提到了唐纳德·西蒙斯（Donald Symons）的那本开创性著作《人类性行为的演化》（*The Evolution of Human Sexuality*）中的一章，西蒙斯在这章中提出，在所有的社会中，性爱通常都被看成女性提供的服务，或是女性施加的恩惠。“在阅读社会生物学的著作时，”他们评论道，“读者们常常会有成为窥淫癖者的感觉，常常有窥视写作者的自传体回忆录的感觉”。罗斯对这个玩笑十分满意，因此，14年后，在他的著作《生命线:超越决定论的生物学》（*Lifelines: Biology Beyond Determinism*）中，罗斯又重复了这个玩笑。

蒂尔尼的《埃尔多拉多山的黑暗》

2000年发生的一件事情，使所有希望这些策略成为过去时的幻想都破灭了。人类学家一直对那些在生物学背景下讨论人类的攻击性的研究者持仇视态度。1976年，美国人类学学会几乎要通过提议来谴责《社会生物学》这部著作，并放弃了两场关于这个议题的讨论会。而在1986年，这个学会通过了一项裁决，认为德里克·弗里曼的著作《玛格丽特·米德和萨摩亚》（*Margaret Mead and Samoa*）“极为拙劣，不科学、不负责，带有误导性”。但与后面的批评相比，这已经算是很温和的说法了。

2000年9月，人类学家特伦斯·特纳（Terence Turner）和莱斯利·施彭泽尔（Leslie Sponsel）给美国人类学学会的执行委员会写了一封信（这封信很快在互联网上传播开来），信中警告说，新闻记者帕特里克·蒂尔尼（Patrick Tierney）的一本书将会爆出人类学的一大丑闻。据说，丑闻主角是现代人类遗传科学的奠基人、遗传学家詹姆斯·尼尔（James Neel）以及人类学家拿破仑·夏侬（Napoleon Chagnon），夏侬因对亚马孙热带雨林雅诺马马人（Yanomamo）30年的研究而闻名于世。特纳和施彭泽尔写道：

> 这个可怕的故事——一位人类学家心灵的黑暗程度，超出了约瑟夫·康拉德［Josef Conrad，也许还不是他，而是约瑟夫·门格勒（Josef Mengele）］的想象——将很快为公众所知，大部分人类学家也会看到这一事件，这将会使整个学科接受审判。正如一位读者指出的那样，这本书将会动摇人类学的根基。这应该促使人类学研究开始思考，这些不道德事件的主角是如何流毒甚广、贻害无穷的，他们在西方世界受到了极大的推崇，一代又一

> 代的研究生们把他们的谎言作为人类学的入门知识。我们不应该再允许这样的事情发生了。

这些指责真是令人感到恐怖。特纳和施彭泽尔指责尼尔和夏侬故意向雅诺马马人散播麻疹病毒（这常常会导致土著居民丧命），然后不施加医疗救助以验证尼尔的那些“带有优生学偏见的遗传理论”。按照特纳和施彭泽尔对这些理论的解释，从生物学的角度来看，生活在弱肉强食社会中的一夫多妻制的部落头人们比娇生惯养的西方人具有更好的适应性，因为他们拥有负责“先天能力”的“显性基因”，而这正是他们为了争夺配偶所展开的暴力竞争选择的结果。特纳和施彭泽尔认为，尼尔相信“民主，以及它对大众的无偿养育，对弱者的同情”的看法是错误的。两位批评者推断说：“这种法西斯主义优生学的政治含义很清楚，那就是，社会应该重新分割成较小的、孤立的、以繁育下一代的群体，在这些群体中，具有遗传优势的男性能够占据统治地位，淘汰或降服那些在竞争领导地位和配偶时失败的男性，将更多能够生育的女性纳入自己的后宫。”

对夏侬的指控是骇人听闻的。在他关于雅诺马马人的著作和文章中，夏侬确实记录了雅诺马马人频繁的战事与掠夺行为，也确实通过数据表明，参与杀戮的男子与那些没有参与杀戮的男子相比，拥有更多的配偶和后代。这个发现是带有煽动性的，因为，如果这些收益在原始社会是很典型的，而人类又是从原始社会进化而来的，那么就表明使用暴力这一策略将是进化过程选择的结果。特纳和施彭泽尔指责夏侬伪造数据，凸显了雅诺马马人的暴力行为（指责夏侬向他的访谈对象赠送金属罐和刀子，这使得他们陷入了更加狂热的暴力行为中），为了拍摄纪录电影的需要而挑拨雅诺马马人发动致命争斗。他们指责说，夏侬对雅诺马马人的刻画，成了入侵这一领地的淘金者将自己的行为合理化的依据。这些淘金者受到了夏侬与“邪恶”的委内瑞拉政客们共同炮制的阴谋的挑唆。

毫无疑问，雅诺马马人确实在疾病和淘金者的侵袭下出现了大量的死亡，因此，将这些悲剧和犯罪行为都归到夏侬名下，实际上是在控诉他犯下了种族灭绝罪。此外，特纳和施彭泽尔还指出，蒂尔尼的著作中提到，“对夏侬过去的调查显示……他要求镇上的雅诺马马人为他提供女孩，以满足他的兽欲”。

《纽约客》刊登了蒂尔尼的著作摘录，他的著作《埃尔多拉多山的黑暗：科学家和新闻工作者是如何毁坏亚马孙的》（*Darkness of El Dorado: How Scientists and Journalists Devastated the Amazon*）也被公开出版，随之而来的是，在全世界范围内都出现了类似于“科学家为了检验种族理论，不惜杀害亚马孙地区的印第安人”这样的报刊标题。在出版商雇用的负责诽谤问题的律师的建议下，这本书中一些更加耸人听闻的指控被删除了，或注入了一些水分，或修改成了源于委内瑞拉的新闻工作者以及无法追踪溯源的消息提供者之口。但其控诉的实质始终未变。

特纳和施彭泽尔承认，他们对尼尔的指控“依然是基于我们当前知识的一种推断，尼尔的著述或者有记录的演讲中并没有‘确凿的证据’”。这样的话有点轻描淡写。在几天之内，了解这个事件的学者们，包括历史学家、流行病学家、人类学家以及电影拍摄者都对这些指控逐个进行了驳斥。

詹姆斯·尼尔（在这些指控发生之前刚去世没多久）远不是什么邪恶的优生主义者，而是一位受人尊敬和爱戴的科学家，而且他一贯对优生学持批评意见。事实上，人们认为，正是尼尔清除了旧的优生理论对人类遗传学的不利影响，使它成为一门受人尊敬的科学。事实上，特纳和施彭泽尔归咎到尼尔头上的那些蹩脚理论，在面对真正的人类遗传学时显得逻辑混乱，从科学角度看是极为无知的（例如，他们将显性基因与负责统治的基因混为一谈）。在任何情况下，都没有丝毫证据能够证明尼尔持有与那些理论相近的信念。有关记录表明，尼尔和夏侬对那里流行的麻疹病感到很惊讶，他们付出了英雄般的努力来控制疫情的蔓延。他们本来使用的是疫苗，蒂尔尼却指控疫苗正是麻疹病流行的根源，但事实上，在全世界数以亿计的接种疫苗的人中间并没有出现麻疹扩散的现象，而且尼尔和夏侬的各种努力确实拯救了数百位雅诺马马人的生命。面对流行病学家对自己看法的公开批驳，蒂尔尼含糊其词地说：“我在写书时访谈的那些专家的观点，与他们现在公开表达的观点很不一致。”

虽然没有人能够证明，尼尔和夏侬并不曾疏忽大意地将别处的疾病携带到了其探访的地区，但从可能性的角度来看，这基本是不成立的。雅诺马马人散布在上万平方千米的土地上，他们与其他欧洲人的接触远比他们与尼尔和夏侬的接触多，因为有上千名传教士、商人、淘金者和冒险家都曾进入过这一地区。夏侬本人倒是记载过，一名天主教方济各会的传教士可能是早些年爆发的一场麻疹病的病源。这与夏侬对传教士代表团给雅诺马马人提供猎枪的批评一起使得他成了传教士的潜在敌人。因此，蒂尔尼的大部分消息来源都是那些与传教士代表团有关联的雅诺马马人，这绝非巧合。

那些专门针对夏侬的指控就像对尼尔的指控一样，很快就消退了。与蒂尔尼的指控相反，夏侬并没有夸大雅诺马马人的暴力行为，也没有忽视他们生活方式中的其他部分；事实上，夏侬一丝不苟地描述了雅诺马马人解决争端的各种手段。那种认为夏侬劝诱他们去表现出暴力行为的观点并不可信。自 19 世纪中期至 20 世纪前 20 年，关于雅诺马马人之间的劫掠和战争一直都有记载，也就是说，在夏侬涉足亚马孙雨林很久以前就已经有类似的事情出现了。对这些行为的揭露，可以参考一则以第一人称叙事的报道——《雅诺马马：海伦娜·瓦尔罗，一个被亚马孙印第安人绑架的女孩的故事》（*Yanoama: The Story of Helena Valero, a Girl Kidnapped by Amazonian Indians*）。夏侬基于经验事实得出的主要结论符合科学研究的黄金准则：可重复性。我们在前文中已经看到，夏侬对雅诺马马人在战争中死亡率的估计，与其他研究得出的原始社会战争中的死亡率都处于同一个区间。即便是夏侬最有争议的断言，即杀人者具有更多的配偶和后代，在其他群体中也有类似的发现，当然对这一现象的解释是存在争议的。蒂尔尼在其著作中对一本曾被认为是反驳夏侬观点的书进行了总结，将他的总结与原著中的话进行对比是很有启发意义的。蒂尔尼是这样总结的：

> 对于黑瓦洛人（Jivaro，居住在秘鲁和厄瓜多尔的印第安人）来说，猎取敌人的头颅是所有男性的宗教仪式，也是十几岁的青少年成人仪式中必不可少的内容。在那里，大部分男性也是死于战争。然而，在黑瓦洛的头人中，那些猎获头颅最多的人拥有的配偶数量最少，而那些拥有最多配偶数量的人猎取的头颅最少。

事实上，那本书的作者人类学家埃尔莎·雷德蒙（Elsa Redmond）是这样说的：

> 那些杀过人的雅诺马马人往往拥有更多的配偶，这些配偶，要么是他们从劫掠过的村镇中劫持来的，要么是他们被这些配偶所吸引，通过常见的联姻方式得到的。对于黑瓦洛的那些战争领导人来说，情况也是如此，这些人往往有4～6位配偶；一个事实是，在20世纪30年代，阿潘诺河流域（Upano River）一位名叫图奎（Tuki）或者何塞·格兰德（Jose Grande）的伟大战争领导者拥有11位配偶。那些受人尊敬的勇士也会拥有更多的后代，这很大程度上是因为他们在获得配偶方面更具优势。

一直以来，特纳和施彭泽尔都对夏侬持激烈的批评态度（而且，并非巧合的是，尽管他们佯装在看到蒂尔尼那本书时受到了强烈冲击，但那本书的主要观点正是来源于他们自己）。他们毫不掩饰自己在意识形态方面的主张，那就是维护“高贵的野蛮人”教条。施彭泽尔曾经说过，他要致力于“和平的人类学”，以建立一个“更少暴力、更加和平”的世界，这样一个世界在他看来是“潜藏于人性之中的”。他反对“达尔文主义对暴力和竞争的强调”，最近又宣称，“在人类史前时期的大部分时间里，非暴力与和平都是常态，人类之间的厮杀是非常罕见的”。施彭泽尔甚至承认自己对夏侬的大部分批评源于“对任何用生物学来解释人类行为的做法，以及有可能带来的生物学还原论和与之相关的政治含义的近乎本能的反应”。

在激进科学运动大行其道之时，另一种常见的现象就是主张收复传统领域的左翼激进主义的出现，在这种观念看来，就连中间立场和自由主义立场都是反动守旧的。依照蒂尔尼的看法，“尼尔确信，民主以及它对大众的无偿养育、对弱者的同情都违背了自然选择规律”，因此，尼尔犯了“主张优生学的错误”。但事实上，尼尔是一个政治自由主义者，他曾反对将用于贫困孩子的钱转移到对老龄化的研究上去，因为他认为这种转移将有益于富人。尼尔也呼吁增加对孕期护理、儿童和青少年的医疗保健以及普遍的素质教育的投入。至于夏侬，蒂尔尼称他为“一个好斗的战士以及自由市场的鼓吹者”，证据则是引自特纳对夏侬的看法！在特纳看来，夏侬是“一个右翼分子，对那些他认为是左翼的人抱有偏执的态度”。为了解释夏侬是如何接受右翼熏陶的，蒂尔尼告诉他的读者，夏侬在密歇根州的乡村长大，“在那里，差异是不受欢迎的；在那里，仇外情绪很高涨；

在那里，议员约瑟夫·麦卡锡（Joseph MaCarthy）得到了强烈的支持”。对自己这番话暗含的反讽意味，蒂尔尼毫不在意，他断言夏侬是麦卡锡的“衣钵传人”，“完全继承了麦卡锡的精神”。而事实上，夏侬是一个政治上的温和派，支持的一直都是民主党（麦卡锡是共和党参议员）。

蒂尔尼在自己那本书的序言中是这样说的：“我慢慢地从一个观察者变成了一个呼吁者……传统的、讲求客观的新闻工作者角色已经不再适合我了。”蒂尔尼相信，对雅诺马马人暴力行为的描述，会使那些入侵他们家园的人将其描绘成野蛮的原始人，从而宣称为了这些土著人的利益，应该将他们迁往他处或者对其实施同化。从这个角度看，诽谤中伤像夏侬这样的信息传播者，是一种高贵的社会行为，是为了保护土著居民文化而采取的措施（而事实上，夏侬本人曾多次努力去保护雅诺马马人的利益）。

欧洲人携带而来的疾病以及持续500多年的种族灭绝政策，使得美洲的土著人数量急剧减少，这确实是人类历史上的极大罪恶之一。但如果由此把罪责推到当前的少数科学家头上就很奇怪了，因为这些科学家的所有努力都是为了在土著人的生活方式因被同化而完全消失之前将其记录下来。而且，这种推脱罪责的策略是很危险的。毫无疑问，不管土著居民之间是否（像所有其他人类社会一样）容易发生暴力和战争行为，他们都有权利在自己的土地上繁衍生息。那些自封的“鼓吹者”将土著居民的生存和“高贵的野蛮人”教条联系在一起的做法，实际上是将自己逼进了一个可怕的死胡同。当事实表明情况并非如此时，这些鼓吹者要么为了土著人的权利会漫不经心地弱化事实，要么会使用一切必要手段去隐瞒事实。

主张人类存在先天本性的观点会引起争议，对此我们不应该感到惊讶。很明显，任何此类观点都应该接受检验，任何逻辑上、经验上的缺陷都应该被指出，因为任何科学假设都需要经历这样的检验。但对人性方面的新科学进展的批评已经远远超出了通常的学术之争，变成了滋扰、诋毁、歪曲或篡改对他人的引用，最近甚至出现了血祭诽谤（blood libel）[①]。我想，之所以会出现这种小肚鸡肠的行为，可能有以下两个原因。

第一个原因是，在20世纪，“白板说”在它的捍卫者看来是一条神圣的教义，要么完全相信它，要么完全放弃它。只有这种非黑即白的观念才会促使人们将人类行为的某些方面具有先天性这种看法，曲解为人类行为的所有方面都具有先天性，或将遗传特性影响人类行为曲解成遗传特性决定人类行为。只有当“白板说”主张人类的智力差异百分之百是由环境导致的，它的捍卫者们才会被这样一种数学上的常识所激怒：当非遗传因素能够解释的变异量比例不断递减时，遗传因素解释的变异量比例就会上升。只有在认为心灵是一个干净的空白板的前提下，人们才会被这样一种主张所激怒：当我们高兴时，人性会使我们露出笑容，而不是露出怒容。

第二个原因是，那些“激进的”思想家们跌入了他们自己的道德训诫的陷阱无法自拔。一旦他们将自己的道德主张建立在这样一种缺少思考的主张之上——由于不存在人性这样的事物，所以种族主义、性别主义、战争和政治上的不平等都是绝对错误的（这就使他们只注重于将自身与那种道德上的卑劣立场区分开来，而无视人性的具体情况），那么，依照他们的推理，任何人性方面的发现都无异于认为这些带来巨大灾难的观念并没有那么邪恶。这样的话，使那些发现人类存在本性的异端者丧失公信力就成了刻不容缓的事情。如果正常的科学争论无法实现这一效果，就有必要借助于其他策略。为了谋求更大的善，即使要点手段也是可以的。

① 历史上反犹太人运动中出现的一个名词，反犹团体诽谤犹太人用基督徒儿童的鲜血实施邪恶的祭祀。——译者注

07

三位一体

行为科学不是一门适合胆小鬼的领域。这一领域的研究者们可能会在一觉醒来之后发现，由于他们所选择的研究领域或由于偶然发现的证据，他们成了饱受鄙视的公众人物。比如，在日托服务、性行为、童年记忆或药物滥用等某些特定主题方面的发现，可能会招致政客们的诽谤、滋扰与干涉，甚至是身体上的袭击。就连左利手这样无辜的研究课题，也同样难以幸免。1991年，心理学家斯坦利·科伦（Stanley Coren）与戴安娜·哈尔彭（Diane Halpern）在一家医学杂志上发表了他们的统计结果，该结果表明，从平均水平上看，与右利手者相比，左利手者可能遭遇更多的产前和产期并发症、意外事故或更早死亡的风险。很快，两位科学家就受到了左利手者及其拥护者们劈头盖脸的谩骂，包括法律诉讼和大量死亡威胁，以至于这一主题的文章被禁止在学术杂志上发表。

难道第6章中所述的下三滥策略恰恰正是人们向那些令自己不悦的行为主张发起进攻的另一个例证吗？或者，正如我暗示的那样，这些都属于一种知识潮流体系的组成部分——试图捍卫作为意义与道德渊源的“白板说”“高贵的野蛮人”以及“机器中的幽灵”？激进科学运动中的一些主要理论家们否认自己信仰“白板说”，因此只有对他们的立场进行认真核实后才能做出公正的判断。此外，我想探讨的是，激进科学运动在政治上的对立者，也就是当今的右派，对人性科学展开的攻击。

白板说

难道这些激进的科学家们真的信奉“白板说”吗？对于生活在一个充斥着非实体概念世界中的学者来说，“白板说”看上去似乎很可信。然而，对于那些生活在一个充斥着关于神经细胞和基因的机械论学说的头脑冷静的科学家来说，他们也真的会认为心灵是由个体所处的文化植入大脑中的吗？从抽象的层面来讲，他们对“白板说”持否定态度，但是当涉及具体问题时，他们的立场很明显地沿袭了20世纪早期那些与“白板说”相关的社会科学传统。斯蒂芬·杰伊·古尔德、理查德·列文廷以及其他署名者在他们的《反对〈社会生物学〉》的宣言当中写道：

> 我们并不否认，人类行为具有遗传的成分。但我们怀疑，与争斗、对妇女的性压迫、使用货币作为交换媒介等具体的、有着高度分化的行为习惯相比，在人类的进食、排泄和睡眠等具有普遍性的行为方面将会发现更多的生物学共性。

注意看，他们提出的这一问题本身就带有欺骗性。那种认为货币属于一种由遗传编码决定的普遍原则的看法是如此荒谬可笑（这并非偶然，威尔逊也曾经提出过类似的看法），以至于其他任何看法看上去都要比这个更为可信。但如果我们对货币之外的其他例子从它们本身的角度进行检验，而不是将它们作为与关于货币的错误看法相对立的观点来看待，那么古尔德和列文廷表达的意思似乎是，人类行为的遗传成分主要存在于“进食、排泄和睡眠等具有普遍性的行为方面”。根据这种推测，人类大脑的其余部分则是空白的。

这种辩论策略（先否认“白板说”，然后通过使其与假想敌对立来让其貌似可信）在那些激进科学家们的作品中随处可见。例如，古尔德曾写道：

> 因此，我对威尔逊的批评，并不是要借助于非生物学的“环境论”；我是用“生物潜力”这个概念以及“大脑能够决定所有的人类行为，但它先天并不会决定任何一种人类行为”的观点，来反对那种生物决定论的观点以及特定基因掌控特定行为的看法。

基因百分之百会导致某一行为的发生，这种“生物决定论”的观点，以及“每种行为特性都有对应基因”的观点，明显是很愚蠢的（但古尔德并不介意威尔逊一直没有支持这些观点）。因此，古尔德的两分法使“生物潜力”成为唯一合理的选择。但这个词是什么意思呢？生物潜力与认为大脑“能够决定所有的人类行为”几乎是同义重复：在什么情况下，大脑才无法决定所有的人类行为呢？而且，认为大脑在先天上并不会决定任何一种行为的观点正是“白板说”的一个变体。从字面上看，“在先天上不会决定任何一种行为”意味着所有人类行为发生的可能性都是相同的。如果这个星球上的任意一个地方的任意一个人，在某些情境下发誓弃绝食物和性，用钉子刺穿自己，杀死自己的孩子，而大脑没有任何先天机制会促使他放弃这些行为而去选择其他行为，如享受食物和性，保护自己的身体或爱护自己的孩子。

列文廷、罗斯和卡民也不承认人类大脑是白板一块。但他们只在两种情况下认可人性的概念。在第一种情况下，他们不是诉诸证据或逻辑，而是诉诸他们的政治信条：“如果‘白板说’是真的，那么就不会有社会进化。”他们对这一观点的论证，其中之一是诉诸政治权威。他们自己的观点是“关于人性，我们唯一能够确定的一点是，它的本质存在于建构它自己的历史之中”。这意味着任何其他关于人类心理构成的看法，如语言能力、对家人的关爱、两性情感和典型的恐惧情绪等，都是不合理的。

列文廷、罗斯和卡民也确实承认过生物学，但他们承认的不是心理和大脑组织，而是身体的体积。他们注意到：“如果人类只有1.2米高，那么就没有我们通常所理解的人类文化了。”这是因为一个小人国的国民是无法控制火源的，他们无法用鹤嘴锄刨开石头，也不具有足够的大脑容量来支撑语言功能。仅仅在这一点上，他们才承认人类的生理构造可能会影响人类的社会生活。

八年后，列文廷重申了这一关于“人性是什么”的理论：“关于人类基因，最重要的事实是，它使我们拥有了现在这样庞大的身躯，使我们有了一个神经中枢系统及众多神经联结。”我们需要再次对他话语中的修辞进行细致的剖析。如果对这个句子进行逐字解析，我们就会发现，列文廷说的只是关于人类基因的

“最重要的事实”。这样一来，我们又会发现，逐字解析这句话根本是毫无意义的。所有基因都是人类生存所必需的，那么我们该如何对它们产生的上千种作用进行排序呢？如何从中挑出一两种我们认为最重要的呢？我们的身高比我们拥有心脏、肺或眼睛更为重要吗？我们拥有神经突触的数目比我们体内含有的钠泵更重要吗？要知道，没有后者，我们的神经细胞会因为充满阳离子而停止运作。

因此，从字面上解读这句话是不得要领的。对这句话唯一合理的，也符合上下文语境的解读是，这是人类基因对人类大脑具有的唯一重要的影响。成千上万的基因对大脑产生的最为重要的影响在于，使大脑有了无数的神经联结；而这些联结的模式以及大脑的组织（比如海马、扁桃体、下丘脑以及可划分为各个区域的大脑皮层）是随机的，或者说可能是随机的。基因并没有赋予大脑多重记忆系统，复杂的视觉和运动束，学习语言的能力或各种情感（又或是，虽然基因造就了这些机能，但它们并不“重要”）。

约翰·华生认为，他能够将任何婴儿培养成“医生、律师、艺术家、商界巨子、乞丐或窃贼，而无须考虑他的天赋、趣味、倾向、能力或其祖先的种族和职业”。列文廷写了一本书，可以看作是对华生这一主张的升级，这本书封面上的摘录是这样写的：“遗传使我们在心理和生理发展上具有可塑性，因此，在我们的生命历程中，从胚胎到死亡，每个人都可以担当人类社会中的任何一种身份，不管其属于哪个种族、阶层或性别。”华生承认他的观点“不是建立在事实之上的”，这一说法情有可原，因为华生写作的时候还没有这方面的事实。但列文廷这本书的观点，即任何个体都能担当任何身份（即便假定个体在种族、性别和阶层方面是一样的），则是在向 60 多年来行为遗传学方面的研究发起挑战，是在宣称自己对异乎寻常的纯洁性的信仰。1992 年，在一本书的结论部分，列文廷再次竖起了涂尔干曾经在生物学和文化之间竖立的那堵墙，列文廷提出，基因“为一种完全不同的新层面的因果关系所取代，为社会互动以及它本身的规律和本质所取代，而我们只能通过独一无二的体验形式和社会行动来理解和探索社会互动”。

因此，尽管古尔德、列文廷和罗斯否认他们信奉“白板说”，但他们对进化和遗传的部分认可，即认为正是进化和遗传促使我们需要饮食、睡眠、排泄以及比松鼠长得高，并引发社会变革，反映出他们是比洛克本人更为极端的经验主义者，因为洛克最起码承认人类需要拥有“理解”这样一种先天性能力。

高贵的野蛮人

“高贵的野蛮人”学说，也是那些评论家们在抨击有关人性的科学研究时偏爱的信条。在《社会生物学》一书中，威尔逊提到，部落间的战事在史前社会很常见。那些社会生物学的反对者认为，这种看法“早已被历史学和人类学方面的研究证明是虚假的”。我查看了这些“研究”，它们主要集中在阿什利·蒙塔古的《人类与攻击》(*Man and Aggression*)一书中。事实上，这些研究主要是对动物行为学家康拉德·劳伦兹(Konrad Lorenz)、剧作家罗伯特·阿德里(Robert Ardrey)、小说家威廉·戈尔丁(William Golding)等人的著作进行的毫不客气的评述。毫无疑问，有些批评是这几位作者应得的：阿德里和劳伦兹相信一些古老的理论，如攻击是压力的释放，进化是出于种群的利益。

但对阿德里和劳伦兹更为激烈的批评则来自生物社会学家。例如，道金斯在《自私的基因》一书的第 2 页写道：“这些著述的最大问题在于，这些作者的观点彻头彻尾都是完全错误的。”事实上，在任何一种情形下，这些评论都没有提供部落战事方面的证据。蒙塔古的评述文章也没有提供这方面的证据，他只是旧调重弹了几十年前行为主义者对“本能”这一概念的攻击。这本书中只有一章用数据“驳斥”了劳伦兹关于战事的看法，但用的是乌特印第安人(Ute Indian)的例子——认为他们并不会比其他土著部落发动更多的战事！

20 年后，古尔德写道：“现代智人并不是一个邪恶的或者充满破坏性的物种。”他的新观点来自其所谓的“伟大的不对称”(Great Asymmetry)。这是“一种必不可少的真理”，他写道，“善良和仁慈者的数量，远超过其他类型人的数量，是他们的上千倍”。此外，“我们为彼此做上万件微小的、不值得记录的善事，是非常好的，但可惜的是，片刻的残忍就能将这些抵消”。构成这一“必不可少的真理”

的统计数据是凭空得来的，毫无疑问也是错误的：精神病患者明显不是“善良和仁慈的人”，但他们约占人口总数的 3% 或 4%，而不是百分之零点几。

但即便我们接受古尔德的这些数据，他的观点中暗含的假定是，一个被认为是“邪恶的或充满破坏性的”物种，必然在任何时间内都是邪恶的或充满破坏性的，就像一个精神错乱的邮递员会不停地横冲直撞一样。正是由于某一个行为能抵消上万个善行，我们才会视这样的行为是“邪恶的”。然而，假定人类都站在天堂门口，以此来对我们这个物种做出评判，这样的评判有意义吗？问题不在于人类是不是“邪恶的或充满破坏性的”，而在于人类是否在拥有邪恶的或充满破坏性的动机的同时，还拥有向善的、建设性的动机。如果的确如此，我们就可以试着去理解这些动机究竟是怎样的，它们又是如何发挥作用的。

古尔德反对一切试图通过人类的进化环境来理解战争动机的做法，因为“每一起种族灭绝事件都有无数的社会善行与之相对应，每一个残忍的群体都有一个爱好和平的部落与之相对应”。古尔德又一次凭空编造了这样一个比值。在第 3 章中，我们已经用数据表明，“爱好和平的部落”要么不存在，要么是在数量上远逊于“残忍的群体”。但对古尔德来说，这些事实并不在其考虑范围之内，因为他认为从道德立场来讲，必须相信爱好和平的部落是存在的。他认为，只有在人类不具备任何先天行善、为恶或其他任何情感倾向的情况下，我们对种族屠杀的反对才拥有坚实的基础。下面就是古尔德头脑中想象出来的进化心理学家的立场，他对此持反对意见：

> 也许，所有最流行的关于我们人类为何拥有实施种族灭绝的能力的解释，都会将进化生物学作为一个不幸的来源，都会认为它是推脱一切道德责任的根本原因所在……一个不仇外、不懂得杀戮的群体可能总是要臣服于其他基因编码中存在区分种群内外的能力和杀戮倾向的群体。我们的近亲——黑猩猩会聚集起来有计划地杀戮邻近群体的成员。也许基因注定我们也会按照此类方式行事。这些可怕的天性在过去促进了那些用牙齿和石头武装起来的群体的生存，但它们的破坏性仅止于此。但在今天这个发明了原子弹的世界里，这样恒定不变（也许是无法改变的）的天性可能会导致人类的毁灭（或者至少会给我们带来悲剧），然而，不能因为这些道德

上的失败就对我们加以指责，因为是那些可恶的基因使我们成了内心黑暗的生物。

在这段话中，对于科学家为什么认为可以用进化来阐明人类的暴力行径，古尔德提供了一个或多或少有些合理的结论。但他随即就陷入了令人无法容忍的不合逻辑的推理之中。例如，“一个推卸所有道德责任的根本性原因”“不能指责我们”，就好像科学家们除此之外别无选择一样。在这篇文章结尾处，古尔德是这样总结的：

> 1525年，德国有上千名农民被杀害……而在意大利的美第奇教堂，米开朗琪罗正在进行雕塑创作……这两起对立的事件均表明了进化而来的普遍人性。我们最终会选择哪一种呢？在解释导致种族屠杀和毁灭的可能路径时，我们会采取生物学的立场。然而事情并不必然是这样的。我们可以有其他选择。

其中暗含的意思是，任何人，只要他相信通过了解人类的进化构成就能解释种族大屠杀的原因，事实上，他的立场就是赞成种族屠杀的！

机器中的幽灵

关于三位一体中的第三位成员“机器中的幽灵”，情况又怎么样呢？那些激进的科学家都是彻头彻尾的唯物主义者，是很难相信非物质灵魂的。但对于任何表达清晰的替代性的看法，他们同样会感到不舒服，因为这会束缚他们的政治信条，即相信人类能够共同实现我们选择的任何社会安排。吉尔伯特·赖尔描述的笛卡儿的困境在这里有了一个升级版：作为科学领域的聪明人，他们只能拥护生物学观点，而作为政治人物，他们无法接受生物学观点所附带的令人沮丧的含义，即人类在本质上只与钟表存在着复杂程度的差异。

通常，在讨论一位学者的学术观点时，是不应该将他的政治信仰牵涉进来的，但列文廷和罗斯却坚持认为，学者们的科学信仰与政治信仰是不可分割的。列文廷与生物学家理查德·莱文斯（Richard Levins）合著了一本书，名为《辩证的生物学家》（*The Dialectical Biologist*），他们在书中写道："作为进化遗传学和生态学领域的科学研究者，我们尝试着有意识地运用哲学来指导我们的研究，也取得了一些成功。"在《不在我们的基因中》这本书中，列文廷、罗斯和卡民宣称他们"致力于一个更加公平的社会主义社会的出现"，将他们的"批判科学看作了创造那种社会要进行的斗争中不可或缺的部分"。在书中的某一处，他们表达了对还原论的不同意见：

> 与用这种简约的还原论来解释所有人类行为的观点完全对立，我们依据的是另外一种观点：一些革命实践者和理论家，他们主张人类拥有有意识地解释和改变世界的一种力量，这种力量是建立在对生物领域和社会领域辩证统一关系的理解基础之上的：生物领域和社会领域并非两个截然不同的领域，也并非属于行为当中独立的构成部分，从本体论上来讲，它们具有一致性。

列文廷和罗斯致力于辩证的方法，这解释了他们为什么会否认人性的存在，也解释了为什么他们不承认自己对这一点的否认。在他们看来，那种认为存在持久不变的人性，可以不考虑人类与环境之间不断变化的互动关系而对其进行研究的观点，是一种非常愚蠢的错误。这种错误不仅忽视了人类与环境的互动——列文廷和罗斯早已击倒了他们假想的持这种看法的竞争对手。在他们看来，更深层次的错误在于，这一思路试图首先从人性与人类环境（包括社会）互动的角度对人类进行分析。即便是为了指出这两者如何进行互动，从而在头脑中将两者分离，也必然是"以有机体和环境的分离为前提"的。这与辩证法是相矛盾的，因为依据辩证法，两者"在本体论上具有一致性"，这并不是从很细微的角度认为任何有机体都并非生活在真空中，而是说就整体而言，这两者是不可分割的。

由于有机体和环境之间的辩证关系会随着时间的推移而不断发生变化，且任何一方都不会直接导致另一方的发生，因而有机体能够改变这种辩证关系。在反驳"决定论者"时，罗斯多次表达了这一观点："我们有能力建构自己的未来，即便身处不属于我们自己选择的环境中亦是如此。"然而，如果"我们"指的不是高度结构化的神经回路（大脑的这种结构必然是部分源于基因和进化的），那么这个代词到底指代的是什么，对此，罗斯从来没有解释过。我们将这种理论称为机器中的代词理论。

古尔德并不是一个像罗斯和列文廷那样的教条主义者，但他也使用了第一人称复数，好像这样做就能够以某种方式来反驳基因、遗传与人类事件的相关性。他说："我们应该选择哪一种……使我们采取这种立场……我们可以有别的选择。"

所谓敏锐的认识，事实上是在用自由意志的同义词"意愿"（并且考虑或者不考虑"不同的要素"，不论它的意思到底是什么）来对其进行解释，并将其归因为同样神秘的"意识的演进"。从本质上说，罗斯和古尔德是在努力使他们发明的二分法具有意义，在这种二分法中，一方是自然选择的、具有遗传性的以及具有一定结构的大脑，另一方是对和平、正义和平等的渴望。在本书的第三部分，我们将会看到，这种二分法是错误的。

机器中的代词理论并不是激进科学家们的世界观中一个偶然的疏忽。这一理论与他们对激进变革的渴求以及对"资产阶级"民主的仇视是一致的。如果生物学确实带给"我们"自由，那么一旦"我们"明白了这点，就能进行自认为正确的激进变革。但如果"我们"只是一种不完美的进化产物，拥有的知识和智慧有限，易受到身份和权力的诱惑，会被自我欺骗以及道德优越感这种错觉所蒙蔽，那么"我们"在建构所有的历史之前最好三思而后行。正如本书关于政治的那一章中论述的，宪政民主是建立在一种对人性存在偏见的理论之上的，在这种理论视角下，"我们"始终面临着跌入傲慢和堕落的陷阱的危险。民主制度中的审核和平衡显然是针对人类那些不完美的危险野心而设计出来的。

当然，相对于政治左派来说，"机器中的幽灵"这一理论显然更受政治右派的欢迎。心理学家莫顿·亨特（Morton Hunt）在其著作《新一无所知党：人类本性方面的科学研究在政治上的仇敌》（*The New Know-Nothings: The Political Foes of the Scientific Study of Human Nature*）中指出，对人性的科学研究持仇视态度的包括左派分子、右派分子以及只针对这一问题的介于两派之间的各色狂热分子。

到目前为止，我已经讨论了极左派愤怒的原因，因为人性方面的科学研究已经进入了大学和主流出版社的思想战场上。虽然最近极右派分子针对的是各种不同的目标，在不同的领域展开斗争，但他们也感到很愤怒。

长期以来，右翼对人性方面的科学研究的反对主要是出自各种宗教的教义。不接受进化思想的人自然也不相信心灵的进化，而那些相信非物质灵魂的人，肯定也不会相信思想和情感属于大脑组织信息加工的构成要素。

出于几种道德上的担忧，宗教对进化的反对进一步激化了。最明显的是，进化对《圣经》中的创世故事的真实性提出了挑战，从而也对建立在这一基础之上的宗教权威性提出了挑战。正如一个相信神创论的牧师所说的："如果从生物学的角度来看，《圣经》是错误的，那么当《圣经》谈及道德和救赎时，我为什么要相信它呢？"

但对进化的反对，并不仅仅出于捍卫《圣经》经律主义的目的。当代信仰宗教的人可能不再相信《圣经》中描述的每一种奇迹的字面意思，但他们依然相信，人类是按照上帝的形象创造出来的，是为了一个更崇高的目的降生到人世的。也就是说，人类在按照上帝的旨意过着有道德的生活。他们担心的是，如果人类只是化学复制物经过突变和选择之后的偶然产物，那么道德就没有立足之地了，我们就会不通过大脑，而只会听从于生物性冲动的支配。一位神创论者在美国众议院司法委员会指证这种危险时，援引了一首摇滚歌曲的歌词："宝贝，你和我只是哺乳动物，让我们像探索频道里的哺乳动物一样去行事吧。"1999 年，科罗拉多州哥伦比亚高中两个十几岁的少年开枪打死了 13 个人。该事件发生后，美国众议院多数党领袖、共和党议员汤姆·迪莱（Tom Delay）指出，只要我们的教育系统一直教导孩子：他们只不过是长得好看的猿猴，是从最原始的泥浆进化而来的，那么这类暴行就不可避免。

右翼对进化论的反对导致的最糟糕结果是，神创论运动中那些活跃分子使美国科学教育出现了堕落的迹象。在美国最高法院于 1968 年做出判决之前，各个州都可以禁止学校教育中直接讲授进化论的内容。自这个判决做出之后，神创论者一直试图以法律条文的形式来削弱进化论。他们的行为包括指责进化论不符合科学标准，认为它“只是一种理论”，弱化有关进化论课程的讲授，反对教科书封面上印有的进化论内容，或者是强制要求教科书封面上必须印有神创论的内容。近些年，美国国家科学教育中心发现，从美国 40 个州的情况来看，这些手段在以大约每周新增一种的速率出现。

不只在进化论方面，神经科学也会挫败宗教信仰。通过将幽灵驱逐出机器，脑科学正在瓦解建立在这一理论之上的两种道德教条。第一种教条是，每个人都有一个灵魂，它使得个人能够发现价值，实践自由意志，对自身选择负责。如果行为受到的是大脑中的神经回路的控制，而神经回路又遵从化学定律的话，那么选择和价值就变成了神话，也就看不到道德责任的可能性了。正如神创论的鼓吹者约翰·韦斯特（John West）所说的：“如果人类和他们的信仰只不过是其物质存在的无意识产物，那么人类生活中任何被赋予意义的事物（如宗教、道德和审美）也就都不具有客观的基础。”

另一种道德教条是，灵魂是在胚胎期进入肉体中的，而在人死亡之后又会离开肉体，这样一来，就可以定义什么是有生命权利的人了（大多数但并非全部的基督教教派中都可以发现它的身影）。这一教条使堕胎、安乐死以及从胚胎中获取干细胞变成了与谋杀等同的行为。它使人从根本上区别于动物，也使克隆人类成了对神圣秩序的冒犯。然而，所有这些都受到了来自神经学家的挑战，因为在神经学家看来，自我或者灵魂本质上存在于神经活动之中，神经活动是在胚胎期的大脑中逐步发展起来的，在动物的大脑中也能看到它的踪迹，而衰老和疾病会使它变得支离破碎。我们将在第 13 章中继续讨论这个问题。

但在右翼阵营中，并非仅圣经佬和电视福音传道者在反对人性方面的科学研究。当今，进化论受到了一些参加过以前世俗新保守主义运动的极具思想深度的理论家的挑战。这些人拥护的是生物化学家米歇尔·贝希（Michael Behe）首创的智慧设计（Intelligent Design）假说。贝希认为，细胞的分子机制不可能以一种极其简单的方式运作，因此，细胞无法通过自然选择逐一进化。相反，必须将其视为一个智慧的设计者创造出来的一种有效的发明。从理论上讲，这位设计者可以是一个来自外空间的高度智慧的外星人，但每个人都知道这一理论的弦外之音是，这个设计者必定是上帝。

生物学家反对贝希的观点，原因是多方面的。贝希关于生物化学的“不可还原的复杂性”的观点是没有经过检验的，或者说根本就是错误的。他将所有进化历史中尚未为人们理解的现象集合起来，认为它们是由于缺乏设计而导致的。而对于智慧设计者来说，贝希突然放弃了所有科学上的考虑，没有质疑这个设计者从哪里来或者这个设计者是如何工作的。已经有足够多的证据表明，进化过程并不是智能的或是有特定意图的，而是充斥着浪费和残忍，而贝希对此却视而不见。

然而，智慧设计的观点受到了新保守主义主要代表人物的拥护，这些人包括欧文·克里斯托（Irving Kristol）、罗伯特·伯克（Robert Bork）、罗杰·金博尔（Roger Kimball）和格特鲁德·希梅尔法布（Gertrude Himmelfarb）。其他拥护保守主义的知识分子也出于道德原因对神创论持同情态度，比如，法律学教授菲利普·约翰逊（Phillip Johnson）、作家威廉·巴克利（William F. Buckley）、专栏作家汤姆·贝瑟尔（Tom Bethell）以及令人窘迫的生物伦理学家莱昂·卡斯（Leon Kass）。卡斯是小布什总统的生物伦理咨询委员会主席，也是美国在生物学和医学方面的国家政策的制定者之一。《否定达尔文》（*The Deniable Darwin*）的故事标题曾令人惊讶地出现在《时论》（*Commentary*）这本杂志的封面上，这意味着这份曾经被世俗的犹太知识分子视为顶级论坛的刊物，现在对进化论的怀疑要远甚于对教皇的怀疑！

现在还不清楚，到底是这些世故的思想家们真的认为达尔文主义是错误的，还是他们觉得对其他人来说相信这种理论是错误的具有重要意义。《风的传人》（*Inherit the Wind*）这部电影中有一幕是关于“猴子审判案”的，控方律师和辩方律师（原型是威廉·詹宁斯·布莱恩和克莱伦斯·丹诺）在法庭上辩论了一整天之后，他们相约一起放松一下。控方律师是这样评价田纳西州的当地居民的：

> 他们是单纯的人，贫困的人。他们工作很艰辛，他们需要信仰点儿美好的事物。你为什么要剥夺他们的这点儿信仰呢？要知道他们除此之外一无所有啊！

这与新保守主义者的观点相去不远。克里斯托曾经写道：

> 如果关于人类境况只有一个无可争辩的事实，那么这个事实就是：无论是哪个群体，只要它相信，它的成员是在一个无意义的世界里过着无意义的生活，那么这个群体就无法存活下去，即使它对此有所怀疑，结果也依然如此。

进而，克里斯托详细说明了自己的道德推论：

> 在不同的人看来，有着不同的真理。有的真理对儿童来说是正确的；有的真理对学生来说是正确的；有的真理对受过教育的成年人来说是正确的；有的真理对受过高等教育的成年人来说是正确的。那种认为存在一套适合所有人的真理的看法是一种现代民主主义谬论。它根本不起作用。

许多持保守主义观点的学者也反对神经科学和进化心理学，因为在他们看来，这些研究提供的解释消解了灵魂、永恒价值和自由选择。卡斯写道：

> 借助于科学，现代理性主义的前锋已经实现了对世界的逐步祛魅。如果还有坠入爱河这回事的话，那么按照现代趋势，像看到美丽的阿弗洛狄忒（Aphrodite，古希腊神话人物，爱与美的女神。罗马神话中称之为维纳斯），因而灵魂受到冲击变得着魔（爱罗斯，Eros，小爱神，是阿弗洛狄忒的儿子，对应于罗马神话中的丘比特）这样的解释是行不通的，丘脑下部的多肽荷尔蒙这种尚未得到确认的化学物质才是解释的关注点所在。宗教情感和宗教理解的力量也消退了。即便大部分美国人依然宣称自己信仰上帝，也只有小部分人会因为担心上帝的审判而颤抖。

类似地，专栏作家安德鲁·弗格森（Andrew Ferguson）告诫他的读者，进化心理学“肯定会使你毛骨悚然”，因为“行为是否符合道德、是否有价值，这样的命题是这门新科学以及一般意义上的唯物主义无法提供的”。弗格森认为，这门新科学认为人只不过是“肉傀儡”，这与犹太教和基督教共同信奉的“人从生命伊始就拥有灵魂，为上帝所创造，具有无限珍贵性”的传统观点相比，是一种令人恐惧的转变。

即便是对左派持抨击态度的作家汤姆·沃尔夫（Tom Wolfe），依然对它们的道德意蕴表示担忧，尽管沃尔夫很欣赏神经科学和进化心理学。在沃尔夫的文章《抱歉，你的灵魂死了》中，沃尔夫写道，当科学最终杀死了灵魂（“价值的最后庇护所”），“随之而来的可怕的狂欢，将会使（尼采的）警句‘所有价值被完全腐蚀’相形见绌”：

> 与此同时，自我的概念—— 一个能够自我约束、延迟满足、控制性欲、停止攻击和犯罪行为的自我，一个能够通过学习、践行、坚持不懈以及面对巨大不幸时绝不服输，从而引导自己变得更加聪明、达到生活巅峰的自我，这种通过进取和真正的胆识取得成功的旧式观念已经在不知不觉中溜走了，远去了……远去了……

“这将把自我控制置于何种境地呢？”沃尔夫质疑道，“事实上，如果人们相信这个幽灵般的自我并不存在，那么大脑如何能够彻底证明这一点呢”？

最具讽刺意义的是，现代社会对人性的否认，使持极左和极右两种对立的政治立场的人发现，他们竟然置身于同一战壕之中，而原本他们彼此是互相瞧不起的。回想一下，《反对〈社会生物学〉》那篇文章的作者们是怎样得出这种看法的：像威尔逊的社会生物学之类的理论，“为优生政策提供了重要的理论基石，从而导致了纳粹德国毒气室的建立”。2001 年 5 月，美国路易斯安那州众议院教育委员会通过决议指出：“阿道夫 · 希特勒和其他一些人曾经使用达尔文以及那些受其影响的人的种族主义观点……来为自己的恶行辩护，他们杀死了数百万据称是低劣种族的人。”这份决议（最终还是失败了）的发起者们援引古尔德的一篇文章来为自己辩护。事实上，这并不是古尔德第一次获得神创论者的赞同，古尔德的文章也被神创论者用来为他们摇旗呐喊。虽然古尔德是一名孜孜不倦的反神创论主义者，但他也一直孜孜不倦地反对着认为进化能够解释心灵和道德的观点，而这种达尔文主义暗含的意思却正是神创论者最惧怕的事情。

左派和右派都同意人性这门新科学威胁到了“道德责任感”这一概念。威尔逊指出，人类与其他许多哺乳动物一样，其男性成员相对女性成员来说，会渴望拥有更多的性伙伴。罗斯指控威尔逊的言下之意是：

各位女士，不要责备你的配偶四处留情，这不是他们的错，而是基因注定了他们如此行事。

沃尔夫的风凉话与之相比，调门稍低：

人类雄性成员的基因注定了他们是一夫多妻制的拥护者，决定着他们不会对其法定配偶保持忠诚。任何看杂志的男性都能很快理解这一点：是300万年的进化促使我这么干的！

在联盟的一边，古尔德极富策略地问道：

我们为什么会想借助于基因来推脱自己对暴力和性别主义应有的责任呢？

在这个联盟的另一边，弗格森也提出了同样的问题：

这种“科学信仰”似乎是要腐蚀任何自由意志、个人责任或普世的道德感。

在罗斯和古尔德看来，“机器中的幽灵”就是那个“我们”，这个“我们”是可以任意创造历史和改变世界的。对卡斯、沃尔夫和弗格森来说，这个幽灵就是“灵魂”，它能够依据宗教戒律做出道德判断。但他们都将遗传学、神经科学和进化论看作对自由选择的场所的巨大威胁，而这个场所不可小视。

这将当今知识界置于何种境地呢？笃信宗教的右派对人性这门科学的仇视在增加，但这些右派的影响在于，人们感觉其对政治家更有吸引力，而无法改变知识界的风气。这些笃信宗教的右派对主流知识界生活的任何入侵，都会受到他们对进化论本身的反对的制约。不管它是叫“神创论”还是叫“智慧设计”这样的委婉说法，都会有大量证据表明，自然选择理论是正确的，从而使那些对进化论的否定站不住脚。但在这种否定销声匿迹之前，它对科学教育和生物医疗研究会造成什么样的额外伤害呢？目前尚未可知。

另一方面，激进的左翼对人性这门科学的仇视，则在现代知识界打下了实实在在的烙印，因为这些所谓的激进科学家现在已经是知识界的当权派。我曾经遇到许多社会科学家和认知科学家，他们骄傲地宣称，他们的生物学知识完全来自古尔德和列文廷。列文廷被许多知识分子推崇为进化和遗传方面的绝对权威，许多生物哲学家都花费了大量时间向列文廷学习。罗斯对任何一本新出版的人类进化或者遗传方面的著作的嘲讽性述评，是英国报纸杂志上的固定栏目。艾萨克·阿西莫夫（Isaac Asimov）在一本图书的简介中写道："古尔德不可能出错。"阿西莫夫对古尔德可能并无嘲讽之意，但在许多专栏作家和社会科学家看来，他就是这个意思。专栏作家罗伯特·怀特（Robert Wright）在《纽约》杂志上发表文章抨击阿西莫夫是"高视阔步之徒"，带有"阴茎妒忌"情结的"年轻朋克"，因为他只会草率地批判古尔德的逻辑和古尔德列举的事实。

从一定意义上看，对激进科学家的尊敬程度之高他们首屈一指。除了他们的科学成就，列文廷还是一个对许多科学问题和社会问题有着深刻洞见的分析家，古尔德写了数百篇极为杰出的自然历史方面的小文章，罗斯著有一本非常优秀的书，从神经科学角度分析了记忆问题。同时，他们对自己在知识界的定位也是极富智慧的。正如生物学家约翰·阿尔科克（John Alcock）所说："古尔德憎恶暴力，他大声疾呼反对性别歧视，鄙视纳粹主义，他揭示出种族屠杀的恐怖之处，他永远与天使站在一起。谁会与这样一个人辩论呢？"这种关于豁免权的争论，使得激进科学家对其他人的不公正指责变成了一种传统智慧。

当今许多作家常常很随意地将行为遗传学等同于优生学，好像研究遗传与行为的相关性就等同于控制人们生育孩子的决策。许多人还将进化心理学等同于社会达尔文主义，好像研究人类进化的根源就等同于认为穷人的地位是他们所应有的一样。这种混淆不仅来自科学门外汉，而且还来自一些声望卓著的出版物，如《科学美国人》和《科学》这样的刊物。当威尔逊在他的《论契合》一书中说将人类知识划分为各个领域的做法将要成为过去时，历史学家茨维坦·托多洛夫（Tzvetan Todorov）对此挖苦道："对于威尔逊的下一本书，我有一个建议……建议他讨论一下社会达尔文主义这一曾为希特勒所采用的教条，以及阐释一下社会达尔文主义与社会生物学的不同之处。"2001 年，当"人类基因组计划"完成时，该计划的领导者们对“基因决定论”这种任何人都不会相信的观点进行了惯例式的谴责，他们指出，“人的所有特性都已在基因组中确定好了”这种观点毫无疑问是错误的。

许多科学家完全醉心于激进的社会建构主义理论，很大程度上并不是因为他们赞同这种观点，而是因为他们专注于自己的实验，需要一个其视野之外的探测工具，就像他们需要换换脑子一样。正如人类学家约翰·图比（John Tobby）和心理学家勒达·科斯米德斯（Leda Cosmides）观察到的那样，认为生物学本质上与人类社会秩序无关的教义，为科学家提供了“安全通过现代学术生活中的一些政治化雷区的指导”。正如我们即将要看到的，即便是当今社会的人，如果胆敢挑战“白板说”或者“高贵的野蛮人”学说，有时候也会在面对示威者时沉默无语，甚至会被谴责为纳粹分子。即便这些攻击是零星出现的，它们也制造出了一种恐吓的氛围，极度扭曲了学术研究。

但知识界的氛围已经有了变化的迹象。关于人性的观点，虽然仍会让一些学术研究者和权威专家感到反感，但已经有了聆听者。科学家、艺术家以及人文学者、法律学者和善于思考的非专业人士都表露了对来自生物科学和认知科学领域中关于人类心智新见解的渴望。虽然激进科学运动在言辞上获得了成功，但实则极度欠缺经验事实上的支持。长达 25 年的研究成果对激进科学运动进行的那些预测都很不利。与蒙塔古所说的不同：黑猩猩不是爱好和平的素食动物；人类的遗传智力也并不是零；IQ 不是一种没有任何遗传基础，与大脑、个性和社会行为无关的“具体事物”；性别差异也并不是“心理与文化因素期望”的产物；凶残部族的数量也并非等同于爱好和平的部落的数量。

与之相反的是，社会生物学并没有像萨林斯预测的那样，成为一场短命的学术时尚。阿尔科克于 2001 年出版了著作《社会生物学的巨大成功》（*The Triumph of Sociobiology*），我们仅看其标题就能完全理解这一点：在有关动物行为的研究中，甚至再也没有人谈论“社会生物学”或者“自私的基因”了，因为这些概念已经成为该门科学的一部分。在人类研究领域，有一些涉及人类的主要体验——审美、母爱、亲属关系、道德感、合作、性行为和暴力等，对于这些体验，只有进化心理学提供了唯一的条理清晰的理论，开拓了无数令人兴奋的最新研究领域。行为遗传学使人格研究获得了新的生命力，而且随着来自“人类基因组计划”的知识的应用，这一学科还将会扩展到更多研究领域。认知神经科学将会毫无畏惧地把新工具应用到人类心智和行为研究的各个方面，其中也包括人们曾经出于情感或政治原因对其大加指责的领域。

问题不在于是否会有越来越多来自心灵、大脑、基因和进化科学领域的关于人性的解释，而在于我们如何对待来自这些领域的知识。关于平等、进步、责任和人的价值的观念，其确切含义到底是什么？这些问题都至关重要。这样一来，我们就更有理由相信，恐惧和反感解决不了问题，我们必须借助于理性。而这也正是本书下一部分所要达成的目标。

The Blank Slate

The Modern Denial of Human Nature

第三部分

我们为什么不必为人性而担忧

1633年，当伽利略被宗教裁判盯上，给自己招致麻烦时，问题的关键并不在于天文学。伽利略认为，是地球在围绕着太阳转，而不是太阳在围绕着地球转，这种说法与《圣经》教义是相对立的，如《圣经》中记载约书亚祈求“太阳啊，请你停下来”就曾经一度变成现实。更严重的是，伽利略的观点对宇宙的道德秩序理论造成了冲击。

按照这种在中世纪构建起来的道德秩序理论，月球将宇宙分成了两部分，上面是永恒不变的完美天堂，下面是污浊堕落的黑暗人世，因此，塞缪尔·约翰逊声称，他不能“改变尘世的本质”，这不属于他的责任。围绕着月亮的是近行星、太阳、外行星和恒星，每一颗星球的运行都由一个更高级的天使提供动力。围绕着这些星球的是天堂，也就是上帝的住所。在月球内部，比天使级别低一些的是人类的灵魂，然后按照降序，依次为人类的肉体、动物（按顺序分别是兽类、鸟类、鱼类和昆虫）、植物、矿物、非生命元素、九层地狱以及地球中心——地狱中的撒旦。因此，宇宙的一切都是按照等级排列的，也就是所谓的“存在的巨链”。

“存在的巨链”有着浓厚的道德含义。按照这种观念，人类的居所处于宇宙的中心，这也反映了人类的存在与行为的重要性。人们各居其位地生活着（作为国王、贵族或农民），他们死后灵魂或者上升到一个更高层的位置，或者堕落到一个更低层的位置。人类必须意识到，我们的居所在宇宙格局中处于一个卑微的境地，因此，人们必须抬头仰望，抓住来自天堂的那一抹曙光。尽管我们生活的世界似乎总是在饥荒和野蛮的边缘摇摇欲坠，但“存在的巨链”告诉我们，万物的本质都是有序的，对此我们深感欣慰。如果星球偏离了它们的轨道就会发生混乱，因为任何事物都是与宇宙秩序相联系的。正如亚历山大·蒲柏（Alexander Pope）描述的：“不管你击打自然链条上的哪一环，十次或一万次，你打破的都是相似的链条。”

当伽利略对他那个时代的链条发起猛烈攻击时，同样也是如此。他知道自己不能仅从经验的角度来论证关于堕落的人世和永恒不变的天堂的划分是错误的。伽利略还认为，“地心说”的道德含义就像它的经验基础一样不可信，即便“地心说”被证明是错误的，人类也不会因此变得更糟糕。在《关于托勒密和哥白尼两大世界体系的对话》（*Dialogue Concerning the Two Chief World Systems*）中，伽利略展示了自己的另一重思考，他对一成不变的事物蕴含的伟大意义提出了疑问：

> 对我来说，我认为地球是高贵的、令人钦佩的，因为在地球上不断发生着各种更替、变化和生成。如果没有任何变化，地球就只会成为一个巨大的沙漠或者由石头构成的山峰，或者，如果在发洪水的季节，地球表面上的水结成了冰，那么地球就会成为一个被冰雪覆盖的星球，就不会有生命的诞生，也不会有更替和变化，我会认为它是宇宙间一个无用的星体，没有活性，总之，是一个多余之物，一个从本质上看不应存在之物。这正是一个有生命的动物和一个无生命的动物之间的区别。我还认为，对月球、木星以及其他宇宙星球来说，这种更替、变化和生成都是一样的。
>
> ……在我看来，那些疯狂赞美永不堕落、亘古不变的人，都是受对永生的渴望以及对死亡的恐惧所驱使，不得已才这样说的。他们并没有反思，如果人是不朽的，那么他们自己就永远不会来到这个世上。对于这样的人，真应该让他们遇到美杜莎，被这个女妖变成碧玉雕像或宝石雕像，这样，他们就会变得比现在完美得多。

现在，我们是按照伽利略的逻辑来理解事物的。对我们来说，很难想象一个由石头和气体组成的三维空间为什么应该需要与正确和错误，或者与我们生活的意义和目的联系起来。伽利略那个时代的道德观最终在天文学事实面前进行了调整，然而这并不是因为当时的人迫于压力才向现实低头的，而是因为认为道德与“存在的巨链”有关的看法从一开始就是非常愚蠢的。

在我看来，我们现在正经历着同样的转变过程。“白板说”就是当今的“存在的巨链”：它被很多人看成意义和道德的根基，然而又正在受到现代科学发现的猛烈抨击。正如在伽利略之后的那个世纪里发生的一切，我们今天的道德观也要在生物学事实面前进行调整，不是因为事实的不容否认，而是因为“白板说”的道德论证方法非常肤浅。

本书第三部分将证明，为什么新的意义和道德概念将会在“白板说”消解的基础上兴起。退一步讲，我并不是像某些新派宗教精神领袖那样，在鼓吹一种新的生活哲学。我将展示历史上一些伟大思想家的生活哲学。我的目的是把它们放在一起，将它们与人性方面的科学发现带来的明显的道德挑战联系起来，以提醒大家为什么这方面的科学发现不会导致纳粹式道德的土崩瓦解。

对于人性的忧虑可以归纳为以下四个方面：

- 如果人与人之间有着与生俱来的差别，那么压迫和歧视就会被认为是正当的。
- 如果人类天生就是不道德的，那么改善人类处境的梦想就会显得徒劳无益。
- 如果人类只是一种生物学意义上的产物，那么自由意志就会成为一种荒诞的说法，我们也就不能再指望人们对其行为负责。
- 如果人类只是一种生物学意义上的产物，那么生活就会失去更高层次的目的和意义。

每种忧虑分别构成一章。我首先要对忧虑背后的理论基础进行解释：每种理论看待人性的方式至关重要；这些观点为什么会被认为有着危险的含义。我将会证明每种观点在逻辑上都是错误的，所谓的危险含义也并不能从这些理论中推演出来。我将会进一步阐述我的观点。这并不是说，有关人性的观点并非人们想象的那样危险，而是说，因否定人性而可能引发的危险要比人们想象的情形更为严重。这就迫切需要我们对有关人性论进行客观的检验，而不是在天平两端分别加上道德的砝码。我们需要考虑，如果这些人性论被证明是真实的，那么我们又该何去何从呢？

08

不平等之忧

从道德层面来看，“白板说”最吸引人之处源于这样一个简单的数学事实：零等于零。这就使得“白板说”成了维护政治平等的理论工具。空白就是空无一物，因此，如果我们都是白板，就可以由此推断出，所有人之间必然都是平等的。倘若新生儿的大脑并非如同一块白板，那么对不同的幼儿来说，他们大脑中储存的内容就是不同的。不同的个体、性别、阶级和种族可能在天赋、能力、兴趣和爱好等方面天生就存在差别。因此，有人担忧这种差别可能会导致三种罪恶。

第一种罪恶是偏见。如果人类群体在生物学意义上存在差异，那么歧视其他某些群体成员就是合情合理的。第二种罪恶是社会达尔文主义。如果人们在生活中身份上的差异（例如他们的收入、身份和犯罪率）来自他们各自不同的先天素质，那么这种差异不能归罪于歧视，这会让人们倾向于怪罪受害者，容忍不平等。第三种罪恶是优生学。如果人类群体在生物学上的某些差异是其他一些人看重或反感的，那么这将会使某些人试图通过生物学干预来改善社会，如通过鼓励或者不鼓励人们做出生育后代的决定，或者剥夺其生育后代的决定权，又或者使他们彻底灭绝。德国纳粹之所以执行“最终解决方案”，是因为他们从生物学的角度出发，认为犹太人和其他种族的人是劣等民族。由于担心揭示人们天生的差异会导致灾难性后果，因此，很多知识分子坚持认为这些差异并不存在，他们甚至认为人类的本性也是不存在的。否则，如果人性是存在的，那么人们之间先天的差异就不可避免地存在了。

我希望通过这一系列的推理过程的展示，立即引起世人的警觉。我们应该摒弃这种看法，即任何关于人类的预见性的研究发现都可能导致如此可怕的后果。人与人之间存在差异是确凿无疑的，这些差异可能通过这种或那种方式表现出来，因此问题并不在于人与人彼此之间的差异是否可能存在。问题的根本在于这样一个推理过程：如果人与人之间确实存在差异，那么歧视、压迫和种族屠杀就会被人们接受和认可。各种基本价值的合理性，比如平等和人权的合理性不应该诉诸那些明天就可能被推翻的“白板说”的推断。在本章中，我们将会把这些基本价值置于一个更为稳妥的基石上来加以探讨。

性相近，习相远

哪些差异是我们应该担忧的？在关于性别和儿童的章节中，我们将会对性别和个体之间的差异以及这些差异的含义进行阐述。本章中概括地介绍了这些问题：依据我们对人类进化和遗传的理解，展示长远研究结果可能发现的各种差异，以及这些差异可能引发的道德问题。

本书的主要目的是探讨人性，即所有健康人类个体共有的认知和情感方面的天赋。塞缪尔·约翰逊曾经写道：“我们都为同样的动机所驱使，为同样的错误所欺骗，因希望而充满活力，因危险而停滞不前，因欲望而心神不宁，因贪恋欢愉而误入歧途。”尽管已有充分的证据表明我们具有共同的人性，但这并不意味着个体、种族或者性别方面的差异也属于人性的范畴。孔子曾说：“性相近也，习相远也。”他的看法是正确的。

现代生物学告诉我们，在两种不同力量的推动下，人与人之间开始变得相似或不同。事实上，不同的科学家分别研究的是两种不同的力量，进化心理学家关注的是使人类变得相似的力量，行为遗传学家研究的是使人类发生变异的力量。

自然选择通过把有效的基因（它们形成了功能完善的器官）集中起来，淘汰无效的基因，形成标准的结构，从而使某一物种的生物呈现出同质性。当解释“是什么使得人们做出打对钩”的动作时，就会发现我们“心同此理”。语言就是一个最明显的例证，任何神经发育正常的孩子都有能力掌握人类的任何一种语言，其他的心理机能亦是如此。撇开“白板说”我们将会发现，人类心理上的共同之处远大于其他方面的任何差异。

人类之间确实很相似，但显然我们并非克隆出来的。除了同卵双胞胎，每个人的基因构成都是独一无二的。因为随机变异会渗入基因组中，必须经过一定时间才能把这些变异消除。而当人类繁衍生息时，这些基因会再次进行排序，形成新的组合。自然选择倾向于在微观层面（在蛋白质中）保留一定的变异，从而保持基因的异质性。这些变异会改变有机体分子链之间的排列组合方式，从而使其下一代在微观胚原基水平上发生变化，由此打破分子链，使进化过程得以持续。

所有的物种都在发生着基因变异，但人类中发生的基因变异是最少的。遗传学家称人类为“小”物种，这听起来似乎是一个蹩脚的笑话，因为人类现在已经遍布整个地球了。事实上，遗传学家旨在说明，人类个体之间存在的基因变异数量非常少，而在生物学家看来，如此少的变异往往发生在个体成员数目很少的物种当中。例如，虽然人类的数量远比黑猩猩的数量要多很多，但人类基因变异的数目要比黑猩猩少很多。这是因为从人类进化史来看，在距离现在比较近的时期（不超过 10 万年前），我们的祖先经历了一次人口发展的瓶颈期，个体数目减少，相应的基因变异数目也比较少。随后，存活下来的人类在数量上慢慢有了反弹，到了一万年前左右，农业文明出现之后，人口出现了一次爆炸式增长。人口数目的快速增长使人类基因（这些基因是人类数目较少时的人类基因）被大量复制，然而在短时间内，这种大量复制不可能产生更多新的基因变异。

人类在历经发展瓶颈期之后，种族之间的差异开始显现出来。尤其当我们观察其他种族的人口时，皮肤和头发上的差异就会明显表现出来，但实际情况与我们的直观感受并不一致。巨大的差异主要是对气候适应的结果。皮肤色素的变化可以保护人们的皮肤不受热带紫外线的侵害，而眼睑也是人类适应极地地区气候的产物。暴露在外界环境中的身体部位进入其他人的视野时，会使得人们误以为这些差异比实际上真正存在的差异还要大。对气候的适应造成了种族之间在皮肤上的差异，而进化的力量促成了相邻群体之间的内在相似性。

很少有基因能够对地方病具有免疫力，因此，即便是一个种族的人很少与其他种族的人婚配，这些地方病依然会像滴在纸上的墨水一样从一个种族渗入另外一个种族。这也正好解释了为什么遍布世界的犹太人和他们周边临近的非犹太人之间具有基因上的相似性，尽管他们最近才开始与其他非犹太种族的人通婚。即使每一代人中只有一个非犹太人改信犹太教，或者每一代犹太人中只有一个人与一名非犹太教徒发生露水情缘，那么通过时间的累积，也足以打破彼此间的基因界限。

将所有问题一并加以考虑时，我们便会得出如下结论：人类在本性上是相同的，如果非要说有什么不同的话，那也只是量的差异。从生物学的角度看，这些差异是非常微小的。种族内部个体成员之间的差异要远大于种族之间的差异。这一研究发现为我们提供了确凿的证据。认为种族内部的个体非常相似的观点，或者认为一个种族与另一个种族间存在本质差别的观点，都是建立在错误的生物学假设上的。

但生物学并不能完全确保我们放弃那些错误的假设。个体之间在基因上是存在差异的，这些差异不可能只对身体的各部分产生影响，而不会波及个体的大脑。虽然种族之间的基因差异远小于个体之间的基因差异，但它们也并非不存在，正如我们看到的那样，它们会导致人类个体发生变异，在抵抗如家族性黑蒙性痴呆和镰状细胞血症等一些基因性疾病方面也会有所不同。当前流行这样一种说法：种族并不存在，它仅仅是一种社会建构。

虽然美国官方将居民划分为“有色人种”“西班牙裔”和“亚裔－太平洋群岛后裔”，他们还根据“一滴黑血”原则决定一个人是否属于非裔美国人，但这种划分夸大了人类之间的差异。生物人类学家文森特·萨里奇（Vincent Sarich）指出，一个种族就是一个庞大而又部分近亲繁殖的家族。种族之间的有些区分虽然不能构成种族之间的界限，但这些区分却是存在生物学基础的。人类从共同的祖先那里进化而来的时间并不长，因此彼此之间都存在关联，但欧洲人通过数千年与其他欧洲人的婚配，彼此间的相关性要高于亚洲人或非洲人，当然对非洲人或亚洲人来说也是如此。由于海洋、沙漠和山脉的阻隔，人类在过去的时间里无法进行随机婚配，因此被我们称作种族的庞大近亲繁殖家族依然是可以识别的，每个种族都有一些独特的基因频率。从理论上讲，有些变异的基因会影响人类的人格和智力，虽然任何类似的差异至多是平均分布在各个种族之间的，但就种族内部而言，成员之间在这些差异上会表现出相当高的重合度。这并非意味着那些基因变异是我们已经预料到的或者能够证明的，而仅仅能够说明它们具有生物学上的可能性。

在这里顺便提一下我个人的观点，当前讨论最多的关于非裔美国人和白人存在智商差距的问题，并不需要从基因方面进行解释。托马斯·索维尔曾论证，在20世纪的大部分时间里，从全世界范围看，种族之间存在智商上的差距是一条普遍规律。处于主流文化之外的少数民族成员在平均智商上要低于美国主流群体，这些少数民族包括从东欧和南欧迁移到美国的移民、美国白种山地人的后代、在不列颠运河的小舟上长大的孩子和讲盖尔语的赫布里底群岛的儿童。这些少数民族群体和主流群体之间的差距就像非裔美国人和白人之间的差距一样大，不过经过几代之后，这种差距就会消除。出于诸多原因，处于奴隶制度和种族隔离制度下的美国非洲裔居民的经历无法与那些移民或偏远乡下的居民相对比，他们向主流文化模式的转变需要经历更长的时间。

接下来我们来讨论一下性别问题。从生物学意义上讲，种族之间的差异是非常微小且带有偶然性的。但两性之间至少在生物学方面存在重要的、系统性的差异，即他们拥有不同的生殖器官。从进化的角度看，人们可能会认为男人和女人在负责控制生殖器官活动（性行为，父母本能以及交配方式）的神经系统方面存在差异。按照同样的逻辑可以推断，男女两性在那些负责处理两性共同面对的挑战（如一般智力）的神经系统方面并不存在特别大的差异（这部分内容将会在关于性别的章节中详细叙述）。

平等 ≠ 生物学同一性

那么生物学上的发现能否为种族歧视和性别歧视提供辩护呢？答案是绝不可能！反对偏见并不意味着对人类生物学意义上的区别的承认。对依据所属群体的一般特征来对个体进行评判的偏见进行谴责属于一种道德立场。文明社会之所以在雇用、升迁、薪酬、入学或犯罪审判等制度上采取忽略民族、性别和种族的方法，是因为其他方法在道德层面上的考察让人无法接受。依据种族、性别、民族而产生的歧视是不公平的，这其实就等于是在对那些个人无法控制的特性进行惩罚。这将会使以往的种种不公正，如针对非裔美国人、女性以及其他群体的奴役或压迫将长久持续下去，也会使社会分裂成相互对立的派别，并上升为恐怖性迫害。但所有这些反对歧视的论点，均是建立在“不同人类群体是否在基因上是无差别的”这一基础上的。

人性的概念非但不会引发歧视，而且还是我们反对歧视的原因所在。在这里，区分先天固有的差别和共同之处非常关键。如果不考虑智商或身体的力量，或者其他不同的特质，就可以假定所有人都具有某些共同的特性。没有人愿意被奴役，没有人愿意被羞辱，也没有人愿意因为那些个人无法控制的特征而受到不公正的对待。我们之所以反对歧视和奴役，是因为我们相信，无论人们在某些特质上存在多大的差异，但在上述各个方面，所有人都是相同的。

政治平等只是一种道德立场，而不是基于事实形成的假设，这种看法在历史上很多著名平等观念的倡导者那里已经有了阐述。《独立宣言》中说：“我们认为这些真理是不言而喻的：人人生而平等。”作者托马斯·杰斐逊（Thomas Jefferson）说得很明白，他指的是权利上的平等，而非生物学意义上的相似性。例如，1813 年在写给约翰·亚当斯（John Adams）的信中，杰斐逊这样写道：“我同意你的看法，即人们之间存在着一种自然形成的贵族统治，它是建立在美德和才能基础之上的……因为已有经验证明，人们的道德品性与生理特性（无论好坏）在一定程度上讲，都是由父亲传递给儿子的。”（《独立宣言》最开始只适用于白人，杰斐逊终其一生都远非一位平等主义者，但这些事实都没有改变他追求平等的主张。杰斐逊维护白人政治上的平等——从他的时代来看是一种全新的思想——即使他也看到了白人之间天生的差异性。）同样，在林肯看来，《独立宣言》的签署者们认为"并非所有人在肤色、身材、智力、道德发展或社会能力上都是平等的"，他们强调的仅仅是特定的"不可剥夺的权利"。

当代在生物学和人性论方面最有影响的一些思想家也对权利上的平等与生物学意义上的一致性进行了同样的区分。现代进化理论的奠基者之一恩斯特·迈尔（Ernst Mayr）在1963年写下以下这段话时，极富远见地预计到了后世近40年的争论：

> 尽管存在着明显的生物学上的差异性，平等这个概念仍是比较复杂的，它需要一定的道德高度，而这对很多人来说是难以企及的。这些人或者否认人的差异性，把平等等同于人们在生物学上的同一性，或者认为人是独一无二的有机体，只有其形态特征会受到基因的控制，而其他心灵特性都是由"特定环境条件"或非遗传因素造就的。这些人对那些关于双胞胎的研究和动物非形体特性的基因研究视而不见。这种建立在明显错误假定基础上的意识形态只会导致灾难性的后果。它对人类平等的倡导建立在生物学同一性的基础上。一旦同一性被证明不存在，这种意识形态也就失去了支撑。

诺姆·乔姆斯基在一篇名为《心理学与意识形态》（*Psychology and Ideology*）的文章中也提出了类似的观点。虽然乔姆斯基不赞同赫恩斯坦关于IQ的主张（参见第6章），但是他既不赞同那种认为赫恩斯坦是一个种族主义者的批评，也对那些认为赫恩斯坦揭示的事实非常危险的激进科学家同行持保留意见：

> 除非是在一个充斥着种族主义的社会里，每个人都被贴上种族的标签，并按照他所属的种族而不是他的个人权利对待他，否则的话，在种族和IQ之间建立起联系（如果这种联系存在的话）并不会导致什么社会后果。赫恩斯坦提到了身高和IQ之间可能存在着相关性，但这有什么社会意义呢？当然没有意义，因为我们的社会不会因为身高而歧视某人。我们不会按照"身高低于1.8米"或者"高于1.8米"的标准来对个人进行划分，从而决定他应该受到何种教育、住在哪里以及从事何种工作。相反，每个人都是独一无二的，任何身高一样的人的平均IQ与个人之间都是毫无关系的。在

> 一个不存在种族主义的社会中，种族的类别划分没有太大意义。某一种族内个体的平均IQ与单个个体也是无关的……
>
> 让我感到惊讶的是，竟然有这么多人认为IQ具有遗传性（这极有可能是真的）的观点可能会让人深感不安。如果有科学研究发现，身高、音乐天赋或者百米赛跑的成绩在一定程度上都是由基因决定的，那么这些发现也会带来麻烦吗？为什么人们会对这些问题产生这样或那样的偏见呢？为什么不管这些问题的答案可能如何，都有人要将它们与严肃的科学问题联系在一起，或者与文明社会的社会行为联系在一起呢？

乔姆斯基的这种高姿态可能并不会打消读者的疑虑。如果所有种族以及男女两性都拥有相同的天赋，那么歧视就变成了一种自我拆台的行为，而且只要人们知道了所有人的天赋都相同这一事实，他们就会放弃歧视行为。但如果种族之间、两性之间在天赋上并不相同，那么将这些差异纳入考虑之中就属于合乎理性的行为了。毕竟，按照贝叶斯定理，决策者在进行预测时，如在判断一个人能否在职场中获得成功时，需要按照先验概率来权衡各种因素，如那个职业群体的成员获得成功的基本概率。如果种族之间或两性之间在平均水平上存在差异，那么有关种族和性别的刻板印象就是合情合理的，而且那种认为有关种族和性别的信息不会被用来服务于某种歧视性目的的看法也是很幼稚的。因此，依据个体而非个人所属群体来对待个人的政策就像一根纤细的稻草，承载不了任何消除歧视的希望。

对于这种担忧最直接的答复是，不管种族之间的差异是源自遗传还是源自环境，都会带来一定的危险。平均值代表的只是平均水平，一个保险精算师关心的只是这个平均水平是什么，而不会关心是什么因素导致了这种情况的出现。

如果我们的社会政策不顾一切代价地去鼓吹那种无情的经济最优化，那么，认为歧视具有经济合理性的看法将会非常危险。事实上，在我们当前的很多政策中，道德原则都是高于经济效率的。例如，即使有一位经济学家认为任何出于自愿的交易都会使交易双方获益，但售卖选票、出售器官或者买卖孩子的行为均是非法的。这些规定是现代民主社会自然而然的产物，正如我们毅然选择反对种族歧视和性别歧视的公共政策和个人道德一样。

在面对种族之间可能存在的差异时，道德律令和法律条文并不是消除歧视的唯一方式。我们对一个人的资质了解越多，在做出关于这个人的某种统计决策时，就会越少考虑其所属种族或性别的平均水平。解决歧视的最好办法是，对人类的心智进行更精确、更全面的检测，因为这能提供更多关于个人的预测性信息，这样一来，就没有人会从种族或性别的角度来进行概率估算了。然而，这是一种没有政治前途的想法。

歧视（即依据个体所属群体统计学特性得出的关于个体的结论）也并非都是不道德的，或者至少我们并不总是把所有的歧视都看成是不道德的。为了更准确地预测某人的行为，我们需要一台能对心灵进行X射线扫描的机器。即使运用我们现有的工具来对某人的行为进行预测（比如测试、访谈、背景调查和推荐意见时），如果我们想要充分使用这些工具，那也将需要不计其数的资源。人们通常必须在时间及资源有限的情况下做出决策，这一过程中可能会出现一些代价高昂的错误，因此，我们往往需要依据某些特性来判断一个人，这就不可避免地会利用某种刻板印象来进行判断。

在某些情况下，两个群体之间重叠的部分是如此之少，以至于我们习惯对某一群体施以绝对的歧视。例如，没有人会反对拒绝黑猩猩入校学习的做法，虽然可以想象得到，如果对地球上的每个黑猩猩都进行测试的话，总会找到一两个能够学会读写的黑猩猩。我们依据的是一种种族主义的刻板印象，黑猩猩并不能从教育中受益，发现一两只能学会读写的黑猩猩带来的收益并不能弥补检测每只黑猩猩耗费的成本。

在更现实一点的环境中，要想判定某种歧视是否正当，必须具体情况具体分析。剥夺青少年驾驶和投票的权利，对他们来说是一种不公平的年龄歧视。但我们既不愿支付心理成熟度测试的费用，也不愿承担错误的道德后果，如他们在驾车过程中可能会撞在树上。

几乎每个人都为现实生活中存在的种族定性而感到震惊——警察可能会叫停

汽车驾驶员，仅仅因为后者是非裔美国人。在 2001 年恐怖分子对世贸中心和五角大楼发动恐怖袭击后，有将近一半的美国人在接受调查时声称，他们不反对种族特征分析——当飞机乘客中有阿拉伯人时，应该对乘客进行更为细致的检查。将这两种情况区别对待的人必须明白，抓住一名走私大麻的毒贩子，其收益并不足以弥补对无辜非裔美国人驾驶员造成的伤害，但制止一名自杀式劫机分子的收益却高于给无辜的阿拉伯乘客造成的伤害。成本 – 收益分析有时候也被用来作为种族倾斜发生时的正当理由：在工作场所和大学教育中，种族多元化带来的收益要大于歧视造成的损失。

男女两性在各个方面可能都是不同的，这也使得政策制定者会面临抉择。如果一家银行提拔了一位男士而非一位女士做经理，仅仅是因为前者不会因生养孩子而离职的话，这种行为就应该受到谴责。但如果一对夫妇考虑到女性对自己的女儿进行性骚扰的可能性更低，就选择雇用了一位女士而不是一位男士做保姆的话，那么他们的行为也应该受到谴责吗？大部分人认为，无论是谁，犯了同样的罪行就应该受到相同的惩罚。

这些都是民主社会中人们在决定如何对待歧视时面临的问题。关键问题并不在于种族差异从来不应被当作歧视的基础，而在于根本不必以那种方式来利用这些差异，而且有时候我们从道德的立场出发时，会认为这些差异绝不能被用来作为歧视的依据。

天赋差异不是唯一的影响因素

“白板说”并不一定会反对种族主义和大男子主义，它也并不一定反对社会达尔文主义，这种观念认为，富人和穷人所处的社会地位都是理所应当的，因此，我们应该放弃任何依据经济平等原则制定的极端自由主义政策。

因为担忧社会达尔文主义，所以认为阶级与基因相关的观念（尽管我们很难想象，它怎么可能不具有部分合理性）依然会被现代知识分子看成像辐射毒素钚一样危险的事物。来看一下哲学家罗伯特·诺齐克（Robert Nozick）举的一个例子，假定有一位百万富翁，因为我和帕瓦罗蒂在基因层面的不同，所以愿意支付10美元来聆听帕瓦罗蒂的歌声，而不愿意支付同样的金钱来听我歌唱。因此，即使在一个完全公平的社会，帕瓦罗蒂也将会成为千万富翁，将会步入一个由于我自身的基因限制而无法企及的社会经济阶层。一个残酷的事实是，如果人们愿意为那些天赋较高的人的劳动成果支付更多报酬，那么这些人的天赋越高，得到的回报也就越大。只有在那些存在严格世袭制度的社会，或者是所有经济交易活动都被政府控制，或者因为我们的大脑都如同一块白板，所以并不存在所谓天赋的情况下，上述的残酷现实才不会发生。

有一大批知识分子，尤其是左派知识分子，否认天赋尤其否认智力天赋这种事物的存在。斯蒂芬·杰伊·古尔德于1981年出版的畅销书《人的错误度量》（*The Mismeasure of Man*）旨在批驳这样的观点："把智力抽象为一个孤立的实体，一种大脑中的存在，对每个人都进行智力水平测试，依照智力水平测试结果将人们按照单一价值排序，其结果总是发现，受压迫群体和弱势群体（如在种族、阶层和性别方面的弱势群体）具有先天性的劣势，因此，他们就应该理所当然地处在其现在的地位。"哲学家希拉里·普特南认为，智力的概念是资本主义社会特有的"精英主义"社会理论的一部分：

> 在一个竞争程度较低的社会组织中，精英主义会被一种完全不同的理论所取代——平等主义。这种理论认为，普通人在动机水平较高的情况下，或共同参与工作的情况下，可以做任何自己感兴趣的事情，而且能够表现得很出色。

换句话说，只要我们具有足够强的动机并相互合作，我们中的任何人都可以成为理查德·费曼（Richard Feynman）和泰格·伍兹（Tiger Woods）那样的人。

我发现，那些否认智力存在的学术研究真是稀奇。学术界在智力问题上饱受困扰。人们在考虑学生入学申请、聘用教职工，尤其是在说他人闲话时总会谈及智力问题。一般公民或者政策制定者，不管他们持何种政见，都无法忽视智力这个概念。认为IQ无意义的那些人，在讨论是否处死一个IQ只有64的杀人凶手时；

在讨论取缔会使儿童的 IQ 数值降低 5 分的含铅涂料时；在讨论乔治·布什的总统任职资格时，会迅速援引 IQ 的概念来论证自己的观点。目前已有充分的证据表明，智力在任何情况下都是一种比较稳定的个人特质，它与大脑的特性有关（包括额叶灰质层的大小与数量、神经传导的速度、脑组织葡萄糖的新陈代谢等）。智力具有一定程度的遗传性，它能够预测个人未来的生活状况，如经济收入和社会地位。

然而，天赋的存在并不会导致社会达尔文主义出现。认为天赋会导致社会达尔文主义出现的忧虑是建立在两种谬论之上的。第一种谬论是，在讨论遗传的社会意义时，认为智力这种天赋要么完全起作用，要么完全不起作用。天赋的差异是导致社会地位差异的一个影响因素，但并不意味着它是唯一的影响因素。其他的影响因素包括纯粹的好运、财富继承、种族和阶级偏见、机会不均等（比如学校教育和社会关系中的不均等）以及文化资本（能够促进经济成功的习俗和价值）。承认天赋的重要性并不意味着偏见和机会不均等不重要。

但更重要的是，即使遗传性的天赋有益于社会经济方面的成功，也并不意味着从道德的角度来看，这种成功是理所当然的。社会达尔文主义依据的是斯宾塞的假设：我们可以通过进化来发现什么是正确的，因而“善”可以浓缩为“进化上的成功”。这种声名狼藉的假设成了“自然主义谬误”（这种观念认为自然界发生的都是好的）的一个典型例子。而且斯宾塞也混淆了社会成功（财富、权力和身份）与进化成功（即存活下来的人类后代的数目）的概念。自然主义谬误是研究道德的哲学家摩尔（G. E. Moore）在他 1903 年的著作《伦理学原理》中提出的，这本书给了斯宾塞的伦理观念以重创。摩尔使用了“休谟铡刀”的原则，这项原则的意思是，不管你多么确信某件事情的真实性，你都不能从逻辑上得出结论说它应该是真实的。摩尔认为有必要提出这样一种疑问：“某种行为从进化的角度来看是成功的，但它算得上一种善行吗？”这个问题的意义很明显，成功与善行并不是同一回事。

人们能否使生理上的差异与社会公平的概念协调一致呢？答案是绝对可以。哲学家约翰·罗尔斯（John Rawls）在他著名的《正义论》中呼吁我们去想象这样一种社会契约：它是由自利的行动者在无知面纱的笼罩下签署的，他们不知道自己将来出生时的天赋或者将要继承的社会身份（幽灵对自己将要置身其中的机器缺乏了解）。罗尔斯认为一个正义的社会应当是：那些尚未被赋予肉体的灵魂在知道自己可能会被分配以劣等基因的情况下，依然希望投胎其中的社会。如果你认为这种关于公平的概念是有道理的，而且政府官员坚持一种覆盖面更广的社会安全网络和再分配税收制度（只要没有消除改善所有人处境的动机），那么即使你认为社会地位的不同百分之百是由基因造成的，那你也可以认为补偿性的社会政策是公平的。这种不以个体无差别为基础的政策将会是绝对公平的。

事实上，先天能力差异的存在，使罗尔斯的社会正义概念更具敏锐性和永恒的重要性。如果我们的大脑是一块白板，如果一个社会彻底消除了歧视，那么就会有人说，贫穷的人是咎由自取，因为他们必然没有发挥出自己应有的天赋。但如果人的天赋是不同的，那么人们可能会发现，即使是在一个没有歧视的社会中，即使个体尽了最大的努力，却依然会处于穷困之中。一个罗尔斯主义者会认为，这是不公平的，应该加以调整，而如果我们认识不到人类在能力上的差异，我们就会忽视这种情况。

平等与自由

一些人向我提议，这些夸张的言论对我们所处的这个危险世界来说太过于异想天开了。应该承认，人与人之间是有差别的，但既然社会科学中的数据永远都是不完美的，既然有关不平等的研究结论可能会被偏执之徒或社会达尔文主义者应用于最坏的目的，难道我们不应该加倍警惕吗？我们不应该拥护人类具有相同性的假设吗？

一些人认为，即使我们确信人类在基因方面是存在差异的，我们可能依然希望向公众散播“人的基因是无差别”的虚假信息，因为后一种观念不容易被滥用。这种观点依据的是一种谬论，即认为“白板说”有着良好的道德意蕴，而有关的人性论却有着消极的道德含义。人类的差异性正如人类的共性一样，具有两种危险性。如果错误地认为处于不同境况的人在与生俱来的能力上有差异，那么我们就会对歧视和机会不均等的现象视而不见。用达尔文的话来说："如果穷人的悲惨境遇不是由自然法则导致的，而是由我们的制度造成的，那么我们就会罪孽深重。"但如果错误地认为处于不同地位的人在能力上是一样的，我们就会妒忌他人通过公平公正的方式获得的收益，就会实施强制性政策，抑制那些出类拔萃者。经济学家弗里德里希·哈耶克（Friedrich Hayek）写道："人人生而平等绝对是假的……如果我们平等地对待所有人，结果必然造成他们在现实地位上的不平等……因此，将他们置于平等境况的唯一办法就是区别对待。"哲学家伊赛亚·柏林（Isaiah Berlin）、卡尔·波普尔（Karl Popper）、罗伯特·诺齐克也持此类观点。

以平等之名行不平等之实有很多种形式。其中有一些形式，既有人为之辩护，也有人加以批评，如劫富济贫式的税收，高额遗产税，学校对学生按照年龄而不是能力编班，赋予某些种族或地区配额和优选权，禁止私人医护或者其他形式的自愿交易。但其中一些形式具有明显的危害性。如果假定人的起点是相同的，但最终有些人会变得更加富有，那么就会有人得出结论，富有的人肯定比其他人更加贪婪。一旦问题的原因从基因变成了罪恶，那么问题的解决办法就会从再分配变成复仇。20 世纪的很多暴行都是以平等主义的名义实施的，这些暴行针对的是那些获得成功的人，这些人的成功被视作是其罪行、有力证据。那些受过良好教育、有进取精神的少数族群在他们迁入的地区往往会取得商业上的成功，如在东非和大洋洲的印度人、在尼日利亚的伊博人、在土耳其的亚美尼亚人以及遍布世界各地的犹太人，但这些人都曾因他们引人瞩目的成功而被看成是寄生虫或剥削者，从而被驱逐出这些地区或招致种族屠杀。

大脑不是白板一块，这意味着任何一种政治系统都要在自由和物质平等之间进行权衡。主要的政治哲学理论流派可以从它们如何在两者之间进行权衡的角度进行划分。右翼社会达尔文主义者认为，平等没有任何价值；左翼极权主义者则认为，自由没有任何价值；左翼罗尔斯主义者为了平等牺牲了某些自由；右翼自由主义者为了自由牺牲了某些平等。虽然明智之士会对最优的权衡折中持保留意见，但假装不存在权衡折中则显得不够理智。反过来，这意味着任何有关个体之间先天性差异的研究发现并不是需要被禁止的知识，相反，它们能够帮助我们以一种明智而又人道的方式来决定如何权衡这些信息。

天赋与涌现性基因

就像驱除关于歧视和社会达尔文主义的幽灵一样，优生主义的幽灵也可以很容易被驱散。需要再次强调的是，关键问题在于，我们要将生物学上的事实与人类的价值观区分开来。

如果说人们的智力和性格差异源自遗传，那么我们能否通过生育选择从而繁衍出更聪明更优秀的后代呢？由于基因的复杂性和人类发育的复杂性，要实现这一点，难度可能会远远超出优生学信奉者们的想象，尽管如此，但还是有可能行得通的。选择性繁衍关注的是具有累加效应的基因，不管基因组中的其他基因怎么样，这种基因都会产生同样的效应。但是人类的一些特性，如科学天赋、运动技巧和音乐天赋在行为遗传学家看来都与涌现性基因相关：这些特性只有在一些基因以某种特定形式结合的情况下才能实现，因此它们无法通过选择性繁育得以实现。而且，特定基因在不同的环境中会导致不同的行为。当威廉·肖克利（William Shockley）设立的诺贝尔奖获得者精子银行恳请生物化学家（同时也是激进的科学家）乔治·沃尔德（George Wald）捐献精子时，沃尔德回复说："如果你想要得到能够生育出诺贝尔奖获得者的精子，那么你应该和我父亲联系，他是一个移居美国的穷裁缝。我的精子给世界带来了什么？两个弹吉他的！"

不管我们是否能孕育出具有某些特性的人类，问题是我们应该去这么做吗？这需要政府拥有足够的智慧来选择孕育哪种特性，拥有足够的知识来知道如何实施繁育，拥有足够的强制力去鼓励或压制人们这些最个人化的决定。生活在民主社会中的人，即使政府会向他们承诺一个更加美好的未来，他们也不会将这种权力赋予政府。个人自由方面的损失和权威可能会被滥用，这两者都是不能接受的。

与激进科学家的观念相反，在20世纪的大部分时间里，优生学都是左派而非右派最喜欢的话题。优生学受到了许多改良主义者、自由主义者和社会主义者的拥护，这些人包括罗斯福总统、威尔斯（H.G.Wells）、爱玛·戈德曼（Emma Goldman）、萧伯纳（George Bernard Shaw）、哈罗德·拉斯基（Harold Laski）、约翰·凯恩斯（John Keynes）、西德尼·韦伯（Sidney Webb）和比阿特丽丝·韦伯（Beatrice Webb）、玛格丽特·桑格（Margaret Sanger）以及生物学家霍尔丹（J.B.S.Haldane）和赫尔曼·穆勒（Hermann Muller）。不难看出，我们为何对这些左翼人士做出如此排列。保守派天主教徒和圣经带的清教徒对优生学理论深恶痛绝，因为知识分子和科学精英试图通过优生学来扮演上帝的角色。

改良主义者热情讴歌优生学，因为它强调改良而不是安于现状，强调能动主义而不是自由放任，强调社会责任而不是自私自利。他们还赞成通过国家干预来实现某种社会目标。只有在看到优生学如何导致了美国和西欧的强制性绝育以及后来纳粹德国的种族灭绝政策时，多数改良主义者才放弃了他们的这种观念。由人性引发的道德问题并不能纳入我们熟悉的左派与右派之争的范畴，而需要从核心价值冲突的角度来重新进行分析，优生学历史正是这样一个例证。

极端社会达尔文主义

人性的生物学概念引发的最令人深恶痛绝的想象便是纳粹主义的人性。虽然反对人类存在本性的声音在数十年前就出现了，但历史学家认为，大屠杀的惨痛记忆才是第二次世界大战后“人性”这一话题成为知识界禁忌的主要原因。

不可否认，希特勒受到了达尔文主义和20世纪早期流行的遗传学的影响，当他提出那恶毒的教义时，特别援引了自然选择和适者生存的理论。希特勒信奉的是一种极端的社会达尔文主义，在他看来，种族是接受自然选择的基本单位，种族之间的斗争对一个国家的强大与活力来说是必不可少的。他相信，种族是由不同的民族构成的，每个民族的成员有着不同的生物学构造，每个民族在力量、勇敢、诚实、智力和文明礼貌等方面都是不同的。他认为，劣等种族的灭绝是大自然的一种智慧，优等种族的活力与优点来自其基因层面的纯洁，优等种族与劣等种族通婚会使前者处于退化的危险境地。希特勒利用这些观念来美化自己的侵略战争和他对犹太人、吉卜赛人、斯拉夫人和同性恋者展开的有计划的大屠杀行动。

纳粹对生物学的滥用提醒我们，被曲解的观念可能会造成可怕的后果，知识分子有责任确保自己的理念不会被错误地用于罪恶的目的。但这种责任不是在学术争论中言辞激烈地批评纳粹主义的恐怖。将自己反对的人与纳粹主义联系起来，既无助于人们牢记希特勒的罪行，也无助于阻止其他种族灭绝事件的发生。这些事件带来的后果是如此严重，因此我们有特殊责任来准确考察导致它们发生的根本原因。

某种观念并不能因为纳粹对它的滥用就认为其是错误的或者说是充满罪恶的。历史学家罗伯特·理查兹（Robert Richards）就纳粹主义和进化生物学之间所谓的联系写道："如果这样一些模棱两可的相似性随处可见，那么我们都将被赶上绞刑架。"事实上，如果审视被纳粹滥用的观念，我们需要放弃的远不止进化论和遗传学在人类行为研究方面的应用。我们将不得不仔细审视那些针对进化论、遗传学和年代的研究。我们将不得不禁止其他许多被希特勒曲解为纳粹主义的理论根基的知识。

- 细菌致病理论：纳粹反复援引巴斯德和科赫的理论来证明犹太人就像带有传染性的病菌一样，需要将其彻底消灭以防止疾病传播。
- 浪漫主义、环境保护主义以及对自然的热爱：纳粹放大了德国文化中的浪漫主义张力，认为德国人命中注定会与大自然和土地有着某种神秘的联系。相反，犹太人和其他少数族群则是生活在堕落的城市之中的。
- 哲学和语言：雅利安种族的概念源于语言学家们提出的一个属于印欧语系的史前部落，这个部落被认为在数千年前建立了一个古老的德国，并且征服了欧洲和亚洲的大部分地区。
- 宗教信仰：虽然希特勒讨厌基督教，但他也不是无神论者，他认为自己正在执行一项神圣的命中注定的计划。

为了反对纳粹对科学的曲解，也可能会曲解自己的科学，这种危险并不仅仅存在于假想之中。科学史学者罗伯特·普罗科特（Robert Proctor）的研究表明，美国负责公众安全的官员们迟迟不愿承认吸烟会致癌，因为吸烟和癌症相关的观点最早是由纳粹提出来的。一些德国科学家说，生物医学方面的研究在他们的国家曾经被严重削弱，因为它与纳粹主义有着模糊的、挥之不去的联系。

之所以说希特勒是邪恶的，是因为他造成了 300 万人的死亡和无数人们难以想象的痛苦，而不是因为他的信仰与生物学有关，也不是因为他的信仰与语言学、大自然、吸烟和上帝有关。将罪恶从他的行为层面抹去，只能造成相反的结果。观念与观念之间总是会发生联系的，如果希特勒的任何一种观念被证明含有真理的因素（例如，如果种族被证实是一种生物学意义上的存在，或如果证实印欧语族确实是一个能征善战的部落），那么我们也并不想被迫承认纳粹主义的错误没有那么严重。

上述这些并不意味着我们把“白板说”看成了一种罪恶的理论，也不是说人性的观念是罪恶的。这两种理论与打着它们的旗号实施的罪恶行为之间存在着巨大的鸿沟，对它们必须进行实事求是的评价。但这又意味着，我们要推翻 20 世纪在关于人性的科学和道德上的大灾难之间建立起的过分肤浅的联系。这种肤浅的联系妨碍了我们对自身的理解，使我们无法找出造成这些灾难的原因。如果这些原因与尚未被充分认识到的人类自身的某些方面有关，那么这种肤浅的联系造成的阻碍就更为严重了。

09

不完美之忧

然而，当时在我心中，大自然是至高无上的君王，
壮观的景色激起我活跃的想象，
我可以堂堂正正地去实现平时的偶思窃想。
即便是在各国间相安无事的年代，我的内心也会产生同样的憧憬，
更何况当时的欧洲一片欢呼雀跃，群情激奋，
法兰西正值金色的时光，
仿佛人性再次在世间诞生。

——威廉·华兹华斯（William Wordsworth）

从华兹华斯的回忆中，我们可以发现由先天的心灵概念引发的第二种忧虑。这位浪漫主义诗人因那种人性可以重生的观念而欣然雀跃，而只有一种可能会让他抑郁低沉，那就是人类可能需要永远承受其与生俱来的不完美和命中注定的罪过。浪漫主义政治思想家也持有同样的观念，因为不变的人性似乎毁灭了所有变革的希望。如果人们的品德败坏到了无可救药的地步，而且不管你付出多少努力最终都还是如此，那么为什么还要去努力建设一个更美好的世界呢？卢梭的著作既给了文学中的浪漫主义运动以启发，又对历史上的法国大革命产生了影响，这并不是偶然的，而且卢梭的思想还对 20 世纪 60 年代的浪漫主义和激进政治运动的再次出现产生了影响。哲学家约翰·巴斯摩尔（John Passmore）的研究表明，

通过改进人性以建设一个更美好的社会的渴求是西方思想观念中反复出现的主题，对此可以引用 D. H. 劳伦斯（D. H. Lawrence）的一句话来评论："人臻于至善！啊，老天，多么枯燥沉闷的一个主题啊！"

对永恒不变的、邪恶人性的担忧表现为两种形式。一种是实践方面的担忧：如果人性是无法改变的，那么社会改革就是在浪费时间。另一种是由认为"自然的就是好的"的浪漫主义信念引发的更深层次的关注。在这种观点看来，如果科学家认为通奸、暴力行为、种族主义和自私自利是人性的一部分，是"自然而然"的，那么这些行为就会被看成好的，而不仅仅是不可避免的。

对人性不完美的忧虑以及围绕"白板说"产生的信念，在 20 世纪的历史背景下具有一定的意义。这是一种可以理解的反应：对认为人类天生好战或者憎恨外国人的观念持厌恶的态度，因为这种意识形态美化了战争。当我还在读研究生时，我见到了一幅非常难忘的画作，画中描绘的是一个失去生命的士兵，躺在一片泥泞地上。一个穿军装的幽灵从他的尸体上升起，幽灵的一只手抓着一个身披斗篷、面容模糊不清的人，另一只手抓着裸露胸部、金发碧眼的瓦尔基里（Valkyrie，北欧神话中奥丁神的一位婢女，她负责将阵亡战士引入瓦尔哈拉殿堂，并侍候于此）。画作的说明文字是"取悦那些拥护死亡和对胜利有着狂热信仰的人"。这是一幅为帝国主义的侵略招募炮灰的粗制滥造的征兵画报吗？还是一幅挂在一个普鲁士贵族军官的城堡中的侵略分子的战利纪念品？不，《死亡和胜利》这幅画是美国著名画家约翰·辛格·萨金特（John Singer Sargent）在 1922 年创作的，它悬挂在世界上最著名的图书馆——哈佛大学威德纳图书馆最醒目的位置。

这样一幅赞美死亡的画作挂在了这些神圣的学习场所的墙上，实际上是过去几十年中好战主义心理阴魂不散的证明。战争被认为能够使人充满活力并获得荣光，是个人和国家天生的雄心。这种信念使世界上某些国家的领导者梦游一般地发起了第一次世界大战，上百万人狂热应征，他们对即将面临的残酷厮杀视而不见。而第一次世界大战带来的失落以及在越南战争中累积起来的广泛的反战情绪，促使西方社会坚决反对任何对战争进行美化的言论和做法。即使是近年来拍摄的赞美勇士的电影作品中，如《拯救大兵瑞恩》，也体现了战争如同地狱一样，而勇敢者为了铲除罪恶不得不忍受痛苦煎熬的氛围，而不是把战争刻画成可能令战士们感到“幸福”的事情。当前的战争为了将伤亡降至最低，会使用远程控制装备，有时还会降低对战争的预期。在这种氛围下，任何认为战争是“天然的”的观点都会遭到愤怒地还击，比如社会科学家们反复论述的关于暴力的观点。在他们看来，认为人有暴力倾向的看法“从科学上看是不正确的”。

女性主义对“自私自利的性欲可能根植于人类本性”的观点持仇视态度。几千年来，女性一直受到由“两性是不同的”的假设衍生出的双重标准的迫害。法律和习俗对女性滥情的惩罚力度要远大于对男性。父亲和丈夫通过限制女性在公共场所的露面和活动，剥夺了女性对自身性权利的掌控。如果认为强奸行为是由于女性的着装或行为诱发的不可抵挡的性欲造成的，那么法律是否会赦免或减轻强奸犯的罪行？如果权威观点认为，性骚扰和对女性的跟踪等罪行是求爱活动或婚姻行为的正常特点，那这些罪行是否会被洗脱得干干净净？一些女性主义学派痛斥那种认为“男人天生就比女人具有更强的性欲或嫉妒心”的观念，因为她们担心接受这种观念会使上述罪行变得“自然”或无法避免。

正如我们在前面看到的，“男人比女人更渴望一夜风流”的观点受到了左派和右派的一致谴责。两派联手一起猛烈批评了兰迪·桑希尔和克雷格·帕尔默在其著作《强奸的自然史》中提出的观点：强奸是男人性欲导致的结果。女权多数人基金会（Feminist Majority Foundation）的一位发言人称这本书是“可怕的”和“倒退的”，因为它“几乎是在为强奸犯正名，在对受害者进行谴责”。神创论研究院（Discovery Institute）的一位发言人在美国国会的听证会上做证时，更是指责这本书对作为美国建国之本的道德基础造成了威胁。

第三种带有政治含义的人类缺陷是自私自利。如果人们像其他动物一样，会受到自利基因的驱使，那么自私就是不可避免的，甚至是一种美德。这种观点立论的出发点就是错误的，因为自私的基因并不必然会生成自私的有机体。

自然主义谬误与道德主义谬误

因为对不完美的担忧而去信奉“白板说”，这主要起源于两种谬误。我们已经了解了什么是自然主义谬误，即认为“天然存在的就是好的”。人们可能会认为，这种观念不可避免地受到了社会达尔文主义的影响，但是它在20世纪60年代和70年代是经由浪漫主义而得以复兴的。尤其是环境保护主义者，他们经常会诉诸大自然的仁慈来提倡与自然环境的对话，而忽略了大自然中普遍存在的流血冲突。那些食肉动物，例如狼、熊和鲨鱼，被赋予了一种对老弱病残动物实施安乐死的新形象，因此它们是值得保留的，或者说值得重新引入大自然的。似乎可以由此推断，我们从伊甸园继承下来的任何事物都是健康合理的，这样一来，从进化选择的意义上看，认为“攻击性或者强奸是天生的”的观点，就等同于认为“天然存在的就是好的”。

自然主义谬误会很快导致它的对立面——道德主义谬误的出现：如果某种特性是符合道德的，就必然能在自然中找到它。这就是说，不仅仅是从“实然”推导出“应然”，而且从“应然”推导出“实然”。自然，包括人的天性，被规定为只拥有美好的特质，而不存在不必要的杀戮、贪婪和剥削，或者被规定为根本没有任何特质的事物，因为其他特质会引起恐慌，让人无法接受。这就是为什么自然主义谬误和道德主义谬误会经常和“高贵的野蛮人”学说以及“白板说”联系在一起的原因。

拥护自然主义谬误和道德主义谬误的可不是一堆稻草人，而是一批杰出的学者和作家。例如，在对桑希尔早期所做的关于强奸的研究回应中，女性主义学者苏珊·布朗梅勒（Susan Brownmiller）写道：“很显然，将强奸生物化，而不考虑社会或者道德因素……将会使强奸合法化……把强奸行为从其他反社会暴力行为中孤立出来，认为它具有人类适应环境的崇高意义，属于一种还原主义，也是极其反动的。”注意一下这段话中的谬误：如果用生物学来解释某件事，那么它就“被赋予了合法性”；如果某件事被认为是适应环境的结果，那么它就“被赋予了崇高意义”。同样的，斯蒂芬·杰伊·古尔德在一个关于动物中存在强奸行为的讨论中写道：“用鸟类身上存在的遗传性行为来错误地描述人类的性变态行为，相当于诡异地暗示，真正的强奸（我们人类的强奸行为）对某些人来说可能是一种带有达尔文式的（进化）优势的自然行为。”这句话中暗含的指责是：把一种行为描述为“自然的”或者“具有达尔文主义式的（进化）优势的”，从某种意义上说是在宽恕这种行为。

像自然主义谬误一样，道德主义谬误就像我们从《阿洛和詹妮丝》（*Arlo and Janis*）的这幅漫画中看到的那样，也属于一种谬误：

Arlo & Janis reprinted by permission of Newspaper Enterprise Association, Inc.

漫画中小男孩的观点有着生物学方面依据。乔治·威廉姆斯是一位令人敬畏的进化生物学家，他把自然界描绘成“非常不道德的”。自然选择由于缺乏远见或缺乏同情怜悯之心，“可以被描绘成一个将短视的自利行为最大化的过程”。在由食肉动物和寄生虫造成的所有不幸中，这些物种的成员们对它们的同类没有流露出任何怜悯之情。杀死刚出生的幼兽，手足相残或者强奸，这些行为在许多动物那里都能观察到；不忠是许多物种甚至所谓的一夫一妻制物种中常见的现象；同类残食在所有非严格意义上的素食动物那里都会发生；在大部分动物中由打斗导致的死亡数量要远超于美国暴力最严重的城市中发生的人口死亡数量。生物学家们把“饿得奄奄一息的鹿被美洲狮杀死”这一现象描绘成为一种善行，对此威廉姆斯评论说：

> 基本事实是，对于鹿来说，被捕食或者饿死都是很痛苦的，而狮子的命运也并不值得羡慕。也许生物学在一种远离基督－犹太神学和浪漫主义传统的文化中能更快地成熟起来。这种文化可能在佛陀在贝纳勒斯布道讲的第一真谛中有完美的体现：“生老病死，一切皆苦……”

一旦我们认识到无法从道德角度对进化的产物称颂，我们就能真实地描述人类的心理，而不用担心对某种“天然”属性的确认就等同于对它的宽恕。正如凯瑟琳·赫本（Katharine Hepburn）在《非洲皇后》（*The African Queen*）这部电影中对汉弗莱·博加特（Humphrey Bogart）所说的那样：“先生，本性就是我们来到人世间需要去超越其上的标准。”

最为关键的是，这就像一把双刃剑。许多具有宗教背景和右翼文化背景的评论家相信，任何在他们看来是属于生物学上的非典型现象的行为，如同性恋、自愿不要后代以及女性承担起传统意义上的男性角色，或者男性承担起传统意义上的女性角色等现象都应该受到谴责，因为它们“违背自然规律”。例如，著名的脱口秀主持人劳拉·施莱辛格（Laura Schlesinger）曾经宣称：“我正在阻止人们犯错，让他们做出正确的行为。”作为这种主张的一部分，她号召同性恋者接受治疗以改变他们的性取向，因为同性恋是一种“生物学上的错误”。而这种道德评判只会来自那些对生物学一无所知的人。道德高尚之人赞美的大部分行为，如对配偶忠诚忍让，幼吾幼以及人之幼，像对待自己一样爱自己的近邻，都属于“生物学上的错误”，且在其他生物世界里更是彻底违反自然规律的。

承认自然主义谬误并不意味着人性与我们的选择行为无关。政治学家罗杰·马斯特斯（Roger Masters）注意到，人们会很随便地使用自然主义谬误来否认生物学与人类事物的相关性，他指出：“当医生说病人患了阑尾炎，需要进行手术时，病人不大可能会去抱怨医生逻辑推导错误。”承认自然主义谬误，仅仅意味着那些有关人性的发现就其本身而言并不会支配我们的选择行为。这些事实发现必须与道德观和解决冲突的方法结合起来才有效。回到阑尾炎的例子，这里涉及的价值观健康是人们所渴求的，信念是手术的痛苦和费用小于健康所带来的收益，因此，病人应该选择接受手术。

假定强奸是根植于人性的一种特征，就像男人在许多环境下都比女人更渴望性行为一样。但女人渴望掌控自己发生性行为的时间和对象，也是根植于人性的一种特征，是根植于人类进化过程之中的。我们的价值观认为，女性的利益不应该屈从于男性的利益，对自己身体的控制是一项基本权利，这项权利要高于别人的欲望。因此，不管强奸与男性的性欲本质可能存在怎样的联系，这种行为都是不可容忍的。注意下面这种说法，尤其要注意它是如何需要一种关于人性的“决定主义”和“本质主义”观点的：女性痛恨被强奸。没有这种观点，我们就无法在尽力阻止强奸和通过社会化让女性接受强奸这两者之间做出选择，后一种选项与那种认为“人具有可塑性”的进步主义观点完全契合。

在其他一些情景下，解决冲突的最佳办法并不是那么明显。心理学家马丁·戴利（Martin Daly）和马戈·威尔逊（Margo Wilson）曾论证，继父母虐待儿童的可能性要远大于儿童的亲生父母。这项发现可不是什么陈词滥调：许多儿童养育专家坚持认为，对继父母的责难是源于灰姑娘的故事的一种荒诞的说法，养育子女是任何人都能承担的“角色”。戴利和威尔逊最初对虐待子女的统计数据进行了检验，以验证进化心理学的一个假设。在进化过程中，父母的爱是有选择的，因为这能够使父母保护和养育自己的孩子，只有自己的孩子才会携带激发亲子之爱的基因。在任何物种中，其他同类的后代进入一个家庭的话，自然选择都会选择偏爱自己后代的行为倾向，因为依据自然选择的冷酷计算，在与自己不相关的后代身上进行投资是一种浪费行为。相对于自己的孩子，父母对继子女的耐心很快会消耗殆尽，在某些极端情况下，甚至会导致虐待行为。

上述这些是否意味着社会服务机构应该更多地监视继父母，而不是亲生父母呢？并非如此。无论是继父母还是亲生父母，他们中的大多数人都不会虐待子女，因此数百万无辜的继父母被怀疑是不公平的。正如法律学者欧文·琼斯（Owen Jones）指出的那样，从进化论的角度对继父母的养育行为（或其他任何事情）进行分析，并不必然具有政治含义。更确切地说，这种分析描述了一种折中的情况，迫使我们从中挑选一种最优情况。在这个案例中，一方面是通过对继父母的污蔑从而减少对儿童的虐待，另一方面则是通过忍受虐待儿童行为逐步增多，最大程度地实现对继父母的公正对待，这两个方面需要我们权衡。如果我们不知道相对于亲生子女来说，人们是否对他们的继子女更容易失去耐心，那么我们就会深信不疑地在这两者中选择其一（继父母的养育行为作为一种虐待儿童的危险因素就被忽略了，我们会忍受虐待儿童的极端案例），我们甚至都不会进行权衡。

对人性及其缺陷的理解，不仅可以完善我们的政策，还会使我们的个人生活得到提升。有继子女的家庭相对于那些有亲生子女的家庭来说，快乐可能更少一些，更容易破碎，这很大程度上是因为继父母更容易在应该花多少时间、精力和金钱的问题上存在矛盾。虽然这样，还是有很多继父母会出于自己配偶的爱，而对配偶的孩子也非常关爱。尽管如此，父母对亲生儿女自发的、本能的爱与对他们对继子女的有意识的爱是不同的。戴利和威尔逊指出，理解了这种差异，婚姻就会更加牢固。虽然建立在斤斤计较的互惠基础上的婚姻通常是不幸的，但是在美满的婚姻里，夫妻双方都会欣赏对方长期以来的牺牲。与其要求配偶理所当然地爱自己的孩子，以及因配偶对自己的孩子好恶交织而心存不满，不如承认配偶对自己的孩子的慈爱是有意为之的，这样最终可能会带来更少的怨恨和误解。与其幻想我们拥有理想情感，不如承认我们真正拥有的情感是不完美的，这种现实主义的做法会带给我们更多幸福感。

道德圈扩展三要素

如果我们是带着与生俱来的本性来到这个世间的话，那么我们该怎样看待它呢？在由进化基因按照因果链条构成的计算机式的神经系统里，我们能否找到一个空间来容纳“价值选择”这种似乎属于非机械论的活动呢？如果允许选择存在的话，我们是不是又将幽灵送回了机器之中呢？

这个问题本身就是“白板说”的一种体现。如果有人以大脑是一张白板作为其思考问题的基点，那么当别人认为存在先天的欲望时，他内心里会认为这种欲望是位于空白一片的大脑之中的，而且这种欲望必然是一种无法抗拒的冲动，因为大脑中没有任何事物能够阻止它。这样一来，自私的思想就演变成了自私的行为，攻击性会引起那些天生杀人狂的行为，对多种性模式的渴望就意味着男人的滥交是情难自禁的。

研究灵长类动物的学者迈克尔·齐格列里（Michael Ghiglieri）在美国国家广播电台的节目《科学星期五》中谈论起他那本研究暴力的著作时，主持人问他：

“你把强奸、谋杀和战争以及人类的所有恶行都解释成某种他们无法控制的事情（如果允许我这么概括的话），是因为这些事情是被植入在他们的进化基因中的吗？”

然而，如果大脑是一个由许多部分组成的系统，那么某种与生俱来的欲望就只能是其中的一个组成部分。一些天赋会让我们贪婪，有着较强的性欲或充满恶意，而其他一些天赋会让我们富有同理心、有远见、有自尊、渴望受到他人的尊敬、拥有从我们自己的经验和周围人的经验中学习的能力。这些都是位于大脑前额皮层以及大脑其他部分中的神经回路的作用，而非某个幽灵的超自然力量作用的结果，这些神经回路都有其基因方面的基础，它们的进化历史并不比原始冲动的历史更短。只有“白板说”和“机器中的幽灵”理论才会使人觉得上述驱动力来自“生物学”，而思考和决策则与之不同。

与同理心、远见、自尊有关的天赋源于大脑的信息加工系统，它接受信息的输入，并对大脑的其他部分和身体发布命令。就像构成语言的心理语法一样，这些系统属于联合系统，能够生成无穷的观念和行动方案。当人们交换的信息能够影响到大脑的这些机制时，即便我们只是由自私的基因创造出来的徒有一副皮囊的傀儡，或者是装饰豪华的钟表，又或者是笨拙的机器人，个人层面的变化和社会层面的变革也都会发生。

承认人类本性的存在，不仅与社会发展和道德进步相一致，而且还有助于解释数千年来的明显进步。历史记载中以及史前社会一些常见的惯例，如奴隶制、伤害肢体的刑罚、拷打至死、为了自己的利益而屠杀其他种族、无休止的流血冲突、草率地杀死陌生人、战争中的强奸行为、为了控制出生率而杀死婴儿以及对妇女的合法占有等，在当今世界上绝大部分地区都已经消失了。

哲学家彼得·辛格（Peter Singer）对“持续的道德进步是怎样从一种牢固的道德观念中生成的”这一问题进行过论述。假定人与生俱来就有一种道德感，因此，我们把他人看成需要同情的对象，不去伤害或者剥削他们。同样，假定我们有一种判断机制，能够判定一种生物是否应该被划归为人类。毕竟，我们不想把植物也划归为人类，从而使得我们因不能吃掉它们而被饿死。辛格的著作《扩展的圈子》(*The Expanding Circle*),题目本身就表明了他是如何解释道德逐步提升这一问题的。人们步步为营地扩展他们的心理圈,拥护那些他们认为值得纳入道德考虑的实体。他们的心理圈从家庭扩展到村镇、氏族、部落、国家和种族,如《世界人权宣言》所说的那样,最近又扩展到了全人类。这个圈子还从皇室、贵族和有产阶级扩展到了所有人,它从只包括男人扩展到也包含女人、儿童和新生儿,它还扩展到罪犯、战俘、敌对方的平民、奄奄一息者和智障人士。

道德进步的可能性永无止境。今天,许多人想把这一圈子扩展到包括人猿、恒温动物或拥有中枢神经系统的动物。一些人想将受精卵、胚囊、胎儿和脑死亡者也包括在内。还有一些人则想把所有物种、生态系统或者整个星球包括在内。这种感情上的陡然转变,人类道德史上的驱动力量,并不需要"白板说"或者"机器中的幽灵"理论。它可能是源于人类大脑中一个负责道德的部件,这个部件有一个反手结或者一个滑动触点,能够调整道德圈的大小,从而把那些与我们自身利益相仿的实体也纳入这个圈子里。

道德圈的扩展并不需要由某种神秘的、向善的驱动力为其提供力量。它可能是源于进化的自利过程与复杂系统规则之间的交互作用。生物学家约翰·梅纳德·史密斯、尤尔斯·萨斯玛丽(Eors Szathmary)和新闻记者罗伯特·怀特解释了进化是怎样促使人类的合作程度越来越高的。在人类历史中,人们组织起来,按照专长进行劳动分工,从而使得合作现象不断出现。合作之所以会出现,是因为人们发现,他们参与的是非零和博弈,参与博弈的双方选择的某个特定策略会使双方的处境都变得更好;与之相对应的是零和博弈,博弈一方的获益是建立在另一方的损失之上的。与这极其类似的是威廉·巴特勒·叶芝(William Butler Yeats)写的一则故事:一个盲人把一个肢体残疾人背在身上,这样他们都可以四处走动了。

在生命进化的过程中,这种动态特性使得染色体中能促进合作的分子不断被复制,也使得那些能促进合作的细胞不断被复制,还使得那些能聚合成复杂有机体的细胞不断被复制,此外,那些组成社会的有机体也得以复制。独立的个体不断地将自己的命运交付给更庞大的组织系统,不是因为他们天生就有公德心,而是因为他们能够从劳动分工中获益，而且许多完善的、能够制止系统之间发生冲突的方法也会有益于个体。

人类社会就像有机体一样，会随着时间的推移变得越来越复杂，越来越具有合作性。此外，主体在追求他们的共同利益时，只要解决了信息交换和惩罚作弊者的问题，就能组织起来进行分工，从而使自己过得更好。如果我拥有的果实远远超出我的需求，而你拥有的肉类食品超过你的需求，那么我们就可以互相交换剩余产品，对我们双方来说，这都是很合算的。如果我们有一个共同的敌人，那么我们就要像本杰明·富兰克林（Benjamin Franklin）说的那样："我们必须团结在一起，否则我们就会一个接一个地被绞死。"

怀特认为，人性的三个特点促使人类合作者的圈子得以稳固扩展。第一个特点是认知，要描绘出世界是如何运作的，这一点必不可少。由此也产生了可以分享的技术诀窍，以及那种在更广阔的区域内销售货物、传播信息的能力，这两者都会增加在交易中获利的机会。第二个特点是语言，它确保技术能够被共享，使谈判成为可能，使协议得以执行。第三个特点是情感能力，如同情、信任、内疚、愤怒和自尊等，这有助于我们寻求新的合作者，巩固与他们的关系，防止这种关系被非法利用。很久很久以前，这些天赋就使人类站在了道德的上升阶梯上。随着我们的盟友和贸易伙伴圈子的不断扩展，我们的心理圈也在不断扩展，得以尊重更多值得尊重的人。随着技术的累积和各个地区间的人彼此互相依赖的程度越来越高，他们之间的仇恨也在慢慢减少。原因很简单，你不可能既杀死一个人，同时又和他进行交易。

非零和博弈的出现不是源于人们助人的能力，而是来自他们互相节制的能力，这种能力可以避免造成对彼此的伤害。在许多争端中，在瓜分通过合作获得的收益之前，双方就已经退出了合作。这就激励人们去发明很多争端解决技术，如调解、保全面子的方法、标准明确的补偿与赔偿措施以及法规。研究灵长类动物的学者弗朗斯·德瓦尔（Frans de Waal）认为，争端解决的很多雏形都能在灵长类动物那里找到。人类的争端解决方式在各种文化中都能见到，就像人们试图解决的利益冲突一样，争端解决方式是普遍存在的。

虽然道德圈子扩展的演化过程（它的根本原因）听起来带有实用主义色彩，甚至带有愤世嫉俗的成分，它的心理过程（它的直接原因）却并非如此。一旦同情心被激发出来，并随着从合作和交换中获得的益处不断演化，它就会因新的信息类型而不断增强，在其他人身上也会出现类似的情况。昔日仇敌的话语和形象也能激发起同情心。历史记载告诫我们，世仇宿怨只会导致损人不利己的恶性循环。一个世界主义者的观点也许会带给我们一些思考："上天的宠儿不会是我。"同情心的扩展可能来自某种最基本的规则，就像在要求他人按照某种方式行事时，我们遵守的逻辑必须前后一致一样：人们认识到他们不可能逼迫他人去遵守自己不愿意遵守的规则。自我中心主义者、大男子主义者、种族主义者和排外主义者的观念从逻辑上讲是自相矛盾的，因为每个人都应该遵守同样的行为规则。

这样一来，要想做到和平共处，就不需要将自私的观念从人们内心剥离出去了。和平共处也可以源于一些欲望，如渴望安全、从合作中获益，渴望拥有规划和识别共同行为准则的能力，抵制想获得眼前利益的欲望。而上述这些道德进步和社会发展稳步提升的重要途径，不是出于对固定不变的人性的否认，恰恰相反，正是因为认识到了普遍人性的存在。

控制了环境，牺牲了幸福

认为人的本性具有可塑性的观念，与其自身的乐观主义和提倡道德进步的声誉并不相符。如果这种观念名副其实，那么斯金纳就应该被看作一位伟大的人道主义者，我们应该为他欢呼，因为他主张社会应该利用条件反射技术对人们进行塑造，让人们可以使用各种避孕方法、节约能源、实现和平或避免造成拥挤的都市。斯金纳是一位坚定的"白板说"信奉者和满腔热情的乌托邦主义者。他的这种异乎寻常的单纯愿望让我们能够检验这种否定人类本性的乐观主义到底具有什么含义。按照斯金纳的假设，不良行为不是源于基因，而是源于环境，因此我们应该控制环境。这样，我们每个人都需要使用有益的强化措施取代有害的强化措施。

为什么大部分人会对这种想法感到厌恶呢？对斯金纳的著作《超越自由与尊

严》(*Beyond Freedom and Dignity*)的一种批评意见是:没有人会怀疑行为是可以被控制的,但拿枪指着某人的脑袋或对他进行严刑拷打也是一些由来已久的控制技术。即使是斯金纳最偏爱的行之有效的条件反射技术,也需要将实验对象的进食量减少到其正常食量的80%,并将其活动范围限制在设定有强化条件的箱子里。因此,问题不是我们能否改变人的行为,而是我们改变人的行为的代价有多高。

既然我们不只是环境的产物,那么就会产生各种代价。人们拥有一些与生俱来的欲望,如舒适、爱、家庭、尊重、自主、审美和自我表达,而当他们实现这些欲望的自由受到阻碍时,就会感到痛苦。事实上,如果没有人性的概念,就很难定义什么是心理上的痛苦。有时候我们为了控制一些行为而会选择施加痛苦,就像某些人对他人实施了本可避免的伤害行为,因而对他们进行惩罚一样。但是我们不能佯装能够在不损害他人自由和幸福的情况下对其行为进行重塑。正是由于人类本性的存在,我们不能将自身的自由交付给行为塑造者。

人天生就有欲求,这对那些怀揣乌托邦梦想和极权主义梦想的人来说是个大麻烦,对他们而言,这往往会导致同样的结果。对大部分乌托邦主义者来说,阻碍他们实现梦想的不是瘟疫,不是干旱,而是人类的行为。因此,乌托邦主义者不得不想办法控制人们的行为,当宣传鼓动不能奏效时,他们会采取一些强制性手段。正如我们看到的那样,20世纪那些乌托邦需要的是空白的心智,没有自私和家庭纽带的观念,为此,他们采用极权主义措施来对人们进行洗脑,或者从孩子一出生就开始灌输乌托邦的观念。正如贝托尔特·布莱希特(Bertolt Brecht)所说的:"如果某个人表现不好,那么政府就会解雇他,然后再重新选择一个新的替代者。"最近开始"对我们这个多灾多难的世纪进行反思"的政治哲学家和历史学家,如伊赛亚·柏林、肯尼斯·米诺格(Kenneth Minogue)、罗伯特·康奎斯特(Robert Conquest)、乔纳森·葛洛夫(Jonathan Glover)、詹姆斯·斯科特(James Scott)、丹尼尔·希罗(Daniel Chirot)等人指出,乌托邦梦想是造成20世纪那些悲剧的主要原因之一。就此而言,本章开头引用的华兹华斯的诗句,革命的法兰西"群情激奋,欢呼雀跃",与此同时人性"再次诞生",已经被证明并不是轻松愉快的。

不仅仅是行为主义者忘记了否认人性会对自由和幸福造成伤害。例如，建筑学家勒·柯布西耶（Le Corbusier）认为，城市规划者不应受到传统和品位的束缚，因为这两者只会使他那个时代的城市继续拥挤和混乱。“我们建设的场所，必须是能让人类获得重生的地方，”他写道，“每个生活于其中的人，都会与群体保持一种有序的关系。”在柯布西耶的乌托邦梦想里，规划者应该从一张“空白的桌布”（听起来是不是感到很熟悉）开始进行规划，以服务于“人类的需求”设计所有的建筑和公共空间。这些场所满足的是人类最低限度的需求：每个人都会获得固定数量的空气、热量、光线和空间，以便进行进餐、睡眠、工作、交流和其他一些活动。柯布西耶并没有考虑到，家庭和朋友间的亲密聚会也是人类的一种需求，因此他认为应该建立大型公共餐厅以取代厨房。他忽视了另一种人类需求，即在公共场所进行一些小群体内社交活动的需求，因此在他的设想中，城市沿着高速公路展开，城市中有大型建筑和巨型露天广场，没有街区或者十字路口，这些地方对人们来说是一个舒适的聊天闲谈、消磨时光的场所。他认为，过去的家庭住房带有花园，还要进行装饰，这些做法是无效率的，现在已经不需要了，家是“生活的机器”，如此一来，各家的房屋就能够有效地组合成大规模的矩形住房工程。

柯布西耶荡平了巴黎、布宜诺斯艾利斯和里约热内卢，但他按照自己的科学原则对这些城市进行重建的梦想破灭了。20 世纪 50 年代，柯布西耶接受全权委托对印度旁遮普省的首府昌迪加尔进行规划，他的一位学生也受托对计划在一片空地上建成的巴西新首都巴西利亚进行规划。今天，这两座城市都声名狼藉，因为那里的生活单调乏味，毫无吸引力，居住在这两座城市中的公务员们对此甚是反感。专制式的高级现代主义也导致了很多美国城市在 20 世纪 60 年代进行了“城市更新”工程，它们用高速公路、高楼大厦和露天广场取代了充满活力的生活社区。

社会科学家有时候也会在社会工程师的梦想面前丧失判断力。儿童心理治疗专家布鲁斯·佩里（Bruce Perry）考虑到，犹太民族的母亲们不能为孩子们提供足够丰富的环境，以满足他们可塑性极强的大脑，因此认为必须“改造我们的环境”。佩里指出：“我们需要改变养育孩子的方式，我们需要改变那种有害的、充满破坏性的、认为孩子是其亲生父母私有财产的观点。人类不是以个体方式进化的，而是以群体方式进化的……孩子们属于群体，只是群体将他们委托给了其父母而已。”

今天，没有人会反对将受到忽视或者虐待的儿童解救出来的做法，但是如果佩里那种经过改造的文化成为现实的话，只要父母的做法不符合最新的教养理论潮流，持枪的人将会拆散任何一个家庭。正如我们将在儿童那一章里看到的，这些理论潮流中的绝大部分是建立在各种充满缺陷的研究上的，这些研究将父母和儿童的每一种相关性都看成是因果关系的证据。美国的亚裔和非洲裔母亲们往往会轻视儿童发展专家们的建议，而采用更为传统、专断的教养方法，而这种方法多半不会对她们的孩子造成永久性伤害。然而，根据子女养育政策，却应该剥夺这些母亲对孩子的抚养权。

人性的概念中没有任何主张是与女性主义矛盾的，这一点我将在关于性别的章节中进行阐述。但是一些女性主义理论家拥护“白板说”，并将之作为一种专断的政治哲学，从而赋予政府决定性的力量，以实现她们塑造无性别歧视的心灵的愿望。1975 年，西蒙娜 · 德 · 波伏娃（Simone de Beauvoir）在一次谈话中说：“不应该认为妇女只能待在家里养育孩子，社会应该彻底改变。女性不应该仅拥有这样一种出路，因为如果只有这样一种选择机会的话，将会有更多的妇女选择待在家里养育孩子。”格洛里亚 · 斯泰纳姆（Gloria Steinem）则更宽容一些，1970 年她发表在《时代周刊》上的一篇文章中写道：“女权运动不应该剥夺女性成为家庭主妇这个选项。一位愿意成为其丈夫的管家婆或女服务员的妇女，将会从她丈夫那里按照家庭内部的约定获得报酬。”贝蒂 · 弗里丹（Betty Friedan）曾大力提倡让 2 岁大的孩子接受“学前义务教育”。凯瑟琳 · 麦金农（Catharine MacKinnon）曾说：“要真正理解艺术，创造出毫不妥协的女性形象，你需要的是像安德里亚 · 德沃金（Andrea Dworkin）那样真正理解文学以及像我一样真正理解法律的人。”很显然，仅靠几个知识分子来告诉社会公众应该欣赏哪些艺术和文学，是极具危险性的事情。

在一次接受采访时，卡罗尔 · 吉利根（Carol Gilligan）解释了她那荒唐理论的含义，在吉利根看来，男孩子存在的行为问题，如口吃和多动症，都是由迫使他们与母亲分离的文化规范造成的。

> 问：你认为男人在生物学上的特性并非如此强大，以至于到了我们无法改变男性文化的地步？
>
> 答：是的。我们必须构建这样一种文化，不鼓励人们与养育他们的人分离。

> 问：你说的这一切是否意味着，除非男人产生根本性转变，否则我们无法促成文化上的巨变？
>
> 答：对我来说是这样的。

一位富有怀疑精神的读者发现，这段问答是对构造一种“新的社会主义男性”的企图的回应，因而他问道：“即使是在学术界，还有人认为这是好事吗？”这位读者是对的。在许多学校，老师们被错误地告知，存在一个“机会区”，在这个区间内，孩子们的性别认同是具有可塑性的。他们利用这个区间来试图压制男子汉气概：不举行同性别的群体游戏，不举办同性别的生日派对，逼迫孩子们从事不带有明显性别特征的活动，不让男孩子们在课间休息时疯跑，不让男孩子玩警察抓小偷的游戏。哲学家克里斯蒂娜·霍夫·萨默斯（Christina Hoff Sommers）在她的著作《对男孩的战争》（*The War Against Boys*）中，非常准确地将这种做法称为“多管闲事，虐待儿童，完全超出了一个自由社会教育者的本职工作”。

女性主义需要的不是“白板说”，而是它的对立面，需要有着明确定义的人性论。今天，对女权运动最大的推动力来自发展中国家妇女的生活状况。在许多地方，女胎被故意地流掉了，刚出生的女婴被杀死，女孩们营养不良，无法接受教育，少女的外生殖器被切掉，人们向有通奸行为的女性扔石头，将她们打死，许多地方甚至认为寡妇应当与她的丈夫一起被火化。许多学术圈里的相对主义氛围使这些恐怖行为被看成是其他文化的一种特定活动，而文化是一种超机体，像人一样拥有不可剥夺的权利，因此，这些学者认为，不应该对恐怖行为进行批评。

为了避开这个陷阱，女性主义哲学家玛莎·努斯鲍姆（Martha Nussbaum）援引“主要的人类职务能力”的观念，认为所有人都享有一些权利，如身体不受伤害，精神自由，能够参与政治活动。她被批评为是殖民主义的“文明使者”或“白人女性的承载者”，即傲慢自大的欧洲人按照自己的想法在训诫世界上那些贫穷的人。但是，如果努斯鲍姆的“能力”概念直接或间接地建立在一种普遍人性的基础之上，那么她的道德论断就能站住脚了。人类的本性为我们提供了一个判定任何人类成员是否遭受苦难的准绳。

承认人性的存在，并不会成为我们永远也无法摆脱压迫、暴力和贪婪的反动教条。当然，我们应该尽可能减少有害的行为，就像我们应尽可能减少饥饿、疾病和自然灾害带来的后果一样。我们与这些苦难做斗争，并不会否认大自然的确存在这些令人痛苦的因素，也不会用某些痛苦事件来抵制另外一些痛苦事件。为了更有效地实现社会变革，必须对能够使变革成为可能的认知和道德资源进行确认。为了使社会变得更加人道，我们必须承认存在普适的欢乐和痛苦，而正是因为这些情感的存在，才使某些变革成为人心所向。

10

决定主义之忧

在提到进化论或遗传学时，人们往往会用决定主义这个概念来解释其中的行为主义取向，对这个概念持一种强烈的否定态度，而本章关注的不是决定主义的这个常常被错误提及而又饱受批评的概念。本章关注的是决定主义的初始概念，是作为与“自由意志”相对的一个概念而出现的，任何哲学导论课程中都会提及它。从这个意义上来讲，关于决定主义的忧虑在下边的这首打油诗中有着生动的体现：

曾经有一位年轻人说道：“该死的！
一想到我在一个封闭的凹槽中，
肯定会被带着向前跑，
我就痛苦得不得了。”
事实上，不是电车，而是电车轨道，

关于“机器中的幽灵”的传统观念认为，有一个自我或者灵魂栖息在我们的身体里面，它决定着我们的身体表现出怎样的行为。这些决定并不会受到某些先验的物理事件的影响，不会像一个弹球那样，要与另一个弹球发生撞击才能落入球袋。大脑这样一个靠遗传而来的器官，它内部产生的生理活动决定着人类的行为，这一看法对传统观念进行了驳斥。这样一来，人们的行为就成了分子运动的机械产物，因此，传统理论中所谓的非外因引起的行为选择者就失去了任何赖以存在的空间。

有关决定主义的第一种忧虑是关于人类的存在方式：从本质来看，我们无法控制自己的行为选择。我们对什么是正确的事情苦苦思索，但这毫无意义，因为每件事好像都是由我们的大脑预先设定好了的。如果你被这种担忧折磨得痛苦不堪，那么我建议你考虑一下下面的实验。在接下来的几天里，不要刻意思考自己该做什么。毕竟，这是在浪费时间：它们都已经被大脑预先安排好了。如果直率行事，活在当下让你感觉不错，那么就去这样做吧。不过，我可不是很正经八百地劝你这样做的。但是偶尔反思一下，如果放弃做出决定，将会发生什么，这可以大大舒缓你的焦虑。这个实验并不是凭空虚构的，它是建立在大脑的工作原理基础之上的。这是一种真实存在的神经活动，它明显具有这样一种功能，能够按照可预见的后果进行行为选择，对接收到的信息（包括他人的劝告）做出反应。你不可能超越这种神经活动，或者是这种神经活动不能够在没有你参与的情况下自发形成，因为这是你的神经活动。如果最刻板的决定主义是真实的，那么你将对它束手无策，因为你对决定主义的担忧以及你如何对付这种担忧，都是被预先决定好了的。担心决定主义会对我们的存在方式造成困扰纯粹是在浪费时间。

艾伦·亚历山大·米尔恩（Alan Alexander Milne）曾经道出了对决定主义的另一种更贴近实际生活的担忧："不用怀疑，'开膛手杰克'会为自己辩护说，自己的恶行只是人性的表现而已。"这种担忧认为，对人性的理解会消解个人责任这一概念。按照传统的观念，本性或者灵魂会决定我们如何去行事，会在事情搞砸时让我们负起责任来。就像杜鲁门总统的桌子上写的那样："责任到此，不能再推。"但是，当我们将行为发生的原因归结为大脑、基因或者是进化历史时，似乎再也不能让个人为其行为负责了。生物学成了最完美的托词，成了免受牢狱之苦的最佳方法，成了医生开出的最好的免责证明。正如我们看到的，提出这种指责的大多来自宗教和文化方面的右翼人士，他们试图保留灵魂这一概念，还有一部分指责来自试图保留"我们"这一概念的学术圈的左派分子。他们认为，即便是处在别无选择的环境之中，我们也能建构出自己的未来。

为什么自由意志会与责任紧密相连，为什么生物学会被认为对这两个概念都构成了威胁呢？其背后的逻辑是这样的：假设人们原本可以做出别的选择，但是他们却有意识地想造成不良后果，在这样的情况下，我们才会对其罪恶行为或错误决定进行指责。我们并不会谴责误把朋友看成一只鹿而向其开枪的猎人，也不会谴责让肯尼迪总统暴露在刺客枪下的司机，因为他们并没有预见会发生什么，也并不想让这样的事情发生。我们会宽恕那些在神志不清的情况下殴打护士的病人，会宽恕那些将他人看成是凶猛野兽而对之进行攻击的疯子，因为我们觉得他们无法对自己的行为进行控制。我们不会对一个让他人失去生命的孩童实施审判，我们也不会对一个动物或者一个无生命的物体进行审问，因为我们认为他们从本质上来看无法做出清晰的选择。

从生物学的角度来看待人性，似乎是在将越来越多的人划入无过失的行列。一个杀人犯可能不是一个严格意义上的精神错乱的人，我们通过新的认识工具，会发现他的扁桃体萎缩或者他的额叶代谢功能低下，或者是他的单胺氧化酶基因存在问题，这可能会使他失去对自己的控制。或者是，对他进行认知心理测验，会发现他患有某种慢性病，无法进行预见，这使他意识不到自己的行为将会造成怎样的后果，或者是他所持有的心智理论是有缺陷的，使他体会不到别人的苦难。总之，如果机器中没有幽灵，那么罪犯的肉体器官中必定有什么东西使他与大多数人不一样，因为大部分人不会在同样的情境下伤害或杀死他人。这样一来，恐怕我们很快就能找到让杀人凶手免受惩罚的缘由，就像我们现在宽恕疯子和孩童一样。

更糟糕的是，生物学可能会告诉我们，我们都是无可责难的，没有过失的。有关进化的理论告诉我们，人类行为动机运作的最根本原则是，在当下的环境中尽可能使我们祖先的基因得以延续。既然没有一个人能意识到这一根本原则，那么就不应有人因追求这一原则而受到指责，就像我们不会责备一个错把护士当疯狗而大打出手的精神病患者一样。当我们了解到古代那些对无灵魂的事物进行惩罚的风俗时会禁不住挠头：如果一头公牛撞死了一个人，那么按照希伯来人的规矩就应该用石头将它砸死；而雅典人的习惯是，如果一把斧子伤了人，就应对其审判，如果发现它有罪，就会将其扔在城墙上示众；中世纪的法国有这样一个案例，一头母猪被处以乱刀砍死的刑罚，因为它伤害了一名儿童；1685 年，人们对法国异教徒所使用的教堂大钟实施鞭打，并将其埋葬。但是进化生物学家坚持认为，我们和动物并无本质不同，分子遗传学家和神经学家认为，我们与无生命的物质并无本质差别。如果人们没有灵魂，对其实施惩罚岂不是非常愚蠢？灵魂创造论认为，如果我们教导孩子说，他们是动物，他们就会像动物一样行事，难道不应该关注这一理论吗？美国枪支协会的汽车保险杠贴纸上写的是“枪支不杀人，是人杀人”，我们是否应该看得更深远一些，认为既不是枪杀人，也不是人杀人，因为人只是一种像枪一样的机械装置？

这些关注并非脱离实际的学术讨论。犯罪辩护律师们有时会关注认知神经科学家的研究，因为他们希望某些大脑扫描结果能为自己的当事人开脱罪行，理查德·杜林（Richard Dooling）的小说《头脑风暴》（*Brain Storm*）就曾对这种情形做过精彩的描写。一些遗传学家发现，一种不寻常的基因会使某个家庭的成员都具有先天性的暴力倾向，这个时候，尽管某一名罪犯和那个家庭毫无关系，辩护律师依然会认为这个罪犯身上也有着类似的基因。如果这样的话，这位律师就会辩解，他的当事人的行为并不是完完全全由其自身的自由意志决定的。当兰迪·桑希尔和克雷格·帕尔默论证说，强奸是雄性的繁衍策略导致的后果时，就有一位律师用他们的研究成果来为一名强奸嫌疑人辩护。在这里，你还可以加入你喜欢的关于律师的笑话。那些老练的生物法律学家，如欧文·琼斯就认为，用“强奸基因”来进行辩护是注定要失败的，但是用生物学解释为那些干坏事的人开脱的危险依然存在。这就是研究人性的科学为我们许诺的光明前途：不是我犯错，而是我的扁桃体有问题？达尔文使我这么做？基因干扰了我写家庭作业？

希望独立自由的灵魂能塑造我们的责任心的人是注定要失望的。在《施展的空间：值得我们追求的自由意志的类型》（*Elbow Room: The Varieties of Free Will Worth Wanting*）这本书中，哲学家丹尼尔·丹尼特指出，人们寄希望于灵魂，最根本上是希望自由自在地去做任何他喜欢的事情。如果人的行为完完全全是由自由意志决定的，那么我们真的无法让人们为他们自身的行为负责任。自由意志不会因害怕可能面临的惩罚而约束自己，或者是为将会招致的耻辱而感到羞愧或愧疚，从而拒绝邪恶的诱惑，因为它总是会与导致这些行为的原因背道而驰。我们不能希望通过制定道德标准、颁布法律条文来制止罪恶行为，因为一个自由的行动者是凌驾于因果链条之上的，是不受这些规则条文影响的。因此，道德和法律是无意义的。我们可以惩罚一个干坏事的人，但这只是为了泄愤，因为惩罚对作奸犯科者以及其他关注惩罚的人们的未来行为不具有任何预测性。

另一方面，如果灵魂会受到自尊、羞耻或者奖惩的影响，那么它就不是处于真正自由的状态之中，因为它被迫（至少有这种可能性）受制于这些事情。不管如何将责任标准转化为改变行为的可能性，比如说，“如果你做了某件事，大家会认为你非常粗野的话，就不要去做这件事”，这样的规则都可以通过神经系统的运算来实现。这样一来，灵魂就会显得有些多余了。

一些科学家指出，即便是头脑最顽固的唯物主义者，也会认为行为预测从来都不可能做到完美无误，只是说明哪种可能性更大一些。在斯金纳行为主义的全盛时期，他的学生们提出了动物行为的哈佛定律：“在实验条件下，通过对温度、时间、照明、喂食量或训练的控制，有机体会表现得仿佛很陶醉于自己的行为活动。”即便是一起长大的同卵双胞胎，基因一样，生长环境也基本相同，他们的个性和行为也并非完全一样，只是具有极高的相似性而已。也许是大脑放大了分子或者量子层面发生的事件的随机性，也许大脑是一种按照不可预测的混沌状态运行的非线性动力系统，也或许是遗传和环境的相互作用机制太过复杂，我们这些凡夫俗子无法精确捕捉，也无法对人类行为做出准确预测。

无法实现对行为的完美预测，这自然意味着对那种认为研究人性的科学属于数学意义上的“决定主义”的陈词滥调提出了批评。但这并没有缓解人们的担忧：科学研究正在消解自由意志的观念和个人责任感。当人们得知，一个人的基因（或者是他的大脑，或者是他的进化历史）使他有 99% 而不是 100% 的可能性杀死他的女房东时，这简直起不到任何安慰作用。的确，从严格意义上来讲，这个人的行为并不是被完全安排好了的，但是他仅有 1% 的可能性去做其他行为，这怎么能忽然之间使这个人变得“负责任”呢？事实上，就这种可能性自身而言，是完全没有价值的，并不能使个人负起责任。一个人可以认为拉斯柯尔尼科夫（陀思妥耶夫斯基的小说《罪与罚》中的主人公，他杀了自己的房东老太）的大脑中的一些分子有 50% 的机会向某一方向运动，使他犯下杀人的罪行，这些分子还有 50% 的机会朝另一方向运动，使他放弃这种罪行。这样一来，我们还是没有发现像自由意志这样的事物，以及责任这一概念，从而能够减少有害的行为。休谟指出，将道德责任问题等同于某一行为背后的物理原因，就会出现一种两难困境：要么我们的行为是被预先决定好的，这样一来我们就无法为这些行为负责，要么这些行为是随机事件的产物，我们还是无法对这些行为负责。

希望通过放弃生物学解释从而保留个人责任的人们恐怕要极度失望了。最近几十年，为那些恶行进行开脱的最滑稽的说法有，这些行为不是由人们的生理构造决定的，而是由环境决定的：为虐待行为开脱、甜点抗辩（Twinkie defense，犯人将自己的罪行归咎为由其他非正常外界因素导致的）、非裔美国人之怒（black rage，这个词最早出现在对一个非裔美国人杀人犯的辩护中，他的律师认为美国社会对非裔美国人的歧视使得这位非裔美国人感到极端愤怒，从而丧失了理智，希望由此为这位罪犯开脱）、色情内容的毒害、摇滚歌曲、大众媒体上泛滥的暴力行为以及不同的文化形式（最近有一个为一位吉卜赛骗子辩护的律师和另外一位为杀死自己男友的加拿大裔印第安妇女辩护的律师都使用了这个概念）。就在我写下这段话的这一星期里，报纸上就出现了两个新的例子。第一个例子是关于一位临床心理学家的，他试图与那些多次杀人的罪犯“进行对话”，以使他们获得心灵的平静，变得仁慈，或者使他们获得一次上诉的机会。下面这段话反映出这位心理学家试图将“白板说”“高贵的野蛮人”、道德主义谬误和环境决定主义融合在一起：

> 如果没有遭受极大的伤害，大部分人是不会犯下滔天罪行的。世界上每天降生的不是妖怪和恶人，而是孩子，他们常常会遭受可怕的事情。结果，他们也开始作恶。我更愿意生活在这样一个世界，而不愿生活在一个不断有妖怪出生的世界。

另外一个例子是有关一名曼哈顿的社会工作专业的学生。

> 蒂凡尼·戈德堡（Tiffany F. Goldberg）是一位25岁、来自威斯康星州麦迪逊市的女子，她被一名陌生人用一大块混凝土打伤了头部。事后，这位女子表达了对攻击者的关心，她推测说，这个人可能有一个不幸的童年。
>
> 哥伦比亚大学社会工作专业的研究生们认为，戈德堡小姐的态度与他们对暴力的看法是一致的。27岁的研究生克里斯滕·梅勒（Kristen Miller）说："社会往往会责备个体，事实上，暴力是在代与代之间传递的。"

进化心理学家往往会受到指责，人们认为他们的理论，即我们的祖先通过滥交有了更多的后代，是在为人们的滥交行为开脱。他们可能从下面的一些例子中获得支持，一本关于布鲁斯·斯普林斯廷（Bruce Springsteen）的自传提及，"自我怀疑使他经常能够获得乐团的那些年轻女粉丝的同情"，一篇书评指出，伍迪·艾伦对性的轻率态度"源于心灵创伤"以及他母亲"对他的虐待"。希拉里·克林顿在接受《谈话》栏目的采访时，对她丈夫的性丑闻进行了臭名远扬的解释：

> 他遭受虐待时，年龄非常小，仅有4岁，因此他不能排解掉自己的恐惧并正视这件事。他母亲和祖母之间存在着尖锐的冲突。一个心理学家曾告诉过我，对于一个男孩来说，夹在两个女人的冲突之间是一件再糟糕不过的事情。他会总是想着取悦发生冲突的每一方。

虽然只字未提大脑、基因或者是进化，但克林顿夫人明显是在利用权威的话语在为丈夫的出轨行为开脱。这背后的逻辑似乎是这样的：如果某人试图把某一行为解释成某些因素导致的，那么解释者似乎是在说这一行为并不是行为者自由选择的，因此行为者不能为之负责。

环境决定论如此司空见惯，以至于围绕着它出现了一系列的讽刺作品。《纽约客》上曾刊登过这样一幅漫画，一个站在证人席上的妇女说道："是的，我丈夫打我是因为他有不幸的童年，而我杀了他是因为我也有一个不幸的童年。"在连环漫画《不合逻辑的推论》（*Non Sequitur*）中，一个精神病医院的指南是这样写的："一楼主治：母亲的错误导致的疾病；二楼主治：父亲的错误导致的疾病；三楼主治：社会的错误导致的疾病。”谁能忘了电影《西城故事》（*West Life Story*）中“火箭”帮成员们向当地警官进行的解释：“我们之所以堕落，是因为我们被剥夺了童年。”

亲爱的、仁慈的克拉克警官，
你要知道，
是我们的教养，
使我们失去了对人生的控制，
我们的母辈们是一群瘾君子，
我们的父辈们是一群酒鬼，
神圣的摩西啊，我们自然而然地就成了阿飞。

这种分析大错特错，因为它将生物学解释与为罪行开脱混为一谈。对生物学理论和环境理论持批评意见的人认为，这两种理论对行为发生的原因所做的解释旨在免除行为者的罪责。这完全弄反了，对行为进行解释并不是要免除行为人的罪行。希拉里·克林顿的辩词可能是心理学历史上最愚蠢的心理解释，但不应指责她是在试图为他的总统丈夫开脱。《时代周刊》刊登的一个故事描绘了克林顿先生是如何回应人们对他妻子的批评的：“我从没有为那些不可饶恕的事实寻找宽恕的借口，我的妻子也是这样，相信我。”他还挑了一下自己的眉毛以示强调。如果行为人的行为并非完全随机的，那么就要对之做出一些解释；如果行为人完全是随机行事的，那么我们在任何情况下都不能让他为自己的行为负责。因此，如果我们想让人们永远对自己的行为负责，那么就会发现必须对行为做出因果解释，而不管这种解释是否会涉及基因、大脑、进化、个人形象、自我怀疑、教养或者是否要由争吵不休的妇女抚养孩子等议题。对行为进行解释和对行为表示宽恕这两者是不一样的，“理解并不代表宽恕”这句话就体现了这种差别，包括休谟、康德和萨特在内的许多哲学家也都从不同角度对两者的区别进行过论述。大多数哲学家都认为，一个人除非受到了胁迫，比如说，被人用枪指着脑袋，否则，我们会认为他的行为都是其自由选择的结果，即使这些行为是受到了大脑中一些事件的影响。

但我们怎样才能同时拥有科学解释（它需要做出符合自然规律的因果解释）和责任（它离不开自由选择）呢？要想同时拥有这两者，我们不需要解决古老的自由意志和决定主义之间的二律背反，这也许是永远解决不了的谜题。只需弄明白，我们需要责任这个概念来实现什么就可以了。不管责任这个概念具有怎样的内在抽象价值，它都有着显著的实践功能：阻止有害行为的发生。当我们希望某个人对某个错误行为负责任时，我们是希望他能够自我惩罚——补偿受害者，默认别人对自己的羞辱，接受罚款或者真心表露自己的愧疚，我们也保留对他实施惩罚的权利。除非一个人愿意承受一些不愉快的结果，否则，所谓的责任就变成了空谈。当尼克松总统最终向压力屈服，宣称自己要为水门事件“负起责任”时，他受到了人们的嘲讽，因为他既不愿意道歉，也不愿辞职，更不愿意解雇自己的助手。

让人们负起责任的原因之一是防止个人在未来犯同样的错误。但这并不是唯一的原因，因为这与行为主义者矫正动物行为时所使用的惩罚仅存在程度上的差别。对于人类这样具有社会性、能够使用语言、能够进行推理的有机体来说，惩罚也会使其他社会成员明白如果作恶的话将会导致怎样的后果，从而对自己的行为加以约束。这也是为何即使那些垂垂老矣的纳粹战犯再制造种族大屠杀的可能性微乎其微，让他们死在玻利维亚也没有什么大碍，但我们依然觉得必须对他们实施惩罚的原因所在。让他们对自己的行为负责，也就是说，不管恶行是在何时何地发生的，都要对之进行惩罚，通过这种强化措施，我们希望未来不再有类似的罪恶发生。

这并非说“责任”这一概念可以用政策分析家的那种以最小成本去制止尽可能多的有害行为的方式来看待。专家们认为，惩罚一个纳粹分子并不能防止将来暴行的发生，或者如果调动更多的人力去抓酒后驾驶的司机，就能拯救更多的生命，即使如此，我们依然希望纳粹分子受到审判。对责任的强调是源于“善有善报，恶有恶报”的炽热情感，而不仅仅是冷静地计算如何以最佳方式制止某些行为的发生。

然而，即使从“善有善报，恶有恶报”的角度来看待惩罚，它也终究只是一项强调阻止的政策。这样一来，阻止这种方法的内在矛盾也就成了惩罚要面对的两难困境：虽然惩罚可以制止行为的发生，但是如果行为者是无意之中而不是因为他是一个虐待狂或者出于某种荒谬的动机做了恶事，那么惩罚的可信性就值得怀疑了。死刑的反对者认为，“死刑并不能使受害者活过来”，但这话也可用于其他任何行为的惩罚。如果我们只是从惩罚被执行的这个时段来看的话，会觉得惩罚行为充满了恶意，它耗费了实施惩罚者的精力，对被惩罚者造成了伤害，同时却没有让任何人获得直接益处。在20世纪中期，惩罚的这种内在矛盾性以及心理学和精神病学的出现使不少知识分子认为，对罪犯的惩罚是蛮荒时代延续下来的产物，应该被心理治疗和心理康复所取代。萧伯纳的《监禁之罪》（*The Crime of Imprisonment*）和卡尔·门宁格（Karl Menninger）的《惩罚之罪》（*The Crime of Punishment*），其书名本身就反映了这种观点。一些著名的法理学家，如威廉·道格拉斯（William O. Douglas）、威廉·布伦南（William Brennan）、厄尔·沃伦（Earl Warren）和戴维·贝兹伦（David Bazelon）也旗帜鲜明地支持这一观点。这些激进的克拉克警官式的人物对决定主义一点儿也不担忧，他们张开双臂欢迎它。

即便今天有人认为，从短期来看惩罚罪犯毫无意义（他们没有考虑到惩罚对那些屡教不改的惯犯也是束手无策的），他们也很少会认为惩罚罪犯是一种过时的行为。这是因为，如果我们在决定是否实施惩罚时考虑到了短期效应，那么那些潜在的为恶者就会预料到这种情况，并在行事的时候考虑到可能面临的后果。他们可能会预期一旦我们来不及阻止犯罪行为的话，我们就会觉得没必要惩罚他们，如此一来，他们就会觉得我们不过是在虚张声势，他们的行为不会受到惩罚。唯一的解决办法就是，不管短期效果怎样，都要对为恶者实施坚决的惩罚。如果惩罚不只是说说而已，就没有人会认为是在虚张声势。正如奥利弗·温德尔·霍姆斯（Oliver Wendell Holmes）所说的那样：“如果和将要被我判处绞刑或者电刑的一个人进行一场哲学对话的话，我会说，‘我并不怀疑你的行为对你来说是无法避免的，但是为了使他人引以为戒，我们决定为了公共利益而牺牲你。如果你乐意的话，你可以把自己想象成一名为国捐躯的士兵。但是法律不是戏言，必须执行’。”这种言必信的做法，不考虑直接的成本或者与常识是否一致，构成了将正义看成是原则的坚实基础。如果一名死囚犯试图自杀，我们会迅速将他送到紧急救护室，尽力去拯救他，给他最好的药物以帮助他康复，然后再处死他。我们这么做，是因为我们的政策要确保去除掉所有“欺骗正义”的可能性。

死刑是一个极好的例子，它可以揭示阻止这种方法逻辑上的矛盾性，但是这种逻辑只适用于那些较轻的惩罚措施，适用于那些报复行为，适用于那些无形的社会惩罚措施，如流放和嘲笑。进化心理学家和博弈论专家认为，阻止这种方法的内在矛盾导致了那些能够强化对正义的渴求的情感演化：对“恶有恶报，善有善报”的迫切需求，以及认为恶行打破了宇宙平衡，只能通过相应的惩罚才能消除它的强烈信念。那些受情感驱使，对妨碍自己的人采取报复行为的人，会更容易让对手明白自己将会有怎样的行为，受到别人压迫的可能性也更小一些。许多法理学家认为，刑法只不过是人类对“善有善报，恶有恶报”的渴求的一种比较克制的实施方式，是为了防止这种渴求升级为群体之间的互相报复而被设计出来的。维多利亚女王时期的法理学家詹姆斯·史蒂芬（James Stephen）曾说过：“刑法与人们对报复的渴求之间的关系，就像婚姻与人们对性的渴求一样。”

宗教关于“原罪”和“责任”的概念只不过是扩展了这种观念，认为任何未被发现或者未受到惩罚的恶行，终会被上帝发现，并受到上帝的惩罚。马丁·戴利和马戈·威尔逊总结了我们对责任和因果报应有一种近乎直觉的感受的根本原因：

> 从进化心理学的角度来看，这种近乎神秘、好像不可还原的道德规则，是大脑运行机制的产物，明显具有适应进化的功能：通过大脑的计算，确认什么是正义，实施什么样的惩罚，以确保犯罪者不能从他们的罪行中获得任何益处。宗教教义中那些浩如烟海而又神秘莫测、晦涩难懂的关于救赎、忏悔和神圣的正义及类似方面的论述，只不过是将尘世中一件充满了实用主义色彩的事物归因为了一个更高级的、超然的权威：使那些自私的竞争性行为不能获得收益，从而阻止这些行为的发生。

阻止这一方法所具有的内在矛盾也构成了“责任”这个概念中的逻辑矛盾的一部分，这使我们在了解一个人的心理状态之后，对制止的方法进行扩展或压缩。当今社会并不是仅仅只判断哪一种政策是最有效的制止犯罪的方法。例如，如果一个人唯一看重的就是减少犯罪行为，那么他就会使惩罚特别残忍，大部分社会在近代也曾这么做过。仅仅根据他人的指控，或者是心虚的表现，或者是屈打成招的供词就可以宣判一个人有罪，也可以处死一名罪犯的全部家庭成员或他的宗族，又或是整个村庄；也可以告诉自己的敌人，像电影《教父》中的维托·柯里昂对另外一个犯罪家族的头领说的那样：“我是一个迷信的人，如果在我的儿子身上发生了不幸的事情，如果我的儿子被闪电击中，我将会惩罚这里的一些人。”

我们之所以会觉得上述行为很野蛮，让我们感到震撼，是因为它们造成的伤害远远超过了制止可能发生的恶行所需要的伤害。正如政治作家哈罗德·拉斯基所说：“说到底，文明意味着社会不愿意造成不必要的痛苦。”这些牵涉面过宽的阻止措施存在的问题是它们将无辜的人卷了进来，这些无辜的人，比如开枪杀人者的亲属，或是在一场暴风雨中目睹了教父的儿子被雷劈死的旁观者，并不能阻止我们不希望的事情发生。既然对这些无辜的人实施惩罚并不能阻止与他们类似的其他人作恶，那么即使是从长期来看，这种伤害也不能产生任何补偿性收益，因此，我们认为这些惩罚是错误的。我们的目标是将有关惩罚的政策调整为只针对那些可能会被阻止作恶的人。这些人才是我们认为“应该要对自己负责”的人，才是我们认为应该受到惩罚的人。

规则良好的阻止政策解释了我们为什么不对某些造成伤害的人实施惩罚。对于那些觉察不到自己的行为会对别人造成伤害的人，我们并不会实施惩罚，因为这种政策对于这些人或者其他人将来的行为不起作用。肯尼迪遇刺案中的司机无法知道将会发生什么，那么没能阻止司机将总统暴露在刺客的枪口之下。我们并不会对神志不清者、疯子、儿童、动物或者无生命的物体实施惩罚，因为我们认为他们以及类似的实体由于缺乏认知能力，并不明白这种政策，也就无法约束自己的行为。我们免除这些主体的责任，不是因为他们遵循的是可预测的生物学规律，而其他人遵循的是神秘的无规律的自由意志。我们之所以免除他们的责任，是因为他们并不像大多数成年人，他们缺乏功能完善的大脑系统，不能够对惩罚的公共后果做出反应。

这解释了为什么免除责任的对象通常不应包括所有的男人或者所有的虐待罪犯或所有的人类，即使我们觉得能够揭示这些人在当时那么做的原因，也是如此。这些解释能够帮助我们理解大脑的哪些部位能够使某种行为变得更具诱惑力，但是这些解释并没有涉及其他一些能够通过对群体反应的预期而去抑制这些行为的大脑部位（通常是额叶部位）的功能。我们就是那个群体，我们的影响力会对大脑的抑制系统产生作用。如果我们只是对那些会对诱惑起反应的大脑系统有所了解的话，我们为什么要放弃对大脑抑制性系统施加影响呢？如果你觉得我们不应该放弃施加影响，那么这就足以让人们对自己的行为负起责任，而不用借助于意志、灵魂、自我或者“机器中的幽灵”的概念。

这一争论与另一场旷日持久的争吵不休的辩论很相似：从心理学的角度来看，如果被辩护人精神错乱，是否应该免责。许多英语国家的法律系统遵循的都是19世纪的迈克·诺顿（Mike Naughten）规则：

> 每一个案件的陪审员都应该被告知，应该假定每个人都是健全的，拥有足够的理智来为他的犯罪行为负责，除非相反的说辞能够让他们满意；要想从被辩护人精神有问题的角度来进行抗辩，必须清楚地证明，在实施罪行的时候，被起诉者的理智不健全，大脑存在着病患，无法明白自己的所作所为的本质和性质，或者即使他知道这些，他也不清楚自己正在实施的行为是错误的。

对于一些人来说，惩罚政策也无法阻止他们的行为，上述就是对这些人的特征的精彩描述。如果一个人思维混乱到意识不到自己的行为将会给他人造成伤害的程度，那么他就无法受到“不要伤害他人，否则会受到惩罚”的规则的管束。迈克·诺顿规则的目标是制止恶意的惩罚，对那些无法阻止其行凶的犯罪者实施恶意报复。

从测试一个人的认知系统能否对惩罚措施做出反应，然后扩展至检验律师关于某种行为原因的解释，精神障碍防御在逐步变得声名狼藉，因为它不得不与精神病医生周旋，而且成了那些巧舌如簧的律师常用于免责辩护的说辞。在 1954 年的杜克条例中，贝兹伦援引“心理治疗科学”和“心理学”的概念来为精神障碍防御构建新的基础：

> 我们现在所持的规则很简单，如果被告的不法行为是大脑疾病或者大脑缺陷的产物，那么他就不用为他的犯罪行为负责。

除非人们相信自己的日常行为都是由“机器中的幽灵”决定的，否则，我们所有的行为都是大脑的认知和情感系统的产物。犯罪行为相对来说是比较少见的（如果每个人都像那些被告一样行事，那么针对被告的行为制定的法律将会被废除），因此，恶行通常属于大脑异常的产物，这样一来，这些恶行就可以被认为是“大脑的疾病或大脑缺陷的产物”。杜克条例以及类似的精神错乱方面的条例，对大脑正常情况下的行为与大脑异常情况下的行为进行了区分，由此可能引发这样的威胁：任何关于心智方面的研究进展都会消解“责任”这一概念。

现在有一些心智和大脑方面的研究能对我们关于责任的态度产生真正的影响，但它们呼吁的是扩展责任的范围，而不是缩小。假定许多男人的内心都会累积殴打妇女的欲望，这是否意味着对这些男人的惩罚应该宽大一些，因为他们难以控制自己的行为呢？或者，这意味着应对这些人施以更严厉的惩罚，因为这是阻止这种强烈的欲望的最佳办法。假定发现一名凶残的精神病人在同情心上存在着缺陷，他无法体会到受害者所受的苦痛，那么我们应该因为他没有同情心而减轻对他的惩罚吗？或者我们应该加重对他的惩罚，给他一个教训，因为这是让他明白的唯一方式。

为什么人们的直觉会指向两个截然相反的方向：“如果他无法控制自己，那么对他的惩罚应该宽大一些”，或者“如果他无法控制自己，那么对他的惩罚应该更严厉一些？”这就要回到阻止这一方法所具有的矛盾上去。假定对某些人来说，要想禁止他们将车停在消防栓前，必须使用威胁手段，对他们打上一鞭子才行的话；假定对那些基因、大脑存在问题或者童年不幸的人，只有对他们处以十鞭的刑罚以示警示，才能阻止他们将车停在消防栓之前的话，那么一项对于非法停车者处以九鞭的刑罚的政策将会导致不必要的痛苦，而且还不能解决问题：九鞭子对于制止正常人的不法停车行为来说有点过了，而对于那些精神不正常的人来说，又显得不足。只有十鞭的惩罚措施才能减少非法停车行为，减少鞭刑的发生：每个人都会受到管束，也就没有人会堵住消防栓，就没有人会受到鞭刑。因此，这里的悖谬是，两种极端的政策（严厉的惩罚和免除惩罚）都是言之成理的，而只有中间型的政策是站不住脚的。当然，在现实生活中，对人们的惩罚方法并非只有两种，而是有很多变化的，如对某些人打一鞭子，另一些人打两鞭子，等等，因此，很多折中的政策之所以能够站得住脚，主要取决于我们在制止错误行为带来的收益与实施惩罚造成的成本之间进行怎样的权衡。

即便是对那些因额叶受损，存在着导致精神病的基因或者其他一些公认的缘由而无法阻止自己行为的人来说，也不能允许律师纵容他们为所欲为。对于这些可能伤害自己以及他人，却对犯罪审判系统的“胡萝卜加大棒”措施没有概念的人，我们早就有了一套机制：非自愿民事监管，这是我们在保证公民自由和保护人们免受伤害之间权衡的结果。在这些决策中，有关人性的科学研究能帮助我们评估制止行为发生的可能性及其分布区间，但是这些研究无法在尽可能避免不必要的惩罚和尽可能防止未来的错误行为这两种冲突的价值观之间做出权衡。

并不是说我已经解决了自由意志的问题，我只是认为，当我们对行为发生的原因了解得越来越多的时候，我们不需要为了保留个人责任的概念而去解决这个问题。我也并不是说，阻止是唯一倡导美德的方法，我们只是应该把这种方法看成是一种能使责任这个概念有保留价值的积极因素。总之，我希望自己解决了两种谬误，使关于人性的科学研究不再导致不必要的恐慌。第一种谬误是，生物学解释会消解责任的概念，而环境决定论则不会。第二种谬误是，因果解释（生物学解释和环境决定论）会消解责任的概念，而那种相信一个非外因引起的意志或者是灵魂存在的观念则不会。

11

虚无主义之忧

从生物学的角度对心智进行解释，引发的最后一种担忧是：这种解释会剥夺我们生活的意义和目的。如果我们只是一种不断复制自身基因的机器，如果我们的欢乐和满足只是生物化学反应的结果，而这种化学物质某一天会被人为地制造出来，如果生命被创造出来并不是为了更高的目的和朝向更高尚的目标，那么继续活下去的意义何在？我们珍爱的生活只会变得非常虚假，会成为一个有着光鲜外表的波特金村庄。

担忧来自宗教和世俗两个方面。教皇约翰·保罗二世 1996 年给教廷科学研究院的一篇名为《真理不能与真理相矛盾》的致辞集中体现了宗教方面的担忧。教皇承认达尔文的进化论“并不只是假说”，因为许多独立领域中的发现都趋向于支持这一理论。但是他将“精神灵魂”划在了进化论之外，认为这是人类进化中的跃变，是一种无法被科学观察到的“本体论上的飞跃”。这种精神不可能“来自活性物质的力量”，因为它们无法“承载人类的尊严”：

> 人是地球上唯一一种上帝按照自己的形象创造出来的生物……换句话说，无论是对人类种群还是对社会而言，都不能将人类个体看作一种纯粹的手段或者一种纯粹的工具。他自身就是价值。他是一个人。凭借其拥有的知识和意志，能够与同伴进行沟通，他会团结他人，也会舍己为人……人因受到感召而去探索知识，热爱上帝，这些都会随着时间的推移完全实

现，成为永恒……

由于精神和灵魂的存在，人才拥有了尊严……如果人的肉体源于业已存在的活性物质，那么人的精神和灵魂则是上帝直接创造的……因此，进化论与它的根源哲学一样，要么认为精神是从活性物质中生成的，要么认为精神是这种活性物质的附带现象，这是与关于人的真理相矛盾的。它们不能承载起人类的尊严。

换句话说，如果大脑是由活性物质生成的，并且科学家的观点也是正确的，那么我们将不得不放弃价值和个人尊严，也不会与我们的人类同胞团结在一起，并给予他们无私的关心，我们将会放弃更高的目标，即通过上帝之爱以及了解上帝为人类所做的规划来实现这些价值。这样的话，就没有办法使人类远离那样一种充满冷酷的剥削和玩世不恭的自我中心主义的生活。

毋庸置疑，与教皇辩论只是一种最高级别的耍嘴皮子。本章的这一部分不是要驳倒他的观点，也不是要声讨宗教，或是否认上帝的存在。宗教为无数人提供了慰藉、归属感和道德指引，甚至一些生物学家认为自然神论（一种以理性为基础的神学理论，认为上帝创造了世界后就抛弃了它，不再支配生命，不再向自然现象施加影响力，也不再给予超凡的启示），许多宗教理论的这一演进方向，如果更复杂一些的话，从进化的角度对人类心灵和本性的解释是能够与之相兼容的。我在本章中的目标是防御性的：反驳认为从物质主义的视角对心灵进行理解在本质上讲不道德的观点，以及认为宗教概念从本质上更具有人道主义精神，我们应该支持这些宗教看法。

当然，即使是持最彻底的无神论观点的科学家也不会鼓吹冷酷的无道德主义。大脑是由许多普通物质构成的物理系统，但这些物质是以极其复杂的方式组织起来的，因此它能够赋予感觉器官感知欢乐和痛苦的能力，而这反过来又为道德的出现提供了舞台。连环漫画《凯文和跳跳虎》（*Calvin and Hobbes*）对其中的缘由做出了简明扼要的解释。

跳跳虎，就像与它同名的那个人（即英国哲学家霍布斯）一样，论证了为什么一个不道德的利己主义者的立场是站不住脚的。利己主义者如果从来没有深陷泥潭，那么他可能会过得好一些，但如果他本人不愿意克制自己不去把别人推到泥潭里，那么他就很难要求别人克制自己不去把他推到泥潭里。既然不把别人推倒在泥潭里，也不被别人推倒在泥潭这一结果远胜于把别人推倒在泥潭里，以及被别人推倒在泥潭里所造成的后果，那么即使付出一些成本，坚持一种道德规范依然是值得的。正如过去数百年中道德哲学家指出的那样，一旦个人从客观的立场出发，把自己看成是和其他人一样的人，那种“不管别人，只管自己”的生活哲学顷刻就会土崩瓦解。这就如同某个人坚持自己当下所处的空间位置是宇宙中的一个特殊场所一样。

凯文和跳跳虎（漫画中的两个角色）的对抗性态势是社会有机体之间与生俱来的，我们有理由相信解决这种对抗的方案（即道德感）是人类从进化中得来的，而不是我们每个人从泥浆中爬起来后退出这场争斗，进而思索而得来的。仅仅1岁半的孩子就会自发地将玩具让给别人，为他人提供帮助，尝试着去安慰那些明显处在悲伤中的大人或其他孩子。不管生活在哪种文化中，人们都会区分对与错，拥有一种公平、公正的观念，都会帮助别人，都会强调权利和义务，都相信错误应该纠正，强奸、谋杀和其他一些暴力行为应该被禁止。这些道德情感在那些我们称之为精神病患者的人身上显然看不到。因此，宗教理论中关于道德来源的解释，应该为我们的道德感是由进化赋予的看法所取代，而且在人类历史的进程中，我们通过理性（掌握了用我们的利益和他人的利益进行交换的逻辑）、知识（明白了长期合作带来的好处）和同情心（拥有了能让我们对他人的痛苦感同身受的经验），不断地扩展着道德感的运用范围。

我们怎样才能判定哪种理论更可取呢？进行一个思想实验，就可以让两种理论互相批驳。如果上帝命令人们要自私、残忍，而不是慷慨和仁慈，那么正确的行为方式是什么呢？那些将自己的价值观建立在宗教基础上的人将不得不承认我们应该自私和残忍，而诉诸道德感的人将会认为我们应该拒绝上帝的命令。这表明，（我希望）我们的道德感应该是居于首位的。

这一思想实验并不是13岁的无神论者所钟爱的智力测试题，他们可能更喜欢“如果上帝能看到未来并知晓一切，那么他为什么要关注我们的行为呢”这一类的问题。宗教历史表明，人们确实因为上帝而做了各种自私自利和残忍之事：如大规模屠杀米甸人，绑架他们的妇女，向妓女扔石头将她们砸死，绞死同性恋者，烧死女巫，杀死异教徒和离经叛道者，将异教徒从窗口扔下去，禁止对奄奄一息的儿童进行治疗，向堕胎诊所开枪射击……假借上帝之名而实施的罪恶行为反复出现，这表明它们并不是偶然现象。一个没有人能看到的万能权威，对于那些希望征募圣战勇士的邪恶领导者来说，是非常有用的。一种无法证实的信仰，必然是经由父母或者同伴传达给我们的，而不是我们在这个世界里发现了它，因此，信仰必然会因民族的不同而不同，这就造成了不一样的认同标识。

谁说关于灵魂的教义比把大脑理解为一种物理器官的看法更为人性化？治愈肝炎、帕金森病等疾病的希望可能来自对干细胞的研究，而这却是宗教运动所试图禁止的，因为这种研究使用的是能孕育出“本体论飞跃”的“灵魂和精神”的细胞。但如果让人们死于肝炎，或者被帕金森病反复折磨，有什么尊严可言？如果不把思想和情感看作非物质的灵魂表现形式，而是把它们看成生理和基因的产物，那么阿尔茨海默病、重度抑郁症、精神分裂症等充满悲剧色彩的疾病的症状可能会减轻不少。

即便相信有来世能够带来情感上的慰藉，也会导致两种不同的结果。当我们的大脑死亡，我们停止存在时，生活将会失去它的意义吗？反过来，如果我们意识到我们感觉到的每一分钟都是一份无比珍贵的礼物，还有什么比这更有意义的呢？而当我们告诫自己“生命苦短”时，会有多少争斗因此而得以避免，有多少友情得以延续，有多少时光不再被荒废，有多少友善会被播散啊！

世俗主义的思想家们为什么会担忧生物学会使生活失去意义呢？这是因为生物学看起来会贬低我们最珍视的价值的重要性。如果我们对子女的爱只是大脑分泌的后叶催产素作用的结果，其目的只是保护我们的基因投资的话，养育子女的崇高伟大不会被削弱吗，父母的牺牲精神不会被贬低吗？如果同情心、信任和对正义的渴望只是进化的结果，只是为了获得别人的帮助，防止欺骗，那岂不是意味着不存在像利他和正义这样自身就是其存在原因的事物？我们嘲笑那些通过捐助节省税赋从而为自己谋利的慈善家；我们嘲笑那些在电视上对反对罪恶大谈特谈，背后却寻花问柳的福音传道者；我们嘲笑那些只有在照相机对着他们的时候才会维护受压迫者利益的政客们；我们嘲笑那些只是为了将之视为一个吸引女性的好方法而去支持女性主义的新新人类。进化心理学似乎在告诉我们，我们就是这样一些伪君子，而且一直如此。

认为科学知识会消解人类价值观的担忧使我想起了《安妮·霍尔》(*Annie Hall*)这部电影开头的一幕，年幼的阿尔维·辛格被带到家庭医生那里接受治疗：

妈妈：他抑郁了，突然之间什么也不干了。

医生：你为什么抑郁呢？阿尔维。

妈妈：告诉弗里克医生。(代替他回答)因为他读了一些东西。

医生：他看了一些东西？

阿尔维：(点头)宇宙在膨胀。

医生：宇宙在膨胀？

阿尔维：是啊，任何事物都是宇宙的一部分，如果宇宙不断膨胀，那么它将会在某一天分崩离析，那样的话，对任何事物来说都将是世界末日。

妈妈：这关你何事呢？（转向医生）他不做家庭作业了。

阿尔维：做家庭作业有什么用呢？

这一幕非常有意思，因为阿尔维将两种不同层面的分析混为一谈：我们测量宇宙是以百万年为单位的，而我们测度生活是以天、年、10年为单位的。正如阿尔维的母亲指出的那样，“宇宙膨胀有什么关系呢？你在布鲁克林啊！它可没有膨胀！”

那些认为我们所有的动机都是自私自利的，因而感觉非常抑郁的人，实际上就像阿尔维一样，把事情弄混淆了。他们将最终的因果关系（为什么某种事物通过自然选择而得以进化）与当下的因果关系（这种事物在当下是怎么进行活动的）混为一谈。但这又是很自然的，因为这两种解释看起来非常相似。

理查德·道金斯提出了一个好方法，帮助我们理解自然选择背后的逻辑，这个方法就是把基因想象成有着自私自利动机的行为人。虽然我们不应该忌恨这个隐喻，但是如果不注意的话，就会跌入这个隐喻包含的一个陷阱。基因的动机带有一种隐喻的性质——复制自我——而由基因所衍生出来的有机体的动机则是一种实实在在的动机。这两种动机是很不一样的。有时候，一个基因所做的最自私的事情却会让大脑迸发出无私的动机——真心真意的、慷慨的，源自骨子里的无我利他。虽然从基因的角度（最终的层面）来看，对自己孩子的爱（他们将自己的基因一代代传下去）、对配偶的忠贞（对方基因的命运与自己基因的命运是一致的）、对朋友和伙伴的爱（如果你值得信任，他们会信任你），都可以隐喻性地认为有着自私自利的动机，但是从人类的角度（当下的层面）来看，这些爱可以是没有底线的，不用怀疑的。

这两种解释如此容易混淆，可能还有一个原因。我们知道，人们有时候会有一些隐秘的动机。他们表面上慷慨大方，而骨子里却贪婪吝啬，表面上对神灵虔诚，背地里却对神灵冷嘲热讽，表面上拥护柏拉图式的爱情，私下里却沉迷于欲海。弗洛伊德使认为人类行为背后普遍存在着隐秘性动机的观念深入人心，这些隐秘的动机深埋在心灵深处，不易察觉。将这种观念与将基因看成是人类的一种本质或者核心的错误看法结合在一起，你就会把道金斯和弗洛伊德的观念混杂在一起，形成这样一种看法：基因的隐喻性动机是人类深层的、无意识的、隐秘的动机。这绝对是错误的。正如前文所讲的，布鲁克林并没有膨胀。

即便是能够将基因和人类自身区分开来的人，可能也会觉得郁闷。心理学告诉我们，我们所有的经验可能都属于大脑对信息处理后的虚构的产物。我们对红色和绿色体验上的本质差异，并没有反映出现实世界里不同光波的本质差异——使我们关于色彩的概念得以形成的光线的波长是一个连续统一体。在我们看来，红色和绿色有着本质上的差异，而实际上它们只是我们神经系统中的化学物质和神经线路相互作用的结果。这些物质可能在有着不同的感色素或神经线路的有机体那里是不存在的；一般的色盲患者就是如此。而我们赋予一个物体的情感色彩就像我们感受到的这个物体的物理色彩一样，都是一种虚构的产物。水果的甜蜜、恐高症以及对腐肉的反感都是神经系统想象的产物，是我们从进化过程中获得的，目的是在面对上述这些事物时能够更好地应对。

关于人性的科学似乎是在暗示，对与错，有价值与无价值，美与丑，神圣与卑贱等情况也是如此。它们是我们神经系统构建的产物，是我们投射于自己内心世界的画面，是作用于大脑兴奋区域的方法，并不比红色和绿色之间的差别更真实。当马雷的灵魂问斯克鲁奇（两人都是狄更斯的小说《圣诞颂歌》中的人物），他为什么怀疑自己的感觉时，斯克鲁奇回答说："因为一件小事就会影响我的感觉。肠胃稍微有些不舒服，我的感觉可能就会欺骗我。你可能是一块没有消化干净的牛肉，一撮芥末，一小片奶酪或者一块半生不熟的土豆。不管你到底是什么，你都更可能是油荤而不是幽魂。"科学似乎在告诉我们，斯克鲁奇的话同样也适用于我们珍视的任何事物。

然而，由于我们的大脑是按照某些方式来思考问题的，因此并不能推断出引起大脑思考的事物是虚构的、假想的。我们的很多能力已经进化得足以捕捉到这个世界上的真正实体的存在。我们形成的深奥的概念是大脑中复杂神经回路的产物，而这些神经回路是其他物种没有的。但是这并不意味着不存在树木和崖壁等实体，或者说由此可以认为世界像烤薄饼一样是扁平的。同样，其他一些更抽象的实体也是客观存在的。人类，像其他动物一样，对数字有着一种天生的感觉，这可以从数目推理在人类进化史上所具有的优势来进行解释。例如，有三只熊进入了一个洞穴，然后两只出来了，现在进去的话是否安全呢？但是，我们的数字能力是通过进化得来的这一事实，并非意味着数字只是一种幻觉。按照柏拉图学派的数字观念，数字和图像这些实体是独立于我们的心灵存在的，这种看法受到了不少数学家和哲学家的支持。数字"3"并不是虚构的；它是一种实体，我们可以发现它，对它进行探索。不具备理性的生物，即使拥有了理解数字"2"的概念和"加法"概念的神经回路，也只会认为 3 加 1 等于除 3 之外的任何一个数字。这也是我们为什么会认为其他来自不同文化甚至于不同星球的人们也会得到相同运算结果的原因所在。如果这样的话，那么数字感觉的进化，就是为了能够获取这个世界上独立于大脑而存在的抽象真理。

也许，对于道德感，我们也可以得出同样的结论。按照道德现实主义的观点，正确和错误是确确实实存在着的，它们有着一种内在的逻辑，赞同某些道德主张，而反对其他一些观点。世界呈现给我们的是一种非零和博弈，对于博弈的双方来说，无私的行为会比双方都按照自私的方式行事的结果要好（不将别人推倒在泥潭里，也不被别人推倒在泥潭里，要好于将别人推倒在泥潭里以及被别人推倒在泥潭里）。人类的目标是生活得更好，因此必须有一定的条件限制。那些不具备与道德理解有关的神经回路的生物，是不会将你伤害我的行为理解为不道德的，同样也不会认为我伤害你是不道德的。正如数字和数字常识的例子表明的那样，我们期待不同文化背景下的道德系统会向相近的方向演进。事实上，《利未记》（*Leviticus*）和《摩诃婆罗多》（*Mahabharata*）的作者们，希勒尔（Hillel，公元1世纪初耶路撒冷犹太教《圣经》的注释者）、耶稣、孔子，罗马帝国时期的斯多葛学派的哲学家们，像霍布斯、卢梭和洛克这些主张社会契约论的学者，以及像提出“无上命令”概念的康德这样的道德哲学家，这些人多次提出过黄金法则（即你们愿意他者怎样待你们，你们也要怎样待他者）。我们的道德感可能是为了啮合伦理的内在逻辑而演化出来的，而不能认为它是在我们的头脑内凭空产生的。

但是，即便是柏拉图学派的道德逻辑概念让你有点吃不消，你还可以将道德看成是一种超越社会传统或者宗教戒律的事物。不管从本体论的角度来看道德感是怎样的，它都是人类心灵的一个不可或缺的部分。这是我们拥有的唯一的心灵，除严肃对待道德直觉之外别无选择。如果我们的心灵是这样的，那么我们不得不从道德的角度（至少在某些时刻，面对某些人时）思考问题，这样一来，道德对我们来说就像是由上帝宣布的或者像被刻在宇宙中的那样是真实的。因此，对于人类的其他价值，如爱、真理和美来说也是如此。我们能否知道这些价值是真实的存在？或者我们认为它们是真实存在的，只是因为人类的大脑使我们不得不认为它们真实存在呢？如果它们是人类的思考方式中固有的，那么情况会有多糟糕呢？也许我们应该对人类的境况进行反思，就像康德在他的《实践理性批判》（*Critique of Practical Reason*）中所说的那样：“有两样东西：头顶的星空和心中的道德法则，我们愈是经常和持久地思考它们，对它们历久弥新和不断增长之魅力以及崇敬之情就会愈加充实我们的心灵。”

在之前的四章里，我论述了为什么关于人性方面的新科学发现并没有消解人类的价值观。相反，这些新的发现为我们提供了新的机会，使我们能够夯实对伦理的论证以及将这些价值观构建在更为坚实的基础上。简单地说：

那种认为“人的天性是没有差别的，因此歧视是错误的”的观点很蹩脚。

那种认为“人们的天性并不趋向于暴力和剥削，因此这些行为都是错误的”的看法很糟糕。

那种认为“引起人的行为的原因很神秘，因此人要对自己的行为负责”的看法很差劲。

那种认为“我们的动机从生物学角度无法说明，因此从个人的角度来讲，我们的动机是有意义的”的观点不正确。

这些观点之所以很糟糕，是因为它们把这些价值看成了命运的赌注。它们认为，在未来的某一天，真实的发现会使这些价值变得不合时宜。这些观点是错误的，因为它们完全遮蔽了否认人性所导致的种种负面结果——迫害成功人士，强制性的社会改造，对其他文化中的苦难视而不见，对公平正义的逻辑缺乏了解以及贬低人类现世生活的价值。

The Blank Slate

The Modern Denial of Human Nature

第四部分

认识自我

既然我试图让人们相信人性的存在，那么就有必要阐明人性究竟是什么，以及它会给我们的公共领域和私人领域带来怎样的影响。在第四部分的这些章节里，我将会给读者呈现一些关于人类基本天赋的神经设计构造方面的最新观点。这些不仅仅是心理学课程的议题，对于许多公共话语领域也具有深远的影响。对认知内容（如概念、词语和形象）的了解，使我们对偏见的起源、媒体以及艺术有了更加清晰的认识。对推理能力的了解会影响到教育政策的制定以及技术的应用。对社会关系的看法则与家庭、性行为、社会组织以及犯罪等问题息息相关。对于道德感的看法则决定着我们评价政治运动的方式以及我们如何将一种价值与另一种价值进行对比权衡。

在上述每一种情形下，不管人们是否承认，他们往往都会诉诸某种人性观。而问题在于，这些观念通常是建立在直觉、无名氏定理或过时的生物学版本等基础之上的。我的目的是想使这些观念更加明确，揭示出这些观念正确与否，并阐明这些观念的某些含义。对人性的看法本身并不能够解决各种复杂的争议，也并不能够决定公共政策。但是如果没有这些看法的话，我们就不能像神智健全的人那样去行事，并且很容易受一些无意义的困惑的影响。正如生物学家理查德·亚历山大（Richard Alexander）所言："对于那些还不理解它的人而言，进化无疑是最具决定主义色彩的。"

The Blank Slate
The Modern Denial of Human Nature

12

触摸现实

人是一件多么了不起的杰作！

多么高贵的理性！

多么伟大的力量！

多么优美的仪表！

多么文雅的举动！

在行为上多么像一个天使！

在智慧上多么像一个天神！

——威廉·莎士比亚

对人性的承认源于人们在面对其产生的根源，即大脑惊人的复杂性时所表现出的一种全然的敬畏和谦卑。大脑约由30亿个人类基因成分构成，并经历了上亿年的进化形成了网状结构，因而具有不可思议的复杂性：上千亿个神经元被数百万亿的结点联结在一起，构成了一个盘旋状的三维结构。另一点让我们感到谦卑的是大脑运作的复杂性。我们和其他灵长类动物都拥有如行走、抓握和识别等最平常的能力，但这些都已经接近于甚至远远超出了人工智能领域最尖端的工程问题解决方案。人类与生俱来的一些能力，如说话、理解、运用常识、教育儿童和推断他人动机等，在我们的有生之年几乎不可能被机器所复制。上述这些都可以视作对如下看法的驳斥：将人类的心灵视作无固定形状的原始材料；人们只是构成我们称之为“社会”复杂性存在的无关紧要的原子。

正是人类的大脑确保了我们能够在充满各种生物和其他人群的林林总总的世界中获得生存和发展。我们周围存在的实体极大程度地影响着我们的幸福感，因此我们有理由期待大脑能够更好地对这些实体及其影响力进行识别。毫不夸张地说，如果我们不能够辨别出陡峭的悬崖、饥饿的黑豹或是猜疑的配偶，将会对身体健康产生极大的负面影响。从一定程度上讲，人类大脑的高度复杂性正是为了能够记录我们周围世界中发生的重大事件。

然而，这一事实已经被当代知识界的许多领域否定了。根据当前盛行于许多学术领域中的相对主义观点，现实只是运用语言、刻板印象以及媒体形象进行的一种社会建构。在那些持社会建构主义、科学研究、文化研究、批判性理论、后现代主义以及解构主义观点的人看来，人类已经触摸到了世界真相的看法非常幼稚。他们认为，人们的观察往往会受到理论取向的影响，而理论中又充斥着各种意识形态和政治教条，因此，任何声称自己已经获得真相或者知道事实的人只是在试图提高自己对他人的影响。

相对主义通过两种方式与“白板说”交织在一起。其一是相对主义者持一种“吝啬”的心理学理论，认为大脑不存在任何可以把握事实的预设机制，它能够做的只是被动地接受来自周围文化环境中的言语、图像及刻板印象。其二是相对主义者对待科学的态度。大多数科学家认为，他们工作的实质是对日常生活能力的一种延伸，以使我们能够更清晰地描绘外部世界的情形及各种事物的运作方式。望远镜和显微镜放大了我们的视觉系统；理论使我们对因果关系的感知有了形式化的表达；对于那些无法直接见证的事情，实验则完善了我们收集证据的途径。相对主义运动承认这一点，即科学就是对知觉和认知过程进行鲜明的描述，但他们却得出了截然相反的结论：科学家就如同门外汉一样，并不具备掌握客观现实的能力。

相反地，相对主义运动的倡导者提出：“西方科学只是一种描述现实、本质以及事物运作方式的方法而已。确切地说，从产品生产和利润的角度来看，这是一种非常有效的方法，但从其他方面来看则不能令人满意。对其他大多数文化背景和时代背景下的科学与洞察力视而不见，这属于一种帝国主义的傲慢。”这一点在诸如种族、性别、暴力、社会组织等一些充满政治色彩的科学研究主题方面显得尤为突出。相对主义者认为，假定这些主题中存在所谓的“事实”或“真相”，也只是一种诡计而已。因为从客观标准的意义上来讲，不存在与任何文化和政治前提毫不相关的“真理”。

对人类心理机制完美性的怀疑，也决定着我们是应该尊重普通人的喜好和意见（甚至是我们不愿意接受的）还是应该把人们当作阴险的商业文化的受骗者来看待。依照诸如“虚假意识”“虚假偏好”“内化权威”等相对主义的学说，人们也许并没有弄清楚自己究竟渴望什么。如果情况真的如此，民主主义和市场经济背后的潜在假设就会受到冲击，因为前者最看重的是群体中大多数成员的偏好，后者则认为人们在如何分配自己的资源这一问题上能够做出最佳判断。对于那些研究语言和形象如何被应用于社会领域的学者和艺术家们来说，这恰恰提升了他们的地位，因为只有他们才能揭示出媒体是如何歪曲事实并误导大众的。

本章主要讲述的是关于认知（尤其是概念、词语和形象）的假定，因为这些是构成近年来知识界中相对主义运动的基本要素。介绍这些争议的最佳方法就是引用感知觉研究中的例子，这也是我们与外部世界最直接的联结方式。这些研究能够直接表明，现实是社会建构的还是能够直接接触到的。但这个问题本身就是错误的，因为这两种假定都是错误的。

相对主义者认为，我们并不是睁开眼睛就能领悟现实的，感知觉好比是一扇窗，心灵可以通过这扇窗来凝视世界，这种说法是有一定道理的。认为我们看到的就是事物真相的看法被称作朴素实在论。早在数千年前，一些怀疑论哲学家就借助于视错觉这样一个简单的现象对这种看法进行了驳斥。我们的视觉系统可能会跟我们开一些玩笑，这就足以证明它们只是一些小装置而已，并非通向真相的通道。这里举两个我比较喜欢的例子。在罗杰·谢泼德（Roger Shepard）的错觉图片“转动桌子”（见图 12-1）中，这两个平行四边形的面积和形状完全相同。在爱德华·艾德森（Edward Adelson）的错觉图片“棋子阴影错觉”（见图 12-2）中，阴影中间的浅色方格（B）与阴影之外的深色方格（A）的灰度是一样的。

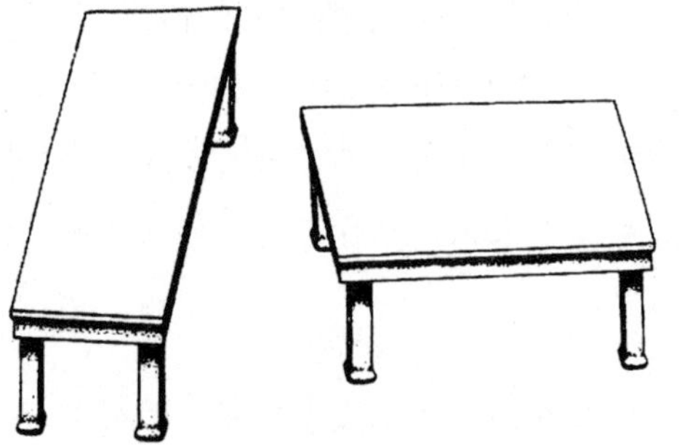

图 12-1 转动桌子

图 12-2 棋子阴影错觉

我们认识的世界只是大脑构建的产物，但这并不意味着这种建构是任意的，即由主观预期或社会环境所构造的幻象。我们的感知觉系统是用于登记那些与我们的生存至关重要的外部世界的信息的，比如大小、形状和物体材料等。要实现这一点，感知系统就必须具有复杂的构造，因为视网膜图像并不是对外部世界的简单复制。当物体四处移动时，物体在视网膜上的投影会相应变大、缩小或弯曲；当由晴天变为阴天，或从室内转到室外，光线发生变化时，颜色和亮度会随着照明条件的变化而发生波动。然而，大脑却设法解决了这些令人头疼的难题。大脑的作用就好像是在根据视网膜图像进行逆向推理，运用几何学、光学或概率论对现实做出假设，并对外部世界进行推断。在多数情况下，我们的感知系统都在起作用，这样人们就不会撞到树上或石头上了。

但是，大脑偶尔也会受到愚弄。大地从我们的脚下向远方延伸，在我们的视野内投射成了一个从下到上的图像。因而大脑往往把视野中的上下关系解读为现实世界里的远近关系，尤其是在存在遮挡部分（如被遮挡住的桌腿）之类的透视线索时更是如此。距离观察者很远的物体的图像会经过投射而缩小，大脑又对此进行了平衡，因而对于一个既定长度来说，如果在视野中形成的是上下方位的投影，就会感觉它比左右方位的投影长一些。这样一来，我们从“转动桌子”的图片中所看到的长和宽就是不一样的。同样，与亮处物体相比，阴影部分的物体向视网膜反射的光线较少。大脑内部会对此进行补偿，因此，我们会看到同样的灰度在阴影处要比在明亮处显得更亮一些。

在这两种情况下，我们或许会对纸上的线条和色块产生错觉，但这仅仅是因为我们的视觉系统正在努力识别它们，就好像它们存在于真实的世界里。就像警察陷害嫌疑人一样，谢泼德和艾德森捏造了一些证据，引导一个有理性但缺乏质疑的观察者得出了错误的结论。如果我们置身于一个由普通的三维事物构成的世界里，这些物体投射到我们的视网膜上形成图像，我们的知觉经验将会非常准确。艾德森解释说："那些所谓的'错觉'效应确确实实证明了视觉系统的成功而非失败。作为一个生理性的曝光计，视觉系统是不够完善的，但它的目的并不在于此。它最重要的任务是将视觉信息划分成有意义的成分，从而使我们理解所看到的事物的本质。"

这并不是说，从过去经验中产生的期望就与知觉无关。它们的影响在于，能够使我们的直觉系统变得更加准确，而不是更加随意。在下面的两个单词（见图 12-3）中，对于同样的形状，我们在第一个单词中感知到的是"H"，而第二个单词中感知到的却是"A"。

我们之所以会用这样的方式来理解这两个形状，是因为经验准确地告诉我们：在第一个单词中间有个"H"，第二个单词中间有个"A"，这种情况出现的概率非常高，即使在例外情况下经验是错误的也不要紧。为了确保我们所看到的与通常情况相一致，知觉机制费了不少工夫。

图 12-3

因此，对朴素实在论的驳斥，实际上也是对心理与现实相分离的观念的驳斥。还存在第三种看法：经由进化而成的大脑虽然难免出错，但具有一定的智能机制，使我们能够触摸到现实中与祖先的生存和繁衍息息相关的方面。之所以说这种看法是正确的，并不是因为我们有感知觉机能，而是因为我们有认知机能的缘故。

我们的认知机能（就像我们的感知觉机能一样）是与现实世界相协调的，这一点在它们对错觉的反应上体现得最明显：它们承认存在违背现实的可能性，并试图从错误印象背后找出真相。

当看到一个船桨好像在水面上断了时，我们知道如何去辨别船桨是真的断了还是只是看上去断了：我们可以去抓船桨，沿着它的方向放置一个直的物体，或者是拖着它往前划，看沉在水下的部分是否落在后面。上述实验背后蕴含的关于真相和事实的看法是普遍存在的。所有文化背景下的人们都能够对真相与谬误、内在精神生活与外在现实进行区分，并通过难以察觉的事物留下的可感知线索来推断出它们的存在。

刻板印象

视觉是关于外部世界的最有趣的认知方式，但相对主义者却很少去关注我们如何发现了事物，相反，他们更多关注的是如何对事物进行分类，即我们如何将自己的经验划分成诸如鸟、工具和人之类的概念范畴。人类的认识范畴与现实世界中的事物是相一致的，就是这样一个看似平淡无奇的猜测，却在 20 世纪成了一个非常有争议的问题，因为某些范畴（比如对种族、性别、民族或性取向的刻板印象）如果服务于歧视或压迫目的，就可能会带来危害。

“刻板印象”这个词最初是指一种印刷版。自从记者沃尔特·李普曼（Walter Lippmann）于 1922 年开始采用该词以来，它就演变成了当前的含义：以一种贬义的和不正确的印象对人们进行分类。除了别的方面，李普曼还是一位非常重要的公众知识分子，他帮助创办了《新共和》杂志（*The New Republic*），对伍德罗·威尔逊（Woodrow Wilson）在第一次世界大战后期的政策产生了影响，并率先发表文章对当时盛行的智力测验进行了抨击。李普曼在他的著作《公众舆论》（*Public Opinion*）中提出，在当今这个时代，由于普通人只能获得我们今天称之为“断章取义”的信息，因此他们不能够对公共事务做出理性的判断，这就导致真正的民主很难实现，他为此深感忧虑。作为这个论争的一部分，李普曼认为，普通人所持有的关于社会群体的概念带有很大的刻板印象成分：他们头脑中的印象是不完整的，是存在偏见的，他们会无视差异的存在以及抵制那些存在差异的信息。

李普曼对社会科学产生了直接的影响（尽管他最初观点中的精妙之处和限定条件已经被遗忘了）。心理学家向人们展示了一张列表，上面列出了一系列的种族群体和群体特征，然后要求人们对这两者进行配对。结果不出所料，人们将犹太人与“精明”“唯利是图”联系在一起，将德国人与“能干”“民族主义”联系在一起，将非裔美国人与“迷信”“向往走运”联系在一起，等等。当人们将上述概括的特征用于个体时就会带来危害，尽管这样的概括在世界上仍旧非常普遍，不过目前那些受过良好教育的人和主流公众人物正极力避免使用它们。

有关各类人群的刻板印象可能非常不准确，20 世纪 70 年代的许多思想家并不满足于仅仅注意到这一点。于是他们开始主张这些分类本身并不存在，它们只是存在于我们的刻板印象里。根据这种观点，抵制种族主义、性别偏见以及其他各种偏见的有效方式是，否认有关人类的各种概念范畴是一种客观现实。如果起初就不存在那些可以划分出诸如同性恋、非裔美国人或女性之类的范畴的事物，人们根本就不可能去相信同性恋者具有女性气质，非裔美国人很迷信，女性很被动。例如，哲学家理查德·罗蒂（Richard Rorty）就曾写道：“最好不要将‘同性恋’‘非裔美国人’‘女性’这些关于人类的划分看成是无法避免的，而应将之看成人们的一种发明，这种划分的结果只能是弊大于利。”

对此，许多写作者都在思考：为何只停留在这个层面上呢？更理想的状况应该是，主张所有的范畴形式都是社会建构的，因而它们也是虚构的，这样一来就使得那些不公正的刻板印象真的成了一种虚构。罗蒂注意到，当今许多思想家“已经开始推测，或许夸克和基因也都只是一种‘捏造’”，对此他本人持有肯定意见。后现代主义者以及其他相对主义者之所以抨击真相和客观现实的存在，并不是因为他们对存在论和认识论这样的哲学问题感兴趣，而是因为他们认为这是从根源上去批驳种族主义者、性别主义者以及那些反对同性恋者的最好方法。

哲学家伊恩·哈金（Ian Hacking）列举了多达 40 种近来被称作是“社会建构”

的类别范畴，最典型的例证有种族、性别、男子气概、本质、事实、现实及过往。然而这个列表的内容仍在不断增长，现在已经包括了权威、艾滋病、手足之情、选择、风险、痴呆症、疾病、印度森林、不公平、地球遥感卫星系统、用医学方法处理移民、单一民族国家、夸克、学业成功、系列杀人、技术体系、白领犯罪、女性难民和祖鲁民族主义等。哈金的基本思路是：类别范畴并不是由事物的本质决定的，因而它也并非不可避免的。其深层的含义是，如果这些范畴能够消除或者得到彻底的转变，我们的状况将会比现在好得多。

上述整个设想是基于这样一个尚未阐明的有关人类概念形成的理论：概念范畴与现实世界中的事物之间并不存在系统性相关，而只是由社会建构而成的（因而它又可以被重新建构）。那这种理论正确吗？在某些情况下，它具有一定的道理。正如我们在第 4 章中看到的，一些范畴确实是由社会建构起来的：它们之所以存在，是因为人们习惯于按照它们好像存在的方式来行事。如金钱、任期、公民权、英勇勋章和美国总统职位等。然而这并不意味着所有的概念范畴都是由社会建构而成的。认知心理学家对概念的形成已经进行了数十年的研究，他们得出结论说，大部分概念都可以对现实世界中的事物类别加以辨别，这些事物在我们思索之前就已经存在了。

的确，每一片雪花都是独一无二的，不可能有哪种范畴能够完完全全展示出其中每个成员的特性。但人脑的智慧就在于能将具有共同属性的事物归类在一起，这样我们就不会在遇到每一种新事物的时候都感到很惊讶。正如威廉·詹姆斯所写的：“只要在它的头脑中萦绕着这样一种感受：‘喂！某个东西又出现了！’那么一条水螅也会成为一个概念型思想家。”当我们察觉到一个新事物的某些特性时，就会将其归入头脑中的某种类别范畴，并推断它可能还具有另外一些我们尚未察觉到的该类别的典型属性。如果一只动物无论走路还是叫声都像鸭子，那么它很可能就是一只鸭子。如果它是一只鸭子的话，那么它就可能会游泳、飞行和向后划水，而将它的肉放在薄饼里面，配上大葱和海鲜酱则会非常美味可口。

这种推断非常有用，因为现实世界中确实存在一定数目的鸭子，它们的确具有共同的特性。如果我们生活在这样一个世界里：会走会叫的物体除了身上有肉，别的地方都同其他任何事物没有区别，那么“鸭子”这个范畴就没有什么用处了，我们也就不会有生成这个范畴的能力。如果你想要制作一个大型数据表格，表格的行与列是人们认识到的特征，单元格内填写的是具有这些联合属性的事物，你将会发现写有内容的表格的内在格局非常不均匀，在“喳喳叫”这一行和“蹒跚走动”这一列的交叉点上有许多条目，但是在“喳喳叫”这一行和“急速奔跑”这一列的交叉点上却没有什么条目。一旦你对表格的行与列进行详细分析，就会发现这种不均衡性来自外在世界，而不是来自社会或言语。

绝非巧合的是，在欧洲文化背景下，相同的生物会被划分为一类，有专门的词汇来进行表示，而其他的文化背景中（包括出现文字记载之前的文化背景）的人们也有专门的词语将相同的植物和动物划分成各种类别。专业的生物学家所用的林奈分类法（Linnaean taxa）则使用卡尺、解剖工具以及DNA序列测定仪等对相同的生物进行分类。生物学家声称，鸭子属于鸭科，有几十个属，每一种鸭子都有其独特的解剖学特点，都具有和同一物种的其他成员进行交配的能力，它们在进化史中曾有过共同的祖先。

大多数认知心理学家都认为，概念范畴产生于两种心理过程。其一，注意到心理数据表中的项目组，根据模糊的边界、原型成员特征以及部分重叠的相似性对它们进行分类，就好像确认家族成员那样。这就是为什么我们头脑中的“鸭子”这个范畴可以包括一些与原型鸭子不匹配的奇特鸭子，如跛足鸭子，它们既不会游泳又不会飞；又如麝香鸭，它们的脚上长有爪和蹼；再比如唐老鸭，它不但会说话，而且还会穿衣服。

另一种心理过程是：寻找那些比较明确的规则和界定，并将它们纳入推理链中。通过第二个系统可以了解到，真正的鸭子每个季节脱两次毛，腿上长有重叠交错的鳞片，因而有些鸟类看起来像鹅并被叫作鹅，但实际上它们属鸭科。即使人们还不了解这些生物学事实，他们也有一种强烈的直观感受，即物种是按照它们的内在本质或潜在特质进行界定的，内在本质或潜在特质决定着它的外显特征。

任何一位讲授过归类心理学的人都会遇到这样一个问题，这是一位困惑不解的学生所提的：“您告诉我们说，对事物进行分类是一种理性行为，会让我们变得聪明。但我们又经常被告诫说，对人进行分类是不理性的，这会使我们成为性别主义者和种族主义者。如果我们想到鸭子和椅子这样的例子感觉分类很棒，那又为何当我们想到性别和种族群体时却会感觉它们很糟糕呢？”像学生们所提出的许多其他率真的问题一样，这个问题揭示了文献资料中的缺点，而并非他们理解上的缺陷。

认为刻板印象本身就不合理，这一观念更多地与其对待普通人的傲慢态度有关，而并非由一些杰出的心理学研究引发的。许多研究者证明，刻板印象存在于被试的头脑当中，这些研究者假定刻板印象必定是非理性的。而这样一种可能性会令他们感到不安：从统计学意义上讲，某些群体确实具有某些特征。这些研究者们从来都没有真正对此进行过检验。但这种情况在 20 世纪 80 年代的时候已经发生了改变，目前，有相当多的人已经开始了解到刻板印象的正确性。

虽然也存在着一些重要的例外情况，但事实上刻板印象也并非不准确，比如，当对人口数据或者有关刻板印象群体自身的报道等客观基准点进行测量时就能发现这点。一些人认为，非裔美国人比白人更可能会接受社会救济；犹太人的平均收入要高于北欧后裔人；商学院学生与艺术专业的学生相比，显得更加保守一些；与男性相比，可能会有更多的女性有减肥的意愿；而与女性相比，男性更可能会用手去拍打苍蝇。持上述看法的人并非不理性或者固执的，这些看法是正确的。人们的刻板印象通常与统计结果相一致。在许多情况下，人们的偏见在于低估了两性之间或者种族之间存在的真实差异。当然，这并非意味着那些与刻板印象有关的特质不可改变，或者在人们看来它们不可改变，这只是表明人们当时认识到的这些特质都相当准确。

此外，即使人们相信各个种族都有其典型特征，他们也不会头脑简单到这种地步：相信这些群体中的每一个成员都具有这些特征。人们会认为，德国人一般来说要比其他国家的人更能干，但没有人会认为最差的德国人会比所有其他人更能干。而且，当深入了解一个人的时候，人们就能够很轻易地克服刻板印象。与通常的指责相反的是，教师对他们的每个学生的印象并没有受到学生自身的种族、性别或者社会经济地位的刻板印象的影响。教师对学生的印象准确地反映了学生的行为表现，与客观测试的结果相一致。

下面要探讨一些重要的例外情况。若一个人很少或者几乎没有和刻板印象群体接触过，或这个人所属的群体与被评价者所属群体之间存在公开的敌对性，刻板印象就可能完全不正确。第二次世界大战期间，当俄国与美国是盟友，德国与美国是敌人时，美国人对俄国人的评价就比对德国人的评价具有更多的积极特质。很快地，当联盟关系发生逆转时，美国人对德国人的评价就比对俄国人的评价具有更多的积极特质。

同时，人们在评价个体的时候要做到不受刻板印象的影响，还需要通过有意识的、慎重的推理。当人们在心烦意乱或者被要求快速做出反应的情境下，他们更可能会把某个种族的成员评价为带有该种族所具有的全部刻板印象的形象。这是由前文提及的人类分类系统的两种心理过程导致的。当首次遇到某个人时，我们头脑中模糊的联结网络就会自然而然地返回到刻板印象上去，但大脑中基于规则的分类系统能将这些联结阻断，并依据与个体有关的事实进行推断。大脑之所以会这样做，或是出于实际情况的原因，比如当有关某群体的平均水平信息比个体信息更缺少诊断性的时候；或是出于社会和道德方面的原因，比如为了遵从一定的社会要求，即在对个体进行评价时应该忽略其所在特定群体的平均状况。

研究结果并非说明刻板印象往往是正确的，而是说明它们并非常常出错，或者并不总是错误的。正如我们所预期的，人类的分类心理同其他心理活动一样，具有一定的适应性，这有助于人们掌握外部世界中与人类长远福祉密切相关的方面。正如社会心理学家罗杰·布朗（Roger Brown）所指出的，人的种类与其他事物的种类之间的主要差别在于，当你使用某个原型案例来代表一类事物时，没有谁会介意。当《韦氏词典》使用麻雀来代表所有的鸟类，“食火鸟、鸵鸟、企鹅及老鹰都不会对此发起抨击”。但想象一下，如果《韦氏词典》用足球妈妈的照片来解释妇女，用企业主管人员的照片来解释男人，将会出现什么样的情况呢？

布朗评论说:“当然，人们无疑会感到生气，因为某个原型事物不可能代表自然分类中存在的所有变异。鸟儿可能并不介意，但人们可是很介意的。”

从统计学意义上讲，许多刻板印象都是正确的，这暗含的意思是：不能因为一些研究结果同传统的有关男女两性的刻板印象相一致，就取消当代有关性别差异的科学研究。这些刻板印象中的某些部分可能是错误的，但关于男女两性的某些看法属于刻板印象这样一个事实，并不能证明这些看法在所有方面都是错误的。

当然，虽然许多刻板印象在一定程度上是正确的，但这并不意味着种族主义、性别主义以及民族偏见就是可被接受的。除了在公共领域中人们应该被当作独立的个体来对待这样的民主原则，还有诸多方面的原因促使人们去关注刻板印象。那些建立在充满敌意的描述，而非第一手经验基础之上的刻板印象必然是不正确的。还有一些刻板印象之所以正确，仅仅是由于自我实现的预言在起作用。很少有女性或者非洲裔美国人担任首席行政长官或者总统候选人，早在40年前这或许是正确的。然而，这仅仅是由于壁垒的限制使他们难以获得一些资格条件。比如，由于不相信他们具备相应的资格，大学政策不准他们进入。只有消除制度上的壁垒，这种情况才会有所改变。不过好消息是，当实际情况发生改变时，人们的刻板印象也会随之改变。

如果能够对政策做出进一步的调整，并对带有偏见性的刻板印象予以积极补偿，如对于代表名额不足的群体采用定额方式给予其一定的优先权。如果这样做会怎么样呢？这些政策的拥护者们认为，旧制度的捍卫者们陷在毫无根据的偏见之中无法自拔，因此定额制必须永久持续下去以抵消他们的影响。关于刻板印象准确性的研究驳斥了这种看法。但这方面的研究可能又支持了另一场有关政策倾斜和其他性别及肤色等敏感性问题政策的争论。即使刻板印象是正确的，也可能成为一种自我实现的预言，这一点不仅局限于一些比较明显的案例中，如将女性和非洲裔美国人排斥在大学和职场之外的制度壁垒。

不少人都听说过皮格马利翁效应，意指人们会按照他人（比如教师）对自己的期望来行事。事实上，皮格马利翁效应出现的概率很小或者根本不存在，但自我实现的预言会以其他更加微妙的形式出现。如果针对一些人所做出的主观判定，如入学、聘任、信用及薪水等是建立在群体平均情况基础之上的，将会导致富人更富、穷人更穷。女性在学术界所处的边缘地位致使她们的影响力较弱，这反过来又进一步加剧了她们的边缘化程度。非裔美国人往往被认为具有较差的信用风险，因此很难获得贷款，这导致他们的成功机会更加渺茫，而且进一步恶化了他们的信用风险。根据心理学家弗吉尼娅·法瑞安（Virginia Valian）、经济学家格伦·劳瑞（Glenn Loury）、哲学家詹姆斯·弗林（James Flynn）的观点，在种族和性别这些敏感的政策上尤其需要打破这种恶性循环。

从另一个角度来看，当刻板印象与某个联盟有关，且这个联盟与评价者所属的群体之间存在恶意竞争关系时，刻板印象是最不准确的。因此，我们应该对认同政治保持警惕。在认同政治体制下，公共机构是依照人们的种族、性别和民族来确定其成员身份的，并会根据政策是否对某个群体有倾斜来对它进行衡量。例如，许多大学会要求少数民族学生参加一些特殊会议，并鼓励他们通过自己所属群体的视角来审视自身的整个学习经历，审视这个过程中他们是如何受害的。暗中唆使一个群体与另一个群体做斗争，这样的政策可能会致使每一群体都会形成与之对立群体的刻板印象，往往这些刻板印象比人们通过亲身经历形成的刻板印象更具贬义。与我在本书中所考察的其他政策一样，实验室有关种族与性别意识方面政策的研究数据并没有提供一个赞成或反对的结论。然而，通过强调各种政策所涉及的心理特征，可以使人们对政策之间的权衡更加清楚，对各种争论更加了解。

语言

在“人”所具有的一切机能当中，语言算得上是最令人敬畏的了。亨利·希金斯（Henry Higgins）向伊莉莎·杜利特尔（Eliza Doolittle）[①]恳请说:“记住，你是个有灵魂的人，上帝赋予了你说话的天赋。”而由于其个性的另一面，伽利略

① 亨利·希金斯和伊莉莎·杜利特尔分别是美国电影《窈窕淑女》（*My Fair Lady*）中的男女主人公。——译者注

在他那个时代的艺术创作面前也深感卑微。他用书面语言对其进行了评论：

> 人们梦想能找寻到所有有效的途径，可以跨越久远的时空，将自己内心深处的想法与他人分享，这其实超越了一切非凡的创造，是人类头脑高贵之处的体现！他们可以与远在印度的人们交谈，与那些尚未出生或在千万年后才会出生的人进行对话，而这仅仅通过 20 个字母在纸上的不同排列就可以实现，这是多么了不起的能力啊！

然而，在知识界还发生了一件有关语言的趣事。语言不仅没有因其交流思想的作用而得到欣赏，相反却被指责约束了人的思想。在以下两位哲学家的名言里就体现了这种忧虑。弗里德里希·尼采写道："如果我们不愿借语言法则思维，我们就会停止思维。"路德维希·维特根斯坦则写道："我的语言的界限亦即我的世界的界限。"

语言是如何施加这样的限制的呢？如果把单词和短语看成思维的载体，就会出现这种限制，这是从"白板说"中自然而然衍生出来的观念。如果知识并不首先存在于人的感官，而且也没有与之相对应的事物存在，那么通过耳朵听到的语言就成了一切抽象思维的显而易见的来源，因为这些抽象的思维不能被还原为景物、气味或其他声音。华生试图将思维解释为嘴巴和喉咙的细微运动；斯金纳在他 1957 年出版的著作《言语行为》（*Verbal Behavior*）中，将语言解释为了对奖赏做出反应的一种能力。斯金纳希望能够通过他的这本书来缩小鸽子和人之间的差距。

其他的社会科学也倾向于将语言等同于思维。博厄斯的学生爱德华·萨丕尔（Edward Sapir）强调，需要注意语言在如何将世界分割为不同类别方面的差异；萨丕尔的学生本杰明·沃夫（Benjamin Whorf）则将上述意见延伸成了著名的语言决定论假说（Linguistic Determinism Hypothesis）："我们对自然进行划分，将其组织成概念，并根据我们的想法赋予其意义，这样做主要是因为我们就此达成了一致协议——将它融入我们的语言，并编入语言的特定模式。当然，该协议是含蓄的、隐晦的，但其条款却带有绝对的强制性。"最近，人类学家克利福德·格尔茨这样写道："思维并不包括'头脑里的事件'，尽管头脑及其他来自别处的事件对于思维的生成非常必要，但在极大程度上却包含着我们所说的'重要符号'，即词语的输入和输出。”

与许多来自社会科学的观点一样，在解构主义、后现代主义和其他相对主义学说中，语言的中心性被推向了另一个极端。在雅克·德里达（Jacques Derrida）等先哲们的作品中充满了诸如“摆脱语言的桎梏是不可能的”“文本就是自我参照”“语言就是权力”“文本之外一无所有”之类的警句。类似地，希利斯·梅勒（J. Hillis Miller）这样写道：“语言并不是人类手中的器械或工具，不是一种服务于思维的工具。相反，是语言对人类及其‘世界’进行着思索……如果人们愿意这样的话。”而最为极端的言论非罗兰·巴特（Roland Barthes）莫属了，因为他断言：“无论是作为一个物种还是作为一个个体，人都不会先于语言而存在。”

据说这些观点来源于语言学，然而大多数语言学家认为，那些解构主义者们未免太过于草率了。最初的观点认为，许多词语在一定程度上受限于它们同其他词语之间的关系。例如,“他”受限于同“我”“你”“他们”“她”之间的对照关系，“大”只有和“小”形成对照才有意义。如果你在词典中查找一些词语，就会发现这些词语也是由其他词语界定的，而那些词语则又被其他词语所界定，这个循环会一直延续下去，直到你最后回到含有初始词语的定义上去。因此，解构主义者认为，语言属于一个独立的体系，其中的词语并不一定与现实世界存在着联系。既然语言是一种主观随意的工具，而不是用于交流思想或描述现实的媒介，那么有权力的人就可以用它来操控或压迫其他人。这样反而会导致语言学的改革：出现诸如 co 或 na 之类的新的表示性别中立的代词，以及一连串用来替代少数民族的新词语，否认在评论和知识方面存在明确的标准（因为如果语言不再是思维的窗口而只是思维的材料，那么“明确”这样一个隐喻就不再适用了）。

如同所有的阴谋理论一样，认为语言就是牢狱的看法实际上过高估计了语言本身的力量，从而贬低了语言主体的能力。语言是一种非常了不起的能力，我们运用它来从不同的人那里获取思想，还可以通过多种方式对它进行更改或选择，以促进思想的进步。然而语言不同于思维本身，也并非人类区别于动物的唯一标志。它并不是所有文化的基石，也并非一个不可逃离的牢狱。语言不是强制性的协议，更不是我们世界的极限，也并非影响我们想象内容的决定因素。

我们已经看到，感知与分类提供了使我们与现实发生联系的概念。而语言使概念与词语联系起来，使我们联系现实的渠道得以扩展。儿童听到来自家庭成员的声音，就会运用他们的直觉心理学以及从背景信息中推测说话者意图的能力，并在头脑中将词语、概念、语法规则联系起来。一条狗把椅子碰倒了，姐姐喊道："狗碰翻了椅子！"弟弟就会推测，"狗"指的是狗这种动物，"椅子"指的是椅子这种事物，动词"碰翻"的主语就是碰翻这个行为的主体。然后弟弟就会用词语来表达其他的狗、其他的椅子及其他的碰翻行为。其中不存在任何自我参照或限制。正如小说家沃尔克·珀西（Walker Percy）讽刺的那样：解构主义者是这样的一类学者——他一边声称文本中没有任何指涉对象，一边又在妻子的电话录音机上留下信息，让她购买一个意大利腊香肠比萨当作晚餐。

语言确实会影响我们的思想，而并非仅仅为了描述而描述。很显然，语言就是一个渠道，通过它人们可以相互交流思想和意图，并由此掌握周围的知识、习俗和价值观。"谁人"乐队（The Who）在他们的摇滚歌剧中的一首歌曲《圣诞节》中，描述了一个没有语言能力的小男孩的处境："汤米不知道今天是什么日子，他也不知道耶稣是谁，或者什么是祈祷。"

语言不仅使我们可以通过文字内容直接进行思想交流，还可以通过一些隐喻和转喻来引起听话者的注意，使他们掌握之前没有注意到的各种关系。例如，在诸如"浪费时间""花费时间""宝贵的时间""时间就是金钱"之类的表达方式中，似乎都把时间看作了一种非常有价值的资源。当某个人首次使用上述某种说法的时候，她的听众很可能会感到很疑惑：为什么会用金钱来指代时间呢？毕竟，我们不能按照字面的意思用花费一枚金币的方式来花费时间。

假定讲话者并不是在胡言乱语，那么听众就会理解，在某些方面时间与金钱的确有着相同之处，他们会推断这就是讲话者试图表达的意思。请注意，即使在这样一个关于语言如何影响思维的清晰案例中，语言和思维也并不是一回事。这一隐喻的首创者必须在没有可供借鉴的英文表达的情况下发现这一类比性，而第一次听到该隐喻的人也必须对讲话者的主导意图以及时间和金钱之间共有的特性进行一系列难以描述的思考过程，才能理解它的意思。

除了作为一种交流媒介，语言还可以作为大脑储存和处理信息的载体。心理学家艾伦·巴德利（Alan Baddeley）提出的有关人类工作记忆的重要理论就很好地表达了这一思想。大脑使用了一个“语音回路”：默读数字或词语能够将信息保持几秒钟的时间，与此同时，大脑也在收听。语音回路在作为中央执行系统的一个“子系统”而起作用。通过使用语言片段帮助自己去描述事物，我们可以将心理运算的结果进行暂时性储存，或者还可以提取出大量的以语言表达方式储存下来的信息。心理运算中会涉及大量数字，如在提取像“$7 \times 8 = 56$”这样的非文字公式时就会涉及许多数字。然而，正如理论术语所解释的那样，语言起到的是作为中央系统的一个子系统的功能，而并非所有思维的媒介。

为何几乎所有的认知科学家和语言学家们都认为语言并非思维的牢狱？首先在于已经有大量实验发现，有心智但无语言能力的婴儿和其他非人类的灵长类动物，都能够运用物体、空间、因果关系、数目、概率、主体（发起行为的人或动物）以及工具用途等思维的基本范畴。

其次，我们获得的大量知识并不是以词语和句子形式储存的。通过词语和句子，我们学习的只是单独的事实。在上一页中你读到了哪些内容？我想你会对这个问题做出相当准确的回答。那么现在就试着写出你在这些页面中读到的词语。你极有可能回想不起来一个单独的句子，甚至是任何一个单独的短语。你回忆起来的可能只是那些页面中的要点——主要内容、重要性或含义，而不是语言本身。有关人类记忆的许多研究已经证明，从长期来看，我们能记住的只是主要内容，而不是情节或会话的措辞。认知科学家用网络模型来解释这种“语义记忆”，这种网络涉及大脑中的一系列逻辑命题、图像、运动程序、音符串以及其他相互联系的数据结构。

再次，要给语言恰当定位，就需要考虑我们究竟是如何使用它的。书面语言和口头语言并不是指将内心独白转化为书面文字或者将其转换成录音的形式。相反，我们总是在想要传达的思想与语言能够提供的传达这些思想的方式之间进行持续不断的协调。我们常会对词语进行推敲，对自己所写的东西感觉不满意，因为这些语言并没有表达出我们真正想说的内容，或者当我们真的不清楚自己想要说什么时，似乎每一种词语组合方式都是错误的。然而我们为语言和思想之间的不匹配而感到沮丧时并没有放弃，也并没有感到挫败或是闭口不言。

我们编造出了一些新词，如夸克、文化基因、克隆、深层结构。我们还发明了俚语，如发垃圾邮件、相互攻击、幽会情人、上网冲浪、助手，我们还借用其他语言中有用的词语，如生活之乐、倒霉蛋、焦虑不安、男子气概，或杜撰出新的隐喻，如浪费时间、用脚投票、发挥极限。这就是为什么每一种语言非但不是一个永久不变的监狱，相反却总是处于革新之中的原因。尽管热爱语言的人们会不断地哀叹或者破口大骂，但是当他们需要谈论新事物或者表达新看法的时候，语言还是不可阻挡地发生了变化。

最后，如果不是建立在一个庞大的关于外部世界以及他人意图的内隐知识结构的基础之上，语言本身并不起作用。我们试图去理解语言的时候，必须理解其中的言外之意，去除模糊句子中的冗余信息，将不连贯的发音拼合起来，忽略口误的部分，还要对大量未说出的音节进行补充以形成一个完整的思路。当一瓶洗发水香波上写着“涂抹并产生泡沫，冲洗，再重复上述步骤”时，我们肯定不会一直在浴室里面待着，因为我们会推断它表达的意思是“重复一次”。

我们还知道如何去解释那些含糊的新闻标题，比如将“kids make nutritious snacks”理解成“小孩可以被制成营养品”还是“小孩合作制造的营养丰富的点心”，将“British Left Waffles on Falkland Islands”理解成“英国的左派势力在福克兰群岛问题上态度含糊”还是“英国人把蛋奶烘饼留在了福克兰群岛上”等。我们可以毫不费力地运用关于这些事件的背景知识来推测记者试图通过报纸传达的信息。确实，在表达含糊的句子中，一连串的词语能够表达出两种及以上的含义，也正是这些句子的存在，证实了思想与一连串词语并不是一回事。

正是由于语言能够与思想和态度相分离，它往往使得新闻报道恰到好处。1998 年，比尔 · 克林顿利用了公众建立在一般理解能力基础之上的期望，来误导那些对他与莫妮卡·莱温斯基的桃色事件进行起诉的人。他使用了诸如“alone”“sex”“is”之类的字眼，而且是从辩护技巧意义上来使用的，但背离了正常情况下人们对于这些词语含义的善意猜测。比如，他提出，即使房间里面只有他们两个人，他和莱温斯基也并不是“单独”相处的，因为当时还有其他人也在总统办公室所在的大楼里。

就如同所有的词语一样，克林顿使用的这些词语也都存在着界定上的模糊性。距离个体最近的人究竟在多远的距离或者受到多大程度的遮蔽，个体才可以被认为是单独的？从电梯中的一次不经意的身体摩擦到坦陀罗式的性爱，在这一系列的身体接触中，处于何种程度时我们才会认为两者之间发生了性行为？

通常我们都是这样解决这些模糊性问题的：猜测我们的聊天对象在特定的背景中会如何解释这些词语，然后再据此选择相应的词语。克林顿想运用自己的小聪明来对这些猜测进行操控，但当他被迫向公众解释自己的所作所为时，公众的怒火爆发了，这表明，人们很清楚地知道词语和通过词语想传达的思想两者间的差异。

语言传达的并不仅仅是字面上的含义，同时还传达了讲话者的态度。考虑一下这些词语之间的差别：肥胖的（fat）/ 体态丰满的（voluptuous）、苗条的（slender）/ 骨瘦如柴的（scrawny）、节俭的（thrifty）/ 吝啬的（stingy）、口齿伶俐（articulate）/ 花言巧语的（slick）。对于带有蔑视意味的种族别称，有责任感的人是不会使用的，因为这些别称的使用会传达特定意义的信息，即蔑视这些别称所指代的人是被允许的。然而，对弱势群体使用新称号的动机远远强于那些对他们表示尊重的动机。人们往往会假定话语和态度这两者间不可分离，因此个体可以通过修正话语来重新设定对人们的态度。

1994 年，《洛杉矶时报》采用了一份样式表，上面禁止了大约 150 个词语，其中包括先天缺陷（birth defect）、法裔加拿大人（Canuck）、乱七八糟的局面（Chinese fire drill）、黑色大陆（dark continent，即非洲）、离婚者（divorcee）、各付已账（Dutch treat）、智障（handicapped）、私生子（illegitimate）、残疾人（invalid）、人造（manmade）、新大陆（new world）、继子女（stepchild）、威尔士人

（to welsh，赖账的人）。编辑们假定，这些词语在读者大脑中留下的只是它们的字面意思，因而 invalid 会被理解为“无用的、有病的人”，Dutch treat 会被理解为对现代荷兰人的蔑称。事实上，这属于一种方言，Dutch 意指“替代物”，比如荷兰炖锅（Dutch oven）、荷兰门（Dutch door，杂志中的散页广告）、荷兰大叔（Dutch uncle，唠唠叨叨的人）、荷兰式勇气（Dutch courage，酒后之勇）及荷兰式拍卖（Dutch auction，拍卖），这些语用都是被英国人与荷兰人遗忘的历史敌对时期的残留。

然而，即便是最合理的言语变革尝试也是基于言语决定论这样一种不靠谱的理论。早期的那些无懈可击的用语被新词取代，比如 Negro 为 black 所取代，后者又被 African American 取代；Spanish-American 为 Hispanic Latino 所取代，crippled 为 handicapped 所取代，后者又被 disabled 取代，现在人们常用的则是 challenged；slum 为 ghetto 所取代，后者又被 inner city 取代，然后（按照《泰晤士报》的说法）又为 slum 所取代。这一演变过程让许多人感到迷惑不解。在少数情况下，人们会因为新词的某些含义而认为它的出现有道理。

20 世纪 60 年代，Negro 被 black 所取代是由于 black 和 white 间的相似之处，意在强调种族平等。同样地，Native American 能够使人们想起那些最早住在这片土地上的人，从而避免了 Indian 可能引起的地理上的误解。

但是，更常见的情况是一些曾经非常合适的词语被后来的新词所替代，正如我们看到的一些机构的原有名称一样，它们对于用旧名称指代的群体来说带有明显的同情色彩：the United Negro College Fund（联合非裔美国人大学基金），the National Association for the Advancement for Colored People（全国有色人种协进会），the Shriners Hospitals for Crippled Children（圣地兄弟会残疾儿童医院）。在有些情况下，某个词则可能会走样或者有些过时了，因而进行些微变型非常恰当：如 colored people 和 people of color，Afro-American 和 African American，Negro-Spanish for “black” 和 black。总之，出于对字面意思的尊重，我们会寻求新的词语来替代欧洲人的后裔，表明他们既不是白人也不是高加索人。当然，还有其他方面的因素也在推动着新旧词语的更替。

语言学家对一种被称作“委婉语跑步机（euphemism treadmill）”的现象非常熟悉。人们通过发明新词来指代一些可能会引起强烈情感反应的说法，但很快，这些委婉语就会因使用者的联想失去它原有的意义，这时候必须有新的词语出现，而不久这些新词也会拥有其他意思，如此循环往复。如 Water closet 变成 toilet，最初这个词用于表示任何类型的身体护理，包括盥洗袋和花露水，toilet 后来又演变为 bathroom，然后又演变为 restroom，现在又演变为 lavatory；Undertaker 演变成 mortician，然后又演变成 funeral director；Garbage collection 变成了 sanitation，sanitation 又变成 environmental services；Gym（源于 gymnasium，最初的意思是‘high school’）变成了 physical education，接下来在伯克利又演变成了 human biodynamics。

甚至，连 minority 这个仅用来指代相对数目大小的词，一般认为是相当中性化的符号，在 2001 年也被圣迭戈市议会（也几乎被波士顿市议会）禁用，因为它被认为是对非白色人种的蔑称。波士顿大学一位因言语受到质疑的官员这样说道：“无论你怎样划分，minority 都意味着少数。”在那里，人们更喜欢的说法是 AHANA（即 African-American, Hispanic, Asian 和 Native American 首字母的缩写）。

委婉语跑步机现象表明，构成人的思维活动的基本成分是概念而不是词语。用一个新的名称来给一个概念命名，这个名称就会因概念而变得生动；但这个概念却不会因新名称而变得焕然一新，至少不会持续很久。只要有人仍在以消极态度对待少数民族，那么对少数民族的称呼就会不断变化。当这些称呼不再发生变化时，我们就会明白双方实现了彼此间的相互尊重。

形象

“形象没有用，渴望最要命”（Image is nothing. Thirst is everything），这是某饮料广告打出的口号，它是在讥笑其他试图为自身产品创造出某种形象的饮料广告，它试图通过这种方式来打造其产品的形象。同语言一样，形象也是人类心智活动的显著标志。另外，形象还被认为同语言一样，对我们的意识产生着潜在的影响，这主要是因为它们被直接地记录在如同白板的大脑中。后现代主义者和相对主义者认为，通过形象可以形成我们对于客观现实的看法，或者说形象本身就可以成为我们对于客观现实的看法，又或者形象本身就是客观现实。对于那些表征名人、政治家、妇女以及 AHANAs 的形象来说，尤为如此。与语言的情况类似，有关影像的科学研究表明，这种担心是错位的。

关于文化研究及其他相关研究领域中形象的标准观点，可以参见《文化理论简明词典》（*Concise Glossary of Cultural Theory*）。它将形象定义为："对于某个客观事物或事件的心理或视觉表征，比如头脑中描绘出的一幅绘画作品、一张照片或一部电影。"这样一来，客观世界中的形象（如绘画作品）与头脑中的形象就联系在了一起。这一词条表明了形象在后现代主义、文化研究以及女权主义思想中的核心地位。

首先，这个词条的撰写者相当理智地注意到，形象可能会对现实做出错误的表征，因此可能被用来服务于某种意识形态的利益。一幅带有种族主义的漫画就是最好的例证。然而，接下来这个词条将这一概念的意义扩展得过远了：

> 后现代主义带来的所谓"表征危机"，往往会使人们产生怀疑：形象只不过是对某种被认为是先验的或者外在的、与形象无关的客观现实的表征或错误表征。恰恰相反，客观现实常常被认为是受到表征方式的影响，或者是表征方式的产物。根据这种观点，我们就不可避免地要生活在一个形象或表征的世界里，而并非生活在一个"真实的世界"里，也就不存在关于这个世界的正确或错误的形象了。

换言之，如果一棵树在树林里倒下了，没有画家来画它，那么这棵树不仅没有发出声响，它也没有倒下，那里也不会长出新的树木。

> 再进一步讲……可以认为，我们生活在一个超现实的世界里，在这里，形象是自我生成的，并且完全脱离于任何所谓的现实。这一点，与那种认为当代娱乐和政治完全是"形象"或者是外观问题而非实质内容的共识是一致的。

事实上，超现实学说与认为当代政治和娱乐只涉及形象和外观方面问题的普遍看法相矛盾。该普遍看法的关键点在于，它认为存在一个不同于形象的客观现实，这也正是为何我们能够对那些可能误导人的形象进行谴责的原因。例如，我们可能会对某一部美化奴隶过着幸福生活的影片或对某一条展示腐败政客假装在保护环境的广告进行批判。如果并没有所谓实质内容这样东西的存在，那么我们喜欢有关于奴隶制的真实纪录片，而不喜欢为奴隶制所做的书面辩护；或喜欢有关于政客的真实报道，而不喜欢那些华而不实的广告攻势就毫无缘由了。

该词条的撰写者注意到，形象与公共领域、广告界以及时尚界有关，因而它也与商业和利润有关。形象和“某种外部强加的刻板印象或者某种选择性的主观认同、文化认同”紧密相连。媒体图像成了心理形象，所以人们不得不依照影片和广告中的描述来看待女性、政客或非裔美国人。这就抬高了文化研究与后现代主义艺术的地位，使其成为个人解放与政治解放的动力源泉：

> “女性形象”研究认为，在形象这一场域中，关于女性的刻板印象既可以得到强化、拙劣的模仿，也可以通过批判分析、不同的历史或创造性写作和媒体展示（生产出完全相反的积极形象），从而产生积极的争辩。

我向来不隐藏自己的观点：我认为这一思路在概念上是混乱的。如果想要理解政客和广告商是如何操纵我们的，我们最不应该做的就是混淆以下几个不同的概念：世界上客观存在的事物，对眼前呈现的事物的感知，通过关于这些事物的记忆而建构出的心理形象，以及诸如照片或者画像这样的物理想象。

正如我们在本章开头看到的那样，进化的力量将大脑的视觉区域塑造成了一个极其复杂的系统，使我们能对眼前的重要事物进行精确的“阅读”。按照感知心理学家的说法，“智能眼”（intelligent eye）不仅会帮助我们计算看到的人的体形和动作，它还会通过留意这些人凝视、趋近、躲避、帮助或者阻挠其他物体或个人的方式来猜测他们的想法和意图。然后，我们会将这些猜测与已知晓的关于人类的一切——从闲谈中获得的，从一个人的言行中获得的，或者说从夏洛克·福尔摩斯式的推理中获得的一切——进行比对，从而做出判断。这就形成了知识的基础或者是语义记忆，后者也是我们使用语言的基础。

像照片和绘画这一类的物理形象，它们反射光线的模式与真实物体反射光线的模式相类似，因此我们的视觉系统对这些形象的反应就仿佛是看到了真实的物体一样。长久以来，人们一直梦想着会出现能够完全欺骗大脑的错觉，如笛卡儿的邪恶妖魔（evil demon）、哲学家的思维实验（被试者并不认为自己是“缸中之脑”①）、科幻小说家在《黑客帝国》（*The Matrix*）中预言的完美虚拟世界。事实上，这些由物理形象强加给我们的错觉最多只是部分地在起作用。我们的感知系统会注意到某个形象的瑕疵（比如画笔的笔触、像素或画面），同时人体的感知系统还会注意到这样一个事实：我们徜徉在一个与真实世界相分离的假想世界里。

人们并不是总能够将虚幻与现实相区别：他们可能会将自我迷失在虚幻之中，要么是将在小说中看到的内容错误地记成是在报纸上看到的，或是发生在某个朋友身上的事情；要么会错误地接受有关某个时间、地点的程式化描述。但其实我们所有人都能够将虚幻世界与真实世界区分开来，虽然一个 2 岁的孩子会出于游戏的目的而假装将一根香蕉看作一个电话筒，但是这个孩子其实很清楚香蕉不是电话筒。认知科学家认为，将“约翰相信存在圣诞老人”与“圣诞老人是存在的”区分开来的能力，或者说接受一个命题而并不必然相信它是真的这样一种能力，是人类认知的基本能力。许多科学家认为，这种能力的损害是精神分裂症患者思维混乱的根源。

最后，我想要谈的是，心理形象、客观事物形象及想象中的景象这几种形象都是存在的。心理学家史蒂芬·考斯林（Stephen Kosslyn）的相关研究证明，大脑具有这样一个系统，它能够激活和操纵有关感知觉经验的记忆，功能类似于 Photoshop，具有对形象进行合成、旋转和着色的功能。同语言一样，心理意象（imagery）也属于大脑中央执行系统的一个子系统，是一个“视空间画板”。正因如此，心理意象才成了重要的心理表征形式。例如，当我们想象椅子在客厅里

① 缸中之脑实验的内容是：想象一个疯狂科学家把你的大脑从体内取出，放在某种生命维持液中。大脑上插着电极，电极连接在一台能产生图像和感官信号的电脑上。因为你获取的所有关于这个世界的信息都是通过大脑来处理的，那么这台电脑就有能力模拟你的日常体验。如果这确实可能的话，你要如何来证明周围的世界是真实的，而不是由一台电脑产生的某种模拟环境呢？其核心问题：人类究竟如何才能知道什么是真实。——译者注

怎样摆放才合适或者毛衣怎样搭配才会好看的时候，就会运用到心理意象。对于小说家而言，心理意象有着无可估量的价值，因为他们在用文字对场景进行描述之前就已经把这些场景想象出来了；对于科学家来说亦是如此，因为他们会通过想象力想象分子结构的旋转和停止。

正是因为心理形象的存在，即使在原初物体消失后，我们的经验（包括对于媒体形象的体验）仍会影响我们的想法和态度。那种认为原始形象只是被“下载”到大脑中，并由此构成了我们的心理活动的观点是错误的。大脑中的形象并非像相机匣子里面的照片那样被保存着。如果是这样的话，你又怎能找到自己想要的形象呢？相反，这些形象都会被打上标记，与一个巨大的知识库相联系。通过这个知识库，人们可以对这些形象的代表含义进行评价和解释。

例如，国际象棋大师记忆棋局的能力非常出众，然而他们关于棋盘的心理形象并不是原始的。相反，他们熟练掌握了比赛中的各种抽象信息，比如某个棋子会威胁到另外哪些棋子，哪些棋子可以构成牢固的防线。我们之所以知道这些，是因为当把棋子随机摆在棋盘上的时候，在记忆棋子的分布方面国际象棋大师并不比业余爱好者表现得更出色。当形象表征的是真实人物而不只是棋子时，人们更可能会利用目标和动机方面的信息（比如，形象中的人是真诚的还是在作秀）对这些想象进行评价和注解。

形象之所以不属于构成思想的内容，其原因在于，与语言一样，形象具有固有的歧义性。一幅关于莱西[①]的形象可以代表莱西、柯利犬、小狗、动物和电影明星，又或者是某种家庭价值观。对于其他更为抽象的信息形式，必须挑选出其中能用形象做例证的概念来帮助我们进行理解。

思考一下这句话，“昨天我叔叔解雇了他的律师（这是丹尼尔·丹尼特举的一个例子）”。在理解这句话时，布拉德可能会回想起他昨天的痛苦经历，想起家族中“叔叔”的位置，头脑中浮现出法院台阶以及一个愤怒的男人形象。而艾瑞琳头脑中可能会浮现出她叔叔鲍勃的脸庞、“砰”的一声关上的门以及一个穿职业装的女性。

① 莱西是电影《灵犬莱西》中一条狗的名字。——译者注

虽然这两个人头脑中浮现的形象次序很不一样，但他们都以同样的方式理解了这个句子的含义，如果我们问他们或者让他们解释一下这句话的意思就会发现这一点。

“心理意象不可能是理解的关键所在”，丹尼特指出，“因为你无法画出叔叔、昨天、解雇和律师的具体形象。叔叔不像小丑或者消防队员这类人物，没有任何独有的特征能够使其通过形象呈现出来，而昨天更是无法用形象来呈现”。既然对形象的理解是在对人们之间的关系有深入理解的情况下发生的，因此，“表述危机”以及它的妄想症——媒体形象操纵着人们的头脑就显得过于夸大其词了。人们并非消极无助地接受形象的编排，他们可以使用自己知道的任何知识来对看到的形象进行评估和解释，比如说形象来源的可信性和动机。

后现代主义将形象等同于思想，这不仅将几个学科领域弄得混乱不堪，还玷污了当今的艺术世界。如果形象是疾病，其中理性消退，那么艺术就是治病良药。艺术家可以通过扭曲或者在奇怪的情境下再次呈现媒体形象的方式来消除媒体形象的力量，如《幽默杂志》（*Mad magazine*）或《周六夜现场》（*Saturday Night Live*）中对商业广告的滑稽模仿，虽然并不好笑。

任何一个熟悉当今艺术的人都会看到无数围绕女性、少数族群和同性恋的刻板印象创作的作品，在这些作品中，这些刻板印象“被强化，拙劣地模仿，或者是引起了积极的争论”。其中最典型的例子是 1994 年在纽约惠特尼艺术博物馆举办的一场名为“非裔美国人男性：当前艺术中的男性表征”的展览。它的目标是使非洲裔美国人摆脱按照妖魔化的、边缘化的刻板印象对他们进行的文化建构，这些刻板印象包括富有性魅力，如运动员、桑博[①]以及通缉告示中的照片。按照专题文章的说法：“真正的斗争是要终结对形象的控制权。”文学评论家亚当·高普尼克（Adam Gopnik，他的母亲和姐姐都是认知科学家）就呼吁，人们应该注意这种枯燥无味的套话背后所暗含的十分简单的认知理论：

> 这场展览原打算起到一定的社会性疗效：其目的是使你看到非裔美国人男性的社会建构形象，通过直面这些形象——或者说是让艺术家代替你

① 桑博（Sambo），对非裔美国人的蔑称。——译者注

去直面它们，你就可以驱散这些形象。麻烦之处在于，由于我们以一种模糊的方式来使用“形象”一词，从而“破除社会形象”这个计划也就停滞不前了。心理形象根本就不是真实的形象，它包含了复杂的观点、立场和怀疑，它狂热地追逐着信念，深深地植根于经验之中，它会因为争论、更多的经验或者受到强制而发生变化。我们关于非裔美国人男性、白人法官、新闻等的心理形象，不会以那种能够悬挂（或者“解构”）在博物馆墙壁上的画像形式存在……

希特勒恨犹太人，不是因为他的小脑中留有黑皮肤、大鼻子的闪米特人（Semites）的形象；种族主义存在于美国，也不是因为《时代周刊》杂志封面上的辛普森形象太过黑暗。认为反复出现的形象会构成信念的看法既过于悲观又过于乐观，它悲观地认为人们在面对刻板印象的束缚时束手无策，它又过于乐观地认为如果你能改变形象，你就能改变信念。

我们拥有的复杂天赋确保着我们能够触摸到现实，认识到这一点并不意味着否认天赋反过来会使我们接触不到现实。人们的谎言有时是毫无掩饰的，有时候又会通过影射或者暗含的先决条件来进行欺骗（比如，“你从何时开始不再打你妻子”这样的问题）。人们故意散布种族方面的虚假消息，不仅包括歧视性的刻板印象方面的信息，还包括了精心编造的有关剥削和背信弃义方面的故事，目的是从道德上煽动起对这些人的仇恨。人们试图去操纵诸如身份（存在于旁观者的脑海中）之类的社会现实，目的是让自己看上去不错，又或者是为了销售产品。

但是我们通过洞察自身在分类、语言和心理意象等能力上存在的弱点，就可以最大程度地使自己免受此类操纵的影响。认为人只是被动地接受刻板印象、语言和形象的看法，不仅是对人的轻视，还赋予了文化和学术精英名不副实的重要性。当前，对于我们能力的局限性有一些稀奇古怪的见解，比如，文本之外一无所有，或者我们处在一个影像世界而非真实世界中。这些观点使我们无法鉴别出谎言和曲解，更不用说去理解它们是如何得以传播的了。

13

人类认知能力的局限性

克林特·伊斯特伍德（Clint Eastwood,《紧急搜捕令》台词）

一个人必须知道自己的局限。

大多数人都很熟悉这样一种观念：在进化历程中，人类激情的起源与我们当前设定的目标之间不相匹配，这是我们诸多痛苦的根源所在。出于对饥荒的预期，人们暴饮暴食，尽管饥荒从未出现；人们发生危险的通奸行为并怀孕，尽管他们并不想要孩子；人们疯狂地舞动身体，以此来应对无法逃避的压力。

在情感方面是这样，在智力方面也可能如此。认知能力进化的最初意图与当前人类赋予它们的新意图之间不相协调，这可能是我们的某些困惑产生的根源。这一点在涉及一些粗略的数据加工时表现得尤为明显。在进行六位数相乘时，人们不会进行心算，人们也不会试图去记住遇见的每个人的电话号码，因为他们知道大脑的组织设计并不适合这些任务。但当涉及我们对世界进行概念化的方式时，情况就不这么明显了。大脑使我们能够接触到现实的各个层面，比如物体、动物和人，这些都是我们的祖先在上百万年的时间里需要面对的事物。但是随着科学技术逐渐揭示出新的隐秘世界，我们那些纯朴的直觉可能就会处于茫然状态了。

纯朴的直觉都包括哪些呢？许多认知科学家相信，人类的推理活动并不是由大脑中一个单一的具有通用目的的计算机完成的。世界是多样的，而我们拥有不同的直觉和逻辑，每种直觉、逻辑都与现实的一部分相对应。这些认识世界的方式被称为系统、模块、立场、机能、大脑器官、多元智能以及推理机（reasoning engine）。这些功能在个体生命早期就出现了，每个正常人都具备，而且这些功能的实现有赖于大脑中不同神经网络的运作。这些神经网络可能是由不同的基因组合配置而成的，也可能是脑组织为了解决不同的问题，应对不同的感觉传入模式而进行自组织时形成的。而最有可能的是，这些神经网络是在这些力量的共同作用下形成的。

我们的推理能力与大学系部的不同之处在于，这些能力并不是广阔的知识领域，可以用任何的优良工具进行分析。每一种能力都依托于一种核心的直觉，而这种直觉非常适用于分析人类进化时所处的环境。虽然认知科学家并不赞同《格雷解剖学》（*Gray's Anatomy*）关于心智的观点，但我这里提供了一个具有尝试性，同时又站得住脚的认知能力以及关于这些认知能力所依托的核心直觉的清单：

- 直觉物理学，我们用它来观察物体是如何跌落、弹起以及弯曲的。它的核心直觉是物体的概念。物体是指占据一定空间，在一个持续时间跨度内存在，遵循各种运动规律和作用力规律的存在。这些并不是牛顿三大定律，而是更接近于中世纪的推动力概念，即一种使得物体产生运动并逐渐静止的“活力”。
- 对生物或自然史的直观看法，我们用它来理解整个生物世界。它的核心直觉是，一切有生命力的事物都有一个隐藏的本质，这一本质使它们有了外形和生命力，并驱动着它们的生长和身体机能。
- 直觉工程学，我们用它来制作、了解工具和其他人造物。它的核心直觉是，一个工具就是一个被赋予了某种意图的物体，即人类为达到某种目的而设计出来的物体。
- 直觉心理学，我们利用它来理解他人。它的核心直觉是，其他人并不是物体或机器，而是拥有着称为心智或者心灵这样一些看不见的实体的生物。心智包括信念和欲望，是激发行为的直接原因。
- 空间感知，我们用它来周游世界，感知事物的位置。它是建立在航迹推测以及心理地图网络基础之上的。航迹推测会随着身体的移动和转动而不断更新它的坐标。每一类心理地图都是由不同的参照系（眼睛、大脑、身体或现实世界中那些醒目的物体和位置）架构而成的。

- 数字感知，我们用它来进行数量方面的思考。它建立在这样一种能力基础之上：对较少数量的物体进行准确计数，对较大数目的物体进行粗略估计。
- 概率感知，我们用它来对不确定事件的可能性进行推理。它是建立在这样一种能力基础之上的：计算事件的相对频率，即某些类型的事件以这种方式或那种方式出现的比率。
- 直觉经济学，我们用它来进行商品及利益交换。它是建立在互惠性交换基础上的，所谓互惠性交换，就是一方给予另一方某种益处，同时从对方那里获取等价回报的权利。
- 心理数据库和心智逻辑，我们用它们来表达观念，从旧观念中推导出新观念。它们建立在对发生了什么事情，在哪里发生，或者谁对谁做了什么事情，在什么地方、什么时间及什么原因等问题加以判断的基础上。这种判断与心理网络相连，可以用“和、或者、否则、全部、一些、必须、可能、原因”等一些逻辑运算符号和因果运算符号进行重新组合。
- 语言，我们用它来与他人分享那些源于心智逻辑的观念。语言建立在心理词典的基础上，而心理词典是由我们识记的单词和一套由组合规则的心理语法组成的。这些规则将元音和辅音组合成单词，又将单词组合成词组和短语，最终组合成句子。通过这样一种方式，我们就可以从被组合的各个部分的意思以及它们的组合方式推断出新组合成的意思。

心智还包括其他一些构成部分，在这些构成部分中，很难讲清楚认知是如何消退，而情感又是如何开始的。这些构成部分包括一个与恐惧情感相对应的危险评估系统，以及与厌恶情感相对应的污染评价系统，还包括一种道德感。但道德感这个问题非常复杂，需要专门用一章的篇幅对它进行讨论。

这些认知世界的方式以及核心直觉适合的是那些目不识丁、不属于任何国家的一小撮人，他们远离现代文明，完全依靠自己的智慧过活，依赖自己所能搬运的东西生存。我们的祖先脱离这种生活方式过上定居生活也只不过几千年而已，这个周期太短，进化还未能使人类大脑发生很多变化（如果不是一点变化也没有的话）。很显然，大脑还缺乏理解当今这个由科学和技术造就的令人炫目的新世界的能力。对许多知识领域来说，大脑还没有进化出专门适用于该领域的组织结构，大脑和基因组并没有显示出任何专业分化的迹象。人类无论是在婴儿期还是之后的生命阶段里，都没有显示出任何关于这方面的自发生成的直观理解。这些知识领域包括现代物理学、宇宙论、遗传学、进化学、神经科学、胚胎学、经济学和数学。

关键问题不在于我们必须去学校或通过阅读书籍才能学会学科知识，而在于我们并不具有直观理解这些知识的心智工具。我们或依赖于类推法使原有的某种智力继续发挥功能，或是依赖于由其他机能一鳞半爪式地拼凑而成的心智构造。对这些领域的理解极有可能很困难、很肤浅，而且还会受到原始直观感受的干扰。这样一来就会产生争议，当然这些争议是位于科学技术与日常生活的关系这一更大范围的争议之中的。本章的核心是，在这些争论中，不仅要考虑道德、经验以及政治方面的因素，而且还要考虑认知因素：大脑先天具有的界定问题的方式。大脑的认知构造是我们在思考诸如教育、生物伦理、食品安全、经济以及理解自身之类的很多难题时被遗漏的一环。

教育

人类天生的思考方式体现得最为明显的一个领域是学校。任何一种教育理论必然是建立在某种人性论基础之上的，而在 20 世纪，这些人性论基础主要是“白板说”以及“高贵的野蛮人”。

传统的教育主要建立在“白板说”的基础之上：学生脑袋空空地来到学校接受知识，然后在随后的考试中将这些知识展示出来，传统教育的批评者称之为“储蓄－放贷”模式。早期的学校生涯是与生活密切相关的社会价值观的形成期，这种常见的哲学背后的人性论也是“白板说”。当下，有很多学校正利用这一阶段向学生灌输有关于环境、性别、性行为以及伦理多样性的理想化态度。

就激进教育实践本身而言，它是建立在“高贵的野蛮人”这一人性假设之上的。正如尼尔（A. S. Neil）在他那本极具影响力的著作《夏山学校》（*Summerhill*）中所写：

“孩子生来是聪明的，现实的。假如成年人不约束他，他就会尽可能地发展自己的潜能。”尼尔和20世纪六七十年代其他的激进理论家们都认为，学校应该废除考试、评分、课程设置甚至教材。虽然几乎没有哪所学校能够完全做到这一点，但这场运动却对教育实践产生了深刻的影响。整体语言（Whole Language）阅读法认为，不应该教给孩子具体字母的发音，应该使之置身于书海之中，这样一来他的阅读技能就能自发生成。而建构主义的数学教学理论认为，不应该让孩子练习算术表，而应该让他们通过小组解决问题的方式来享受发现数学真理的乐趣。但在对学生的学习成果进行客观化测验时，上述两种理论指导下的实践结果都很糟糕，而其倡导者往往对标准化测验不屑一顾。

心智这种复杂系统是由进化塑造而成的，这种看法与上述观念截然对立。苏珊·凯里（Susan Carey）、霍华德·加德纳（Howard Gardner）、戴维·吉尔里（David Geary）等认知科学家在著作中提出了不同看法。教育既不是在白板上作画，也不是让孩子们的高尚之花尽情绽放，教育是一种技术，它是试图在弥补人类心灵先天不擅长的领域。孩子们不需要去学校学习走路、交谈、认识物体或者记住他们朋友的性格，虽然这些任务比阅读、加法运算或记住历史日期等任务的难度要大很多，但他们必须去学校学习写字、数学和科学，因为这些知识体系和技能被发明出来的时间都不长，而专门负责这些知识、技能的大脑组织还没有进化出来。

儿童既非空空如也的接收器，也不是普通的学习者，他们大脑中有一个“工具箱”，里边有可以使儿童按照特定方式进行推理和学习的“工具”，这些“工具”必须能够以一种智慧的方式使用，从而解决超出这些工具的设计目的之外的问题。这意味着，教育者不仅要将新知识和新技能输入儿童的大脑之中，而且还要调适或废除旧的知识和技能。学生如果不能将建立在直觉之上的物理学抛到脑后，就无法学习牛顿物理学。他们如果不能忘掉建立在本质这个关键术语之上的直觉生物学，就无法学习现代生物学。学生如果不能忘掉直觉工程学，即认为任何设计都反映了某个设计者的主观意图，那么也就无法学习进化理论。

学校教育也要求学生发现并强化那些通常被埋没在无意识的黑箱子中的技能。一个儿童在学习阅读时，如果要将口语中完美组合在一起的元音和辅音与纸上的字迹联系起来的话，他就必须注意到元音和辅音字母的存在。有效的教育也要求学生能用已有的大脑机能应对新的问题。当我们回想起“五乘以五等于二十五”这句话时，语言片段就被赋予了计算功能。语法逻辑可以用来帮助我们掌握大数的概念，在“四千三百五十七”（four thousand three hundred and fifty-seven）这个表达方式中，它的语法结构与英文中的名词短语，如帽子（hat）、外套（coat）及连指手套（mitten）的语法结构相一致。当一个学生对这样一个数字短语进行语义解析时，他头脑中运行的是聚合思维，这与加法的数学运算密切相关。通过将数字或等式转化为图形，我们就可以借助于空间知觉，用图表的形式来理解各种数学关系。直觉工程学有助于对解剖学和生理学的学习（器官被理解成具有一定功能的器具），而直觉物理学有利于对化学和生物学的学习（物质，包括有生命的物质是由极其微小、很有弹性而又粘连在一起的物体构成的）。

吉尔里指出了最后一点含义。尽管一些观点认为学习是快乐的事，但由于教育的大部分内容并不符合人类天生的认知能力，因此掌握这些知识的过程可能并不总是轻松愉快的。儿童去交友，获得一定的社会地位，发展运动技能，探索物理世界，这些可能是源于他们与生俱来的内驱力，但他们并不一定具有调整先天认知能力，以完成像形式数学运算这样的人为任务的内驱力。由于学习上的回报需要经过很长时间才能显现出来，因此，要想使儿童坚持不懈地付出艰苦努力，取得学习上的巨大成就，就需要家庭、同伴群体和社会文化给其以激励，将个人较高的社会地位归因为其在学业方面的成就。

生命伦理

心理学门外汉的直觉心理学，或者说这些人的心智理论是大脑所具有的最令人惊奇的能力之一。我们不会将他人看成是带有发条的玩偶，而会将他们看成是受到心理活动驱使的生物：心理属于一种非物质实体，看不到，摸不着。但对于我们来说，心理是像身体和物体一样的现实存在。普通人的心智理论除了可以让我们根据一个人的信念、欲望来预测他的行为，还与我们的移情能力以及与我们关于生命和死亡的观念相联系。一具死尸和一个活人之间的区别是，死尸不具有所谓心理的极其重要的力量。心智理论是灵魂这一概念的源泉。“机器中的幽灵”这一观念正是深深地植根于我们如何样看待他人的思维模式中。

反过来，相信灵魂存在的信念正好又与我们的道德信念相契合。道德规范的核心使我们认识到他人拥有和自我一样的利益诉求，正如莎士比亚所说，他们“有欲求，有悲伤，需要朋友”，因此，他们拥有生命权、自由权和追求自身利益的权利。但这些“他人”是谁？我们需要一个分界线，这样我们就可以冷酷地对待岩石和植物，同时也使我们将其他人看作拥有不可剥夺权利的“人”。否则，我们就会把自己置身于一个光滑的斜坡上，极易滑向罪恶的深渊，或是将那些对我们不利的人处理掉，抑或是将个体的生命价值带入荒诞的考量之中。正如教皇约翰·保罗二世（Pope John Paul Ⅱ）指出的那样，由于我们拥有灵魂，所以每个人的价值都是无可限量的，这样一种观念似乎能够为我们画出分界线。

一直到近代，灵魂这种直觉概念都能够很好地为我们所用。活着的人是有灵魂的，当个体尚是胚胎时灵魂就存在了，当一个人死去时，灵魂也会随之离开。动物、植物和非生物体则根本没有灵魂。但科学研究正在逐步揭示出，我们所说的灵魂——感性、理智和意志之所在——是由大脑的信息加工活动构成的，而大脑的活动又受到生物学规律的制约。对于人类个体而言，随着一个单细胞发育所带来的细胞组织分化，灵魂也就逐步形成了。对于物种而言，低等生物的大脑在进化的作用下不断完善，灵魂也就形成了。

虽然灵魂的概念与自然现象契合得很好—— 一个妇女要么怀孕，要么没有；一个男人要么活着，要么死了。但生物医学方面的研究正在使我们面对一些超出这种二分法的案例。这些案例不仅仅是为科学而科学的好奇探究，还与一些迫切需要解决的问题交织在了一起，包括避孕、流产、杀婴、动物权利、克隆、安乐死，以及一些与人类胚胎，尤其是干细胞获取相关的问题。

面对这些困难的选择，借助于生物学找到或者设立像“生命何时开始”这样的分界线无疑很有诱惑力。但这种想法只不过是将两种不可比较的看待生命和心智的方式之间的冲突突显出来了。非物质的灵魂的概念在直觉上和道德上非常有用，但它无法与大脑活动这一科学概念相调和，因为科学研究认为，大脑活动是在个体发展史和种系发展史上逐步出现的。不管我们将生命和非生命或心智和非心智之间的分界线划定在何处，总有一些模棱两可的例子会跳出来挑战我们的道德直觉。

一个最贴切的例子就是受孕时刻，这往往被认为标志着一个灵魂的诞生。在那一刻，一个崭新的人类基因组就被确定了下来，一个在未来能够发育成一个独一无二的个体的实体就形成了。天主教和基督教中的一些派别都将受孕时刻认定为肉体被赋予灵魂的时刻以及生命的开始（这自然使堕胎变成了一种谋杀）。但正如我们在显微镜下会发现直尺实际上是参差不齐的，关于人类生育的研究表明，受孕时刻根本就不是一个时间点。有时会有多个精子同时进入卵子的外膜，在这种情况下，卵子需要经过一定的时间才能排出额外的性染色体。

在这一时间段内，灵魂是什么？又存在于哪里呢？即便是只有一个精子进入，它的基因也要等待一天或者更长时间才能与卵子的基因结合，而新构成的基因组也需要一天左右的时间才能控制细胞。因此，受孕时刻实际上是一个时间跨度，范围约为 24～48 小时。孕体也并不必然就能发育成一个婴儿。有 2/3～3/4 的孕体无法进入子宫，自然也就夭折了，一些是由于存在基因缺陷，一些则是由于尚不明了的某些原因。

可能有人会说：不管在这一时间段的哪一时间点，事实都是一个新的基因组形成了，一个独一无二的新个体的生命蓝图形成了。依据这一推理，灵魂可以等同于基因组。但是在接下来的几天中，随着胚胎细胞的分裂，它们可以分裂为几个胚胎，形成了同卵双胞胎、三胞胎等。那此时是同卵双胞胎在共用一个灵魂吗？迪昂五胞胎（Dionne quintuplet）中的每一位都有 1/5 的灵魂吗？如果不是，那么其他四个灵魂是怎么来的呢？

事实上，处在发育中的胚胎的每一个细胞最终都能够发育成一个儿童。那么一个多细胞的胚胎，它的每个细胞中都有一个灵魂吗？如果是这样的话，那么当这些细胞失去了这一功能时，其他灵魂又该归向何处呢？不仅存在一个胚胎发育成两个人的情况，有时候还会出现两个胚胎发育成一个人的现象。在极个别情况下，两个应该发育成异卵双胞胎的受精卵还会结合成一个胚胎，最终孕育出一个婴儿，这个孩子就成了一个基因嵌合体，他的部分细胞拥有一个基因组，其他细胞拥有另外一个基因组。那么，我们能说他身体里有两个灵魂吗？

就此而言，如果人类克隆是可能（它看起来没有任何技术障碍）的话，一个人身体里的每一个细胞都拥有对于孕体来说独一无二的能力，即发育成一个个体的能力。确实，用一个人的脸颊细胞的基因孕育出来的个体，感觉上是经过非自然干预孕育出来的，但这就像在试管里使卵细胞受孕一样真实。然而，没有人对试管婴儿拥有灵魂表示否认。

个体被赋予灵魂的时刻发生在受孕期，这种观念既不容易与生物学相调和，也没有任何道德上的优越性。这种观念认为，我们应该将使用宫腔内避孕器和紧急避孕药的人视为凶手，因为他们阻止了孕体进入子宫。这种观念意味着，我们应该将医学研究从癌症和心脏病治疗转向如何阻止数不清的显微镜下才能看到的孕体的自发流产。这种观念甚至会促使我们要为试管婴儿技术中留下的大量胚胎（现在正置于生殖医院的冰箱中）找到代孕妈妈。

无论是为了降低不孕、先天性缺陷以及儿科癌症而进行的受孕和早期胚胎发育研究，还是有助于治疗阿尔茨海默病、帕金森病、糖尿病、脊髓神经损伤的干细胞研究，都被这种观念视为非法活动。这一观念还是对这样一种非常重要的道德直觉的嘲讽：他人值得我们进行道德考量，是因为他们有情感——他们具有爱、思考、计划、享受和承受痛苦的能力——而所有的情感又都依赖于神经系统的功能。

将一个人等同于一个孕体所带来的巨大的道德成本，以及在面对现代生物学时依然保持这种信念所需要的认知技巧，有时会导致我们对内心深处所持有的信念进行痛苦的再思考。2001 年，美国犹他州国会议员奥林·哈奇（Orrin Hatch）在研究了生殖科学，并对他的宗教信仰进行反思后，决定与他的反对堕胎的长期同盟者决裂，转而支持干细胞研究。他说："我的良心对此思量再三，我只是无法将子宫内手脚可以活动、心脏在跳动的婴儿等同于冰箱内的一个胚胎。"

身体被赋予灵魂的观念不仅是宗教教条的产物，它还植根在人们的心理活动中，只要人们没有很好地领会生物学的新发现，这种观念就有可能浮现出来。公众对于克隆的反应就是一个非常贴切的例子。有人担心克隆技术可能会使我们长生不死，有人担心克隆技术会制造出一支绝对服从命令的士兵军团，还有一些人则担心任何时候只要有需要，人们就会从克隆人身上采集相应的器官，克隆人会成为器官供应的源泉。

最近由阿诺德·施瓦辛格主演的电影《第六日》（*The Sixth Day*）中，克隆人被称作“白板”，DNA只赋予了他们外在的形体而无内在的心智；只有将被克隆者的神经记录下载给他们之后，他们才能获得内在的心智。1997年，当绵羊多莉被克隆出来时，德国《明镜周刊》（*Der Spiegel*）的封面设计出了一支由无数个克劳迪娅·希弗、希特勒和爱因斯坦组成的游行方队，就好像超模、法西斯独裁者和科学天才都可以借助DNA被复制出来。

事实上，我们可以将克隆人和被克隆者看成是出生时间不同的同卵双胞胎。如果爱因斯坦有一个双胞胎兄弟，那么这个人将不会像是一个僵尸，如果爱因斯坦先于他离开人世，他也不会继承爱因斯坦的意识，即使不经过挣扎他也不会放弃自己那些重要的身体器官，可能也不会有爱因斯坦的成就（因为智商只能部分遗传）。如果用爱因斯坦的细胞克隆出来一个人的话，情况可能也是如此。关于克隆的这些稀奇古怪的错误看法，可以追溯到身体被赋予灵魂这一顽固的信条。

关于克隆的一种观点认为，克隆只是对身体的复制，与灵魂无关，由此也引发了僵尸军团、白板克隆人、身体器官工厂等担忧。关于克隆的另一种观点认为，克隆是对身体和灵魂的双重复制，这又使人产生这样的担忧：人们可能会像浮士德那样为了攫取长生不死而出卖自己的灵魂，也可能会复制出另一个希特勒。与此同时，这种观点也给遭受丧子之痛的父母们克隆死去的孩子的迫切愿望提供了支撑。事实上，克隆出来的孩子在生活环境方面与他那被克隆的兄弟姐妹并不相同，他的大脑组织也与他们相异，情感体验更是大相径庭。

我们所说的“人”是从逐步发育的大脑中逐渐形成的，这一发现迫使我们对生物伦理问题进行重构。如果生物学家能够发现人类大脑第一次装配完毕，接通电流并开始运转存在一个时点的话，问题无疑就没有那么麻烦，但实际上并不是那样。神经系统在胚胎中是以简单管状器官形式存在的，然后逐渐分化出大脑和脊髓神经。大脑在胎儿期就开始运转了，在儿童期甚至是青少年时期，大脑依然会进行一些神经连线。宗教伦理学家和世俗的伦理学家要求我们找到“区分人的标准”，这意味着我们在大脑的发育过程中要找到一个分界线。但任何认为已经找到了这样一个分界线的观点都会导致道德上的谬论。

如果将出生视为是否具备人格的分界线，那么我们应该允许在婴儿诞生之前存在一个堕胎时间，而事实上，孕晚期的胎儿和一个新生儿之间并不存在任何显著性差异。看起来依据发育能力来设定分界线更为合理一些。但发育能力是一个连续统一体，取决于当前的生物医疗技术和父母们愿意让他们的孩子承担的伤害风险。而这显然会引发后续问题：如果允许将一个 24 周大的胎儿流产掉，那为什么不能够将 24 周多一天的胎儿堕掉呢？两者几乎没有什么差别。如果允许这样做的话，那么 24 周多两天、多三天，等等，一直到出生时的胎儿呢？另一方面，如果不允许将出生前一天的胎儿堕掉，那么对于出生前两天、前三天等，直到受孕时刻的孕体呢？

反过来讲，当思考临终前的安乐死和生存意愿时，我们也面临着同样的问题。绝大多数人并不会像一阵青烟一样离开这个世界，相反，他们的大脑和身体的各个部分的衰竭是逐步地、不均衡地发生的。在活着和死亡之间有多种形态，不同程度的存在形式，随着医学技术的发展，这一点还将更加明显。

当考虑动物权利方面的主张时，我们将再次面临这一问题。主张赋予任何有意识的生物以生命权的激进主义者必然会得出结论说，吃汉堡包的人也参与了谋杀，杀虫剂就是大规模屠杀的凶手。而牺牲几只老鼠，从而使上百万儿童摆脱死亡的医学研究（因为没有人会赞同用人来做此类实验，从这点来看，老鼠拥有了我们通常赋予人类的权利）也会被这些人视为违法。

另一方面，认为只有现代智人才具有人格，而反对赋予动物权利的人们只不过是一群顽固的种群主义者，他们的观点并不比顽固的种族主义者的观点更值得推敲，后者认为白人的价值高于非裔美国人。毕竟，其他哺乳动物为了活命会去争斗，能体验到快乐，在安乐状态受到危害时会感到痛苦、恐惧和压力。类人猿也会像人类那样，表现出因好奇心和亲人之爱而体验到的快乐，以及由无聊、孤独和悲伤所触发的痛苦。为什么这些利益被认为是人类独有，而不是其他动物也可享有的呢？

一些道德哲学家将人格等同于人类偶然间获得的认知特质，从而试图在这一充满争议的领域中划出一条分界线。这些认知特质包括人类有能力通过反思认识到自己有连续的意识，可以制订未来的计划，害怕死亡以及表露出不愿意死亡的意向。乍一看，这条分界线很有吸引力，因为它将人类和动物、胚胎区分开了。但是划出这样一条分界线也意味着，杀死不想要的新生儿、老年人以及存在精神障碍的人没有过错，因为这些人都不具备这样的特质。一个标准如果具有这样的含义，那么将没有人愿意接受它。

这些两难问题没有解决方案，因为它们的根源在于，人类的直觉心理学与生物学之间存在根本的不可通约性：直觉心理学认为一个人或灵魂要么存在，要么不存在，而生物学揭示出的残酷事实是，人类大脑是逐步演化而来的，它的发育也是一个过程，同样，它的死亡也是一个过程。这意味着，堕胎、安乐死和动物权利这样的道德难题将永远不可能得到确切的、让人直观上感到满意的答案。但这并非意味着没有任何值得拥护的政策，也并非意味着一切应由个人偏好、政治权力或宗教教条来决定。

正如生物伦理学家罗纳德·格林（Ronald Green）指出的那样，这只是意味着我们需要对问题进行重构：不再去寻找一条自然存在的分界线，而是去选择一条能够使每项政策的善恶冲突达到最佳妥协的分界线。我们在每种情境下做出的决策都应该是切实可行的，能够使幸福最大化，使当前和未来的苦难最小化。当前的很多政策都实现了这类折中：允许用动物来进行研究，但对其实施设定限制；一个即将出生的胎儿并不具有一个人的全部法律地位，除非是出于保护孕妇生命或健康的目的，否则不允许将之堕掉。格林注意到，从发现分界线到选择分界线的转变是一场哥白尼式的概念革命。而试图发现幽灵进入机器中的确切时间点的旧观念在科学面前是站不住脚的，21 世纪也将没有关于它们的政策指南。

传统观念反对实用主义式的、就事论事的决策方法，因为它认为这将会导致滑坡谬误。如果允许堕胎的话，我们很快就将允许杀害婴儿；如果允许开展干细胞研究，我们将会造就一个由政府通过基因工程制造出来的人类组成的美丽新世界。但在这里我想，人类认知的本质可以使我们摆脱这一两难困境，而不是必须选择其中一端。滑坡谬误暗含的假定是，概念上的分类必然会带来明确的分界线，使我们能够做出非此即彼或者怎样都行的决策。但人类的概念并不是那样发挥作用的。

正如我们看到的，日常生活中很多概念的分界线是模糊的，而人类的心智却能够区分出模糊的分界线和根本不存在的分界线。“成年人”和“儿童”就是一些模糊的分类范畴，因此我们可以将饮酒年龄提高到 21 岁或将投票年龄降低到 18 岁。但那并不会使我们犯滑坡谬误，我们不会将饮酒年龄提高到 50 岁，或将投票年龄降低到 15 岁。因为虽然“成年人”和“儿童”的分界线很模糊，但后一种政策还是与我们关于“成年人”和“儿童”的概念发生了冲突。依据这种方式，可以比照生物学事实建立生命和心智的概念，而不必担心会犯滑坡谬误。

食品安全

1999 年，当一场龙卷风导致印度数百万人忍饥挨饿时，一些激进分子指责救济团体派送的饭菜里含有转基因谷物和大豆（这些谷物和大豆在美国并没有显示出对人体有明显的伤害性）。激进分子也反对“黄金大米”（golden rice），虽然黄金大米经过基因转变后能够预防发展中国家数百万儿童的失明问题，能够缓解 2.5 亿人的维生素 A 缺乏症。而另一些激进分子更是毁坏了测试转基因食品安全性以及开发新转基因食品的研究设施。对这些人来说，即便这些食品是安全的也不能接受。

2001 年，欧盟公布的一项对过去 15 年间的 81 个研究项目进行回顾的报告显示，人们并没有发现转基因作物给人类健康或者环境带来了新的危险。对于生物学家来说，转基因食品并不值得大惊小怪，它并不比“天然”食品更具危害性，与天然食品并不存在本质上的差异。事实上，由于选择性繁育和杂交，健康食品商店出售的每一种动物和蔬菜的基因可能已经转变了数千年。胡萝卜的祖先是野生的，根茎纤小、略带苦味且颜色发白；玉米的祖先约有 30 厘米高，玉米穗很容易折断，而且结出的玉米粒稀疏坚硬。

植物是达尔文式的生物，其主观目的并不是作为人类的食物，因此它们并不会刻意变得好吃、对人体健康有益，或很容易种植和收获。相反，它们会进化出刺激性的、带有毒素的、吃起来很苦的化合物，以免被人类吃掉。因此天然食品并不会特别安全。要对抗害虫，植物选择性繁育的“自然”方法就是增加自身毒素的浓度。一种天然的马铃薯不得不从市场撤掉，就是因为有研究证明它会使人中毒。同样的，自然风味（按照一位食品科学家的定义，指“用过时的技术调制出来的风味”）与人造风味相比，从化学的角度很难看出有什么区别，而当两者有所区别时，自然风味的危险性往往会更大一些。当“天然”的杏仁味，安息香醛，是从桃核中获取的时候，会含有微量氰化物；当它是化学合成的“人造风味”时则不会有氰化物的存在。

对所有人工合成食品和转基因食品的过分担忧，从健康的角度来看显然并不理智，这只会使食品更加昂贵，穷人更加无法获得。这些似是而非的恐惧源于何处呢？一部分源于报章杂志有关致癌物质的头条新闻，它们不加批判地对任何发现食用大剂量化合物的老鼠患癌症比例提高的研究进行报道。还有一部分则源于我们关于生物的直觉感受，这种直觉最早是由人类学家詹姆斯 · 乔治 · 弗雷泽（James George Frazer）于 1890 年确认的。最近保罗 · 罗津（Paul Rozin）、苏珊 · 格尔曼（Susan Gelman）、弗兰克 · 凯尔（Frank Keil）、斯科特 · 阿特兰（Scott Atran）和其他认知科学家又在实验室对此进行了研究。

人们的直觉生物学源于这样一种观念：生物背后存在一个不可见的本质，它赋予了生物以外形和动力。这种本质主义信念在童年早期就出现了，在传统文化背景中，它们主导着人们对动物和植物的看法。通常这种直觉会使人受益匪浅。学龄前儿童通过这种直觉就能够推断出，一个看起来像臭鼬的浣熊将会生下小浣熊；将苹果中的一粒种子和花朵一起埋在罐子里，将会长出一棵苹果树；一个动物的行为依赖于它的内脏而不是外表。它使传统文化中的人们将外观不同的动物（比如毛毛虫和蝴蝶）归结为同一种类；它使人们从生物身上提取汁液和粉末，并将之作为医药、毒药和补充食品；它使人们避免去食用接触了传染物质（如排泄物、病人和腐肉）的东西，从而避免病从口入。

但这种直觉本质主义也会使人犯错。儿童会错误地认为，一对说英语的父母生下的孩子，即便在一个说法语的家庭长大，也依然会说英语；他们还会认为，男孩子会留短发，女孩子会穿裙子，即便他们的家庭当中有一个同性别的成员并不符合这种习惯要求时也是如此。传统文化中的人们相信巫术或魔法。他们认为，看起来相似的物体拥有相似的力量，因此，磨碎的犀牛角能够治疗勃起功能障碍；他们相信动物的躯体能够将力量传递给任何与之结合的事物，因此吃一个凶猛动物的肢体或者披上它的毛皮，将会使一个人变得凶猛。

受过教育的西方人也不应太过自鸣得意。罗津曾经指出，我们自己也有魔法式的直觉。大部分美国人并不会触碰一只消过毒甚至是塑料的蟑螂，他们不会喝蟑螂碰过的饮料，即便接触时间只有几分之一秒。甚至常青藤盟校（Ivy League）的大学生们也会相信一个人吃什么就会有什么样的特质。他们相信一个猎捕海龟食其肉，捕捉野猪获取其鬃毛的部族将会擅长游泳，而一个猎捕海龟获取龟壳，捕捉野猪并食其肉的部族将长于战斗。

恩斯特·迈尔在他的生物学历史著作中指出，很多生物学家最开始之所以拒绝自然选择理论，是因为他们相信每一个物种都是由其背后的本质决定的，每一个物种都是一种纯而又纯的类型。他们无法使自己的头脑接受这样的概念：物种是由不同的个体构成的种群，随着进化的推移，一个物种可能与另一个物种混杂在一起。

在这种背景下，一些人对转基因食品的担忧也就不足为奇了：每一种生物都有一个本质，这种标准的人类直觉就是担忧的根源所在。人们会认为天然食品拥有动植物般纯粹的本质，认为天然食品生长的田园环境中蕴藏着使人焕发青春的能量。人们会认为转基因食品或者含有人工添加剂的食品，是被有意加入了污染物质，这种污染的根源在具有腐蚀性的实验室或工厂里。在批判这种根深蒂固的思维时，建立在遗传学、生物伦理学、进化论和风险分析基础之上的观点往往被人们置若罔闻。

直觉本质主义并不是人们产生一些毫无道理的危险感知的唯一原因。风险分析家惊讶地发现，人们的恐惧往往与客观的危险因素毫不相关。许多人害怕乘坐飞机，而乘坐汽车出行的危险性是飞机的 11 倍。人们害怕葬身鲨鱼之腹，而他们被淹死在浴缸的可能性是前者的 400 倍。有些人会大声疾呼，要求除掉饮用水中的三卤甲烷和三氯乙烯，即便成本很高也在所不惜，但他们食用的常见的花生酱三明治带来的患癌风险是前者的数百倍（因为花生可能含有高致癌霉菌）。这些风险有一部分被错估了，因为它们激发了人类天生对高处、幽闭、捕食和中毒的恐惧。即便在告诉人们关于风险的客观信息后，他们也可能会因大脑中固有的概率估算方式而无法对信息做出正确判断。

"某人某年因大肠杆菌中毒而死亡的概率是 0.000 001"，这样的一句话基本上是无法让人理解的。首先，前边或者后边有很多个零的数字会超出人们的数字感知能力的范围。心理学家保罗·斯洛维奇（Paul Slovic）和他的同事们发现，每 350 万人次中就会有一起因不系安全带而导致的撞车死亡事件，但这样的演讲无法让听众产生触动。但如果对风险进行重估，告诉听众每个人在其一生中死于交通事故的概率是百分之一，听众就会表示他们愿意系上安全带。

人们对统计数据不理解的另一个原因是一个独立事件的可能性。比如说，我在一场飞机失事中死亡的可能性（与之对应的是一些事件相对于另一些事件的频率，比如说所有在飞机失事中死亡的乘客占总乘客的百分比），实在是一个让人困惑不解的概念，即便对数学家来说也是如此。一些专业性作家提出的某些特定事件的概率，比如说，英国卢顿大学布雷厄姆（Braham）发明永动机的概率为 25：1，或者埃尔维斯·普雷斯利（Elvis Presley）尚在人世，活得还不错的概率为 1 000：1，我们能从中读取出什么意义呢？埃尔维斯要么活着，要么死了，因此，我们会说他活着的概率是 0.001，但这意味着什么呢?

同样地，航空安全分析家告诉我们，平均来讲，大型商业飞机每降落一次，我们的平均寿命就会减少 15 分钟，这是什么意思呢？当飞机降落时，我的寿命要么减少远远超过 15 分钟，要么一点儿也没有减少。一些数学家认为，一个单独事件的概率更像是自信心的直观反映，其区间是从 0 到 1，而不像是一个有意义的数值。

大脑在估量概率时，更习惯于估量记忆中或者想象中的事件的相对频率。因此，与那些更常见、更让人烦忧的事件相比，如报纸 B14 版所报道的撞车和电梯坠落事件，最近发生的事件以及容易被记住的事件更易让人感到担忧，如飞机失事、鲨鱼攻击人类和炭疽感染等。这就会导致这样的结果：风险分析家说的是 A，一般人却听成 B。在听到可能会将某地作为核垃圾填埋地后，一个专家可能会画出一个故障树，标出如果有放射线泄漏的话可能会造成的后果。例如，侵蚀、岩床断裂、无意钻探或不正确的密封处理都会使反射线渗入地下水。反过来，地下水的运动、火山活动或者大型陨石的冲击都会将辐射性的垃圾带入生物圈。每一连串的事件都可以赋予其一个概率。

因此，所有的原因合起来导致一场事故发生的概率是可以估算出来的。然而，当普通公众听到这些分析时，他们不仅没有放心，反而变得更加恐慌了。他们无法意识到避免事故发生的方法有很多！在他们的脑海中浮现的是灾难场景的数量，而不是灾难场景加总起来出现的概率之和。

所有这些并非意味着一般人就是傻瓜，或者说，“专家”可以把人们觉得没用的技术强加给他们。即便对于风险有了全面了解，理性的人也会放弃某些进步的技术。按照那些忽略人们心理感受的标准来看，无论一件事情是否“合理”，如果它让人们从内心里觉得厌恶，那么一个民主社会就应该允许人们拒绝它。许多人拒绝食用经过卫生处理的人类排泄物培植的蔬菜，避免乘坐带有玻璃地板的电梯，这不是因为他们觉得这些事物具有危险性，而是因为他们一想到这些就会感到毛骨悚然。如果他们对于食用转基因食品和住在核电厂附近也有同样反应的话，那么只要不将自己的偏好强加于他人或使他人付出代价，他们就拥有拒绝应用这些事物的权利。

同样，即便技术专家为我们提供了关于某项风险的理性估计（这本身尚是一个不确定的事情），他们也不能规定人们应承担何种程度的风险。即便核电厂反应炉核心熔毁的风险极小，人们也可能会反对建立一个核电厂，这不是因为他们高估了风险，而是他们觉得即便发生核灾难的可能性微乎其微，其后果也非常可怕。当然，如果人们觉得好处尽归富人和权贵，而风险却要他们承担时，那么，任何妥协折中都令人无法接受。

然而，理解最先进的科学技术与人类古老的思考方式之间的差异，不只是让我们在做出个人和集体层面的决策时获得更佳的信息，还能够帮助科学家和专栏作家避免受到常见误解的干扰，从而对一种新技术做出准确的解释。此外，它还有助于所有人准确理解这项技术，这样我们就能站在一个可以向自己和他人证明其正当性的立场上来决定是接受还是拒绝。

经济

在《国富论》一书中，亚当·斯密写道："人类天生就有一种习性，就是用一个事物交换另一个事物。"以物易物、互惠互助是一种普遍的人类现象，其历史非常久远。数万年前的考古遗址中就发现了漂亮的贝壳和打磨过的燧石，这些东西距离它们的原产地都有数百千米的距离，这表明它们是经过商业网络而到达现在的地方的。

人类学家艾伦·费斯克（Alan Fiske）对人种志方面的文献进行了调查，结果发现，事实上所有的人类交易活动都可以划分为四种模式，每一种背后都含有一种独特的心理。第一种是共同分享：一群人，如家庭成员之间，他们共同享有事物而不会计较谁得到了什么。第二种是权威排序：如果居于支配地位的人想获得地位较低的人的任何东西，他们就可以将这些东西没收。而其他两种交易模式则是依据交换来定义的。

最常见的交换类型是费斯克的所谓的等价匹配交换。人们交换货物或在不同的时间给予对方好处，交易事物的价值是等同的，或是高度相似的，或是很容易进行比较的。交易的参与者通过简单的加减法来估量自己的交易结果，而当回报等同于投资时他们就会感到满意。交易的参与者觉得交换使双方建立起了一种关系，人们常常会进一步完善交换方式以巩固这种关系。

例如，在太平洋群岛的交易圈内，礼物在部落酋长之间转来转去，最终可能会回到最初的送礼者手中（很多美国人怀疑这是互赠圣诞水果蛋糕时才会发生的事情）。当某人获取了利益而不回赠以同样的好处时，他就破坏了等价匹配关系，其他的交易者也会觉得受到了欺骗，从而进行报复。在大部分的狩猎采集社会中，等价匹配是进行贸易的唯一机制。费斯克注意到，这种原则背后的支撑是一报还一报（tit-for-tat）的心理模式，约翰·图比与勒达·科斯米德斯的研究表明，这种思维模式也很容易为美国人所接受。这种心理模式似乎是直觉经济学的核心。

费斯克将等价匹配模式与所谓的市场定价两种完全不同的系统进行了对比，后者是现代经济的根基，是一个由租赁、价格、工资和利率构成的系统。市场定价系统依赖于乘法、除法、分数和大数值的数学运算，以及货币、信用、书面合同和复杂的劳动分工等社会制度。狩猎采集社会并不存在市场定价，在我们的进化历史上这种系统也没有发挥任何作用，因为它依赖于书写、货币、形式数学等技术，而这些技术在人类历史上很晚才出现。

即便是在今天，市场定价系统中进行的交换活动，也会包含一些个体不可能完全掌握的因果链。我今天敲击键盘输入字母写作这本书，它将使我在今后的日子里能获得一些食品，但这不是因为我将会拿一本《白板》与一个香蕉种植者进行交易，而是因为存在着由第三方、第四方、第五方（出版商、图书销售商、卡车运输公司和货物经纪人）构成的复杂交易网，我依赖于这张网，但并不完全理解各方都在做些什么。

那么应将四种互动模式中的哪一种运用于当前的关系之中呢？当人们对此有不同的看法时，结果可能是茫然不理解，产生不愉快甚至公然的敌视。你可以试想以下情景，一个客人要掏钱给主人感谢她的宴请，一个人咆哮着命令他的朋友，或者一个雇员从他老板的盘子里夹虾仁吃。通常一个人认为是等价匹配的交易，而另一个人却认为是市场定价交易的误解很普遍，甚至是很危险的。这两种交易模式涉及完全不同的心理，一种心理是直觉性的，带有普遍性，一种是稀缺的、习得的，这两种心理之间的冲突在经济史上很常见。

认为一个物体具有真实的、不变的价值，而不是对某一特定时空下愿意购买它的人来说才具有价值，经济学家将这种情况称为“物质谬误”（physical fallacy）。这就是等价匹配心理和市场定价心理的不同。当用三只小鸡交换一把刀子的时候不会出现物质谬误，但如果交换需要以货币、信用、第三方为中介时，这种谬误就可能导致很严峻的后果。这些供需法则的替代方案往往会导致浪费、短缺和黑市。物质谬误的另一个后果就是很多地区都会宣布利息是非法的，这种做法是来自这样一种直觉观念：让一个借多少钱还多少钱的人多还一些钱是一种贪婪的做法。当然，人们在某一时间点借钱，然后迟些时间还钱的唯一原因就是借钱时间点上的金钱对于他们来说价值要大于还钱时的价值。

一个事物的价值会随着时间的流动而改变，这就为放贷者提供了一个利基市场，他们使有价值的东西在不同的时间点流动，与此类似，事物的价值也会随着空间的变化而改变，这就为经纪人创造了一个利基市场，他们可以使有价值的东西从一个空间移动到另一个空间。于我而言，街边店铺中的一根香蕉的价值要远大于 160 千米之外的大型零售店中的香蕉的价值，因此，我愿意多掏点钱给店铺老板，而不是把钱付给香蕉进口商。虽然“砍掉中间商”，我花在每根香蕉上的钱会更少。基于类似的原因，进口商也愿意向店铺老板收取一个较低的价格，虽然他本可以向我收取一个较高的价格。

但由于借贷者、中间商不生产有形的物质，因此他们的贡献很难让人理解，所以常常被人们看作揩油器、寄生虫。人类历史上一再出现强迫中间商集中居住、没收其财产甚至驱逐和围攻他们的暴力行为，而这些人往往是精于中间商利基市场的少数族裔。欧洲的犹太人就是一个大家最熟悉的例子，但海外华人、黎巴嫩人、亚美尼亚人、印度的古吉拉特人和齐智人也都遭遇过同样的迫害史。

在一个特殊的情境下，一位经济学家向我们证明了物质谬误很轻易就可以从人们的心理中生成，无论历史环境如何都是如此。当这位经济学家在第二次世界大战中的一个战俘营里时，他目睹了这种心理的形成过程。每个月战俘们都会从红十字会那里收到一模一样的包裹。于是，有几个战俘在营房中向那些看重某些事物而轻视另一些事物，或在月底之前就用完了定量供给的战俘们销售或者预借巧克力、香烟和其他产品。这些中间商从每一笔交易中都能获得一点薄利，结果战俘们对他们深恶痛绝——这正是中间商少数族裔悲惨命运的缩影。这位经济学家写道："战俘们对中间商的作用，以及他将买方和卖方召集在一起的艰苦工作视而不见；利润不再被看作劳动报酬，而被看作一种狡诈行为的结果。尽管中间商角色的存在无可争议，但战俘们依然认为他们的存在是多余的。"

在一个高科技的世界里，修正人类直觉缺陷的最好方法是教育。因此我们的教育政策要有所侧重：向学生提供最重要的了解现代世界的认知工具，提供和他们与生俱有的认知工具完全不相同的认知工具。例如，我们在本章中看到的这些危险的谬误，要求我们在高校中高度重视经济学、进化生物学、概率和统计学等课程。遗憾的是，自中世纪以来，大部分的高校课程都没有怎么变过，几乎也不可能改变，因为没有人想因为宣扬对外语、英国文学、三角学或者古典文学的学习无关紧要，而被看成是一个庸俗之人。

然而，不管一门学科如何重要，一天还是只有 24 小时，决定讲授这门课也就意味着要放弃讲授另外一门课。问题不在于三角学是否重要，而在于它是否比统计学重要；问题不在于一个受过教育的人是否应该了解古典文学，而在于对于一个受过教育的人来说，是了解古典文学重要还是学习基本的经济学重要。当今世界的复杂性正在不断挑战着我们的直觉，负责任地讲，对上述这些问题进行权衡是不可避免的。

诗人华莱士 · 史蒂文斯（Wallace Stevens）在 1951 年写道："我们的天性是一个无限的空间，智慧穿行其中，没有尽头。"我们所拥有的无穷智慧源于大脑这个组合系统的力量。正如几个音符可以组合出任何的旋律，几个字符可以组合出任何的文本，几个观念——人物、地点、事件、原因、变化、运动、和、或者、否——

可以组合出无限的思想空间。构想出无限多的新观念组合的能力是人类智慧的源泉，是人类获取成功的关键。数万年前，我们的祖先构想出了新的行为次序，从而可以进行游戏、提取毒素、治疗疾病和巩固联盟。现代人的思维则可以设想一种物质是由原子组合而成的，一种生物的生长蓝图是由 DNA 核苷酸组合而成的，数量关系可以用数学符号来表示。语言本身也是一种组合系统，通过它我们可以分享这些智慧的成果。

人类大脑的组合能力有助于解释一个悖谬，一个关于人类在这个星球上的地位的悖论。200 年前，经济学家托马斯·马尔萨斯（Thomas Malthus, 1766—1834）呼吁我们要注意人性的两个特点。第一个特点是“食物对于人的生存来说是必需的”。第二个特点是“两性之间的激情是必要的，而且会基本保持它目前的状态”。他的著名论断是：

> 人口的增长大大超过了土地能够供应的食物的数量。当不受约束时，人口会以指数速度增长。而食物却在以线性速度增长。任何对数字稍微有点了解的人都会发现，前一种数量相对于后一种数量来说是多么庞大。

马尔萨斯悲观地认为，人口的增加将会带来饥荒，而任何救助性的努力都只会带来更加悲惨的后果，因为穷人生育出的孩子注定要挨饿。近些年，很多悲观的预言家重复了他的这种论断。1967 年，威廉·帕多克（William Paddock）和保罗·帕多克（Paul Paddock）夫妇合著了一本名为《饥荒 1975！》（*Famine 1975!*）的书。《人口爆炸》（*The Population Bomb*）一书的作者，即生物学家保罗·埃利希（Paul Ehrlich）在 1970 年预言说，到 20 世纪 80 年代将会有 6 500 万美国人和 40 亿其他国家的人死于饥饿。1972 年，一个由著名思想家组成的群体——罗马俱乐部预测说，接下来的数十年里要么自然资源会开始灾难性地减少，要么就是世界上会到处充斥着污染物。

在 20 世纪 70 年代，这些马尔萨斯式的预测已经被证明是不准确的。埃利希也错了，因为既没有出现 40 亿人饿死的事情，也没有出现自然资源减少的状况。1980 年，埃利希与经济学家朱利安·西蒙（Julian Simon）打赌，认为五种具有战略意义的金属将在 80 年代末期变得越来越稀缺，因此其价格会上涨。但关于五种金属的赌注，他都输了。虽然地球上的人类数量（现在有 70 亿）、人均消费的能量和资源都增加了，但是饥荒和短缺并没有出现。当然，可怕的饥荒依然在发生，但并不是由于人口数量和食物数量之间在世界范围内出现了不匹配而引发的。经济学家阿玛蒂亚·森（Amarty Sen）指出，这些饥荒都是由一些短期的因素或者是政治和军事动乱引起的，因为这些因素使得食物无法到达需要它们的人手中。

我们应该高度重视地球的状况，彻底弄清楚问题出在哪里，以免我们的努力南辕北辙。简单的马尔萨斯式的思维模式的一再失败，表明了它不是分析环境挑战的最佳方式。然而，马尔萨斯的逻辑看起来无懈可击。那么它错在哪里了呢?

马尔萨斯式预言最直接的问题是，它们低估了技术变革在增加舒适生活所需的资源供给方面的作用。在 20 世纪，食品供给有了指数式的增长，而不是线性的增长。农民在有限的土地上种出了更多的庄稼。食品加工商将更多的粮食转化成可食用的食品。卡车、轮船和飞机可以确保食品在坏掉或者被害虫吃掉以前到达更多人的手中。石油和金属的储量增加了，因为工程师们发现了更多的矿藏，并找到了获取它们的新方法。

许多人不愿意承认技术扮演的这种神奇的角色。听起来，技术的鼓吹者仿佛是世界博览会中一场装模作样的未来主义展览的画外音一样。人们可能会觉得，技术只是为我们提供了一个暂时的缓解方案而已，它并不是一个永不耗竭的魔法源泉。它不可能摆脱数学规律的制约，即以指数速度增长的人口数量与有限的以算术速度增长的资源之间的矛盾。要想保持乐观主义，看来需要让人们相信这种循环可以被打破。

但是，最近经济学家保罗·罗默（Paul Romer）援引了认知信息加工所具有的组合性质，向人们证明了这种循环究竟会如何被打破。他的出发点是这样的，人类的物质性存在会受到观念而不是要素的制约。就其本身而言，人们并不需要煤炭、铜线或纸张；他们需要的是给家庭取暖、与他人沟通以及储存信息的需求。要想满足这些需求，并不需要增加物质资源的供应。借助于新观念——诀窍、设计或技术——来实现对现有资源的重新组合，可以产出更多我们想要的东西。例如，过去人们认为石油会污染水井；后来它变成了一种燃料，取代了供给不断减少的鲸油。过去人们用沙子来制作玻璃，现在人们用它来制作芯片和光纤。

罗默提出的第二点属于经济学家所说的非竞争性商品的观点。竞争性商品，如食品、燃料和工具，是由物质和能量构成的。如果一个人使用了，另外一个人就无法使用它，正如俗语所说的："不能既要吃饼，又想要把饼保存好。"但是观念是由信息构成的，而信息复制的成本可以忽略不计。一个面包的制作方法，一栋建筑的蓝图，一门种植水稻的技术，一种药物的化学式，一个有用的科学规律或者一个计算程序，在给予他人时，给予者什么也不会失去。非竞争性商品奇迹般地激增，使人们最近面临着知识产权这个新问题，我们正在努力修正建立在物权基础上的法律，使其能够解决信息权问题，如音乐唱片就很容易通过互联网实现共享。

非竞争性商品的力量在人类的进化历史中一直存在。人类学家约翰·图比和伊尔文·德沃尔（Irven DeVore）认为，数百万年前，人类的祖先占据了世界生态系统的"认知生态位"（cognitive niche）。随着心算的进化，人类逐渐开始能够模仿环境的因果构造，在思维中构思各种场景，从而找出新的方法对周围的岩石、植物和动物加以利用。人类的实践智慧可能是与语言（它使方法能够以极低的成本获得共享）和社会认知（它使人们能够进行合作而不被欺骗）一起进化的，从而造就了一个可以说是依赖观念力量而生存的物种。

罗默指出，创造新观念这一复合过程能够推翻马尔萨斯的逻辑：

> 每一代人都曾认为，如果发明不了新的方法或观念，有限的资源和让人生厌的副作用将会使人口增长面临着上限。而每一代人都低估了我们找到新方法和新观念的潜力。我们常常未能领会的是还有多少观念等着我们去探索。这种困难与我们面对化合物时的困难是一样的。可能出现的新化合物不是以叠加来增长的，而是成倍增长的。

例如，每次从 100 种化学元素中挑出 4 种，按照 10 种不同的百分比进行化合，可以产生出 3 300 亿种化合物。如果科学家们每天能够对 1 000 种化合物进行研究，那么他们需要花费100万年的时间才能够研究完所有可能的化合物。将各种工具植入计算机程序或者将各种零部件植入一个机器的方式也非常多，简直令人瞠目结舌。从原则上来讲，人口数量以指数速度增长的话，人类的认知能力也会以同等速度增长，由此我们就可以解决从未变成现实的马尔萨斯式的大灾难带来的困境。当然，这并不意味着人类可以对自己使用自然资源的方式感到自满。可能出现的新观念空间大到令人吃惊，但这并不意味着某一问题的解决方案就正好位于这一空间中，或者说我们需要新观念的时候正好能够找到它。它只是意味着，在理解人类与自然的关系时，不仅要承认我们的身体和资源的影响，还要承认心智的作用。

老话说得好，好事不仅可以带来收益，还要付出代价，对于人类大脑的组合能力来说，这句话也同样适用。如果大脑不是通向现实的窗口，而是一种生物器官，那么很多真理就会让人觉得不可思议，我们掌握科学发现的能力也会受到限制。

现代物理学曾经使我们认为人类可能已经到达了认知的终点。我们有充分的理由相信，物理学中最好的理论是真理，但是这些理论呈现出的关于现实的画面，对人类（中等体型的灵长类物种）大脑中进化出来的关于空间、时间和物质直觉来说毫无意义。物理学中稀奇古怪的观点——例如，时间是随着大爆炸而产生的；宇宙在四维空间是弯曲的，而且可能是有限的；粒子可以以波的形态运动——越是思考它们，我们就越是感到大伤脑筋。这些缺乏逻辑论证的想法，使我们无法停止思考类似于“大爆炸之前是什么样子”“宇宙的边缘之外是什么”“粒子如何同时通过两个缝隙”等问题。

即便是发现了这些现实的本质的物理学家们也声称，他们并不理解自己提出的这些理论。默里·盖尔曼（Murray Gell-Mann）将量子力学描述为“神秘而又混乱的学科，没有人真正理解它，但是我们知道如何用它。”理查德·费曼写道：“我想我可以很有把握地说，没有人理解量子力学……如果可以，尽量不要不停地问‘它怎么是那样的’……没有人知道这门学科为什么是那样的。”在一次采访中，费曼补充说：“如果你觉得你理解量子理论，那么你其实并不理解它！”

人类关于生命和心智的直觉，与其关于物质和空间的直觉一样，可能是与最好的科学呈现给我们的稀奇古怪的世界相冲突的。我们已经知道，认为生命是由有魔力的灵魂和肉体结合而成的观念，与本书中将心智视为逐步发育而成的大脑活动的观念相抵牾。其他关于心智的直觉也会发现，我们在追逐不断取得进展的认知神经科学前沿方面也表现得非常笨拙。我们有足够的理由相信，意识和决策来自大脑中神经网络的电化学活动。但关于运动的分子如何释放出主观情感（而不是单纯的智能运算），如何带来自由选择的选项（而非确定的行为）等问题，对于人类在更新世就进化出的心智来说依然是未解之谜。

这些谜团非常令人懊恼。意识和自由意志似乎充斥在任何层面的神经生物学现象中，我们无法将之精确还原成大脑各个部分的组合或互动。我们的组合智慧提供的最佳分析也无法弄清楚这些奇怪的存在，思想家们似乎注定要么否认它们的存在，要么陷入神秘主义之中。不管怎么样，我们的世界可能始终会存在一丝神秘主义，我们的子孙后代可能会无休止地沉浸在古老宗教和哲学谜题的思考中，而这些谜题最终又是建立在物质和意识概念之上的。安布罗斯·比尔斯（Ambrose Bierce）的《魔鬼词典》（*The Devil Dictionary*）里面有这样一个词条：

> 心智，名词。大脑运行的一种神秘的物质形式。意识的主要活动是弄清它自身的本质，但这种尝试往往徒劳无功，因为事实是，除了其自身，意识无法借助于任何其他事物来弄清楚它自己是什么。

人类苦难的诸多根源

生物学家罗伯特·特里弗斯为理查德·道金斯的著作《自私的基因》撰写了初版序言，那本书中的一些重要观点也是他最先提出的。他在结尾处进行了一番吹嘘：

> 达尔文进化论让我们开始领悟到社会关系当中某种内在的对称性和逻辑性，当我们更加充分地理解社会关系的时候，应该也可以更新我们的政治解读，并为科学和医学心理学提供智力支持。在此过程中，它还有助于我们更深入地理解人类苦难的诸多根源。

对于一本生物学著作而言，这些都属于吸引眼球的说法，不过特里弗斯知道，他可能发现了某些有趣的东西。社会心理学作为一门关于人们如何对他人做出行为反应的科学，常常会成为许多有趣现象的混合体，人们通过给这些现象起一些奇特的名字来获得对它们的“解释”。缺失（missing）是其他科学中富于演绎色彩的结构，在这些科学中，一些深奥的原理往往能够生成大量精妙的预测——这些理论会被科学家赞誉为“出色”或者“雅致”的。特里弗斯推导出的这种社会心理学领域的初始理论完全可以称得上“雅致”。他证明说，一种具有迷惑性的简单原理（源于基因）可以用来解释每一种重要的人类关系中的逻辑：如何看待我们的父母、子女、兄弟姐妹、爱人、朋友和自己。不过，特里弗斯知道这一理论同时还包含其他意义，它为人类的悲惨境况提供了一种科学的解释。

正如古语中所言:“本性是一个应处以绞刑的法官。”许多悲剧都源自我们的身体构造和认知构造。人类的身体是一种非常罕见的物质构成，出现错误的途径有许多，但获得正确的途径却很少。每个人都注定会走向死亡，而且我们都能够认识到这一点。人类大脑适应的是一个已经不再存在的世界，只有经过持续教育才能纠正极易产生的误解，人类注定要饱受那些来自我们能够接受的深刻问题的困扰。

不过，其中一些最令人感到痛苦的冲击来自我们的社会生活范围——来自周围人的利用和背叛。有这样一则寓言故事，一只蝎子想让一只青蛙帮助它渡河，蝎子向青蛙保证，自己一定不会蜇它，因为如果那样做的话，蝎子自己也会被淹死。但当到河中心的时候，蝎子却蜇了青蛙，快要沉没在河水中的青蛙问蝎子为何要这样做，蝎子回答说:“本性使然。”从严格意义上讲，一只具有如此本性的蝎子是不可能得以进化的，但特里弗斯却解释了为何有时候人性看上去就像寓言当中的这只蝎子一样，注定要显现出其匪夷所思的矛盾性。

为何有机体有时会去伤害其他有机体呢？其中并没有多大的奥秘。进化过程是不辨是非的，如果一种生物出于自身利益而去伤害其他生物，比如对其他生物进行捕食、寄生在其他生物身体里面或对其进行威胁，或与其配偶进行“通奸”。在这些坏习性的作用下，他们自己的后代就会占据支配地位。如果我们知道“进化论”通俗意义上的同义词是“残酷”，如坦尼森（Tennyson）用血红的尖牙利爪来描述自然，那么我们对此应该很熟悉。如果这就是人类处境进化的全部意义的话，那我们就不得不赞同摇滚歌曲中所唱的:“生活真没劲，你就等死吧。”

当然，生活并非总是令人不快的。许多生物都具有相互协作、养育后代及和平相处的能力，尤其对于人类来说，他们能够从家庭、朋友和团体中获得慰藉和快乐，读过《自私的基因》及其他关于利他主义进化方面的书籍的读者对此应该很熟悉。有几方面的原因决定了有机体具有行善的意愿。他们在追逐自身利益的同时，即形成一个群体以抵挡侵略或必须依赖于他人生产的副产品而生存时，他们就可能去帮助别人，这种现象被称作是互惠、共生或合作。体现在人类身上，即两个志趣相投、拥有共同敌人的朋友就属于一对共生体。拥有几个子女的父母亲则是一个更贴切的例子，在其子女身上，他们的基因联结在一起，因此如果对一个子女有利，那么对其他子女而言也将是有利的，让他人生存下来和保持健康将会使每个人都受益。这类共同利益为同胞之爱和夫妻之爱的发展提供了条件。

另外，在某些情况下，有机体可能会为了使他人获益而做出一定的自我牺牲，这种现象被生物学家称作利他主义。这种理论意义上的利他主义能够以两种主要方式发展起来。首先，由于亲属之间具有相同基因，任何有可能促使有机体帮助亲属的基因都有可能增加其在亲属身上的副本的存活概率，尽管助人者在此慷慨行为中牺牲了自身的利益。平均而言，这类基因将会占据主导地位，只要助人者付出的代价小于受助者的益处，而这种收益取决于他们之间的血缘关系的亲近程度。家人之爱——珍爱子女、兄弟姐妹、父母、祖父母、叔叔、伯伯、姑姑、阿姨、侄子、侄女以及堂兄弟姐妹——得以发展的现象被称作裙带利他主义。

当有机体从事善行的时候利他主义也能够得到发展。一个人可以通过照料、喂养、保护或者支持的方式为别人提供帮助，反过来讲，在他自己有需要的时候，也可以从别人那里获得帮助，这种现象就被称作互惠利他主义。如果成员之间彼此认识、交往频繁，并且能够以其自身付出的较小代价来换取他人的较大利益，能够将他人提供（或者拒绝接受）的恩惠铭记于心，并由此促使自己做出相应的互惠行为的话，互惠利他主义就能够得以发展，之所以如此，是因为善于合作的人要比离群索居的人表现得更为出色。他们与他人交换自己的剩余产品，帮助他人捉头上的虱子，帮助别人避免使其淹死或饿死，相互照料彼此的子女，从而在这种互惠互利中获益。从长远来看，互惠利他主义者的状况要好于不愿付出只愿从别人那里获得好处的欺诈者，因为互惠利他主义者最终一定能够识破这些欺诈者并远离他们或对他们施以惩罚。

互惠利他主义的要求可以解释为何一些社会情绪或道德情绪能够得以进化。同情和信任可以促使人们将最基本的利益加以扩展。内疚和羞耻可以防止人们去伤害他人或者拒绝回报他人。愤怒和轻蔑会促使人们逃避或惩罚欺诈者。就人类而言，个体倾向于互惠还是欺诈性意图，并不一定需要被人直接目睹到，相反也可以借助语言来进行叙述。通过流言、公众支持或者谴责而使他人声誉受到影响，也会促使人们关心自己的名声。在这些情绪及其利害关系的强化作用下，伙伴关系、朋友关系、联盟和团体就出现了。

许多人开始对此感到紧张，不过这种不安情绪并非源自特里弗斯阐述的那些悲惨状况。相反，它来源于两种错误观念，我们在前面已经接触过这两种错误观念了。

首先，所有关于影响行为的基因的讨论并不意味着我们就是布谷鸟闹钟，或者是自动演奏的钢琴，又或者只是在毫无意识地执行来自 DNA 的指令。存在争议的是那些作用于我们的良心、沉思和意志的神经系统的基因，而且当谈论这些基因的选择作用时，我们会谈论到这些机制可能存在的各种进化方式。这种误解源自“白板说”和“机器中的幽灵”这两种学说：如果人们一旦认为人类的高级心理机能被打上了社会的烙印或者存在于我们的灵魂里面，那么当生物学家提到基因的影响时，我们头脑中出现的第一种可能性就是提线木偶或电车轨道。然而，如果包括学习、推理和选择在内的高级心理机能属于非随机化的大脑组织的产物，那么就必然会存在一些担任这种组织功能的基因，于是就出现了这样一个问题：在人类的进化过程中，这些基因是如何被选择的？

第二种错误观念认为，谈论成本和收益意味着人们都是马基雅维利式的愤世嫉俗者，只会无情地算计友情和婚姻带来的基因优势。而对此描述感到烦恼或谴责其性质恶劣，都将会使得近因和远因之间发生混淆。人们并不关心自己的基因；他们在意的是幸福、爱、权利、尊重及其他激情。这种成本 - 收益算法是对数千年来可能存在的基因选择方式的一种隐喻，而并非对人类大脑中即时发生的事情的精确描述。没有什么能够阻止自然选择中的非道德过程逐步形成一个拥有真诚友好情感的大脑。据说，对法律或腊肠感兴趣的人不应该看到它们是如何生产的，人类的情感也同样如此。

如果爱和良心可以通过进化获得，那么悲剧又是从何处产生的呢？特里弗斯提出，基因在形成社会情感方面的获益总量非常有限，因为我们不是复制品，也不是社会性昆虫（它们几乎有 3/4 的基因都是相同的），对于一个人来说最好的东西，对于另外一个人来说未必如此。因此，人们之间的各种关系，甚至包括最忠诚、最亲密的关系都携带着冲突的种子。在《小蚁雄兵》(*Ant Z*) 这部影片当中，由伍迪·艾伦为其配音的一只蚂蚁向其心理医生抱怨说：

> 这种完全的同心协力的超个体精神正是我所不能企及的。我努力尝试过，但就是达不到。它究竟是什么呢？假定我可以为了群体去做任何事情……那我的需要该怎么办呢？

这里的诙谐感来自蚂蚁心理和人类心理之间的冲突，前者源自一个基因系统，它使得工蚁间的亲密程度远胜于他们与后代之间的亲密程度，而后者则源自人类基因的独特性，它使我们产生了这样的疑问："我自己的需要怎么办呢？"在威廉·汉密尔顿、乔治·威廉姆斯这些人的研究基础上，特里弗斯提出了一些数学模型来预测不同的人向其自身提出上述问题的可能性。

本章其余部分主要阐述了这种表面看上去非常简单的数学模型，以及其中的含义如何颠覆了关于人性的许多观念。它对"白板说"提出了疑问，因为"白板说"认为人们之所以会尊重他们的同伴主要是由其"角色"决定的，就好像是一个演员被安排到任意某个角色一样。不过，该数学模型同时还质疑了不信奉"白板说"的人们所持有的一些关于进化的幼稚看法。许多人对事件的自然状态持一种直觉判断的方式。他们可能会认为，如果我们按照天性"所希望"的方式去行事，家庭就会作为一个个和谐的单元来运作，个体也就会为了种族的利益去行动，人们就会将其掩盖在社会面具之下的真我展现出来。

纽特·金里奇（Newt Gingrich，于 1995—1999 年担任美国众议院新闻发言人一职，1995 年当选为《时代杂志》年度人物，他曾代表共和党公开反对比尔·克林顿）说道："男人们会去猎捕长颈鹿，并且会像一头小猪崽那样在水沟里打滚。"理解那些使我们保持亲密关系或者产生分歧的基因重叠模式，我们就可以用对于人类境况更加敏锐的理解来代替各种过于简单化的观点。实际上，这种阐明人类境况的方式，可以成为近千年来艺术家和哲学家对人类境况洞察的有力补充。

区别对待亲属和非亲属

显而易见，人类悲惨境况的根源在于，他们对待亲属和非亲属的态度截然不同，这是人类社会生活中最明显的一个分水岭。就人们之间的关爱和休戚与共而论，从传统社会的家族和集团到节假日机场里挤满的飞往世界各地期待与家人团聚的人们，无一不体现着血浓于水的事实。有定量研究结果也证实了这一悲惨状况。在一个弱肉强食的传统社会里，具有血缘关系的亲属在一起生活并共同劳动、相互关爱的可能性更大，他们也更愿意收养彼此因贫穷无力抚养的孩子，或是失去双亲的孩子，他们之间不大可能发生相互攻击、仇视或杀戮。即使是在亲属关系逐步淡漠的现代社会，两个人在血缘关系上越近，越有可能向对方伸出援助之手，尤其是在生死攸关的情况下。

然而，关爱和休戚与共都是相对而言的。我们说人们对其亲人的关爱更多一些，意思是说人们对非亲非故者的态度更为麻木不仁一些。罗伯特·怀特关于进化心理学的著作的前言摘自格雷厄姆·格林（Graham Greene）的《权力与荣耀》（*The Power and the Glory*）一书，书中的主人公为他的女儿感到担忧："他说：'噢，愿上帝能够帮助她。惩罚我吧，我真的是罪有应得！但一定要让她一直活下去。'这种爱应该成为他对世间所有人的一种感受：所有的恐惧和拯救愿望都不公平地集中在了这个孩子身上。他开始哭泣……他认为，这正是一直以来我对所有人应有的情感。"

家人之爱确实颠覆了那种理想状态：我们应该对所有人都怀有同样的爱心。道德哲学家假定了一个两难推理游戏：一栋大楼失火，人们可以选择从左边的门进入去救助一定数量的孩子，或选择从右边的门进入去救助自己的孩子。如果你作为父母，会对这个问题进行思索吗？究竟在有多少个孩子的情况下，你才会选择从左边的门进入？事实上，通过日记就可以发现我们的偏好，不管在任何事情上，我们都愿意为自己的孩子花钱，如给他买一辆自行车，或带他去矫正畸形，让他进入一所私立学校或大学接受教育，而不是向慈善机构捐款去挽救发展中国家中那些与自己毫不相干的孩子。同样地，对于一个在经济上提倡平等的社会来说，父母将财产留给子女的行为成了实现平等的最大阻碍。不过，很少有人希望政府将其财产全额没收，因为大多数人都将子女看作了自我的延伸，由此，子女就理所当然地成了父母毕生奋斗成果的受益者。

裙带关系是一种普遍的人类倾向，同时也是大型组织的常见灾星。由于世袭制导致的国家衰亡的例子及第三世界政府和企业面临的困境是众所周知。关于这些问题，历史上反复出现的解决方法是将局部权力分配给相互之间没有亲缘关系的人，比如太监、禁欲者、奴隶或离家很远的人。新近提出的一种解决方法是规定裙带关系的不合法性或对其进行控制，尽管这些控制经常会出现折中或例外情况。小企业（如人们通常所说的“家族企业”或“夫妻店”）就具有浓厚的家族色彩，这与机会平等原则之间存在着冲突，因此也招致了周围公众对其的憎恨。

新闻记者费迪南·芒特（Ferdinand Mount）曾经报道说，纵观历史，家庭已经成为一个具有颠覆性的机构。家庭的纽带远远超越了同伴朋友之间的关系，因此它也成为一个让政府、异教团体、帮派组织、革命运动以及宗教都感到头疼的事情。然而，即便是像诺姆·乔姆斯基这样一位赞同人性存在的思想家也并不认为，人们对待自己子女的方式完全不同于他们对待熟人与陌生人的方式。这里摘录了他与“愤怒机器”（Rage Against the Machine）说唱金属乐队的主吉他手之间的一段对谈：

> 愤怒机器：另外一个确凿无疑的看法是，人们的竞争性是与生俱来的，因此，资本主义是唯一正确的社会组织形式。你同意这种看法吗？
>
> 乔姆斯基：你可以观察一下身边的家庭，当父母非常饥饿的时候，他们是否会去偷食孩子的食物。如果他们天生就有竞争性的话，他们就会去偷。在多数社会群体中，即使是神智不太健全的人也会相互帮助，富有同情心，热心照顾他人，等等。这些都是正常的人类情感。这些人类情感在生活中随处可见，需要进行大量的训练才能将这些情感从人们的大脑当中剥离出去。

除非人们按照对待自己子女的方式来对待其他社会成员，否则该问题的答案就是一种不合逻辑的推论：人们可以真切地关心自己的孩子，但对待其他众多社会成员的态度却截然不同。这种对于问题和答案的界定，其前提是假定所有人都具有同样的竞争性或同情心，而并不是说他们会因为血缘关系的不同而对他人产生不同的情感。

乔姆斯基的话意味着，人们天生就具有对待其他社会成员的友爱之情，这些情感之所以从他们的大脑当中消失完全是后天训练使然。但实际情况却恰恰相反。纵观历史，当领导者试图联合某个社会团体时，他们就会对这些团体成员进行训练，促使他们把该团体当作自己的家庭，同时把个体对于家庭的情感转移到团体之中。团体所使用的试图促进团结的称呼，如同胞、手足、兄弟会、姐妹情谊、妇女联谊会、人类之家等，都暗含着这样的含义：家庭关系代表了他们向往的一切（没有任何团体试图通过把自己比作工会、政党或者宗教组织的方式来强化其家庭观念）。事实证明，这种策略很有效。一些实验结果表明，当演讲者使用了家庭关系的隐喻来打动听众的心灵和思想时，人们更容易被这种政治演讲给说服。

语言上的隐喻属于一种促使人们把熟人当作家人的方法，不过通常还需要辅以强有力的策略。艾伦·费斯克在进行人种史调查的过程中发现，共享精神（费克斯提出的四种一般社会关系之一）在家庭成员当中会自发出现，只有在复杂的风俗习惯和意识形态作用下这种共享精神才会延伸至其他群体当中。

彼此间不存在血缘关系的人为了像家人那样相互共享，会虚构出一些共同的血缘关系和祖先，以及与某些地域的神秘联系（如出生地、祖国、家乡、故乡等一些最为有效的说法）。他们利用圣餐、血祭及重复进行的典礼来强化这种神秘性，将个体融入群体当中，从而给人一种单一组织的感觉，而不是个体联盟的感觉。他们的宗教信仰（涉及精神以及其他形式的心灵）的融合，按照费斯克的说法，“表明人们通常可能希望自己拥有比体现在普通人之间更为强烈或更为纯粹的共享关系”。这种凝聚力的阴暗面表现在群体思维方面，属于一种狂热的心理状态，属于一种关于种族纯洁性的神话—— 一种认为外人会玷污群体神圣性的观念。

上述内容并不意味着，没有血缘关系的人们之间就会进行残酷的竞争，只是表明他们不会像亲属之间那样出现自发性的合作行为。同时，具有讽刺意义的是，尽管我们一直在谈论家人之间的团结一致和共同的血缘，但我们立即就会发现，家庭也并非那么和谐。

亲代投资不同引发的亲子冲突

托尔斯泰有句名言:“幸福的家庭都是相似的，不幸的家庭则各有各的不幸。”从远因（即进化）层面来看，这句话并不正确。特里弗斯揭示了为何不同家庭的不幸具有同样的根源。尽管亲属之间由于基因相同而使他们具有相同的利益，但在所有家庭成员的排列和组合当中，重叠程度并非完全相同的。父母和其所有子女之间的相关性是50%，但每一个孩子与其自身的相关性却是100%。于是，这就对家庭生活中的资源流通、父母对其子女的投资产生了微妙而又深刻的影响。

亲代投资属于一种非常有限的资源。一天只有24小时，短时记忆只能够保持4个信息组块，正如许多疲惫不堪的母亲指出的那样:“我只有两只手！”在生命的一端，子女们会懂得仅靠一个母亲不可能生成无限多的乳汁；而在生命的另一端，他们会懂得父母不可能给他们留下无限多的遗产。

特里弗斯指出，人们之间的情感在一定程度上反映了他们在基因上的接近程度，在亲代投资的分配问题上，家庭成员之间可能会存在分歧。父母当然希望将他们的投资公正地分配到各个子女身上，或是按照绝对平均的方式分配，又或是按照每个孩子从这些投入中获得收益的可能性进行分配。然而，每个孩子则会希望父母在自己身上的投资是其他孩子的双倍，因为每个孩子与其兄弟姐妹间只有一半的基因相同，而与他们自己的基因则完全相同。

假如一个家庭中有两个孩子，只有一个馅饼，那么每个孩子可能都会希望按照2∶1的比例来分配这个馅饼，而父母则可能希望按照1∶1的比例来分。最终结果便是，没有哪种分配方式会令所有人满意。当然，并不是说父母与子女之间真的会因为馅饼、牛奶或者财产而发生争执（尽管他们真的可能会这样），他们也不会因为基因方面的问题而发生争执。在人类的进化史上，亲代投资会影响到一个孩子的生存问题，进而影响那些决定着父母和子女的各种家庭情感的基因延续到我们当代人身上的概率。由此可以推测，家庭成员对彼此之间的期望并非完全同步的。

亲子冲突及其对应的问题——子女冲突，在动物界也随处可见。同窝出生的动物或者同巢动物之间往往会发生争斗，这些争斗有时甚至是毁灭性的，它们会为了争夺乳汁、食物或呵护而同母亲发生争斗。正如伍迪·艾伦在《小蚁雄兵》中出演的角色所说的那样："在一个有着 500 万人口的大家庭中，如果你是位居中间的孩子，那么你就不会受到太多的关注。"这种冲突在人类个体尚是胎儿时就已经在生理学方面显现出来了。胎儿通过脐带连接着母体，以从母亲的身体里汲取尽可能多的营养，然而母亲的身体却会对此进行抵制，以保障后面出生的孩子的利益。这种冲突在个体出生之后依然存在。直到近年来，在许多文化背景下，当预期到能够将新生儿抚养成人的可能性很小时，就会选择降低损失，将婴儿抛弃致其死亡。而婴儿胖嘟嘟的脸颊以及脸上流露出的聪明神情可能被视作健康的象征，这种设计的意图旨在博得养育者对他们的喜爱。

然而，最为有趣的当属家庭中表现出的心理方面的冲突。特里弗斯援引了"人类社会关系中潜在的对称性""现实生活中隐身的行动者"来吹嘘人类被释放的社会生物学本性。正如我们将在有关性别的一章中看到的，特里弗斯还提到了妇女和儿童的例子。亲子冲突理论认为，家庭当中不可能存在着全知全能的父母和消极被动、充满感激之情的子女。自然选择使子女们已经具备了一定的心理策略，帮助他们与父母抗争，从而捍卫自己的权利。在这种亲子冲突中，没有一方会永远占上风。父母只能在短期内凭借其体能优势而处于上风，但子女们却会通过故作乖巧、号啕大哭、大发脾气、让父母深感内疚、折磨其他兄弟姐妹、睡在父母之间及一些自我伤害的行为来相要挟，他们通过这些方式向父母反击。正如他们所说的，疯狂的行为世代相传，你从自己的子女身上就能够明白这一点。

最突出的是，子女们不想听从父母的唠叨、劝诱或以他们为榜样，以及对自己的个性进行塑造。正如我们将在有关儿童的一章中看到的，在特定的文化背景中，父母教养对儿童的影响是如此之小，简直令人惊讶：同一个家庭中长大的孩子最终在性格方面并不比那些从出生就分开抚养的孩子之间更为相似；收养的兄弟姐妹之间在长大之后也并不比陌生人之间更为相似。这一研究发现与心理学发展历史上的任何一种理论假设都是截然相反的，只有一种理论例外。特里弗斯提出了这样的假设：

> 子女们不能够依赖其父母，因为父母对他们的教导毫无益处。有人提出，子女们生来就会抵制父母的操控，但同时又对其他方面持开放的态度。当父母为了操控子女，使他们的行为完全符合自己的兴趣，从而对子女施加某种专制性的强化制度（比如惩罚和奖励）时，自然选择就会偏爱那些抵制这些强化程序的子女。

子女们最终并没有成为父母所希望的那样，这对于许多为人父母者来说，都是一种喜忧参半的体验。纪伯伦写道："你的孩子既属于你，又不属于你，你能够给予他们你的爱，却无法将你的思想给他们，因为他们会有自己的思想。"

亲子冲突理论最为引人注目的一点是，它认为在父母如何对待子女的问题上，与兄弟姐妹之间有着不同的见解。事实上，关于一些有成年子女的家庭的研究表明，大多数父母都认为他们对待每一个子女都是公正的，而大部分兄弟姐妹则认为自己并没有获得公正的对待。斯马瑟斯兄弟喜剧搭档中较郁闷的那个人在其签名档中写下了"妈妈总是最偏爱你"这样的话，此后，就有研究者将上述现象称作斯马瑟斯兄弟效应（Smothers Brothers）。

然而，这种亲子冲突的逻辑框架并非仅仅适用于当前的兄弟姐妹之间。如果需要他们转让时间和精力的话，那么任意年龄段的子女都会暗暗地和那些尚未出生但将来很可能出生的兄弟姐妹进行竞争。由于男人们可以一直拥有生殖能力（尤其是在那些直到近年来仍存在于不少社会当中的一夫多妻制家庭），且男女两性都倾向于在孙辈身上倾注大量的精力，因此父母和子女之间潜在的利益冲突会永久存在。

当父母准备结婚时他们就会达成某种协议，如因考虑到将来某个子女或者父亲的利益而选择牺牲另一个孩子的利益。一个孩子究竟应该为了帮助家庭而留在家中，还是应该出去打拼出一番呢？在这个问题上，子女们和父母可能会持不同的看法。已婚的子女必须考虑如何将自己的时间和精力在自己的小家庭和他们出生的大家庭之间进行分配。父母们也必须考虑是要将他们的资源分成均等的份额，还是分配给某个能够充分利用这些资源的子女。

这种亲子冲突及兄弟姐妹间冲突的逻辑框架为盛行于当代宗教和文化领域的右翼分子间的所谓“家庭价值”学说提供了一种新的解释。依照这种学说，家庭是一个充满教养和仁爱的天堂，在这里父母可以向子女们灌输对他们最有利的价值观念。在现代文化力量的影响下，女性在其年幼的子女身上花费的时间减少了，同时年龄较长的子女的世界也扩展到了家庭范围之外，这无疑是向家庭这个庇护所投掷了一枚炸弹，同时危害到了子女和社会。该理论当中的一部分内容的确没错，相对于其他第三方而言，父母以及亲属会对孩子的健康幸福给予更多的关注。然而，亲子冲突理论却认为，事实远非如此。

如果问儿童他们最想要什么，答案毫无疑问是希望获得母亲每天 24 小时无微不至的爱。然而，这并不意味着母亲不间断的照料是生物学准则。在一个子女身上投资和保持自身健康（以利于最终在其他子女身上的投资）这两者之间需要寻找一个平衡，这种需要也是所有生命体与生俱来的。毫无例外地，对于人类而言，母亲们往往要抵制自己的暴君似的孩子的要求，只有这样才能避免牺牲掉自身以及其他孩子的生存权利。

人类学家莎拉·布莱弗·赫尔迪（Sarah Blaffer Hrdy）的研究表明，在工作与养育子女之间获得平衡并非 20 世纪 80 年代雅皮士的发明（Yuppie，前三个字母是“young urban professionals”的缩略，所谓的雅皮士就是那些很有抱负、受过高等教育、居住在大城市、有专业性工作且生活富裕的年轻人）。在一个弱肉强食的社会里，为了抚养自己的孩子使他们不至于挨饿，妇女们会采用各种不同的方式，包括在群体中谋得一席之地（以提高子女们的生活待遇），或与该区域的其他妇女共同担负起照顾孩子的职责。当然，除了母亲，父亲也是主要的供养者。然而，父亲们可能会有一些诸如冷漠、遗弃、缺乏谋生能力等方面的不良习惯，因此，母亲们永远不会仅仅依靠他们去生活。

父母对年长的子女所产生的威胁正在逐步弱化，这同样并非只是近年来由破坏性力量带来的变故。这属于自由在西方世界长期扩张的一部分，它赋予儿童们希望的更多的自主权，而且远远多于父母愿意出让的部分。在传统社会当中，孩子们被束缚在家庭范围之内，接受由父母安排的婚姻，处于家长的控制之下。直到中世纪，这种情形才在欧洲开始发生改变，一些历史学家认为这是权力扩张过程中的第一块踏脚石，与启蒙运动有着密切的联系，并在废除封建制度和奴隶制度的过程中不断得到加强。

毫无疑问，当今正有一些儿童在被一群乌合之众或是大众文化引入歧途。然而，也有一些儿童被他们的朋友、邻居或老师从充满暴力、控制森严的家庭之中解救出来。许多孩子从义务教育、禁止强迫婚姻等相关法律中受益颇多，这完全颠覆了父母的特权。另一些孩子则从有关避孕或职业的信息中获益，而这些则是他们的父母所极力制止的。同时，还有一些孩子从令人窒息的文化隔离区中逃离了出来，发现了一个令全世界都为之欣喜的现代世界。艾萨克·巴什维斯·辛格（Isaac Bashevis Singer）在其小说《童爱》（*Shosha*）的开篇描写了主人公 20 世纪初在华沙犹太区的一段童年生活回忆：

> 我从小学习了希伯来语（Hebrew）、亚拉姆语（Aramaic）、依地语（Yiddish）这三种死语言（dead language）和《塔木德》（源于巴比伦文化的犹太教法典）。我学习的教室就设在老师吃饭和睡觉的房间里，他的妻子就在那里做饭。在那里，我学习的并不是算术、地理、物理、化学或历史，而是学习如何处置一枚在节假日里产下的鸡蛋的法律和如何在一座两千多年前被损毁的寺庙中进行祭祀。尽管我的祖先早在六七百年前就已经定居在波兰，那时我还没有出生，我仅仅懂得波兰语中的一些词……从任何方面来看，我都是一个不合时宜的人，但我当时却没有认识到这一点。

辛格描述的回忆里，怀旧的味道要多于苦涩。当然，多数家庭提供的教养远多于约束和冲突。从近因层面来看，托尔斯泰的说法绝对是正确的，幸福的家庭和不幸的家庭都是存在的，而不幸的家庭各有各的不幸，这些都取决于被遗传和命运捆绑在一起的人们之间所起的化学反应。

家庭当中固有的冲突并没有削弱家庭纽带在人类生存中的核心作用。它只是意味着，决定着所有人际互动的各种利益冲突之间的平衡问题并不会到家门口就终止了。

不一致的两性基因利益

特里弗斯谈论的人与人之间的联合也涉及单个男性和单个女性之间的配对组合。他们之间关系的逻辑根源在于两性之间的根本性差异：不在于染色体的不同，也不在于身体构造的不同，而在于他们作为父母亲对后代投入方面的差别。对于哺乳类动物而言，在最低限度的亲代投资上，雄性和雌性之间存在着极大的不同。一个雄性个体可能仅仅参与了几分钟的交配，贡献了差不多一汤匙的精液后就“溜之大吉”了。而对于一个雌性而言，却需要花费数月的时间在身体里孕育一个孩子，在孩子出生前后还需要为其提供营养。

正如人们所说的鸡对于鸡蛋以及猪对于熏肉的贡献一样，前者只是参与的问题，而后者则是献身的问题。生育一个孩子需要雄性和雌性双方的共同参与，因此对于雄性而言，在繁衍活动中接近雌性就属于一种非常有限的资源了。一个雄性个体要想使自己的后代数量增加到最大限度，就必须与尽可能多的雌性个体进行交配；而一个雌性个体要想使自己的后代数量增加到最大限度，就必须从现有的雄性个体中选择最优秀的进行交配。这就解释了广泛存在于许多动物当中的两类性别差异：雄性竞争，雌性选择；雄性追求数量，雌性追求质量。

人类属于哺乳动物，因而我们的性行为与我们在林奈分类系统中所属的哺乳纲特征相一致。唐纳德·西蒙斯考察了有关两性在性欲方面的差异的人种志记录，他总结说：“在所有的人类种族中，主动追求异性、向异性求爱、提出性要求、引诱异性、施展爱情魔法或魔力、向异性赠送礼物以获取性欲满足或通过寻找异性以获得性服务的，基本上主要是男性。”有关研究表明，对西方人而言，男性追求的性伙伴的数目要远远多于女性，他们在选择短期的性伙伴方面不会过于挑剔，他们也更可能去欣赏一些色情表演。

然而，现代男性区别于其他雄性哺乳动物的一个重要方面在于，男人们会对他们的后代有所付出，而不仅仅是让女性去承担这些付出。尽管男性并不具备可以用来直接为孩子提供营养的身体器官，但可以通过喂养、保护、教导、培养等方式来为孩子提供帮助。但男女两性在最低限度的投资方面还是不均等的，因为如果一个女性的丈夫离开她的话，她在自己的孩子出生之时将会成为一个单身母亲，但如果一个男性的妻子离开了他，他不可能在他的孩子出生之时成为一个单身父亲。不过其中男性的投资要远远大于零，这意味着女性也有可能在择偶市场上进行竞争，然而她们可能看重的是更愿意对后代进行投资的男性（以及具有高质量遗传特质的男性），而不是那些最愿意进行交配的男性。

同时，关于性别的遗传经济学还推断出，无论男性还是女性都具备发生通奸的遗传诱因，尽管他们各自的理由可能会稍有不同。除了自己的妻子，一个玩弄女性的男性往往还会使其他女性怀孕，从而获得婚姻关系之外的子女。而一个轻浮的女人如果怀了另一个男人的孩子，如果这个男人的基因比其丈夫的基因更为优秀的话，那么她可能会拥有更为出色的子女，同时还能够让她的丈夫忙前忙后地帮助抚养这个孩子。但当一个妻子从自己的风流韵事中两得其利的时候，她的丈夫则蒙受了双重损失，因为他抚养的孩子携带的是另外一个男人的基因，而这个孩子原本应该携带的是他的基因。由此我们便了解到父爱在进化过程中的另一面：男性性嫉妒的进化是为了防止他的妻子生下其他男人的孩子。而女性的性嫉妒更多的是为了防止男性的移情别恋，因为这意味着他可能会在别的女性的孩子身上进行投资，而这是以牺牲在自己孩子身上的投资为代价的。

两性生物学的悲剧在于，男女两性之间的基因利益是如此接近，以至于他们几乎可以被看作一个有机体，但他们的基因利益产生分歧的可能性也时常存在着。生物学家理查德·亚历山大指出，如果一对夫妇是出于生活目的而组建了家庭，这将是最完美的一夫一妻制，如果他们将其核心家庭的利益置于夫妻双方各自的非核心家庭的利益之上，那么他们的基因利益是完全一致的，因为双方的利益都将通过他们的孩子而捆绑在一起。

在这种最理想的情况下，一个男人和一个女人之间的爱情应该是现实生活中最强烈的感情纽带——两情相悦——对于一些幸运的夫妻来说的确如此。但遗憾的是，推理过程中提出的假设都是些夸大的假设。裙带关系的影响意味着，配偶关系常常因姻亲关系或继子女（如果有的话）的干涉而疏远。同时，通奸行为的诱因意味着，配偶关系也会常常受到不忠贞的妻子或者丈夫以及第三者的干涉而疏远。不忠诚、继子女和姻亲这些因素是婚姻冲突产生的主要原因，这在一个进化生物学家看来并不足为奇。

爱情本身也充满着矛盾冲突，这一事实并不令人感到惊奇。性行为是由神经系统提供的生理快感最为集中的来源，然而为何爱情却是一个布满荆棘的丛林呢？在所有的社会文化当中，性行为多少都带有一些“肮脏”的意味。它往往是在私密情境下进行的，人们会反复地想到它，它受到习俗和禁忌的制约，是人们闲谈和戏谑的主题，它也会使人们因嫉妒而勃然大怒。20 世纪六七十年代，在一个很短的时期内，人们梦想着一种男女之间可以无所忌讳、无拘无束进行性爱活动的性游戏。艾瑞卡·琼（Erica Jong）的作品《伊莎性爱告白》（*Fear of flying*）中的主人公对于“开放性交媾”（zipless fuck）的幻想是：它应该是隐匿身份的、偶然发生的，不会让人产生内疚感和嫉妒之心。史蒂芬·斯蒂尔斯（Stephen Stills）在歌曲中这样唱道：“如果不能够和自己爱的人在一起，那么就去和爱你的人在一起吧。”而斯汀（Sting）则在歌曲中唱道：“如果你爱他，就给他自由。”

然而，斯汀还这样唱道：“你的一举一动，都会让我牵挂。”伊莎多拉·威尔（Isadora Wing）对此得出了这样的结论：无所拘束的性交“确实比独角兽还要罕见”。甚至在“随你怎样都行”的年代里，大多数人的性行为还是不像饮食或交谈那样随便。其中也包括当今的大学校园，据说这里是草率性活动（被称作“勾勾搭搭”）的温床。心理学家伊丽莎白·保罗（Elizabeth Paul）对她在这一现象方面的研究进行了总结：“一夜情并非偶然，很少有人能够从中不受伤害。”其原因就如同生物学上的某些问题一样深奥。

性行为带来的危险后果之一是可能导致一个婴儿的诞生，要知道一个婴儿并非像六斤重的物体那么简单。从进化论的观点来看，婴儿正是我们存在的理由。当一个女性与一个男性发生一次性关系的时候，她都要承担一次可能让自己成为母亲的风险，她要花费数年的时间来照料孩子及承担其他风险，如她可能会不断幻想自己的性伴侣可能会让她独自承担照料孩子的责任。她要将自己非常有限的一部分生育资源交付给那个男人的基因和意图，并放弃和另一个男人一起利用这些资源的机会，尽管另一个男人有可能会给予她或孩子或她们两个更好的生活保障。就与之发生关系的男性而言，他也许会默默为刚出世的孩子付出辛勤和汗水，但也可能会对他的伴侣隐瞒自己的某种意图。

上述这些仅仅涉及了直接的参与者。正如艾瑞卡·琼在其他地方哀叹的那样，床上从来就不可能只有两个人。同时存在的还有浮现在他们头脑中的父母、前任、真实或假想的情敌等。换句话说，性行为可能导致的结果也与第三者的利益相关。对于男人或女人而言，他们的情敌会由于他们的相恋而遭受情感上的背叛，或过着单身生活，或失去爱情，因此，这些人之所以希望代替他们的位置是有原因的。第三者的利益有助于我们理解为何婚外性行为如此普遍。西蒙斯提出，正是由于男人在生殖方面的成功被严格限制在他与女性的接触方面，因此在男人的脑海中，性行为通常被看作一种非常稀缺的商品。人们的性行为会在私下悄悄进行，其原因就如同饥荒时期人们会在私底下吃东西一样：以免引人嫉妒而招致危险。

就好像床上永远都会很挤一样，一个男人和一个女人所生的每一个孩子同时也是另外两个男人和两个女人的孙子（或孙女）。父母们之所以会对子女们的繁衍感兴趣，是因为从长远来看，那也属于他们繁衍的结果。糟糕的是，在传统的父系社会中，由于女性生育能力的珍稀，使这最终成了控制女性的男人们，即女性的父亲和兄弟的一种宝贵资源。他们可以用一个女儿或妹妹来为自己换取更多的妻妾或财富，因而他们会非常重视对女性这一资产的保护，避免让她怀上其他男人的孩子，如果这些男人不是他们中意的买主的话。不仅仅是女性的丈夫或者男友会对她的性行为表现出特别的兴趣，还包括她的父亲和兄弟。

从严格理性的立场来看，性的易变性是自相矛盾的，因为在一个可以使用避孕方法且妇女享有一定权利的地区，这种古老的纠结不会左右我们的情感。我们应该随心所欲地去和爱的人在一起，性欲也不再会比饮食或谈话能引发更多的喧闹、谣言、低级幽默或是强烈的情感。然而事实是，虽然达尔文主义婴儿经济学已经不再适用，但它依然让人们备受煎熬，人类的本性依然对我们施加着影响。

难以延续的互惠利他主义

对于彼此之间没有血缘关系或者姻亲关系的人来说，情况又会如何呢？人们会为了与自己毫无关系的人而做出牺牲，这一点毫无疑问。不过，他们只有在两种情况下才会做到这一点。

同蚂蚁一样，人类也具有超个体的团结协作精神，这种精神促使人们愿意为了自己所属群体的利益而去做任何事。认为人们的群体性与生俱来的观点，是“高贵的野蛮人”这一浪漫主义学说的一条重要原则。在彼得·克鲁泡特金（Peter Kropotkin）的无政府主义理论中①，在20世纪60年代提出的“人类一家”的乌托邦主义中，在诸如列文廷和乔姆斯基这样一些当代激进科学家的作品当中，都体现出了上述观点。一些激进的科学家认为，唯一的替代方案就是艾恩·兰德（Ayn Rand）主张的个体主义，他认为每个人都是一个孤岛。例如，斯蒂芬·罗斯以及社会学家希拉里·罗斯（Hilary Rose）就将进化心理学称作是“右倾的自由意志论者向集体主义发起的一场攻击”。

然而，这种指责事实上是错误的（我们将会在关于政治的那一章中看到，许多进化心理学家处于“左”的政治立场上），在概念上也是错误的。空想集体主义的真实替代方案并不是“右倾的自由意志论”，而是重新认识到社会的高尚行为来源于一种复杂的思想情感组合，而这些思想和情感源自互惠互利的逻辑推演。于是，从社会性昆虫、人类家族以及试图把自己当作是家庭成员的人们表现出的共享行为中，就可以提炼出一种全然不同的心理学观点。

---

① 克鲁泡特金曾经写道：“蚂蚁和白蚁放弃了‘霍布斯战争’，这一结果对于它们来说会更好一些。”

特里弗斯对威廉姆斯和汉密尔顿的观点进行了扩展。后者认为，纯粹的、追求更高精神的利他主义（为了群体或种族的利益而牺牲自己）不可能在毫无关系的人们之间产生，因为这样很容易招致欺诈者的乘虚而入，他们从别人那里受益颇多，却从未给予任何的回报。不过，正如我所提到的，特里弗斯同时也解释说，某种可测量的互利主义是能够得以演化的。

互惠互利者会帮助那些曾经帮助过自己的人，同时也不会去理会或者惩罚那些曾经拒绝帮助自己的人。与利己主义者、欺诈者和纯粹的利他主义者相比，互惠互利者可以享受交换带来的收益。人类所具备的能力完全符合互惠互利的要求。作为个体，他们之间会彼此认识（或许是在专门脑区的帮助下），并且具有鹰一般犀利的眼睛和捕蝇纸般的记忆来识别欺诈者。

人们拥有道德感（如喜欢、同情、感激、内疚、羞耻、愤怒），而在对互惠互利进行计算机模拟和数学建模时，这些情感就是不可思议的执行策略。有实验结果证实，当人们能够以自己最小的付出去帮助陌生人，且这个陌生人恰好需要帮助且还能够提供报答时，人们去帮助陌生人的可能性最大。人们喜欢那些帮助自己的人，并帮助那些他们喜欢的人。当人们在别人需要而自己却拒绝伸出援手时会感到内疚，而他们也会惩罚那些拒绝帮助自己的人。

互惠互利的社会风气不仅能够引领人们进行一对一的交易活动，而且还有助于促进公共利益，比如捕猎者捕杀的动物数量远远超出了自己所需的数量，修建一座灯塔就可以让所有的船只避免撞上暗礁，人们会联合起来侵袭邻国或击退入侵者。在《谁去给猫挂铃铛》这则伊索寓言中就描绘了这种固有的公共利益问题。一群老鼠经过一致商议认为，如果能够在猫的脖子上挂一个铃铛，就可以提醒它们猫正在附近，这样的话它们的日子就好过多了。问题来了，没有一个老鼠愿意冒险去给猫挂上铃铛。但如果能够同时对勇于承担责任者给予奖励，并对逃避责任者给予惩罚的话，那么去给猫挂上铃铛的这样一种意愿（这将有助于公共利益）就能够得以演化。

互惠利他主义的悲剧在于，如果没有诸如焦虑、猜疑、内疚、羞耻和愤怒等一系列令人不快的情感的话，为与自己没有亲缘关系的人做出的牺牲将很难延续下去。正如新闻记者马特·里德利（Matt Ridley）在他关于合作行为进化的调查中描述的那样：

> 互惠，就如同达摩克利斯之剑一样，萦绕在每个人的头脑当中。他邀请我去参加他的聚会，于是我准备给他的书写一个好的评论；我们邀请他们吃过两次晚餐，而他们却从未回请过我们一次；我为他做了这么多的事情，他怎么能这样对待我；如果你这次帮助我的话，我保证过些时候一定会偿还你；我做了什么要承受这样的对待？你欠我的。责任、债务、利益、协议、契约、交易、买卖……我们的语言和生活之中充斥着各种各样的互惠互利观念。

行为经济学家在利他主义方面的研究已经揭示出了这柄达摩克利斯之剑，相关研究表明，人们既不是经典经济学理论中提出的超乎道德之外的利己主义者，也不是人人为我、我为人人的乌托邦中的地方自治主义者。例如，在最后通牒博弈中，两名被试需要对一大笔钱进行分配，先由其中一方提出分配方案，另一方则可以选择接受或者拒绝该方案。如果选择拒绝的话，双方都将得不到一分钱。一个自私的提议者会让自己分得最大的份额，而一个自私的回应者将会选择接受剩下的份额，哪怕它只有微不足道的一丁点儿，因为这比什么都没有强。

事实上，提议者往往愿意出差不多一半的钱分给对方，因为当分配的份额远远低于一半的时候，回应者会选择不接受提议，尽管拒绝较少的份额会导致恶意的后果，即双方都什么也得不到。回应者似乎是出于公正之愤，从而对自私的提议者进行了惩罚，而提议者也能预料到这一点，从而提出了足以让对方接受的分配方案。由此可知，提议者的慷慨是出于对对方恶意反应的恐惧，因为这将决定着截然不同的实验结果。

而在独裁者博弈中，提议者只是将钱在两个人之间进行分配，而回应者对此无可辩驳。由于不必担心对方的报复，提议者会只分配给对方非常少的份额。然而这种分配已经比人们原来设想的情况要大方得多，因为提议者担心背负上吝啬鬼的骂名，从长远来看这种名声并不是什么好事。而在双盲独裁者博弈中，诸多参与者提供的分配方案是保密的，无论是回应者还是实验主持者，都不清楚每个提议者究竟给了对方多少份额。在这种实验条件下，人们的慷慨程度会骤然下降，大多数提议者都将所有的钱留给了自己。

公共利益博弈实验要求每个参与者都向公共储蓄箱自愿捐款，最后主持人会将这部分钱的总数增加 1 倍，然后平均分配给所有的参与者，无论每个人最初捐献了多少钱。对于每一个游戏参与者而言，他们各自的最佳行动策略都是做一个免费搭车者，自己不捐一分钱，而寄希望于别人能够捐献一部分钱，然后自己可以从中获得一部分收益。如果所有参与者都这样想的话，公共储蓄箱中将会没有一分钱，所有人也将一无所得。对于整个群体同时也是对于每个参与者来说，这个实验的最佳策略是将每个人所有的钱都捐献出来，这样他们的钱就可以翻 1 倍了。

然而，实验人员多次重复该游戏，每次的结果都是所有人都想成为一个投机分子，最终弄巧成拙，导致公共储蓄箱里面空空如也。相反，如果一方面鼓励人们向公共储蓄箱捐款，另一方面向那些没有捐款的人征收罚金的话，那么就会促使每个人谨慎行事，参与者中的大部分都会向公共储蓄箱里捐款，最终使每个人都从中受益。

心理学家也对该现象进行了研究，他们称之为“社会惰化”，即指群体一起进行工作时，每个成员拉绳子时的平均拉力要比单独拉时的平均拉力小很多，鼓掌的热情也明显下降，在头脑风暴过程中产生的创意数量也会明显减少——除非他们认为自己在群体中投入的努力可以被识别出来。

费斯克在其进行的民族志调查中发现，共同分享精神主要是在家庭范围内（以及在诸如盛宴之类的特定情境下）自发生成的。等价匹配（即互惠利他主义）则是亲属之间与非亲属之间进行日常交往的标准。也不排除这样一种特例，即抢劫团伙的分赃，他们通过分享自己的所得来规避大型抢劫活动（即数目可观但不可预测的意外之财）中的各种危险因素。甚至这里我们所提到的伦理也远非无比的慷慨，这种分享被认为拥有“敌意的优势”。

捕猎者往往很难向他人隐瞒自己捕捉的猎物，因此当他人提出要将之充公的时候，他们并不能像先前那样获得较多的份额。他们在狩猎过程中的付出会被视为公共利益，如果他们拒绝将猎物充公，就会受到来自他人的流言蜚语和排斥的惩罚。如果他们接受了这些条件，就会得到应有的声望（这会给他们带来性伙伴），而且有可能在局势好转的情况下得到相应的回报。从我们的文化当中的最后一批打鱼狩猎者（即商业渔民）身上也可以发现类似的心理现象。塞巴斯蒂安·荣格尔（Sebastian Junger）在其作品《完美风暴》（*The Perfect Storm*）中写道：

> 只要条件允许，渔船的船员之间就会在公海上相互帮助；他们会出借自己的发动机零件，提供技术指导，捐献食物或者燃油。幸运的是，在将易变质的商品飞速运往市场的过程中，十几艘船之间的竞争并没有伤害到他们彼此之间固有的忧患意识。这看起来似乎极其难能可贵，但事实并非或者说至少不完全如此。这同样是出于自我利益的驱使。因为每个船员都知道，下一个碰到注油器僵化或水压泄漏的人或许就是自己。

1952 年，以阿什利·蒙塔古为首的一批支持集体主义的思想家们试图通过援引群体选择理论，即达尔文提出的通过群体之间而并非个体之间的竞争来为不可测量的慷慨大方保留一席之地。他们希望，那些可以为了公共利益而牺牲自我利益的群体最终能够战胜只考虑自身利益的群体，并由此使慷慨的风气在该族群中盛行。

1966 年，威廉姆斯将这一梦想击得粉碎。他指出，除非这一群体的基因非常稳定和封闭，否则基因突变或者外来移民总会不断地向其内部侵入。对于一个自私的侵入者来说，其后代会很快会接管这个群体，因为他们窃取了别人的奉献，自己却没有任何付出，他们会迅速在数量上占据优势。这些群体能够充分发挥自身的凝聚力来战胜周边群体并培养出新一代的子女来重复这一过程。在此之前，上述情况已经提前发生了。

“群体选择”这一术语也出现在了进化生物学中，但其含义通常与蒙塔古所指涉的含义有所不同。毫无疑问，群体当然属于促进人类进化的环境系统，以及从人类祖先那里演变而来的特质（比如在乎自己的名声）的构成部分，这些特质有助于我们的祖先在其所属群体中脱颖而出。有时候，个体与群体之间的利益是一致的，例如保证群体不被敌人消灭，这对个体和群体来说都更为有利。一些理论家援引了群体选择理论来解释人们为何愿意去惩罚那些对公共利益没有做出任何贡献却想搭顺风车的人。

最近，生物学家戴维·斯隆·威尔逊（David Sloan Wilson）以及哲学家埃利奥特·索伯（Elliot Sober）将“群体”定义为互帮互助的一群人，这为特里弗斯的理论提供了另一种语言表述方式，但并不是要替代这一理论本身。然而，没有人会相信群体选择会促使无条件的自我牺牲得以演化这个独到的想法。即使先撇开威廉姆斯阐释的理论难度不谈，从经验中我们也可以知道，所有文化背景下的人们都会做出一些损害集体利益而使自己获益的事情，如撒谎、争夺配偶、与他人发生暧昧关系、产生嫉妒之心或为了夺取统治权而开战，等等。

不管从哪一方面来说，群体选择都与其良好的口碑不相匹配。无论它是否促使我们形成了对待他人的宽厚仁慈之心，有一点是确凿无疑的，即它促使我们产生了对其他群体成员的仇视心理，因为一切有助于一个群体战胜另一个群体的特性都是群体选择所青睐的。（提醒一下，群体选择理论属于被牵扯到纳粹主义中的达尔文主义的一种变体。）这并不是说，群体选择理论是不正确的，这只是说明，因某种科学理论的外在政治取向而去赞成它，最终的结果只可能适得其反。正如威廉姆斯说的那样：“如果说‘群体竞争层面上的自然选择’在道德方面优于个体竞争层面上的自然选择，若推及人类自身，那么这将意味着有计划的种族大屠杀在道德方面优于随意的谋杀行为。”

基因和环境造就贪得无厌

人们对同伴的帮助要远远大于他们所得到的回报以及对投机分子的惩罚。人们经常表现出慷慨之举，而从未想过要得到一丁点儿回报，包括人们会付给那些他们可能不会再去的餐馆以小费，有人会怀揣手榴弹奋不顾身前去营救战火中的兄弟。特里弗斯及经济学家罗伯特·弗兰克（Robert Frank）、杰克·赫舒拉发（Jack Hirshleifer）曾经指出，在一个人人都希望能够识别出酒肉朋友和知心朋友的环境里，纯粹的慷慨大方就能够得以进化。真心实意的忠诚和慷慨会成为一个人信守承诺的有力保证，这避免了合作者对你可能会阳奉阴违的担心。要让质疑者相信你值得信赖和慷慨大方，最好的方式就是你真的做到了值得信任和慷慨大方。

当然，上述优点不可能成为人类交往过程中的主要模式，我们也不能省却那些用于保证能够进行公平交易的诸多设备和机构。如货币、收银机、银行、会计师事务所、财务部门和法院等，并将我们的经济建立在信誉制度之上。另一种极端的情况是，人们往往还会表现出一些背信弃义的行为，如盗窃、诈骗、勒索、凶杀以及一些损人利己的行为方式。不具备任何意识的精神病患者是一种最极端的例子，社会心理学家的研究还证实，许多没有达到完全精神病程度的个体身上也存在着马基雅维利特质。当然，多数人都处于中间状态，表现出的是互惠互利、慷慨大方和贪得无厌的混合状态。

为什么人们的行为方式会有如此大的差异呢？或许所有人都有成为圣人或罪人的可能性，这主要取决于其面临的诱惑及潜在的威胁。或许在生命早期，我们接受的教养或同伴群体的道德观念就已经决定了我们的发展道路。而之所以在生命早期就选定了这些发展方向，是因为我们拥有一套可以用于生成某种个性的条件性策略：当你发现自己拥有动人的吸引力时，就会试图去影响他人；如果你高大威猛且居高临下，就会试图成为一个欺负弱者的人；如果你周围都是慷慨大方的人，你也会变得宽厚仁慈；等等。

或许，是基因决定了我们可能会变得更加卑劣或更加友善。或许，人的发展就像彩票一样，个性是由命运随机分派的。人们之间的差异可能是源于这几种独立的力量或它们的综合作用，如你很多的朋友和邻居都慷慨大方，那么你也将会变得慷慨大方，而这一变化函数的阈值或倍数可能会受遗传的影响而有所不同，也可能会产生一些随机的变化：有些人只需有一部分好邻居就能成为一个好人，而另一些人则需要很多的好邻居才能成为一个好人。

基因当然属于其中的一个影响因素。责任感、随和性、神经质、精神变态以及犯罪行为等都具有很大程度的遗传性（尽管不是绝对的），利他主义可能也是如此。但这只是用另一个问题代替了最初的问题，即为何在自私方面人与人之间存在如此大的差异？自然选择倾向于使一个族群的所有成员在适应性的特质方面变得非常相似，因为那些卓越的特质会被选择出来而得以进化，其他一些特质则会逐渐消亡。这正是为何多数进化心理学家将人们身上表现出的系统性变异归结为环境因素，却只将随机变异归结为基因的原因所在。

遗传噪声至少来源于两个方面。在基因组当中，变异从未停止过。随机变异时常潜存着，自然选择只能够缓慢且不规则地消除这些变异。而且，出于其自身的考虑，自然选择还可能会支持某些分子层面的变异，这样就可以使人类胜过那些通过不断进化而得以渗透在我们的细胞和组织中的寄生物。身体和大脑在整体功能方面的差异可能属于蛋白质序列打乱后的副产品。

然而，互惠利他主义理论也引发了另一种可能性：人类的社会情感方面存在的某些基因差异是系统性的。当最优策略取决于其他有机体的活动时，自然选择会降低变异产生的概率这一规律就会出现例外。儿童游戏“石头剪刀布”就是一种类似的活动，而另一种类似活动或许可以在决定走哪条路线上班的过程中找到。刚开始时，经常乘车往返的旅客为了避免堵车会选择一条车辆较少的新线路，很快新线路也变得拥堵，于是很多人就会再次选择前一条线路，直至再次发生拥堵，而这又将导致乘车往返的人选择第二条线路，以此循环往复。最终，选择这两条线路的乘客数目会分布在一定的比例范围内。进化过程中也是如此，我们称之为基于频率的选择（frequency-dependent selection）。

互惠利他主义导致的一个必然后果是，基于频率的选择能够生成暂时或永久性的混合策略，这在许多模拟活动中已经得到了证明。比如，即便是互惠互利者在总人口中占多数，但只要投机分子的数目还没有增长到经常与其他投机分子相接触的程度，或还没有被互助者识别出来并受到惩罚，这些投机分子就仍会存在着，并从互助者的慷慨大方中获取利益。所有的人最终会变得同质化还是采用不同的策略，主要取决于哪些策略在进行对抗，哪种策略的使用人口占多数，人们采用或放弃它们的难易程度以及合作与背叛带来的回报状况。

有两种有趣的类似，在现实生活中，人们在自私倾向性方面存在遗传性差异。而在利他主义的进化模型中，行动者可能会进化出不一样的自私倾向性。这也许是个巧合，也许并非如此。一些生物学家举证说明，精神病态属于一种欺诈性策略，它是通过频率依赖选择演化而来的。统计分析结果表明，精神病患者并非只是处于一种或两种心理特质连续体的终端，他们具有一组独特的心理特质，比如做表面功夫、易冲动、不负责任、麻木不仁、无罪感、说谎、掠夺他人等，这些特质使他区别于群体中的其他人。在许多精神病患者身上也都没有发现任何由生物噪声所导致的身体异常状况，这说明，精神病态并非都由生物学方面的差错导致的。

心理学家琳达·米利（Linda Mealey）曾经指出，基于频率的选择至少是两类精神病的致病原因。其中一类精神病患者是受遗传决定的，与他们的成长环境无关；而另一类精神病患者只有在特定环境中，如当他们感觉自己在竞争中处境不利，或发现自己在反社会倾向的同伴群体当中才能感到心安理得的时候，他们才可能患病。

一些人可能天生就缺乏良知，这种可能性正好与“高贵的野蛮人”学说相对立。这让人想起了认为“有人天生是罪犯和坏蛋”的过时观点，20 世纪的知识分子推翻了这种看法，取而代之的是，他们主张作奸犯科者主要是由贫穷或不良教养导致的。20 世纪 70 年代后期，诺曼·梅勒（Norman Mailer）收到了一封信，这封信是一位名叫杰克·亨利·阿伯特（Jack Henry Abbott）的囚犯所写的，他因为使用假支票、杀害监狱中另一名囚犯等一系列罪行被判处了多年牢狱之刑。

当时，梅勒正在着手写一本关于刽子手加里·吉尔摩（Gary Gilmore）的书。阿伯特将自己在监狱中写的日记及自己对美国司法制度的强烈声讨提供给了梅勒，以此帮助他了解一个杀人犯的内心。阿伯特的这些著述令梅勒非常吃惊，梅勒声称，阿伯特一定会成为作家和思想家当中的一个后起之秀，即“一个智慧型、激进型和潜力型的领导，同时，在一个可能会爆发革命的新世界中，阿伯特对人际关系有着更为透彻的洞察力。”梅勒将阿伯特的信件内容发表在《纽约书评》（*New York Review of Books*）上，又在 1980 年将其出版成书，书名为《在野兽之腹》（*In the Belly of the Beast*）。这里我从中摘录了一段阿伯特在书中描述的他将某个人杀害致死的情形：

> 通过手中的刀子，你可以感觉到他的生命在震颤。在凶杀这一恶劣行径中产生的这种温情，几乎要将你完全征服……你随他一同上楼，想了结他的性命。就像切割奶油食品一样，毫无任何阻力。他们在临终前往往会低声哀求一件事："请动手吧。"你会得到这样一个很奇怪的印象：他并没有哀求你不要伤害他，相反他却告诉你快点下手吧。

监狱的精神病医师对此提出了疑问，他们认为，阿伯特是一个精神病患者，这一点从他的脸上就可以看出来。但梅勒和纽约的一些知识界人士还是帮助他获得了提前假释。很快，阿伯特就被邀请出席文艺界的宴会，被大家比作索尔仁尼琴（Solzhenitsyn，苏联时期最具争议的作家之一，1970 年，他以揭露、抨击苏联时政的《古拉格群岛》一书获得了诺贝尔文学奖），他还接受了电视新闻节目《早安美国》及《人物》杂志的采访。两周之后，阿伯特与一位有抱负的年轻剧作家再次争执。当时，这位剧作家正在一家餐馆做服务生，他告诉阿伯特不能使用员工洗手间。阿伯特当即提出要和他去外面解决问题，然后就刺中了他的胸膛，最终导致这位剧作家在人行道上流血过多而死。

精神病患者有可能是非常聪明、非常有魅力的，在 20 世纪 60 年代和 70 年代受到蒙骗的大批不同政治立场的知识分子当中，梅勒只能算作一个后来者。1973 年，威廉·巴克利帮助埃德加·史密斯（Edgar Smith）获得了提前释放。这个人此前曾因骚扰一名 15 岁的啦啦队队长，并用石块打破了对方的脑袋而被判刑。史密斯对自己的罪行供认不讳，并因此获得释放。但当巴克利在国家电视节目当中对他进行采访时，他却否定了自己的罪行。三年之后，他又因用石头殴打另一名年轻女子而被监禁。目前，他因试图谋杀罪而被判处了无期徒刑。

并非所有人都会被蒙骗。喜剧演员理查德·普赖尔（Richard Pryor）对自己在拍摄电影《阿叔有难》（*Stir Crazy*）期间在亚利桑那州立监狱里面的体验做了这样的描述：

> 要知道，当看到这么多出色的恶魔聚集于此时，我的心在隐隐作痛。

可恶的家伙们！勇士本应该出去服务于民众的。我这样想着，但我真的是太天真了。连续六个星期，我都坚持到那里去跟这些家伙们进行交谈。在交流中，我常会恐慌地向四周张望……感谢上帝，幸好世界上还有监狱！我问其中一个人："你为何要杀死屋子里所有的人呢？"他回答说："因为他们当时都在家。"……我还遇到过一个花花公子，他曾四次绑架杀人。我认为三次就应该是他最后的底线了，于是问道："究竟发生了什么事情？"他（用假声）回答说："我实在没有办法恢复正常！但在两年之后我有办法被假释出来。"

当然，普赖尔并不是否认，持续以高出其他族群的比例将非裔美国人监禁起来的做法显然有失公允的。他只是将普通人的常识和知识分子的浪漫主义进行了对比。他或许还揭示出了一些知识分子的高傲态度：不能指望穷人能抑制住谋杀的冲动；对于来自知识分子中间的杀人凶手，他们也不应感到惊慌。

认为犯罪分子的堕落与其缺少教育有关的空想主义观念，在专业人士及外行人中间正在逐步消失。当然，确实有很多精神病患者的生活状况窘迫，但这并不意味着，生活困难就会导致一个人成为精神病患者。有这样一个老套的笑话，两个社会工作者正在谈论一个问题儿童："约翰尼生活在一个破碎的家庭中。""是啊，任何一个家庭都有可能被约翰尼给毁掉。"马基雅维利人格在任何一个社会阶层中（如卖国贼、强盗大亨、军事独裁者、金融大亨等）都可能存在。有一些诸如食人恶魔杰夫瑞·达莫（Jeffrey Dahmer）之类的精神病患者就出身于体面的中上阶层家庭，但这些并不表明一切诉诸暴力或犯罪手段的人都是精神病患者，只有那些极端分子才有可能患有精神疾病。

众所周知，精神病患者不可能完全"治愈"。的确如此，心理学家马尼·赖斯（Marnie Rice）的相关研究表明，诸如提升其自尊水平，教会他们一些社会技能等过于乐观的治疗观念，最终只会使精神病患者变得更具危险性。不过，这并非意味着我们对此束手无策。琳达·米利就曾指出，在她所辨别的两类精神病患者当中，顽固性精神病患者对那些试图让其体验伤害性行为的活动项目表现得无动于衷，但他们却会对严厉的惩罚有所反应，因为这会促使他们完全出于自我利益的考虑而去关注自己的行为后果。

另一方面，条件反射性精神病患者能够对防止他们从社会裂缝中失足的社会变革做出更好的应答。无论上述这些措施是否属于最佳药方，它们都表明了科学以及政策开始关注这样一个问题，这也是20世纪许多知识分子都试图回避，而宗教、哲学及小说家却一直关注的一个问题：罪恶的存在。

自我欺骗

按照特里弗斯的说法，每一种人际关系（包括我们与父母、兄弟姐妹、恋人、朋友及邻居间的关系）都具有一种独特的心理，而这又是由一致或分歧的利益模式铸造出来的。人们与自我的关系是否像流行歌曲中所唱的那样，属于“最伟大的爱”？在一段非常著名的简短话语中，特里弗斯这样写道：

> 如果……欺骗是动物之间交流的基本原则，那么为了识别谎言，就必然存在更强有力的选择。反过来讲，还应该选择一定程度的自我欺骗，以确保某些事实和动机不被自己意识到，（利用极其微妙的自我知识）以避免泄露自己正在实施的欺骗。如此一来，认为自然选择偏爱能够产生更加准确的关于外部世界形象的神经系统的传统观念，必然属于关于心理进化的幼稚看法。

当涉及物理世界时，传统观念基本上是正确的，因为物理世界允许多个观察者对其真实性进行检验，对物理世界的错误理解也有可能会给观察者带去伤害。但正如特里弗斯指出的，当涉及自身问题时，传统观念未必是正确的，因为个体可以通过特定的方式来获取有关自我的知识，他人却无法做到这一点。在这种情况下误解可能就会起作用。有时候，父母希望能够向孩子证明，自己所做的一切都是为了孩子好；孩子也希望向父母表明，自己并非贪婪，只是不满足而已；情侣们则希望向对方承诺，自己会永远忠贞不渝；彼此毫无瓜葛的人们或许也希望让别人相信，他们是值得信任的合作者。这些看法即使不是无稽之谈，也常带有粉饰性作用，用于避免另一方的猜疑。讲话者应该相信他们自己，这样才不至于出现口吃、冒汗或自相矛盾的现象。

当然，有些冷血的说谎者即使对陌生人撒着赤裸裸的谎言也能做到脸不红心不跳，但他们往往很难信守承诺，因此也很难交到朋友。人不能够不动声色地撒谎，这是我们为了让别人觉得自己诚实可信所付出的代价，这也就意味着我们的大脑必定有一部分是用于相信自己鼓吹的话语的，同时另一部分大脑记录的信息必须足够真实，这样才能保证我们的自我概念与现实相联系。

1959 年，社会学家欧文·戈夫曼（Erving Goffman）在其著作《日常生活中的自我呈现》（*The Presentation of Self in Everyday Life*）中非常有预见性地提出了自我欺骗理论，该书驳斥了认为我们呈现给他人的面具后面才是真实自我的虚构观念。戈夫曼说，全然不是这样的，人类的整个自我都戴着伪装的面具。随后几十年的许多研究也都证实了他的说法。

尽管现代心理学家和精神病学家往往会排斥正统的弗洛伊德学说，但绝大多数人也承认，弗洛伊德的自我防御机制是正确的。任何一个临床学家都会告诉你，人们会过度地抗拒（否认或者压抑）令人不快的事实，将自己的缺点投射到他人身上，把自己的苦恼转化成抽象的智力问题，通过一些消磨时光的活动来分散注意力，并且使自己的动机合理化。精神病学家伦道夫·奈斯（Randolph Nesse）和艾伦·劳埃德（Alan Lloyd）曾经指出，这些习惯并不能保证自我免受怪异的性愿望或性恐惧的侵扰，但它们可以称得上是一种自我欺骗的策略：人们会压抑那些证明我们不如自己想象得善良或能干的证据。正如杰夫·戈德布拉姆（Jeff Goldblum）在电影《山水又相逢》（*The Big Chill*）里面所说的那样，“合理化比性欲更为重要”。当他的朋友们对此提出异议时，他反问道：“想想你们自己，哪个星期没有使用过合理化策略呢？”

正如前文中提到的，若一个人遭受到了神经方面的创伤，大脑的健康部位就会进行大量的无意识虚构来消除由损伤部位引发的缺陷（这些损伤部位自我是察觉不到的，因为它们属于自我的一部分），并把整个人以有能力、理性的行动者形象展示出来。当一个病人看到自己的妻子时，他的认知并没有发生波动，但他承认那个人在长相和行为举止方面与他的妻子很像，这时他就会断定，有一个令人难以置信的冒名顶替者住在自己家。一个病人本来以为自己在家里，但他被告知是在医院的电梯里面时，他会毫不迟疑地说："你可能不会相信，为了安装这个东西我们可是花了大价钱了。"

最高法院法官威廉·道格拉斯的一侧身体瘫痪之后，他的行动就离不开轮椅了。此后，他邀请了大批的记者并告诉他们，自己想去参加华盛顿红皮队（一支橄榄球队）。不久之后，他由于拒绝承认自己的判断出了差错被强制退休。

在社会心理学实验中，人们无一例外地过高估计了自己的技能、正直、慷慨及独立性。他们会高估自己在集体努力中所做的贡献，强调自己的成功是个人能力的体现，而失败则是由运气因素造成的。而在相互让步中，他们也会认为另一方得到了更多的利益。甚至在一台精确的测谎仪面前，人们还会坚守这些自利性幻觉。这表明，他们并没有对测试者撒谎，而是对自己撒了谎。数十年间，每个心理学专业的学生都会了解到"降低认知失调"理论，即指人们会改变对自己的看法，以维持一个积极的自我形象。漫画家斯科特·亚当斯（Scott Adams）对此进行了很好的阐释：

Dilbert reprinted by permission of United Feafure Syndicate, Inc.

如果上述漫画中描述的内容是完全正确的，那么生活中将充斥着跳跳猪们的各种不协调声音。

自我欺骗是人类冲突和愚昧的最深的根源之一。这意味着，那种本应该有助于我们解决差异（寻求真理，并以理性的方式对其进行探讨）的机能存在着偏差，因此，所有的群体都会高估自己的聪明、能干和高贵。争论中的任何一方都会坚定地认为自己一方在逻辑上和证据上占据着优势，而对立方则是被蒙蔽了，或是在撒谎，又或者两者兼有之。为何道德感带来的弊端往往大于益处？自我欺骗就是其中的原因之一，对于人类的这种不幸我们将在第 15 章中进行讨论。

特里弗斯指出的人类苦难的诸多根源，并不是我们哀叹悲伤的借口。使我们团结或分裂的基因上的交叠之所以是悲剧，并不是从日常生活中的灾难意义上来讲的，而是从激发我们去思索人类境况这样一种生动形象的意义上来讲的。按照《剑桥百科全书》的定义："依据亚里士多德的观点，悲剧的根本目的……在于唤起我们的怜悯之心、敬畏之心，唤起惊讶之感，唤起一种对人类的潜力，包括那些带来灾难的潜力的敬畏之心；它直面不仁的天地，是对人类价值的肯定。"特里弗斯对家庭、夫妻、社会和自我内在冲突的解释，能够强化悲剧的这种目的。

当血脉相连的人们之间出现情感方面的轻微失调时，大自然就可能会残忍地捉弄他们。但通过这种方式，自然为一代又一代的作家、剧作家提供了稳定的职业。在现实生活中，相互之间可能存在着牢固情感纽带的两个人，也并非总是希望对方过得快乐，这种现象背后固有的戏剧可能性在不断地上演着。亚里士多德可能是第一个注意到家庭关系中的悲剧性叙事焦点的。他指出，一个讲述两个陌生人进行殊死搏斗的故事，肯定不会像两个兄弟之间进行殊死搏斗的故事那样有趣。

该隐与亚伯（两者均为《圣经》中的人物，都是亚当与夏娃的孩子），雅各与以扫（两者均为《圣经》中的人物，两者为孪生兄弟关系），俄狄浦斯与拉伊俄斯（底比斯国王，俄狄浦斯之父），迈克与弗莱多（两者均为电影《教父》中的人物，亲兄弟），小鲍比和鲍比、弗雷泽和奈尔斯（两者为美国情景剧《弗雷泽》中的一对兄弟），约瑟夫（小说《约瑟夫与他的兄弟们》中的人物）及他的兄弟，李尔王及他的女儿们，汉娜（电影《汉娜姐妹》中的人物）和她的姐妹们……正如数世纪以来戏剧情节设计者们指出的那样，"亲属之间的敌意"和"亲属之间的竞争"是一种永恒的法则。

文艺评论家乔治·斯坦纳（George Steiner）在其著作《安提戈涅》（*Antigones*）

当中指出，安提戈涅神话在西方文坛中占据着异常重要的地位。安提戈涅是俄狄浦斯与伊俄卡斯达（底比斯的王后，因命运捉弄嫁给了其亲生子，待发现实情后自杀身亡）所生的女儿，她的父亲同时也是她的哥哥，她的母亲同时也是她的姐姐，这个事实仅仅是其家庭灾难的开始。为了反抗国王科瑞昂，安提戈涅埋葬了自己被杀害的哥哥，后来这件事情被国王发现后，国王命人将她活埋。在这之前安提戈涅背着国王偷偷地自杀了，然而国王的儿子深爱着她，由于不能得到她的原谅，也在她的坟墓中自杀了。斯坦纳注意到，人们普遍认为《安提戈涅》神话“不仅是最为出色的希腊悲剧，与其他具有人文精神的作品相比，它也是一部几近完美的艺术品”。两千多年来，这部作品一直在上演，并引发了无数后来者的改编和续写，斯坦纳对这部作品如此持久的反响做出了解释：

> 我认为，这部作品可以称得上是唯一一部描述人类社会生活中主要的持续性冲突的文艺读本。这些持续性冲突具有五重性：男人与女人之间的冲突、长辈与晚辈之间的冲突、社会与个体之间的冲突、逝者与生者之间的冲突、人与神之间的冲突。这些源自上述五个方面的冲突是不可调和的。男人与女人、年长者与年轻人、个体与集体或国家、生者与逝者、凡人与英雄，它们在对彼此进行定义的冲突过程中定义着自我……由于希腊神话植入了一些主要的生物、社会冲突及人类历史上的自我理解，因此它们能够作为一种富有生命力的遗产，持久地存在于集体记忆和认知中。

我们在与他人的冲突中界定着自我，这一喜忧参半的过程不仅仅是文学方面的主题，还解释了人类情感的本质以及自我意识的内容。如果某个魔鬼要求我们在下述两种情况下做出选择：是归属于一个能够实现完完全全的平等主义与团结一致的物种，还是属于一个像人类社会一样，会特别珍视与父母、兄弟姐妹、子女关系的物种。答案并不是那么显而易见，我们不见得会选择前者。亲属之所以在我们心中占据着特殊的位置，只是因为依据定义，其他人在我们心目中的位置没有那么特殊，而且很多社会也都放弃了这一约定。

同样地，社会摩擦也是个人嗜好及追求幸福的产物。我们可能会妒忌一个蚁群的和谐，但是当由伍迪·艾伦为其配音的小蚁 Z 向其心理医生抱怨说他感觉自己非常渺小时，心理医生回答道：“Z，你真的是获得了认识上的突破。你其实本就微不足道。”

唐纳德·西蒙斯曾经主张，我们之所以具有基因方面的冲突，要归于这样一个事实：我们对他人怀有同情之心。意识是神经系统进行运算的一种体现，这种运算是我们的大脑在考虑如何获得人类所需的、稀缺的、不可预测的事物时不可或缺的。我们之所以会感到饥饿，会尽情享受美食，对许许多多的味道感到愉悦，是因为在人类进化的历史长河中，绝大部分时间内食物都很难获得。虽然氧气很重要，但通常我们不会对氧气感到迫切的渴求，获得氧气也不会使我们感到喜悦和陶醉，这是因为氧气从来都不是难以获得的东西。我们只要呼吸就可以了。

亲属、配偶、朋友之间的冲突可能也是如此。我曾经提出过，如果我们能够保证一对夫妻彼此忠于对方，爱对方胜过自己的亲属，且将同时死去，那么他们的基因利益将完全一致，将完全集中体现在他们共同的孩子身上。我们甚至可以想象有这样一个物种，隶属于它的每一对配偶都会被放逐到一个孤岛上，在那里终老一生，它们的后代长大后会离开那里永不回去。由于这对配偶的基因利益完全一致，我们从一开始就会认为，进化将会使它们拥有幸福完美的性爱、情爱与友爱。

但西蒙斯认为，这样的情形不会发生。配偶关系的演化类似于单一机体细胞关系的演化，这些细胞在基因方面的利益也完全一致。心脏细胞和肺脏细胞并不需要坠入爱河才能和谐共处。同样，该物种的配偶间进行性行为的唯一目的是繁衍后代（为何要浪费精力呢），性行为带来的快乐将仅限于生殖方面的生理机能，如荷尔蒙的释放或配子的形成：

> 这样一来，将不会再有坠入爱河的事情发生，因为没有其他配偶可以选择，坠入爱河将是巨大的浪费。你将像爱自己一样爱你的配偶，但问题在于，除非是从隐喻的意义上讲，否则你并不会真的爱自己；你就是你自己。从进化的角度来看，这意味着两个你将会成为一个肉体，你们的关系将受到盲目生理机能的支配……如果你看到你的配偶在用刀砍她自己，那么你会感觉到痛苦，但是我们对配偶的情感（在情况良好时，夫妻间的关系是如此奇妙；在情况糟糕时，又会如此使人痛苦）将永远不会得以演化。即

便存在一个种群拥有这些情感，当他们按照这种方式生活时也肯定会被淘汰，就像在岩洞中生存的鱼儿的眼睛会被淘汰一样。因为这花费甚大，而收益甚微。

我们对家庭、朋友的情感也是如此：大脑中丰富强烈的情感证明了生命中这些纽带的弥足珍贵与极度脆弱。总而言之，如果遭受苦难的可能性不存在了，我们拥有的将不会是幸福和谐，而是意识的完全丧失。

15 不可避免的道德错觉

人们最大的担忧在于，从生物学的角度来理解人类心理将会导致道德虚无主义。如果像右派批判的那样，人类并不是上帝依照更高级的设计意图创造出来的；或像左派所批判的那样，人类是自私基因的产物，那么是什么在阻止我们成为一个不道德的利己主义者？难道我们一定要把自己看成是唯利是图、自私冷漠的人吗？不过，这两派都指出，信奉生物学取向的人性论会导致纳粹主义。

第 14 章中已经表明，这种担忧是盲目的。没有任何事物能够阻止从无神论、超道德的自然选择过程中进化出具有人类大脑，且有着复杂道德感的社会性动物。事实上，现代人类的问题或许并不在于道德匮乏，而在于道德要求过多。

是什么原因导致人们认为某些行为是不道德的（如杀人是不对的），而不是讨人厌（如我讨厌椰菜）、不时尚（如不要穿带格子花纹的衣服），又或是鲁莽的（如长途航班上应尽量避免喝酒）？人们会感到道德规则是普遍存在的。例如，对谋杀和强奸的禁令并非口味或者时尚的问题，而是具有超越性和普遍性的权威命令。人们认为做出不道德行为的人应该受到惩罚，对犯下不道德的犯罪行为的人施加惩罚是正确的，而不这么做，即“让这些人逃脱惩罚”则是错误的。

人们可能会说“我不喜欢椰菜，但是你要吃的话，我也不介意”，但没有人会说“我反对杀人，但你要是杀人的话，我也不介意”。这也正是我们为什么会认为鼓吹人工流产合法的人在宣扬“如果你反对堕胎，自己也不要去这么做”时，并未抓住问题的实质。如果一个人认为堕胎不道德，那么他将不会允许他人去堕胎，就像他不会允许人们去强奸和杀人一样。因此，人们会觉得援引报应观念或借助国家强制力实施惩罚理所应当。伯特兰·罗素写道：“菩萨心肠、霹雳手段是道德家们的最爱，这也是他们发明出地狱的原因之所在。”

道德感会促使我们惩罚他人，以作为预防或惩罚不道德行为的手段。当那些被视为不道德的行为（比如强奸和谋杀），用任何标准来评判都显得不道德，而对这些行为进行惩罚代表着正义且起到了威慑效果时，这样做是可行的。本章的要点在于阐明人类的道德感并不足以保证能够将不道德的行为挑选出来，从而起到杀一儆百的作用。道德感属于神经系统的一个小配件，就好比立体视觉或关于数字的直觉一样。它是某种神经回路的集合，与灵长类动物大脑中最古老的部分连接在一起，也是在自然选择的进化过程中为了胜任一定的任务而形成的。

但这并不意味着道德只是通过人类的想象拟造出来的，就如同深度知觉的进化也并不意味着三维空间是通过想象虚构出来的一样（正如第 9 章和第 11 章中提到的，反思者团体或许认为，道德有其内在的逻辑性，甚至还有其外在的现实性，正如同数学家共同体能够阐明有关数字和图形的原理一样）。但它也的确意味着，道德感充斥着各种怪异和系统误差，就如同我们其他方面的机能一样。

认真思考一下下面这个小故事：

> 朱莉和马克两人是兄妹。在学校放暑假期间，他们一起到法国旅行。一天晚上，他们两个人待在离沙滩不远处的一个小木屋内。他们想试试兄妹两人做爱。这对于他们两人来说都是一种全新的体验。朱莉已经服用过避孕药，但为了确保万无一失，马克也使用了安全套。两个人都很享受做爱的过程，但是他们决定以后不再这样做了。他们把那个晚上发生的事情当作一个特殊的秘密珍藏着，这也使他们感觉彼此之间更加亲近了。你如

何怎样看待这件事情呢？他们之间的性行为是对的吗？

心理学家乔纳森·海特（Jonathan Haidt）及他的同事们曾经给许多人讲过这个小故事。大多数人立即表示，朱莉和马克的行为是错误的，紧接着他们又阐述了自己认为这一做法是错误的原因。有人提到了近亲生育的危险性，但别人当即提示道，这对兄妹当时已经采用了两种避孕方式。有人还提出，朱莉和马克将会在情感上受到伤害，但是这个故事已经讲得很明白，他们并没有受到伤害。有人又进一步大胆推测，这件事情可能会触怒公众，但随即他们又想起来这件事情是保密的。也有人提出，这件事情可能会影响到两人以后的关系，但是他们又被告知，朱莉和马克已经表示以后不再做这样的事情了。最终，许多回答者都表示，"我不知道为什么，我解释不清楚，但我知道这种行为是错误的"。海特把这一现象称为"道德迷宫"（moral dumbfounding），他还由此引发了其他一些虽令人不悦但没有受害对象的假定情节：

一位妇女在整理壁橱时发现了一面陈旧的美国国旗。她不想要这面旗帜了，于是就把它裁成许多小块用来打扫浴室。

某个家庭的狗在他们家房前被一辆汽车轧死了。他们听说狗肉味道十分鲜美，于是就把这条狗剁碎做成晚餐吃掉了。

许多道德哲学家可能会说，这些行为都没有错，因为发生在成人间的自愿、私人行为并没有伤害到其他有感知能力的人，所以并非不道德的。而另外一些人可能会使用更加微妙与遵守既定准则的观点来批判这些行为，但与人们可能犯下的十恶不赦的罪行相比，这些行为造成的危害仍被认为微不足道。但这种观点与我们讨论的问题并不相关。人们的直觉情感会赋予他们强烈的道德信念，而且他们会在事后极力对这些信念进行合理化解释。这些信念可能与道德判断毫无关系，因为道德判断是建立在人们评价他人行为后果带来的或幸福或痛苦的情感体验基础上的，而不是源自进化而来的神经生物学意义上的器官构造，即我们通常称之为道德情感（moral emotions）的内容。

混淆的道德判断与直觉情感

最近，海特编纂了一部关于道德情感的自然史。其中列出的四种主要情感集合正是我们在特里弗斯的互惠利他理论，以及随后出现的合作进化的计算机模型中期望看到的。比如，谴责他人的情感（如轻蔑、愤怒、厌恶）会促使人们去惩罚作弊者；而称颂他人的情感（如感激及那些被称为高尚、敬畏和感动的情感）会促使人们去奖励利他主义者；面对别人遭受痛苦时的情感（如同情、怜悯、移情）会促使人们去帮助需要帮助的人；而自我意识情感（如内疚、羞耻、尴尬）会促使人们避免作弊或对这种行为后果进行弥补。

我们会发现，在对这一系列的情感进行简化之后，可以将道德划分为三个领域，而每一个领域都有不同于其他领域的道德判断方式。其中，自主伦理（the ethic of autonomy）与个体的兴趣和权利相关。作为基本道德，它强调的是公平，在西方文化界，自主伦理被受过教育的人理解为道德的核心。共同体伦理（the ethic of community）与社会群体的道德观念有关，包含了诸如责任、尊重、信守协定之类的价值。神圣伦理（the ethic of divinity）则与高贵的纯洁和神圣感相关，与污秽感有着本质的区别。

这种自主—共同体—神圣的道德三分法是由人类学家理查德·施威德最早提出的。他注意到，在非西方传统中包含着丰富的价值信念体系，带有鲜明的道德化特征，却没有涉及西方的个人权利这一概念。比如，以净化心灵为宗旨而构建起来的印度教信仰就非常典型。海特与心理学家保罗·罗津对施威德的理论进行了扩展，不过他们并不是把这几个道德领域作为主观任意的文化变形进行解释的，而是把它解释为一种普遍存在的心理机能，具有不同的进化起源和功能。他们提出，各个道德领域在认知内容、同属动物体现、相关心理因素及神经基础等方面都各不相同。

比如，愤怒属于自主领域中一种谴责他人的情感，由攻击系统演化而来，被用于执行互惠利他主义提出的惩罚作弊者的策略。而厌恶则是神圣伦理领域中的一种谴责他人的情感，由避免生物污染，如疾病和腐败的系统进化而来，被用于对道德圈进行划分，以区别哪些实体（比如朋辈）属于我们应使用道德方式来对待的，哪些实体（比如动物）属于我们应使用工具性方式来处理的，而哪些实体（比如传染病患者）又属于我们应极力回避的。尴尬则属于一种共同体领域的自我意识情感，与其他灵长类动物表现出的抚慰和降服的举止非常相似。支配和道德结合起来的首要原因是互惠，不仅取决于个人施以恩惠和回报情谊的意愿，还依赖于人们拥有这样做的能力，以及如何主导拥有这种能力的人。

相对主义者可能会按照这样的方式来解释道德的三个领域：认为个人权利是西方的一种传统习惯，适用范围有限，我们应该尊重其他文化的共同体道德和神圣道德，尊重其存在的正当性。我认为，大脑中的道德感构造让所有文化中的人都很容易将可以辩护的道德判断和不相关的激情和偏见混淆起来。事实上，自主伦理或公平并不是西方独有的，阿玛蒂亚·森和法律学者玛丽·安·格兰登（Mary Ann Glendon）指出，这些思想在亚洲也有很深的根源。

与之相反，共同体伦理和神圣伦理在西方社会深入人心。共同体伦理将道德等同于遵守地方性的规范，构成了文化相对主义这一大学课堂上的陈词滥调的基础。有几位学者注意到，他们的学生在解释纳粹主义为何不正确时显得无所适从，因为他们觉得不能对另一种文化的价值提出批判。我可以确信，当今学生们在反思性地回避自己的道德判断时，会说出这样一句话："我们这个社会很推崇善待他人。"唐纳德·西蒙斯评论说，人们在从自主道德转向共同体道德时，在道德判断方面出现了倒退：

> 如果世界上有这样一个人，他制服住一个惊恐不安、奋力挣扎、不停哭叫的小女孩，然后使用未经消毒的刀片将她的部分性器官切割下来再重新缝合，只留下一个小孔用于小便和月经，那么唯一的问题就在于，这个人将会受到怎样严厉的惩罚，死刑是否算得上是足够严厉的惩罚呢？而当数百万的人们都这样做时，问题就不再是这种暴行被放大了数百万倍，相反，这种现象陡然成了一种"文化"，这种暴行没有变得更加恐怖，反而奇迹般地变得不再那么恐怖了，包括女性主义者在内的一些西方"道德思想家"甚至还在对这种行为进行辩护。

共同体伦理还包括对已有等级制度的遵从，它（在西方观念里也是如此）还容易将道德和名望混为一谈。我们可以从下边这些暗含有将身份等同于美德的词汇中发现这一点，这些词汇包括：正直（chivalrous，这个词还包含有骑士时代、骑士风范等意思）、优等（classy，这个词意指品位等内容）、绅士（gentlemanly）、可敬（honorable）、高尚（noble，这个词还包含有贵族的意思）。我们还可以从以下这些暗含着将低等地位等同于罪恶的词汇中发现这点，这些词汇有：品质低劣（low-class，另指级别低等）、道德低下（low-rent，另指地位低下等）、道德败坏（nasty，另指下流人士等）、卑鄙下流（shabby，另指衣衫褴褛等）、卑鄙（shoddy，另指劣质的、劣等的）、歹徒（villain，原指农民）、粗鲁（vulgar，另指庶民、大众等）。而高贵的高贵者神话（Myth of the Noble Noble）更是名人崇拜在今天的体现。

像戴安娜王妃这样的皇室成员，以及与她地位相当的约翰·肯尼迪都被大众褒奖为圣人，但他们在道德操守方面其实与常人无异。戴安娜确实很支持慈善事业，但这只是这个时代的王妃们的分内之事。靓丽的外表为他们的圣人光环增添了几分色彩，因为人们会觉得有吸引力的男性和女性在德行上也会更加出众。查尔斯王子虽然同样支持慈善事业，但可能永远也获得不了圣人的称号，即便他某天突然悲剧性地死去也依然如此。

人们还会将道德和纯洁混为一谈，即便是在世俗化的西方也是如此。第 1 章中我们曾经提到过，很多表示清洁和肮脏的词汇同时也具有美德或罪恶的含义（pure，纯净的、洁净的；另指清白的、贞洁等意思；unblemished，无瑕疵的、无污点的、清白的；tainted，污染的、感染的、名声受损的）。当人们谴责海特所举的那些人的行径时：如吃狗肉、从双方都同意的乱伦中获得享受（这反映了我们对于兄弟姐妹乱伦的本能反感，是为了阻止近亲繁殖而进化出来的一种情感），似乎是将玷污行为与罪恶混为一谈了。

将善良与纯洁混为一谈会产生极其恶劣的后果。种族主义者和性别主义者经常会流露出对防止种族污染的渴望，就像印度社会对“贱民”阶层的排斥，传统犹太教对月经期妇女的隔离，对与男同性恋者接触会感染艾滋病的恐惧，在美国的种族隔离法和南非的种族隔离制度下，将非裔美国人与白人的饮食、洗浴、睡眠隔离开来的各种设施以及纳粹德国制定的“种族卫生法”。

20 世纪让人印象深刻的一个问题是：那么多的普通人在战时是如何犯下暴行的？哲学家乔纳森·葛洛夫对此用资料证明，一个共同原因是受害人的身份被降低了：受害者的地位被剥夺了或者说他们无法保持自身的干净清洁，抑或这两种情况兼而有之。当一个人通过嘲笑另一个人的苦难，羞辱他的外表，或是迫使他居住在肮脏的环境中从而剥夺这个人的尊严时，普通人的怜悯同情之心就消失了，他们很容易就会把这个对象当作动物或物体来对待。

公平、身份和纯洁的奇怪混合构成了我们的道德情感，这促使我们对人们在解决道德难题时所持的未经严格训练的观点的吸引力保持警惕。在一篇名为《反感的智慧》（*The Wisdom of Repugnance*）的文章中，莱昂·卡斯认为，在克隆问题上，我们应该放弃道德推理，转而诉诸直觉情感：

> 我们抵制人类克隆的前景，不是因为这件事情本身新奇古怪，而是因为我们从直觉和情感上，不用论证就能感受到，这违背了我们一直信奉为正直的原则。厌恶，与别处的意思一样，指的是对超出人类意愿的事情的反感，它告诫我们，不要违背那些无法用言语来表达的灵魂深处的事物。事实上，在这样一个时代，任何事物，只要它可以被自由地制造，那么它都是会被许可的；在这样一个时代，我们的本性不再需要人们的尊敬，我们的身体被认为只不过是我们那自主理性的意志的工具，于是，厌恶可能是唯一残留下来的声音，可以用来大声疾呼，用来捍卫人性的核心地位。所谓肤浅，就是灵魂忘记了如何颤抖。

可用于反对克隆人类的好理由有很多，但颤抖实验肯定没有被包含在其中。人们在各种不关乎道德，却冒犯了他们的文化中关于纯洁性标准的情况下，会出现心理上的颤抖：如与贱民阶层的贱民接触，和有色人种在同一个饮水处饮水，允许犹太人和雅利安人建立亲缘关系。1978 年，许多人（包括卡斯在内）对试管内受精或“试管婴儿”技术的出现而感到震撼。但现在这项技术在道德上则被认为完美无缺、无懈可击，甚至对成千上万的人来说，它是无法估量的幸福源泉，或者可以说是生命自身的源泉。

一个可以辩护的道德立场和返祖性本能情感之间的区别在于，依据前者，我们可以解释自身信仰的正当性，可以解释为什么酷刑、谋杀和强奸是错误的，还可以说清楚我们为什么要反对歧视和不公。另一方面，我们又找不到足够有说服力的理由来说明为什么要反对同性恋，或者说为什么要将某个种族隔离起来。对某个道德立场来说具有说服力的理由不可能凭空出现：它必然与使人们的境况变得更好或更糟联系在一起，它依据的逻辑是：我们按照我们希望他人怎样对待自己的方式来对待他人。

在个人偏爱与价值标准之间摇摆不定

道德情感的另外一个奇怪特性是，它们像开关那样可以打开或者关闭。这些心灵上的“跳跳猪”被称作道德教化和非道德化。罗津最近通过实验对此进行了研究。实验证明，道德情感在依据用个人偏爱判定行为与用价值标准判定行为之间来回摇摆。

素食主义者主要分为两类：出于健康原因不吃肉的人，即为了减少饮食中的脂肪和毒素选择素食的人；出于道德原因不吃肉的人，也就是说他们是出于对动物权利的尊重选择了素食。罗津的研究表明，与关注健康的素食者相比，关注道德的素食者对于自己不吃肉的行为列举出的理由更多，对肉的情感反应也更强烈，更可能将肉视作污染物，如果一碗汤中只有一滴肉荤，他们也会拒绝食用。而关注道德的素食者更有可能觉得其他人也应该成为素食者，更容易赋予他们的饮食习惯以奇怪的道德观，也更容易相信吃肉会使人变得富有攻击性，变得容易沉迷于肉欲。但并非只有素食主义者才会将饮食习惯和道德价值联系在一起。在给大学生们呈现关于某个人的描述并让他们评价这个人的性格时，他们会认为食用肉饼和奶昔的人不如食用鸡肉和沙拉的人友好和宽容。

罗津还注意到，近些年抽烟行为也被道德化了。许多年来，是否抽烟都一直被视为个人的偏好问题或个人智慧问题：一些人不喜欢抽烟或不抽烟只是因为吸烟有害健康。但随着人们发现被动吸入二手烟也会带来不良后果后，抽烟就变成了一种不道德行为。吸烟者开始受到排斥并被妖魔化，而且人们对吸烟的厌恶心理也开始发挥作用。不吸烟的人不仅避免吸烟，而且还避免接触与吸烟有关的任何事物，比如在酒店住宿时，人们会要求入住无烟客房，甚至要求入住无烟楼层。同样的，人们要求烟草公司对抽烟给自己造成的伤害进行赔偿的意识被唤醒了：陪审团要求烟草公司支付天价赔款，还赋予了这一诉求一个恰当的名称——“惩罚性赔偿”。这并不是说这些判罚是不公正的，而是说我们需要关注驱使陪审团做出这样决定的情感态度。

与此同时，也有许多行为被去道德化了，在许多人看来，这些行为从代表着道德上的缺陷变成了对生活方式的选择。这些非道德化的行为包括离婚、私生子、职场母亲、同性恋等。

在自命为道德多数派的右翼文化主义者看来，所有上述内容表明，道德受到了文化精英们的攻击。对于左翼文化主义者来说，上述这些则意味着将私人行为打上烙印的企图陈旧过时，带有着一定的压抑性。我们从门肯对清教主义的定义就可以看出这点：它挥之不去的担忧是，某个人、某个地方过着快乐幸福的生活。这两种看法都是错误的。以上内容表明，如果我们对近几十年被非道德化的所有行为进行补偿，我们就是在发起一场将新的行为道德化的运动。虽然在保姆式的国家及实行海外招生政策的大学城中，自视甚高实则庸俗不堪的实业家、清教徒已经被政治活动的积极分子所取代，但其中的道德化心理是相同的。以下是一些近年来被赋予了道德色彩的事例。

> 针对儿童的广告、汽车安全性、芭比玩具、大卖场连锁店、女子半裸照、来自第三世界工厂的衣物、消费产品安全性、公司自有农场、国防资助研究、一次性尿布、一次性包装、种族笑话、高管薪酬、快餐、工作场所调情、食品添加剂、毛皮、水电站、IQ测验、砍伐原木、采矿、核能、石油开采、持有股票、养鸡场、国家法定假日（哥伦布日、马丁·路德·金日）、艾滋病研究、乳腺癌研究、打屁股、郊区（不规则扩展的郊区）、雪茄、降税、玩具枪、电视暴力、时尚模特的体重

上述这些事物中有很多都会带来危害性后果，当然，也没有人会把它们看成是鸡毛蒜皮的事。问题在于，从道德化心理（以及这种心理对反派的找寻、对原告的拔高以及借助权威实施的惩罚）、成本收益、谨慎与风险或品位高低等角度着手，这些问题能否得到最好的解决。例如，污染常常被看成是一种犯罪，是对神圣事物的玷污，正如摇滚乐队“交通”在歌曲中唱的那样：“为什么我们不尽力去拯救这片土地，去承诺不再伤害这神圣的大地。”这与经济学家罗伯特·弗兰克的观点（他提到了清洁成本的问题）形成了鲜明的对比，在他看来，“环境中存在着最优数量的环境污染，就像人们家中存在着最优数量的灰尘一样”。

所有的人类行为都会产生后果，而且往往会给不同团体带来不同程度的收益和伤害，但并不是所有后果都被认为是不道德的。我们不会蔑视一个没有更换烟雾报警器电池的人，不会蔑视一个开车带家人去度假的人（虽然这会使他的家人死于交通事故的风险急剧增加），不会蔑视一个移居乡村的人（他会因为交通和购物而增加汽油消耗量，加重环境污染）。开着一辆耗油的 SUV 会使人们处于道德上的可疑地位，而开着同样耗油的沃尔沃则不会；吃巨无霸汉堡在道德上是可疑的，而吃进口奶酪或意大利芝士饼则不会。

关注道德化心理并不必然使我们变得愚钝，相反，它使得我们警惕这样一种可能性：从美德和罪恶的角度而非成本收益的角度来对待一个行为，这种决策有可能建立在一个与道德无关的基础之上，尤其是在圣徒和恶棍属于某人自己的同盟或他人的同盟时。今天，绝大多数的“社会批判主义”都包含有上层阶级对下层阶级品位的指责（低俗的娱乐、快餐、大批量生产的货物），与此同时，他们却认为自己是平等主义者。

神圣与禁忌至上的道德心理

还有另外一种与原始观念相联系的道德心理，这种心理在现代人的观念中依然有着很强的生命力：神圣和禁忌。一些被认为是需要尊敬且神圣不可侵犯的价值，具有无限的或者说先验的价值，可以凌驾于其他价值之上。甚至于人们都不应该产生将这些价值与其他价值交换的想法，因为这种想法的产生本身就是罪恶，应该受到谴责。

心理学家菲利普·泰洛克（Philip Tetlock）探究了美国大学生在神圣和禁忌方面的心理。泰洛克向他们就是否应该允许人们出于移植目的买卖器官，拍卖收养孤儿许可证，通过支付费用获取公民身份，出售他们的投票权或花钱雇人代替他们蹲监狱或服兵役提出了问题。毫无疑问，大部分学生都认为这些行为不道德，应该通过法律予以禁止。不仅如此，如果有人将这些行为合法化，他们还会感到很愤慨。而被问及这些问题时，他们感觉受到了冒犯，而对于那些容忍这些行为的人，他们则想对之实施惩罚。而当让他们说出持这种看法的原因时，他们所能说的只是这些行为是“堕落的，不人道的，不可接受的”。这些学生甚至会通过志愿参与反对（虚构的）收养权拍卖合法化的活动来净化自己的心灵。当学生们被告知赞成这些禁忌政策的理由时，如孤儿市场的存在会使更多孩子能够被充满爱心的家庭领养，低收入者在找到担保人的情况下也能参与其中，学生们的愤怒之情开始有所减少，但反应依然很强烈。

另外一项研究是关于了解被试者对医院管理者的看法，这个医院管理者需要决定是花费上百万美元为一个孩子做肝移植还是用这笔钱来满足医院其他方面的需要（医院管理者无疑随时都会面临这类问题，因为有些手术的花费是天文数字，不是每个需要此类手术的人都付得起这笔费用）。调查结果显示，被试者不仅想惩罚那些选择将钱花在医院其他方面的管理者，还想惩罚那些虽然选择了拯救孩子，但思考了很长时间的管理者。正如喜剧演员杰克·本尼（Jack Benny）扮演的吝啬鬼，在面对拦路抢劫的强盗提出的问题“要钱还是要命”时表现的那样。

核心价值在思想上成为禁忌并不是完全非理性的。我们对一个人做出判断不仅要看他做了什么，还要看他是一个什么样的人；不仅要看一个人是否给予的比索取的多，还要看他是否会为了个人利益出卖别人或在别人背后捅刀子。要确定一个人对某种关系是否发自内心，要先确定他的承诺的真实性。我们需要弄清楚他是如何思考的：他是将你的利益看成了神圣不可侵犯，还是总将你的利益与出卖你所获得的利益进行权衡。品质这个概念是一种道德写照，由此可以得出道德认同的概念：这是关于一个人自身品质的概念，源于个人的内心，投射向他人。

泰洛克指出，我们对他人的承诺的本质，决定了我们不能用价格来对之进行衡量，“越过这些道德边界，将自己的友谊或孩子以及自己对国家的忠诚贴上价签，会让人们觉得这个人不具备扮演某些社会角色的资格，会证明这个人‘不曾拥有过这些东西’——他不理解什么是真正的朋友、父母或公民身份”。拿禁忌做交易，将一种神圣的价值与世俗价值（比如金钱）相交换，是“具有道德腐蚀性的：一个人沉迷于低俗想法的时间越长，对他的道德认同造成的伤害就越大”。

不幸的是，扩大人们所珍视的某些东西的价值会带来很荒谬的后果。泰洛克回顾了这样一些例子。1958 年颁布的有关食品药品的德拉尼修正法案（*Delaney Clause of the Food and Drug Act*），为了保护公众的健康，法案禁止任何有任何致癌可能性的新食品添加剂的使用。这听起来很好，但实际结果并不是这样。这项政策使得人们不得不面对那些市面上已有的危险食品添加剂的危害；而制造商则开始寻找引入新的危险的食品添加剂，只要它们不致癌就行；它禁止一些产品的生产，而与这些产品拯救的生命相比，产品本身带来的风险非常小，如可供糖尿病患者使用的糖精。

同样，在 1978 年的“拉夫”（Love Canal）悲剧中发现有毒废弃物的危害后，美国国会通过了《超级基金法》（*Superfund Act*），要求所有的有害物质堆积场所都要彻底清理干净。但造成的结果是，为了清除某个特定场所最后剩余的 10% 的废弃物，往往会花费上百万美元，而这些钱本可以用来清除其他场所的废弃物或用来降低其他人面临的健康风险。因此，这个慷慨的基金会在仅仅清理了一小部分污染场所后就破产了，它给美国人的健康带来的影响更是颇具争议。

在埃克森·瓦尔迪兹（Exxon Valdez）漏油事故发生后，一项民调显示，有 4/5 的受访者认为，国家应该“不惜代价”加大环境保护力度。但真要这么做的话，这就意味着要准备关闭所有的学校、医院、警察局、消防队，不再对社会项目、医学研究、国外援助和国防提供资金支持，或者真要“不惜代价”保护环境的话，就需要将所得税税率提高到 99%。

泰洛克观察发现，之所以会出现上述这些失败的教训，是因为任何政治家，只要他如实地指出在处理这些事情时必须权衡折中，那么他就会被钉死在十字架上，因为公众会认为他触犯了禁忌。政治家们会被加上“容忍我们的食物和水中存在有毒物质”的罪名，甚至更糟的是，他们还可能被加上“用一美元的价值来衡量人的生命”的罪名。政策分析人士注意到，之所以会陷入浪费而又不平等的补贴项目中，是因为任何试图改革这些项目的政治家都在冒着政治自杀的风险。对这一点很明白的反对派会使用禁忌语言来诬陷这些改革，“这违背了我们对老年人的承诺”“老兵为了国家抛头颅洒热血，这么做背叛了他们对国家神圣的信任”“过度缩减和克扣对年轻人的照顾和教育”。

在前言中，我将“白板说”称为神圣教条，将人类本性看成是一种现代禁忌。现在，我们可以说这是一种技术上的假说。激进的科学运动是要将关于心灵的科学研究道德化，要打破心灵上的禁忌。回想一下本书的第二部分，那些出于愤慨而实施的暴行，那些对异端者的惩罚以及对依照一些主张的真实意思来进行思考的排斥，通过论证、宣言、公众的谴责实施的道德净化。魏泽鲍姆谴责那些“思考的内容只能引起人们的反感”的观念，指责那些没有人性的科学家“甚至没有思考过这样一个问题”。但毫无疑问的是，学者们的工作就是要对事情进行思考，即便只是为了弄清楚他们为何错了。因此，人们常常发现道德教化和学识这两者本身就处在冲突之中。

上述对人类道德情感的无情解剖，并不是说道德是虚假的，每一位道德家都是自以为是的道貌岸然之徒。虽然道德心理学关注的是情感，但是另一方面仍有许多哲学家认为不能仅将道德建立在理智的基础上。正如休谟写的那样，“偏爱毁灭整个世界，而不是划伤我的手指，这并不是不理智的想法”。同情、感激、愧疚等情感正是无数或大或小的善行的根源，而慎重、正当的愤怒和伦理信念则造就了历史上一个又一个伟大的道德领袖。

葛洛夫注意到，在20世纪中，每当道德情感存在缺陷的时候，很多暴行就会乘机登场。正派人士会受到许多非道德化的理由的哄骗，从而犯下骇人的罪行，这些非道德化的理由包括：乌托邦式的意识形态、阶段化的决策（比如，轰炸的目标先是独立的工厂，然后扩大到周边有居民区的工厂，接着又扩大到对居民区的轰炸）以及官僚体制内责任的分散化。而对受害者的同情，或者是对自身道德认同的拷问："我也是那种会这么做的人吗？" 这些粗浅的道德情感常常会阻止人们的暴行。经过理智和历史知识洗涤的道德情感，正是我们和电影《疯狂的麦克斯》（*Mad Max*）中描述的由冷酷无情的精神病患者造就的梦魇一般的世界的区别。

对于人类社会的道德教化仍有许多需要警惕的地方：将道德、身份与纯洁混为一谈，容易将自身的判断过度道德化，从而去攻击那些自己不赞同的人，将无法避免的权衡折中视为思考禁忌，以及产生自欺这一普遍存在的缺点，总认为自己站在天使的一边。正如历史学家伊恩 · 布鲁玛（Ian Buruma）所写的那样："这再一次表明，真正的信仰者可能比玩世不恭的实际操纵者更加危险。后者可能会寻求达成交易，而前者会坚持到最后——把整个世界拖下水。"

The Blank Slate

The Modern Denial of Human Nature

第五部分

敏感话题

有一些争论与人们的道德认同紧密地交织在一起，因此，我们可能会失望地发现，这些争论原本可以通过理性和证据加以解决。社会心理学家发现，在一些易产生不同见解的道德问题上，尤其是在一些自由主义和保守主义意见不一的问题上，论战者都直观地认为，自己毫无疑问是正确的，而对手则是居心叵测、用心险恶的。在争论中，他们都放弃了一个人要为自己的观点提供理性支持的社会传统，当他们的观点被拒斥的时候，他们并不会改变自己的观念，而是更加努力地寻找一个替代观点。道德争论不仅不会解决双方的对立状况，而且会加剧这种对立，因为如果对手没有立刻屈服，这只能证明他们拒斥理性。

我在这一部分探讨的话题最能体现这一点。人们关于政治、暴力、性别、儿童和艺术的观点，表明了人们认为自己是哪种人及想成为哪种人。这些观点表明人们反对压迫、暴力、性别歧视、庸俗主义、虐待及忽视儿童。遗憾的是，支撑这些观点的仅仅是一些关于现代智人心理构成的假设而已。因此，正直的人们可能会发现，他们不经意间把自己的立场建立在了生物学或心理学的经验基础之上。当科学事实被发现时，它们很少会完全符合期望；如果它们与我们的期望完全符合，科学研究的必要性也就不存在了。因此，当事实推翻了神圣不可侵犯的信念时，人们会试图去掩盖事实，平息争论，因为科学事实威胁到了他们认为神圣不可侵犯的一切。这就使得我们无法处理那些最需要新事实和科学分析的问题。

在人性这一科学研究领域，遍布着这样一些“雷区”：热区（hot zone，核反应堆中高度危险的区域）、黑洞、切尔诺贝利核电站等热点议题。我将在接下来的几章中对其中的五个议题进行探讨，当然，这肯定会遗漏很多热点议题（如种族、性取向、教育、药物滥用和精神疾病）。社会心理学家发现，即便是在最激烈的意识形态斗争中，有时候也能发现双方的共同点。斗争的双方都必须承认对手违背了一些原则，而他们都拥有一些共同的价值观，他们的分歧之处仅仅在于，在这些价值观发生冲突的时候，应该更强调哪一种。找到这样一些共同点，正是我在接下来的讨论中所要达到的目标。

16

政治

我常常觉得如此滑稽

造物主如何设计了

每一个孩子

呱呱坠地

要么带有自由主义

要么带有保守主义

吉尔伯特和莎利文在1882年写的一段歌剧唱词非常准确地指出了这样一个道理：自由主义和保守主义的政治态度在很大程度上是可以遗传的，尽管这种遗传不是100%的。一出生就被分开抚养的同卵双胞胎，在其成年后进行测试，可以发现他们的政治态度很相似，相关系数为0.62（相关系数的范围是-1～1）。当然，自由主义和保守主义的政治态度具有遗传性，不是因为这些态度是直接由DNA合成的，而是由于它们是由每个人的不同气质自然生发出来的。例如，保守主义者往往倾向于独裁、谨慎、传统和循规蹈矩。然而，不管政治态度的直接根源是什么，它的可遗传性确实能够解释自由主义者和保守主义者相遇时碰撞出的一些火花。而当讨论政治态度的遗传性时，人们的反应更加迅速，更具情绪化，更不容易改变自己的观念，更容易为志趣相投的人所吸引。

当然，自由主义和保守主义不仅仅只拥有遗传方面的根源，还拥有历史和知识方面的根源。18 世纪时，人们对这两种政治哲学就已经做出了清晰明确的表述，且他们所用的表述方式对今天报刊社论版的读者来说，一点儿都不陌生。这两种政治哲学的基础可以追溯到数千年前古希腊人关于政治的争论。在过去的三个世纪中，许多革命起义都是围绕这两种哲学产生的，同时，这两种哲学还是民主社会选举中的主要派别。

本章要探讨的是左翼政治哲学和右翼政治哲学之间的政治分歧与有关人性的科学研究在知识层面的联系。这种联系并不是什么秘密。正如哲学家们早就注意到的，这两个阵营不仅仅属于政治信仰系统，而且还是依据不同的关于人类本性的概念建立起来的经验系统。因此，关于人性的科学研究如此具有爆炸性并不足为奇。进化心理学、行为遗传学以及一些认知神经科学方面的研究，基本上被认为属于政治右翼，而右翼这个称号在现代大学里代表的是对一件事情最糟糕的评价。在面对有关心智、大脑、基因和进化方面的争论时，如果一个人不了解这些争论与古老的政治断层线之间的对应关系，那么他将会很难理出头绪来。

正如我们将会看到的那样，关于人性的新科学确实与历史上更接近右翼的假设发生着某些共鸣。然而在今天，这种对应关系是不可预期的。有人指责说，这些科学研究属于不可救药的保守主义。这种指控来自左极，那是一个神奇的地方，在那里来看，所有的方向都向右。关于人性的信念与政治之间的联系，已经超越了自由－保守主义的维度，许多政治理论家在为左翼政策辩护时，也会援引进化论和遗传学。

什么是社会

现在，有关人性的科学研究触及的政治热点议题有两个。第一个议题是，我们如何对称之为“社会”的这一实体进行界定。政治哲学家罗杰·马斯特斯向我们揭示了社会生物学（以及其他援引进化论、遗传学和大脑科学的相关理论）如何在无意中陷入了关于社会秩序的两种古老传统之间的争论。

从社会学传统来看，一个社会就是一个有凝聚力的有机体，它的每个成员都只是其中的一部分。一个人具有社会性，是由他的本质以及他作为一个庞大的超个体的组成部分所发挥的功能决定的。柏拉图、黑格尔、涂尔干、韦伯、克罗伯、社会学家塔尔科特·帕森斯（Talcott Parsons）、人类学家克劳德·列维－施特劳斯（Claude Levi-Strauss）以及人文与社会科学领域的后现代主义构成了这一传统。

在经济学或者社会契约传统看来，社会是由理性、自利的个体通过协商而进行的一种安排。当人们为了避免遭受行使自主权的人的劫掠而同意牺牲自己的一些自主权时，社会就出现了。柏拉图《理想国》中的塞拉西马柯（Thrasymachus）、马基雅维利、霍布斯、洛克、卢梭、斯密和边沁构成了这一传统。20 世纪中，这一传统构成了经济学和政治科学中理性行动者或称“经济人”的基础，以及公共选择理论中成本－收益分析的理论基础。

现代进化论正好与社会契约传统吻合。它强调复杂的适应过程，包括各种行为策略，是为了有益于个体（确切地说，是个体身上具有这些特性的基因），而不是为了有益于群落、种群或生态系统。对个体来说，当长期收益大于短期成本时，社会组织就会进化。达尔文受到了斯密的影响，他的许多继承者在分析社会性的进化时，也采用了来自经济学的工具，如博弈论和其他一些优化技术。

尤其值得一提的是互惠利他主义，这是一个来自社会契约理论的传统概念，只不过是用生物学的术语再次阐述了一遍而已。

当然，人们从来都并非像卢梭和霍布斯曾经臆测的那样喜欢独处，当他们还在为协商特定的时间、地点而争吵不休的时候，他们是不会开始群体生活的。群体、宗族、部落及其他社会群体对人类的生存来说至关重要，自从人类成为一个种群以来就是如此。然而，那些促使我们留在群体中的心理机制，能够得以不断进化的动力就来自社会契约的逻辑。

社会安排取决于进化的发展，当群体生活的收益大于成本时，社会安排就会出现。如果我们当初所处的生态系统、进化历史稍微发生一些改变，那么人类可能就会像我们的远亲猩猩一样灭绝了，而它们几乎都是独自生活的。按照进化生物学的观点，所有社会中（不管是动物还是人类）都充斥着利益冲突，而且都是通过改变支配与合作的方式聚合在一起的。

在本书中，从头到尾我们都能看到关于人性的科学是如何与社会学传统相冲突的。社会科学信奉的教义是，社会事实有其自身的存在领域，与个体的心理分属不同的领域。在本书第 4 章中，我们已经了解了另外一种不同的概念，即个体间会共享彼此的发现，并就社会现实背后共同遵守的守则进行协商，从而造就了文化和社会。

社会学传统和经济学传统之间的分歧，与政治左派和右派之间的分歧是相对应的，当然这种对应只是大致的。在自由主义占主导地位的 20 世纪 60 年代，林登·约翰逊（Lyndon Johnson）想造就一个"伟大社会"（Great Society），皮埃尔·特鲁多（Pierre Trudeau）想建立一个"公正社会"（Just Society）。而到了保守主义占主导地位的 20 世纪 80 年代，玛格丽特·撒切尔（Margaret Thatcher）则声称："根本不存在社会这种事物。只存在作为个体的男人、女人及家庭。"

但是正如马斯特斯指出的，涂尔干和帕森斯虽然归属于社会学传统，但是他们信奉的是保守主义。我们可以很容易地看到保守主义信念是如何赞同维持社会这一实体，而轻视个体欲望的。与此相反，洛克归属于社会契约传统，但他是自由主义的守护神。卢梭，这位"社会契约"概念的杜撰者，则是自由主义和革命思想家的思想源泉。社会契约与其他任何契约一样，可能会变得对一些签约方不利，因此，就有必要重新进行持续性谈判，或者是由于革命不得不重新签订契约。

因此，社会学传统和经济学传统之间的冲突，可以解释由人性方面的科学研究所激起的热点问题，但是这种冲突与政治左派和右派之间的激烈争论并不完全一致。因此，本章接下来的部分将对第二个，也是更为热门的议题进行审视。

自由主义与保守主义

左派和右派分别与一个令人惊奇的信念集合相对应，每一个集合中包含的各种信念乍看起来都无任何共通之处。例如，如果你知道一个人赞同建立一支强大的军队，那么最好打赌他赞同司法克制主义而不是司法能动主义。如果一个人相信宗教的重要性，那么他很有可能赞同施行严刑酷法，赞同低税收。自由放任经济政策的鼓吹者往往会看重爱国主义和家庭，他们更有可能是老年人而不是年轻人，更有可能是实用主义者而不是理想主义者，他们会更加严厉而并非宽容，会更赞同精英主义而不是平等主义，会更倾向于渐进主义而不是革命主义，更有可能从事商业，而不是在大学或者政府机构工作。

与此相反的一些信念集合也是可信的：如果一个人赞同让犯罪分子改过自新，或赞同平权法案，或支持更为慷慨的福利项目，或对同性恋持容忍态度，那么他很有可能也是一位和平主义者、环境主义者、激进主义者、平等主义者和世俗主义者，也很有可能是一位教授或学生。

为什么能够从人们有关性的看法预测出他们对于军队规模的看法？为什么他们关于宗教的看法会与其关于税收的看法相关？人们赞同对美国宪法的严格制定与对令人震惊的艺术持轻视态度之间的联系从何而来？我们要想理解为什么关于人性的某些信念与自由主义信念或者保守主义信念相伴随，就必须先了解为什么自由主义的信念与其他自由主义的信念相伴随，而保守主义的信念与其他保守主义的信念相伴随。

自由主义指的是性行为方面的自由主义而不是商业实践中的自由主义，保守主义者想要保留社区和传统，但他们也赞同破坏社区和传统的自由市场经济。那些自称为“古典自由主义者”（classical liberal）的人更应该被称为保守主义者，因为他们追随的是政治正确这种左翼主义的观点。

当前，大部分的自由主义者和保守主义者都说不清楚自己这套信仰系统的核心是什么。自由主义者认为，保守主义者只是一些不知是非的富豪财阀，而保守主义者则认为，如果20岁之前你不是一个自由主义者，你就是个无心之人；

如果 20 岁之后你是一个自由主义者，你就是个无脑之人。这是乔治·克列孟梭（Georges Clemenceau）、迪安·因格（Dean Inge）、本杰明·迪斯雷利（Benjamin Disraeli）、莫里斯·梅特林克（Maurice Maeterlinck）等人的说法。战略联盟，如传统的宗教信仰者可能与自由市场专家政治论者结盟于右翼，或者说赞成认同政治者与公民自由主义者结盟于左翼，会使得任何试图找出结盟者在知识上的公分母的努力都徒劳无功。而每天的政治辩论，如税率应该保持现有水平还是应该提高一点，又或者降低一点，也都不能提供任何信息。

在对这些潜在维度的探讨方面，论述最全面的当属托马斯·索维尔的《观点的冲突》（*A Conflict of Visions*）。并不是每一场意识形态的斗争都符合他的主题，但是我们可以说，在社会科学领域，他确认了一个能够解释很大一部分争论的因子。索维尔解释了两种人性观点，这两种观点分别在世俗保守主义者的保护神埃德蒙·伯克（Edmund Burke, 1729—1797），以及一位与卢梭极为相似的英国思想家威廉·戈德温（1756—1836）那里有着最纯粹的表达。在早期，这两种观点分别指的是对人类的可完善性的不同看法。索维尔称它们为本性需受约束观点（Constrained Vision）和本性不受约束观点（Unconstrained Vision）。我在这里把它们称为悲剧观点（Tragic Vision，这是索维尔在后来的一本书中所用的词）和乌托邦观点（Utopian Vision）。

依照悲剧观点，人类天生就在知识、智慧和美德方面存在局限性，所有的社会安排都必须承认这些局限性。“平凡之事最适合平凡之人”，品达（Pindar）如是说；康德写道：“人性这根曲木，决然造不出任何笔直的东西。”霍布斯、伯克、斯密、亚历山大·汉密尔顿（Alexander Hamilton）、詹姆斯·麦迪逊（James Madison）、大法官奥利弗·温德尔·霍姆斯、弗里德里希·哈耶克、米尔顿·弗里德曼（Milton Friedman）、哲学家伊赛亚·柏林、卡尔·波普尔以及法学家理查德·波斯纳（Richard Posner）都赞同悲剧观点。

依据乌托邦观点，人类心理方面的局限性源于社会安排方面的人为缺陷，不应该让这些缺陷妨碍我们对一个更加美好的世界的展望。可以用“有些人看到已经发生的事情问‘为什么？’；而我梦想着没有发生过的事情问‘为什么不？’”这句话作为该派观点的教义。引用者往往认为这句话出自20世纪60年代自由主义的代表人物罗伯特·肯尼迪，但实际上它出自费边社会主义者乔治·萧伯纳的笔下。

萧伯纳还曾经写道；“只要尽早被赋予工作，那么人性就能比其他任何事物得到更彻底的改造。”卢梭、戈德温、孔多塞（Condorcet）、托马斯·潘恩（Thomas Paine）、大法官厄尔·沃伦、经济学家约翰·肯尼斯·加尔布雷斯（John Kenneth Galbraith）以及（从宽泛意义上来说）政治哲学家罗纳德·德沃金（Ronald Dworkin）都赞同乌托邦观点。

而且，按照悲剧观点，人类的本性从来没有变化过。像宗教、家庭、社会习俗、与性相关的规范及政治制度等传统事物，都是一些经过时间检验的技术精华，使得我们能够避开人性原有的缺陷。即便今天没有人能够讲清楚这些技术性原理，但它们对当代人的适用性与它们刚被开发出来时对人类的适用性并无二致。不管社会如何不完美，我们都应该将它与真实的残酷贫穷的过去相对比，而不是将它与假想的和谐、富足的未来相比较。我们很幸运，能够生活在一个多少还能运行的社会，我们的第一要务不是推翻它——因为人类的天性总是使得我们处在野蛮的边缘。

而且，由于没有人能够聪明到可以预测单个个体行为的地步，更不用说预测数百万个个体在社会中的互动会带来什么结果，因此我们不应相信任何自上而下变革社会的方案，因为它极有可能带来意想不到的结果，可能会比它本来打算解决的问题还要糟糕。我们能期待的最好办法就是渐进式的变革，依据它带来的好处和坏处不断进行调整。这还意味着我们不应试图去解决像犯罪和贫穷这样的社会问题，因为在一个由存在竞争关系的个体构成的世界里，一个人得到的很有可能就是另一个人失去的。我们能采取的最好的方法是在两个成本之中进行权衡取舍。伯克在法国大革命之后写过一段非常有名的话：

> 一个人看待这个国家的缺陷应该像看待一位父亲的伤口一样，带着虔诚、敬畏与深深的挂念。这种看似明智的偏见试图教育我们，让我们带着骄傲来看待这个国家的孩子们，在他人的怂恿之下他们轻率地将年迈的父

> 亲撕成碎片，将之放在巫师的药罐中，希望借助于巫师的毒草、狂野的咒语能够使这位父亲的身体构造重生，生命得以恢复。

按照乌托邦观点的看法，人类的本性会随着社会环境的变化而变化，因此，传统的制度并没有什么内在的价值。此一时，彼一时。传统是过去的流毒，是死人统治活人。必须弄明白这些传统，我们才能对它们的合理性进行详细的审查，对它们的道德地位进行评估。许多传统都经不起这种检验，比如将妇女限定在家庭中，对宗教的迷信，种族隔离的不公，像“不管对不对，祖国就是祖国”这样的偏激口号所表露出危险的爱国主义。像君主专制政体、奴隶制、战争、家长制这样一些曾经被认为无法避免的事情，经过制度变革，在世界上很多地方都消失不见或者减少了，而这些制度曾经被认为植根于人类的本性之中。

此外，苦难和不公的存在，使我们担当起不容否认的道德责任来。只有经过尝试，才能知道我们能取得什么样的结果，而面对这些罪恶，我们却认为世界本来就如此，是一种昧良心的做法。在罗伯特·肯尼迪的葬礼上，他的弟弟爱德华引述了肯尼迪新近演讲中的一部分内容：

> 我们所有人最终都将接受上帝的审判。随着岁月的流逝，我们毫无疑问要审视自己，审视自己为建立一个新世界所付出的努力，以及我们的理念、目标在多大程度上引导着我们的努力。
>
> 未来不属于那些对今天感到满足、面对我们共同的问题无动于衷的人，他们的同伴也将和他们一样，面对新观念和勇敢的计划时感到害怕胆怯。相反，未来属于这些人：他们将自己的愿景、理智和勇气融入对理想和美国社会的伟大事业的奉献中。

我们的未来可能会超出我们当前的眼界，但它不会完全超出我们的控制。塑造美国的冲动不是命运、天性，也不是不可抗拒的历史潮流，而是我们自己进行的工作，再加上理智和原则，这些将会决定我们的命运。虽然有点自大，但我们为此而自豪，这也会为我们带来经验和真理。不管怎样，这是我们存活的唯一道路。

信奉悲剧观点的人们，并不会被使用第一人称复数形式（we、our、us）的高调声明所打动。他们更喜欢使用代词，就像漫画袋貂“波哥”（Pogo）所说的那样：“我们遇上了敌人，他就是我们自己。”我们都属于有缺陷的同一物种。将我们的道德观付诸实践意味着将我们的意志施加于他者。人们渴求权力和尊重，与之相伴的问题是，人类容易自欺欺人、自以为是，这往往会带来灾难，最为糟糕的是，利用权力来实现根除人类的自利性这种堂吉诃德式的目标。正如保守主义哲学家迈克尔·奥克肖特（Michael Oakshott）所说的：“去做一件根本不可能做成的事情，从来都是一件容易让人迷醉的事情。”

因此，这两种观点在许多问题上都处于相反的立场，似乎没有任何共通之处。乌托邦观点寻求的是弄清社会问题，设计出直接解决这些问题的对策：向贫穷开战以解决经济上的不平等，通过环境规制来解决污染问题，通过种族优先政策改变种族间的不平等，通过禁止食品添加剂来消除致癌物质。悲剧观点强调的是，执行这些政策的人的动机依然是自利的，即扩大他们所在的官僚机构的控制范围，而且这些人也无法很好地预测上述政策的各种后果，尤其是当这些政策的目标与数百万追求自我利益的人们发生冲突的时候。因此，持悲剧观点者认为，持乌托邦观点者未能预见到福利可能会使人们产生依赖，限用某种污染物可能会促使人们改用另一种污染物。

相反，悲剧观点的着眼点是能够产生出符合我们目标的系统，即便这个系统中没有一个成员特别聪明或特别善良。按照这种观点，市场经济已经实现了这种目标：想想斯密笔下出于自利而不是仁慈目的为我们提供晚餐的屠夫、酿酒师和面包师。没有任何幕后行动者会为了预期什么人什么时候在哪里需要什么，而去理解构成一个经济体制的产品和服务的错综复杂的流动。财产所有权促使人们产生了工作和生产的动机，契约使得人们能够从交易中获利。价格传递着稀缺性以及生产商和顾客需求方面的信息，因此，他们只需遵守几个简单的规则即可——有利可图的就多生产一些，价格昂贵的就少购买一些——剩下的事情交给“看不见的手”即可。这个系统的智慧分布在成千上万但并不必然很有智慧的生产商和消费者身上，而无法归于某个特定的个体。

持乌托邦观点的人指出，如果盲目相信自由市场，就会出现市场失灵的情况。

他们还提醒人们要注意自由市场往往会导致财富分配不公。持悲剧观点的反对者认为，公正的概念只有在法律框架下运用于人类的决策方面才有意义，而非将之用到抽象的“社会”中。弗里德里希·哈耶克写道：“必须承认，在很多情况下，是由市场机制来分配收益和成本的，如果结果是收益和成本被故意分配给了某个特定的人，那么这是非常不公正的。”但他认为，这种对社会公正的关注混淆了一件事，因为“一种自发形成的秩序的具体细节，不能被认定为是公正或者是不公正的”。

当今左派和右派之间的一些斗争已经不再纠结于这样一些不同的哲学观念：大政府还是小政府，高税收还是低税收，贸易保护主义还是自由贸易主义，施行以减少我们不想要的结果（贫穷、不公、种族失衡）为目标的政策还是仅仅施行让各方在同一层面竞争并强化游戏规则的政策。左派和右派的其他一些斗争，背后暗含着关于人类潜能的对立观点。悲剧观点强调受信责任，即便遵守受信责任的人们看不到它的直接价值也应如此，因为受信责任使得人类这种无法让人相信他的美德或远见的不完美生物能够经受得起测试系统的检验。乌托邦观点强调的是社会责任，这种责任让人们把自己的行为保持在一个较高的道德水准上。在劳伦斯·科尔伯格（Lawrence Kohlberg）著名的道德发展理论中，个体为了抽象的原则而忽视规则的意愿被认为是道德发展的“更高阶段”。很明显，也许对大部分人来说都很难达到这一层面。

最明显的例子是以从严解释论和司法克制主义为代表的一方与追求社会正义的司法能动主义为代表的一方之间的争论。厄尔·沃伦，1954—1969 年任美国最高法院首席大法官，他是典型的司法能动主义者，在他的领导下，最高法院废除了种族隔离制度，扩大了被告的权利。他还在辩论中间打断律师问道，“这对不对，好不好”，在这一点上他相当有名。

奥利弗·温德尔·霍姆斯表达了相反的观点，他认为，前者的工作是“看游戏是否在按照我喜欢的方式进行”。霍姆斯承认：“改善生活条件和种族状况是最重要的事情。”不过他强调：“但是我怎么才能知道我正在做的没有在某些方面使得这个事情变得更糟呢？”赞同悲剧观点的人认为，司法能动主义会带来唯我主义和反复无常，对那些按照公开宣传的规则行事的人来说不公平。而赞同乌托邦观点的人们认为，司法克制主义只会因袭没有任何道理的不公，正如狄更斯笔下的邦布尔先生说的那样："法律就是扯淡。"一个臭名昭著的判例是1856年的德雷德·斯科特（Dred Scott）案，美国最高法院依据狭义的法律原则认为，一个自由的奴隶不能就他的自由提起官方诉讼，美国国会也不能在国内各州禁止奴隶制。

激进的政治改革就像激进的法律改革一样，它对个人的吸引力大小取决于个人对人类智慧的信心。按照乌托邦观点，解决社会问题的方案唾手可得。1967年，当谈及是什么因素造就了暴力时，林登·约翰逊说："我们都知道，这些因素无外乎愚昧、歧视、贫民窟、贫穷、疾病、稀缺的工作岗位。"好像我们早已知道各种解决方案，我们需要做的就是选择这些方案并实施，而这只需要真诚和奉献。依照同样的逻辑，任何反对这些方案的人，必然是愚昧、虚伪和麻木不仁的。而赞同悲剧观点的人则认为，社会问题的解决方案是很难做出的。人们彼此之间在利益方面的固有冲突，使得我们基本没有选择的余地，而且这些选择都是不完美的。反对激进改革的人士则对人类的傲慢表露出明智的不信任。

大学里的政治导向是关于人类潜能的观点冲突的另一种表现形式。悲剧观点的赞同者并不相信那些明确表达的知识及经过证明的命题，他们认为这是学者、专家和政策分析者的常用伎俩。相反，他们相信的是分散在系统（比如市场经济和社会风俗）中的知识，这种知识是由许许多多一般的行动者借助来自外部世界的反馈不断进行调整从而达到和谐一致的。这里可以回想一下认知神经科学家关于符号性表述与分布式神经网络的区分，这并不是巧合：哈耶克，最早提出社会中分布式知识的人，是一位早期的神经网络模型的构建者。在20世纪的大部分时间里，政治保守主义都具有反知识分子的倾向，直到保守主义决定奋起直追，参与到争夺人心的斗争之中，并资助智囊机构来平衡大学的力量。

最后一点，关于犯罪和战争的不同观点与关于人类本性相互矛盾的观点并不一致。战争是一种明显的残忍、浪费行为，持乌托邦观点的人认为这是源于误解、短视、非理性激情的一种病变。他们认为公开表达和平主义的情感，促进敌对方之间更好地沟通，减少叫嚣战争的话语，减少武器生产和军事同盟，弱化爱国主义的重要性，通过谈判防止不计任何代价的战争，都可以防止战争的发生。而悲剧观点的赞同者中，由于他们对人类本性的悲观看法，都认为对于那些认为自己能够为自己的民族赢得某些东西的人来说，战争是一种理性的、很有诱惑力的战略。

支持战争的想法在任何情形之下都是错的，在道德上也是可悲的，因为它没有考虑到失败者的苦难，但是它并不是病态的或者非理性的。从这一点来看，确保和平的唯一途径就是提高潜在的战争发动者的成本，这可以通过以下方式来实现：发展军备、强调爱国主义、奖励勇敢行为、炫耀自身的实力和决心，靠实力来谈判以防止敲诈。

同样的争论也发生在对犯罪的不同看法上。那些持乌托邦观点的人认为，犯罪本质上是一种非理性行为，应试图通过确认犯罪根源的方式来制止它。而那些持悲剧观点的人认为犯罪本质上是一种理性行为，犯罪的根源也很明显：人们之所以抢银行是因为那里有钱。他们认为，防止犯罪最有效的方法是直接触及其理性的动机层面。比如，惩罚会令人感到不快，如果受到惩罚的可能性较高的话，就会提高犯罪的预期成本。公开强调个人责任将有助于强化堵住法律漏洞的动机。

无辜的威尔逊

威尔逊被无辜地卷入了这场战争之中。他那些源于 20 世纪 70 年代的进化生物学和行为遗传学的观点，对于信奉乌托邦观点的人来说是一种侮辱。毕竟，这派观点的依据就是“白板说”（不存在恒久不变的人性）、“高贵的野蛮人”（不存在自私和邪恶的天性）以及“机器中的幽灵”（不受束缚的“我们”能够选择更好的社会安排）。而科学家却在此大谈特谈自私的基因，竟然认为适应不是为了种族的利益，而是为了个体以及他们亲属的利益（似在为撒切尔“不存在社会这种事物”的观点进行辩护）。

人们的利他行为之所以很少，是因为他们很容易受到欺骗。在国家诞生之前的社会里，即便吃喝不愁，男人也会去进行战斗，因为身份、地位和女人是永恒的达尔文式的动机。道德感因为偏见而漏洞百出，包括自欺欺人的倾向。基因利益方面的冲突是社会性动物所固有的，正因为如此，人类永远处于悲剧状态中。看起来好像是科学家在对悲剧观点的赞同者说："哎你们是对的，他们是错的。"

信奉乌托邦观点的人，尤其是那些参与到激进科学运动中的人回应说，目前有研究发现，人类的智力活动与其动机之间不存在相关性。它们只是表明当今社会我们取得了哪些成就，而不能告诉我们将来会取得哪些成就。我们知道，如果我们决定要去改变社会安排的话，就一定能改变它。因此，任何宣称人性有局限性的科学家都必然是想让压迫和不公正继续存在着。

我个人认为，关于人性的新科学的确证实了悲剧观点的一些看法，也确实削弱了一直到目前都还占据着知识界主流的乌托邦观点。当然，对于与特定右翼和左翼立场相关的价值观方面的差异（如失业和环境保护之间、多样性和经济效率之间、个人自由和集体凝聚力之间的权衡），这些新科学并没有涉及。对于建立在关于世界的复杂假设基础之上的政策，这些科学也没有直接涉及。但这些新科学确实涉及了一些关于大脑如何运作的观点。这些观点就像任何实证假设一样，需要接受事实的检验。那些乌托邦观点的信奉者认为，在遥远的将来，人性在一些假想的社会中可以发生急剧改变，当然这种观点无法被证伪。但我认为，从前面章节中提到的一些研究结果中可以发现，这种改变不可能发生。我对这些研究发现进行了如下概括：

- 在所有人类社会中，家庭纽带都占据首要地位，以及由此产生了裙带关系和家族遗传的影响力。
- 人类群体中共同分享范围的有限性，利益互惠精神的普遍性，以及由此带来的社会性懈怠，而且当无法实施互惠互利时，公共产品分配就会失效。
- 在各种人类社会（包括被认为是和平的猎人－采集者社会在内）中统治和暴力的普遍性，以及这背后的基因和神经机制的存在。
- 本族中心主义的普遍性以及其他形式的群体间仇视的普遍性，这样一些仇视在我们自己的社会中也很容易被激发起来。
- 智力、责任心和反社会倾向具有部分的遗传性，这意味着即便是在完全公平的经济系统中，也会出现一定程度上的不公平现象，因此，我们必须在平等和自由之间进行权衡。

- 自我防御机制、自利性偏差以及认知失调弱化这三者是普遍存在的，它们使得人们在对自身的自主性、智慧和正直诚实性进行判断时，往往会出现偏差。
- 人类在道德感方面存在的偏见包括：偏爱亲人和朋友，易受禁忌心理的影响，容易把道德同服从、阶级、圣洁、美貌混淆在一起。

不仅传统的科学数据告诉了我们，心灵并非具有无限可塑性，民主政体已经过时，革命是人心所向，警察和军队可有可无，社会能够进行自上而下的设计改造，这些信念在20世纪60年代的知识界非常常见，不过在今天已经销声匿迹了，我认为这并非偶然。由悲剧观点和乌托邦观点激发的历史事件，今天对其所做的解释要比几十年前清晰得多。这些事件可以作为附加数据来检验这两种观点对人类心理的看法。

这两种观点在它们引发的政治革命中冲突最为激烈。第一场带有乌托邦观点的革命是法国大革命，想一想华兹华斯对那个时代的描述，以及他的诗句“仿佛人性在世间诞生”。这场革命的发动者推翻了古老的政权，试图以自由、平等、博爱为起点，建立一个新社会，试图将权力赋予一位道德高尚的领导者。但这场革命也将一个又一个领导者送上了断头台，因为每一位领导者都未能达到篡位者的标准，只有那些篡位者才会宣称自己拥有智慧和美德。这样的人事更迭并没有留下什么政治结构，反倒是留下了真空，而拿破仑将会填补这一空缺。俄国革命也是受到乌托邦观点的激发而产生的，它也使得一系列革命领导人落马。人类本性所固有的局限性证明，仅仅建立在革命者的道德抱负基础之上的政治革命是徒劳无功的。用“谁人”乐队歌曲中的唱词来说就是：迎接新老板，他却与前任老板无二致。

美国宪法与人性论

民主的现代概念出现于17、18世纪的英格兰，在围绕着美国独立运动而出现的狂热的理论化过程中，这一概念也得到了进一步的精练。社会契约理论的主要理论家，如霍布斯、洛克和休谟，同时也是主要的不切实际的心理学家，这并非巧合。正如麦迪逊所写的那样：“除集中反映出人类本性以外，政府还能是什么？”

美国革命（有时候人们用一个矛盾修饰词“保守主义革命”来形容它）背后的思想者们继承了悲剧观点思想家，如霍布斯和休谟的观点。很明显，开国元勋们根本没有受到卢梭的影响，认为他们从易洛魁联邦（Iroquois Federation）获得了民主观念的流行看法，只不过是20世纪60年代的格兰若拉麦片。法律学者约翰·麦金尼斯（John McGinnis）认为，开国元勋们关于人类本性的看法就像是从现代进化心理学中学来的一样。美国革命承认个体追求利益的想法，即它承认个体拥有不可让渡的“生命、自由和追求幸福”的权利。而政府这种制度是用来保护这些权利的，这种共识成了美国政府诞生的初衷，而不是说美国政府是一个自治的超个体的化身。

之所以要保护各种权利，是因为当人们居住在一起时，他们不同的才能和环境会使得一些人拥有别人想要拥有的事物。麦迪逊指出：“在获取财产方面，人们拥有的能力是不同的，也是不平等的。”从别人那里获得你想要的事物，可以采用两种方法：偷窃或是交易。前一种方法涉及支配心理，后一种方法则涉及互利主义心理。一个和平、繁荣的社会，其目标是将对支配的使用降到最低（因为支配会带来暴力和浪费），将互利的使用扩展到最大（因为通过交易会使所有人的境况都得到改善）。

麦金尼斯认为，美国宪法被设计出来就是旨在实现这些目标的。它通过商务条款来鼓励互惠性交易，因为该法案赋予了国会清除各州设立的贸易壁垒的权力。它通过合同条款保护人们免受骗子的欺诈，因为该条款严禁各州妨碍协议的执行。它还通过征用条款来阻止统治者没收那些更有生产力的公民的劳动成果，因为该条款禁止政府不做出补偿就征用私人财产。

人类本性给美国宪法的制定者们留下深刻印象的是支配和尊重的动机，他们担心这两种动机可能会把各类政体都推向危险的境地。必须授权给一些人，由他们做出决策，执行法律。但人生性就容易产生腐败，如何预估和限制这种腐败，成了困扰宪法制定者们的一个难题。约翰·亚当斯写道："渴望获得别人的尊重，这种需求就像饥饿一样自然真实。政府的首要目的就是对这种热望加以规制。"亚历山大·汉密尔顿写道："追逐名望成了最高贵的头脑中压倒一切的激情。"詹姆斯·麦迪逊这样写道："如果人们都是天使，那么政府将没有存在的必要。如果由天使来管理人们，那么政府既不需要外部控制，也不需要内部控制。"因此，政府需要内外部的双重控制。

麦迪逊说，"羊皮纸屏障"是不够充分的，相反，"必须用雄心来对抗雄心"。三权分立的制度化使得任何力量过于强大的群体都会受到束缚。这些原则包括：在联邦和州政府之间进行分权，行政、立法和执法三部门权力分立，以及将立法部门分为参议院、众议院两院。

麦迪逊尤其坚持认为，美国宪法要束缚人类本性之中好战的那部分情感。他认为，这种情感不是对流血的原始渴望，而是一种更高形式的对尊重的渴望：

> 事实上，战争是行政部门扩张的真正源泉。战争需要人们付出体力，是政府部门的意志在指引着人们的体力付出。战争中需要投入大量公共财富，对这些财富进行分配的正是政府部门。在战争中，政府部门的荣耀和报酬将会倍增，政府是战争的支撑者，所以它才能享受这些。战争之后的论功行赏，奖励都颁给了政府。人类内心当中最强烈的激情和最危险的弱点——野心、贪婪、对声誉的珍视，甚至是稍微有点罪过的热爱——会协同作用，使我们对和平的渴望和责任受到压制。

这种观念导致了战争权力相关条款的颁布，条款中赋予了国会而不是总统宣战的权力。在与越南发生冲突的那些年里，约翰逊和尼克松从来没有正式对越宣战，他们绕过了该条款，这使得他们声名狼藉。

麦金尼斯注意到，甚至是演讲、集会和出版的自由也是由于考虑到人类本性的一些特点而赋予一般公众的。宪法的构建者们把这些自由看作防止专制的工具：一群能够自由沟通的公民构成的群体能够对抗政府官员的强权。正如我们现在说的，他们能够"对权力说真话"。这些权利所保障的这种权力分享机制，可能在进化历史上很早就出现了。灵长类动物研究专家弗朗斯·德瓦尔、罗宾·邓巴（Robin Dunbar）、克里斯托弗·贝姆（Christopher Boehm）的研究表明了，在灵长类动物中，由等级较低者构成的联盟是如何罢黜一个雄性首领的。像麦金尼斯一样，他们认为这可能是政治民主的一种粗略的雏形。

当然，所有这些并不意味着美国宪法就能够带来一个幸福的、道德化的社会。当时的道德圈子要小得多，而美国宪法正是在这样一种情形之下制定出来的，因此，它未能阻止对土著居民的大屠杀，未能阻止奴隶制、对非洲裔美国人的种族隔离以及对妇女选举权的剥夺。宪法中基本没有涉及如何处理外国事务，因此美国的对外关系（除了战略联盟）受到的是悲观权力政治原则的指导。针对第一个问题，人们已经采取了一些明确的措施来扩展法律的适用范围，比如《法律的平等保护：美国宪法第十四修正案第一款研究》（*the Equal Protection clause of the Fourteenth Amendment*）。

第二个问题尚未解决，可能也无法解决，因为其他国家必然处于美国划定的国土范围之外。美国宪法也缺乏对精英社会底层人士的原则上的同情，它假定机会的平等是财富分配的唯一机制，它也未能规定一套价值观和风俗，而这些显然都是一个民主社会正常运作所必需的。

承认宪政民主的相对成功并不需要一个人成为狂热的爱国者。但它确实意味着美国宪法制定者关于人类本性的理论观点中有一些是对的。

进化心理学，左派右派的同好

彼得·辛格，《达尔文主义左派》（1999）

左派需要一个新范式。

拉里·安哈特（Larry Arnhart），“保守主义、设计和达尔文”（2000）

保守派需要查尔斯·达尔文。

这是怎么回事？当前的左派和右派在经历了数十年的骂战之后都呼吁要采纳进化心理学。这表明了两件事情，第一件事情是，生物学方面的事实正在不断压缩貌似可信的政治哲学的生存空间。左派信奉的人类本性可以随意改变的观点，以及右派信奉的道德建立在上帝赋予我们的灵魂的基础之上的观点，在科学的巨大威力面前，只能做着徒劳无功的抵抗。20 世纪 90 年代，有一种非常流行的汽车保险杠贴纸是这样鼓励人们的：挑战权威。另一种汽车保险杠贴纸则做出了这样的回应：挑战地心引力。所有的政治哲学都必须决定他们的观点何时去挑战地心引力。

第二件事情是，承认人类本性并不必然与政治右派联系在一起。一旦乌托邦观点被埋葬，政治立场这个领域就是完全开放的。毕竟，悲剧观点并不仅仅只有最极端的形式。不管多么自私，人类的心灵之中还存在着道德感，道德感的应用范围在不断扩大，而且还有可能持续扩大，因为世界上越来越多的地方变得相互依赖。尽管存在局限性，然而人类认知是一个开放式的联合系统。大体来看，这个系统能够增强对人类事务的掌控，就像它增强了对物理世界和生活世界的掌控一样。

传统，不仅是为了适应人类本性，也是为了适应一定技术条件和经济交换情境下的人类本性。一些传统制度，像家庭和法规，适应的是人类心理中那些永恒的特点。而另一些传统制度，如长子继承制，则是为了适应封建制度对家庭土地完整性的要求，而当经济体系在随后的工业化过程中发生改变后，这种制度就过时了。最近，女性主义可以看作对极大改进的生产技术以及服务经济转向的部分回应。社会传统适应的并不仅仅是人类本性，因此，对人类本性的尊重并不必然意味着需要保留所有的社会传统。

基于这些理由，我认为政治信仰将会很快跨越存在了数个世纪的悲剧观点和乌托邦观点的鸿沟。政治信仰方面的分歧将会是由于援引人类本性的侧重点的不同，或者是赋予相互冲突的目标的权重不同，或者是对某一特定行动方针可能带来的后果的估计不同引起的。

在本章的最后，我将会对一些左翼思想家的观点进行评述，他们正试图打破人类与右翼的传统联盟。《达尔文主义左派》这本书正如它的标题所显示的那样，尝试系统地在人类本性和左翼之间建立起新联盟。辛格写道："我们是进化而来的动物，遗传的痕迹不仅存在于我们的解剖结构和DNA中，还存在于我们的行为中，因此对左派来说，是时候严肃对待这些事实了。"

对辛格来说，这意味着承认人类本性的局限性，这将使得人类的臻于完美成为一个不可能实现的目标，这意味着承认人类本性的具体的构成要素。这些要素包括自利（它意味着竞争性的经济系统要比国家垄断更好一些，寻求支配地位的渴望会使得强大的政府极易变成自负的独裁者）；本族中心主义（这会使得民族主义运动有犯下种族歧视和种族灭绝罪行的危险）；两性差异（这将会调和各行各业中僵化的两性平等的措施）。

一个观察家可能会问，这样的左派"左"在哪里呢？辛格的回答是这样的："如果面对弱者、穷人和正在受剥削或只是因为没有足够的能力过上体面生活的人，我们袖手旁观的话，我们就不属于左派。如果我们说世界就是这样运行的，它将一直是这样运行，我们对此无能为力，那么我们就不属于左派。面对这些情况，左派想尽一份微薄之力。"辛格的左派观点，是通过与失败主义者的悲剧观点对比而得出的。但是它的目标——"尽微薄之力"——相对于罗伯特·肯尼迪在20世纪60年代所提出的目标，即"建立一个新社会"来说，已经大大缩小了。

达尔文主义左派，其范围涉及从价值观的含糊表达到专家们的政策倡议。含糊表达价值观的左派理论家，在前面章节中提及过两位。乔姆斯基自20世纪50年代提出先天的语言习得机制，打破行为主义者一统天下的局面以来，一直强烈地坚持认为人类拥有先天的认知能力。他也是一位对美国社会持强烈批评态度的左派，最近这些年成了新一代校园激进主义者的思想源泉（正如我们在他对愤怒的机器乐队的访谈中所看到的那样）。乔姆斯基坚持认为，他的科学和他的政治信条之间的联系虽然微弱却很真实：

> 关于未来社会秩序的愿景……需要建立在对人性的界定之上。如果事实是，人具有无限的可塑性，没有先天的心理结构，没有对文化性格或社

会性格的本能需求，那么他会是国家权力机关、公司高管、技术专家或中央委员会“行为塑造”的合适对象。而那些对人类这种生物抱有一些信心的人将会希望事实不是这样，他们会尽力去确定一些人类固有的特性，这些特性为人类的智力发展、道德感生成、文化建树及参与自由共同体提供了组织架构。

他将自己的政治观点描述为“自由主义的社会主义者”和“无政府工团主义者”（anarcho-syndicalist），这种无政府主义者强调的是自发合作（与之相对的是无政府资本主义，强调的是个人主义）。他认为这种观点属于笛卡儿传统，包括“卢梭对专制、压迫和既有权威的反对……康德对自由的捍卫，洪堡（Humboldt）的前资本主义的自由主义，以及该理论对人类具有在自愿联合条件下进行自由创造这一基本需求的强调，还有对异化的、碎片化劳动的批判，这种劳动将人变成机器，剥夺了人的‘自由意识行为’这一‘物种特性’，剥夺了人与同伴联合进行的‘生产性生活’”。如此一来，乔姆斯基的政治观点就与他的科学观点产生了共鸣，即人类天生就有参与共同体的需求，天生就有创造性自由表达的需求，语言就是这样一个范例。这就坚持了这样一种希望：社会是按照合作和自然生产率组织起来的，而不是按照层级控制及盈利动机组织起来的。

乔姆斯基关于人类本性的理论，虽然强有力地支持了天赋说，但该理论明显缺乏对现代进化生物学的了解，尤其是在后者已经证明了基因利益冲突普遍性的前提下。这些冲突会导致对人类本性更为悲观的看法，而这一直以来都是一个让怀揣无政府主义梦想的人无比头疼的问题。但首先提出基因利益冲突观点的思想家罗伯特·特里弗斯，也是一位左翼的激进主义者，他还是为数不多的白人黑豹党党员。

正如我们在第 6 章中看到的，特里弗斯将社会生物学看作一门颠覆性的学科。对利益冲突的敏感，使我们会关注受压迫者的利益，比如妇女和更年轻的一代，而且它还能揭示出精英们论证自己统治地位时的欺骗手段和自欺欺人。从这点来讲，社会生物学延续了洛克的自由主义传统，即借助于科学和理性来揭穿统治者对自身地位的合理化。在洛克的时代，理性被用来质疑国王神圣的权力，在我们这个时代，理性则可以被用来质疑当前政治制度安排服务于每个人的利益的托词。

虽然一开始让很多人感受到了极大的冲击，但智力测验的使用及智力方面存在先天差异的观点，能够支持（在过去也确实支持了）左派的政治目标。专栏作家艾德里安·伍尔德里奇（Adrian Wooldridge）在他的文章《自由主义的钟形曲线》（*Bell Curve Liberals*）中指出，智力测验受到了英国左派的欢迎，他们将之视为推翻近亲结婚的上流傻瓜阶层统治下的种族社会最有力的颠覆力量。与其他自由主义者和社会主义者一起，西德尼·韦伯和比阿特丽斯·韦伯夫妇希望将教育制度转化为一台“能力获取机器”，它能够“将有才华的穷人从小商店、铁犁旁挽救回来”，指导他们变成统治精英。

他们的观点受到了艾略特（T.S.Eliot）这样的保守主义者的反对，艾略特担心，一个按照才能来对人们进行分类的制度，将会在社会阶层的两端打破阶层和传统的联系，从而使社会陷入混乱。在底层，它将会使工人阶层的共同体碎片化，将他们依据不同的才能分离开来。在高层，它将会免除上流阶层所必须具备的高尚伦理，上流阶层必须“争取”成功，而不是通过继承来获得这种成功，他们不用对任何人负责，同时又必须承担帮助不幸者的义务。伍尔德里奇认为，“左派几乎无法忽视智力测验，虽然这种测试有各种不足，但不管是在内城区还是在豪华住宅区，它依然是确认才能的最佳方法，它也是确保依照能力进行合适的教育分级和赋予工作机会的最好方法。”

《钟形曲线》一书的两位作者理查德·赫恩斯坦和查尔斯·默里认为，智力的遗传性会使得左派更加信奉罗尔斯式的社会正义。如果智力是学习得来的，那么提倡机会平等的政策将足以保证财富和权力的公平分配。但如果某些人很不幸，生下来的时候就智力偏低，那么即便是在一个完全公平的经济竞争系统中，他们也会因自身之外的问题变成穷人。如果社会正义也包括关注那些弱势群体的福利的话，那么认识到遗传上的差异，将会促使社会对财富进行积极、有效的再分配。

事实上，尽管赫恩斯坦是一个保守主义者，默里是一个思想右倾的自由主义者，但是他们并不反对一些简单的再分配措施，如对最低工资收入者实施最低收入补贴，这将给那些奉公守法但依然无法维持生计的人提供一些帮助。默里的自由主义使得他反对比这些措施更为激进的政府项目，但是他和赫恩斯坦提示说，信奉遗传论的左派，是一个尚待有心人进入的领域。

对保守主义政治理论的一个重大挑战来自像理查德·塞勒（Richard Thaler）和乔治·阿克洛夫（George Akerlof）这样的行为经济学家，他们受到了赫伯特·西蒙、阿莫斯·特沃斯基（Amos Tversky）①、丹尼尔·卡尼曼（Daniel Kahneman）②、格尔德·吉仁泽（Gerd Gigerenzer）、保罗·斯洛维奇等人的进化认知心理学的影响。这些心理学家认为，人类的思考和决策行为是生物适应而不是纯粹理性运行的结果。当这些心理系统运行的时候，只运用了非常有限的信息，而且必须在有限时间内做出决策，最终服务于像地位和安全这样一些进化目标。保守主义者一直以来都在用人类理性的有限性来批驳那种托词，即认为我们可以充分地理解社会行为，从而对社会进行再造。但是这些局限性也消解了被古典经济学和世俗保守主义者奉为理论根基的理性自利假设。

自亚当·斯密以来，古典经济学家一直认为，在不受外界干扰的情况下，个体出于自身利益考虑而做出的决策，对他们自己及社会来说是最好的决策。但如果人们并不总是去计算对他们来说什么是最好的，那么在存在税收和规制的情况下，他们会生活得更好，尽管税收和规制在古典经济学家看来是如此荒谬。

例如，理性的行为者会依据利率和平均预期寿命计算出一个最优比率，将相应比例的工资存入银行，从而保证在晚年的时候能过上舒适的生活。这样一来，社会保险和强制性储蓄计划就没有存在的必要了。事实上，它们的存在可能是有害的，因为它们剥夺了理性行为者的选择权，也就是说，在现在消费和为未来储蓄之间进行最佳平衡的机会被剥夺了。

---

① 阿莫斯·特沃斯基是知名行为科学家、心理学家。《特沃斯基精要》收录了他的 14 篇精华之作。该书中文简体字版已由湛庐引进，浙江教育出版社出版。——编者注

② 丹尼尔·卡尼曼是诺贝尔经济学奖得主、行为经济学之父。其作品《噪声》中文简体字版已由湛庐引进，浙江教育出版社出版。——编辑注

经济学家们一再发现，人们在花钱时就像喝醉的水手一样。他们的行为似乎表明，他们认为自己在未来几年内就将会死去，或者好像他们的未来完全无法预测，这可能更接近于我们那些正处于进化过程中的老祖先的生活而不是今天。如果是这样的话，那么让人们自己管理自己的储蓄，例如让他们拿到他们应得所有的薪水，让按照他们自己的意愿进行消费，就可能会损害他们自己的利益。就像奥德修斯接近女妖所在的海岛时，人们从理性上可能会赞同让他们的雇主或者政府将他们绑在强制储蓄的桅杆上。

经济学家罗伯特·弗兰克借助于进化心理学在地位方面的研究，指出了理性行动者理论及更广泛的公平竞争经济学的其他缺点。理性行动者不仅不需要强制性的退休储蓄，而且其他看起来是在保护他们的政策，如强制性的健康福利金、工作场所安全监控、失业保险、工会会费等，也都是不需要的。所有这些需要花钱，而这些钱本来是应该进入工人自己腰包的，而且工人能够自己决定是进入一家奉行温和政策的公司接受较低工资，还是承受更高的工作风险，拿更高的工资。由于需要争取到最好的工人，因此，公司应该在工人所需的工资和风险之间寻求平衡。

弗兰克指出，问题在于人们天生就有对身份的渴望。他们最强烈的念头是钱要花在能让他们超过邻居的地方，如房子、汽车、衣服、名校教育等，而不是花在只有自己知道的地方，如健康护理、工作安全、退休储蓄等。不幸的是，身份是一个零和博弈，因而当每一个人都在汽车和房子上花了更多的钱，换了更大更好的汽车和房子时，他们却不如以前快乐了。就像冰球运动员一样，他们只有在有规则强制对手也佩戴的情况下，才会佩戴防护面罩。人们可能会赞同强制每个人为像健康护理这样的隐性利益进行投入，因为从长期来看这些利益能够使每个人更幸福，即便这种强制会造成个人在可支配收入上的损失也依然如此。基于同样的道理，弗兰克认为，如果我们实施累进程度更大的累进消费税，取代当前的收入累进税，我们可能会过得更好。消费税将会浇灭人们围绕更豪华的汽车、房子、手表而展开的徒劳无益的狂热竞赛，将会补偿给人们明显能够带来更多幸福的资源，如休闲时间、更安全的街道以及更愉快的沟通、更舒心的工作环境等。

最后，达尔文主义左派分子正在检验经济不平等的进化心理。经济学家塞缪尔·鲍尔斯（Samuel Bowles）和赫伯特·金迪斯（Herbert Gintis）等达尔文主义者，对民族志学和行为经济学领域的文献进行了回顾。他们认为人既不是像蚂蚁一样的利他主义者，也不是以自我为中心的吝啬鬼。正如我们在第14章中看到的，人们与他们认为具有分享意愿的人分享，惩罚那些不愿与自己共享的人。金迪斯称这为"强互惠"，它有点类似于互利主义或者"弱互惠"，但是它针对的是其他人贡献公共产品的意愿，而不是一物换一物的交换。这种心理使得人们反对不加区分的福利和昂贵的社会项目，但并不是因为这些人铁石心肠或贪婪无比，而是因为他们认为这些项目会奖励懒惰，惩罚勤奋。

鲍尔斯和金迪斯指出，民意调查显示，即便是在今天这种反对福利的政治气候中，大部分人还是愿意为某些类型的全民社会保险支付更高的税款。他们愿意为基本的需求保障，如食品、避难所和健康护理支付税款，愿意帮助那些运气不好的人，愿意帮助那些穷困潦倒的人实现自给自足。换句话说，人们之所以反对一个覆盖方方面面的福利国家，并非出于贪婪之心，而是出于维护公平的心理。他们认为，一个不改变公众意识、对应该得到帮助和不应该得到帮助的穷人进行区分的福利系统，才是完全符合人性的。

针对经济不平等而采取的政策，最终要取决于经济自由和经济平等之间的权衡取舍。虽然科学家不能规定如何权衡这些迫切的需要，但他们可以帮助评估道德方面的相关成本，使我们能够在有丰富信息的情况下做出决策。有关身份和支配的心理又一次在评估中扮演着一定的角色。从绝对意义上来讲，今天的穷人在物质享用方面比一个世纪前的贵族还要好。他们的寿命更长，吃得更好，还可以享受到以前无法想象的东西，如中央供暖、冰箱、电话、电视机和收音机中从早到晚的娱乐节目。保守主义者认为，这样一来，很难说低收入者的境况是一种道德上的耻辱，我们应该不惜任何代价去补偿他们。

但如果人们对于自身福利的看法源于他们对自己社会地位的估计，而社会地位又是相对的，那么极度的不平等会使处于底层的人们觉得很有挫败感，即便他们的生活比历史上的大部分人类都要好。还不仅仅是感情受到伤害这么简单：当前社会地位较低的人们往往健康状况较差，死亡年龄较早，而不平等程度高的社会，人们的健康状况更糟，平均预期寿命也要更短。医学研究者理查德·威尔金森（Richard Wilkinson），这些模式的提出者认为，社会地位低会触发一种古老的应激反应，即以牺牲组织修复和免疫功能为代价，换取即时的战逃反应。

威尔金森与马丁·戴利、马戈·威尔逊共同指出，经济不平等会带来另一项可测量的成本。财富更为不平等的地方（即便是控制了财富的绝对水平后也依然如此）犯罪率会更高，其中部分原因是长期的身份低下会使人对社会地位着魔，会使人因为微不足道的侮辱而彼此仇杀。威尔金森认为，减少经济不平等才能使数百万人活得更幸福、更安全，也更长寿。

即便在几个世纪以来，人性一直是右派的领地，我们也不应该对这种内涵扎实的左派天赋论者的出现感到惊讶。达尔文主义左派密切关注科学和历史，他们放弃了引发众多意想不到的灾难的乌托邦观点。这种非乌托邦的左派真的与当前的世俗右派存在着差异吗？它的政策主张带来的好处能超过其成本吗？不过这些不是我们要在这里讨论的话题。

我想说的是，传统的政治联盟应该进行一些改变，因为我们对人类有了更多的了解。在达尔文、门德尔以及任何了解基因、神经元或荷尔蒙是什么的人提出他们的观点以前，左派和右派的意识形态就已经成形了。每一个学习政治科学的学生都知道，政治意识形态是建立在不同的人性论之上的。但这些意识形态为什么要建立在早在300年前就已经过时的人性论的基础之上呢？

17 暴力

人类历史就是一部战争史。这个世界从来都不是和平的，即便有，也是短暂的、不稳定的。早在人类历史开始之前，杀戮就持续不断地普遍存在着。

对于温斯顿·丘吉尔对人类的这番总结，我们可以反驳说，这是由于他参加了人类历史上最可怕的战争，他提出这些观点的时候正是足以毁灭整个人类的冷战刚开始的时候，因此难免带有悲观主义色彩。虽然冷战已经成为记忆，大国之间的热战也基本绝迹，但世界并没有获得和平。2001 年，恐怖分子发动了对美国的袭击，随后阿富汗战争爆发，在此之前，世界冲突列表中共记录了 68 个经常出现暴力的地区，范围之广从阿尔巴尼亚和阿尔及利亚蔓延到赞比亚和津巴布韦。

丘吉尔关于史前时代的猜测也得到了证实。现代史学研究可以使我们管窥史前社会的生活，之前我们曾认为他们只是参加仪式性的战争，一旦有人倒下，战争就会被叫停。而现在我们了解到的情况是，他们彼此杀戮，造成伤亡的速度令当今世界的战争也相形见绌。考古学发现也让人无法感到舒心。许多地下岩洞中的埋藏物，无声见证着数十万年前血腥的史前社会。这些埋藏物包括带有剥皮痕迹的骨骼；斧砍后的凹痕以及嵌入骨头中的箭头；像战斧和锤矛这种不适合打猎但特别适合杀人的武器；用锋利的枝条构建的栅栏防御工事。而多个大洲的岩画上都刻有人们互相发射弓箭、投掷梭镖和飞旋镖，并被这些武器杀死的场景。

数十年来，“爱好和平”的人类学家始终否认任何人类群体有过“人吃人”的行为，但与之相对的证据越来越多，在美国西南部发现的一处850年前的遗址中，考古学家发现了被砸开的人骨，就像被用来食用的动物骨骼一样。他们还在陶器的碎片上发现了人肌红蛋白（一种肌肉蛋白质）的痕迹，在一堆腐化的人类粪便中也发现了人肌红蛋白，人吃人的历史就此板上钉钉了。有学者还发现，先驱人（Homo antecessor），即尼安德特人（Neanderthals）和现代人的共同祖先的近亲也会互相攻击和杀害对方，这意味着暴力和人吃人现象至少能追溯到80万年前。

战争只是一个人杀害另一个人的众多方式中的一种。在当今世界的绝大部分地方，战争逐渐变为较小规模的暴力形式，如种族冲突、争夺势力范围、家族血仇和个体杀人犯等。需要指出的是，尽管上述状况确确实实有了改善，但我们依然没有获得和平。虽然西方社会的凶杀比率在过去的1 000年中下降了10倍，甚至100倍，但在20世纪，曾有100万美国人死于谋杀，一个美国男人一生中被谋杀的可能性达50%。

历史不仅控诉着人类杀害同胞的数量，还有杀害的方式。上亿的基督徒用来装饰他们的房间，打扮自己时都会用到一个器具，上面的图形是一个令罗马帝国的政客们感到憎恶的人被一种难以想象的方式折磨致死的情形。但这只是人类在过去数千年中发明出来的无数摧残人的方法之一，很多方法我们已经司空见惯，因此演变成了我们词典中常见的单词：十字架钉死（to crucify）、四马分尸（to draw and quarter）、剥皮（to flay）、碾压（to press）、石刑（to stone）、绞刑（the garrote）、肢刑（the rack）、火刑（the stake）、拇指夹刑（the thumbscrew）。陀思妥耶夫斯基笔下的卡拉马佐夫在得知了土耳其人在保加利亚的暴行之后说道：“没有一种动物能够像人类这样残忍，如此富有艺术气息的残忍，而且是如此熟练。”

暴力不仅仅与基因和心理有关

暴力与人性无关吗

减少各种规模的暴力是我们最重要的道德关注点之一。我们应该使用一切可用的知识工具来理解人类的心智和社会安排如何导致他们做出了这么多互相伤害、杀戮的暴行。但与本书这一部分其他章节论述的道德关注一样，试图找出事情的真相，可能会受到另一种动机，即将正确答案合法化的牵制。就暴力而言，其正确答案是，暴力与人性无关，它是受到我们自身之外的恶性感染造成的。暴力是由文化造就的一种行为，或者可以称之为某种特定环境下的一种流行性病变。

这种假设被纳入了世俗信仰的核心教义，在公开的声明中被反复提及，就像每天祈祷或宣誓忠诚的誓言。想一想阿什利·蒙塔古为联合国教科文组织所写的会议决定：生物学支持的是一种“普遍存在的手足之情”的伦理，想想那些相信“非暴力与和平是人类大部分史前时期的常态”的人类学家。在20世纪80年代，许多社会科学组织签署了《塞维利亚反对暴力声明》（*Seville Statement*），该声明宣称，认为人类有“暴力天性”或人类的进化是暴力的结果，“从科学上来看是不正确的”。奥尔特加·加赛特写道，“战争不是本能而是发明”，他还认为，人类没有天性只有历史。最近，联合国《消除针对妇女的暴力行为宣言》（*United Nations Declaration on the Elimination of Violence Against Women*）宣称：“暴力是历史进程的一部分，并不是人类天生就有的，或者生来就是受到生物决定主义制约的。”美国预防暴力联合基金会（National Funding Collaborative on Violence Prevention）在1999年发布的一个广告中宣称：“暴力是一种习得性行为。”

对待暴力持这样一种建立在信仰基础之上的态度，可以从以下迹象中看出一些眉目来，即对暴力是由特定环境造就的解释的确信。人们总是不断重复说，我们知道暴力发生的原因，也知道如何消除它。只是由于我们未能兑现承诺，因此才没有做到消除暴力。想想林登·约翰逊的说法：“我们都知道孕育暴力的因素是无知、歧视、贫穷和疾病。”1997年，一本流行科学杂志上的一篇文章援引了一位临床遗传医师的话，可以将其看作对约翰逊总统的回应：

> 我们知道在这个社会是什么导致了暴力：贫穷、歧视以及教育制度的失败。导致社会出现暴力的不是基因，而是社会制度。

这篇文章的两位作者，历史学家贝蒂·凯威勒斯和丹尼尔·凯威勒斯（Betty and Daniel Kevles）无不赞同地说道：

> 我们需要更好的教育和营养，预防家庭功能的失调，预防儿童虐待，甚至需要让儿童摆脱不称职的父母的控制。但是这些措施可能需要高昂的花费，还可能会引发诸多社会争议。

暴力是一种习得性行为吗

认为暴力是一种习得性行为的信条常常会将美国文化中的某一特定要素看作导致暴力的原因。一个玩具监测团体的一位成员最近告诉记者："暴力是一种习得性行为。每一个玩具都有教育功能。问题在于你想要你的孩子从中学习到什么？"媒体暴力是另外一个常见的被怀疑对象。正如两位公共健康专家最近所言：

> 现实情况是，儿童学会了重视暴力并利用暴力来解决问题，利用暴力来表达他们强烈的情感。他们从家庭和社区的榜样那里学会了暴力。他们从我们放在他们眼前的电视、电影和电子游戏中的英雄人物那里学会了这些。

按照最近出版的理查德·罗兹（Richard Rhodes）的《他们为什么杀戮》（*Why They Kill*）一书的说法，儿童时期遭受虐待是导致暴力的第三个原因。"悲剧在于，曾经受过伤害的人往往又变成了施加伤害的人"，刑事司法政策基金会（Criminal Justice Policy Foundation）的主席如是说。"我们需要打破这样一个循环，但是它需要一些成本。就社会层面而言，我们并没有向这一领域投入相应的资源。"注意看这些声明中的信条（"暴力是一种习得性行为"），这种观点反映了真实情况的确定性（"事实是"），以及对缺乏资源投入的指控（我们并没有向这一领域投入资源），而不是指责我们在解决暴力问题时有多么无知。

许多解释都在指责“文化”这一概念，将文化看作一个能够教导、发布命令、实施奖励和惩罚的超机体。《波士顿环球报》的一位专栏作家在写下以下这些文字时，肯定没有意识到自己是在进行循环式推理：

> 相对于其他西方工业化民主社会来说，为何美国的暴力问题更多？因为我们的文化决定了人们的暴力倾向。我们互相用拳头击打对方、彼此厮打、刺伤对方，相互开枪射击，全都是因为我们的文化使然。

当文化被看作一个拥有信念、欲望的实体时，真实的个人信念和欲望就变得无关紧要。1995 年，蒂莫西·麦克维（Timothy McVeigh）炸毁了一座位于俄克拉何马城的联邦政府办公楼，造成 168 人死亡。该事件发生之后，专栏作家艾尔法·科恩（Alfie Kohn）嘲笑美国人“哀叹个人责任”，他认为爆炸发生的根源在于美国的个人主义文化：“这个国家的文化让我们竞争成瘾。正是在教室和竞技场上，人们意识到别人是自己迈向成功的障碍。”另一个有关爆炸的解释则是将批评的矛头指向了一些美国符号，如美国国徽上抓着箭的鹰及各州的箴言，如“不自由，毋宁死”（新罕布什尔州），“我们用刀剑争取和平，我们所要的，是在自由之下的和平”（马萨诸塞州）。

最近有一种比较盛行的理论，它将美国的暴力归结为美国社会在男孩童年时期就向他们灌输了怪异而有毒害性的男性概念。社会心理学家爱丽丝·伊格丽（Alice Eagly）在解释随机开枪杀人这种疯狂行为时指出：“这种行为是男性角色的一部分，美国文化对男性角色就是这样理解的，从美国开疆拓土时就是如此了。”

按照这一理论，像丹·金德伦（Dan Kindlon）的《该隐的记号》（*Raising Cain*）和威廉·波拉克（William Pollack）的《教养新好男孩》（*Real Boys*）等畅销书中宣传的，我们正在经历一场“全国性的美国男孩童年时代危机”，这是由于男孩被迫与他们的母亲隔离，情感受到压制造成的。“男人怎么了？”《波士顿环球报》上的一篇文章这样追问道。这篇文章的回答是：“暴力行为、情感冷淡以及高比例的吸毒，这些是无法用荷尔蒙来解释的。那些专家说，问题的关键在于关于男子汉气概的文化信仰——那些符合“真正男子汉”这个词的事物。”

正常人会不断重复“暴力是一种习得性行为”这种说法，以表明他们认为必须消除暴力。而这种说法并不是建立在任何可信的科学研究基础之上的。让人难过的是，除了反复言之凿凿地说“我们知道导致暴力的原因”，我们基本上没有找到任何可以解决这个问题的线索。犯罪率的剧烈变动——在20世纪60年代和20世纪80年代末期极高，在20世纪90年代末期较低——表明任何简单的解释都站不住脚。关于解释暴力这一问题，常见的那些观点完全是未经证明的，有时则很明显是错误的。将“营养”和“疾病”因素划入社会疾病方面，并认为是由于它们带来了暴力，就是一个最为明显的例子。说得婉转些，没有证据表明暴力是由维生素缺乏或细菌感染引起的，而其他推定的原因也缺乏可信的证据。

具有攻击性的父母，其子女往往也具有攻击性，但是如果就此得出结论说攻击性是从父母那里学来的，是一个“暴力循环论”，这种观点可能没有考虑这样一种可能性：暴力倾向有可能是学来的，也可能是遗传来的。除非人们观察了那些被收养的儿童，发现他们的行为更像其养父母，而不是生身父母，否则，暴力循环说明不了问题。同样，那些注意到男性比女性犯下的暴力行为更多，并由此谴责男子汉文化的心理学家们，实际上是被蒙蔽了眼睛，因为他们没有注意到，男女两性不仅在社会角色上存在不同，从生物学角度来说也存在很大的差异。不可否认，美国的儿童确实接触到了暴力榜样，但是他们也同样接触到了小丑、传教士、民歌歌手和男扮女装的男子，问题在于为什么儿童会觉得一些人比另一些人更值得模仿。

要想证明美国文化中的一些特定主题会导致暴力，那么就要有最低限度的证据，能够表明那些拥有此类主题的文化也表现得很暴力，要说明此类文化之间要有相关性。即便这种相关性是存在的，也不能证明是此类文化主题而不是其他文化主题导致了暴力。而且，可能根本就不存在这种相关性。

首先，美国文化并不是唯一一个存在暴力的文化。所有的社会都有暴力现象，美国不是历史或当今世界上最暴力的国家。至于说关于男子汉气概和性别歧视的文化规范，西班牙有所谓的“大男子气概”，意大利有所谓的牛皮大王，而日本的性别角色更是僵化，但这几个国家的凶杀比例却只有美国凶杀比例的零头，要知道美国可是深受女性主义的影响。出于正义原因而使用暴力的男性英雄原型是神话中常见的主题，但在许多暴力犯罪比例相对较低的文化中也都能看到这样的主题。

例如詹姆斯·邦德是一个英国人，他拥有着事实上的杀人许可证。此外，功夫电影在亚洲的许多工业化国家都很受欢迎。不管怎么说，可能只有从来没看过美国电影或者电视节目的书呆子会相信，这些节目是在褒奖像蒂莫西·麦克维以及在高校食堂随机开枪射杀同学的少年犯一样的杀人狂。大众媒体中富有男子汉气概的英雄人物被赋予了高度的说教意义：他们大都与坏人进行着艰苦卓绝的斗争。

持保守观点的政客和持自由主义观点的医疗人士都认为：媒介中的暴力是导致美国暴力犯罪高发的一个主要原因。美国医学会（American Medical Association）、美国心理学会（American Psychological Association）、美国儿科学会（American Academy of Pediatrics）在美国国会做证时指出，有超过 3 500 项科学项目对两者之间的关系进行了研究，只有 18 个项目未能证实两者之间的相关性。但任何社会科学家都会感觉到这个数字不可信，因此，心理学家乔纳森·弗里德曼（Jonathan Freedman）决定亲自去考察一下实际情况。事实上，关于媒体暴力和暴力行为之间的关系，只有近 200 个项目进行了研究，一半多的研究都未能发现两者之间的相关性。其余研究发现的两者之间的相关性也很低，而且很容易用其他方式来解释，例如，有暴力倾向的儿童观看暴力节目，只是会暂时（非永久性地）受到暴力情节的影响。

弗里德曼和其他几位心理学家对相关文献进行了述评，他们得出结论认为，接触媒体当中的暴力几乎或肯定不会对真实生活中的暴力行为产生任何影响。最近的历史事实也告诉了我们同样的结论。在电视和电影出现之前，人们表现得要更加暴力。加拿大人和美国人看的是同样的电视节目，但是加拿大的谋杀比例只是美国的 1/4。自从英国的殖民地圣赫勒拿群岛在 1995 年第一次安装电视之后，那里的人们并没有变得更加暴力。充满暴力的电脑游戏出现于 20 世纪 90 年代，而那个年代的犯罪率却是在大幅下降的。

那么其他一些常见的猜测又怎样呢？枪支、歧视和贫穷确实对暴力的发生有一定的影响，但在任何情况下，这些因素都不是唯一原因或者说是决定性原因。枪支确实使杀戮变得更容易，使人们在死亡发生之前更难停息暴行，因此大大小小的冲突的致命性成倍增长。但是，许多社会在枪支出现以前的暴力犯罪比例更是令人作呕，而且人们并不会因为他们手中有枪就自发地互相杀戮。以色列和瑞士简直可以称得上武装到了牙齿，但这两个国家的个人暴力犯罪比例很低，而在美国，缅因州和北达科他州的谋杀率最低，但这两个州家家户户基本上都有枪。

认为枪支增加了致命伤害的犯罪数量的观点，虽然看起来颇有几分道理，但很难得到证实。1998 年法律学者约翰·洛特（John Lott）出版了一本关于犯罪统计研究的著作《枪支越多，犯罪越少》（*More Guns, Less Crime*），从书名就可以看出，他在大张旗鼓地宣扬相反的结论。即便像我怀疑的那样，他是错的，但是要想证明枪支越多犯罪率越高，可能也没有那么容易。

而说到歧视和贫穷，我们也很难发现它们和暴力之间存在直接的因果关系。19 世纪，在加利福尼亚州居住的移民和第二次世界大战时期的日裔美国人面临着很严重的歧视，但他们的暴力犯罪比率并不高。女性比男性更贫穷，更可能需要获得金钱以抚养孩子，但相关研究证明，她们使用暴力偷窃手段的比率并不高。不同的亚文化群体虽然同样贫穷，但不同群体间的暴力犯罪比率却有着很大的差异。而且正如我们将会看到的那样，在许多文化中，相对富裕的人会更轻易地使用致命性暴力。虽然没有人会反对一个以减少犯罪为目的、设计良好的项目，但是我们不能抱怨说，犯罪率高的根源在于我们缺乏对社会项目的投入。这些项目是在 20 世纪 60 年代大量出现的，那时正是暴力犯罪比率一路高涨的时期。

以科学方法为导向的犯罪研究者反复强调的是另外一套说法："暴力是一个公共卫生问题。"按照美国国家心理健康研究所（National Institute of Mental Health）的说法，"暴力行为最好被理解为一种传染性疾病，那些脆弱的个人和资源不足的邻里会感染这种疾病，按照这种思路，如果这种疾病发作，我们就能制止它。”公共卫生理论得到了许多专业机构的回应，如美国心理协会和疾病控制中心（American Psychological Society and Centers for Disease Control）也得到了许多不同派别的政治人物的支持，如克林顿政府的卫生部长以及共和党的议员阿伦·斯佩克特（Arlen Specter）。公共卫生理论试图确认，相对于富人来说，穷人中有哪些更为常见的“危险因素”。这些因素包括了他们儿童时期受到的忽视及虐待，严厉而又自相矛盾的纪律约束，离婚、营养不良、铅中毒、头部损伤、未能接受治疗的注意力缺陷多动障碍，以及母亲怀孕时酗酒和吸食强效纯可卡因等。

坚持这一传统的研究者对他们采用的研究方法颇为自豪，因为他们的研究方法既是“生物学方法”（他们对体液进行测量，还运用了大脑成像技术），又是“文化学方法”（他们寻找那些会对大脑造成影响的环境因素，从而采取公共卫生措施来减少这些因素的不利影响）。遗憾的是，将暴力比喻成疾病存在一个很明显的缺陷。疾病或者紊乱的定义中包含有个体因为身体内部机能失常而导致的痛苦体验。

正如《科学》杂志的一位作者最近指出的那样：“与大部分疾病不同，犯罪者通常不会认为自己的攻击行为有问题；而是周边的环境认为他有问题。暴力犯罪者可能会觉得他们正在做的事情很正常，而且其中一些人可能还会为自己偶尔的发作感到沾沾自喜，拒绝治疗。”在某些地区，某些人身上的暴力行为更为常见，除了这些老生常谈，公共卫生理论并没有提出任何实质性建议。正如我们将会看到的，暴力与医学意义上的疾病截然不同。

暴力完全归于环境吗

将暴力完全归于环境构成了另外一种教义，因为它体现的是“白板说”和“高贵的野蛮人”理论。按照这两种理论的观点，暴力并不是人类与生俱来的策略。它是一种习得性行为，是受到有毒物质污染的结果，或是一种传染性疾病的症状。在前边的章节里，我们已经看到了这些教义的道德吸引力：它能够将信奉这些信条的人与早期的沙文主义者和不同阶层的流氓暴徒区分开来；它能够使听众确信，他们并不认为暴力是“善”的意义上的“自然行为”；它还表达了一种乐观主义，即暴力可以被消除，尤其是借助于慈善的社会项目，而非惩罚性的威慑；它使人们远离那种认为某些个体、阶级或种族天生就比其他人更加暴力的观点，因为这种观点有着极大的危害性。

最重要的是，习得性行为理论和公共卫生理论属于道德宣言和公开声明，这种声明的发布者是反对暴力的。当然，谴责暴力是件好事，但不能就此认为这些声明就是关于我们心理构造的经验事实。也许这种一厢情愿混淆事实的典型例子要数拉姆齐·克拉克（Ramsey Clark），约翰逊政府的司法部部长，也是 1970 年的畅销书《美国犯罪问题》（*Crime in American*）的作者。克拉克认为，刑事司法机构应该用改过自新代替惩罚，他是这样解释自己的观点的：

> 改过自新理论建立在这样一种信念之上，即健康、理性的人不会伤害别人，他们会明白对于个人和他所处的社会来说，只有不会带来伤害的行为才是最好的，他们会明白一个正义公平的社会能够为其所有的公民都提供健康、目标和机会。通过改过自新，个体将没有能力，也不会采取行动去伤害别人，掠夺或毁坏财物。

要是这样该多好！然而该理论属于道德主义谬误的一个典型例证：如果这种观点是正确的，那么我们所有人都应该相信它是正确的，这将是非常理想的状况。但问题在于它并不是正确的。历史告诉我们，有许许多多健康的、理性的人会去伤害别人、毁坏财产，因为伤害别人有时候会给个体带来利益（尤其是伤害别人而无须考虑将要受到的刑事惩罚的情形下，而这种情形克拉克好像没有注意到），这一点令人感到悲哀。利益冲突是人类生存状况中固有的，正如马丁·戴利和马戈·威尔逊指出的那样：“杀死自己的对手，是解决冲突的根本性技术。”

诚然，人们很容易将健康和理性等同于道德。这种隐喻在英语中随处可见，比如，我们常用疯子、堕落、邪恶、精神错乱、疯癫、恶毒、精神病、病态或疯狂等词来形容作恶者。但是当我们思索暴力发生的原因，并试图找到消除它的方法时，这些隐喻势必会误导我们。白蚁吞噬房屋里的木梁时，并不是由于它们的机能紊乱，当蚊子咬了受害者一口并传染疟原虫时，它们也不是身体机能失调。它们做的只不过是进化赋予它们所该做的，即便这些行为的结果给人类带来了痛苦也是如此。

对于科学家来说，将这些生物道德化或将它们的行为病态化归因，只会使我们进入死胡同，如着手寻找所谓的对这些生物对的“有毒物质”，或者寻求“治疗方法”使这些生物恢复健康。基于同样的原因，人类的暴力并不必然是一种疾病，需要我们努力去消灭。如果说有什么不一样的话，那就是认为暴力是一种危险畸变的观点可能会麻痹我们，使我们忘记暴力如何轻易出现在了那些平静的地方。

“白板说”和“高贵的野蛮人”理论之所以获得诸多的支持，不仅是因为它们具有的道德方面的吸引力，也是因为意识形态政策强制的结果。拿破仑·夏依因为记录了雅诺马马人之间的战争而受到中伤诽谤，就属于对异教徒实施惩罚的恐怖案例，但这并不是唯一的例子。在 1992 年，酒精、药品滥用和精神卫生服务管理局（Alcohol, Drug Abuse and Mental Health Administration）的一项暴力研究新计划被迫取消，因为该项目受到了错误的指责，人们认为其目的是使内城区的年轻人安静下来，污蔑这些年轻人基因中就带有暴力倾向。

事实上，该研究倡导的是公共卫生方法。美国国立卫生研究院（National Institutes of Health）主任贝娜汀·希利（Bernadine Healey）取消了一个探讨与暴力的生物学基础相关的法律和道德问题讨论会及会议论文集。会议主办方邀请了持多种不同观点的与会者，但希利最终还是否决了这项全体意见一致的决议，因为她担心“所提议会议的敏感性和正当性”。赞助这项会议的大学进行了申请并获得了批准。但当会议推迟在三年后举行时，抗议者们还是大批涌入会场，和与会者发生了激烈的对抗，当时的场面就好像是为了给滑稽演员提供素材。

究竟是什么会令所有人都如此敏感？一种担忧是，政府在面对不平等的社会状况时，会将政治动荡看作精神疾病，会强制抗议者服食药物或采用更糟糕的方法使这些人闭嘴。激进的精神病学家彼得·布利金（Peter Breggin）称这项暴力研究新计划为“所能想象得到的最可怕、最具种族主义色彩以及最骇人听闻的研究”以及“那种能够与纳粹德国建立起某种联系的研究类型”。他的理由包括：“社会问题的医学化，以及认为受迫害的人（在该情境中是犹太人）事实上在遗传和生物学方面存在缺陷的观点，出于优生和生物学目的进行国家动员，以及在社会控制项目的开发中过度使用精神病学。”这是一种充满幻想的，事实上带有偏执狂色彩的解读，但是布利金不厌其烦地重申着这种说法，在面对非洲裔美国政治家和媒体时更是如此。任何将“暴力”和“生物学”放在同一篇章的人，都会被人怀疑是在赞成种族主义，这影响到了研究暴力的学术氛围。然而，却从来没有人因为提出暴力源于习得的观点而惹上麻烦。

暴力是大脑设计构造的一部分吗

有许多理由使我们相信，人类的暴力不是一种疾病或有害物，而是大脑设计构造的一部分。在展开这方面的论述之前，我准备先平息两种担忧。

第一种担忧是，探究人性方面的暴力根源，就会将暴力归结于充满暴力的个体拥有的不良基因，这就会引申出不合乎道德的含义：暴力犯罪比例较高的族群肯定拥有更多的不良基因。

毋庸置疑，相对于其他人而言，某些个体生来就更容易从事暴力活动。以男性为例：在各种文化中，男性杀害男性的比例是女性杀害女性的 20～40 倍。男性施暴者中绝大部分是年轻男性，年龄在 15～30 岁。而且，一些年轻男性比其他阶段的男性更加暴力。据估计，7% 的男性犯下了 79% 的重复性暴力犯罪。心理学家发现，更容易从事暴力活动的个体拥有一些独特的性格特征。他们往往比较冲动、智商偏低、多动、注意力分散。他们被认为拥有“对抗性气质”：容易怀恨在心、容易发怒、抵抗控制、故意让人感到讨厌，更有可能将任何事情都归咎于他人。他们之中情况最严重的被称为精神病患者，这种人缺乏善恶观念，在杀人凶手中占据了很大的比例。这些特质在他们的儿童早期阶段就会表现出来并持续终生，而且很大程度上具有遗传性，尽管不是百分之百的遗传。

虐待狂、头脑发热者以及其他天生杀人狂都属于暴力问题的构成部分，这不仅是因为他们造成的伤害，还因为他们促使其他人为了自卫、阻止他们的行为而表现出的攻击姿态。但我的看法是，这些都不是问题的核心。战争会有始有息，犯罪率会上下起落，对于一代人来说，社会从战争走向和平或者从和平走向战争，但同时代的人们的基因频率并不会发生任何改变。虽然今天各个种族平均的暴力犯罪比例差别很大，但这种差异无须从基因的角度进行解释，因为一个种族在某一历史时期的暴力犯罪比例可能会与其他时期的任何一个种族完全相同。今天温顺的斯堪的纳维亚人是嗜杀残忍的维京人的后代，而在殖民主义衰落之后饱受战争之苦的非洲与罗马帝国衰落之后的欧洲也很相像。任何一个能繁衍到今天的种族，在其为期不长的历史上，其祖先可能都有着好斗的特性。

第二种担忧是，如果人们天生就有暴力动机，那么他们就会不由自主地从事暴力活动，或者在任何时间都很暴力，就像动画片《兔八哥》（*Looney Tunes*）中的“大嘴怪”（Tasmanian Devil），它醒着的时候所过之处就会一片狼藉。这种担忧源于杀人猿猴的古老观念，它渴求鲜血，希望置他人于死地，它坚守自己的领地，还有一颗充满暴力的头脑。事实上，如果大脑之中存在暴力这一可选策略，那么这也是一种权变策略，经由复杂的神经回路计算，决定何时在哪里实施这一策略。动物会以高度选择性的方式使用攻击策略，而人类的边缘系统是由巨大的额叶构成的，因此他们在是否使用暴力的问题上能够进行更好的计划。对于当今的大部分人而言，他们在自己的成人生活中根本无须启动大脑中的暴力按钮。

那么有何证据表明，人类在进化中拥有了决定如何使用暴力的机制呢？首先，我们要牢记的一点是，攻击是一种有组织、有一定目标指向的活动，与源于随机的机能失调所导致的事情大不相同。如果你松开手柄之后，剪草机依然在前行，而且还伤到了你的脚，那么你会怀疑开关卡住了，或者发生了其他故障。但是如果你一从车库里出来，剪草机就从静置状态变成追着你满院子跑，那么你会得出结论说，有人在剪草机中植入了一个芯片，编了程序操纵它这么做。

我们的近亲黑猩猩身上表现出的蓄意谋杀大大增加了这样一种可能性：让我们身上存在暴力的，不仅是某一特定人类文化中的特性，还有进化的力量。在整个历史时期和史前时期，各个人类社会中暴力的普遍存在就是一个强有力的信号，这些迹象表明，人类身上的确存在着暴力基因。

当我们把目光投向人类的身体和大脑时，就会发现有更多直接的迹象表明，人体构造适合进行攻击。从动物学的角度来讲，男人的形体更高大，更有力量，上肢更发达，实际上正是表明了在进化历史中，男性之间有着充满暴力的竞争。其他的一些信号包括睾丸素对支配和暴力的影响（在“性别”一章我们将会再次谈到）、愤怒的情绪（紧咬牙关及握紧拳头）、自主神经系统的战斗或逃跑反应（对这种反应的命名很有启发意义）、大脑中抑制系统的损坏（由于摄入酒精，额叶或者杏仁体受损，以及负责血清素新陈代谢的基因有缺陷而造成的）会导致攻击性行为（由边缘系统中的神经回路发出）。

各种文化背景下的男孩子都会自发地参与到混战游戏之中，而这明显是一种战斗练习，他们会分化成激烈竞争的联盟。想一想威灵顿公爵的名言，“滑铁卢战役的胜利是在伊顿公学的操场赢得的”。在孩子们受到战斗玩具和文化陋习影响之前，他们就已经表现出了暴力行为。最具暴力的年龄并不是青少年时期，而是幼儿期。最近的一项大型研究发现，差不多一半刚过 2 岁的男孩子及比这个比例稍低一点的女孩子，会参与到击打、撕咬和踢打活动中。正如研究者所指出的：“孩子们并没有彼此杀戮，因为我们没有让他们接触到刀叉和枪支。在过去 30 年间，我们一直试图回答的问题是孩子们如何学会了攻击。但这个问题本身就是错误的。正确的问题应是，他们如何才能学会不去进行攻击。”

一生中，暴力会持续地萦绕在我们的头脑中。心理学家道格拉斯·肯里克和戴维·巴斯（David Buss）在数个国家进行的独立研究表明，80% 以上的女性和 90% 以上的男性曾经幻想过杀死他们不喜欢的人，尤其是他们的情敌、继父母以及那些让他们在公众面前丢脸的人。如果从谋杀推理小说、罪案剧、间谍片、莎士比亚式的悲剧、《圣经》、英雄传说和英雄史诗的流行程度来判断，所有文化中的人们在想到杀戮时都会感到幸灾乐祸。

在汤姆·斯托帕德（Tom Stoppard）导演的《君臣人子小命呜呼》（*Rosencrantz and Guildenstern Are Dead*）当中，一个角色问道：“你是不是对古时的悲剧戏很熟悉？尤其是那些最伟大的杀人剧目？”人们也喜欢观赏我们称之为“体育”的程序化斗争，其中包括瞄准、追逐或格斗，直至最终区分出获胜者及被征服者。如果语言是一个向导，那么人们在对其他形式的诸多尝试用概念表示时，都采用了比较具有攻击性的形式，如知识争论（驳倒、战胜或者推翻某种观念或它的提出者）、社会变革（与罪犯斗争、反对歧视、向贫穷开战、向毒品开战）及医疗（战胜癌症、止痛药、战胜艾滋病、向癌症开战）。

事实上，如果有人发问：一个人在进行暴力活动时，可能是他的什么方面出了问题（社会方面还是生物学方面）？那么这无疑是一种很糟糕的提问。几乎每个人都承认，在保卫自我、家庭和无辜的受害者时，暴力是必需的。道德哲学家指出，甚至存在在其中使用酷刑是合乎正义的情形，比如当得知一个被抓捕的恐怖分子在一个人口密集的地方放置了一枚定时炸弹，但他拒绝说出这个地方是哪里时。而且更普遍地，一种暴力心态要被判定为英雄主义还是病态，要取决于哪方的公牛被刺伤。是自由主义斗士还是恐怖分子，罗宾汉还是毛贼，守护天使还是街头黑帮，贵族还是军阀，烈士还是神风特攻队，将军还是黑帮头子——这些都属于价值判断，而不是科学分类。我不相信大部分受到赞美的主角的大脑或基因与他们备受批评的对手截然不同。

依据这种思路，我发现自己赞同激进科学家们的观点。他们认为，如果只关注犯下暴力罪行之人的基因或心理，我们将永远无法获得对暴力的理解。暴力是一个社会和政治问题,而非仅仅是一个生物学和心理学问题。然而,我们称之为“社会性”和“政治性”的现象，并不是像太阳黑子那样会对人类行为产生神秘影响的外部事物，而是在某个特定时空背景下个体之间达成的共识。因此，如果不对人类的心灵有一个彻底的了解，我们就无法理解暴力。

在本章的其余部分，我将探讨暴力的逻辑，以及为什么与暴力有关的情感和思维能够进化出来。这是解开生物学和文化之间的死结所必需的，正是这个结使得暴力问题让人大伤脑筋。这有助于解释虽然人们具有暴力倾向，但只是在特定的情形之下才会将这种倾向转化为行动。此外，这样做至少从某种意义上也阐明了暴力在何时可被归结为理性选择，在何时又可被归结为明显的自我挫败；也有助于解释为什么在不存在任何基因差异的情形下，在某些时间、某些地域，暴力会更为流行；最后，还有助于解释我们如何能够减少和预防暴力。

导致争执的三个主要原因

理解暴力的第一步是暂不考虑对它的厌恶，以便用个人术语或进化术语来考察它为何在某些时候能够带来益处。这要求我们把对这一问题的表达倒置过来——不是暴力为什么会发生，而是暴力为什么没有发生。毕竟，道德规范并没有随着大爆炸一并到来，并像背景辐射一样弥漫在整个宇宙中。我们的祖先经过了数百万年的进化之后才发现了道德，关于这一无关乎道德的过程，我们称之为自然选择。

在我看来，霍布斯在《利维坦》中对这种非道德背景所带来的结果有着最好的阐释。遗憾的是，霍布斯使用的简洁词语“卑劣、野蛮和短寿”，以及他设想的能够使我们避免相互伤害的一个拥有无上权力的利维坦形象，让人们误解了他的观点。人们通常会认为，霍布斯主张的是人处于自然状态的情形下，他拥有的只是敌视和毁灭的非理性冲动。而事实上，他的分析要更为精妙，而且可能更加具有悲剧性，因为他揭示了暴力机制如何从理性、自利的行动者的互动中产生。霍布斯的分析得到了进化生物学、博弈论和社会心理学的再次确认。在讨论人们是如何具备和平本能从而对抗暴力本能之前，我将运用他的分析来组织我对暴力背后的逻辑的探讨。

霍布斯在那段著名的“人类生活”前面是这样分析的：

> 在人类的本性之中，我们发现了导致争执的三大原因。第一，竞争；第二，缺乏自信；第三，荣誉。第一个原因促使男人为了获利而去侵略；第二个原因促使人们为了安全而去侵略；第三个原因促使人们为了名声而去侵略。基于第一个原因，人们使用暴力，由此他们可以成为他人、他人的妻子、孩子和牲畜的主人；基于第二个原因，人们会使用暴力去保卫自己；基于第三个原因，人们可能会因为琐碎小事而使用暴力，如一句话、一个表情、

一个不同观点，以及其他任何有轻视意味的信号，不管是直接针对他的，还是针对他的亲属、朋友、国家、职业或他的姓名。

第一个原因：竞争

第一个原因，竞争。竞争是自然选择的动力，这意味着自然选择的产物（按照理查德·道金斯的隐喻，意指存活下来的机器）默认的是，采取一切有利于他们自身生存和繁殖的行为。道金斯解释说：

> 对于一个存活下来的机器来说，另外一个存活下来的机器（不是它的后代或者近亲）就是其环境的一部分，就像是一块岩石、一条河，或是一块食物。它或者成为障碍物，或者成为可以利用的资源。在某个重要的方面，它与岩石或河流不同：它会还击。这是因为它也是一个机器，它也奉命将自身承载的基因永久地传承下去，而且为了“保卫”自己的基因它也会无所顾忌。最受自然选择青睐的基因能够控制那些存活下来的机器，使其能够充分利用环境资源。其中包括对其他存活下来的机器、同一物种、不同物种的最佳利用。

如果一个障碍物妨碍了某个有机体的某种需求，那么就应该使这个物体失去阻扰能力或消灭它，从而消除障碍。其中就包括了障碍物碰巧是一个人的情况，如一个人垄断了你想要的土地或者食物资源。即便是在现代的民族国家之间，赤裸裸的自我利益也是发动战争的一个主要动因。政治科学家布鲁斯·布埃诺·德·梅斯奎塔（Bruce Bueno de Mesquita）对过去两个世纪中的251个现实世界冲突的教唆者进行分析并得出了结论，在大多数情况下，侵略的一方的成功实施入侵都是符合国家利益的。

另外一种由人导致障碍的情况是这样的：一个男人垄断了女人，而这些女人本来可以成为其他人的妻子。霍布斯在不知道进化理论的情况下就呼吁我们注意这种情况，而在数个世纪后，罗伯特·特里弗斯也提出了这一点：雄性和雌性在最低亲代投资上的差异使得雌性的生殖能力成了一种雄性需要去竞争的稀缺资源。这解释了为何男性更具暴力倾向，以及为什么即便是在自身生存需求得到满足的情况下，他们还是会去争夺一些事物。

关于前国家社会中的战争研究已经证实，男人发动战争并不一定是因为缺少土地和食物。他们经常掠夺别的村镇以劫持妇女，以报复别人掠夺了他们自己的女人，或者是为了在交换女性进行通婚产生争议时，维护自己的利益。在女性有了更多话语权的社会里，男性依然会围绕女性展开竞争，只是转变为了围绕地位和财富展开的竞争，因为这两者会对女性产生吸引。这种竞争可以是充满暴力的，因为正如戴利和威尔逊指出的："任何生物，如果认识到自己在繁衍方面会彻底失败，它必然会加倍努力，往往会冒着死亡的危险，以改变自己当下的生活轨道。"

处在这条道路上的一贫如洗的年轻男性，为了提升自己在关于地位、财富和配偶的赌金全赢制比赛中的获胜概率，他们会冒着失去生命或者伤残的危险去斗争。在所有的社会中，从人口统计上看，这类人当中出现的煽动叛乱者、违法犯罪者是最多的。20 世纪 60 年代犯罪率大幅上升，原因之一就是婴儿潮时期出生的男孩子们进入了容易犯罪的年龄段。虽然关于各个国家发动战争的意愿方面存在差异的原因有很多个方面，但其中有一个很简单的因素，那就是 15～29 岁年龄段的男性占总人口的比例。

对于当代读者而言，这套悲观的分析听起来可能不是那么真实，因为我们无法把他人看作自身环境的一部分，可以像花园中的杂草一样消灭掉。除非我们是精神病患者，否则我们会对他人产生同情，我们无法做到没心没肺，从而把他人看作障碍物或猎物。然而，这种同情心并没能阻止人们在整个历史和史前时期犯下各种暴行。要想解决这种矛盾现象，我们需要回想一下，人们区分出的道德圈中并没有包含所有人，而只是包含了他的家族成员、邻居或部落成员。在这个道德圈中，其他人是我们同情的对象；在道德圈之外，我们会把一个人看作一块石头、一条河流或一块食物。在之前的一本书中，我提到亚马孙丛林中的瓦里族（Wari），他们的语言中包含了一整套的区分可食用和不可食用物体的类别词，可食用的物体中就包含了部落成员之外的任何人。因此，心理学家朱迪思·里奇·哈里斯进行了这样的考察：

在瓦里人的字典里，
食物的定义是“非瓦里人。”
他们的饮食很有趣，
几乎都是非瓦里人。

人吃人现象是如此让我们反感，因此许多年来，即便是人类学家也无法坦承这在史前时代很常见的结论。因为这容易让人想到：真的有人能做出这样邪恶的举动吗？当然，动物权利主义者也很看不起肉食者，因为他们认为这些人不仅导致了原本可以避免的数百万计的杀戮，而且在犯下这些行径的时候还非常麻木不仁：不用麻醉剂就对公牛实施阉割、打烙印；刺穿鱼嘴，让它们在船舱窒息而死；生煎龙虾。我在这里不是要为素食主义者进行一个道德陈述，而是要说明人类暴力和暴行背后的心态。历史和人种志表明，人们会像我们现在对待龙虾那样对待陌生人，我们对这种事情的不理解就像动物权利主义者对肉食者的不理解一样。因此，彼得·辛格既是《扩展的圈子》的作者，又是《动物解放》的作者，这绝非偶然。

人们对道德圈之外的他人可能会麻木不仁，这意味着要努力减少暴力，首先应该充分了解道德圈的心理机制，以鼓励人们将所有人都纳入其中。在先前的章节中，我们看到了道德圈如何在数千年中不断扩大。不断扩展的互惠网络使人们认为，其他人活着比死了更有价值，由此道德圈不断得以延展。其他技术也促进了世界主义的观点，因为技术的发展使人们更容易想象到与其他人做生意的交易场所。这些技术包括读写能力、旅行、历史知识和现实主义艺术，这种艺术能够使人们想象自己如何处于其他人的日常生活之中，虽然这些人在其他时间段可能是他们的死敌。

我们也看到了道德圈是如何发生萎缩的。回想一下乔纳森·葛洛夫的研究，暴行往往伴随着一些非人性化策略的运用，比如使用蔑称，有辱人格的生存环境，侮辱性的服饰以及蔑视苦难的“冷笑话”。这些策略可以使心理开关发生反转，把一个个体从“人”变成“非人”，这就使得对某人施加酷刑或杀戮更为随意，就像我们煎活龙虾一样。

社会心理学家菲利普·津巴多（Philip Zimbardo）[①]发现，即便是精英大学的学生，非人化的策略也很容易就让一个人置于另一个人的道德圈之外。津巴多在斯坦福大学心理系的地下室里建立了一个模拟监狱，随机分配给学生囚犯或看守的角色。“囚犯”必须穿上囚服、戴上脚镣，以及穿着尼龙长袜做的帽子，而他们的名字也简化为一个号码。很快，“看守”就开始残酷地对待他们，在他们做俯卧撑的时候站在其背上，用灭火器向他们喷射，逼迫他们徒手清洁厕所。最后，出于被试人身安全的考虑，津巴多终止了这项实验。

另一方面，受害者身上散发的人性气息，偶尔也能够冲破心理开关，将之转换到同情状态下。乔治·奥威尔（George Owell）参加西班牙内战时，曾经看到一个半裸着身子、一只手提着裤子的人在夺命狂奔。“我没有向他射击，”奥威尔写道，“我没有开枪，部分是因为裤子这一细节。我到这里来是向法西斯开枪的。但一个提着裤子的人不是法西斯，他显然属于我们的一个同类，就像你自己一样。”葛洛夫讲述了另外一个例子，这是由南非记者报道的：

> 1985 年，在实施种族隔离政策的南非德班爆发了一场示威。警察像往常一样用暴力对待示威者。一个警察在追逐一位非裔美国人妇女，试图用警棍来击打她。当这位妇女逃跑的时候，她的鞋子掉了。那位警察是一位有着良好教养的年轻南非白人，他知道当一位女性鞋子掉了，应该帮她捡起来。当他把鞋子递过去的时候，他们的眼神相遇了。然后，他就走了，因为用警棍打她不再是他的特权了。

然而，我们不应该自欺欺人地认为，奥威尔（20 世纪最伟大的道德声音）以及那位有着“良好教养”的南非白人的行为是人们的典型反应。许多知识分子认为，绝大部分士兵在战争中不会随意开枪。这种观点一看就是不可信的，因为在 20 世纪爆发的战争中，有数千万士兵被夺去了生命。

我想起了斯托帕德的作品《跳跃者》（*Jumpers*）当中的教授，他注意到芝诺

---

① 菲利普·津巴多，美国心理学家、斯坦福大学教授，以斯坦福监狱实验和编写大学心理学教材而著称。其个人传记《津巴多口述史》展现了他从贫民区穷小子到心理学大师的历练之路，该书中文简体字版已由湛庐引进，浙江教育出版社出版。——编者注

悖论（Zeno's Paradox）让射出去的箭永远无法到达它的目标，因此圣塞巴斯蒂安（Saint Sebastian）必然是惊吓而死的。这种信念可以追溯到一项关于第二次世界大战中步兵的不靠谱研究。在后续访谈中，这些步兵否认有人曾问及他们是否开火，更不用说他们曾经声称自己没有开过火。最近一些关于战争中的士兵和种族屠杀中的暴徒的研究发现，他们展开杀戮时常常会表现得兴致勃勃，处于一种他们称之为“欣喜”或“入迷”的状态。

葛洛夫讲的“逸闻趣事”强化了人们的这一希望，即人类能够将陌生人划到不能用暴力对待的道德圈之内。但是这些事情也提醒我们，事实上，这些陌生人被置于了道德圈之外。

第二个原因：缺乏自信

第二个原因，缺乏自信，这个词的原意是“不信任”。霍布斯曾经翻译了修昔底德（Thucydides）的《伯罗奔尼撒战争史》（*History of the Peloponnesian War*），修昔底德观察到，“正是雅典人强大的力量以及由此给斯巴达人带来的恐惧，导致了战争变得不可避免”，这让霍布斯大为震撼。如果你有邻居，那么他们可能会垂涎你所拥有的，在这种情况下，你就成了他们欲求实现的障碍。因此，你必须做好保卫自己的准备。即便使用了修筑城墙、马其诺防线（Maginot Line）或反弹道导弹这样的防御技术手段，防御依然充满着不确定性，而如果没有这些技术，防卫的不确定性就更高了。自我保护的唯一选项就是先发制人，彻底消灭潜在的、相邻的敌手。“最好的防守就是进攻，反之亦然。”

令人感到悲惨的是，即便你骨子里不是一个好斗之人，你也会得出这样的结论。之所以会这样，是因为你意识到其他人可能会垂涎你所拥有的，是因为你不想被残杀。更为悲剧的是，你的邻居有充分的理由很快做出同样的推理，而且如果他们这样做的话，会让你更加害怕，这样先发制人的打击就会更加有效。对于他们来说，就会使得先发制人的打击更具诱惑力，如此这般，一直继续下去。

这种“霍布斯陷阱”（Hobbesian trap）是暴力冲突的一个普遍原因。政治科学家托马斯·谢林（Thomas Schelling）将之类比成一个持枪的房主突然遇到一个持枪的窃贼。即便双方都不想杀死对方，但是每个人都会产生为了避免被射杀而率先开枪的冲动。“霍布斯陷阱”使得一个人陷入与另外一个人对抗的困境，这是在小说中反复出现的主题，如好莱坞西部片中的暴徒，冷战恐怖片中的间谍对决，以及鲍勃·马利（Bob Marley）的歌词“我向警长开枪”。

但由于人类是社会性动物，因此，“霍布斯陷阱”常常使一个群体与另一个群体处于对抗状态。群体之内是安全的，因此人类可以经由共同的基因或者互惠承诺形成联盟，以获得保护。不幸的是，“霍布斯陷阱”的逻辑意味着在群体之内也存在着危险，因为邻居们可能担心他们会失去成员资格，所以会结成联盟，以遏制不断增加的威胁。因此，一个人对威胁的遏制就导致了另一个人被孤立，这会使得危险呈螺旋形上升。人类的社会性是最原始的“纠缠的同盟”，并非抱着恶意而结盟的双方会发现，当同盟中的一方攻击同盟中的另一方时，他们会进行交战。这就是我为何专门用单独的一章来探讨谋杀和战争的原因所在。如果一个种群内部的成员间能够建立忠贞不渝的联盟关系，那么这个种群中的第一名很容易退居第二名。

对于人类来说，这种危险特别严重。与大部分哺乳动物不同，人们在性成熟之后，常常是婚后在男方家中与有亲缘关系的男性居住在一起，而不是离开群体。在大猩猩和海豚当中，有亲缘关系的雄性也会住在一起，它们也会形成有攻击性的联盟。我们所谓的“种族群体”是扩展了的规模巨大的家庭，而且虽然在现代种族群体中，这种家庭联系可能太过疏远，因此可能不会出现基于亲缘关系的利他主义，但对那种规模较小、人类由此进化而来的联盟来说，情况并不是这样。即便是今天的种族群体也常常会认为自己是一个大家庭，在种族之间的暴力对抗中，人们会非常明显地扮演着忠于种族的角色。

现代智人独有的一个特征就是能够制作工具。竞争使工具制造变成武器研发，缺乏自信能够使武器研发变成军备竞赛。军备竞赛与联盟一样，能够使恐惧和不信任的螺旋加速上升，增加战争的可能性。人类这个物种在工具制造方面表现出的自负，是我们如此热衷于彼此间杀戮的原因之一。

“霍布斯陷阱”的恶性循环能够帮助我们理解，为什么从摩擦到战争（偶尔也会出现缓和）的升级过程能够发生得如此突然。数学家和计算机模拟程序设计出了一些模型，在这些模型中，几个博弈者会获取武器或者结成联盟，以应对其他博弈者正在进行的举措。这些模型往往会表现出混沌的行为，一个微小参数值的变化往往会带来巨大的、不可预知的后果。

从霍布斯对伯罗奔尼撒战争的引用中，我们可以推断出，群体之间的“霍布斯陷阱”远非臆想。夏依描述了雅诺马马村镇如何陷入了可能被别的村镇屠杀（有着充分的理由）的危险境地，此外，还描述了雅诺马马人如何偶尔发动先发制人的攻击，以及这种攻击如何使得其他村镇有了充足的理由也进行先发制人的攻击，又是如何促使其他村镇形成联盟，从而使得他们的邻居更加紧张不安的。街头黑帮和黑手党家族也会进行类似的阴谋诡计。在过去的20世纪中，第一次世界大战，以色列和阿富汗之间的第三次中东战争以及20世纪90年代南联盟战争的爆发，都部分地基于“霍布斯陷阱”。

政治科学家约翰·瓦斯克斯（John Vasquez）用定量方法证明了这一点。他对过去两个世纪里数百个冲突事件进行研究之后发现，“霍布斯陷阱”的构成要素——对安全的关注、纠缠的同盟和军备竞赛——能够从统计上预测从摩擦到战争的转变升级。冷战时期的核战略家们身上明显地体现了“霍布斯陷阱”的逻辑，最终世界的命运也确实因此发生了转移。这一逻辑产生了一些令人发狂的核战略困境：拥有足够的导弹摧毁一个敌人，但没有足够的导弹在他对你的这些导弹发动攻击后还能摧毁对方，为何这一点特别危险呢（因为这样一来，敌人有很强的动机进行先发制人的打击）？为什么建立起坚不可摧的针对敌方导弹的防御体系会使整个世界处于更危险的境地（因为敌人会在防御系统完成使其坐以待毙的目标之前发动先发制人的打击）？

如果一个强大的群体在一次令人惊讶的行动中击败了一个弱小的群体，霍布斯式的愤世嫉俗者不会对此大惊小怪。但是当交战的一方击败了另一方，逻辑就没有这么清晰了。考虑到获胜方和失败方在战争中都损失惨重，我们可能会预计双方都会评估另一方的实力，较弱的一方会割让双方争议的资源，而不再做无谓的斗争。因为如果继续斗争的话，也只能导致同样的结果。大部分行为生态学家相信，动物世界中的让步、投降仪式都是基于此进化出来的（而不是像洛伦茨所设想的那样，是为了种群的利益）。有时候，双方几乎势均力敌，争夺的赌注异常巨大，双方都会选择继续进行战斗，因为这是唯一证明谁更强的方法。

但是在其他一些时刻，一个指挥官会在没有任何获胜可能的情形下，自己或者驱使他的下属进入死亡谷。无能的军队指挥官长期以来一直让历史学家大为震惊，灵长类动物学家理查德·兰厄姆（Richard Wrangham）认为，这可能是源于虚张声势和自欺。确保对手不会发动战争，关键不在于使自己成为更强的一方，而在于使自己看起来更强，因此，自己就会有动机虚张声势，并且要善于洞察对手的虚张声势。

由于最有效的虚张声势策略是连自己都深信不疑的策略，因此在不断升级的敌对中，会进化出一定程度的自欺。但它必定是有限度的，因为虚张声势被识破的话会比第一回合就被打败还要糟糕，而一旦这种限度被打破，双方就会走到危险的境地，其结果就会演变成人类的一场灾难。历史学家芭芭拉·塔奇曼（Barbara Tuchman）在她的著作《八月炮火》（*The Guns of August*）（关于第一次世界大战）和《愚蠢进行曲：从特洛伊到越南》（*The March of Folly: From Troy to Vietnam*）当中强调，自欺在整个人类历史上的那些灾难性战争中扮演着重要的角色。

做好进行先发制人的攻击准备，会成为一把双刃剑，因为它会让你成为先发制人攻击的目标。因此，人们发明了，也许是进化出了一种替代性防御：广而告之的威慑性策略、以牙还牙的复仇法。这源于众所周知的《圣经》训诫中“以眼还眼，以牙还牙”的复仇法则。如果你告诉潜在的对手，并使之确信“我们不会先发动攻击，但是如果我们受到攻击，我们能够挺住并进行反击”，你就可以消除霍布斯说的发生争执的前两个诱因，即竞争和不自信。别人对你造成什么样的伤害，你就回敬给他同样的伤害，这种策略制止了他人进行劫掠以满足自身欲求的动机。你所采用的不主动攻击的策略，打消了对方由于不信任而发起攻击的动机。当你的报复带来的伤害没有超出对方给你造成的伤害时，上述情况就能够再次得到强化，因为它消除了这样一个担忧：你利用一个站不住脚的借口，使自己实施的具有投机取巧性质的大规模攻击行为变得合理化。

“保证双方相互毁灭”的核战略是报复法则在当代最明显的例证。但这是一种古老的冲动，即复仇情感最直接的体现，这种情感可能经过自然选择已经成了大脑的一部分。戴利和威尔逊注意到，“在世界上的任何一个社会当中，我们都能看到为被杀死的父亲或兄长报仇的誓言，都能看到把这些誓言神圣化的仪式——一个母亲抚养她的儿子长大，要他为在其孩童时就被杀害的父亲复仇；或者是看到坟墓边的誓言，或者是喝死去的男性亲属的血作为誓约，又或是将他的血衣作为一件遗物”。在现代国家中常常会发现，社会治理与其公民渴望复仇的心理处于矛盾之中。如街头黑帮被起诉，因为“这些人私自治罪”。除了最近的几个例外情况，现代社会常常忽视犯罪受害者及其亲属在做出控诉、认罪辩诉协议或处罚决策时拥有发言权的请求。

正如我们在第 10 章中看到的，要想使复仇发挥威慑作用，那么它必然是无法缓和的。实施复仇是一件很危险的事情，因为如果对手非常危险，能够先伤害你，那么他不大可能面对惩罚而无动于衷。由于伤害已经发生，因此一个冷静的理性的受害者可能不会认为进行报复合乎自己的利益。由于施暴者能够预料到这点，他可能会识破受害人的虚张声势，对之进行虐待而不用担心自己会受到惩罚。如果换个角度，潜在的受害者和他们的亲属将会陷入报复的冲动不能自拔，如将自己的儿子抚养成人，要其为死去的父亲复仇，喝下死去之人的血以作为誓约，等等，那么一个施害者在施加伤害之前可能会三思而后行。

复仇法则要求报复要有一个道德缘由，以将之与原始的攻击区分开来。复仇者必须是受到攻击或其他不公才被激怒的。对世仇、战争和种族暴力的研究表明，行凶者的怒火几乎都是源于他们对受害者的不满。这种心理所固有的危险显而易见：在判断一个初始的暴力行为是合乎情理（也许是一个自我防卫行为，拿回对方以不义手段从自己这里攫取的利益，或者是报复对方先前的攻击）还是毫无缘由时，双方会产生意见分歧。一方可能会看到双方的报复是对称的，因此觉得正义的天平不偏不倚，而另一方可能会觉得对方的报复比自己多一次，所以自己需要再往天平上加一个砝码。自欺可能会为双方壮胆，使他们相信自己的理由正义非凡，这就会使双方的和解变得几乎不太可能。

要使报复发挥威慑作用，另外一项必不可少的要素是，使报复的意愿众人皆知，因为威慑的核心是让潜在的攻击者在攻击前三思。因此，我们需要关注霍布斯提出的关于争议的最后一个原因。

第三个原因：荣誉

第三个原因，荣誉，更准确地说是“名誉”。霍布斯注意到，人们会因为“一句话、一个微笑、一个不同观点或其他任何有轻视意味的信号”而发生斗争。无论是在当今，还是在 17 世纪，这一现象的真实性是一样的。自从有了城市犯罪统计记录以来，最常见的杀人原因就是“争执”。警方笔录分类对这个词的定义是：“因为相对琐碎的事情而发生的口角；侮辱、咒骂、推搡等。”达拉斯的一位凶案侦探回忆说：“凶手都是因为一些无关痛痒的争吵而行凶的。先是大动肝火，随后战斗开始，直至某个人被刺伤或者枪击。我曾经参与过一些案子，当事人甚至会因为自动唱片点唱机中 10 美分的唱片，或者因为掷骰子游戏中一美元的赌注而产生争吵。”

国家之间的战争常常是因为国家荣誉而爆发的，即便是在物质利益很小的情况下依然如此。20 世纪 60 年代末 70 年代初，大部分美国人对自己国家在越南战争中的表现已经不再抱任何幻想，在他们看来，这场战争是不道德的，是无法获胜的，或者说是两者兼备的。但与和平运动提倡的无条件撤出美国军队相反，大部分人选择了支持理查德·尼克松和他的口号“和平与荣誉”（Peace with Honor）。事实上，这导致了缓慢地撤军，直到 1973 年美国依然在越南有军事力量存在，其付出的代价是两万美军士兵以及更多越南人的生命。当然，结果没有发生任何改变，越南政府被打败。捍卫国家的荣誉也依然是最近一些战争的幕后原因，比如英国于 1982 年再次夺回福克兰群岛，美国于 1983 年入侵格林纳达。1969 年，萨尔瓦多和洪都拉斯之间更因为国家足球队比赛中的争议而爆发了毁灭性的战争。

由于威慑的逻辑，源于个人或者国家荣誉的争斗并不像它们看上去那样的白痴。在敌对情形之下，人们和国家必须使潜在的敌对方知晓，他们会对任何损人利己之事进行报复，这意味着，他们会对任何怠慢或入侵进行报复，而不管其规模大小，从而维护自己的声誉。他们必然会使这一点人尽皆知，就像吉姆·格罗斯（Jim Croce）的歌词那样："你不要拽超人的披风；你不要对着风吐痰；你不要摘掉独行侠的面具；你不要对吉姆那么随便。"

这种心理，对我们这些能够通过拨打911，从而使邪恶无处容身的人来说很陌生。但并不总是存在拨打911这一选项。对于处在前国家社会中的人来说，对于处于阿巴拉契亚山脉或者狂野西部的未开发地区的人，或者是苏格兰偏远的高地地区、巴尔干半岛、印度支那地区的人来说，他们并不具备这种选择。对于由于自身工作性质，如法律禁止的酒类走私贩子、内城区的毒品交易者以及与黑手党有瓜葛的"体面人"来说，他们也不具备这种选择。对于与其他国家进行交往的单一民族国家来说，这种选项也不存在。戴利和威尔逊对这些情境中的心理进行了分析：

> 在长期充斥着世仇和战争的社会中，男子汉的美德中有一项就是进行暴力活动的能力；猎取人头、发动攻击可能都会变成声望，杀人行为甚至会成为成人仪式必不可少的内容。而把另一半脸颊转过来让人打并不会被认为是品德高尚，相反会被认为愚不可及，或者说卑微懦弱。

因此，我先前援引的社会建构主义者的错误之处不在于认为拥有好斗的男子汉气概的文化是暴力的主要根源，而在于他们认为这是美国文化独有的，是由于男孩子与他们的母亲分开，或者是因为他们不愿表达自己的情感造成的，这种主观的社会建构能够通过口头评论被"解构"。而公共卫生取向的研究者，他们认为暴力犯罪比例会随着社会状况的变化而变化，这一点是正确的，但他们把暴力看作一种医学意义上的病变则是错误的。荣誉文化在世界各个地方都有很强的生命力，因为它们增强了普遍的人类情感，如自豪、愤怒、报复、亲人之爱，此外，还因为它们会在我们对所处境况做出敏感反应时出现。事实上，这些情感即便没有诉诸暴力形式，我们对它们也是非常熟悉的，如路怒症、办公室政治、政治性隐私揭露、学术中伤及电子邮件口水战等。

在《荣誉文化》(*Culture of Honor*)这本书中，社会心理学家理查德·尼斯贝特(Richard Nisbett)和多佛·科恩(Dov Cohen)指出，在法律无法企及、贵重财产很容易遭窃的社会环境中更容易衍生出暴力文化。在畜牧社会当中，这两个条件都很符合。牧民往往居住在不适合庄稼生长的地方，因此也就远离了政府所在的中心地带。他们的主要财产是牲畜，相对于农夫的主要资产——土地来说，牲畜更容易被偷走。因此，在畜牧社会，一个男人眨眼之间就可能被剥夺财富(以及他获取财富的能力)。在这种环境下，男人就形成了受到轻微冒犯就会引发暴力报复的心理，不仅是针对偷牛贼，而且是针对任何试图用无礼行为来试探他们决心的人，因为这些无礼行为可能会让偷牛贼觉得偷窃他们比较容易。

苏格兰高地人、阿巴拉契亚山区的男人、西部牛仔、马赛族(Marsai)战士、苏族人(Sioux Indian)、德鲁兹(Druze)和贝都因(Bedouin)部落男子、巴尔干家族成员以及印度支那山地居民(Montagnard)，都是一些我们很熟悉的例子。

男人的荣誉也是约翰·塞尔意义上的一种"社会现实"：之所以说它存在，是因为每个人都认为它存在，但它的真实性不限于此，它属于一种共同使用的权力。当个体的生活方式发生变化之后，荣誉文化可能依然伴随着他们，因为对任何人来说，率先放弃这种文化都很困难。即便当羊群和山脉已经成为古老的记忆，但是放弃这种文化的行为，可能会被认为是承认自己的软弱和卑贱。

长期以来，美国南部的暴力犯罪比例都高于北部，包括为了"男人荣誉"而进行决斗的传统，比如安德鲁·杰克逊(Andrew Jackson)。尼斯贝特和科恩注意到，南方最初的定居者大部分是来自苏格兰和爱尔兰的牧民，而北部的定居者主要是英格兰的农民。而且，南方山区的边缘地区在大部分的时间里都不在法律管控范围内。在21世纪之初，南方的荣誉文化在法律和社会态度方面，依然有着鲜活的体现。南部各州对拥有枪支的限制更少，允许人们无须退让，可以先向攻击者或入室抢劫者开枪，对父母打孩子屁股、学校实施体罚持容忍态度，在国防问题上带有更多的强硬派味道，处死的罪犯也更多。

这些态度并不是飘浮在一朵叫作"文化"的云彩中，而是显而易见地存在于每一个南方人的心中。尼斯贝特和科恩在自由的密歇根大学刊登了一则带有欺骗性的心理学实验。要想进入实验室，被试需要从一个（实验人员的）助手身边挤过去，这个助手这时正在走廊里整理文件。当被试与助手擦肩而过时，助手会猛地关上抽屉并嘟囔道“白痴”。

实验结果显示，来自北部各州的学生对此都一笑了之，而来自南方的学生则明显受到了刺激。南方的这些学生的睾丸素和皮质醇（一种应激激素）水平比较高，自我报告的自尊水平比较低。他们的补偿办法是，握手时更为用力，对主试表现得更为强势。当他们走在出实验室的路上，遇到另一个即将到达窄窄的走廊的实验助手时（要想经过此路，双方必须有一个人要让一步）他们都拒绝原路返回。南方学生并非习惯性地带着愤怒，没有受到冒犯的控制组被试表现得像北方学生一样冷静、镇定，而且南方学生并不赞成抽象层面的暴力，他们只是赞成在受到冒犯时使用暴力。

内城区的非裔美国人处在西方民主社会暴力行为更为明显的环境中，他们也有着根深蒂固的荣誉文化。社会学家以利亚·安德森（Elijah Anderson）在他极富洞察力的文章《街头的规范》（*The Code of the Streets*）中，描述了年轻人对尊重的迷恋，如他们的良好声誉的养成，他们参与到因任何轻慢而引发的暴力复仇中的意愿，以及他们对这一行为规范的普遍认可。“如果某人对你持异议，那么你要将其态度扭转过来”这样的句子，如果不是其中的非裔美国人方言，那么安德森对这种规范的描述，与人们对南方白人的荣誉文化的描述毫无二致。

内城区的非裔美国人从来都不是牧民，那么他们为什么会衍生出荣誉文化呢？第一种可能是，当他们在两次世界大战后移居到大城市时，他们也将这种文化从南方带来了——这是对南方种族主义者的绝妙讽刺，因为这些人指责说，内城区的暴力是非裔美国人所独有的。第二种可能是，年轻男性的财富很容易被窃走，因为他们的财富往往是以现金或者毒品形式存在的。第三种可能是，贫民区与偏远地区相类似，无法依赖警察的保护，匪帮说唱团体嘻哈乐队曾经发行过一张《911 是一个笑话》的唱片。第四种可能是，穷人，尤其是年轻男性，无法从体面的工作、漂亮的房子或专业成就中获得自豪感，对于经历了数个世纪的奴役和歧视的非裔美国人来说，这种情形的确有可能是真实的。街头的声望是他们对地位的唯一要求。

安德森指出，最后一种可能是，街头规范能使其自身永久地存在着。内城区大多数的非裔美国家庭都支持爱好和平的中产阶级价值观，他们认为那是“正派的，合乎礼仪的”。但是这并不足以终结荣誉文化：

> 每个人都知道，如果违背这些规则将会受到惩罚。因此，关于这套规范的知识很大程度上具有防御性；它必须在公众中运行。因此，那些向往正派的家庭，即使是他们通常会反对这套规范的价值观，但他们常常不情愿鼓励自己的孩子去熟悉这套东西，以使孩子能够应对内城区的环境。

对贫民区的暴力机制的研究与安德森的分析是相吻合的。1985 年到 1993 年间，美国城市犯罪率暴涨，部分原因与快克可卡因的出现及由其衍生出的地下经济有关联。正如经济学家杰夫·格罗格（Jeff Grogger）所指出的：“在缺乏合法追索权的情况下，暴力是确保产权的一种方式。”新毒品经济中出现的暴力引起了预料之中的“霍布斯陷阱”。

正如犯罪学家杰弗里·费根（Jeffery Fagan）所观察到的，枪支的使用像细菌传染一样蔓延开来，因为“本来并不会想到去拥有枪支的年轻人发现，要想使自己不变成拥有枪支的人们的枪下鬼，他们自己必须也拥有枪支”。正如我们在“政治”那一章看到的，显著的经济不平等是预测暴力的一个极好指标（要比财产本身更好），可能是因为男人被剥夺了获取身份的合法途径，只能获取街头的身份。因此，当十几岁的非裔美国人远离了下层阶级的邻居之后，他们并没有表现得比同龄的白人孩子更加暴力或犯下更多的罪行，这一点不足为奇。

霍布斯的“以暴制暴”

当前关于社会犯罪和战争方面的证据已经证实了霍布斯对于暴力成因的分析，这说明暴力不是一种原始的、非理性的冲动，更不是一种病变，除非我们是从隐喻的意义上来表明每个人都希望消灭暴力。相反，它是自利的、理性的社会有机体的动力机制不可避免的产物。

但是霍布斯并不是以解释暴力的原因而闻名的，而是以其提出的一种防止暴力的方法而闻名，“一种共有的使他们都感到畏惧的权力”。他设想的国家就是实施这一原则的工具：“当别人也是如此时，个体会自愿放弃对任何人实施暴力的权力；一个人对其拥有的针对他人的自由权感到满意，那么他也会允许别人用这些自由权针对他自己。”人们将权力赋予一个拥有最高统治权的个人或者议会，这个个体或议会就能够利用立契约者的集体力量来使每个人都遵守这一协定，因为“契约如果没有武力来做保证就只是空话，就根本没有能力来保证个人的安全”。

对于被赋予了唯一合法使用暴力的政府机构来说，它能够化解霍布斯谈及的关于争执的各种原因。通过对施害者施加惩罚，政府机构消除了攻击他人获得的收益。这反过来也消除了“霍布斯陷阱”的危险性，在“霍布斯陷阱”中，互不信任的人们都会为了避免受到别人的攻击而产生先发制人的动机。对违法、惩罚以及公正执法进行界定的法律系统能够消除对一触即发的报复的需求，以及随之而来的对荣誉文化的需求。

人们能够确信的是，其他一些人将会制止他们的敌人，使他们不再为了证明自己不是出气筒而保持好斗的姿态。由第三方来对违法之事进行衡量并决定处罚，能够防止自欺的危害，因为自欺通常会让双方都觉得自己受到了更多的攻击。非政府的冲突调节方法也能带来第三方仲裁的这些作用，调停者会尽力帮助敌对的双方达成协议，或者由仲裁者提供一个无法强制执行的裁定。然而，这些缺乏权威性的仲裁会存在这样的问题，即当结果不符合冲突各方的预期时，他们是可以弃之不理的。

由拥有武装的权威做出裁判，这看起来是人们发明出的最有效的减少暴力的通用技术。虽然我们会对打击犯罪政策进行调整，如选择绞死行凶者还是将其终身监禁，将会减少几个百分点的在暴力犯罪问题上存在的争论，但与无政府主义状态相比，我们对一个犯罪审判系统所具有的巨大效果并没有任何争议。在前国家社会当中，谋杀率高得惊人，10%～60% 的男人会死于其他男人之手。另外一项证据表明，在世界的任何一个法律没能企及的角落，就会出现充满暴力的荣誉文化。

许多历史学家认为，在欧洲的中世纪以及其他时期，人们默认了中央集权的存在，这样自己就不需要再去报复那些可能会伤害自己和家人的人。这些权力机构的增加，或许可以解释为什么在中世纪以后欧洲的谋杀率出现了上百倍的下降。从 19 世纪前半叶到后半叶，美国的城市犯罪率出现了急剧下滑，这与城市里专业化的政府力量的形成相对应。虽然关于 20 世纪 90 年代美国犯罪率下降的原因，至今依然存有争议，而且确实可能是多种因素导致的结果，但许多犯罪学家仍认为，一定程度上要归结为更加密集的社会巡逻和更高的暴力犯罪者监禁比率。

反过来看，情况依然如此。当法律执行消失后，各种暴力形式都会出现：劫掠、复仇、种族清洗，以及黑帮、军阀和黑手党之间的小规模冲突。在异常和平、非常浪漫的 20 世纪 60 年代的加拿大，作为一名 10 岁出头的小孩子，我是巴枯宁无政府主义的忠实拥趸。对于我父母的观点，即如果政府解散了军队，那么所有的地狱之门将会松动，我常常大加嘲讽。

1969 年 10 月 17 日上午 8 点，当蒙特利尔的警察罢工时，我和我父母双方所持的互相对立的假定得到了检验。在那天上午 11 点 20 分，市区出现了第一起银行被抢的事件。到了中午，市中心大部分的店铺都因为抢劫而关门。在几个小时后，出租车司机们烧毁了一个与他们争夺机场顾客的机场巴士车库，一个屋顶上的狙击手杀死了一名省级警官，暴徒们闯进了几家旅馆和餐厅，一名医生在他乡下的家中杀死了一名入室抢劫者。当那天结束时，有 6 家银行被抢，数百家商店遭到洗劫，12 处地方起火，40 家店铺玻璃被砸碎，财产损失达 300 万美元，市政府不得不动用军队及骑警来恢复秩序。这个具有决定性的事实检验，使我的政治信仰支离破碎（也让我预先尝到了作为一个科学家的体验）。

由于缺乏政府的领导，无政府主义必将会导致暴力混乱，这种具有普遍性的看法似乎是老生常谈，但在今天依然存在的浪漫主义氛围中，这种说法常常会受到忽视。对许多保守主义者来说，政府是令人讨厌的，而对于许多自由主义者来说，警察和监狱系统是需要被诅咒的。相对于无期徒刑来说，死刑具有的威慑价值并不是很确定，因此许多左翼人士也援引了这一点，强调威慑大体上并不是很有效。加强对内城住宅区的巡逻也遭到了许多人的反对，即便这是最有效的让正派的内城区居民公开放弃街头规范的方法也不行。当然，我们必须反对将大批非裔美国人投进监狱的种族歧视，但正如法律学者兰德尔·肯尼迪（Randall Kennedy）所说的，我们也要反对另一种种族不平等，即让大量非裔美国人暴露于犯罪分子的危害之下。

许多右翼人士反对将毒品、卖淫和赌博合法化，而按照他们的自由市场的逻辑，禁止政策不可避免地会衍生出无政府地带，对于这方面的成本他们是不加考虑的。当市场对一个商品的需求很高时，供给方将会增加生产，而如果他们无法借助于警察来保护自己的财产权，他们将会借助于暴力的荣誉文化来实现这一点。这一点不同于我们当前在道德层面所进行的争论，即毒品政策导致了太多无辜的人锒铛入狱。当前中小学生接受的教育内容是，美洲土著居民以及前国家社会当中的居民天生就是和平主义者。这种有意散播的虚假信息使得孩子们无法理解民主政府和法律规则，这事实上相当于对人类物种最伟大的发明——民主政府和法律规则的蔑视。

霍布斯理论的不足之处在于如何监督警察的问题。按照他的观点，内战就是灾难，因此，任何政府，不管是独裁、寡头统治还是民主政治，都要比战争好。他好像没有注意到，在实践中，一个利维坦可能不是一个超凡脱俗的海中怪兽，而是一个人或者一群人，他们都有着致命的原罪：竞争、不自信和荣誉。正如我们在第 16 章中所看到的，这成了霍布斯的继承者、制定美国宪法的那批人的难题。带着武器的人始终是很危险的，因此，如果没有对警察进行严密的民主控制，会导致比没有警察时出现的犯罪和仇杀更大的灾难。按照政治学家拉梅尔（R.J. Rummel）的《杀人政府》（*Death by Government*）一书的说法，20 世纪中有 1.7 亿人为他们的政府所杀害。根据 2000 年世界冲突列表的内容：

> 今年最愚蠢的冲突发生在喀麦隆。在今年早些时候，喀麦隆遭遇了广泛的暴力犯罪问题。政府为了应对危机采取的措施是，创建并武装民兵和准军事化组织，以在法律程序之外镇压犯罪。虽然暴力犯罪下降了，但民兵和准军事化组织却带来了比暴力犯罪更多的混乱和死亡。事实上，在这一年慢慢过去之后人们会发现，大量死亡事件与准军事化组织相关联。

这种模式对世界其他地区（包括我们自己）来说很熟悉，它表明公民自由主义者对警察权力遭到滥用的担忧成了一种不可或缺的力量，他们以此来平衡政府被授予的对暴力的垄断权。

解决暴力问题的“博弈论思维”

民主的利维坦被证明是最有效反对暴力的措施，但它依然有许多需要改进的地方。因为它主张以暴制暴，或是用暴力威胁来制止暴力，它们自身也可能成为一种威胁。如果我们能够找到一种方法，让人们一开始就放弃暴力，而不是在他们使用暴力后给予其惩罚就更好了。糟糕的是，没有人能够指出如何才能建立一个世界性的民主的利维坦，从而对具有攻击性的竞争进行处罚，缓解“霍布斯陷阱”的危害，消除那些最危险的暴力犯罪分子及民族国家之间的荣誉文化。正如康德所指出的：“在国与国之间的不受限制的关系当中，人性的邪恶被毫不掩饰地展示出来。”其中最大的问题在于，如何使个人和国家一开始就放弃暴力，在敌意不断攀升、冲突爆发之前就采取行动。

在 20 世纪 60 年代，所有这些看起来还都很简单。战争对于儿童和其他生物来说都是有害身心的。如果某一方要发动一场战争，但是没有人做出回应，结果会怎样呢？战争有什么好处呢？绝对什么好处也没有！这种观点最大的问题在于，战争的另一方必须在同样的时间以同样的方式体会到这种感受。

1939 年，内维尔 · 张伯伦（Neville Chamberlain）提出了他自己的“反战口号”：“我们时代的和平。”但随之而来的却是一场世界大战和大屠杀，因为他的敌人并不认为发动战争一无是处。张伯伦的继任者解释了为什么和平不是单方面的和平主义这样简单：“再没有比战争更糟糕的事情了吗？耻辱比战争更糟糕，变成奴隶比战争更糟糕。”一个流行的保险杠张贴广告描述了一种相关的意见：如果你想要和平，那么就为正义做点事。问题在于，被一方看作荣誉和公正的事情，在另一方看来，则可能是耻辱和不公正。而且，“荣誉”既可以是一种值得赞美的捍卫生命和自由的意愿，也可以是一种鲁莽的、拒绝缓和紧张局势的理由。

有时候，斗争各方都明白，如果铸剑为犁，那么他们都会生活得更好。像约翰·基根（John Keegan）和唐纳德·霍洛维茨（Donald Horowitz）这样的一些学者注意到，在过去的半个世纪里，在大部分的西方民主社会当中，用暴力作为解决争论手段的偏好总体上呈下降趋势。内战、肉刑、死刑、残忍的种族屠杀，以及需要面对面杀戮的对外战争已经显著降低或者消失不见。而且，正如我提到过的，虽然在近几个世纪里有些年代的暴力犯罪比其他年代要多，但总体上的犯罪活动是呈下降趋势的。

导致暴力下降的一种原因可能是，一些世界性的力量扩展了人们的道德圈。另一种可能的原因是，由利维坦的治理所带来的长期效应。今天的欧洲文明，毕竟是伴随着数个世纪的砍头、公开绞死和流放殖民地而得来的。而加拿大比它的周边国家更加和平，在一定程度上是因为在其公民还未到达之前，政府治理就已经存在了。美国的开拓者以扇形的方式，在巨大的有着数不清的角落和犄角旮旯的二维空间上开疆拓土。与之不同的是，加拿大人居住的地方是一片沿着美国边界的带状空间，它没有偏远的地区和飞地（enclaves，即在一国境内的隶属于另一国的一块领地），荣誉文化也就无从蔓延。研究加拿大的学者戴斯蒙德·莫顿（Desmond Morton）提出了这样的说法："我们在西部的扩展是以一种有序、和平的方式进行的，在开拓者到来之前警察就已经在那里了。"

但是，在没有美元和政府暴力等一些外部因素的刺激之下，人们也能够变得不再那么好斗。全世界的人们都反思过暴力的徒劳无益（至少当他们与敌手旗鼓相当，没有人能够胜出时）。新几内亚的一个土著悲叹道："战争是很糟糕的，没有人喜欢它。红薯没有了，肥猪消失了，土地荒芜了，许多亲人和朋友被杀害了。但是我无能为力。"夏侬记录下了一些雅诺马马人对他们世代仇杀所造成的徒劳无益的后果进行的反思，有几个人公开表示，他们将不再进行劫掠活动。很显然，在这样的情形下通过消除分歧而不是继续围绕这些分歧进行战斗，双方都将会获益。

在第一次世界大战的阵地战中，精疲力竭的英国和德国士兵会用短暂的停止射击来试探彼此的敌意。如果对方的回应是双方同时停战，那么长时间的非正式和平就会出现在他们好战的指挥官面前。正如一位英国士兵所说："我们不想杀死你，你也不想杀死我们，那为什么要开枪射击呢？"

交恶双方都会寻求方法以缓解彼此之间不可开交的对峙状态，这一点体现最明显的重要事件就是 1962 年的古巴导弹危机。当时，美国发现苏联在古巴部署了核弹，就要求苏联必须将之移走。赫鲁晓夫和肯尼迪都意识到了他们正在趋近的核战边缘将会带来的人类灾难，赫鲁晓夫想到了在他的国土上发生的第二次世界大战，肯尼迪看到了一张原子弹爆炸后的图片简报。他们都意识到双方正在陷入"霍布斯陷阱"。肯尼迪刚刚看过《八月炮火》，看到了大国领导人如何陷入一场无意义的战争。赫鲁晓夫写信给肯尼迪：

> 现在，你和我不应该继续拽着这条绳子的两端了，因为你在绳子中间打了一个战争之结，你我拉扯的力量越大，这个结就会越死。当这个结变得如此牢固，连打结的人都无法解开的时候，就必须用刀斩断它了。

确认了这个陷阱，双方就能达成共识以避开陷阱。面对着诸多来自顾问和政府主要部门的反对意见，双方都做出了让步，从而避免了一场巨大的灾难。

因此，暴力的问题在于，无论使用暴力或者放弃暴力所带来的益处均取决于另一方怎么做。这样的情形属于博弈论的研究领域，博弈论专家的研究已经证明，对参与博弈游戏的每一个成员来说，最好的决策在某些时候会变成对双方来说最糟糕的决策。最著名的例子是囚徒困境，在这种情境下，犯罪分子会被分开提审。每名罪犯得到的承诺都是，如果他先告发他的同伙（对方将会获得更严重的判罚），他将获得自由；如果他们互不告发，那么都会得到轻判；如果每个人都告发另外一方，那么他们自己都会获得中等程度的判罚。对各个囚犯来说，最优策略都是告发另外一方，但当双方都这么做时，他们的下场将会比他们都忠于对方的情形要糟糕得多。但是每个人又都不会保持忠诚，因为他担心他的同伴会告发他，让他承担最糟糕的结果。

囚徒困境与和平主义者的困境很相似：对个人（交战方）来说很好的选项，可能对于双方来说就会变成糟糕的选项，但对双方来说都很好的选择（和平主义），可能会因为双方都无法确信另一方是否会采取这样的行动而无法实现。

战胜囚徒困境唯一的办法就是改变游戏规则，或者是找到一条摆脱这种游戏的途径。在第一次世界大战中，士兵们改变规则的方法成了目前进化心理学界津津乐道的话题，该方法是这样的：运用一种互惠互利的策略反复进行这一游戏，并记住对方最近一次的行为，最后给对方以对等的回报。然而，在许多敌对性的冲突中，这种方法并不可行，因为如果另一方背叛的话，他可能会消灭你，或者像在古巴导弹危机事件当中那样会毁灭掉整个世界。在这种情形下，游戏参与者必须意识到他们进行的游戏毫无意义，然后双方才能协商来结束这场游戏。

虽然某些时候暴力看上去似乎是一种理性策略，然而人性的认知层面又是如何让我们减少暴力行为的呢？对此葛洛夫进行了如下推断：

> 正如囚徒困境那样，有时候，一些看上去属于自利性的理性策略，最终却被证实是自我拆台的。这看似好像是对理性的挫败，然而并非如此。正是理性的开放性拯救了它自己。如果某一个遵循了公认的理性法则的策略有时候导致了自我拆台的后果的话，事情就远远没有结束。我们会对这一情况加以考虑，并重新修正法则，然后就会生成更高阶的理性策略。这可能依然会失败，然而我们会再次提升至一个更高的层次。无论我们是在哪一个层次上遭遇了失败，我们总会经历一个“进两步退一步”的过程。

要消除情感对人类和平以及知识方面产生的障碍，或许“进两步退一步”的过程必不可少。那些促进和平的外交使者们总是试图赶往每一个神灵显现的地方，以便将敌对双方从致命的游戏中拯救出来。在存有争议的资源问题上，他们通过各种妥协的方式来试图弱化争端。他们还试图通过诸如军事活动透明化、引入第三方做担保等“信心建立措施”来平息“霍布斯陷阱”。他们也还试图通过促进双方经济、文化方面的交流及民间交流活动来让双方进入彼此的道德圈内。

当然，这件事本身非常不错。然而，有时候令外交官们非常沮丧的是，他们到最后会发现双方彼此之间的敌意仍旧和初始情况差不多。敌对双方继续妖魔化着自己的敌人，歪曲事实，把自己内部的调解人士看成是叛国者。外交官米尔顿·威尔金森（Milton Wilkinson）未能让希腊和土耳其放弃围绕塞浦路斯而产生的争端，他建议说，调解者必须了解敌对双方的情感，不要仅仅针对他们当前的理性动机做文章。调解者的完美计划往往会因为敌对双方的民族优越感、荣誉感、道德教化和自欺而出现偏差。这些心态之所以进化出来，正是为了应对原始祖先们面临的敌意。如果我们当下要想应对这些心态，就必须让人们明白这一点。

对人类理性的开放性的强调与认知科学的发现产生了共鸣：认知科学认为心智属于一种组合、递归系统。我们不仅能够思考，还能对自身的思考本身进行思考，还能对我们思考的思考进行思考。本章中谈及的关于人类冲突方面所取得的进展：将冲突交给法律规则来解决，提出一个方法使双方都能够体面地让步，承认个人自欺的可能性，同等重视自己的利益和他人的利益，等等，都离不开上述能力。

许多知识分子对暴力的进化逻辑视而不见，他们担心，承认它就等于是接受它，甚至是赞同它。结果，他们反过来追求"高贵的野蛮人"这一让人感觉舒心的错觉。按照这一教义，暴力是一种习得的主观产物，或者说是一种来自外部的侵入我们身体的病原体。但否定暴力的逻辑则会使我们忘记暴力是如何很轻易爆发的；而忽视激发暴力的人类心智成分，会使我们很容易忽视能够消除暴力的心智成分。暴力问题，如同我们关注的其他问题一样，人性既是这一问题的所在，又为我们提供了解决的方案。

18 性别

2001 年已经到来并且过去了，电影《2001：太空漫游》（*2001: A Space Odyssey*）为我们提供了一次估量人类想象力的机会。阿瑟·克拉克（Arthur C. Clarke，英国著名科幻作家）于 1968 年出版的同名科幻经典作品勾画出了人类从热带大草原的猿人进化成超越时空和肉体的存在的必然命运，当然我们对此只是有些模糊的了解。克拉克与导演斯坦利·库布里克（Stanley Kubrick）对人类在第三个千年中的生活进行了大胆想象，而且从某种程度上来讲，这种想象已经成了现实。永久性的宇宙空间站正在修建，语音电子邮件和因特网已经成为日常生活的组成部分。

在其他的一些方面，克拉克和库布里克倒是有些过于乐观了。我们还不能以假死的状态存活着，也没能飞到木星上去，能够读懂唇语、识别阴谋的计算机也还没有成为现实。而在某些方面，他们则完全落伍了。在他们的想象中，到了 2001 年，人们会用打字机来记录文字；克拉克与库布里克并没有想象到文字处理器或笔记本电脑的出现。在他们对即将到来的新千年的描述里，美国女性会成为“少女助理”：秘书、接待员和空乘服务员。

不过这些预言家并没有预料到的是，20 世纪 70 年代会出现有关女性地位的革命，这一点直截了当地提醒人们，社会制度结构会发生多么快速的变化。就在前不久，人们还认为女性仅仅适合做家庭主妇、母亲及性伴侣；人们并不鼓励女性进入职场工作，因为她们可能会替代男性的位置；在日常生活中女性还会受到歧视，她们不得不卑躬屈膝，还要遭受性压迫。在经历了数千年的压迫之后，当前的女性解放可谓是人类历史上最伟大的道德功绩之一，而且我自己也深感幸运，能够亲身经历这场运动当中的一些重要盛事。

女性地位之所以发生如此之大的变化，有诸多方面的原因。道德圈不断扩展所引发的必然逻辑是其中的一个重要原因，当然，道德圈的不断扩展还导致了专制主义、奴隶制、封建主义以及种族隔离制度的废除。在启蒙运动的中期，早期的女性主义者玛丽·阿斯特尔（Mary Astell, 1688—1731）曾这样写道：

> 如果对于一个国家而言，绝对的君主权力没有必要的话，那么为何在家庭内部需要保留它呢？或者说，如果在家庭内部能够废除君主制，那么为何不能够在国家中废除君主制呢？既然没有任何一种理由足以支持其中一种主张，那么另一种主张更是不应该得到强有力的支持。
>
> 如果所有的男人生来都是自由的，那么为何所有的女人生来就要受到奴役呢？说女性受到反复无常、不可预知而又任意专断的男性意志的控制，是最完美的奴役制度，真的必然是这样吗？

另外一个原因在于，科技和经济方面的进步使得夫妻之间在性生活以及养育孩子方面有了更多的自主性，他们不必再像过去那样承受残酷的劳动分工，为了保证孩子的成活，一个母亲更是需要牺牲她白天所有的时间。洁净的水、公共卫生以及现代医学都使得婴儿死亡率大大降低，也使人们大量生育子女的意愿有所下降。婴儿奶瓶、消毒的牛奶以及后来出现的吸乳器和制冷箱，这些都极大地便利了孩子的喂养，母亲们不必一天到晚被束缚在孩子身边。批量生产使得人们购买物品的成本远远低于亲手制作的成本，室内管道工程、电力以及机械用具的出现更是大大降低了家务劳动量。脑力劳动的经济价值逐步地超出了体力劳动，人们的寿命在增长（在人们完成了养育子女的任务之后，预期还有数十年的生命时光），受教育年限也在延长，这些都使得女性对生活的价值选择发生了变化。避孕方法、羊水诊断法（一种鉴定胎儿性别的方法）、超声波法以及生殖技术的出现，也使女性能够将其生育期推迟到适当的年龄段。

当然，女性主义运动也是女性地位获得提升的另一个重要原因：政治运动、文艺运动以及学术运动将上述进展引向了更现实的政策及态度方面的变革。1848年，美国的塞尼卡·福尔斯会议（Seneca Falls Convention）确立了第一波女性主义运动的发起，从第19项宪法修正案（Nineteenth Amendment）的批准一直到1920年美国宪法修订，最终确立了女性享有选举权、陪审权，在婚姻中享有财产权、离婚权以及受教育权。到了20世纪70年代，第二波女性主义运动达到了全盛时期，从此女性进入职场，改变了家庭劳动分工方面的隔离状态，揭示出存在于商业领域、管理领域以及其他公共机构中的性别偏见，引发社会开始关注女性在各行各业中的权益。尽管当前在女性权利方面有了很大进展，但是女性主义运动依然有存在的必要。自中世纪以来，在第三世界的多数国家和地区，女性的地位并没有获得提升，而在我们所处的社会当中，女性仍然会遭受到歧视、骚扰和暴力。

人们普遍认为，女性主义与有关人性的科学是相对立的。其中就包括许多科学家，他们认为，从一出生开始男女两性就在心理方面存在差异。而女性主义者则指出，上述观念是被用来为女性所受到的种种不平等对待做辩护的。人们会认为，女性天生适合于养育孩子和操持家务，她们缺乏从事政治和专门职业所必需的理智。而男性则被认为怀有不可抵挡的欲望，因而他们会更有可能去折磨和强暴女性。这种观念是在为那些犯罪者提供辩护，也为父亲和丈夫们打着保护的幌子对女性实施控制提供了合法的理由。因此，看起来，最有利于女性的理论当数“白板说”（如果空空如也的大脑是与生俱来的，那么男女两性之间的差异就不可能是先天就有的）和“高贵的野蛮人”学说（如果我们没有那些不光彩的欲望，那么就可以通过改变制度来消除性剥削）。

认为女性主义需要一种“白板说”和一种“高贵的野蛮人”学说，这种观念已经成为一种传播虚假信息的强大推动力。比如，1994年《纽约时报》科学版块上面有一个新闻标题是这样的：《南部海岛上的性别平等》（*Sexes Equal on South Sea Isle*）。这一标题主要是依据人类学家玛丽亚·勒泊斯基（Maria Lepowsky）的研究而提出的，这位人类学家（或许是进一步拓展了玛格丽特·米德的理论精髓）认为，瓦那提那依岛（Vanatinai）上的男女两性之间的关系揭示出：“男性对女性的征服并不是人类社会的普遍现象，也并非必然的。”只是在故事的后半段我们才了解到这种所谓的“平等”意味着什么：男性必须服婚姻劳役（bride service，指新郎在结婚后一段时间要为新娘家劳动），这样才能娶女性为妻；战争无一例外都是由男性发起的（他们对周围的岛屿发动袭击，掠夺那里的女孩为妻）；女性大部分时间都用于照料孩子和清理猪圈等事情上，而男性则将更多的时间花费在为自己博得声誉和捕猎野猪这些事情上（在男女两性看来，能够捕获到野猪的人拥有更高的威信）。

1998年，在《波士顿环球报》上发表的一篇题为《女孩和男孩在攻击性方面的差距正逐步缩小》的报道当中也出现了类似的标题，但这与现实状况并不相符。男孩和女孩间的差距究竟在多大程度上缩小了呢？按照这篇报告的说法，女孩从事谋杀活动的数量占到男孩的1/10。此外，1998年《女性杂志》的执行总监在一篇专栏文章《带着女儿去上班》中解释说，近年来发生在高中校园内的枪杀事件有力地证实了美国男孩“在其父母、其他成人以及社会文化和媒介教导下不断地去骚扰、伤害、强暴和杀害女孩”。

另一方面，一些保守主义者引用了一些含糊的性别差异理论来谴责女性的选择，这成了女性主义者最担忧的事情。在《华尔街日报》的一篇社论中，政治科学家哈维·曼斯菲尔德（Harvey Mansfield）这样说道：“男子汉所具有的保护性功能正在受到女性的威胁，因为在家庭之外女性有同样的机会获得工作职位。”卡罗琳·格拉利亚（F. Carolyn Graglia）写了一本名为《家庭稳定：反女性主义概论》（*Domestic Tranquility: A Brief Against Feminism*）的书，作者在这本书中提出，职业所要求的过于自信和善于分析的能力正在扭曲女性的母性本能和性本能。最近，新闻记者温迪·沙利特（Wendy Shalit）以及丹妮尔·克里腾登（Danielle Crittenden）则建议女性要趁早结婚，推迟自己的职业生涯，像传统的家庭主妇那样去照料孩子。然而，如果她们也按照自己的建议去做的话，她们的著作就不会问世了。

莱昂·卡斯毅然开始教导年轻女性，让她们明白自己想要的是什么：“在人类历史上首次出现了这种现象，即数以万计的成熟女性在她们20多岁的时候，也就是她们生育能力最强的时候，既不生活在娘家，也不生活在丈夫家里；她们过着孤苦无依的生活，这与她们的天性极不协调。一部分女性主动接受这种情感状态，而大部分的女性则不愿意接受。”

事实上，从心理方面来讲，男女两性之间可能并非完全等同的，这样一种可能性与女性主义的准则之间并不存在不可调和性。需要重述的是：平等并不是像那种经验式的说法那样，不管来自任何群体的人们之间都是可以相互替换的；平等只是一种道德原则，不应该依照个体所在群体的平均特性对其进行评判或使其受到限制。就性别这一问题而言，几乎无懈可击的《平等权利修正案》简明扼要地回答了这个问题："美国或者其他任何国家不应该由于性别的原因而否认或者剥夺个体在法律范围内的平等权。"如果我们能够认识到这一条原则，就没有人会提出一些荒诞的说法，如认为男女两性之间的差异不能区分，并以此来证明平等是正当的。也没有人再需要借用性别差异来证明带有歧视倾向的政策的正当性，或是迫使女性去从事那些她们不愿意做的事情。

关于男女两性，无论我们了解到了些怎样的内容，都不会去提倡任何可能会惩罚或者强迫他们的行为。就平均水平而言，许多与共同领域有关的心理特质，比如一般智力，男女两性之间并不存在差异。事实上，无论是男性之间还是女性之间，在所有的心理特质方面都会存在一定程度的差别。目前尚未发现能够将每一个男性和每一个女性加以区分的性别差异，因而针对单一性别的一般性特征对于许多个体来说往往是不符合的。同时，那些类似于"本来的任务"或者"天生的位置"之类的观念则毫无科学意义，无法为任何限制人自由的做法提供支持。

尽管持有上述原则，但许多女性主义者还是向那些关于性征和性别差异的研究发起了猛烈攻击。在当代知识界，人们对于进化论、遗传学以及神经科学在人类心智研究领域的应用产生了强烈的抵制情绪，原因在于性别政治。同其他人群划分方法不同的是，在对种群或种族等的划分中，其在生物学方面的差异非常微小，也引不起科学研究者的兴趣，而性别则不可能在人类科学领域中受到忽略。

性别就如同复杂的生命一样古老，它属于进化生物学、遗传学以及行为生态学研究领域的一个主要议题。如果忽略人类生活中的性别问题，我们将会更加难以理解人类在宇宙中处于怎样的位置。当然，男女两性之间的差异会影响到我们生活的方方面面。每个人都有自己的母亲和父亲，都会钟情于某个异性（或注意到那些与我们截然不同的人们），而且时常会注意到我们的兄弟姐妹、子女及朋友的性别。如果忽略性别问题，那将会忽略构成人类生活状况的重要部分。

本章的主要目的在于澄清人性的生物学基础与当前关于两性争议之间的关系，目前关于两性之间的争议包括两个最具有煽动力的问题，即性别差距和性暴力。在这两个敏感性问题上，我要对传统智慧提出疑问，传统智慧的信奉者声称，他们是站在女性主义的立场上讲话的。这可能会给人一种错觉，即这些争论大体上是违背女性主义的，甚至是违背女性利益的。但实际情况完全不是这样，接下来我将证明为何如此。

平等女性主义 VS 性别女性主义

女性主义内部一些少数过激派的言论，如认为所有性交都属于强奸，所有的女性都应该成为同性恋者，男性只应该占人口总数的 10%。女性主义常常因此而受到嘲讽。女性主义者回应说，维护女性权利的声音不可能只有一种，而且女性主义思潮中也包含了许多不同的观点，需要对这些观点分别进行评价。实际情况的确如此，但这种说法有些模棱两可。批判女性主义者的某一项提议并非对女性主义的全盘抨击。

凡是对学术界比较熟悉的人都明白，接受教条主义，对来自外界的所有批评都持抵制态度会滋生意识形态方面的顶礼膜拜。许多女性认为，当前的女性主义思想面临着同样的问题。哲学家克里斯蒂娜·霍夫·萨默斯在其著作《谁窃取了女性主义》（*Who Stole Feminism*）中对这两种思潮做了很好的区分。平等女性主义（equity feminism）反对性别歧视以及其他各种对女性的不公正对待。平等女性主义属于古典自由主义和人文主义传统的一部分，起源于启蒙运动，它引导了第一波女性主义运动，并发起了第二波女性主义运动。

性别女性主义（gender feminism）认为，在男性统治的制度之下，女性会继续受到束缚，而在这样的性别制度下，“一个雌雄同体的婴儿会被塑造成为具有男性特质或者女性特质的个体，在前一种情况下，他注定成为控制者，而在后一种情况下，她注定要成为服从者”。这种观点遭到了古典自由主义传统的强烈反对，但它却与后现代主义、社会建构主义以及激进科学主义结成了同盟。当前，它已经成了某些女性研究项目、女性主义组织以及女性运动代言人的信条。

平等女性主义属于一种关乎平等待遇的道德学说，它并不热衷于关注心理学或生物学领域中的开放式的经验性问题。性别女性主义属于一种经验主义学说，它主要关注的是关于人性的三种主张。第一种主张认为，男女两性之间的差异完全是社会建构的结果，与生物学毫无关系。第二种主张认为，权力动机是人类所拥有的唯一的社会性动机，只有从人们行使权力的方式出发，我们才能够更好地理解人类生活。第三种主张认为，人际交往活动并不是源自人们作为单独的个体而具有的交往动机，相反，它是源自群体和群体之间的交往需要（在这种情况下，女性就会受到男性的支配）。

由于信奉这些学说，性别女性主义者正在将女性主义引向一条火车正迎面开来的危险轨道上。正如我们将会看到的那样，神经科学、遗传学、心理学以及民族志领域的研究表明，几乎可以肯定的是，性别差异源自人类生物学。进化心理学的研究证明，我们之所以会与同性或异性之间产生诸多利益方面的冲突或一致性，是因为我们受到一系列动机的驱使，比如获得爱情、性欲、家庭和美貌，而不是一个群体对另一个群体的支配动机的驱使。性别女性主义者希望要么是迫使火车脱轨，要么就让其他女性也加入她们的苦难当中，然而其他女性并不配合。尽管其本身具有很大吸引力，但性别女性主义者并不代表所有的女性主义者，就更不用说代表所有的女性了。

对性别差异的生物学基础进行研究是由女性发起的。由于这类研究常常被认为是为了镇压女性而设计的一种阴谋，因此我不得不提到这些人的名字。对性别差异的生物学进行研究的学者主要涉及神经科学家拉奎尔·古尔（Raquel Gur）、梅丽莎·海因斯（Melissa Hines）、多琳·木村（Doreen Kimura）、杰尔·利维（Jerre Levy）、玛莎·麦克林托克（Martha McClintock）、萨利·施威茨（Sally Shaywitz）、桑德拉·维特森（Sandra Witelson），以及心理学家卡米尔·本博（Camilla Benbow）、琳达·古特佛里森（Linda Gottfredson）、黛安娜·哈尔彭，朱迪思·克莱因菲尔德（Judith Kleinfeld），黛安娜·麦吉尼斯（Diane McGuinness）。

社会生物学以及进化心理学往往被认为是“带有性别歧视的学科”，事实上，在我最熟悉的这个学术领域里，它们可以算得上是最兼顾两性差异的学科了。这一领域内主要的代表人物有：劳拉·贝齐格（Laura Betzig）、伊丽莎白·卡什丹（Elizabeth Cashdan）、勒达·科斯米德斯、海伦娜·克罗宁（Helena Cronin）、米尔德里德·狄克曼（Mildred Dickeman）、海伦·费希尔（Helen Fisher）、帕特丽夏·高瓦堤（Patricia Gowaty）、克里斯汀·霍克斯（Kristen Hawkes）、莎拉·布莱弗·赫尔迪、玛格达莱纳·乌尔塔多（Magdalena Hurtado）、鲍比·洛（Bobbie Low）、琳达·米利、费利西娅·普拉图（Felicia Pratto）、马尼·赖斯、凯瑟琳·萨蒙（Catherine Salmon）、琼·西尔克（Joan Silk）、梅瑞狄斯·斯莫尔（Meredith Small）、芭芭拉·斯马茨（Barbara Smuts）、南希·维尔姆森·桑希尔（Nancy Wilmsen Thornhill）、马戈·威尔逊。

令许多女性主义者感到厌恶的不仅仅是性别女性主义与科学之间的冲突。如同其他的内部意识形态一样，性别女性主义也衍生出了一些奇怪的产物，如我们知道的一个叫作差异女性主义（difference feminism）的分支。卡罗尔·吉利根已经成了性别女性主义的代表，她认为，针对男女两性的道德推理是根据不同的原则进行的：男性考虑的是权利和公正；而女性则充满着怜悯、母性以及和平友好等各种情感。如果真的如此，那将会取消女性作为宪政律师、最高法院法官和伦理学家的资格，因为从事这些职业的个体需要对权利和公正进行思考。然而事实并非如此。许多研究者对吉利根的假设进行了检验，最终发现，在道德推理方面男女两性之间的差异很小，甚至不存在任何差异。因此差异女性主义将女性置于一个两面夹击的境地：他们的主张很容易引来诽谤，同时也得不到来自科学方面的支持。

同样，性别女性主义者的经典著作《女性的认知方式》（*Women's Ways of*

Knowing）声称，女性的推理方式不同于男性。男性看重的是在知识领域内的出类拔萃和统治地位，男性会依照逻辑和证据对各种意见做出批判性评价；而女性则重视精神生活、人际关系，具有包容和轻信他人的特点。有了这样的姐妹，谁还需要大男子主义呢？

近年来，性别女性主义对于严密的分析以及古典自由主义信条的鄙视态度遭到了平等女性主义者的批判，这些平等女性主义者主要包括吉恩·贝思克·埃尔施坦（Jean Bethke Elshtain）、伊丽莎白·福克斯－吉诺维斯（Elizabeth Fox-Genovese）、温迪·卡米纳（Wendy Kaminer）、诺里塔·柯特菊（Noretta Koertge）、唐娜·拉弗朗布瓦兹（Donna Laframboise）、玛丽·莱夫科维茨（Mary Lefkowitz）、温迪·麦克罗伊（Wendy McElroy）、卡米尔·帕利亚（Camille Paglia）、达芙妮·帕泰（Daphne Patai）、弗吉尼亚·波斯特莱尔（Virginia Postrel）、爱丽丝·罗西（Alice Rossi）、萨利·萨特尔（Sally Satel）、克里斯蒂娜·霍夫·萨默斯、纳丁·史托森（Nadine Strossen）、琼·肯尼迪·泰勒（Joan Kennedy Taylor）、凯茜·杨（Cathy Young）。

而在此之前，一些著名的女性作家则对性别女性主义者的意识形态提出了疑问，这些作家包括琼·狄第恩（Joan Didion）、多丽丝·莱辛（Doris Lessing）、艾里斯·默多克（Iris Murdoch）、辛西娅·欧芝克（Cynthia Ozick）、苏珊·桑塔格（Susan Sontag）。同时，对于这场女性主义运动来说，一个不祥之兆就是：性别女性主义者声称，爱情、美貌、调情、性欲、艺术以及异性之爱都属于毁灭性的社会建构，而年轻一代人则对这种观点持抵制态度。《谁背叛了女性主义：一名年轻女性对旧女性主义的挑战》（*The New Victorians: A Young Woman's Challenge to the Old Feminist Order*）这本书的标题就刻画出了包括雷内·登费尔德（Rene Denfeld）、卡伦·莱尔曼（Karen Lehrman）、凯蒂·伊菲（Katie Roiphe）、丽贝卡·沃克（Rebecca Walker）在内的作家们以及包括被称作第三次浪潮（Third Wave）、暴女运动（Riot Girl Movement）、专业性的女性主义（Pro-sex Feminism）、女同性恋者（Lipstick Lesbians）、女孩权力（Girl Power）、要求言论自由的女性主义者（Feminists for Free Expression）在内的社会运动对性别女性主义的反叛。

性别女性主义和平等女性主义之间的差异解释了常常被提及的悖谬，即多数女性虽然并不认为自己是女性主义者（这个比例从十几年前的60%攀升到1997年的70%），但她们都同意女性主义所有的重要观点。其理由很简单：“女性主义”这个词语往往与性别女性主义相关联，但选举过程中的那些主张则属于平等女性主义。面对这种支持率下滑的迹象，性别女性主义者坚持认为，只有她们才是女性权利的真正倡导者。

例如，1992年格洛里亚·斯泰纳姆这样评价帕利亚（Paglia）：“她自称是女性主义者，这就好比纳粹分子声称自己并不抵制犹太人一样。”而且她们还发明了一个别称词库，对这些词的理解在其他领域可能会出现分歧，如“强烈抵制”（backlash）、“理解不了”（not getting it）、“保持沉默的女性”（silencing women）、“学术骚扰”（intellectual harassment）。

我们下面的讨论就是在上述这样一个基本背景之下进行的。认为男女两性的大脑不能够相互替换，或认为除了权力，人们还拥有各种欲望，再或者认为属于个体拥有的动机并不一定代表他（她）所属的性别群体，这些说法并不是对女性主义的攻击，也不会危害到女性的权益，尽管人们存在这样一些误解，认为性别女性主义代表的是她们自己的利益。在本章中，接下来我将提及的所有论断都是在女性的大力推动下才取得的进展。

两性心理特性的不同

男女两性在心理活动的各个方面都不一样，这种观点为何会让人们感到如此恐惧呢？如果每一个人都像《周六夜现场》中的那个雌雄同体的小人物帕特那样的话，我们的境况会不会要比现在好很多呢？当然，这种担忧的核心在于，不同就意味着不平等，也就是说，两性之间无论在哪个方面存在差异，男性都会占据有利条件，他们或处于支配地位，或享受着所有的快活。

任何事物都摆脱不了生物学的思考方式。特里弗斯间接地提到了“人际关系的对称性”，其中也包括了“两性在基因方面的等同性”。从基因的观点来看，某种基因存在于男性身体里或存在于女性身体里，都同样属于好的策略，至少在平均水平上如此（无论属于哪种情况，环境都会在一定程度上促使其向前发展）。因而，自然选择往往在男女两性身上的投入是同等的：男女两性无论是在人数上还是在身体和大脑的复杂性方面都是等同的，就连在那些有利于生存的构造方面都是等同的。或者是拥有像雄性狒狒那样的体型，同时还长着15厘米长的利牙，或者是拥有像雌性狒狒那样的体型，同时也不具有足够长的牙齿，这两种情形究竟哪一种更有益呢？单单提出这个问题是毫无意义的。一名生物学家可能会说，最好的情况是，利用雄性的适应机制来解决雄性所面临的问题，利用雌性的适应机制来解决雌性所面对的问题。

因此，男人并非来自火星，女人也并非来自金星。男人和女人都来自非洲，那里是人类进化的发源地，男女两性作为同一个种族，在非洲经历了同样的进化过程。除了极少的Y染色体不同，男女两性拥有的基因完全相同，他们的大脑也非常相似，只有明察秋毫的神经解剖学家才能够发现两者之间的细微差别。从最权威的心理测量结果来看，就平均水平而言，男女两性的一般智力大体相同，同时他们使用语言以及思考物理世界和生活环境的方式也是大体相同的。男女两性体验到的基本情绪情感也是相同的，他们都喜欢享受性的乐趣，都希望寻找那些智慧和善良的人作为自己的婚姻伴侣，都会产生嫉妒之心，都会为了子女而做出牺牲，都会为了地位和配偶而展开竞争，并且还会不时地为了自己的利益而去侵犯他人。

当然，男女两性在心理活动方面也并非完全相同的，近来关于两性差异的评论主要集中在那些可信的差异方面。在某些情况下，两性差异确实较大，体现在正态分布曲线上只有少部分的重叠。男性往往会更强烈地希望与多个或不知姓名的伴侣发生一夜情，正如我们了解的那样，嫖娼或色情表演的主要消费群体几乎都是清一色的男性。相对于女性来说，男性更有可能围绕着各种各样的利害关系而展开暴力甚至是致命的竞争（就好比最近发生的一个例子，一名外科医生和一名麻醉师在手术室里相互殴打起来，而病人此刻还正躺在手术台上等待医生为其切除胆囊）。就儿童来说，男孩子往往会投入更多的时间去参与暴力冲突活动，而心理学家则文雅地将这些暴力冲突形式称作“追逐打闹”。男女两性在头脑中对三维物体和空间进行操作的能力方面也表现出极大的性别差异，相较于女性而言，男性在这方面更胜一筹。

就平均水平而言，两性之间在某些特征方面的差异是比较小的，然而从极端值来看，两性之间的差异就非常大了。之所以如此，主要有两个原因。在两个正态分布曲线发生部分重叠的情况下，分值朝尾端方向延伸得越远，这两个群体之间的差异就越大。比如，男性在平均身高方面要超出女性，而这两个群体中大多数极端值之间的差异更大。在 178 厘米的高度上，男性和女性在人数上的比例是 30：1；在 182 厘米的高度上，男女两性在人数上的比例就变成了 2 000：1。而且，较女性而言，男性在许多特征方面所呈现出来的正态分布曲线都比较扁平，这一点正好验证了进化心理学上的预测。

也就是说，在极端值上，男性数量是成比例增加的。在正态分布曲线的左尾部分，我们会发现，有更多的男孩子可能表现出阅读困难、学习成绩不佳、注意力缺失、精神异常、智力发育迟缓等症状（至少是某些类型的发育迟缓）。在正态分布曲线的右尾部分，我们会发现，在一个天才学生样本当中（这些学生在学术水平测验考试，即美国高中生进入美国大学的标准入学考试当中，数学部分得分在 700 分以上，满分为 800），男生的人数远远超出了女生，男女比例为 13：1，虽然在曲线下面的大部分区域内，男女生在得分上非常接近。

当然，还有其他一些心理特性，从平均值来看两性之间的差异不是很大，并且在不同的特性方面，性别差异的方向也是不同的。在关于物体和地图的心理转换能力方面男性要胜于女性，而在记忆地理标志和物体位置方面女性则更为擅长。男性更擅长投掷运动，而女性更具灵活性。男性擅长解决数学中的应用题，而女性更擅长解决数学运算问题。女性对于声音和气味更加敏感，具有较强的深度知觉能力，能够更快地完成图像匹配任务，更善于识别人的面部表情和肢体语言。女性更擅长拼写任务，能够更加顺畅地完成词语提取任务，对于文字材料有着更好的记忆能力。

也许除了愤怒，女性对基本情绪的体验往往会更加深刻。女性拥有更为亲密的社会关系，并且非常看重这些社会关系，在对待朋友时也更具同理心，但在对待陌生人的时候却并非如此。人们通常认为，女性在对待所有人时都具有同理心，而事实上这种看法从进化的角度来看不太可能，也不真实。无论是目光接触还是微笑，或者是开心大笑，女性的使用频率都要远远高于男性。男性之间更有可能为了获取一定的地位而诉诸暴力或通过获取工作成就等方式来进行竞争，而女性则更倾向于使用诋毁或其他言语攻击的方式来获取。

男性对疼痛有更高的容忍性，他们也更愿意冒着生命危险去获取地位、社会关注以及其他不确定的回报。"达尔文奖"（The Darwin Awards）每年会颁发给那些"为了保证人类的长久繁衍而以一种高尚且愚蠢的方式把自己从人类基因库中彻底移除的人"，这一奖项的得主几乎全是清一色的男性。在最近的几位受誉者当中，有一个人仅为了获得一罐免费饮料而将可乐饮料机器向前推，结果将自己硬塞在了机器下面；还有三个人进行了一场看谁能够踩踏在最猛烈的用于对抗坦克车的地雷上面的比赛；另外有一个想成为飞行员的人将气象气球系在躺椅上，在向空中飞行了两千米之后飘落到了大海里（他仅仅获得了荣誉奖，因为他最终被直升机营救了）。

虽然男女两性对于极度痛苦的哭叫声有着同样的反应，但女性对自己孩子日常的哭声却更为敏感，她们往往还会对子女表现出更多的牵挂。女孩往往会更多地参与模仿父母以及各种社会角色的游戏，而男孩则更多地参与各种打闹、追逐以及摆弄物品的游戏。而且，男女两性在性嫉妒的表现方式、对配偶的选择方式以及挑逗异性的动机方面也存在很大差别。

当然，许多性别方面的差异与生物学之间并无关系。随着时代或者文化背景的变迁，人们的发型和服饰也会有很大的改变。而在近几十年间，在大学入学、就业以及运动等方面也已经开始发生转变，由男性占据多数转变为男女比例 1：1，甚至女性开始占据多数名额。众所周知，当前的一些性别差异或许只是暂时存在的。然而，性别女性主义者却主张，除了解剖学上的性别差异，所有的性别差异都源自父母、玩伴以及社会的期望。安妮·福斯托·斯特林（Anne Fausto Sterling），一位激进的科学家曾经这样写道：

> 最为关键的一个生物学事实是，男孩和女孩有着不同的生殖器官，正是这一生物学差异使得成人采用不同的方式去对待不同性别的婴儿，为了方便起见，我们通常会用粉色或者蓝色来标识婴儿的性别，这样就不必为了获取婴儿的性别信息而去翻看他们的尿布。

然而这种粉色－蓝色理论已经越来越不能令人信服了。这里有各种类型的证据，它们都揭示出男女两性之间的差异远不止表现在生殖器方面。

- 在西方文化中，性别差异并非就像人们选择沿着道路左侧或沿着右侧驾驶那样属于一种非常随意的特征。在所有的人类文化当中，人们都认为男女两性在本质上是不同的。在所有的文化背景下，劳动都是按照性别进行分工的，女性要更多地承担养育子女的职责，男性则更多地拥有公共领域和政治领域中的控制权。即使是在以色列基布兹（以色列的合作农场）这样的文化环境下，这种劳动分工方式也是存在的，虽然那里的所有人都致力于消除这种性别差异。在所有文化中，男性们往往更加富于攻击性，更可能去偷窃，更可能会成为杀人犯（包括战争在内），也更可能会出于性欲目的而追逐或者诱惑异性并对其施以恩惠。此外，在所有文化背景下，强奸以及禁止强奸的行为都是并存的。
- 即使一位进化生物学家仅仅了解两性之间的生理差异，他也能够对两性之间的许多心理差异加以预测。在整个动物王国里面，雌性动物必须为每一个子女的出生付出更多的精力和风险（如哺乳动物处于孕期和哺乳时），与此同时，它还要在孩子出生之后投入更多的精力来养育它，虽然用一个雌性来换取一个孩子，其代价要远远高于用一个雄性来换取一个孩子。在亲代投资方面存在着性别差异的同时，在获取交配的机会方面雌性动物也要面临更多的竞争，因为对于雄性来说，与多个伴侣进行交配意味着其繁殖更多后代的可能性要远远大于雌性。当雄性数量远多于雌性时（对于男人和女人也是如此），就预示着这样一种进化史将会出现：雄性为了获取交配机会会发起更为激烈的暴力性竞争。男性的其他一些生理特性，比如青春期开始时间晚于女性，成年时比女性拥有更强大的力气，寿命一般比女性短，同样也证明了充满高风险竞争的自然选择史的存在。
- 许多两性差异在其他灵长类动物身上也广泛存在着。事实上，在所有哺乳动物类身上都是如此。雄性之间往往会发生更具攻击性的竞争，它们也更可能拥有多个配偶；而雌性往往会在养育后代方面投入更多。对于许多哺乳类动物来说，其在拥有更多领土范围的同时，还会增强其运用几何学知识进行空间设计进而进行操控的能力（而不是去记忆单个的地理标志）。占据更大领土范围的往往是男性居多，对于人类中的狩猎－采摘者来说也是如此。男性更擅长运用心理地图和进行三维心理旋转，这一特征的出现可能并非偶然。

- 遗传学家发现，对于不同的人来说，其线粒体当中 DNA（男女两性都是从其母亲那里遗传而来的）的差异要远远大于 Y 染色体当中 DNA（男性是从其父亲那里遗传而来的）的差异。这表明，成千上万的男性在成功繁殖方面的变异要远远大于女性。一部分男性会拥有相当数量的后代，而另一些男性则可能没有一个后代（由此只给今天的人类留下了数目较少的、独特的 Y 染色体），而对于大多数女性来说，她们所拥有的后代数量在分布上更加均匀（这就使得今天的人类拥有了数量较大的、独特的线粒体基因组）。上述这些情况也正是导致性选择的前提条件，在性选择的过程中，男性为了获得交配的机会而进行竞争，女性则从诸多男性中选择最优秀的与之交配。
- 人类身体当中拥有这样一种机制，它可以促使男孩和女孩的大脑在发育过程中产生差异。Y 染色体能够促使男性胎儿的睾丸进行发育，而睾丸能够分泌雄性激素，也就是代表男性性征的性激素（包括睾丸激素在内）。在胎儿的发育及出生后的数月内，直至青春期，雄性激素都会对大脑产生持久的作用，此外，在某些时间还会产生一些短暂的影响。雌性激素，也就是代表女性性征的性激素，同样也会对大脑产生毕生的影响。研究者们在大脑边缘系统当中的下丘脑、海马、杏仁体以及大脑皮层当中均发现了性激素的受体。
- 男性大脑和女性大脑之间有几处显而易见的不同。男性大脑体积更大，神经细胞数量也更多（甚至还应该包括身材在内），但女性大脑当中的灰质含量更高。由于男女两性在智力方面大体相当，因此这一差异究竟意味着什么，目前我们还不清楚。男性前丘脑当中的间隙核以及同样位于丘脑当中的终纹床核里面的一个细胞核也要比女性的更大一些；它们主要与性行为和攻击性有关系。而女性左右大脑半球相连的部位看起来要比男性左右大脑半球相连的部位大。学习和社会化也能够影响到人类大脑的微观结构及功能，当然，它们或许并不会影响到大脑当中那些显而易见的解剖结构的大小。
- 对于不同的男性或同一个男性在不同季节或一天中的不同时间点而言，睾丸激素水平的变异量主要与力比多（弗洛伊德精神分析学说中的精神动力，实际上就是性本能）、自信心以及支配动机有关。暴力犯罪分子的睾丸激素水平往往会高于非暴力犯罪分子的睾丸激素；法庭辩护律师的睾丸激素水平往往会高于从事文书工作的人。这种关系事实上非常复杂，而原因也是多方面的。从一系列的评估数据来看，血液当中睾丸激素的浓度并不是最重要的。

有一些特质，比如空间能力，其峰值往往处在一个适度的水平上，而不是处于一个很高的水平上。睾丸激素的作用如何，还要取决于这些分子受体的数量及分布情况，而不仅仅是它的浓度高低。一个人的心理状态也会影响到睾丸激素的水平，反过来也是如此。不仅如此，两者之间还存在着因果关系，这种因果关系也比较复杂。

在给那些准备做变性手术的女性注射雄性激素之后，她们心理旋转测试的成绩都有所提高，但关于言语流畅性的测试结果却有所下降。新闻记者安德鲁·莎利文（Andrew Sullivan）由于身体状况出了问题，导致其睾丸激素水平明显下降，关于注射雄性激素的作用，他是这样描述的："注射雄性激素所带来的快感与第一次去赴约的快感或在听众面前演讲的快感是可以相媲美的。我感到精神振奋。在一次注射之后，我几乎是遭遇了平生第一次的公然争吵。每一次注射后都会伴随着最强的性欲——每一次都是在我无意识的情况下出现的。"

虽然男性和女性体内的睾丸激素水平并没有发生交叠，但睾丸激素水平的变化却对男女两性均有着相似的作用。睾丸激素含量较高的女性往往很少微笑，更可能遭遇婚外情，她们会有着更强的社会存在感，甚至连握手都更为强劲有力。

- 女性认知能力的强弱会随着其月经周期的变化而不同。当体内雌性激素水平较高时，女性会在那些她们原本就比男性更擅长的任务上（比如言语流畅性任务）表现得更加出色。当体内的雌性激素水平较低的时候，女性会在那些男性原本更擅长的任务上（比如心理旋转任务）表现得更加出色。此外，一系列与性有关的动机（包括对男性的喜好在内）也会随着月经周期的变化而变化。
- 雄性激素会对大脑的发育产生持久性影响，而并非只对成人的大脑产生暂时性影响。患有先天性肾上腺增生的女孩体内会产生过量的雄烯二酮，正是超级棒球手马克·麦奎尔（Mark McGwire）才使得雄性荷尔蒙闻名于世。尽管在出生之后，她们的荷尔蒙水平很快就降至正常水平，但这些女孩子将会成为"假小子"，会更多地参与激烈的打斗性游戏，会对汽车感兴趣，对布娃娃却不太感兴趣，她们的空间能力更为突出，而且当她们长大的时候会产生更多的性幻想，更可能会对其他女孩子产生吸引力。那些在儿童时期才接受荷尔蒙治疗的女性会在其步入成年的时候表现出男性的性行为模式，比如，其性欲能够迅速被色情图片唤起，产生专注于生殖器刺激的自发的性驱力，会出现与梦遗相类似的体验。

- 为了将生物学和社会化加以区分，可以设想进行这样一个极端的实验：选取一名男婴，对他进行变性手术，然后让他的父母将其作为女孩来养育，其他人也将其视为女孩来对待。如果性别是由社会建构的，那么这个孩子的心理特征就应该像其他正常女孩一样；而如果性别是由产前的性激素水平决定的，那么这个孩子就会感觉到自己只是一个有着女儿身的男孩子。引人注意的是，在现实生活中这种实验确实存在——当然，其出发点并非为了满足科学家的好奇心，而是由疾病和意外事故导致的。
- 有一项著名的案例研究，其中记录了一个只有 8 个月大的男孩，他在接受一项蹩脚的包皮环切手术中失去了阴茎（不是被割礼执行人割下的，而是被一个笨拙的医生割下的，这令我得到稍许的宽心）。他的父母咨询了著名的性别研究者约翰·莫尼（John Money）。这位研究者声称："本性只不过是那些致力于维护性别差异现状的人的一种政治策略。"他建议其父母让医生为孩子进行阉割手术，并为其移植了人造阴道，然后将这个孩子当作女孩来抚养。他的父母也没有把发生的一切告诉孩子。我知道这个案例的时候是在 20 世纪 70 年代，那时我还在读大学本科，当时这个案例被用来证明儿童生来是中性的，其性别特征是由抚养方式决定的。当时，《纽约时报》刊登的一篇文章报道说，布兰达"已经很顺利地度过了她的童年时代，成了一个真正的女孩"。

  事实真相一直被隐瞒着，直到 1997 年人们才发现，布兰达在年纪很小的时候就觉得自己是个男孩，只是被女孩的身体和性别角色所禁锢着。她将那些带荷叶边的裙子撕碎，喜欢玩枪支之类的玩具，讨厌玩布娃娃，喜欢与男孩一起玩耍，甚至还坚持站着小便。到了 14 岁的时候，她感到非常痛苦，于是她决定，要么以一个男性的身份活着，要么结束自己的生命，后来她的父亲将真相告诉了她。她又进行了一系列的手术，最终以一个男性的身份生活。时至今日，他已经和一位女性步入了幸福的婚姻殿堂。
- 从遗传上来讲，患有特纳氏综合征的孩子都属于中性人。他们只具有单个的 X 染色体，这是从其母亲或父亲那里遗传而来的，而不像通常的女孩那样拥有两条 X 染色体（一条来自母亲，一条来自父亲），也不像通常的男孩那样拥有一条 X 染色体和一条 Y 染色体（X 染色体来自母亲，Y 染色体来自父亲）。在哺乳动物当中，雌性的身体构造属于系统默认状态，因此这些特殊孩子的外貌以及行为举止看上去都像女孩。遗传学家研究发现，父母的身体能够在分子水平上对 X 染色体当中的基因产生影响，因此在孩子的身体和大脑发育当中，X 染色体的作用可能会出现上升或者下降的情况。

对于一名患有特纳氏综合征的女孩来说，如果她的 X 染色体来自她的父亲，从进化的角度来看，她拥有的基因对于女孩而言可能是最优的（因为从父亲那里获得的 X 染色体往往会在女儿那里终结）。如果一名患有特纳氏综合征的女孩是从她母亲那里获得 X 染色体的，从进化的角度来看，她拥有的基因对于男孩而言可能是最优的（因为来自母亲的 X 染色体虽然可能会在儿子也可能会在女儿那里终结，但其效果只有在儿子身上才会不受影响，因为儿子微弱的 Y 染色体当中不可能存在与 X 染色体上的基因相匹配的基因）。事实上，患特纳氏综合征的女孩之间在心理特征方面的差异，主要取决于她们自身的 X 染色体是来自父亲还是母亲。如果某些女孩的 X 染色体来自父亲（这条染色体注定是属于女孩的），那么，与那些从母亲那里获得 X 染色体（这条染色体只有在男孩身上才能够充分地发挥作用）的女孩相比，这些女孩在解读肢体语言、理解情绪、识别面孔、处理文字以及人际关系方面将会更胜一筹。

- 与流行观点正好相反的是，美国当代的父母们在对待儿子和女儿的方式上并没有明显的区别。最近研究者们对 172 项研究中涉及的 28 000 个儿童进行了评估测量，结果表明，男孩和女孩所得到的鼓励、关爱、培养、约束、惩罚以及明确的沟通交流等方面是等同的。唯一的实质性差别在于，其中大约有 2/3 的男孩曾经受到成人尤其是其父亲的劝阻，被禁止去玩布娃娃，主要是因为担心他们将来会成为同性恋者。确实有很多对女孩玩具情有独钟的男孩子最后都成了同性恋者，但禁止男孩子玩布娃娃并不能改变他们成为同性恋的结果。

  男孩和女孩之间的差异既不取决于他们从其父亲身上观察到的那些男性化的行为特征，也不取决于他们从其母亲身上观察到的那些女性化的行为特征。

一些理论认为，男孩和女孩在出生时除了生殖器不同，其他方面都完全一样，他们后来表现出的其他一切差异都是由于社会对待他们的不同方式造成的，然而事实并不如此。因为如果事实果真如此，那么这将会是一个惊人的巧合：在每个社会中，用类似于掷硬币的随机方式为男女两性赋予一系列的性别角色，也会产生同样的结果（或者像人类社会早期采用的那种占卜的方法一样，如果没有经历几十万年的沧桑巨变的影响，这种古老的方法应该会依然延续着）。

令人感到惊奇的是，社会的随意分配一次又一次地与这些预言相吻合：火星上的生物学家将会根据我们的解剖构造以及基因分布情况来接近人类。很奇怪的是，荷尔蒙这一决定我们成为男性或者女性的初始因素，也同时在调控着典型化的男性化和女性化的心理特征，这种影响在早期大脑发育过程中最为关键，在人的毕生发展过程中其作用会稍稍有所下降。更加令人惊奇的是，用于区别两性的第二种遗传机制（基因组印记，即配子发生过程中基因的选择性差异表达）同样也在决定着属于男性或者女性的典型天赋。社会建构理论的两个主要假设（即被当作女孩来抚养的男孩会逐渐形成女性心理特征，以及男孩和女孩之间的差别可追溯到父母教养方式方面的差异）最终将会化为灰烬。

当然，许多两性方面的差异都根源于生物学方面的差异，这并不意味着某一个性别就更加高级，或者是生活在任何环境下的人们都会存在这些差异，或者因为性别而歧视某人就是合理的，又或者意味着可以强迫人们去从事通常意义上符合其性别的行为。但两性之间的这些差异也并非没有意义。

两性各有优势

时至今日，很多人都在津津乐道地谈论着那些在若干年前的上流公司里不能讨论的事情：男性和女性的心智不可互换。关于在这一争论方面的转向，甚至报纸的连环画当中也对此进行了评论，正如我们在喜欢自由联想和垃圾食品的 Zippy 和漫画家的另一个自我 Griffy 之间的对话当中看到的那样：

但对于许多职业女性来说，性别差异的存在仍然会让她们感到不安。正如一个同事跟我说的那样："瞧，我就晓得男人和女人之间不是完全相同的。从我的孩子身上，从我自己身上，我就能够了解这些研究的情况。虽然我不知道为什么，但当我看到那些关于性别差异的主张时，就会气得火冒三丈。"贝蒂·弗里丹，一位全国妇女组织的创办人，曾经在1963年出版了她的著作《女性的奥秘》(*The Feminine Mystique*)，她最近写的一篇社论正好反映了我这位同事为何如此焦躁不安的主要原因：

> 尽管女性运动已经使女性在许多经济和政治举措方面享有了平等的权利，然而这些只是局部性的胜利。例如，可以举出两个最为简单明了的指标：男性每收入1美元，女性只能收入72美分；在商务、管理以及其他职业领域的高层决策方面，男女两性还远远未能实现公平。

许多人都像弗里丹一样认为，报酬方面的两性差距以及玻璃天花板问题（即女性在工作中升迁时遇到的一种无形障碍）是当今西方社会女性面临的两个最主要的不公正对待，它们阻碍了女性进入权力最高层。1999年，克林顿在美国国情咨文中指出："我们可以为这一进步而感到自豪，然而，75美分对比1美元，只能表明在两性平等的道路上我们只走了3/4，美国人民并不会因此感到满意，除非我们完全实现了两性平等。"性别差距以及玻璃天花板问题促使人们开始起诉一些公司，原因是这些公司高级职位上的女性人数太少了，他们还强迫政府对薪酬制度进行调整，确保男女两性能够根据"同工同酬"的原则来获取工作报酬，同时还提出了一些具有革新性的策略，比如通过设定每年的带女儿上班日（Take Our Daughters to Work Day）来改变女性的职业态度。

科学家和工程师们面临的问题就如同"泄漏的管道"。尽管在大学生中女性人数达到了60%之多，其中大约有一半的人在各个科学领域内进行专业的学习，然而从本科、研究生到博士后、讲师，再到终身教授，每进入下一个阶段，女性的比例都在不断地下降。而在科学、工程学以及技术开发领域，女性研究人员的比例还不到20%，在工程学领域，女性研究人员的比例只占了9%。《科学》和《自然》两大顶级刊物的读者们在20年间总是能够看到这样的标题：

《多样化：知易行难》，以及《努力推进多样性面临的持续性问题》。为了调查这些问题也设立了许多国家委员会，对此，一种具有代表性的评论是这样的："正像专家们所说的，这些活动旨在解决的问题是，人们在小学阶段获得的负面信息，会一直持续到本科和研究生阶段，这些负面信息几乎为所有的人都设置了壁垒（包括财政、学术以及文化方面），除了那些最优秀的人，这些壁垒在职场当中仍在延续着。"在2001年召开的九所美国精英大学的校长会议上，人们提议需要进行"重大变革"，例如，为女性教员设置奖项并予以资助，在校园里为她们设置最好的停车位置，确保女性教员的比例与女学生的比例相等同。

然而，关于这些负面信息、隐形壁垒以及性别偏见的种种说法当中却有一些令匪夷所思的事情。科学的方法就是要把每一种有可能对现象做出解释的假设都罗列出来，然后再去伪存真。科学家们十分看重从各种角度加以解释的能力，而且对于那些即使最不可能成立的假设，也需要它的提出者进行反驳。尽管如此，在对科学领域中"泄漏的管道"的讨论中却很少提及关于壁垒和偏见理论的其他解释。一个绝无仅有的例外就是，对《科学》杂志2000年发表的一则案例进行的补充说明，其中引用了社会科学家帕蒂·豪斯曼（Patti Hausman）在美国国家工程院会议上的发言：

> 为何很少有女性在择业时愿意选择工程师呢？该问题的答案显而易见：因为她们不愿意从事这一职业。无论在什么地方，你都会发现，与男性相比，女性很少会将欧姆、汽化器、夸克当成令人着迷的事物。即便是重新设置课程，也不能让我对研究洗碗机的工作原理感兴趣。

听众当中立刻就有一位杰出的女工程师指责她的这番分析是"伪科学"。然而，研究职业偏好的一位专家琳达·古特佛里森却支持豪斯曼的主张："一般而言，女性更喜欢与人打交道，男性则更喜欢与东西打交道。"同时职业测试结果还表明，男孩会对"现实型""理论型""调查型"的职业更感兴趣，而女孩则会对"艺术型""社会型"的职业更感兴趣。

但豪斯曼和古特佛里森只是少数派，因为关于性别差距，人们一直是按照以下方式来分析的。男女两性之间在职业或收入方面的任何不均衡都属于性别偏见的直接证据——如果这些性别偏见不是以公然歧视的形式出现，那么就会以劝阻性信息或者隐形壁垒的形式出现。男女两性之间可能存在着一些差异，并且这些差异可能会影响到他们工作的性质和薪酬的多少，然而这一可能性却从未被公然提及，因为那将可能对工作场所中的两性平等进程带来阻碍，进而损害女性的利益。正是对此深信不疑，弗里丹和克林顿才会声称，只有当男女两性在职业当中的收入和代表性（人数比例）完全相同时，我们才算真正实现性别平等。

在 1998 年的一个电视访谈节目中，格洛里亚·斯泰纳姆以及国会女议员贝拉·阿普斯（Bella Abzug）声称，性别差异这一概念本身就是“废话”，是一种“反美的疯狂思想（anti-American crazy thinking）”，当有人问她性别平等是否意味着男女两性在各个领域当中人数都相同时，阿普斯回答说：“当然是 1∶1。”这种关于两性差距的分析也在大学里面成了一种官方立场。美国精英大学的校长们总是随意地指责他们的同仁带有可耻的偏见，而对其他的解释根本不予考虑，无论这些解释是否会被接受。由此可见，这种思想禁忌是多么根深蒂固。

这种分析方法的问题在于，结果的不平等并不能证明机会的不平等，除非进行比较的群体成员之间在所有心理特质方面都完全相同，但这种可能性只有在我们所有人的大脑都是一块白板的前提下才会成立。不过，那种认为性别差距可能源于，或在一定程度上源于两性之间的性别差异的提议则可能会成为挑衅性的话语。任何人只要提出这样的观点，都会被指责是“企图让女性安于现状”，或者是“为两性差距的现实做辩护”。这就等同于说，一个研究为何女性寿命要比男性长的科学家的目的就是“希望年老的男性都死去”。

而且，对玻璃天花板理论的缺陷进行披露，并非那些自私自利的男人们的小伎俩，相反，这些披露大都源自女性，她们是豪斯曼、古特佛里森、朱迪斯·克莱因菲尔德、卡伦·莱尔曼、凯茜·杨、卡米尔·本博、经济学家珍妮佛·罗巴克（Jennifer Roback）、费利斯·施瓦兹（Felice Schwartz）、黛安娜·弗奇戈特-罗思（Diana Furchtgott-Roth）、克里丝汀·斯塔贝（Christine Stolba）以及法律学者詹妮弗·布拉塞拉斯（Jennifer Braceras），更为严格地讲，还包括经济学家克劳迪娅·戈尔丁（Claudia Goldin）和法律学者苏珊·艾斯瑞奇（Susan Estrich）。

我认为，与标准的性别分析相比，这些研究者们帮助我们更好地理解了两性间的差距，其原因是多方面的。她们的理论分析并不回避两性之间存在差异这一可能性，因此我们也不用被迫在有关人性的科学研究发现和公正对待女性这两者之间做出选择。这种理论分析有助于我们更深刻地洞察导致两性差距的原因，这一点正好与我们目前顶级的社会科学是一致的。这种理论分析以更加尊重的眼光来看待女性以及她们所做出的选择。从根本上来讲，这种理论分析还提供了更加人道、更为有效的补救措施来改变职场中的性别不平等问题。

在介绍平等女性主义者关于两性差距的最新理论分析之前，我想重申三点，关于这三点目前并不存在争议。第一，不赞成女性去追求自己的理想，并因为性别而歧视她们是不公正的，不管在哪里，这种行为都应该被制止。

第二，毫无疑问，女性在过去一直遭受着形形色色的歧视，即使在今天，她们依然面临着某些方面的歧视。关于这一点，并不能用男性收入比女性高或者男女比例并没有达到 1∶1 来证明，但在其他情境下又确实存在着。实验者通过这种方法来验证人们对待男女两性的方式是否有所不同：他们投递虚假简历或者提案，除了应聘者的性别不同，这些简历或提案都完全一样。经济学家对个体的胜任力与兴趣进行了测量，并使这些因素在统计上保持恒定，然后通过回归分析的方法来确定男女两性是否在收入或者升迁的速度方面存在差异。除非个体之间在其他特质上完全等同，否则结果方面的差别并不能证明歧视的存在，这一点是社会科学中的小儿科（更不用说这是常识了），而且所有的经济学家在搜集工资歧视证据并进行有关数据分析时都承认这一点。

第三，关于女性能否“胜任”科学家、CEO、国家领导人或其他任何被认定为杰出人士职位的问题，答案是毫无疑问的。早在数年前这一问题就有了明确的答案：一些女性能够胜任，而另一些女性则不能胜任，而这正如一些男性能胜任而另一些男性则不能胜任一样。唯一的问题在于，能够胜任这些职位的男女两性的人数比例是否一定要完全相同？

正如与人性有关的其他议题一样，人们不愿意按照统计学的方式来考虑问题，由此导致了大量错误的二分法。现在的问题是，如果不必在“女性不能胜任”和

“绝对的 1 : 1”之间，或者在“根本不存在歧视”和“仅仅只有歧视”之间做出选择的话，男女两性在职务上的人数分布情况又该如何看待呢？

在一个自由、公正的劳动市场中，人们在受雇用之后，会依据自身的特质与工作需求之间的匹配程度来获得报酬。对于一个既定的工作而言，不但需要个体某些认知方面的才能（如数学或言语方面的技能），还需要个体某些方面的人格特征（如冒险精神或合作精神），此外还需要个体能够承受特定的生活方式的要求（如严格的上班时间、变换工作岗位、更新工作技能等）。相应地，一个既定的工作也会给一个人带来多方面的报酬：人、器材、思想、家庭之外的活动或精湛的手艺。此外，待遇的多少还受到供给和需求的影响：有多少人想谋求这一份工作？又有多少人能够胜任？雇主愿意花多少钱去雇人来做这份差事？对于那些很容易胜任的工作来说，其报酬可能不会很高；而那些难度较高的工作则可能会提供较多的报酬。

在与职业有关的个人特质上，个体之间存在很大的差异。大多数人都能够进行逻辑思考，与他人合作，容忍冲突或令人不快的环境，等等，但就程度而言，个体之间并非完全相同。每一个人都有其独特的能力和兴趣爱好。考虑到所有的两性差异（有些属于生理方面的，有些属于文化方面的，有些则两者兼有）方面的证据，男女两性在这些能力和兴趣方面的统计学分布情况也不可能完全相同。如果现在有人将男性和女性的特征分布情况与经济领域中的工作要求的分布进行匹配的话，可能会发现，即使不存在任何的壁垒和歧视，每个职业领域中男女两性所占的人数比例完全相同，或男女两性所获得的报酬完全一样的可能性也几乎为零。

上述这些并不意味着，女性最终肯定会受到不公平的对待。一切要取决于既定的社会提供的机会选项有哪些。如果高报酬的工作更强调个体具有典型的男性优势（如愿意承担身体上的风险或对机器感兴趣），那么男性往往会表现得更为出色；如果高报酬的工作更强调典型的女性优势（如擅长语言或对人感兴趣），那么女性通常就会表现得更为出色。无论在哪一种情况下，两种性质的工作中男性和女性都会有，只不过是两者的人数不同而已。

举一个我所在研究领域当中的例子，即在研究儿童语言发展的职业中，女性在人数上远远超出了男性。在其著作《第一性：女性的天赋及其对世界的改造》（*The First Sex: The Natural Talents of Women and How They Are Changing the World*）中，人类学家海伦·费希尔提出了这样的推断：我们所处的知识驱动、全球性的经济体系中，企业文化将很快会青睐女性。因为女性更擅长语言表达与合作，也不会痴迷于各类头衔，而且她们能够更出色地达成双赢的谈判结果。她预测说，到了新世纪，各行各业会对女性的这些才能越来越重视，女性也会在地位和收入方面超过男性。

当然，当今社会中性别差距仍然是有利于男性的。其中一些性别差距是由性别歧视导致的。用人单位可能会低估女性的技能，或认为行业中聘用清一色的男性员工将会更加高效，或担心男性员工会对他们的女性主管心怀怨恨，又或者会担心那些怀有性别偏见的顾客或客户会产生抵制情绪。然而，证据表明，并非所有职业方面的性别差异都是由这些壁垒所致。例如，不大可能会有这样的情况：在数学家的专业领域中会明显存在对女性的偏见，发展语言心理学家明显存在对男性的偏见，而进化心理学家则压根儿不存在任何性别偏见。

在一些职业领域内，能力上的差异可能是导致性别差距的重要原因。较女性而言，有更多的男性会在数学推理以及对三维物体的心理操作方面具有非凡的能力，这一情况足以解释为何在工程师、物理学家、有机化学家、数学家的某些分支当中性别比远远偏离了 1∶1（当然，这并不意味着女性的比例就应该接近零）。

在多数专业领域内，性别差距与两性能力方面的平均差异之间并不相关，然而，兴趣爱好方面的平均差异可能会使男女两性走上不同的发展方向。例如，最为有名的例子便是戴维·鲁宾斯基（David Lubinski）及卡米尔·本博，他们对全国范围内选拔出的七年级数学天才青少年进行了分析。这些青少年出生的时候正值第二波女性主义运动期间，父母鼓励他们去发展自己的才能（这些孩子都曾经被送到暑期数学与科学培训班），他们对自己的潜力有着非常清晰的认识。但那些有天赋的女孩子告诉研究者说，她们其实对人，对具有社会价值、人道主义和利他主义的目标更感兴趣；而那些有天赋的男孩子却告诉研究者说，他们对事物、对具有理论价值和比较抽象的智力性探索感兴趣。在大学里面，这些年轻女孩子们选修的课程范围广泛涉及人文、艺术和科学，而男孩子们则坚持选择了数学和科学方面的课程。而且，非常确定的是，年轻女孩当中只有不到 1% 的人会选择继续攻读数学、物理科学、工程学方面的博士，而男孩子当中则有 8% 的人选择继续攻读这些领域的博士。而女孩子们大都进入了医学、法律、人文以及生物学等领域。

在关于工作价值观与职业选择的大规模调查研究中发现，这种不对称性是显而易见的，而在这类研究中，研究者要求男性和女性自己阐述他们的真实需求，而不是由那些激进主义分子代替他们发言。通常来说，男性的自尊心往往更多地与地位、薪水、财富等因素有关，因此作为性伴侣和婚姻伴侣而言，他们的吸引力也与上述因素有关，这一点也在关于人们看重异性的哪些因素的研究中得到了证实。毫不奇怪的是，男性声称他们更愿意长时间投入工作并牺牲其他的生活乐趣（当他们进行工作调动时，他们会选择一个缺乏吸引力的城市或者远离朋友和家人），以获取公司的高位或自己所在领域的声望。

一般而言，男性还比女性更愿意选择从事一些艰苦的体力工作或危险性工作，因此在一些诸如工厂机械修理、石油钻探、清理油罐舱之类条件艰苦但报酬可观的行业中，男性工人居多。而女性更可能会选择一些行政类的，在有空调的环境中工作的职业，待遇也就相对会低一些。即使在两性能力相同的情况下，男性在职业选择方面也更愿意冒险一些。男性更愿意选择在公司工作，而女性则更愿意选择在政府机构或非营利性组织工作。男医生往往更愿意成为专科医师并发展私人营业，而女医生则更愿意成为全科医师，甘愿在医院或门诊部领薪水。男性更可能成为工厂的管理者，而女性则更可能成为人力资源部门或企业沟通部门的主管。

与父亲相比，母亲往往会在孩子身上投入更多的精力。就这一点而言，在世界上任何一个社会环境下都是如此，而且很可能在大约两亿年前第一只哺乳动物进化出来时就是这样了。正如苏珊·艾斯瑞奇指出的那样："期望性别与抚养后代之间的关系被打破，就如同期望戈多（Godot）[①]的出现一样。”但这并不意味着，任何社会当中的女性都对工作不感兴趣；在采集狩猎的部落当中，特别是工作中需要使用渔网而不是石块和刀叉的时候，女性担负起了大部分的采集工作和部分狩猎工作。此外，这也并非意味着，任何社会当中的男性对其子女都是漠然处之的；雄性的亲代投资属于现代智人的显著特征，而且从动物学意义上来讲，这也是一种不寻常的特征。然而，这并不意味着，男女两性能够在下述这种生物学上具有普遍性的权衡过程中找到不同的平衡点：在一个孩子身上进行投资与为了发达而去工作（最后又转化成为对其他孩子的投资）之间的权衡。女性不仅仅与承担照料工作有关，而且女性还对其幼小子女的健康舒适状况更为敏感，此外，从调查情况来看，女性认为在孩子身上花费时间更有价值。

因而，即使是男女两性都重视工作，也重视孩子，但是不同的权重或许会促使女性在进行职业选择时更多地考虑自己能否有时间来陪伴孩子（工作时间较短或比较机动灵活，工作变动较少，工作技能不会很快过时），相应地，她们获得的报酬或声望也比较低。正如经济学家珍妮佛·罗巴克指出的那样：“一旦我们认识到，人们可能为了某些令人愉悦的事情而牺牲自己的工作收入，那么我们就不能够通过比较两个人的收入来进行推断。”

经济学家加里·贝克尔（Gary Becker）认为，即使最初在这方面的性别差异非常细微，婚姻也可能会加剧性别差异的这种影响，原因就在于经济学家所谓的比较优势定律。对于一对夫妻而言，可能丈夫的收入会略高于妻子，然而作为父母，妻子可能要比丈夫更加称职，这样他们就可能会做出合理的推断：虽然妻子工作上的投入比丈夫少，但他们同样都很出色。

需要再次强调的是：所有上述情况并非意味着性别歧视已经完全消除了，或者性别歧视的存在可以被证明是合理的。关键在于，性别差距本身并不能证明任何的性别歧视，除非男女两性的大脑都是一块白板，事实上男女两性的大脑都并

① 在法国作家塞缪尔·贝克特的荒诞派喜剧《等待戈多》（*Waiting for Godot*）中，两个流浪汉自始至终在等待一个名叫戈多的人。他们穷困潦倒，希望戈多的出现能使他们得救，然而戈多始终没有出现。戈多代表的是人们对未来生活的某种向往和憧憬。——译者注

非白板。要证明性别歧视存在，唯一的方法就是，在对工作或者工资进行比较时，要确保男女两性的选择机会或个人条件是等同的。事实上，最近一项来自全国青年纵向调查（National Longitudinal Survey of Youth）的研究资料表明，年龄在 27～33 岁且没有子女的女性，她们的收入相当于男性的 98%。即便是对那些对美国的用人单位冷嘲热讽的人来说，这种情况也没什么值得大惊小怪的。在残酷的市场竞争中，无论是什么公司，如果不明智地对女性的胜任力视而不见，却去重用不合格的男性，他们最终会被那些用人唯贤的竞争对手打败。

如果一个民主政府认为男女两性同工同酬政策是一个非常有价值的目标，那么在自然科学及社会科学领域中就没有什么能够阻止这项政策的实施。上述研究发现无非想证明，这些政策有利又有弊。很显然，结果平等政策带来的好处在于，它们可以消除残存的针对女性的歧视。然而，如果男性和女性之间是不可以相互替换的，那么我们就不得不考虑这一政策的代价了。

其中一些代价将由男性或两性共同去承受。这些代价当中，最突出的两点表现在：一是可能会反过来形成对男性的歧视，二是在雇用和薪水问题上有决策权的男性或女性可能会得出关于性别主义的错误假定。另一类由男女两性共同承担的代价在于，如果不是依据工作需求与个人特质之间的最佳匹配，而是依据性别因素做出雇用决策，那么将会导致工作效率的下降。

结果平等政策带来的弊端更多地还将由女性来承担。许多女性科学家极力反对科学领域中严重的性别偏好，比如为女性设置特定的岗位，或者是在联邦研究经费的分配政策方面，按照相同的男女人数比例分配给申请者。这些善意的政策可能会导致这样的问题：在人们的头脑中撒下疑惑的种子，即怀疑受益者是否真的具有出色的才能。正如天文学家琳恩·希伦布兰德（Lynne Hillenbrand）所言："如果一个人是因为自己的女性身份而获得某个机会，那么这并不会对当事人产生任何益处。它只会让人质疑：为什么这个机会给了你？"

当然，在女性的发展道路上确实存在制度性壁垒。人类属于哺乳类动物，生育和照料孩子的责任主要由女性负责，而且她们还过多地承担着抚养孩子的义务，我们应该考虑这一事实所具有的伦理含义。人们不应该想当然地认为，想逃避责任的就一定是男人，或者认为孩子就是自我放纵或一夜风流等越轨行为的产物。因而，性别差异也可以起到维护而不是危害一些女性友善政策的作用，这些政策包括休产假、有偿的孩子护理、灵活机动的工作时间、职位试用期的停工（stoppages of tenure clock）、取消所有任职等。这一可能性是由生物学家、普林斯顿大学校长雪莉·蒂尔曼（Shirley Tilghman）最近提出的。

当然，就如同世界上从来就不存在免费午餐一样，这些政策同时也成了惩罚那些没有子女、子女已经成年，或者是选择在家带孩子的男性或女性的决定（或许是理所应当的）。然而，即便是对这些利害加以权衡，但对人性的考虑仍可能会带来新的、深层次的问题。这些问题最终可能会改善众多女性的境况。是哪些苛刻的工作要求阻碍了女性对经济效率的贡献？又是哪些障碍影响了男性对社会地位的获取？在对职场当中的公平问题进行思考时，我们是应该把人作为单独的个体来看待，还是应该把人作为家庭成员来看待？后者考虑到人们可能会在人生的某一时间段生儿育女，也可能会在生命的另一时间段内去照料年迈的父母。如果在所有的工作领域中，我们都以牺牲经济效率的代价来获取更为舒适的工作状况的话，那么我们的幸福水平是否就会有所提升？答案我不清楚，但这确实是一个值得深思的问题。

承认两性差异可能要比否认两性差异更具人性化，其中还有另外一个原因。经历命运起起落落的是男人和女人本身，而不是男性或女性这一性别，正是男性和女性的大脑（或许男女两性的大脑并不完全一样）赋予了他们价值和选择的能力。对他们所做的选择，应该予以重视。在有关人类生活方式的记录中，一个典型的特征是关于女性的描述：这些女性往往会以在家相夫教子感到羞耻。正如这些女性常说的那样："我认为女性主义实质上就是选择的问题。"这一说法同样也适用于这样一些女性，她们确实选择了去工作，但同时她们还要在工作收入方面做出牺牲，目的是"生活"（对于那些做出同样选择的男性而言，这种说法也是同样适用的）。

很显然，那种认为在一所律师事务所中男女职员不仅要在人数上一样多，而且还要同样每周工作 80 小时，或者男女同样一次性外出数月，在冰冷的石油平台上的钢管之间闪转腾挪的主张并不能算得上一种进步。此外，对更多年轻女性“进行条件反射训练，让她们选择从事工程师职业”，就好像把她们视作斯金纳箱子里面的小老鼠一样，这种要求也是荒唐至极的（正如性别等同的倡导者在《科学》杂志当中说的那样）。

古特佛里森曾经指出：“如果坚持用性别等同作为社会公正的衡量标准，那么这将意味着，你会把许多男性和女性排斥在他们自己最感兴趣的职业之外，并把他们推入其不感兴趣的职业领域内。”在科学领域“泄漏的管道”问题上，她的这一观点得到了克莱因菲尔德的回应：“如果女性选择做教师而不是数学家，或是选择做新闻记者而不是物理学家，或是选择做律师而不是工程师，我们不应该向她们传递这样的信息，即认为她们是没有价值的人，她们对我们的文明没有太大的价值，她们很迟钝或者是地位卑微。”

这种担忧并不是主观猜测的：国家自然科学基金会最近的一项调查结果表明，与男性相比，有相当多的女性提出，她们之所以会选择科学、数学或者工程学专业，完全是出于教师或家庭成员的压力，而不是为了追求自己的抱负——正因为如此，许多女孩最终都从事其他职业去了。尽管玛格丽特·米德在其早期生涯中关于性别可塑性的看法是错误的，但是我还是要给她投上支持的一票，因为她的下述说法毫无疑问是正确的：“如果我们想要获得一个更为多样性的文化，使得各种对立的价值观可以并存，那么我们就必须认识到人类所有的潜能，并因此构建一个相对不那么专断的社会架构，人类每一种独特的才能都可以在其中找到自己适合的位置。”

尽管现代人围绕着性别产生了各种各样的争论，但他们的共同立场也很多。没有人会接受性别歧视的存在。即便可以做到，也没有人想让时光倒流，让女性远离大学和工作岗位。任何理智的人都不会否认，在过去一个世纪里女性在自由方面取得的进步对改善人类生活状况有着无可估量的作用。

让理性发生偏移的不是那些能够激起强烈情感反应的不相干问题，而是道德方面的不相干问题。将这些不相干问题与真正重要的目标区分开来，有关人性的科学研究才能够促进女性的利益。女性主义作为一场追求政治平等和社会平等的运动非常重要，但它关于人性的看法是稀奇古怪的，因此，作为一个学术团体它毫不重要。消除对女性的歧视很重要，但认为男女两性在先天心智方面毫无差别，则是不值一提的观点。选择的自由是重要的，但确保女性在各个工作岗位上都刚好占据 50% 的比例则是毫无意义的。

19 儿童

“天性与教养之争已经终结”，这句话是近期一篇题目为《行为遗传学的三条法则及其含义》（*Three Laws of Behavior Genetics and What They Mean*）的文章的开篇句，而这篇文章正如它的开篇句那样语出惊人。当然，当我们试图确认人类具有哪些共同天赋，并试图去理解这些天赋是如何保证我们具有学习能力的时候（这些问题也正是前面章节中探讨的重要议题），天性与教养之争还远远没有结束。然而，当我们试图探讨是哪些因素导致社会中的主流人士不同于非主流人士时（无论这些人是更聪明或愚钝，高尚或卑劣，鲁莽或羞怯），天性与教养之间上演了数千年的论战真的结束了，或者说应该结束了。

当心理学家埃里克·特克海默（Eric Turkheimer）宣称天性与教养之争已经终结的时候，他不只使用了传统驯兽师式的技巧，即对受众进行当头棒喝以吸引其注意。他还对大量的研究结果进行了总结，依照心理学的标准而言，这些结果都具有异乎寻常的支持力。在40多年间，一些国家的不少研究者都对这些结果进行了重新验证。随着样本量的增多（被试通常达到数千名之多），测量工具得以逐步完善，争议得以澄清，但研究结果仍旧像永不落的星条旗那样依然保持原貌。

行为遗传学的三条法则可以算得上是心理学史上最重要的研究发现。然而，即便这些法则已经登上了许多报刊的封面文章，大多数心理学家却还没有认真对待它，多数知识分子也还没有领会其含义。并非因为这些法则深奥难懂，事实上，每一条法则都可用一句话来陈述，而无须借助任何数学工具。确切地讲，这是因为每一条法则都是对“白板说”的无情鞭笞，而“白板说”的影响是如此根深蒂固，以至于许多知识分子都无法领会除此之外的其他学说，就更不要说去讨论其对错的问题了。

行为遗传学的三条法则

行为遗传学的三条法则分别是：

- 人类所有的行为特性都是可遗传的。
- 家庭环境的作用要远远小于基因的作用。
- 在人类复杂的行为特征方面，相当一部分比例的变异不能够用基因或家庭作用来解释。

这三条法则主要阐述的是什么原因促使我们成为现在的自己（与我们的同胞相比），因此这些法则也就是在探讨童年时期对我们产生重大影响的因素。童年时期通常被认为是人的智力和人格特征形成的重要阶段。亚历山大·蒲柏（英国诗人）这样写道：“枝曲则树斜。”华兹华斯则这样写道：“儿童是成人之父。”此言恰恰呼应了密尔顿（英国诗人）的话：“看人看年少，看天看破晓。”耶稣会信徒也经常这样说：“如果让一个孩子在他生命的头七年和我在一起，我就能给你所想要的任何类型的人。”这些格言被迈克尔·艾普特（Michael Apted）用在他的系列纪录片当中作为结束语，在这些纪录片中，艾普特每隔 7 年（7 岁进行一次，14 岁再进行一次，依次渐进）对一群英国儿童进行一次追踪报道。在本章节中，我将带你去领略这些法则，并探讨它们对于天性和教养来说意味着什么，或者说什么都不是。

第一条法则

第一条法则：人类所有的行为特性都是可遗传的。还是让我们从头开始说起吧。什么叫作“行为特性”？许多研究都将它视作个体所具有的某种稳定的特性，从而使用标准化的心理测验工具对其进行测量。其中，智力测验会要求人们倒着背诵一长串数字，对不情愿和自责之类的词语进行解释，找出一枚蛋和一粒种子之间的共同之处，将四个三角形组合成一个正方形，对几何图形的序列进行推测。而人格测验则要求人们对一些陈述性话语做出认可或不认可的回答，比如“我经常穿越街道，因为我不想碰到自己认识的人”“如果某个人利用了那些对他敞开心扉的人，我不会因此而责备他”“在做一件事情之前，我会考虑我的朋友们将会对这件事情做何反应”“人们会说一些粗俗无礼的话来诽谤我”。这些内容听起来可能会让人觉得很不可信，然而这些测验已经被证实具有很高的可信性：同一个被试每次测量的结果几乎都是完全相同的，而且从统计学上来看，它们也具有相当强的预测作用。智力测验可以预测一个人的学业成绩及工作业绩，人格测评结果同他人的评价结果之间存在相关性，同时还与诸如精神病学的诊断结果、婚姻稳定性、触犯法律之类的某些生活状况存在相关性。

而另外一些研究对行为做了更为直接的描述。一些研究生带着秒表和写字板在校园里一边四处走动，一边观察孩子们在做什么。先由几个老师对学生的攻击性进行评分，然后再求出这些评分的平均值。

一旦测验结果出来，样本变异数就能被计算出来：每个人的得分与群体平均分之差的均方。变异数描述的是某个群体成员与另一个群体成员之间的差异大小。例如，在体重方面，一个由拉布拉多猎犬构成的样本的变异量就会小于一个由多个品种的狗构成的样本的变异量。变异可以进行分解，从数学意义上来讲，一个群体的特定比例的变异量如果与某一个因素相重叠，那么这个因素很可能是它的原因，但也并不一定如此，而另一些比例的变异量则与第二种因素相重叠，如此类推，变异数的百分比相加之和是 100。重叠的程度可以用相关系数来衡量，相关系数是一个介于 -1 到 1 之间的数字，它描述的是如果一个人在某个测验中得分很高，那么他（她）在另一个测验上的得分同样很高的可能性有多大。在行为遗传学研究中，相关系数被当作衡量某个因素所能解释的变异量大小的一个指标。

遗传力（heritability）是与遗传差异有关的某种特性的变异量的比例，可以通过几种不同的方式对它进行测量。最简单的一种方法就是测量一对从出生就被分开抚养的同卵双生子之间的相关性。他们的基因完全相同，而生长环境完全不同（相对于样本中环境方面的变异量而言），因此他们之间的任何相关性都必然是由基因导致的。另一种方法是把一起抚养的同卵双生子和一起抚养的异卵双生子进行比较，前者无论是在基因还是在环境方面都完全一样，而后者只有一半基因相同，环境方面则完全相同。

更确切地说，在人类具有的存在差异的基因方面，他们有一半是相同的。很显然，人类具有的共同基因他们也都具有。如果同卵双生子之间的相关程度比较高，就可能反映出他们共同具有的超基因起了作用。两个相关系数之间的差异越大，估算出来的遗传力就越高。还有另外一种方法就是把生物学意义上的兄弟姐妹与被收养的兄弟姐妹进行比较，前者有一半的基因是相同的，生长的环境也基本相同，而后者在人类具有的存在差异的基因方面完全不同，生长环境则基本相同。

无论采用什么样的测量指标或测量方法，最终结果都基本趋于一致。分开抚养的同卵双生子之间是高度相似的；在一起抚养的同卵双生子比在一起抚养的异卵双生子更为相似；有血缘关系的兄弟姐妹之间的相似性要远远超出没有血缘关系的兄弟姐妹。上述这些都可以转换成为实际的遗传力得分，分值通常为0.25～0.75。一般的结论是，在智力、个性以及其他有关方面的变异中，大约有一半的变异都是可遗传的，即这些都是与基因相关联的，或者属于基因的间接产物。或许很难再找到比遗传力更为精确的指标了，因为有不少的因素都会导致遗传力在这一区间内上下浮动。

第一个因素是，测量误差（随机噪声）是否包含在可解释的总体变异当中，或者是在估算之后它在方程式之中被剔除了。第二个因素就是，是否所有的基因效应都被估算了，还是仅仅只对累加效应（additive effect）进行了估算：即无论个体的其他基因如何，都会产生同样作用的基因（换言之，也就是那些能够产生真实效果的基因）。

第三个因素是，样本内部最开始存在多大的变异量：来自相同环境当中的样本会得出较大的遗传力估计值，而来自不同环境下的样本则会得出较小的遗传力估计值。第四个因素是，对个体某种特性的测量是在哪个年龄段进行的。比如，智力的遗传力会随着年龄的增长而提高，在成年后期甚至可达到 0.8 的水平。不要去想“枝曲则树斜”，而是要认为：“哦，我的天，我变成我父母那样了！”

“一切特性都是可遗传的”，这句话带有一些夸张的成分，不过也并不为过。当然，对于那些显然取决于家庭或文化内容的具体行为特性来说，比如讲哪种语言，信奉哪种宗教，参加哪个政党，等等，不具备任何的可遗传性。然而，对于反映个体潜在天赋和气质的行为特性来说，比如在语言方面是否有造诣，忠诚度如何，是不拘一格还是因循守旧，则都具有可遗传性。一般智力是具有可遗传性的，因此在大五人格模式上，即在经验的开放性（openness to experience）、尽责性（conscientiousness）、外倾－内倾性（extraversion-introversion）、敌对－宜人性（antagonism-agreeableness）、神经质或情绪稳定性（neuroticism）方面是存在个体差异的，这些人格模式的首字母简称为 OCEAN。

而且，在一些令人不可思议的具体特性方面也被证明具有可遗传性，如尼古丁成瘾或酒精成瘾、每天看电视花费的时间、离婚的可能性等。最具有说服力的例子是，查尔斯·亚当斯专利局里的马尔菲特兄弟及其在现实生活中的原型：从出生就被分开抚养的同卵双生子，长大之后都成了志愿消防部门的指挥官，他们在回答问题时都会捻动自己的项链，他们都分别要求研究者把他们送到机场，因为他们两个的汽车都有一个车轮子需要重装。

我曾经看过一期访谈节目，其中马龙·白兰度（著名美国演员）被问及有哪些童年的影响因素促使他成了一名演员。他回答说，从出生就被分开抚养的一对双生子，他们可能会使用同一个品牌的护发素，抽同一个品牌的香烟，到同一个海滩上去度假，等等。与此同时，主持人宗毓华（最为著名的华裔电视主持人）正在装作打鼾的样子，好像她在耐着性子听一场索然无味的演讲，她并没有意识到马龙·白兰度其实正在回答她的问题，或者更准确地讲，他是在解释自己不能够回答这个问题的原因。因为只要禀赋和喜好的遗传力不为零，就没有一个人能知道他的某种特性是受到了基因还是童年经验的影响，或是两者共同产生影响，抑或是两者均无任何影响。而在日常生活中不单单是宗毓华一个人领会不了这一点。第一条法则意味着，对父母亲及其亲生子女进行某些方面的测量，并得出一些关于父母教育作用的结论等类型的研究都是毫无价值的，因为相关系数也许仅仅反映了他们共同基因的多少（具有攻击性的父母会养育出具有攻击性的子女，健谈的父母会养育出健谈的子女）。然而这些耗资巨大的研究仍在继续进行着，并且依旧在被不断地转化为关于育儿方面的忠言，就好像各种特性的遗传力根本不存在，或许他们应该邀请白兰度参加评审拨款专家组。

行为遗传学的批评者们试图去用其他解释来替代第一条法则。或许一出生就分开的孩子被有意地送到了相似的家庭中收养；或许他们在分开领养期间彼此相互接触过；或许父母本身就期望同卵双生子之间更加相似，因而会以更为相似的方式去对待他们。除了具有相同的基因，双生子还在同一个子宫里面发育，有时候同卵双生子还拥有共同的绒毛膜（覆盖在胎儿身体周围的一层膜）和胎盘。或许是出生之前共同拥有的经验，而不是相同的基因使得他们之间更加相似。

已有研究对这些可能性进行了检验，尽管在某些个案中遗传力的估计值降低了好几个百分点，但是它们都没有呈现出大幅度的下降。这些研究对养父母以及家庭环境的特征，如他们的受教育程度、社会经济地位、个性品质等进行了测量，结果发现，他们之间的同质程度并不足以令同卵双生子形成相同的个性和气质特征。同卵双生子并没有被有意识地送往都鼓励孩子捻弄项圈或在电梯里面打喷嚏的家庭中去抚养。更为重要的是，从出生就被分开抚养的同卵双生子所在的领养家庭环境之间的相似程度并不比与从出生就分开抚养的异卵双生子所在的领养家庭之间的相似程度高。而且最为重要的是，家庭环境方面的差异并不会导致儿童成年之后在智力或个性方面产生差异（这一点，我们在检验第二条法则时就会看到），因而上述争议都属于无稽之谈。

至于双生子分开之后的再次接触，两个人之间的一次邂逅，无论如何不可能使他们的个性和智力发生改变，而且已有研究证明，接触的次数与双生子的相似度之间并无任何相关性。那么在父母、朋友以及同侪群体的期望方面情况又是怎样的呢？有这样一个关于同卵双生子的巧妙实验：两个同卵双生子一出生就被误以为是异卵双生子，直到进行了一次基因检测之后，人们才明白事实并非如此。

如果说是期望使同卵双生子之间更为相像的话，那么这对双生子之间应该不会很相似；如果说基因起了作用的话，那么他们之间应该非常相似。事实上，这对双生子之间非常相似，就好像父母早已经知道他们是同卵双生子一样。而且，对双生子的父母教养方式之间的相似度的直接测量结果，与对他们在智力和个性方面的相似度的测量结果之间并不存在相关性。最后一点，共享同一个胎盘也可能会使得同卵双生子之间变得更加不同（因为其中一个可能会排挤另一个），这也正是为何许多研究结果证明共享同一个胎盘并不会有太大影响，或根本没有什么持续性影响的原因所在。然而，即使共享同一个胎盘能够使他们之间更为相似，这对遗传力的提升也是很小的。

行为遗传学家马特·麦丘（Matt McGue）注意到最近的一个数学模型，其试图用产前影响来尽可能推翻遗传力的估算方法，因此，“关于 IQ 的争执，其焦点目前主要集中在智商的遗传力是 50% 还是 70%，这显然预示着，在过去的 20 年间，天性与教养之争已经发生了转变”。无论如何，对收养子女和亲生兄弟姐妹之间进行比较的研究根本就没有对双生子问题加以考虑，但他们也得出了与双生子研究一致的结论，因此，没有哪一种双胞胎的特性可以推翻第一条法则。

行为遗传学方法自身存在三重局限性。第一，关于双生子、兄弟姐妹以及养子女的研究有助于解释导致个体差异的因素有哪些，却没有办法解释人们在哪些方面是一样的，也就是说普遍的人性是什么。举例来说，如果说智力的遗传力是 0.5，这并不意味着一个人的智力的一半是通过遗传获得的（无论这意味着什么）；而只是意味着，人们之间的变异大概有一半是通过遗传获得的。我在第 3 章和第 4 章中谈及的有关病理状态的行为遗传学研究就已经对普遍的人性进行了说明，不过它们与本章讨论的主题并无关系。

第二，行为遗传学方法强调的是测量群体内部的变异，而并非群体之间的变异。如果某一样本中的双生子或养子女都是美国中产阶级的白人，遗传力估值就会告诉我们，为何一些中产阶层的美国白人会不同于其他中产阶层的美国白人，但它并不会告诉我们为何中产阶层不同于其他上层阶级或下层阶级，为何美国人不同于其他国家的人，或者为何白人不同于亚洲人或非裔美国人。

第三，行为遗传学方法只能表明特性与基因有关，但这并不表明这些特性是由基因直接决定的。相对而言，哪些特性属于基因的直接产物（即由会影响到大脑装配与新陈代谢的基因导致的结果），哪些特性属于基因的间接产物（即由负责特定体态容貌的基因导致的结果），对于这些问题，行为遗传学方法并不能加以区分。我们知道，就平均水平而言，个子高的人通常会比个子矮的人在工作当中升迁得更快，而有魅力的人会比缺乏魅力的人升迁得更快。

在一项实验中，研究者假装对被试进行采访，期间采访者因为有事情被叫出去了，采访中断，被试被晾在那里。相貌一般的被试会在等待 9 分钟之后才开始抱怨；而那些长相有吸引力的被试在等待了 3 分 20 秒之后就开始抱怨。由此，大概可以得出这样的推断：高个子和长相好看的人往往会得到人们更多的尊重，进而他们可能会获得更多的成功和权利。很显然，身高和长相具有可遗传性，因此，如果我们不知道长相具有这种作用，就可能会认为这些人的成功直接源于使他们具有远大抱负和自信心的基因，而不是间接地源自使他们拥有修长双腿和漂亮鼻子的基因。这个例子的寓意在于，在对遗传力进行解释时，必须考虑到所有的证据，不可流于表面。

事实上，正如前文已经提到的，我们知道个性方面的遗传性并不会被还原到决定容貌的基因上。长相对个性的影响极其微弱和有限，尽管有许多关于金发碧眼美女的笑话，但并非所有美女都是胸大无脑的。相反，个性特质的遗传性则表现得非常明显和普遍，以至于很难被解释成相貌的副产品。而且，正如我们在第 3 章中看到的，在某些情况下，个性特质会与一些造就神经系统的真正基因相关联。随着人类基因组工程的完成，遗传学家可能很快就会发现更多的此类关联。

第一条法则被一些激进的科学家们视作眼中钉，他们曾经试图推翻它，但没能获得成功。1974 年，利昂·卡民这样写道：“没有哪种数据能够使一个慎重之人接受这样一种假设，即智商测验得分具有一定的遗传性。”10 年之后他又向列文廷和罗斯重申了这一结论。仅就 20 世纪 70 年代而言，这一论断就遭受了挫折，而到了 20 世纪 80 年代则陷入了绝境，到了今天，它则沦为了陈年古董。

通常各种抨击并不总是出现在冷静的学究式分析中。托马斯·布沙尔（Thomas Bouchard），一位人格遗传学研究领域的开拓者，对不同家庭长大的同卵双生子进行的最早的一项大规模研究就是由他负责的。明尼苏达大学的校园活动家四处散发传单，称布沙尔是种族主义者，并且将他和“德国法西斯主义”联系在一起，人们四处喊着口号，称布沙尔是纳粹分子，并要求解雇他。心理学家巴里·梅克勒（Barry Mehler）曾经指控布沙尔，说他是在为约瑟夫·门格勒（Josef Mengele，纳粹德国著名的人类学和基因学专家，曾经建立过臭名昭著的双胞村，该实验被称为“死亡天使”）的研究“正名”，门格勒医生在纳粹集中营里面打着研究的幌子残害了许多双胞胎。

与大多数情况下发生的事情一样，无论是从学术角度还是从人格角度来讲，对布沙尔的这些指控都是不公平的：布沙尔不仅不是纳粹分子，他还是 20 世纪 60 年代伯克利言论自由运动（Berkeley Free Speech Movement）的一名参与者，他还曾经因为自己的激进主义而遭到短暂的监禁，而且，时至今日，他仍然声称自己可能还会这么做。

很显然，这些来自政治方面的攻击不足为信。而更为致命的是，人们通常对第一条法则有着这样的解读：“你们的意思是说一切都是由基因决定的？”或者更为愤慨的说法有：“这完全是基因决定论！”我曾经对这些非常奇怪的想法进行了评论：当谈及基因时，人们似乎突然之间失去了分辨能力，不能够对“50%”“100%”“一些”“一切”“影响”和“决定”加以区分。但知识界的这种风气带来的严重后果非常清楚：从神学的立场来看，如果基因的作用为零的话，那么所有的非零数值就都等同于异教了。

然而，“白板说”导致的最糟糕的副作用还不是人们对基因作用的误解，而是他们对环境作用的误解。

第二条法则

第二条法则：家庭环境的作用要远远小于基因的作用。现在，你可能会承认，我们之所以不同于周围其他人，是因为基因在其中起了相当重要的作用，我们所处的环境也发挥着同样重要的作用。关于这一点，每个人都会得出一致的结论。我们的基因以及我们的家庭环境，即父母对我们的教养方式、我们在怎样的家庭中长大，这些因素共同塑造着我们。

不要急着得出结论。环境可能以两种截然不同的方式对我们产生影响，行为遗传学有助于我们对这两种方式加以区分。共享环境（shared environment）指的是影响着我们以及我们兄弟姐妹的一些共同因素:父母、家庭环境、邻里关系（与样本中的其他父母以及邻里关系相比而言）。除此之外，其他的一切都属于非共享或独特性环境：只对兄弟姐妹中的某一个产生影响，对其他人则没有影响，包括父母的偏爱（如妈妈总是最偏爱你），其他兄弟姐妹的存在，以及诸如从自行车上摔下或被病毒感染之类的独特经验，就此而言，任何会在我们生命历程中出现，而不一定会在其他兄弟姐妹身上发生的事情都可归入此范畴。

在双生子研究中，用同卵双生子之间的相关度减去遗传力，就可以测得共享环境的作用大小。其基本原理是：同卵双生子之间非常相似（用相关度来衡量），是因为他们的基因一样（用遗传力来衡量），因此，就可以用相关度减去遗传力，从而得出共享环境的作用。还有另外一种方法，就是在养子女的研究中仅仅观察两个没有血缘关系的养子女之间的相关度：他们之间没有相同的基因，因此他们之间的任何相似之处（相对于样本而言）都必定来自他们在同一个家庭中获得的成长经验。第三种方法是，把在一起抚养的有血缘关系的兄弟姐妹之间的相关度和分开抚养的有血缘关系的兄弟姐妹之间的相关度进行比较，因为前者之间既有相同的基因，又有相同的家庭环境，而后者之间则只有相同的基因。

用 1 减去同卵双生子之间的相关系数，就可以测得独特环境所起的作用，因为 1 表示基因、共享环境以及独特环境这三者作用的总和，而同卵双生子之间拥有共同的基因和环境。同样道理，在养子女的研究中，可以用 1 减去遗传力估计值，再减去共享环境的作用估计值，就可以测得独特环境的作用。而事实上，从实践的层面来看，这些计算方法都非常复杂，因为它们试图考虑各种非叠加效应（nonadditive effects，即整体不等于部分之和）以及测量中的噪声。不过，现在你已经能够理解它们背后的基本逻辑了。

那么我们到底发现了什么呢？共享环境的作用非常微弱（它仅仅解释了不到10% 的变异量），通常还达不到显著性水平，而且往往在其他研究中还得不到重复性验证，此外还会经常出现作用为零的情况。特克海默在提出共享环境的作用远远小于基因作用这一说法时是很慎重的。一些行为遗传学家可能有些过于偏颇了，他们认为环境的作用几乎可以忽略不计，尤其是在成人阶段。智商会受到童年阶段的共享环境的影响，但随着年龄的增长，这种影响会逐渐消退，直至完全消失。

这些结论都出自哪里呢？真实的研究发现是很容易理解的。第一，无论他们是从小一起长大还是分开长大，成年的兄弟姐妹之间都具有同样的相似性。第二，收养的兄弟姐妹之间的相似性并不比从大街上随机挑选的两个人之间的相似性更高。第三，同卵双生子之间的相似性并不比人们基于他们之间的共同基因所期望的要高。如同第一条法则一样，用三种完全不同的方法（即同卵双生子和异卵双生子之间的比较，一起抚养和分开抚养的兄弟姐妹之间的比较，收养的兄弟姐妹和亲生的兄弟姐妹之间的比较）得出的结果之间的完全一致性可能会促使人们得出这样的结论：这一模式是真实的。无论成长在同一个家庭中的兄弟姐妹之间拥有怎样的共同经验，都不会或者几乎不会影响到他们将来成为一个什么样的人。

一个重要的前提条件是：这些研究涉及的样本中，家庭之间的差异不会对结果产生较大影响，事实上这些研究更多针对的是中产阶层家庭，而并非针对所有人群。然而，样本之间的差异以及家庭之间在其他方面的差异确实会对结果产生影响。这些研究中排除了这样一些个案：被非法遗弃者、遭受身体虐待和性虐待者或被抛弃在缺少关爱的孤儿院的孩子，因此，这些研究结果并没有证明，极端个案不会给个体留下创伤。至于文化之间的差异，如为何美国中产阶层家庭中的孩子与雅诺马马的勇士、街头黑帮成员之间截然不同，这些研究也不能够对此做出任何解释。通常来讲，如果样本来自特定范畴的家庭，那么更大范畴内的家庭作用就会被低估。

尽管存在上述这些需要警惕的问题，但这并不意味着第二条法则不值一提。所谓的“中产阶层”（包括许多养父母在内）事实上涵盖了相当宽泛的一系列生活方式，从西部农村信奉正统派基督教的教徒到曼哈顿的犹太医生，他们的家庭环境以及子女教育观念方面存在相当大的差别。行为遗传学家发现，被试的父母样本事实上已经涵盖了所有的人格类型。而且，即使在某些方面养父母的样本并不具有代表性，第二条法则也是经得起考验的，因为它也是在大量有关双生子研究的基础上提出来的。尽管相对于总体人口而言，养父母样本在智商分布上涵盖的范围较小（而且比较集中），但这并不能解释为何他们的成年子女之间并无任何相关性，因为这些子女在年幼时相互之间存在相关性。在对这些发现所具有的变革性含义进行探讨之前，我们先来看第三条法则。

第三条法则

第三条法则：在人类复杂的行为特征方面，相当一部分比例的变异不能够用基因或家庭作用来解释。这是直接根据第一条法则（假定遗传力小于 1）和第二条法则得出的。如果我们将个体之间的变异量分解成基因、共享环境、独特环境的共同作用，并且假定基因的作用大于 0 小于 1，共享环境的作用接近 0，那么独特环境的作用就必定大于 0。而事实上，它的作用在 50% 左右，并且一如既往，取决于测量的内容是什么，以及具体采用的是怎样的测量方法。具体来讲，这意味着在一起抚养的同卵双生子（他们之间拥有相同的基因和家庭环境）在智力和个性方面并不是那么一致。除了共同的遗传和家庭因素，必然有其他原因使同卵双生子之间存在差异。从更为普遍的角度来说，也就是存在一些使人们区别于他人的因素。正如鲍勃·迪伦（20 世纪美国最重要、最有影响力的民谣歌手，并被视为 20 世纪 60 年代美国民权运动的代言人）的歌曲《琼斯先生》（*Mr. Jones*）中所唱的那样："这里发生了一些事情，我们却无从知晓。"

对这三条法则进行一个简要的总结：基因的作用为 50%，共享环境的作用为 0，独特环境为 50%（或更为宽泛地讲，基因的作用占 40%～50%，共享环境占 0%～10%，独特环境约占 50%）。为了更好地记住我试图解释的内容是什么，一个简单的方法是：无论同卵双生子是分开抚养还是一起抚养，他们之间的相似度都是 50%。请你记住这一点，并看看会对你自己最喜欢的关于儿童抚养的观点产生怎样的影响。

父母的作用重要吗

尽管行为遗传学家确认心理特征的遗传特性（第一条法则）已经有数十年的时间了，然而要理解为何共享环境没有发挥作用（第二条法则），以及为何独特环境的作用如此巨大（第三条法则），还需要假以时日。罗伯特·普洛明（Robert Plomin）和丹尼斯·丹尼尔斯（Denise Daniels）对此率先敲响了警钟，他们在1987年的一篇文章中声称："为何同一个家庭中的子女之间的差异如此之大？"其他一些行为遗传学家，如托马斯·布沙尔、桑德拉·斯卡尔（Sandra Scarr）以及戴维·赖肯（David Lykken），他们都提及了这样一个难题。

而且，1994年戴维·罗（David Rowe）在他的著作《家庭影响的有限性》（*The Limits of Family Influence*）中再次集中探讨了这一问题。该问题也成了史学家弗兰克·萨洛韦（Frank Sulloway）在1996年出版的《天生的叛逆》（*Born to Rebel*）一书的出发点，萨洛韦在这本著作中探讨了出生顺序与革命性气质并引起了热议。尽管如此，在行为遗传学领域之外仍旧很少有人真正认识到第二条法则和第三条法则的重要性。

1998年，朱迪思·里奇·哈里斯，一位独立学者，出版了《教养的迷思》一书并惹出了大麻烦。很快，媒体就戏谑地称她为"来自新泽西的祖母"（a grandmother from New Jersey）。《新闻周刊》杂志的一篇封面报道对这一主题进行了概括："父母的作用重要么？一场关于孩子如何成长的热议。"哈里斯将这三条法则从杂志中搬了出来，她试图让人们认识到其中的内在含义：无论是专家还是外行，他们关于养育孩子的传统智慧都是错误的。

正是卢梭使得父母与孩子成了人类戏剧舞台上的主要表演者。儿童是"高贵的野蛮人"，他们接受的抚养和教育要么使他们的自然天性得到充分的发展，要么使他们戴上世俗文明沉重的枷锁。20世纪关于"高贵的野蛮人"理论和"白板说"的理论将父母和儿童推到了舞台的中央。行为主义者声称，儿童是由随机强化塑造而成的，他们建议父母不要对孩子的哭闹做出回应，因为那样做的话就相当于在对他们的哭闹进行奖励，反而会增加孩子哭闹行为的频率。精神分析理论者推断说，我们在断奶、大小便训练方面顺利与否与我们对同性别的父母的认同程度决定了我们的发展，而且他们还建议父母不要让幼小的孩子和自己一起睡觉，因为那样做可能会唤起孩子的性嫉妒。

每个人都会做出这样的推断，认为心理障碍的责任主要归咎于母亲：她们的冷淡导致了孩子的孤独症，她们的“双重约束”导致了孩子的精神分裂症，她们施加给女儿追求完美的压力导致了厌食症，而低自尊要归咎于“中毒太深的父母”以及其他与“功能失调家庭”有关的各种问题。接受各种心理治疗的病人都被要求利用 50 分钟的时间来重新体验童年时期的冲突，而大部分人物传记也都将当事人的童年经验视为他们成年后遭遇的各种不幸或成功的根源。

直到今日，仍有许多受过良好教育的父母还坚信，子女的命运掌握在父母的手中。他们希望自己的孩子能够受人尊敬、充满自信，并且希望他们接受学校教育、成绩优异，不去沾染毒品、酒精和香烟，不会在十几岁的时候就怀孕生子，也希望他们能够遵纪守法，将来能够婚姻幸福、事业成功。对于如何才能实现上述目标，已经有相当多的子女养育问题专家向父母们提出了忠告，这些忠告可能在内容上会有所不同，但在确信程度上却从未改变。当前就流行着这样一些教育秘诀：父母应该使用色彩鲜艳的玩具和不同的经验来为孩子提供刺激。

比如，曾经在一档早间电视节目中，和我坐在一起的一位儿科医生建议说：“要带孩子出去玩，让他们触摸树皮。”父母要尽可能地和孩子多说话，以促进他们的语言发展。无论孩子处在哪个年龄段，父母都要和他们进行沟通和交流，而且多多益善。“黄金时间”则反映的是许多上班族父母利用晚餐和睡觉之间的间歇和孩子进行交流，以弥补父母白天不在孩子身边的缺憾，但这很快就成了一个全国性的笑话；它被视作一些母亲的合理化托词，她们不愿意承认自己的工作与孩子的幸福之间存在冲突。

此外，一些教育秘诀还提出，父母应该设置一些严格但要合理的限制，既不要对孩子们指手画脚，也不要使他们完全放任自流。任何形式的体罚都已经过时了，因为那样将会导致暴力的恶性循环一直持续下去。父母不要贬低自己的孩子，说他们不行，因为那样会挫伤他们的自尊心。相反，父母应该多给予孩子拥抱，并证明自己对孩子无条件的爱和赞美。同时，父母还应该积极、主动地和处于青春期的子女进行沟通，并对他们生活的方方面面产生兴趣。

对此，一些父母开始质疑自己是否有必要成为一个忙碌不停的养育机器。《新闻周刊》有一篇封面报道，标题为《亲亲两颗心》（*The Parent Trap*），讲述的是一对疲惫不堪的父母将他们工作之外的每一分钟都用于照看和接送孩子，因为他们担心不这样的话，孩子们将来可能会成为无用的饭桶（ne'er-do-well）或饭店抢劫者（cafeteria sniper）。《波士顿环球报》也报道了一个类似的事件，还使用了具有讽刺意义的标题《完美的孩子是怎样养成的》（*How to Raise a Perfect Child*），具体内容如下：

> "我几乎要被这些育儿经给弄懵了，"来自牛顿（美国马萨诸塞州中南部城市）的艾丽丝·凯莉（Alice Kelly）这样说道，"我阅读了大量建议我让孩子获得丰富游戏经验的材料。专家建议我应该和孩子一起从事各种体育活动，这样就可以使他们养成有助于身体健康的习惯，将来成为一个健康合格的人。而且，专家还建议我去同孩子一起做各种智力游戏，这样他们就会越来越聪明。专家还提供了各种各样的游戏，建议我每一样都应该去试一试，比如锻炼手指灵巧度的捏泥人游戏、有助于阅读的词语游戏，还有些运动量较大的游戏和运动量较小的游戏等。我真希望这辈子自己能够弄明白自己到底应该和孩子们玩哪些游戏。"
>
> 伊丽莎白·沃德（Elizabeth Ward），一名斯托纳姆（stoneham）的营养学家，他一度感觉很困惑，为何父母为了讨得孩子的欢心会去"像快餐厨师那样一次准备两到三餐"……（原因之一）他认为家长这样做可能是基于这样一种观念：迫使孩子从提供的食物中选择吃或不吃，都会导致饮食障碍——早在前几十年间，父母们可能从未有过这种想法。

幽默作家戴夫·巴里（Dave Barry）对专家们的育儿经做了这样的评论：

> 在留心那些值得警惕的信号的同时，你还必须让自己和孩子之间的"沟通渠道保持畅通"。如家长必须对孩子感兴趣的事情发生兴趣，只有如此才能获得亲子关系的和谐，正如我们在下面的对话中所看到的那样：

> 父亲：儿子，你在听什么音乐？
>
> 儿子：哦，爸爸，他们是一个叫作“林普巴兹提特”（Limp Bizkit）的乐团。
>
> 父亲：他们是垃圾。
>
> ……你应该和孩子之间建立这样一种亲密关系。而且，你一定不要忘记：如果情况很糟，那么将不会有比紧紧拥抱更为有效的教养工具了。如果你感觉到孩子遇到了麻烦，那么一定要在公众场合，在周围有很多人在场的时候给孩子一个深深的拥抱，同时用打动人心的声音大声说：“你是我的心肝宝贝，无论发生什么事情我都会一直爱着你！”殊不知，这将使你的孩子感到非常难堪，他（她）可能恨不得马上跑开，去参加一个戒律森严的修道会。可你知道，那里的食物中都掺杂着沙砾。如果一个拥抱还是不能奏效的话，就威胁他说：“我会再给你一个拥抱。”

抛开反对观点不提，专家的建议是否有可能是合理的呢？或许父母的困境在于，当科学家对教养方式的作用有越来越多的了解时，反而成了一件喜忧参半的事。有时候，父母在外面开创自己的一番事业情有可原。但是，如果专家的观点是正确的，那么家长们就必须意识到，他们每次做出这样的决定都可能会危及孩子的利益。

那么，我们是否真的了解教养方式的长期效果？父母之间的自然变异以及行为遗传学的原始资料，这些都为我们提供了一种寻找答案的方法。在任何关于家庭的一个大样本当中，父母们在是否坚持理想化的教育方式方面都存在差异（即使他们当中的一些人没有背离自己的理想，向他们提供建议也没有多大意义）。一些母亲会留在家中，另一些则忙于工作。一些父母很容易发脾气，而另一些父母则非常有耐心。一些父母总是喋喋不休，而另一些父母总是沉默寡言。一些父母在情感表露方面非常坦率，而另一些父母则隐藏着自己的情感。

正如一位学者在取出一张自己蹒跚学步的孩子的照片之后对我说的那样：“事实上，我们真的很崇拜她。”有些家庭中装着满屋子的书，而另一些家庭中则充斥着电视节目的声音。一些夫妻之间恩爱有加，而另一些夫妻之间则像马吉和吉格斯那样大打出手。一些母亲很像琼·克利弗（June Cleaver，美国电影中的一个贤妻良母式的角色），而有的母亲则终日郁郁寡欢，或过分做作，或精神紊乱。

依照传统智慧的观点，上述差别将会对孩子的成长产生很大的影响。就最低限度而言，两个生长在上述某个家庭当中的孩子，他们拥有同样的父母、书籍、电视节目以及其他各种东西。从平均水平来看，他们之间的相似程度应该比生长在不同家庭环境中的任意两个孩子之间的相似程度更高。而观察验证他们是否果真如此，将是一个非常直接的测验。这一结果不取决于任何有关父母应该怎么做才能改变孩子或者孩子会做出怎样的回应的假设，也不取决于我们对家庭环境的测量的准确程度如何。如果父母的某些所作所为确实以某种系统化的方式影响到了他们的子女，那么对于同一对父母的孩子而言，他们之间的相似程度要高于那些父母不同的孩子。

然而，实际上他们之间的相似程度并没有更高一些。回想一下那些支持第二条法则的研究结果。一起抚养的兄弟姐妹之间的相似程度并没有比从一出生就被分开抚养的兄弟姐妹之间的相似程度更高。养子女之间的相似程度也与陌生人之间的相似程度并无两样。而且，兄弟姐妹之间的相似性完全可以用他们身上的共同基因来解释。从长期来看，父母和家庭环境方面的差异对子女的个性特征并不具有预测作用。坦白地讲，育儿专家们提出的许多建议都属于胡说八道。

不过，这些建议真的是基于儿童发展研究基础之上的吗？的确，许多无意义的研究结果证实了父母行为与其亲生子女的行为之间存在相关性，其还据此得出结论说教养方式决定着孩子的发展。从这些研究当中，我们似乎看不到有遗传这回事存在。然而，事实上，这些研究带来的后果比这要糟糕得多。即使遗传这回事真的并不存在，父母和子女之间的相关性也并不意味着父母的教养方式就可以决定孩子的发展。它可能意味着孩子决定了父母的教养方式。拥有不止一个孩子的父母都知道，孩子并不是一团无法区分的原材料，被动地等待着被人塑造。他们是小大人，天生就具有自己的个性特征。而且，个体会对他人的个性特征做出回应，即使这两个人彼此之间属于父母和子女关系。

若一个孩子总是满腔热情，那么他的父母也会对他报以热情的回馈，而不会像那些局促不安、擦拭父母吻痕的孩子的父母一样。如果一个孩子非常沉寂且离奇古怪，那么其父母就可能感觉自己好像在对着一面墙讲话，于是久而久之，他们就很少和他进行闲谈了。如果一个孩子温顺听话，那么他的父母就不用设置一些严格但又合理的规定了。如果一个孩子非常顽劣，那么他的父母就可能会束手无策，要么发号施令，要么彻底放弃。换句话讲，相关并不等同于因果关系。父母和子女之间的相关性并不意味着父母会影响到子女；它可能意味着子女会对父母产生影响，或基因会对父母和子女都产生影响，又或者两者兼有。

更为糟糕的是，在许多研究中，父母一方或者子女一方（在一些研究中则可能是父母，在另一些研究中可能是孩子）支持了有关父母和子女行为两方面的数据。如父母告诉主试他们如何对待自己的子女以及子女的情况如何，或者是青少年告诉主试他们自己的情况怎样以及父母如何对待自己。令人质疑的是，那些研究之间的相关程度远远高于采用第三方对父母及子女进行评估的研究。问题不仅仅在于人们往往会用同样乐观或偏颇的有色眼镜看待自己或者家人，而且在于父母和青少年之间的关系就好像一条双行道。

在对 1997 年发表的一项备受关注的研究报告进行评论的时候，哈里斯对这些问题进行了总结。该研究报告的作者声称，单单依赖这些青少年在问卷调查中对他们自己及家人做出的反应，这种“父母－子女关联性”（亲密纽带、高期望值、充满感情）可以“保护”青少年远离诸如吸毒、抽烟、不安全的性行为之类的恶习。哈里斯提出：

> 一个快乐的人往往会习惯用乐观的方式来回答问题：是啊，我父母对我很好；是啊，我的表现也不错。一个人如果非常在意自己是否呈现给世人的是一个合乎社会规范的面孔，那么他就会做出合乎社会规范的回答：是的，我的父母对我很好；不，我从未参加过打架斗殴事件，也没有吸食过任何禁品。而一个愤怒或心情沮丧的人则会做出愤怒或沮丧的回答：我的父母都是笨蛋，我数学考试不及格，让你们的问卷调查见鬼去吧……
>
> ……或许，导致 18 个联邦机构误以为他们的研究价值相当于 2 500 万美元的原因，正是这些研究人员在形容他们的研究结果时所用的那种乐观的方式：孩子和父母之间的良好关系会产生保护性作用。不过用不同的方式

去表述（不过却同样准确），这些结果就没有那么有趣了：那些与父母关系不是很融洽的青少年，他们吸食毒品或者发生危险性行为的可能性更大。或者再换一种表述方式：那些吸食毒品或者从事危险性行为的青少年，他们与父母的关系都不是很融洽，可这个结果听起来也不是那么有趣。

然而，当研究者们将问题都指向父母而不是子女时，另外一个问题就陡然出现了。在不同的情境下，人们的行为表现有很大的不同，其中也包括孩子，他们在家里和外面的表现往往会有很大的差别。因此，即使父母的行为确实会影响到孩子在他们面前的表现，但有可能并不会影响到孩子在其他人面前的表现。父母在描述自己孩子的表现时，他们描述的只是自己看到的孩子在家里的行为表现。因此，为了证明父母会对孩子产生决定性影响，研究中就需要控制基因的作用（通过对双生子或养子女的测试来实现），把父母对孩子的影响和孩子对父母的影响加以区分，对父母和子女进行单独测试，并考察孩子在外面的表现如何，而不只是考察其在家里的表现。此外，还应该对年长的子女和年轻的成人进行测验，并考察这些作用是暂时的还是永久的。而在声称已经证明了父母教养作用的研究中，没有任何一个研究符合上述这些标准。

如果行为遗传学的研究证明家庭并没有产生持久性作用，或者有关教养方式的研究并没有提供太多的信息，那么，对截然不同的儿童成长环境进行对比研究的情况又如何呢？结果再次地令人振奋。数十年的研究已经证实，一切都是一样的，无论母亲是外出工作还是留在家里，无论是将孩子送到日托服务中心照看还是以其他方式照看，无论是独生子女还是非独生子女，无论父母的婚姻是传统型的还是开放型的，无论是生长在奥兹和哈里特式（Ozzie-and-Harriet）的家庭中（美国情景剧《奥兹和哈里特的冒险》中的人物）还是生长在嬉皮公社当中，无论孩子的出生是有计划的还是意外怀孕导致的，又或者是在试管中形成的，无论他们的父母是同性别的还是不同性别的，最终孩子们的成长状况都大致相同。

缺少父亲的家庭环境确实与辍学、游手好闲、成为未成年父母等一系列青少年问题存在相关性，然而即使孩子生长在这样的家庭当中，也可能并不是导致这些问题出现的直接原因。对于有些孩子来说，即便他们的某些经验可能会弥补父亲的缺失，比如有一个继父，或者与祖母住在一起，或者与亲生父亲经常接触，情况也不会好到哪里。父亲离开之前在家里的年限长短对孩子的成长并无多大影响。而且，在那些父亲出走或从未露面的孩子身上所表现出的不良后果，并没有出现在那些父亲去世的孩子身上。

父亲缺失可能并不是导致青少年问题的原因，而真正的原因包括贫困、与许多居无定所的人为邻、频繁的迁移（这使得孩子们总是在新的同侪群体中处于最底层），以及使父亲和子女比其他人更为冲动和好斗的基因。但值得注意的是，父亲的缺失与这些真正的原因之间存在一定的相关性。

20 世纪 90 年代是属于脑科学的 10 年，在这 10 年间，科学研究结果向父母们证明，父母应该为自己年幼孩子的大脑发育负起责任。生命之初的前三年被认为是非常关键的机会之窗，在这期间，儿童的大脑必须经常获得刺激才能够得到正常的发育。对于那些言语能力发育较迟的孩子来说，人们通常认为要将责任归咎于他们的父母，因为他们没有让孩子置于一个语言刺激较多的环境中。城市中的贫民区也遭到了这样的指责：那里的孩子只能够盯着空空的墙壁。

为了了解这方面的研究，比尔·克林顿和希拉里·克林顿在白宫召开了协商会议，克林顿在会上指出，人生最初三年的经验“足以决定一个孩子将来会成为热爱和平的人还是热衷于暴力的公民，是会成为专心致志的劳动者还是不守纪律的劳动者，以及将来他们自己会成为关心体贴的父母还是生性冷淡的父母”。佐治亚州以及密苏里州的领导人要求立法委员拿出数百万美元，为每一位初做母亲的人提供一套莫扎特的 CD。他们混淆了有关婴儿大脑发育的实验和另外一些研究，那些实验声称，即使成人听一段时间的莫扎特音乐之后也会大有裨益，而那些实验结果并不足为信。儿科医生、育儿大师贝里·布雷泽尔顿（T. Berry Brazelton）还提出了最为乐观的建议：前三年的精心养育有助于孩子在青少年时期远离烟草的诱惑。

认知神经科学家乔恩·布鲁尔（Jon Bruer）在其著作《神奇的前三年》（*The Myth of the First Three Years*）中提出，这些惊人的主张背后没有任何科学依据做支撑。没有任何一个心理学家做出过这样的断言，认为认知或言语发展的关键期到三岁之后就结束了。尽管剥夺动物的某些刺激（将它的一只眼睛缝合或将它关在空荡荡的笼子里）可能会损害它的大脑发育，但没有任何证据能够证明提供额外刺激（这些刺激超出了有机体在正常生活环境中可能遇到的刺激）可以促进动物的大脑发育。

行为遗传学家提出的第二条法则认为，特定的家庭成长环境对一个人的智力和个性发展几乎没有影响，或者说没有系统性影响。因此，关于家庭环境的研究同第二条法则之间并不存在任何冲突。不过这一点让我们感觉非常不可思议。不是这样的，不全是基因决定的；个性特质、智力以及行为方面大约有一半的变异来自环境中的某些因素。然而，无论这些因素究竟是什么，对于两个孩子而言，即便他们生活在同一个家庭中且拥有同样的父母亲，他们所具有的这些环境因素也是不一样的。这样一来，就把环境中显而易见的因素排除在外了。那么，像琼斯先生般难以捉摸的因素究竟是什么呢?

父母与子女间的互动才是关键

一些发展心理学家不愿放弃父母的作用，于是他们将目光又指向了剩下的一种可能性，即赋予父母们某种明星般的角色。共享环境的微弱作用仅仅表明，父母为孩子所做的一切在影响孩子的发展方面收效甚微。不过，很显然父母并不是一视同仁地对待所有孩子的。或许父母对每一个子女所使用的个别化的教养方式会对孩子发展产生影响。对孩子产生影响的正是父母和子女之间的交互作用，而不是万用良方般的育儿哲学。

乍看起来，这种说法似乎很合理。但是当你认真思考一番之后就会发现，这仍旧没能重新证实父母或那些育儿经对孩子的塑造作用。

那么，个别化的教养方式究竟怎么样呢？很可能父母为了适应每个孩子的需要和天赋会去改变自己的教养方式。相对于听话乖巧的孩子而言，刚愎固执的孩子会激发父母更加严格的约束；相对于胆大的孩子而言，胆小怕事的孩子会激发父母更多的保护。正如我们在前面章节中看到的那样，问题在于教养方式上的差异与孩子们先前已有的差异并不是截然分开的。如果胆小怕事的孩子成年之后也是胆小怕事的，我们就不能够确定这是属于过度保护的父母所带来的影响，还是孩子与生俱来的胆小怕事性格的延续。

令人诧异的是，如果父母教育方式方面的系统化差异的确是由子女引发的，那么它可能会作为基因的作用而显现出来：即它将成为影响遗传力的一个因素，而不是成为影响独特环境的一个因素。其原因在于，遗传力只是一个相关系数的测量，它本身并不能够将基因的直接作用（即那些能够联结大脑组织或诱发荷尔蒙分泌的蛋白质）和那些处理中间环节的间接作用区分开来。我在前面曾经提到，有魅力的个体往往会更加果断自信，其原因可能是由于他们习惯于别人向他们溜须拍马。这就属于基因的一种非常间接的作用，果断自信也可能成为一种可遗传特性。即使果断自信的头脑中没有相应基因存在，有的只是羞怯的眼神，也是如此。

同样地，如果具有某种先天性特质的孩子将其父母改变得或更具耐心，或更善于鼓励，又或者更加严厉的话，那么亲代的耐心、鼓励及严厉都可被视为“可遗传”特性。如果个别化的教养方式确实能够影响孩子最终的发展方向，那么批评者们就可以理直气壮地认为，基因的直接作用其实被高估了，因为孩子自身具有的能够影响父母行为的特质，实际上是受到了基因的间接作用。（该假设有些过于离奇，我将在下文证明为何它不可能是真实的。为了讨论方便，我们先假定它是真实的。）然而，充其量来说，教养方式的作用和其他遗传方面的作用（无论是直接的还是间接的）是相对立的，因为 40%～50% 的变异都归结于基因的作用，而 50% 可归结于独特环境的变异。这究竟意味着什么，目前仍不清楚。

如果要用亲子之间的交互作用来解释独特环境的作用（使用统计学家的专业术语“交互作用”与我们的困惑是相关联的），就会出现如下情况。假定某种教养方式必定会对某些孩子的某一方面产生影响，而对另一些孩子的其他方面产生影响，那么这两种作用必定会相互抵消。例如，不对孩子棍棒相向，必然会把一些孩子宠坏（使他们变得更具暴力倾向），也必然会使一些孩子明白诉诸暴力手段并不能解决问题（即减少他们的暴力倾向）。感情的表达可能会使得某些孩子情感更为丰富（因为他们和父母之间发生了情感上的共鸣），但同时又可能使得另外一些孩子更加缺乏柔情（因为他们会和父母对着干）。

之所以会产生反向作用，其原因在于，就平均水平而言，如果某种教养方式对所有孩子的影响都是一致的，那么它就会以某种共享环境的作用方式表现出来。这样的话，养子女之间就会具有相似性，一起抚养的亲生兄弟姐妹之间要比分开抚养的亲生兄弟姐妹之间具有更高的相似性，但事实上这两种情况都没有出现。此外，如果它对于某些类型的孩子而言非常有成效，而对于其他类型的孩子而言却又是无效或者是失败的，那么它就会以基因的作用方式表现出来。

父母与子女之间存在交互作用，这种观念存在的问题现在已经开始显现出来了。很难想象，有哪一种教养方式会对不同的孩子产生截然不同的作用，以至于会出现所有作用加在一起总和为零的情况。如果拥抱只能使一部分孩子变得更加自信，而对另一部分孩子则毫无作用的话，那么就平均水平而言，善于拥抱的父母，其子女（有些变得更加自信，而有些则无变化）仍然要比态度冰冷的父母的子女更为自信。但是，这一切并不会让基因保持恒定不变。

用心理学家的常用术语来说就是：很难找到一个完美的交叉式交互作用，即不存在主效应的一种交互作用。顺便提一下，这也正是为何遗传力本身不能够被还原为针对特殊孩子的教养方式的原因。除非父母的行为完全是由其子女与生俱来的特质决定的，否则从整体来看，一些父母的行为方式会与另一些父母的行为方式存在差异，这方面的作用会在共享环境中体现出来——而事实上它的作用微乎其微。

我们要说的是，（从专业层面来说）亲子之间的交互作用确确实实存在着，并且的确会对孩子产生决定性影响。而更进一步来说，其内在的含义主要表明，面向所有人的育儿经是毫无价值的。父母们所做的任何有利于一部分孩子的事情同样可能会对一部分孩子产生不利影响。

总之，研究者们可以对亲子互动理论进行直接检验。心理学家通过对一个家庭中父母对待不同孩子的教养方式进行测量，然后看这些教养方式与孩子的成长结果之间是否相关，这种方法是将基因作为了恒常变量。最终结果表明，几乎每一例个案都没有证实亲子之间存在互动关系。实际上，一个家庭内部不同教养方式之间的所有差异都可以解释为父母对孩子之间与生俱来的遗传差异的不同反应。不过，父母对待不同子女的教养行为还会因为一些非遗传因素而有所不同，这些非遗传因素包括由某些子女引发的婚姻冲突，或是父母将精力更多地倾注在了某个孩子身上，但这些教养行为没有任何作用。近期有一项过于夸张的研究，该研究项目负责人希望能够证实教养方式方面的差异确实能够影响孩子的发展结果，但最终他只得坦然承认，研究结果让他“深受刺激”。

另外一种情况也会导致同一个家庭中某种家庭环境因素对不同孩子产生不同的影响，即出生顺序，这与基因毫无关系。在第一个孩子出生之后的前几年中，由于没有其他兄弟姐妹的存在，父母就会把所有精力都投入在他一个人身上。而后出生的孩子则必然同其他兄弟姐妹在父母的精力和其他家庭资源方面存在竞争关系，而且他们还不得不去同一些更为强大、地位更为稳固的竞争对手抗衡。

在《天生的叛逆》这本书中，萨洛韦预言说，老大可能会利用自身的优势，形成一种更为独立专断的个性。同时，随着时间的推移，由于他们对自己的父母产生了认同感，在他们长大之后往往会比其他人更为保守、更富有责任感。相反，后出生的孩子对于新观念和新经验会持更为接受和开放的态度。尽管长久以来，家庭治疗专家以及其他非专业人员都已经形成了这样一种印象，但萨洛韦仍试图按照特里弗斯提出的亲子冲突理论及其推论，即同胞竞争理论来对此进行解释。他发现，在一项针对出生顺序和个性特征的研究所做的元分析（一种量化的文献调查研究方法）中，有一些研究证据支持了这一观点。

然而，萨洛韦的理论还要求儿童在家庭之外（即和他们的同侪群体在一起的时候）使用的策略应该和他们在家庭里面使用的有效策略相一致。这一点并不是在特里弗斯的理论基础上得出的；事实上，这与基于进化心理学的一种更为宽泛的理论之间相对立，该理论认为，血缘关系和非血缘关系是完全不同的。对于父母或者子女来说非常有效的策略，但对于同伴或者陌生人而言却未必有效。

而且，事实上，后面的分析已经证明，要求父母和子女之间进行相互评定，或者是相对于父母或子女而言进行自我评定的研究最终都证实了出生顺序对个性发展的影响，当然，这些研究所能测量的仅仅是他们的家庭关系。当让家庭之外的第三方对个性特质进行测量时，出生顺序的作用就会降低或者说不存在了。老大和后续出生的孩子之间在接受父母教养方面存在的任何差异，比如，父母在养育子女方面经验欠缺或经验丰富、精力分散或认真专注、被迫继承家庭传统或纵容娇宠，以上这些对子女在家庭之外的个性特质几乎没有产生影响或者说影响可谓微乎其微。

在一个家庭中，子女之间的相似之处并不会对他们产生决定性影响；同样，在一个家庭中，子女之间的不同之处也不会对他们产生决定性影响。哈里斯说道，或许，我们应该将目光投向家庭之外。

哈里斯的“群体社会化”理论

如果你的成长环境与你父母幼年的成长环境截然不同的话，那么请思考这样一个问题：听起来，你说话是像你的父母呢，还是像那些同你一起长大的伙伴？在穿衣打扮或喜欢的音乐方面，又或在闲暇时间的支配方面，你又像谁多一些呢？如果你的孩子成长的环境和你成长的环境截然不同，那么也请你思考上述同一个问题。或者就此而言，他们成长的环境与你成长的环境并不存在差别。事实是，几乎在任何情况下，人们都会模仿他们的同伴而不是他们的父母。

这正是哈里斯阐释的关于难以理解的环境对个性的塑造，哈里斯称之为群体社会化理论。基因并不能够完全决定一切，不过，如果某些方面不受基因的影响，那么它们也肯定不是从父母那里获得的。社会化（即获得适应社会所必需的规范和技能）是在同侪群体中发生的。儿童也同样有其自身的文化，其中一部分是从成人文化中吸收而来的，一部分则是他们自己的价值和规范。在白天的活动时间里，儿童并不会试图努力让自己逐步趋近于成人。他们只是努力使自己成为越来越出色的孩子，以便能够在他们自己所属的社会群体里做到游刃有余。正是在这种严酷的考验中，他们逐步地形成了自己的个性特征。

哈里斯指出，从进化的角度来看，父母长年累月地为孩子应采用的教养方式所困，是新近才出现的情况。在弱肉强食的社会里，母亲们将孩子背在身上，并在有需要的时候喂养他们，这种情况会一直持续 2～4 年，直到下一个孩子出生为止。然后这些孩子就会和他们的哥哥姐姐们打成一片，这样母亲就从几乎花费全部的精力转变为几乎不需要任何看管。在同侪群体中，孩子的发展完全取决于他们自己。

儿童也并非仅仅吸收同侪群体的规范；在某种程度上，父母的期望对他们而言几乎不奏效。亲子冲突理论认为，父母往往并不是从孩子的最大利益出发来对他们实施教化的。因此，即使孩子暂时接受了父母给他们提供的奖励、惩罚、榜样或唠叨（因为他们尚且年幼，别无选择），但根据亲子冲突理论的观点，孩子们并不会听任自己的个性发展受这些策略的左右。儿童必须学会如何在同侪群体中获得一定的地位，因为在特定的年龄阶段中，当前所处的地位有助于儿童在下一个年龄阶段在群体中顺利获得相应的地位，包括青少年阶段在内，这一时期他们首先要做的是唤起异性同伴的注意。

哈里斯的理论首先吸引我的地方在于，它能够解释我在语言学方面遇到的六个疑难问题。尽管在遗传和环境问题上，心理语言学家之间存在很多争议，但他们都把"环境"等同于"父母"。可是，儿童语言发展过程中的许多现象与这一等式并不契合。在传统的文化环境中，在孩子能够理解谈话内容之前，母亲很少跟孩子对话；孩子的语言往往是从其他同伴那里获得的。人们的口音通常和他们童年时期的伙伴非常相似，而不一定与他们父母的口音相似。如果儿童移民接触到的玩伴都是讲当地语言，那么他们就能够准确无误地掌握当地的语言，而且不掺杂任何其他地方的口音。接下来，他们就会迫使父母转换到新的语言当中，如果他们能够成功做到这一点，他们或许就会完全将自己的母语抛到脑后。

对于那些父母是聋人，而本人听力正常的孩子而言，情况也是如此，他们能够毫无障碍地掌握自己所在社区的口头语言。对于那些只是暂时在一起玩耍的孩子来说，即便他们之前并没有从成人那里获得同一种言语，但很快他们就会发明一种属于他们自己的语言；这也正是为何克里奥尔语（Creole，克里奥尔人讲的语言，生长于西印度群岛和南美各地的欧洲人后裔）以及聋哑人使用的手语得以出现的原因。目前，像英语或者日语这样的特定语言（与通用语言中涉及的天性相比）就属于人类习得性社会行为的一个绝佳例证。如果儿童养成了良好的听力，能够分辨出同伴话语中的细微差别；如果他们对同伴语言的重视程度超出了对父母语言的重视程度，这就表明他们的社会触角是同伴指向的。

儿童移民吸收的不仅仅是迁入地的语言，他们还吸收了当地文化。我的祖父母出生在东欧一个犹太人聚居的小村子里，移民后，他们终其一生都只是身处异乡为异客。汽车、银行、医生、学校以及当地的时间概念都让他们感到难以理解。如果“病态家庭”（dysfunctional family）这种说法出现在 20 世纪 30 年代到 40 年代的话，用这个词来形容他们无疑非常贴切。然而，我的父亲则成长在一个移民社区当中，那里的人们分别是在不同年代迁移过去的，他逐步地接近熟悉当地情况的孩子和家庭，最终生活得非常幸福和顺利。在移民编年史中这样的例子比比皆是。所以，为何我们还要坚持认为父母对儿童的成长起着关键性作用呢？

有关研究同样还证实了所有父母都知道的事情，即青少年是否会抽烟，是否会触犯法律或犯下严重的罪行，更多地取决于他们周围同侪群体的行为，而不是他们父母的行为，但从来没有人愿意把这些事情与已有的儿童发展理论加以调和。一种比较流行的理论认为，青少年犯罪的目的是获得“大人般的地位”，也就是享有成人拥有的权力和声望。哈里斯对此说法做了这样的评论：“如果青少年希望能够像大人们那样，他们就不会去杂货店偷窃指甲油，或为了在桥拱上涂写‘丽莎，我爱你’而在天桥上左右徘徊。如果他们真的渴望获得‘大人般的地位’，他们就会去做一些成人做的枯燥工作，比如在洗衣店里将衣物分类、计算税收款等。”

能够证实共享环境作用的研究结果非常少见，而且关于基因与环境之间的交互作用的研究结果仍令人相当困惑，这些结果只有在我们用“同伴”来代替等式中的“环境”时才会出现。无论彼此之间关系亲密与否，在同一个家庭中长大的孩子往往容易表现出类似的不良行为。但是，只有当他们之间年龄相仿且在家庭之外还有机会相处的情况下才会出现上述相似性。这恰恰表明，他们都处于同一个同侪群体当中。在对丹麦收养家庭所进行的一项大型调查研究中发现，与遵纪守法者的子女相比，作奸犯科者的子女更可能会惹出一些麻烦事，这证明了基因具有很微弱的“全盘效应”。然而，如果孩子是由有过犯罪前科并且生活在大城市当中的人收养的，那么这些子女犯罪的可能性就会成倍增加。这表明，从遗传方面来看，具有高风险的孩子往往生活在一个犯罪率较高的社区环境中。

但这并不是说父母就不重要了。在许多方面，父母仍起着极其重要的作用。对于人类生存而言，父母为子女所做的最重要的事情就是使他们得以存活。（父母当然可能会通过虐待或忽视的方式来伤害自己的孩子。）孩子在非常年幼的时候需要专门的看护者，尽管这个看护者不必是其父母亲，甚至可能是个未成年人：如果能够得到其他孩子的照顾，对那些年幼的孤儿或逃难者而言，虽然没有父母，也没有其他成人在身边，但他们最终的发展结果都相对较好。这并非说这些孩子就过得很幸福，但同普遍的认识正好相反：不幸的儿童并非在他们成年之后一定会发展成为一个变态的人。

父母会为自己的孩子选择适当的成长环境。相应地，他们也为孩子选择了特定的同侪群体。父母还为孩子提供了相应的技能和知识，比如阅读、弹奏乐器等。同时，父母确实还会影响到孩子在家庭里面的行为表现，就好像任何有影响力的人会在自己的辖区内影响到周围人的行为一样。然而，父母的行为似乎并不会对孩子的智力和个性发展产生深远的影响。当听到这种说法时，许多人就会问道：“那么，你的意思也就是说，我无论用什么样的方法来教育孩子都不重要了？”这个问题具有极大的启发意义，我将在本章的结尾处对此问题进行探讨。而在这里，我首先想要谈论的是公众对哈里斯的理论有着怎样的反应，以及我自己对此持有怎样的看法。

公众对《教养的迷思》的批评

无论按照哪种标准来看，《教养的迷思》这部著作都是对当代知识界的一个巨大贡献。尽管乍看起来，这本书中的主要观点同我们的直觉是相违背的，但它的确指出了事实，这本书从头到尾讨论的都是关于儿童的现实状况，而且在进行理论构建时也没有脱离我们在日常生活中的感受。哈里斯从诸多领域中搜集了大量的资料来支持她的假设，并运用其敏锐的分析视角进行了阐述。在这一过程中，她还采用了社会科学领域中很少见的一种做法：提倡对这些假设进行新的实证研究，看看能否证伪。这本书还就一些棘手的、我们迫切需要有一些新的观念来应对的问题，包括儿童失学、青少年烟瘾、青少年犯罪等，提出了原创性的政策建议。即使将来这本书的大部分内容会被证实是错误的，但它依然促使我们用全新的、深刻的方式来思考童年，思考是哪些因素让我们成为我们自己的。

那么公众的反应又如何呢？首先对这一理论进行大众化阐释的是我的著作《心智探奇》。在这本书中，我花了几页的篇幅专门对这一理论进行了介绍，其中包括了行为遗传学三条法则背后的研究以及哈里斯在 1995 发表的一篇解释这些法则的文章。许多评论就挑选了这部分内容进行讨论，例如，下面是玛格丽特·威特海姆（Margaret Wertheim）的分析：

> 在我 15 年的科学作家生涯中，从来没有发现我深爱的这门学科被滥用到如此程度……当前最为恐怖的事情就是（除了对家庭动力学的戏谑式的领悟）对科学的错误解读。科学根本不可能证明有多少百分比的个性特质是由教养造成的……通过证实科学能够并且已经做到了这一点，他极力想让我们明白，科学家们的做法，说得好听一点是幼稚，说得难听一点就是法西斯主义。在我看来，正是这一类的说法败坏了科学的名誉，并且引发了反对科学的浪潮。

当然，威特海姆混淆了“教养会导致多少百分比的个性特质”与由教养方面的变异量所导致的个性变异量的百分比，前者的确毫无意义，而后者则属于行为遗传学家一直研究的内容。而且，科学家们能够证明并且已经证明了，无论是分开抚养还是在一起抚养，亲生兄弟姐妹之间的相似性都是不一样的，而养子女之间则不具有任何相似性，这表明关于“家庭动力学”的传统智慧是完全错误的。

对于激进的科学和社会建构主义，威特海姆是持赞同态度的。她的反应预示着，行为遗传学以及哈里斯提出的旨在解释这方面研究结果的理论学说，戳到了政治左派的痛处，因为后者一直在强调儿童的可塑性。

心理学家奥利弗·詹姆斯（Oliver James）这样写道：“对于哈里斯的著作，我们大可以放心地忽略它，它只不过是当前弗里德曼的经济学说在另一个社会领域中的应用罢了。”根据詹姆斯的观点，这是暗指一些认为个体应该为自己的生活负起责任的经济学家。他认为，哈里斯低估了有关教养方面的研究，因为“这一研究间接地向高消费资本主义理论发起了真正的挑战：如果父母所做的一切非常重要，那么就不得不让人怀疑，为何人们对追求利益的重视程度远远超出了对父母的重视程度。”

事实上，这种富有想象力的判断似乎弄反了。关于父母的重要性，吹捧得最为热烈的要数啤酒公司和烟草公司，他们发起了诸如“关于饮酒的家庭对话”“父母应该告诉孩子不要抽烟”之类的广告运动。比如，一则广告是这样的：女儿对着摄像机说话，就仿佛在和妈妈说话一样，她向妈妈保证，尽管妈妈不在身边，自己也会记住妈妈告诉她的话，不要去抽烟。通过强调孩子沾染上烟酒的责任在于父母的方法，这些鼓吹高消费的资本家就使得公众的注意力转移到了父母身上，从而淡化了他们自身对青少年同侪文化所产生的强大影响。

哈里斯受到了来自政治右派的更为恶毒的攻击。专栏作家约翰·利奥（John Leo）声称，哈里斯的理论“毫无价值”，利奥还嘲讽哈里斯没有获得博士学位，只是一个大学雇员，并且将她比作大屠杀的否认者。他的专栏文章结尾是这样写的：“现在不是该为一本滑稽荒谬的书本庆祝的时候，因为这本书被证明完全是作者的自我陶醉，它还使许多父母放弃子女教养的行为成了受人称道的主流行动。”

为何保守派也对该理论如此憎恨呢？美国当代权利运动的一个普遍问题是，传统家庭遭受到了女权主义者、纵欲的大众文化以及左翼社会分析家们的抨击。

保守派坚信，社会弊病的根源在于父母没能够向孩子传授一定的纪律和价值，这种情况要归咎于母亲外出工作、父亲缺失、轻率离婚以及鼓励年轻女性成为未婚妈妈的社会福利制度。

当电视剧中的一个人物墨菲·布朗（Murphy Brown）尚未结婚就生下一个孩子时，副总统丹·奎尔（Dan Quayle）公开谴责她，说她为美国女性树立了一个坏榜样。《时代周刊》的头条新闻标题是这样的:《墨菲有了孩子：奎尔很生气》（*Murphy Has a Baby: Quayle Has a Cow*）。”依照哈里斯的观点，墨菲的孩子也有可能会得到良好的发展，然而这一看法并不受欢迎。公正地讲，对父亲缺失的担心也并非毫无根由，然而问题可能在于他们担心某个社区全是缺失父亲的家庭，而不只有一个。那些缺少父亲的孩子接触不到其他有成年男性存在的家庭，可能更为糟糕的是，他们会接触到一帮单身男人，而且这些男性的价值观还会不断地渗透到这些孩子的同侪群体当中去。

另外，希拉里·克林顿曾经根据非洲的一句谚语“集全村之力才能培养好一个孩子”（It takes a village to raise a child）写过一本关于童年的书——《举全村之力》（*It Takes a Village*）。保守派们极其鄙视这本书，因为他们认为它的整个思想都是在为那些主张将孩子抚养权从父母手中拿走，并将之交给政府的社会改革派们找托词。然而，哈里斯也同样引用了这句谚语，她的理论主张还意味着，这句话有一定的道理。

布雷泽尔顿声称这本书“极其荒谬”。杰罗姆·凯根（Jerome Kagan），一位儿童学术研究中心的主任说:“我替心理学感到脸红。”另一位发展心理学家弗兰克·法利（Frank Farley）对《新闻周刊》的记者这样说道：

> 她的说法完全是错误的。她根据有限的资料提出了一种非常极端的观点。她的文章看起来非常荒谬，不过我们需要认真考虑一下，如果父母们真的听信了这种胡言乱语，可能会出现什么情况！正由于“这无关紧要”，所以虐待孩子的父母会不会就被无罪释放了呢？正由于“这无关紧要”，所以它会不会告诉父母们，当他们在工作一天之后感觉很劳累的时候，就可以不去给予孩子一丁点儿的关心了吗？

凯根及其他发展心理学家向记者们讲述说:“有相当多的有效研究都有力地证明了父母确实会影响到孩子将来的发展。”

那么，这些所谓的“相当多的有效研究”都包括哪些呢？在《波士顿环球报》上面，凯根展示了他所说的“充分的证据”。他提到了那些很常见的无视遗传作用的研究，并认为这些研究表明，父母聪明的话孩子也会很聪明，父母健谈的话孩子也会很健谈，等等。他还发现，“一个生长在新英格兰的6岁孩子，与一个生长在马来西亚、乌干达或者阿根廷最南边的6岁孩子相比，可能会截然不同。其原因在于，其父母的教养方式完全不同”。然而，对于在马来西亚长大的孩子来说，他们既有在马来西亚生活的父母，也有在马来西亚生活的同侪群体。对于一个6岁的马来西亚孩子而言，如果他的父母是在新英格兰的城市中长大的，那么将会出现怎样的情况呢？如果凯根曾经考虑到这一点的话，那么他就会在使用这个例子来说明父母的影响力之前三思而后行。

其他“证据”还包括，人们在写回忆录的时候，总是提到是父母成就了自己，而从未有人认为是童年友伴成就了自己。在这些争议中，具有讽刺意味的是，在其富有成就的职业生涯中，凯根经常斥责其他的心理学同行，认为他们忽视了遗传的作用，同时还接受了自身文化环境中流行的关于儿童发展的民间理论，而不是坚持对它们进行科学审视。这一次，我所能想象到的就是，他感觉自己有必要捍卫自己的领域，防止受到一位来自新泽西的祖母的挑衅。总而言之，处于防御态势的心理学家出示的这些“有效研究”并没有提供多少有价值的信息。

基因和家庭环境都不重要吗

那么，哈里斯是否揭示出了第三条法则，即既非来自基因也非来自家庭独特环境的奥秘何在？还不一定。我深信，儿童的社会化，即他们获得当前文化中已有的价值观和生活技能，是在其同侪群体中而不是在其家庭中得以实现的。但是，我并不能确定，至少是目前尚不能确定的是，同伴群体能否解释儿童的个性是如何形成的：他们为何成了或羞怯、或鲁莽、或忧虑、或自信、或开明、或守旧的人？社会化同个性发展这两者并不是一回事，同辈群体或许能够解释前者，但未必能够对后者做出解释。

对于儿童个性的发展，同侪群体能够给出这样一种解释：同一个家庭里的孩子可能有着他们各自不同的同侪群体——运动员、聪明人、预科生、朋克、哥特等——并且吸收了各自不同的价值观。可是，儿童又是通过怎样的方式归属到不同的同侪群体中的呢？如果是因为他们各自天生的特性——聪明的孩子加入聪明人组织，富有攻击性的孩子加入朋克群体等诸如此类。那么，同伴群体的作用则被证实属于基因的一种间接作用，而并非独特环境的作用。如果是因为他们父母所选择的邻里环境的话，那么它又可被证实为属于共享环境的作用，因为一起长大的兄弟姐妹之间拥有共同的邻里环境，就如同他们拥有共同的父母一样。

在某些情况下，正如青少年犯罪和抽烟一样，缺失变异或许可以用基因与同伴群体之间的交互作用来解释：只有当生活在危险的邻里环境中时，有暴力倾向的青少年才会表现出暴力行为，只有当他周围的同伴都认为吸烟很酷的时候，有成瘾倾向的青少年才会成为吸烟者。然而，这些交互作用无法解释儿童之间的大部分差异。还是让我们把注意力重新转向我们的检验标准，即一起长大的同卵双生子。至少从平均水平上讲，他们拥有共同的基因、共同的家庭环境以及共同的同侪群体。然而，他们之间的相关度大约只有 50%。因此，无论是基因、家庭或是同侪群体，都不能解释他们之间的差异是如何形成的。

哈里斯正在试图突破这一局限，她提出，儿童之间的分化是在同侪群体中不断形成的，而不是在他们选择同侪群体时就已经形成分化了。在每一个群体中，一些人成为组织者，一些人成为普通成员，还有一些人成为受嘲讽的对象，有些成为乱发脾气的人，有些成为出气筒，有些则成了和事佬，等等，这主要取决于有哪些适当的位子，每个孩子是否适合这些位子以及机遇如何。一旦每个孩子获得了相应的角色之后，就很难再发生动摇，一方面是因为其他孩子会迫使他留在这个位子上，另一方面是因为个体自身掌握了必要的特殊技巧，以便于在该位子上获得更好的发展。哈里斯指出，该理论的这部分内容还没有得到检验，同时也非常难以检验，因为关键在于第一步，即哪一个孩子会在哪一个群体里占据哪一个位置，这一点非常难以预料。

同侪群体中的地位在很大程度上属于机遇问题。然而，一旦我们牵涉幸运女神的话，那么她必然也会在生命的其他阶段发挥作用。当我们追忆自己的成长经历时，每个人都会想起自己曾经走过的人生岔路口，那里或许会通往截然不同的人生历程。如果我没有参加那次聚会的话，我就不会遇到现在的配偶。如果我没有拿到那本小册子的话，我就不会了解这个领域并将其作为毕生的职业。如果我没有接到那个电话，如果我没有错过那次航班，如果只有我接到了那个球，等等。生活就如同一场弹球游戏，我们弹起、下落，滑过导槽轨道和缓冲器。或许我们充满冲突的历史以及各种擦肩而过的际遇可以解释是什么让我们变得与众不同。正如双胞胎中的其中一个人受到了一帮恶霸的欺负，另一个人当天由于生病在家里待着；其中一个人感染了病毒，另一个人则没有被感染；其中一个人睡在双层床的上铺，而另一个人则睡在下铺。

我们仍然不清楚，这些独特经验是否会在我们的智力和个性的发展过程中留下印记。但是，即便是年幼时期的弹球游戏也肯定会对我们产生影响，它会影响到我们在胎儿时期以及儿童早期的大脑神经联结。正如之前我讲过的，人类基因组不可能将神经细胞中每一次出现的新联结都精细地记录下来。然而，从感觉器官信息编码的意义上来讲，这些“环境”并不是其他唯一的选择。机遇也是另一种选项。正如双胞胎中的一个胎儿在子宫里面以某种方式躺着，他超出了自己原本应得的那部分胎盘，另一个胎儿只好在对方的周围汲取养分；宇宙射线可能使得一部分 DNA 发生了变异，某种神经递质发生了“之”字形而非急剧的转变，轴突的生长圆锥偏向左端而不是偏向右端；同卵双胞胎中的一个人的大脑可能发生了凝胶现象，导致大脑结构有一些细微的不同。

上述这些，我们是通过对其他有机体的发展过程的研究而了解到的。即使是饲养在严格控制的实验室环境中的苍蝇、老鼠或蚯蚓，尽管从遗传上来讲它们几乎是同质的，但彼此之间仍然存在差异。一只果蝇翅膀下面的刚毛可能比它的同伴多，也可能比它的同伴少。一只老鼠所产的卵母细胞（将要成为卵子的细胞）可能是同一个实验室培养的和它自己基因完全相同的姐妹的 3 倍。

一条蛔虫的寿命可能是相邻碟子内的它的克隆体的3倍。生物学家史蒂芬·奥斯塔德（Steven Austad）是这样评论蛔虫的寿命的："令人震惊的是，蛔虫在寿命方面的变异程度并不亚于人类在基因方面的变异，人类的饮食范围很广，要么非常关注自己的健康，要么挥霍自己的健康，并且还可能遭遇现代工业化生活中一系列的意外情况——汽车碰撞、污染的牛肉、愤怒的邮递员。"而且一条蛔虫仅有959个细胞！而人类的一个大脑就有上千亿个神经细胞，它应该有更多的机会受到来自分子随机运动的冲击。

如果用发展过程中的机遇来解释同卵双生子之间不尽如人意的相似性，那么我们将在其发展过程中发现一些普遍存在的趣事。可以想象一下，发展过程中有数百万琐碎的偶然性事件，它们之间存在着此消彼长的关系，于是导致最终的结果并无两样。或者如果出现另一个不同的发展过程，其中的一个偶然性事件可能会完全背离发展方向，或者是将其放置在了一个秩序混乱的发展道路上，最终导致怪异的后果或者产生出一个怪兽。

就一对同卵双生子而言，这些假设从来不会发生。他们之间的差异非常明显，我们通过一些简单的测量工具就可以检测到。然而，两者都属于几乎不可能出现的，被我们称作人类的这样一种精巧设计系统的典型例子。有机体的发展必定会遵循一些复杂的反馈环路，而不是运用一些预设的蓝图。随机事件可能会使成长轨迹发生偏移，但是这些轨迹仍然局限在人类功能系统设计的框架之内。生物学家将这些发展动力学称作鲁棒性（robustness）、缓冲器或者是管道化。

如果个性的这种非遗传成分属于神经发育轨迹线的结果，那么我们将会看到两重惊奇之事。第一重惊奇是，正如行为遗传学家在方程中使用的术语"遗传"并不一定涉及遗传那样，"环境"这个术语也并不一定涉及环境。如果不可解释的变异是由大脑装配过程中的随机事件导致的，那么我们的另一部分个性特质就是由生物学决定的（而不是遗传决定的），并且远远超出了父母以及社会制定的一切完美计划的范围。

第二重惊奇是，在关于人性的看法上，我们或许有必要为一个前科学概念保留一席之地，该观念并不像许多人向我提及的那样是自由意志，而是命运。之所以不是自由意志，是因为在一起长大的同卵双生子身上所具有的不同特质具有极大的偶然性。没有人会选择成为精神分裂症患者、同性恋者、音乐天才，或者就此而言，变得焦虑或自信，或具有经验开放性。然而，只要我们还记得，在发展过程中许多机遇也参与了其中，那么关于命运的古老看法，即命运具有不可控性，而不是具有严格预定性的看法，就可以与现代生物学相调和。哈里斯引用了一个生活在 20 世纪 50 年代印度偏远乡村的妇女的例子，并借此来指出认为我们能够决定子女发展的观点是多么短浅和狭隘。当人们询问她希望自己的孩子将来成为什么样的人时，她犹豫了一下回答说："我希望他成为什么并不要紧，关键取决于他自己的命运。"

为什么说父母对待孩子的方式很重要

并非每个人都会听从自己的命运或者是诸如基因和同辈之类的远非父母能够控制的力量。"我祈求上帝，希望这不是真的，"一位母亲对《芝加哥论坛报》的记者讲道，"想到自己倾注在他身上的所有这些爱竟然毫无价值，真的让人觉得很可怕。"与有关人性的其他发现一样，人们祈祷上帝希望这不是真的。然而，真相并不会考虑我们的愿望如何，而且有时候它还会迫使人们以一种更为洒脱的方式重新思考他们的愿望。

的确，要培养一个幸福而又成功的孩子，竟然没有任何法则可遵循，这确实会令人大失所望。然而，我们真的需要预先设置子女应该具备的特质，并且从来不去为每个孩子从一出生就具有的那些令人意外的天赋和怪癖而感到高兴吗？人类发明的克隆技术及基因工程可以保证父母能够设计自己的孩子，这些让人们感到惊骇。然而，幻想父母能够设计子女与他们如何把子女抚养长大相比，这两者的区别在哪里？在如何做父母的问题上，现实型的父母不会让自己过于焦虑。他们能够享受和孩子在一起的时光，而不是不断地试图去激励孩子，促使他们社会化，完善他们的性格。他们给孩子讲故事仅仅是为了让孩子从中获得快乐，而不是因为这样做有益于孩子的神经发育。

许多批评者指责哈里斯，说她在为父母开脱责任，父母应担负起促进子女成长的责任：如果孩子发展得很糟糕，父母就可以说，这不是他们的责任。不过，出于同样的原因，哈里斯的理论也促使成人能够为自己的生活担负起责任：如果你的生活过得不太好，请不要抱怨你的父母，这完全不是他们的错误。她也将母亲们从一些很荒唐的理论中解脱出来，这些理论将孩子所遭遇到的任何不幸都怪罪于他们的母亲；同时也将母亲们从一些假装博学且吹毛求疵的人的苛责之下解脱出来，如果母亲们走出家门去工作，或没有为孩子阅读类似于《晚安，月亮》的读物时，这些人就让她们感觉自己像一个怪物似的。同时，这一理论还让我们每个人都担负了一种集体责任感，以营造良好健康的邻里关系以及将儿童的同侪群体纳入其中的文化环境。

最后，有人还提出："那么你的意思是说，我怎样对待自己的孩子都无关紧要了？"竟然有这样的问题！当然了，父母对待孩子的方式确实非常重要。哈里斯也提示她的读者应该去思考其中的原因。

首先，父母对他们的孩子产生了巨大的影响力，孩子的幸福会因为父母的行为表现而有所不同。在所有的伦理责任中，养育子女是最为重要的。对于父母而言，打击、羞辱孩子，剥夺他们的自由或忽视他们的做法都是不妥的，因为一个强大的成人对一个弱小无助的孩子做出这些事情非常可怕。正如哈里斯写的那样："我们或许并不能左右他们的未来，但是我们确实在影响着他们当下的状况，而且我们有可能让他们的当下变得非常悲惨。"

其次，父母和孩子之间也属于一种人际关系。从来不会有人这样去问："无论我怎样对待我的丈夫或者妻子都无关紧要吗？"除了新婚夫妇，没有人会认为一个人能够改变其配偶的性格特征。夫妻之间（应该）彼此善待，不要企图将对方塑造成为符合理想的某种性格类型的人，相反，他们要努力建立一种感情深厚、彼此满意的关系。可以试想一下，当有人告诉你，一个人不可能改造其丈夫或者妻子的个性特征时，你回答说："一想到我在他（她）身上倾注了那么多的爱，最终却毫无价值，这让我感觉糟透了。"对于父母和孩子来说，也同样如此：一个人对另一个人的所作所为会影响到他们之间的关系。在生命发展历程中，权力的平衡会发生改变，伴随着父母如何对待自己的记忆，子女们会逐渐长大成人，在与父母的关系中他们也开始拥有越来越多的决定权。

正如哈里斯指出的那样："如果你认为道德规范并不足以让你善待自己的孩子，那么尝试着去这样做：在孩子年幼的时候，你应善待他，这样的话，等到你年老的时候，他也会善待你。"有许多适应良好的成人在诉说年幼时父母曾经施加给他们的残暴行为时，仍然表现得怒不可遏。还有一些人，当他们私下里回想起父母对自己的善待以及为了自己的幸福而做出的牺牲时，禁不住潸然泪下，尽管这些事情父母可能早已经不记得了。如果没有其他的原因，父母应该善待自己的孩子，促使他们在成年之后能够拥有美好的记忆。

我发现，一些人在听到这样的解释时会垂下目光，略带尴尬地说："是的，我知道这些。"但实际上，当人们在思考孩子的教育问题时，往往会忘记这样一些简单的事实。这说明，当代的理论学说对我们的影响有多么深远。人们很轻易就把儿童视为了有待塑造的一团胶泥，而不是将他们视作人际关系中的同伴。当我们把儿童作为像自己一样的人看待时，关于儿童适应同侪群体的理论也就不足为奇了。

我们在谈及儿童的时候使用的"同侪群体"这个术语就相当于我们在谈及自己时使用的"朋友、同事及合伙人"。当孩子钟情于穿某种类型的工装裤时，我们会表示不满意，但是，如果当一个非常强势的人逼迫我们穿着一身粉红的衣服去参加董事会议，或是穿着聚酯纤维质地的舞会服装去参加学术会议时，我们也会感到非常羞怒。"在同侪群体中获得社会化"，相当于是"在社会团体中获得成功"的另一种说法，这对于一种社会生物体而言意味着"生存之道"。最重要的是，我们将孩子视为了一块白板，正是这一点让我们忘记了其中最根本的问题：他们是人。

20

艺术

艺术陷入了困境。这可不是我说的，而是评论家、学者和依靠艺术和人文创作谋生的人说的。按照戏剧导演、评论家罗伯特·布鲁斯坦（Robert Brustein）的说法：

> 在我们这个时代，延续高雅文化的可能性正变得越来越成问题。销售严肃书籍的书店正在关闭它们的连锁分店；破产停业的小型出版社越来越多；受众较少的杂志也纷纷歇业；非营利剧院主要依赖于将它们的常备剧目商业化而得以生存；交响乐团也在它们的演奏中加入交响乐之外的曲目；公共电视频道越来越依赖来自英国的情景连续剧；古典的广播电台已然消亡殆尽；电影院正越来越依赖于商业化的大制作电影；而舞蹈也正在走向死亡。

最近这些年，所谓格调更高雅的杂志和出版物上充斥着各种哀叹。以下列举了一些刊物上的标题：

> 《文学之死》《文学的衰亡与堕落》《高雅文化的衰退》《人文学科衰竭了吗》《人文科学——日薄西山》《金钱时代的人文科学》《人文科学的困境》《文学：一种四面楚歌的职业》《迷茫的文学》《气息奄奄的音乐的衰亡堕落》《英语的兴盛与衰落》《人文科学怎么了》《谁杀死了文化》

如果我们相信这些悲观主义者的说法，那么艺术的衰退已经有些时日了。在1948年，艾略特就曾写道："我们可以相当自信地断言，我们这个时代是个堕落的时代；文化的水准比50年前的水准还要低；这种堕落的证据在人类活动的每个领域都相当明显。"

艺术和人文科学在一些事关其生存发展的问题上确实显示出了一些不好的征兆。1997年，美国众议院投票决定取消美国国家艺术捐赠基金会，参议院在削减了将近一半的基金会预算的情况下才勉强将它保留下来。大学也在缩减对人文学科的投入：自1960年来以来，文科教师人数占全体教师人数的比例下降了一半，工资薪水和工作环境长期处于停滞状态，越来越多的教学工作由研究生或兼职教员来完成。刚拿到博士学位的文科学生往往找不到工作，或者只能获得一份为期一年的工作。在许多文科学院里，人文学科院系规模都不同程度被压缩，还有一些则干脆被合并或取消。

导致文科学术界衰退的一个原因是科学和工程学科的兴盛。另外一个可能的原因是，学术界对研究生项目规模不加控制导致获得博士学位的人数过多。但问题在于，学生对人文艺术学科的需求减少了，而拥有教授职称的人却增加了。学士学位获得者的人数在1970年到1990年之间增加了40%，但获得英语语言学位的人数却下降了40%，而且更糟糕的是：时至今日，只有9%的高中生表示有兴趣在大学主修人文科学。有一所大学苦恼于它的艺术与科学学院入学学生不断流失，绝望之际雇了一家广告公司，发起了一场名为"思考生活"的运动。下边就是这场运动中的一些口号：

> "当你毕业的时候你想要什么，或者20年后你要怎样面对你的中年危机？"
>
> "当机器人承担起所有枯燥无味的工作时，你们就有保障了。"
>
> "放弃它，好吧，在你的来生再追求自己的梦想吧。"
>
> "耶，你会像你的父母亲一样幸福。"

追求职业成功的功利主义或许能够解释为什么众多学生不再对文科痴迷，但这并不是全部的原因。今天的经济水平要比人文学科大行其道时好很多。许多学生依然不会急不可待地为职业做准备，而是选择利用他们的大学时光从多个方面来充实自己的生活。如果这段时间内艺术和人文科学不能吸引学生的注意力，那就再没有任何好的借口可找。拥有文化、历史和哲学理念方面的知识，不仅是人们日常生活中的一笔财富，而且对于大部分人的职业生涯而言，也将会是一笔财富。但不管怎么说，学生们还是在远离人文学科。

在本章中，我将对艺术和人文科学面临的这些问题进行诊断，并提出一些复兴艺术和人文学科的建议。这些学科领域的学者及相关人士并没有向我求助，但按照他们的说法，他们需要获得尽可能多的帮助，而我相信部分答案就在这本书的主题当中。我将从描述艺术和人文学科面临的问题开始论述。

文化衰落是一种认知错觉

事实上，艺术和人文科学并非处在困境之中。按照最近一个基于国家捐赠基金会以及美国统计文摘的数据所做的评估，艺术和人文科学发展史上从来没有出现过比现在更好的时光。在过去 20 年中，交响乐团、图书销售商、图书馆和新的独立制片电影（这是一个与主流的好莱坞制作的电影相对立的概念）在数量上都处于不断攀升的状态。欣赏古典音乐会、戏剧表演、歌剧、美术展览的人数也在增加，在某些场合还会出现像我们看巨制大片电影一样，排着长队、一票难求的场景，人数也达到了创纪录的水平。印刷出版的书籍（包括艺术、诗歌、戏剧方面的书籍）数量呈爆炸性增长，图书销售量亦是如此。而且，人们也不再是消极、被动的艺术消费者了。在 1997 年，从事绘画、艺术照片拍摄、艺术品购买和写作的成年人占全体成年人的比重达到了历史最高值。

技术的进步使得大众比以往任何时候都更容易接触到艺术。几个小时的最低工资收入就能够买到一张内含上万首高保真音乐的唱片，这些乐曲中包括了世界上最著名的管弦乐队演奏的多个版本的古典音乐。录像店使那些身处偏远地区的人们也能很方便地在家中观看经典大片。除了三大电视网的连续剧、各种节目以及肥皂剧，今天的大部分美国人都可以在 50～100 个电视台之间自由选择，其中还有一些是专门播放关于历史、科学、政治和艺术类节目的。廉价的摄影装备和互联网上的流媒体使独立制片电影开始兴盛起来。事实上，任何人只要有一张信用卡、一个调制解调器，就能从网上购得任何已经出版的书籍。在网上，人们能够找到所有过了产权保护期限的名著、诗歌、戏剧、哲学著作和学术著作全文，也能在网上对世界上主要的大型艺术展览馆进行虚拟观赏。新的学术方面的电子杂志和网站的数目也在激增，以往每期的内容都可以方便下载。

我们已经在文化海洋中畅游了，甚至快要被淹没了。但为什么人们都在哀叹文化的困境、衰落、沉沦、衰竭、日薄西山抑或消亡？

对此，那些惊呼文化正在衰退的学者们的回答是，当前对文化的狂热消费包括了对过去的经典文化和当前庸俗文化的消费，而庸俗文化很少能够传承下去。但这话很值得怀疑。正如艺术史学者反复告诉我们的那样，对于大众谄媚、商业电影、性和暴力及其大众化的形式（如报纸上的长篇连载），这些所谓的当前文化所有的罪恶，都可以在过去的历代大艺术家身上看到。即使是在最近几十年，许多艺术家在他们那个时代也是被看作商业雇用文人，只是在后来才获得了艺术名望。这方面的例子包括马克斯兄弟（美国早期喜剧演员）、阿尔弗雷德·希区柯克（Alfred Hitchcock）、披头士乐队，如果从最近的美术馆展览和批判性鉴赏的情况来看，甚至要包括诺曼·洛克威尔（Norman Rockwell，美国插画家，被美国报纸称为“最受喜爱的艺术家”）。世界各国也都有一些优秀的小说家。虽然大部分电视剧和电影都让人感到极其糟糕，但事实上，其中的佼佼者确实非常出类拔萃：《欢乐酒店》中的卡拉①比桃乐茜·帕克②更诙谐幽默，《窈窕淑男》③的情节要比莎士比亚任何一部女扮男装或男扮女装喜剧的情节都要好。

就音乐领域来说，虽然 20 世纪里很难有人能与 18 世纪、19 世纪那些最优

① 卡拉是美国情景喜剧《欢乐酒店》中欢乐酒店酒吧的女侍者，爱说讽刺挖苦的话。——译者注

② 桃乐茜·帕克（Dorothy Parker），美国作家，诗人，被文学批评家称为美国最具智慧的女人。她的作品中充满了现代女性常有的、带点幸灾乐祸的幽默和敏锐。——译者注

③《窈窕淑男》（*Tootsie*）是美国哥伦比亚电影公司制作、达斯汀·霍夫曼主演的一部电影，剧中达斯汀·霍夫曼饰演的角色为生活所迫而男扮女装。——译者注

秀的作曲家相比，但是在这个世纪里，爵士乐、百老汇音乐、乡村音乐、布鲁斯歌曲、民间音乐、摇滚音乐、非裔美国人音乐、桑巴舞曲、雷盖（一种源于牙买加的流行音乐）、取材于民族乐曲的流行音乐以及当前的混合音乐百花齐放。每种音乐都孕育了才华横溢的艺术家，每种都为我们的音乐体验加入了新的节奏、乐器、演奏风格和音乐作品。因此，出现了以往任何时候都不曾有的众多流派，比如动画音乐和工业设计音乐，还有一些虽然出现时间不长，却取得了极大的成就，比如计算机作曲和摇滚乐 MTV，如彼得·盖布瑞尔（Peter Gabriel，当代摇滚音乐史上一位特立独行的英国艺人，创世纪摇滚乐团团长）的歌曲巨锤（*Sledgehammer*）。

数千年来，每个历史时期都有评论家哀叹文化的衰落，经济学家泰勒·科文（Tyler Cowen）认为，这些人陷入了认知错觉之中。就像在超市排队结账时，你总会觉得其他队伍比你这队要快一些，人们总是觉得最好的艺术作品出现在上一个 10 年中，而不是我们当下的这个 10 年当中。我们欣赏那些经过岁月积淀的伟大作品，我们听莫扎特的音乐，而萨利艾利[①]已经被岁月遗忘。同样地，不同的艺术类型，如歌剧、意象派绘画、百老汇音乐、黑色电影（也被称为写实电影、灰色电影）也总是在一定的时期内数次历经兴起和衰落。各种艺术形式在其刚刚萌芽时都很难得到承认，而当它们广为接受时，最美好的时光却已经过去了。科文也援引霍布斯的话，注意到贬低现在被作为了一种间接贬低某一竞争对手的方法："为了获取赞誉而进行的竞争，往往会导致对过往的尊敬，因为人们总是与活人斗，与逝者则不存在竞争关系。"

但有三个艺术领域确实很萧条。第一个领域是传承自声望卓越的欧洲精英艺术传统的艺术类型，如交响乐团演奏的音乐，在著名画廊和美术馆举办的艺术展以及著名剧团表演的芭蕾舞剧。这些领域确实缺乏令人信服的新鲜元素。如 90% 的古典音乐都是在 1900 年之前被谱写出来的，20 世纪最有影响力的作曲家都活跃在 1940 年之前。

第二个领域是评论家和文化看门人共同体，他们的影响力正在减弱。1939

① 安东尼奥·萨利艾利（Antonio Salieri），意大利作曲家。——译者注

年的喜剧《晚餐的约定》(*The Man Who Came to Dinner*)讲述的是一个声望卓越的文学批评家的故事，这个批评家的声望如此之高，我们相信俄亥俄州那些小镇上的居民见到了他都会奉承讨好他。很难想象当今有哪位批评家能够获得那样的认可。

第三个领域自然是学术界了。人文学科的自负成了讽刺小说的题材，成了被无休止分析和挖苦的对象。

在第 19 章之后，你可能已经猜到我会从哪里着手对这三种状况进行诊断。我们在很多英语课程大纲中都能看到弗吉尼亚·伍尔芙(Virginia Woolf)的一个论断："在 1910 年 12 月，或者是这个时间前后，人性发生了改变。"她指的是现代主义新哲学将会在 20 世纪的大部分时间里统治精英艺术和批判主义，现代主义对人性的否定在后现代主义(它在 20 世纪后期取得了控制权)那里不仅得到了继承，而且其对人性的否定更为激进。本章的观点是：精英艺术、批判主义和学术界之所以深陷泥潭，是因为伍尔芙的这个论断是错误的。人性在 1910 年或这之后的岁月里没有发生过任何改变。

艺术是人性的重要组成部分

艺术是我们本性的一部分，正如人们以前常说的那样，在我们的血液里，在我们的骨子里；或者像我们今天说的那样，在我们的大脑里，在我们的基因里。在所有的人类社会中，人们都会跳舞、歌唱、装潢、讲故事和表演剧目。孩子们在 2～3 岁时就会参与到部分活动之中，而且艺术甚至会反映在成人大脑的组织中：神经受损的人依然能够倾听，能够观看，但无法欣赏音乐之美，享受视觉盛宴。绘画、珠宝、雕刻和乐器，在至少 35 000 年前的欧洲就已经存在了，在世界其他地区这个时间可能会更久远一些(这些地方的考古发现相对不足)。澳大利亚的土著居民在 50 000 年前就在岩石上进行绘画了，红赭石至少在 10 万年前就被用作了化妆品。

虽然艺术的具体形式在各个文化之间差别很大，但艺术创作和艺术欣赏活动在世界上每一处地方都能看到。哲学家丹尼斯·杜顿确认了七种放之四海而皆准的识别标准：

- 艺术方面的专业能力，或称为精湛技艺。对艺术创造技巧的培育、确认和欣赏。
- 非功利的愉悦。人们享受艺术只是出于艺术的原因，并不要求艺术能让他们吃饱穿暖，也不要求艺术能把食物摆放到餐桌上。
- 风格。艺术目标和表现能够符合艺术创作的规则，从而可以将它们确认为某种风格。
- 批评。人们对艺术作品做出判断、欣赏和解释。
- 模仿。除了像音乐和抽象派绘画这样一些个别的特例，艺术作品都是对这个世界的体验的模仿。
- 特定的关注。艺术高于日常生活，关注那些带有戏剧性的体验。
- 想象。艺术家及其观众们在想象的舞台上拥抱幻想的世界。

这些艺术活动的心理根源成了近来研究和争论的焦点话题。有一些研究者，如学者艾伦·迪萨纳亚克（Ellen Dissanayake），他认为艺术就像害怕这种情感或者思考深奥问题的能力一样，是人类进化的结果。其他一些人，如我本人，则认为艺术（而不是叙事）是人类适应进化的其他三种能力的副产品，这三种能力包括：对地位的渴望，体验自己适应了的客观环境所获得的审美体验，以及设计人工制品来达成目标的能力。按照这种观点，艺术是一种令人愉悦的技术，是一种将人们获得的愉悦刺激提纯、集中并将之传送至人们的各种感官的方法。就本章的讨论来说，关键问题并不在于哪种观点是正确的。不管艺术是人类适应进化的产物还是进化过程中的副产品，还是这两者的混合，它都深深植根于我们的心智之中。

有机体从那些提高其祖先舒适程度的事物中得到愉悦，比如食物的味道、性体验、抚养孩子以及获取知识。自然环境中某些形式的视觉愉悦也能提高人类的舒适度。当人们探索一个环境时，会寻求有助于他们与环境沟通、利用环境的模式。这些模式既包括人们进行了深入描绘的领域，又包括现实中不可能存在但又有益的一些构成要素，如平行线、垂直线、轴对称和延长线。所有这些都被大脑用来将可见领域变成平面，将这些平面聚集成物体，再将这些物体组合起来，以便我们下次看到的时候能够识别出它们。

视觉研究专家，如大卫·马尔、罗杰·谢泼德、拉马钱德兰（V. S. Ramachandran），他们认为艺术和装饰中使用的令人愉悦的视觉基调夸大了这些模式，这些基调告诉大脑视觉系统正在正确运作，正在准确地分析世界。按照同样的逻辑，音乐中的音调和节奏模式可能也会连接到大脑听力系统，进而参与到声音世界的组织之中。

由于视觉系统可以将自然状态的色彩和形状转化成我们能够理解的物体和景象，因此转化之后的产物具有的审美色彩更加丰富。对艺术、摄影、景观设计的研究，以及对人们视觉鉴赏力的实验发现，在视觉中存在着一些能够让人感到愉悦的、反复出现的基调。有一些基调可能属于寻找人类最佳居住地的形象，如热带或亚热带稀树大草原：开阔的草原上零星点缀着一些树木，丰沛的水源随处可见，动物栖身其间，植物则带来了鲜花和果实。

威尔逊将生物的各种形式的愉悦称为热爱生命的天性，这看起来也好像是人类的共性。其他样式的景观可能因为其代表着安全，从而让人感到愉悦，例如那些虽被保护起来但同时又能全景观赏的景观。也有一些引人注目的景观，因为其地貌特征会使某个区域更容易为人类所探索和记忆，如纪念碑、边界和道路。进化审美学的研究也证明，存在一些使某个脸孔或躯体更漂亮的要素特征。人们喜欢的面部轮廓往往具有健康、活力和生机勃勃等一些共同特征。

人类是具有想象力的动物，大脑可以不断地把各种事件进行重新组合。这种想象力是人类智力的驱动力之一，它使我们能够想象新的技术（如诱捕野兽或提纯植物汁液）和社会技能（如互换承诺或寻找共同敌人）。无论是出于获得启迪（扩展那些结果能够被预测的情景的数量）或愉悦的目的（使他们产生同感，体验爱、奉承、探索或胜利等情感），幻想可以被讲述出来，这使得人们能够探索假想中的世界。因此，贺拉斯认为文学的目的是教授知识并使人获得喜悦。

在优秀的艺术作品中，这些审美元素被叠加起来，从而产生总体大于部分之和的效果。一幅好的风景画或照片，必定能够重现引人入胜的景观，也必定是由那些令人愉悦的平衡和对立的几何图形构成的。一个引人入胜的故事可能会描摹人们对引人注目或有影响力的人物所编造的绘声绘色的闲话，使我们在这一时刻营造出来的情境中感到兴奋，它用字斟句酌的话语激起了我们的语言本能，告诉我们一些新奇的关于家庭、政治或爱情的纠缠不清的故事。许多艺术形式之所以被创造出来，就是为了积聚并释放人类心理上的紧张，就像许多其他形式的愉悦一样。艺术作品通常是嵌入在社会事件之中的，在某个事件中，某个共同体的多个成员的情感都在同一时刻被激发起来，从而使愉悦感倍增，使这些人产生了一种团结一致的感觉。迪萨纳亚克突出强调了艺术体验的精神部分，她称之为“使之与众不同”。

最后一种艺术心理是对身份的渴望。杜顿列出的七种放之四海而皆准的艺术识别标准中，有一条标准是非实用性。但矛盾的是，如果是从像增加持有者资产这样的特定目的来看，无用的事物可能也是非常有用的。索尔斯坦·凡勃伦（Thorstein Veblen）在他有关社会身份的论述中首次提出了这一观点。由于我们看不到邻居的银行账户，因此估量他们所拥有的财富的一个好方法就是看他们是否会在奢侈品和休闲活动上进行消费。

凡勃伦认为，人们在品位方面受三种“金钱法规”所驱使：炫耀性消费、炫耀性休闲和炫耀性浪费。这解释了为什么象征身份的符号往往都是由艰巨的专业劳动加上稀缺材料制造出来的，或者那些符号是能够显示一个人从事非体力劳动的标记，如做工考究的衣服和一些需要花费大量金钱和时间的爱好。生物学家阿莫兹·扎哈维（Amotz Zahavi）运用同样的原则解释了动物身上那些奇怪的装饰性的身体部位的演化，例如孔雀的尾羽。只有最健康的孔雀才能为自己那些华而不实、笨重的尾羽提供营养。雌孔雀在选择配偶时依据的是雄孔雀尾羽的漂亮程度，因此，大自然选择的是尾羽最漂亮的孔雀。

大部分爱好艺术的狂热分子可能会被这样的看法吓得目瞪口呆：艺术，尤其是精英艺术，是炫耀性消费的典型例子。虽然从定义来看，艺术不具备实用功能，就像杜顿列举的标准中所提到的那样，但是艺术必然包括鉴赏力（这种能力是天赋的一种标志，它还意味着要有足够的时间对这门技艺进行反复锤炼，当然，这种能力也可能同时包含了这两层意思）和批判（对艺术和艺术家的价值进行估量）。在欧洲历史的大部分时间里，就像歌剧院和戏剧院大厅的奢华装饰、绘画所用的华丽相框、音乐家合乎礼仪的穿着、古书封面和装订等情形所表明的那样，优秀的艺术和奢华从来都是紧密相连的。艺术和艺术家受到了贵族或渴望迅速获得尊敬的新贵们的资助。今天，绘画、雕塑和手稿依然会以高得离谱、引人非议的价格售出，例如梵·高的画作《加谢医生的肖像》（*Portrait of Dr. Gachet*）在1990年卖出了8 250万美元的价格。

在《求偶心理》（*The Mating Mind*）这本书中，心理学家杰弗里·梅勒（Jeffery Mailer）认为，艺术创造的冲动是一种求偶策略：一种依靠自己的脑力（也是间接地依靠自己的基因）给未来的性活动对象或婚姻配偶留下深刻印象的方法。他注意到艺术鉴赏力在人与人之间的分布并不均衡，其对神经系统的要求很高，很难被模仿，而且广受赞誉。换句话说，艺术家很性感。大自然甚至为我们提供了这样一个案例：位于澳大利亚和新几内亚的园丁鸟（也被称为筑巢鸟）。雄园丁鸟会构建精美的鸟巢，并一丝不苟地用五颜六色的材料，如兰花、蜗牛壳、浆果和树皮对之进行装饰。这种鸟类中的某些个体甚至会将吃下的浆果残渣反刍出来对鸟巢进行染色，并且用树叶或树皮作为刷子打扫鸟巢。而雌园丁鸟则会选择巢穴建筑得最对称、装饰得最漂亮的雄鸟作为自己的配偶。梅勒认为将这种情况推及人类是合适的：

> 如果你帮《艺术论坛》访谈一只雄性园丁鸟，它可能会说："我把这种无法平息的激情看作一种自我表达的方式，看作与颜色和各种形式进行游戏的原因，这种激情无法言说。我不记得第一次迸发出在这种既不朽又极简的舞台上展示的、浓墨重彩的激情是在什么时候了，但当我沉浸于这种激情之中时，我发现自己与某种自身之外的事物联系起来了。当我看到一朵生长在树上的美丽兰花时，我想我必须拥有它。当我看到在创作过程中，有一个壳状物位置不合适时，我必须将它放在合适的位置才安心……有时女性会来到我的画廊欣赏我的作品，这只是一种颇为幸福的巧合，但如果你认为我是为了生育后代才进行创作的，那么这是对我的侮辱。"幸运的是，园丁鸟不会说话，因此我们能够随意地用性选择来解释它们的工作，而没

有考虑到它们对人类观点的认同与否。

我部分地赞同这种理论，在这种理论看来，进行艺术创作、拥有艺术作品等活动的功能（这并非唯一的功能）是为了让他人（而不仅是未来的配偶）对自己的社会地位（而不仅是某人的基因质量）留下深刻印象，这种观念可以追溯到凡勃伦那里，并由艺术史专家昆汀·贝尔（Quentin Bell）和汤姆·沃尔夫在其小说和散文中加以补充完善。

当今，这种观点的支持者中最著名的也许当属社会学家皮埃尔·布尔迪厄（Pierre Bourdieu），他认为，对制作困难、不容易接触到的文化作品的鉴赏力是上流社会阶层的标识。需要再次强调的是，在所有这些理论中，直接原因和最终原因可能并不一样。如果套用梅勒关于园丁鸟的理论，那么那些进行艺术创作和欣赏的人并不必然要考虑社会身份和身体的健壮情况；他们可能只是在解释说，艺术创作和欣赏只是一种渴望自我表达、展示审美眼光和技艺的强烈愿望演化的结果。

不管我们追求艺术的本能后边隐藏着什么，这些本能都使得艺术跨越了时间、空间和文化。休谟注意到："品位的一般原则在人性中是统一的……两千年前曾经风靡雅典和罗马的荷马史诗，在今日的伦敦和巴黎依然为人们所仰慕。"虽然人们可能会对水杯是半满还是半空的问题存在争议，但在纷繁复杂的文化差异背后，人类确实存在着普遍性审美。杜顿认为：

> 重要的是，要注意到艺术如此成功地走出了它们的本土文化，并进入其他文化之中：贝多芬和莎士比亚在日本深受人们的追捧，而日本的印刷品则深受巴西人的喜爱，希腊悲剧在世界各地上演，好莱坞电影产生了跨越文化的吸引力，虽然这让很多地区的本土电影工业感到郁闷……即便是印度音乐……虽然许多西方人乍听起来会感到有点奇怪，但它也是通过节奏、速度变化、重奏、变奏、转调和美妙的旋律来进行演奏的，而这些元素在西方音乐中也都能找得到。

人类审美的范围甚至可以进一步扩展。拉斯科岩洞（法国西南部的一个山洞，位于多尔多涅河谷，于1940年被发现）里创作于旧石器时代晚期的壁画，依然让互联网时代的人们赞叹不已。奈费尔提蒂①和波提切利②笔下的维纳斯也常常见诸21世纪时尚杂志的封面。许多传统文化中英雄故事的情节被成功移植到了《星球大战》的英雄故事中。西方博物馆收藏家从非洲和亚洲掠夺了大量的史前财富，而美国人之所以进行掠夺，并不是出于为民族志研究增添知识的目的，而是因为他们的资助人觉得这些优美的艺术作品赏心悦目。

1993年，两位艺术家维塔利·科玛（Vitaly Komar）和亚历山大·梅拉米德（Alexander Melamid）以一种搞怪的方式验证了最基本的视觉品位的普遍存在，他们用市场调查的方式来测评美国人的艺术品位。他们向调查对象询问他们对艺术作品的颜色、主题、构成要素以及风格的看法，结果发现存在着一些共同点。大部分人都表示他们喜欢现实主义风格的、线条柔和及包含绿色和蓝色两种色彩的风景画，画中要有动物、女性、孩童和英雄人物。

为了满足大众的这种需求，科玛和梅拉米德按照这些反馈意见画了一幅画：他们采用19世纪的现实主义风格画了一幅湖边的风景画，画中有一群孩子、小鹿和乔治·华盛顿。这确实有点搞笑，但没有人想到接下来会发生什么。两位艺术家在乌克兰、土耳其和肯尼亚等其他九个国家也进行了同样的调查，也发现了相当雷同的艺术兴趣：除日历上印刷的那些理想化风景，人们的其他兴趣也基本相同，只不过是用本地的偏好取代了美国的标准，如有些地区的人们认为要包括河马而不是鹿。更有趣的是，这些大众化的绘画作品描绘了在人类看来最佳的风景，这一点也早为进化审美方面的研究成果所证实。

艺术批评家亚瑟·丹托（Arthur Danto）对此有不同的解释："像西方其他的文化和艺术成果一样，西方的日历如今也已销售到世界各地。"对许多知识分子来说，西方式的全球化证明了艺术品位的主观性。他们认为人们之所以显示出相似的审美偏好，只是因为西方的观念通过全球化商业和电子媒体等进入了世界的各个角落。这可能有一些道理，对许多人来说，这种观点的立场从道德上来看也

① 奈费尔提蒂（Nefertiti），生活于14世纪，阿肯那顿国王的妻子，埃及的一位皇后。——译者注

② 波提切利（Botticelli），15世纪佛罗伦萨画派的意大利画家。其代表作有《春》和《维纳斯的诞生》。——译者注

是正确的，因为它表示西方文化并没有什么优越性，而那些地方性文化也并非低人一等。

但有必要从另外一个角度来看这件事。西方社会能够更好地为人们提供他们想要的事物：干净的饮水、有效的药物、品种繁多且丰盛的食品，快捷的交通和沟通渠道。这些产品和服务之所以能尽善尽美并不是出于仁慈的动机，而是出于自利的目的，人们只是受到了出售这些产品和服务所能获得的利润的刺激。也许，在提供人们喜欢的审美产品方面，审美产业也臻于完美，具体到这个例子来说，审美产业提供了能够对人的基本偏好产生吸引的艺术形式，如日历上的风景画、流行歌曲、好莱坞电影中的浪漫和冒险情节。

因此，一种艺术形式即便孕育于西方，它也不是借助于坚船利炮而得以扩散的，而是因为它成功地传达了人类普遍的审美趣味。这些观点听起来有些狭隘，也有点欧洲中心主义，我也不想对这些论点加以发挥，但它其中肯定也包含了一些真理：既然能够通过吸引全球人类的品位来谋取利润，那么企业家如果对这些机会视而不见才非常奇怪。而且这也并非一种欧洲中心主义的表现。西方文化正像西方技术和西方烹饪一样，也在如饥似渴地从它遇到的任何一种文化中汲取让人感到愉悦的元素。流行音乐作为美国最重要的文化输出就是这样一个例子。拉格泰姆音乐、爵士乐、摇滚、布鲁斯、非裔美国人音乐和说唱音乐都是源于非洲裔美国人的音乐形式，从根源上来说，这些音乐形式都融入了非洲音乐的节奏和发声特点。

1910 年，人性真的发生改变了吗

那么在所谓的人性发生改变的 1910 年发生了什么呢？在弗吉尼亚 · 伍尔芙的回忆里，最突出的事件是在伦敦举办的一场晚期印象派画家，如塞尚、高更、毕加索和梵 · 高等人的画展。这场画展揭开了现代主义运动的序幕，而当伍尔芙在 20 世纪 20 年代做出这个论断的时候，现代主义运动已经席卷了艺术领域。

现代主义不断前行，看起来就像是人性发生了改变。艺术家们使用了上千年的用于使人类获得愉悦的所有技艺诀窍都被废弃了。在绘画领域，先是扭曲的形状和色彩取代了现实主义的描绘方式，然后又被抽象的网格、图形、点滴和斑点所取代，喜剧《艺术》中有一个情节是：一块空空如也的白色画布被标价 20 万美元。在文学领域，写作者无所不知的叙事方式、结构化的情节、对人物井井有条的介绍以及较强的可读性被意识流、颠倒顺序的事件讲述方式、莫名其妙的人物设置、说不清的因果关系、杂乱无章的叙事以及令人费解的散文风格所取代。在诗歌领域，押韵、韵律、诗体结构和思想的明晰通常是被弃之不理的。在音乐领域，传统韵律和曲调被放在一边，强调无音调的、不协调的 12 音调的音乐变得流行起来。在建筑领域，装饰、以人为本、花园空间和传统的工匠技艺都变得不重要了（或者说将会变得不重要），建筑物开始变成按照盒子形状由工业材料制成的“可供居住的机器”。现代主义建筑的顶峰既体现在跨国公司搭建的钢与玻璃结构的塔楼建筑物之中，也体现在美国安居工程中那些令人感到沉闷的高层建筑、英国战后出现的政府公建房及苏联的公寓楼之中。

为什么艺术精英们会发起这样一场带有受虐倾向的运动？它可以部分地被看作对维多利亚女王时代那种自满，对那种能获得确定知识的幼稚平庸的信念、不可避免的进步以及社会秩序正当性的不满。怪诞纷繁的艺术被认为是能够用来提醒人们，世界本来就是怪诞而纷繁的。科学也被认为正在提供同样的信息。按照人文学科的观念，弗洛伊德告诉我们，人的行为来自无意识和非理性的冲动；爱因斯坦告诉我们，只有从观察者的角度才能对时间和空间加以定义；海森堡告诉我们，一个物体的空间位置和动量就其本质而言是不确定的，因为它们都受到观察行为的影响。许多年后，人文学科对物理学的粉饰，使物理学家艾伦·索卡尔（Alan Sokal）得以蒙混过关，他曾在《社会文本》（*Social Text*）这本杂志上发表过一篇胡言乱语的文章。

但现代主义想达到的目标不仅仅是打破这种怡然自得的状态。它对纯粹形式的讴歌、对简单的美丽和平庸的快乐的鄙夷，的的确确是符合理性的，同时也有着政治路线图和精神追求方面的意图。在对一本为现代主义的使命进行辩护的书籍进行评述时，批评家弗雷德里克·特纳（Frederick Turner）写道：

> 现代艺术的伟大抱负是诊断、治愈现代人类的病态与毁灭……（它的艺术使命）是确认并消除日常生活体验的错误意识，以及因循守旧的大众商业社会对日常生活的解释；也是通过我们那撇除错误意识、重新焕发生机的感觉和更直接地进行体验，使我们重新直面现实。这项治疗工作也是一项精神使命，即从理论上来看，被治愈的人们有能力构建一种更好的社会。这一过程的大敌是招降纳叛、商业渗入、再生产和粗制滥造……初始的、未经任何加工的体验（艺术家能够不借助于任何媒介，像孩童一样接触到它们）已经被社会变成了程序化、条块化的毫无生机的事物。

从20世纪70年代开始，一套被称为后现代主义的研究风格和哲学对现代主义的使命进行了扩展。后现代主义含有更为积极的相对论观点，认为看待这个世界有许多视角，而没有哪一种视角能够凌驾于其他视角之上。它甚至激烈地否定意义、知识、进步和共同分享文化观念的可能性。它带有政治主义的色彩，更带有偏执狂的特点，它认为真理和进步的观念都是政治统治的策略，只会使得男性白人的利益凌驾于其他群体之上。按照这套理论，商品的大批量生产、影像和故事经由媒体进入千家万户，共同目的都是使人们的本真体验变得不可能。

后现代主义的目标是帮助我们打破这种牢狱。艺术家通过抓取资本主义符号，如广告、包装设计和挂在墙上的性感女郎照片，并对之进行丑化、夸张加工，或者把它们在奇怪的背景下呈现出来，从而在文化主题和表述手段上占据领先地位。早期的例子是安迪·沃霍尔（Andy Warhol）的有关汤罐标签的画作，以及他用不协调的颜色所画的多幅玛丽莲·梦露画像。新近的例子包括在本书第12章中描述过的惠特尼艺术博物馆的“非裔美国人男性”画展，以及辛迪·谢尔曼（Cindy Sherman）拍摄的一组怪诞的堆集在一起的人体模特。在我看来，它们试图“把女性的身体看成是各种冲突的欲望交织的场所，把女性特质看成是由社会期望、过去的假定和意识形态建构所组成的一张充满张力的大网”。

在后现代文学领域，作者们一边写作，一边对自己所写的东西进行评论。在后现代建筑领域，来自不同建筑类型、不同历史时期的材料和建筑细节以一种不协调的方式被堆放在一起，例如，一家装饰华丽的商场前却放置着一个由条状物制成的遮阳棚，或者在一栋高雅的摩天大厦的科林斯式圆柱上却没有放置任何东西。后现代电影则对电影制作过程或老电影进行了恶搞。冷嘲热讽、自我指涉的暗示以及假装不那么认真地对待工作，所有这些形式的意图都在于提醒人们注意表述本身，因为（按照这套理论）我们经常会错误地对现实进行表述。

白板说，现代主义和后现代主义衰落的原因

一旦我们明白了现代主义和后现代主义是如何对待精英艺术和人文学科的，现代主义和后现代主义衰落的原因就再明显不过了。这两场运动依据的都是错误的人类心智理论，即“白板说”。他们未能把自己最引以为豪的能力——剥掉各种伪装——施加于自身。他们把各种乐趣都从艺术中剥离掉了。

现代主义和后现代主义秉持的是一种在很久以前就被拒斥的感知理论：感觉器官把画面的原始颜色和声音呈现给大脑，而其他一些感知体验则是习得性的社会建构。正如我们在前面章节中看到的那样，大脑的视觉系统由 50 多个区域构成，这些区域主要负责捕捉原始像素，再轻松地把它们组织成表象、颜色、运动和三维物体。我们无法关闭这些系统，从而直接接触到纯粹的感官体验，就像我们不能控制我们的胃，告诉它应该何时释放消化酶一样。此外，视觉系统并不会使我们进入与现实世界毫不相关的幻境之中。人类在演化中获得的这一系统，能够为我们提供各种重要的外在事物的信息，如岩石、绝壁、动物、他人以及这些事物的意向等。

这种先天的组织并不仅是为了使我们能够理解世界的物理结构，也为我们的视觉体验注入了普遍的情感和审美愉悦。相对于那些有关沙漠和森林的图画，小朋友们更喜欢挂历上的风景画；相对于长相一般的面孔，三个月大的婴儿更喜欢注视美丽的面孔，连注视的时间也会更长一些。相对于不和谐的音程而言，婴儿们更喜欢节奏和谐的音程；2 岁大的儿童在扮演各种游戏角色时，就已经能够编织和领悟虚假的故事。

在猜测其他人的行为结果时，我们是通过自己的直觉心理来进行估计的。我们不会对一句话或一个人造产品、艺术作品等从表面上加以分析，而是去尽力猜测说话者为什么这么说以及产品制造者为什么制作这些产品，又或者是猜测他们想通过这些事物向我们传递怎样的信息，就像我们在第 12 章中所看到的那样。当然，人们可能会被一个狡猾的撒谎者欺骗，但他们不会陷入一个由词语和影像构成的虚假世界之中，以至于需要后现代主义艺术家将他们“解救”出来。

现代主义和后现代主义艺术家和批评家未能意识到，驱动艺术发展的人性的另外一个特点是对身份的渴望，尤其是他们自己对身份的渴望。正如我们看到的那样，艺术心理学与获得自尊的心理密不可分，它欣赏稀缺、奢华、行家里手和光彩夺目。问题是，无论何时，只要人们对稀缺事物有需求时，企业家们都会使得这些事物更加稀缺，而一场表演被模仿后，无论它原本有多么光彩夺目都会变得平庸。这就造成了艺术风格的不断改变。心理学家科林·马丁戴尔（Colin Martindale）曾经说过，每种艺术形式都会不断增加它的复杂性、装饰物和情感负载，直到它的全部潜力被完全释放出来为止。这样一来，人们的注意力就集中到了风格上面，即在哪个点上一种风格会被另一种风格所替代。马丁戴尔把这种循环归结为艺术受众对某种风格的习惯化反应，但这种循环也来自艺术家对吸引他人眼球的渴求。

就 20 世纪的艺术来讲，寻求最新事物几乎是不可能的，主要是因为大规模生产的经济模式和中产阶级的富足。随着照相机、艺术复制品、收音机、唱片、杂志、电影和平装书成为大众能够支付得起的产品，一般人甚至可以成卡车地购买艺术产品。而且这些产品中的大部分都有很不错的艺术价值，因此，很难区分出谁是优秀艺术家或谁是艺术鉴赏家。

对艺术家来说，问题不在于大众文化有多么糟糕，相反，恰恰在于大众文化至少在某些时段来说非常出色。艺术再也不能将自己的声望建立在艺术作品自身的稀有和优秀之上，因此，它也很难将自己的声望建立在鉴赏力的稀有之上。正如布尔迪厄指出的，只有极特殊的少数精英先行者能够达到创造艺术新品的境界。印刷媒体和录音公司制作的精美事物正在不断地喷涌而出，因此，不同寻常的艺术作品不必再是精美的了。事实上，它们最好不那么精美，因为现在任何蠢笨之人都可能拥有精美的事物。

由此带来的一个后果是，现代主义艺术不再试图吸引人们的感官。相反，它藐视美丽，并视之为对受众的阿谀奉承，认为它无足轻重。批评家克莱夫·贝尔（Clive Bell）（弗吉尼亚·伍尔芙的姐夫，昆汀·贝尔之父）在他 1913 年出版的著作《艺术》中提出，在优秀的艺术作品中没有美丽的存身之地，因为美丽是一种粗糙、拙劣的体验。他提到，人们现在竟然在“打猎打得漂亮，射击射得漂亮”这样的词组中使用“美丽”一词，更糟糕的是，人们用它来指代漂亮的女性。贝尔吸收了他那个时代行为主义心理学的观点，认为普通人欣赏艺术是一种巴甫洛夫式的条件反射过程。他们之所以欣赏一幅画，只是因为它描画了一位美丽的女性；人们欣赏音乐，只是因为他们被激起了“类似于看到音乐喜剧中的年轻女演员所激起的情感”；人们欣赏诗歌，只是因为它激起了类似于被牧师的女儿所激起的情感。

35 年后，抽象派画家巴内特·纽曼（Barnett Newman）带着赞许的口气宣称，现代艺术的推动力是“对毁坏美丽的渴望”。后现代主义对美丽更是蔑视。他们说，美丽包含着精英们制定的主观标准。美丽奴役着女性，迫使她们必须去遵循一种不真实的理想观念，同时，美丽也迎合了市场导向的艺术收藏家们。

公正地讲，现代主义囊括很多风格和艺术家，并不是所有流派、所有艺术家都拒绝美丽和人类的其他感受。就其好的方面来讲，现代主义设计使得视觉上雅致、形式服从功能的审美更趋完美，从而取代了维多利亚女王时期炫耀财富的老古董艺术，变得大受欢迎。现代艺术运动开启了新艺术风格的可能性，其中就包括来自非洲和大洋洲的艺术主旨。小说和诗歌成了那些精力充沛的艺术家施展才华的地方，在这两个领域也出现了反对多愁善感的浪漫主义的声浪，反对浪漫主义把艺术看成是艺术家个性和情感的自然流露。而现代主义的问题在于，它在哲学层面拒不承认自身具有的那些刺激人类愉悦感官的方式。随着现代主义对美丽的否认成了一种悖谬，以及其在审美方面获得的成功为商业文化所窃取（如美术设计领域的极简主义），现代主义使艺术家们陷入了死胡同。

昆汀·贝尔发展了凡勃伦的观点，认为当某一流派不再具有变化更新的能力时，人们就会按照另外一种模式来构建自己的社会身份。在“炫耀性的暴行”中，坏小子们（或者坏女孩们）会夸耀他们恐吓中产阶级却又不会被抓捕的能力。为了吸引已经厌倦的公众的注意力，后现代主义艺术家发起了无休止的运动，从让观众感到困惑不解发展到尽一切可能去惹怒观众。

所有人可能都听说过下边这些臭名昭著的例子：罗伯特·梅普尔索普（Robert Mapplethorpe）拍摄的那些有关施虐受虐行为的照片，安德烈斯·塞拉诺（Andres Serrano）的《尿耶稣》（*Piss Christ*，一张耶稣受难像被扔在他的尿壶中的照片），克里斯·奥菲利（Chris Ofili）所画的圣母玛利亚被大象粪便弄了一身的画像，以及伊凡·休贝克（Ivan Hubiak）身穿美国国旗做的尿布、身上挂着生牛肉做的服饰，在舞台上蹦蹦跳跳表演了一场长达九小时的名为“Flag Fuck”的节目。事实上，最后这件事情并没有发生；它是由讽刺报纸《洋葱》（*The Onion*，美国讽刺幽默报刊，主要是编纂各种假新闻，很少报道真实事件）的作家们在一篇主题为《表演艺术家们使美国人从昏昏欲睡中醒来》的文章中杜撰出来的。但是我敢打赌，你们被涮了，因为你们刚才对最后这件事已经信以为真了。

由此带来的另外一个后果是，少了批评家和理论家团队的支持，精英艺术再也无法为人们所欣赏。这些人不仅仅会像电影评论家和书籍评述人那样对艺术进行评价和解释，还为艺术提供了理性。汤姆·沃尔夫看到了《纽约时报》上的一篇文章，该文章认为现实主义画作缺少“一些关键性事物”，也就是说缺少“一种劝诱的理论”。沃尔夫对之进行了批评，之后他写了《被着色的词语》（*The Painted Word*）一书。沃尔夫解释说：

> 看到这篇文章时，我的感觉是——啊哈，当今艺术那被埋葬的生命终于第一次呈现在了我面前……这些年里，我和其他许多人一样，曾经站在几千幅，甚至多得只有上帝才知道的波洛克派（Pollock，下边的这些人物大多为美国抽象派画家）、德库宁派（de Kooning）、纽曼派、诺兰派（Noland），罗斯科派（Rothko）、劳森伯格派（Rauschenberg）、贾德派（Judd）、约翰斯派（Johns）、奥利兹开茨（Olitskis）、路易丝派（Louise）、斯蒂尔派（Still）、弗朗兹·克莱恩派（Franz Kline）、弗兰肯塔勒派（Frankenthaler）、凯莉派

> (Kelly)、弗兰克·斯特拉派(Frank Stella)的画作前,或匆匆一瞥,或眼前一亮,或抛在脑后,又或是凑近细看——等待,等待,我永远在等待……它……等待它成为一个焦点,即等它成为视觉上令人满意的回报(因为有如此多的努力尝试),这种回报肯定是存在的,(全世界)每个人都知道它存在。我一直在等待着挂在这个房间内白色墙壁上的画作中,有一些作品在这个时刻能够进入我的视野。简而言之,这些年来,我一直认为眼见为实存在于艺术领域,而非别的领域。是的,我的目光非常短浅!而现在,在1974年4月28日,我终于明白了。我过去一直把因果颠倒了。并非“眼见为实”,而要是“相信你所看到的”,因为现代艺术已经完完全全变成了文学:绘画和其他艺术作品的存在只是为了对文本进行解释。

再一次地,后现代主义把这种极端的理论拓展到更为极端的地步,其认为理论优于主旨,理论本身成了表演艺术的一种类型。后现代主义学者从西奥多·阿多诺(Theodor Adorno)和米歇尔·福柯(Michel Foucault)的批判理论出发,对那种“语言透明性”的呼声并不信任,因为这种观念阻碍了“以更激进的方式思考世界”的能力,而且存在着把一个文本变成一件大众商品的危险。这种态度使他们经常成为一年一度的糟糕写作竞赛的赢家,这些竞赛项目是为了“庆祝那些最低劣的学术著作和文章。”1998年,第一届竞赛的奖项颁给了伯克利大学广受赞扬的修辞学教授朱迪斯·巴特勒(Judith Butler),因为她写了这样一段话:

> 在结构主义看来,应该把资本理解成以一种相对一致的方式将社会关系结构化的事物,而按照霸权理论的观点,权力关系被复制、积聚和重新表达,从结构主义到霸权理论的理论转换,使得当前的问题变成了对结构的思考,也标志着从阿尔都塞式的把整体结构作为研究对象的理论形式转换成了另外一种理论形式,该理论形式对结构的非必然性强调,使霸权概念得以复兴,这种情形中的霸权变成了权力进行再表达的偶然场所和策略。

杜顿的刊物《哲学和文学》(*Philosophy and Literature*)赞助了这项赛事,他本人则向我们保证,这并不是讽刺。比赛规则明文禁止这样的做法:“抵制那种故意的拙劣模仿以进入一个充斥着无意识的自我拙劣模仿的领域。”

当代艺术家和理论家在人性方面的最后一个盲点是，他们未能对自己的道德自负进行解构。艺术家和批评家长期以来一直相信，对精英艺术的欣赏就是在册封贵族，而在谈及对文化一无所知的人们时，他们的口气就像是在谈论那些对儿童实施性骚扰的人一样，正像我们看到的“barbarian”这个单词有两层意思一样（这个单词既有野蛮人、外来者的意思，也有粗鲁者、缺乏教养的人的意思）。围绕着现代主义和后现代主义所实施的矫揉造作的社会改革就属于这种传统的一部分。

虽然道德的复杂性要求对历史和文化的多样性保持欣赏的态度，但我们没有理由认为，与艺术品质一般的现实主义小说或传统教育相比，精英艺术是一种特别好的道德灌输方式。最简单的事实是，人们在休闲时间如何自娱自乐并不会带来任何特别明显的道德结果。那种认为艺术家和鉴赏家在道德上高人一等的信念只是一种认知幻象，因为负责道德的神经线路与负责身份的神经线路存在着交叉（见第 15 章）。正如批评家乔治·斯坦纳所指出的：“我们知道，一个人可能会在晚上阅读歌德或里尔克[①]的著作，演奏巴赫或舒伯特的作品，然后隔天早上照常去奥斯威辛开始他一天的恶行。”相反，也有很多没有受过教育的人，他们踊跃献血，冒着生命危险担当消防员职务，或收养智障儿童，但对于现代艺术，他们却认为：“我四岁的女儿都能弄出那些玩意来。”

现代主义艺术家的道德记录和政治轨迹并没有太多值得称道的地方。他们当中有些人在私人生活方面表现得极其卑劣，还有更多的人则信奉法西斯主义。现代主义作曲家卡尔海因兹·斯托克豪森（Karlheinz Stockhausen）把 2001 年 9 月 11 日的恐怖袭击称为“整个宇宙中所能想象到的最伟大的艺术作品”，他还带着羡慕的口气说道：“艺术家有时候也会超越现实和想象的种种限制，这样能够使我们从梦中醒来，进入另一个世界。”

后现代理论也并非极具进步意义的。对客观现实的否定并不利于道德进步，因为它无法使人们相信奴隶制或大屠杀确实存在过。正如亚当·高普尼克指出的那样，大部分后现代主义者的著述所传达的政治信息都是一些陈词滥调，就

① 里尔克，德国诗人，他的著作对 20 世纪的德国文学产生了深刻的影响。——译者注

像“种族主义是不对的”之类的观点。但这些观点都是通过很委婉的形式表达出来的，这样读者就能够领会这些观点，从而使其觉得自己拥有道德方面的优越感。

至于说对中产阶级的嘲讽，则是对社会阶层一知半解的划分，缺乏对社会阶层在道德或政治层面优势的关注。事实是，诸如个人责任、热爱家庭、友爱邻里、反对大男子主义暴力、推崇自由民主等这样一些中产阶级的价值观，都非常美好，而非令人讨厌的。世界上大部分人都想步入中产阶级行列，大部分的艺术家虽然有点不合世俗，但他们也都拥有良好的社会地位。20 世纪中，中产阶级不愿加入大众的乌托邦暴动，但这也不应该成为反对中产阶级的借口。如果他们想在自己的沙发上方悬挂一幅画着红色谷仓或哭泣小丑的画像，与我们并没有任何关系。

人性，在科学与艺术的融合中显露真容

一场革命已经开始了。那些经常出入展览馆的人们已经对这些内容感到了厌倦：不断重复展出的有关被肢解的、残缺不全的女性躯体的画作，或那些艺术家在咀嚼上百磅的猪油后再将其吐出来的表演。而人文学科的毕业生们在电子邮件和会议大厅里抱怨他们被就业市场拒之门外，除非他们可以用含糊不清的话语进行写作，偶然再蹦出几个权威人物的名字，如福柯和巴特。那些特立独行的学者们正在去除那些遮蔽视野的眼罩，他们看到了有关人性的激动人心的科学进展。而一些年轻的艺术家们也在怀疑，艺术世界是如何变成了这样一个奇怪的场所，连美丽都变成了一个肮脏的词。这些不满汇聚成了一股新的艺术哲学，它与科学保持一致，对人类的感觉和心灵充满敬意。它既形成于艺术家共同体，又孕育在批评家和学术共同体之中。

2000 年，作曲家斯特凡尼亚·德·肯尼塞（Stefania de Kenessey）恶作剧似地宣布，艺术领域出现了一场新的“运动”——倒退派，这一流派旨在为美丽、技巧和叙事而欢呼。如果这种说法听起来太过平淡，不能算作一场运动，那么

可以考虑一下惠特尼展览馆负责人的反应，这可是来自支离破碎艺术展览圣地的声音，他称这场运动的成员们为“一群秘密结社的纳粹党人，保守主义的胡言乱语者”。

与倒退派相类似的观点也开始在激进的中间派、自然古典主义、新形式主义、新叙事主义、反概念主义、回归美丽和反后现代主义等运动中出现。这些运动融合了低俗文化和高雅文化，却受到了后现代主义左翼以及文化右翼者的反对，前者蔑视美丽和艺术才能，后者只认可“伟大的作品”，而且不厌烦地向人们诉说着文化的衰落。其中包括了接受古典培训却能在作曲时把古典和流行交融在一起的音乐家们，也包括了现实主义画家和雕刻家、押韵诗人、报刊专栏作家、舞蹈导演以及在演出中使用韵律和主旋律的表演艺术家。

在学术界，有越来越多的有独立思想的学者正在借助于进化心理学和认知科学重建人性在艺术理解中的中心地位。这些人包括布莱恩·博伊德（Brian Boyd）、约瑟夫·卡罗尔（Joseph Carroll）、丹尼斯·杜顿、南希·伊斯特林（Nancy Easterlin）、戴维·埃文斯（David Evans）、乔纳森·戈特沙（Jonathan Gottschall）、保罗·赫尔纳迪（Paul Hernadi）、帕特里克·霍根（Patrick Hogan）、伊莱恩·斯卡瑞（Elaine Scarry）、温迪·斯坦纳、罗伯特·斯托里（Robert Storey）、弗雷德里克·特纳、马克·特纳（Mark Turner）。全面了解大脑的运作模式，对于艺术和人文学科来说必不可少，这至少出于以下原因。

首先，不管艺术家属于哪个流派，他们的真正创作媒介都是大脑活动。油画颜料、肢体移动和印刷文字都不能直接进入大脑。它们只有通过人类的感觉器官，激发一系列的神经活动，才能形成思想、情感和记忆。认知科学和认知神经对人类神经活动的研究已经提供了丰富的信息，可以帮助人们了解艺术家如何实现了自己想要达到的艺术效果。视觉研究有助于说明画像和雕刻的艺术效果。心理声学和语言学领域的发现可以丰富对音乐的研究。语言学也可以为诗歌、隐喻和文学风格的研究提供洞察力。心理意象方面的研究也有助于解释叙事散文中使用的技巧。心智理论（直觉心理）可以说明我们享受虚幻世界所带来的快乐的能力从何而来。对视觉注意和短时记忆的研究有助于解释我们观赏电影时的各种体验。而进化审美学则有助于说明伴随上述种种感知活动而来的优美和愉悦的情感体验。

带有讽刺意味的是，早期的现代主义画家曾经如饥似渴地吸收感知研究方面的知识。这可能是由格特鲁德·斯泰因（Gertrude Stein）带给他们的，斯泰因曾在哈佛大学师从威廉·詹姆斯学习心理学，并且在其指导下进行过视觉注意方面的研究。包豪斯建筑学派的设计师们和艺术家们对感知心理学，尤其是当时的格式塔心理学非常仰慕。但两者步调上的协调一致，随着两种文化的渐行渐远也逐渐消失了，这种趋势在最近才又重新出现。我敢预言，将认知科学和进化心理学应用到艺术领域，将会成为评论界和学术研究中发展最快的领域。

而另一方面的联系依然很重要。将我们最终吸引到一幅艺术作品面前的，不仅仅是它带给我们的感官体验，也包括它所传达的情感内容和对人类状况的洞察。这些都与人类这种物种所面临的永恒的悲剧和困境息息相关：我们的道德、有限的知识和智慧、人与人之间的差异及我们与朋友、邻里、亲戚、爱人在利益上的冲突。这些都属于人性科学研究的主题。

那种认为艺术应该反映人类这种生物永恒的、普遍的特性的观念并不新鲜。在《莎士比亚戏剧全集》的前言中，塞缪尔·约翰逊对这位伟大的直觉心理学家的永恒魅力进行了评说：

> 如果莎士比亚的作品不是对人类共同的本性进行了刻画，那么就不会迷倒众生，且得以风靡如此长的时间。特殊的人类品性只为少数人所知，因此只有这极少数人能够判定这些品性与他们有多贴近。加入奇怪的发明创造可能会让人快乐一小会儿，因为生活的枯燥乏味让我们产生了这样的需求。然而，这些快乐很快就会消耗殆尽，而心灵只能寄托于真理。

今天，我们会看到艺术家和科学家又在联合起来探讨人类的境况，但这不是因为科学家试图接管人文学科，而是因为艺术家和人文学者开始把视野投向科学，或者说是那种把人类看作一种有着复杂心理遗传生物的科学思想。对这种结合的原因进行解释，我肯定不如艺术家们，因此，我将对三位优秀的小说家的看法进行简要总结。

艾里斯·默多克对道德感的起源苦思冥想，他在自己的小说中对普遍而又永恒的人性进行了评论：

> 我们在很多方面（虽然不是每一个方面）都与古希腊人一样，会做出相同的道德判断，我们能辨别古代文学作品中人物的好坏，比如普特洛克勒斯①、安提戈涅②、考狄利娅③、奈特利先生④、阿廖沙。普特洛克勒斯一如既往的仁慈，诚实的考狄利娅，而阿廖沙则告诉他的父亲不要惧怕地狱。就像普特洛克勒斯应该对被俘的女性保持仁慈一样，爱玛也应该对贝丝小姐保持仁慈，这点很重要，我们在这两种情形下都立刻而又自然而然地感受到了这种重要性，而事实上两位作者差不多相隔了3 000年。当人们对此进行反思时，显然证明了单纯而又恒久的人性的存在。

比亚特（A.S.Byatt）在接受《纽约时代杂志》的编辑访问时，被问及过去的1 000年间哪本小说最好，他举了《一千零一夜》的例子：

> 《一千零一夜》中的故事……讲的都是些源远流长的关于爱情、生命、死亡、金钱、食物和其他人类必需品的故事。讲述故事就像呼吸、血液循环一样，属于人性的一部分。而现代主义文学试图废除讲述故事这一做法，因为它认为讲述故事很粗俗，并主张用倒叙、显形、意识流来取而代之。帕斯卡说过，生活就像是居住在监狱中一样，每天都有狱友被带出去执行死刑。我们都像舍赫拉扎德（即传说中讲述《一千零一夜》故事的女子）那样，活在死亡的阴影之下，我们都认为我们的生活应该像讲述故事一样，有开头、过程和结尾。

---

① 普特洛克勒斯，荷马史诗《伊利亚特》中的一个英雄，在特洛伊战争中为赫克托所杀。——译者注

② 安提戈涅，底比斯王俄狄浦斯之女，不顾舅父克利翁的反对而为哥哥的遗体举行了埋葬仪式，也因此被迫自杀身亡。——译者注

③ 考狄利娅，莎士比亚戏剧《李尔王》中李尔王温柔忠诚的女儿。——译者注

④ 奈特利先生，与下文中提到的爱玛以及贝丝小姐一样，都是简·奥斯汀的小说《爱玛》里的人物。——译者注

在千禧年之际，有人要求约翰·厄普代克（John Updike）对他所从事的职业的未来前景发表看法。他写道："一个小说作家就是一个职业说谎者，他们总是在什么是真实的问题上自相矛盾。而且对小说家来说，真理在于，人这种属于智人的动物，至少在10万年内都不会发生变化。"

> 人类进化的速度远远滞后于历史，与近几个世纪以来的技术发展相比更是缓慢得多；当然，令人惊讶的是，虽然社会生物学在某些科学分支中受到了诋毁，但它在研究人类的先天特质有哪些，哪些特质是后天获得的等方面却非常有用。人类经过进化的神经系统会支持哪种文化？当社会对个体成员的要求或希望超过了个体能力时，小说就会摸索着去靠近这些令人苦恼的时刻。我们写作时感觉心头暖洋洋的那些篇幅，正是普通人能够感受到这种冲突的地方……
>
> 作为人类，这意味着我们会时刻处在张力之中，能预见到自己固有一死，能意识到自己是一个好色的动物。地球上的其他生物都不会经历这种思考之苦，不会经历这种具有无限可能性却又让人备感挫折的复杂生活之苦，不会承受拥有质疑社会训诫和生物学铁律、惹是生非的能力所带来的苦恼。
>
> 人是如此矛盾而又智慧的一种生物，以至于他会对构思小说有着无穷无尽的兴趣。对我来说确定无疑的一点是，人类永远不会消除自身的矛盾、不会消除由自身的刚愎而导致的各种困境，从而建成任何让其洋洋自得的乌托邦社会。

学者罗伯特·斯托里认为，文学有三种声音："作者的声音、读者的声音和人类的声音。"这些小说家提醒我们，人类的声音是所有艺术的基本构成部分，对我来说，它也是我接下来要讲述内容的最合适的题目。

人性，存在于艺术家的文字里

“白板说”是一种相当有吸引力的学说。它似乎可以用来驳斥种族主义、性别主义和阶级偏见，从而使这些观念无立足之地。它又似乎是一道能够对抗导致种族灭绝的观念的思想壁垒。它的目标是防止人们陷入那种不成熟的、认为可以预防社会弊病的宿命论中。它还关注如何对待儿童、土著居民和社会底层民众。因此，“白板说”成了世俗信仰的一部分，它似乎也构成了我们时代的行为准则。

但是，“白板说”理论在过去存在着阴暗面，现在依旧如此。它在人性方面留下的理论空白为各种极权政权提供了可乘之机，但对这些政权犯下的种族灭绝罪行却无能为力。它把教育、儿童培养和艺术降格成各种社会工程。它使外出工作的母亲和不能使孩子按照自己喜欢的方式成长的父母们备受煎熬。它还会威胁到那些能够减轻人类病痛的非法生物医学研究。它的推论，即“高贵的野蛮人”，可能会使民主原则和“法治而非人治”原则受到轻视。它使得我们对自己认知和道德上的缺陷视而不见。在政策方面，它信奉那些愚蠢的信条，而不是寻找可行的解决方案。

“白板说”并不是我们所有人都期待的那种理想学说，也不可能祈祷它是真实的。恰恰相反，它是一种反生活、反人类的理论抽象，它否定了我们共有的人性、与生俱来的兴趣和个人喜好。虽然它也宣称要为人类的潜能而欢呼，但起到了相反的效果，因为人类的潜能是多种复杂天赋共同作用的结果，而不是一个空空如也的书写板的消极产物。

姑且不论“白板说”带来的各种积极作用和不良后果，就其本身而言，它是一种关于人类大脑功能的经验假设，我们必须对它的真实性进行评估。现代科学在心灵、大脑、基因和演化方面取得的进展越来越表明这种假设是不真实的。它还导致了一些人试图通过歪曲科学和知识生活来拯救“白板说”：否定客观和真理的可能性；用二分法来掩盖问题；用政治姿态取代事实和逻辑。

“白板说”在知识界如此根深蒂固，以至于放弃这种学说来进行研究可能会引发人们的强烈不安。从儿童培养到性行为，从天然食品到暴力犯罪等公约话题中，在过去即使只是提出疑问也会被认为违背道德的观念，正在不断被证明不仅有问题，而且可能还是错误的。即使是那些不带有偏见的人们，当他们得知这些禁忌被打破时也会感到天旋地转：“哦，美丽新世界[①]里住的不过就是这样一些人！”科学正把我们带向一个把偏见当作正常的地方。一个儿童被忽视的地方，一个马基雅维利主义被认可的地方，一个对不平等和暴力听之任之的地方，以及一个把人等同于机器的地方。

绝对不能如此！使那些广为人知的价值观摆脱毫无生气的实际教条的束缚，它们的理论基础只会变得更加清晰。我们能够理解，人们为什么会声讨歧视、虐待儿童和对女性的犯罪，也能够集中力量去实现我们的价值观最看重的目标。由此，我们要使这些目标避免受到科学发现带来的对事实理解的转变的冲击。

在任何情况下，放弃“白板说”都不像人们乍看上去的那样激进。的确，在现代知识界的许多分支学科中，放弃“白板说”都意味着一场革命。然而，除了

① 《美丽新世界》（*The Brave New World*）是英国作家阿道司·赫胥黎的长篇小说，与乔治·奥威尔的《1984》以及俄国的尤金·扎米亚金的《我们》（*We*）并称为反乌托邦三部曲。——译者注

少部分被自身理论束缚住头脑的知识分子，对于大部分人的世界观来说，放弃“白板说”算不上一场革命。我怀疑有人在内心深处会真的相信这些观念：男孩和女孩可以相互替换；所有智力上的差异都来自环境；父母可以操控孩子的个性；人类出生时并不带有自利的倾向；引人入胜的故事、悦耳的旋律以及美丽的脸孔都属于主观的社会建构。

20 世纪平等主义的代表人物之一玛格丽特·米德告诉她的女儿，她的聪明才智来自自己的基因，我相信这种分裂人格在学术界很常见。如那些在公开场合否认才智是一个有意义的概念的学者们，在他们的学术活动中把才智看作除无意义的事物之外的一切事物。而声称性别差异是一种可扭转的社会建构的人，在给自己的女儿忠告时、在处理与异性的关系时、在他们轻率的闲谈中、在他们的幽默中以及对生活进行反思时，却很少会按照自己的主张去对待性别差异。

承认人性并不意味着要颠覆我们个人的世界观。但如果它确实颠覆了我们的世界观，我也提不出一种可以替代它的新理论。它只是意味着，当这种观念是通过科学途径及常识产生时，它使知识界从其与科学界并行的宇宙中走了出来，与科学界再次结合。否则，知识界将会越来越远离人类事务，知识分子也将变成伪善者，其他人也将变成反智主义者。

科学家和公共知识分子并不是唯一对心智工作如此感兴趣的人。我们都是心理学家,我们中的一些人虽然没有心理学背景,但是伟大的心理学家。他们是诗人、小说家，正如我们在接下来的内容中看到的那样，他们的作品是“对人类共同本性的表达”。吊诡的是，在今天的知识界，小说家相对于科学家来说被赋予了更为明确的关注人性本质的任务。久经世故的人会对那些自我感觉良好的喜剧以及甜蜜、温馨、浪漫剧嗤之以鼻，因为在这些剧目中，所有的问题都解决了，所有人从此以后都过上了幸福的生活。但我们知道生活并不如此，我们希望艺术能够给人类境况中遭遇到的那些棘手的难题带来启迪。

然而，当涉及人类科学时，还是这批人，他们会说：“（这些科学发现）带给我们的是伤感主义。”悲观主义是一种关于人性的科学观察的批评，它非常普遍，广为人们接受，而且人们期待的这些理论能够振奋他们的精神。“莎士比亚没有良知，我亦如此。”乔治·萧伯纳如此说道。这不是一个精神异常者的告白，而是一个优秀的剧作家对自身责任的断言，因为优秀的剧作家有责任也有义务严肃认真地对待自己笔下每一个人物角色的观点。人类行为学者也有同样的义务，而这也不会迫使他们在踏入研究领域时放弃自己的良知。

诗人和小说家的聪明才智对本书许多观点做出的贡献要远远大于那些三流的学者。他们使得我在总结本书的一些主题时不用再旧话重提。接下来是引自五篇文学作品中的一些段落，在我看来，这些段落抓住了蕴含于人性科学中的一些寓意。这些作品强调的是，在未来的日子里当我们反思人性时，不应该对这方面的科学发现感到害怕和厌恶，而是要去权衡，要用我们的辨别力来对这些发现进行审视。

艺术家对人性的想象

艾米莉·狄金森的《头脑，比天空辽阔》

头脑比天空辽阔，
因为把它们放在一起，
一个能包含另一个，
轻易而且还能容你。
头脑比海洋更深，
因为，对比它们，蓝对蓝，
一个能吸引另一个，
像水桶，也像海绵。
头脑与上帝相等，
因为，称一称，一磅对一磅，
他们，如果有区别，
就像音节，不同于音响。

这是艾米莉·狄金森（Emily Dickinson）《头脑，比天空辽阔》（*The Brain Is Wider Than the Sky*）一诗的前两段，表达了这样一种重要观点，即心智是大脑的一种活动。在这首诗以及她的其他诗篇中，狄金森用的是“头脑”这个词，而不是“灵魂”或“心智”，似乎是要提醒读者，我们的思想和体验发生的场所是一个实实在在的器官。是的，从某种意义上说，科学使我们把心理活动过程“还原”为一个毫无吸引力的三磅重的器官的活动。但这是怎样的一个器官啊！它拥有惊人的复杂性、巨大的组合计算能力以及对现实世界和假想世界的无限想象能力，头脑真的是比天空还要广阔。这首诗本身就很好地证明了这一点。单就这首诗每段中列举的对比而言，读者想要理解其含义就必须像诗中所说的大脑那样，包容天空，容纳大海，并同等程度地把这些句子形象化。

这首诗的最后几句更是像谜一样，因为这里出现的是一种令人吃惊的上帝形象，大脑竟然可以像卷心菜一样被称重，自这首诗发表以来，这一点就一直使很多读者疑惑不解。一些读者从上帝创造宇宙的角度对它进行了解读（上帝创造了大脑），而一些人则从无神论的角度进行解读（大脑构想出了上帝）。音韵学（声音是一个连续的统一体，音节是它的基本构成单位）表明了一种泛神论的观点：上帝既无所不在，又无所存在，每一个大脑都体现了有限的神圣性。“他们，如果有区别”表明了一种神秘主义（即大脑和上帝以一种奇妙的方式变成了同样的事物）和一种不可知论。毫无疑问，这种含糊不清是作者有意为之的，我认为任何人都可以把自己的解释看作正确的。

我喜欢读这些段落，因为它表明人类的心智在考虑自己在宇宙中的位置时，在某些点上会遇到自身的局限，会遇到那些似乎属于另外一个独立、神圣领域的谜题。例如，自由意志和主体体验与我们关于因果关系的观念相抵触，它们看起来就像是我们内心深处的圣火。道德和意义看起来是独立于我们的判断而真实存在的。但这种割裂可能只是大脑的一种幻觉，因此我们只能认为道德和意义独立于我们而存在。最终我们将会无法获取知识，因为我们就等同于我们的大脑，我们无法跳出自己的大脑来对之进行检验。但如果我们由此受到大脑的束缚，那么也无法抱怨大脑对我们的束缚，因为它比天空还要辽阔，比大海还要深沉……

库尔特·冯内古特的《哈里森·伯杰隆》

像狄金森的诗歌一样，库尔特·冯内古特（Kurt Vonnegut）的故事《哈里森·伯杰隆》（*Harrison Bergeron*）也明显地带有一些隐含的意义。它的开头是这样写的：

> 2081年，人人平等的时代终于到来了。人们不仅仅在上帝和法律面前是平等的，而且在方方面面都平等了。没有人比别人更聪明，没有人比其他人更漂亮，没有人比其他人更加强健，比其他人拥有更敏捷的身手。所有这些平等全都源于《美利坚合众国宪法》第211、212和213条修正案的规定，以及美国“智力管制官”麾下各位“智力管制员”的不懈努力。

在这个故事中，智力管制官通过一些方法去压制任何遗传性的（个人不应具有的）聪明才智，以确保平等的实现。政府在聪明人的耳朵里安装耳机，以接受政府的信号传送器每20秒钟发送一次的尖锐噪声，就像牛奶瓶被圆头锤敲碎时发出的声音，以防止他们利用自己智力上的优势从而造成不公正。芭蕾舞女演员身上挂着一袋袋铅弹，脸上蒙着面具，这样一来，就没有人会因为看见别人比自己更漂亮、更优雅而感到难过。播音员则因为他们的口吃而被选中。此外，故事中的英雄人物是一个多才多艺的少年，政府勒令他戴着耳机以及一副高度扭曲的眼镜，还让他随时背负着140千克重的碎铁块，用黑色牙套来套住自己的半边牙齿。整个故事讲述的就是这个少年是如何反抗自己的不幸命运的。

冯内古特的这个故事一点儿也不深奥，《哈里森·伯杰隆》用小说的形式诙谐地表现了一种常见的谬误。政治平等观念并不能保证人们先天的平等。这种政策在法律、教育、政治等特定领域是依据个人品性而不是其所属群体的任何特征来对待个人的。这种政策是基于人是有感情的生物这一事实来赋予所有个体权利的。主张在结果上人人都应平等的政策，会使得那些天赋异禀者（任何生命体都存在这样的情况）的利益受到损害。从定义上来看，天分是稀缺的，而且只有在极少数情况下才能得以完全展现出来，相对通过提升天分较低者的水平来实现平等，通过压制天资较高的人（由此剥夺每个人的天分）来实现强制的平等更为简易。冯内古特描述的在2081年的美国发生的情景，在对结果平等的渴望中最终演变成了一场闹剧，但是在20世纪，它却常常导致危害人类的罪行发生，在当前社会中，这也是一个禁忌话题。

冯内古特是一个深受读者爱戴的作家，从来没有被看作种族主义者、大男子主义者、精英主义者或社会达尔文主义者。想象一下，如果他是以宣言式的话语而不是以讽刺小说的形式来表达自己的观点，那么将会引发怎样的反应呢？每一代人都有他们自己认可的诙谐者，从莎士比亚笔下的傻瓜到伦尼·布鲁斯（Lenny Bruce）①，这些人都讲出了在文明社会中不宜被提及的真理。今天，像冯内古特这样玩票性质的幽默家以及理查德·普赖尔、戴夫·巴里和讽刺报纸《洋葱》的作者等一些全职的幽默家，正在延续这样的传统。

乔治·奥威尔的《1984》

冯内古特的反乌托邦狂想曲是以短篇讽刺小说形式展现的，而最著名的此类狂想曲是一部长篇小说。乔治·奥威尔的小说《1984》生动地描述了这样的情节：如果社会和政府的压制行为在未来继续延伸的话，生活将会是怎样的情形。这部小说出版后的半个世纪里，许多新事物因为与奥威尔描绘的世界有所关联而受到谴责：如政府的委婉用语、国民身份证、监控摄像机、互联网上的个人信息，甚至苹果公司的麦金塔电脑、IBM的个人计算机所做的电视商业广告也被认为与之相关。还没有哪一部虚构作品能够对人们关于现实世界的观点产生如此大的影响。

《1984》是一部令人难忘的文学作品，不仅仅是因为它树立了一个政治样板，也因为奥威尔构思的那个世界得以运行的种种细节。这场噩梦的每一个组成部分都与其他部分紧密相连，从而构成了一个庞大可信的总体：无所不在的政府控制、对各种不断变换的敌人进行的持续性战争、对媒体和私人生活的极权控制、新语言以及个人时刻面临的被出卖的危险。

常常被人遗忘的是，这个政权有着自己的一套清晰明确的哲学。这套哲学正

① 伦尼·布鲁斯，美国社会讽刺作家，喜剧演员。——译者注

是当时温斯顿·史密斯（Winston Smith）被绑在一个桌子上，政府官员奥布莱恩（O'Brein）对他进行拷打和训诫时解释给他听的。奥布莱恩解释说，这个政权的哲学是彻底的后现代主义（当然他没有使用这个词）。当温斯顿认为党不能实现它的口号"谁控制了过去，谁就控制了未来；谁控制了现在，谁就控制了过去"时，奥布莱恩回答道：

> 你认为现实是某种客观的、外在的、独立存在的事物。你还认为现实的性质是不证自明的。当你欺骗自己，认为自己看到了什么东西时，你就假定其他人也都看到了同一个东西。但是我告诉你，温斯顿，现实不是外在的。现实存在于人的头脑中，而不存在于其他任何地方。现实也不存在于个人的头脑中，因为个人的头脑可能会犯错误，而且个人头脑中的东西很快会消失。现实只存在于党的头脑中，而党的头脑是集体的，是不朽的。

奥布莱恩承认，为了达到某种目的，如为了能够在海上航行，我们可以假定地球在围绕太阳转，在遥远的银河系存在着一些星星，这很有必要。但是，他接着说，党也可以使用另外一套天文学，认为太阳绕着地球转，而星星只是几千米外的一些火花。虽然奥布莱恩在这里没有解释新语的问题，但新语是彻底的"语言囚室"，是一种"关于如何思考人类及其'世界'的语言"。

奥布莱恩的训诫应该可以让后现代主义的鼓吹者们稍稍"消停"一下了。一种以解构权力为傲的哲学，却由于自己否认存在客观的、可以用来对强权者施展的种种诡计进行批评的基准，进而信奉相对主义，导致自己无法向权力发出挑战，这实在太有讽刺意味了。基于同样的原因，那些激进科学家所秉持的观点可以休矣，他们认为，其他科学家所渴望的探索客观现实的理论（包括人性论在内）只是一些用来保留占统治地位的阶层、性别和种族利益的武器。缺乏一个存在客观真理的观念，知识界就会坠入一场争斗之中，看谁能够有效地运用原始的力量以"控制过去"。

党的哲学的第二项原则是超个体学说：

> 你不明白吗？温斯顿，难道个体只是一个细胞吗？细胞的衰老正是有

机体的活力。当你剪掉手指甲时，你会死吗？

> 我们现在已经摧毁了革命前遗留下来的思想习惯。我们切断了子女与父母、男人与男人、男人与女人之间的联系；没有人再敢相信自己的妻子、儿女和朋友。而且将来也不会再有妻子和朋友。孩子一生下来就得从母亲身边抱走，就好像鸡蛋一生下来就从母鸡身边取走一样。性的本能要消除掉……美与丑将不再有区别。

当读到这些段落时，很难使人不想到当前那些狂热的观点：开明的政府高官为了建设一个更美好的社会，会对儿童培养、艺术和两性关系进行重新塑造。

当然，反乌托邦小说充满了各种怪诞的夸张。即使是那些合乎情理的观念，也能被描绘成恐怖的形象，从而传达出辛辣的讽刺。我并非说，关注社会总体利益或改善人与人之间的关系就是向极权主义靠拢。但讽刺文学表明，主流意识形态可能会忘记自身的弊病，在这种情况下，它将会忘记这一点，即认为语言、思想、情感都属于社会传统的观念将会给试图改革语言、思想、情感的社会工程师大开方便之门。一旦我们关注这些弊病，就不用再把这些意识形态看作神圣不可侵犯的戒律准则，而所有的事实发现也不必完全遵从于它了。

最后我们来看看党的哲学的核心思想。奥布莱恩驳倒了温斯顿的每一条论点，摧毁了他的每一个希望。他告诉温斯顿："如果你想要知道未来的景象，想象一下一只靴子踩在一张人脸上的景象就行——永远都是这样的。"在谈话快结束时，奥布莱恩揭示了这个梦魇般的社会可能存在的原因（我们或许也会认为，这个社会固有的缺陷决定了它不可能成为现实）：

> 像往常一样，这番话又说得温斯顿无力反驳。而且他也害怕如果他继续反驳奥布莱恩的观点，后者又会开动仪表。然而他又不能缄默不言。他又虚弱地进行了回击，但他没有有力的论点，除了对奥布莱恩的话有着说不清的恐惧，没有什么动力可以支撑他进行反驳。
>
> 我不知道，我也不关心。不管怎样，你们都会失败。你们肯定会失败的，生活将会使你们遭受失败。
>
> 我们已经控制了生活的方方面面，温斯顿。你幻想着有一种叫人性的

东西将会因我们的所作所为而被激怒，从而奋起反抗。但我们创造人性。人具有无限的可塑性。

现实主义作品对人性的深刻洞察

上面所讨论的三部作品都带有说教的性质，不存在于现有的任何时空之中。下文将要讨论的两部作品则与它们不同。这两部作品都扎根于某种现实的文化、场所和时代。两部作品都赋予了它们的人物独特的语言、场景和生活哲学。这两本书的作者都告诫读者不要从他们的故事中总结出一般性结论来。两位作者也都以他们对人性的深刻洞察而著称，因此我认为，从他们的作品中摘录一些段落来从人性的角度进行探讨，并非对他们的冒犯。

马克·吐温的《哈克贝利·费恩历险记》

把马克·吐温的《哈克贝利·费恩历险记》（*Adventures of Huckleberry Finn*）作为本书部分内容的来源可能非常冒险，因为在这本书的开头，作者发出了这样的告诫："任何妄图从本书叙事中找到写作动机的人都将会被起诉，任何妄图从本书找到道德寓意的人都将会被流放，任何妄图从本书找到故事情节的人都将会被枪决。"但这样的告诫并没有妨碍一个世纪以来文学评论家对这本书所具有的双重力量的关注。《哈克贝利·费恩历险记》描绘的是哈克和吉姆两个孩子在密西西比河上的流浪生活，通过这两个"高贵的野蛮人"的眼睛，作者不仅向我们展示了南北战争之前美国南方人的性格缺陷，也向我们展示了人性的弱点。

《哈克贝利·费恩历险记》对人类的许多缺陷进行了浓墨重彩的描写，这些缺陷中最可笑而又最可悲的可能是起源于荣誉文化的暴力行为。荣誉文化是一种实实在在的关于荣誉的心理状态：这是对家族忠诚、对复仇的饥渴，是包括维护坚韧和追求勇敢声誉在内的诸多情感的集合。当这种情感受到人类的其他罪恶，如妒忌、贪欲、自欺欺人等激发时，它就成了暴力行为无休止循环下去的助推剂，因为每一方都发现无法放弃针对另外一方的复仇。这种恶性循环在某些地方可能会进一步扩大，其中就包括美国南部地区。

哈克在两个场景中接二连三地感受到了这种荣誉文化。第一个场景发生在哈克偷偷搭乘的由一群“粗野”的人操控的驳船上。当其中一人准备高唱那一种粗俗的歌曲时，另外两个人则因鸡毛蒜皮的事情开始争吵，并且拉开架势准备大打出手。

> （鲍勃，船上的一个大块头）又往空中跳起来，把鞋后跟碰得咔啦咔啦作响，大声地嚷道：“呼——喔！我是阿肯色野地里来的，铁牙巴、镶铜边、铜肚皮的老牌魔王，专要人的命！瞧瞧我！人家叫作‘讨命鬼’和‘大凶神’的就是我！暴风是我的爹，地震是我的娘，霍乱是我的隔山兄弟，天花是我外婆家的表亲！瞧瞧我呀！我身体健壮的时候，要吃19条鳄鱼和一桶威士忌酒当早餐，即使生了病也要吃一大堆响尾蛇和一个死人。我对那万世不变的岩石瞪一眼，就能叫它开缝，我一张嘴说话，就能叫响雷哑口无声！呼——喔！让开点，让我有地方施展我的力气！我天生就是拿血来解渴的，临死之人的哀号，在我听起来就是音乐。把眼睛望着我吧，诸位！大家趴下来，憋住气，因为我马上就要撒手干起来了！”
>
> 随后开头惹祸的那个人……跳起来碰了三次鞋后跟又落了下来……他这么大声嚷着：“呼——喔！弯下脖子，趴在地上吧！因为大祸就要临头了！把我按在地下吧，因为我觉得浑身的劲头全都冒上来了！……我伸手遮住太阳的脸，地上就变成黑夜；我把月亮咬掉一块，就能叫季节变得快起来；我把身子摇一摇，就能把大山震得粉碎！用皮子蒙上眼睛瞧我吧——千万别用肉眼！我是个铁石心肠的人，肚皮就像一个铁锅炉！屠杀孤孤单单的村庄里的人是我闲着没事时候的消遣，摧毁整个民族是我一生的正经事业！广阔无边的美国大沙漠是我圈定的私产，我要把杀死的人埋在我自己的园地里！呼——喔！弯下脖子，趴在地上吧，因为灾难的宝贝儿子就要来了！”

他们盯着彼此团团转，把对方的帽子打落在地，直到鲍勃说话，就像哈克描述的那样：

> ……不要紧，这事情不能就这样了结，因为他这个人决不会忘记，也

> 决不会饶人，他叫灾难之子最好多加小心，因为总有一天，他得叫他把身上的血流个痛快作为赔罪，决不含糊。灾难之子说，谁也没有他那么希望这个日子的到来，现在他就要警告鲍勃，不许他再从他跟前走过，因为他若不从他的血上踩过就决不甘休，这是他的天性，尽管现在为了可怜他家里的人，可以暂时饶他一回，要是他还有个家的话。

然后一个“个头不高、留着黑胡子的人”把他们两个人都打倒在地。两个鼻青脸肿的人才互相握了握手，互相声称一直对对方心存敬意，而且约定过去的事情一笔勾销。

在后面的章节中，哈克游上了岸，蹒跚着来到一户人家的木屋前。凶恶的看门狗吓得他一动不动，直到从窗户里飘出一个声音让他慢慢走进屋去。哈克打开了房门，却发现三支枪口对着他。当这家人看到哈克确实不是他们家的世仇——谢泼德森家的人时，他们热情地邀请他住下来。哈克为这个家族的上流生活而着迷：漂亮的家具、优雅的装束、得体的举止，尤其是这个家庭的家长格兰杰福特上校的言谈举止。“他是一个浑身都散发着绅士气息的人，他的家人也是如此。他含着金汤匙出生，俗话说得好，好马劣马看出生，人亦如此。”

格兰杰福特家六个儿子中有三个死于谢泼德森家族的报复，幸存下来的最小的孩子叫巴克，巴克与哈克一见如故并成了朋友。当两个孩子出去散步时，巴克向谢泼德森家的一个男孩开枪射击，哈克问他，为何想要杀死一个与他无冤无仇的人。巴克向他解释了世仇的含义：

> “嗯，”巴克说，“世仇是这样的：一个人与另外一个人发生了争吵，然后杀了对方；那人的哥哥或弟弟随后又出于报复杀了这个人；然后两边的兄弟都会找对方报复；两边的堂兄弟也会卷入其中——慢慢地，两边所有的人都会被杀掉，世仇也就不存在了。但这个过程很漫长。”
>
> “你们两家的世仇也有些年头了吧，巴克？”
>
> “嗯，我算算。30年前结下的仇吧，差不多就是那时候。两家因某事起了争端，然后就诉诸法律，判决自然会对一方不利，败诉的一方接受不了，就开枪打死了获胜的一方。他这么做再正常不过了，换了谁都会这么做的。”

“是因为什么起的争端呢，巴克？因为土地？”

“我想有可能吧——我也不太清楚。”

“嗯，那么是哪家的人最先开的枪？你家还是谢泼德森家？”

“老天，我怎么会知道呢？年头太久了！”

“就没有人知道吗？”

“哦，有啊，我想爸爸是知道的，其他几个上年纪的人也知道，但他们也不知道最开始是因为什么起的争端。”

巴克补充说，这种世仇因两个家族的荣誉感而延续了下去：“谢泼德森家族没有一个懦夫，一个也没有。我们格兰杰福特家族也是如此。”看到这里，读者自然会推断出麻烦要来了，的确，麻烦很快就来了，而且变得一发不可收拾。格兰杰福特家的一个姑娘与谢泼德森家的一个小伙子私奔，格兰杰福特家的男丁们急忙去拦截，却中了对方的埋伏而全部殒命。“我不会把这里发生的一切都讲出来，”哈克说，“如果我讲的话，就会让我再次感到难受。我希望自己从来没有在那天晚上游上岸来，那样就不会看见这些事情了。”

哈克在这本书中遇到了美国南方的这种荣誉文化的两个实例。对粗俗的人来说，这种文化意味着对别人进行虚假的恫吓，而且他们以一种戏谑的方式展示了这种文化；而对上流阶层来说，这种文化导致了两个家族的毁灭，促成了悲剧的发生。我想马克·吐温想要揭示的是：暴力行为背后被扭曲的逻辑，以及这种文化如何超越了我们关于上流阶层和下流阶层人们如何行事的刻板印象。事实上，这种道德评判不仅仅超越了阶层，而且还颠覆了阶层：粗俗之人通过说些挽回脸面的大话来解决彼此之间无意义的争论；上流社会的绅士们为了解决他们之间同样无意义的争论，却导致了可怕的结局。

格兰杰福特家族和谢泼德森家族之间的世仇虽然有悖常理，但仍属于彻头彻尾的美国南方式的心理，而且在世界上任何地方的历史记载中都能见到同样的场景。尤其是哈克介绍的格兰杰福特家族的情况，在人类学家拿破仑·夏侬的著作中得到了奇妙的再现，当夏侬在进行田野调查工作时，误入了一个与外村镇结下世仇的雅诺马马人的村镇，发现自己不仅被一群大狗包围，而且还被毒箭瞄准着。

这种暴力行为的恶性循环今天依然在帮派、民兵组织、种族以及大量的单一民族国家之间延续着，我们对此并不陌生。这种地域性的暴力行为起源于让人误入歧途的荣誉心理，在我看来事情是这样的，马克·吐温对这些暴力的描述将历久弥新，将会成为关于暴力行为的起源及如何矫正的最时尚的理论。

艾萨克·巴什维斯·辛格的《敌人：一个爱情故事》

我想再次强调的最后一个主题是，人类的悲剧源于一切人际关系中固有的局部利益冲突。我想我能够用任意一部伟大的小说来阐释这一点。乔治·斯坦纳在《安提戈涅》中写道："所有重大冲突的持续发生都只存在于人类社会。"约翰·厄普代克写道："常人看书时在其中感受到的冲突也正是作者写作时的兴奋点所在。"然而，艾萨克·巴什维斯·辛格的小说《敌人：一个爱情故事》（*Enemies, A Love Story*）之所以激起我的兴趣，是由于题目本身就表明了小说想要表达的思想。

像马克·吐温一样，辛格强烈反对读者从他所展示的生活片段中得出道德寓意。辛格写道："虽然我没有经历过希特勒的大屠杀，但我在纽约曾与那些大屠杀的幸存者共同生活过很多年。因此，我不得不说，这部小说绝不是一部关于避难者以及表现他们的生活与抗争的小说，书中的人物不仅仅是纳粹罪行的受害者，也是他们自身个性和命运的受害者。"在文学中，意外是创造的准则，但只有在意识到意外源于规则之后才能这么说。辛格由于他对人性的敏锐观察而受到了交口称赞，一个相当重要的原因是，他刻画了普通人在被命运置于特殊困境时的表现。这是他的著作背后隐藏的思想。1989 年这本书改编后被搬上了荧幕，由保罗·马佐斯基（Paul Mazursky）导演，安杰丽卡·休斯顿（Anjelica Huston）和罗恩·西尔弗（Ron Silver）主演，也同样极好地展示了这一思想。

1949 年，赫尔曼·布鲁德（Herman Broder）与他的第二位妻子雅德维嘉（Yadwiga，一个农村女孩）居住在布鲁克林，这个女孩之前是布鲁德父母在波兰时的仆人。10 年前，他的第一任妻子塔玛拉（Tamara）带着他们的两个孩子回了娘家。在他们分开的这段时间里，纳粹侵入了波兰。塔玛拉和两个孩子被开枪打死了，赫尔曼则逃过一劫，因为雅德维嘉把他藏在她家的干草棚中。在战争快结束的时候，赫尔曼得知了他的妻子和孩子遇难的消息，于是与雅德维嘉结了婚，并去了纽约。

在难民营时，赫尔曼爱上了玛莎（Masha），而到了纽约后他们再次相遇了，赫尔曼对玛莎的情感再次爆发（在这本书中，后来他们也结了婚）。雅德维嘉和玛莎一定程度上代表了男人的两种幻想：前者纯洁而天真，后者令人销魂但太过于情绪化。赫尔曼的良心让他不能离开雅德维嘉；而他的激情又使得他无法离开玛莎。这两种情感交织造成了很多的痛苦，但辛格并没有让我们对赫尔曼深恶痛绝，因为我们看到了大屠杀不可预知的恐怖是怎样把赫尔曼一步一步变成了一个宿命论者，使得他没法相信自己能决定自己的生活。而且，赫尔曼也因为他的表里不一过着异常焦虑、备受煎熬的生活。按照辛格的描述，这种生活充满了滑稽，有时甚至还带有残酷的意味。

生活继续跟赫尔曼开着残酷的玩笑——他的好事又多了一件。他的第一任妻子在纳粹的子弹下幸存下来，逃到了俄国。后来她移居纽约，与姨父和姨妈生活在一起。战后的每个犹太人都能明白因大屠杀而失散的家庭成员再次团圆时的激动。但一个原以为妻子已经去世的丈夫再次结婚了，当他和他之前的这位妻子再次重逢时，充满了不可思议的辛酸。赫尔曼走进了亚伯拉罕先生（Reb Abraham）的住处：

> 亚伯拉罕：告诉你一个奇迹，布鲁德，一个奇迹……你的妻子回来了。
>
> （亚伯拉罕说完离开了，塔玛拉走了进来。）
>
> 塔玛拉：你好，赫尔曼。
>
> 赫尔曼：我不知道你还活着。
>
> 塔玛拉：你怎么也想象不到发生了什么。
>
> 赫尔曼：这就像你死而复生了。
>
> 塔玛拉：我们被扔进一个深坑里。他们以为我们都死了。我从死人堆里爬出来，趁着夜色逃出生天。我姨父为什么不知道你在哪里住呢？我们在报上登过寻人启事的呀？

赫尔曼：我没有自己的住所，我和别人住在一起。

塔玛拉：你现在做什么？在哪住？

赫尔曼：我不知道你还活着，我，我……

塔玛拉（笑了）：那个替代我的幸运女人是谁？

赫尔曼（愣了一下说）：她是我们的仆人，你认识的……雅德维嘉。

塔玛拉（快要大笑起来了）：天哪，你和她结婚了？恕我直言，她可是个笨手笨脚的女人啊！她甚至不知道如何穿袜子。我记得你母亲告诉我，她竟然想把左脚的袜子穿在右脚上。如果给她钱去买东西，她会把钱弄丢的。

赫尔曼：她救了我的命。

塔玛拉：难道就没有其他的报恩方法了吗？我最好还是不问了，你和她有没有孩子？

赫尔曼：没有。

塔玛拉：你们就是有孩子了我也不会意外。我想，你和我在一起的时候就曾上过她的床。

赫尔曼：胡说什么啊。我从来没有和她上过床。

塔玛拉：哦，是啊，从来没有。我们从来就没有真正意义上的婚姻。我们有的只是争吵。你从来没有尊重过我和我的想法。

赫尔曼：不是这样的，你知道的。

亚伯拉罕（走了进来，招呼赫尔曼）：留下来和我们一起住吧，找到地方再搬走。热情待人也是一种美德，而且你还是亲戚。正如《圣经》上说的那样——不要不见你的亲人。

塔玛拉（打断了他的话）：姨父，他有了另外一个女人。

是的，在短暂神奇的重逢后，他们便开始斗嘴，他们 10 年前分开时没有再提及的话题被再次翻出。这幕场景中表现的心理活动多么丰富啊。男人的一夫多妻倾向以及由此带来的不可避免的挫折感；女人敏锐的社会性智力，她们更喜欢用口头攻击的方式对待自己的情敌，而不是进行身体上的攻击；还有他们多年未变的性格。当某个特定情景引出社会性的行为方式时，尤其是这种特定情境是某个人时，这两个人不管何时在一起时都会表现出相同的行为模式。

虽然这是一个相当让人伤感的场景，但它又带有恶作剧式的幽默，我们可以看到这些可怜的灵魂不但没有享受他们那绝无仅有的好运带来的好时光，还陷入了无关紧要的争吵之中。这也是辛格对我们开的一个最大的玩笑。那种相信宇宙间存在着正义、公平的传统戏剧观念，让我们期待苦难将会使这些人物变得更加高贵，我们希望看到戏剧性场面，看到让人悲怆的情景。然而，作家向我们展示了人类一直以来本应该能够看到的：充满着各种荒唐事的真正人世。这段情节并不是旨在展示玩世不恭或愤世嫉俗：后来当赫尔曼和塔玛拉重新分享爱的时光，恢复理智的塔玛拉即使将会给赫尔曼唯一的一次赎罪机会时，我们也不应感到惊讶。

这个场景展示了人类的声音：这就是我们称之为人性的事物，它有时令人狂怒，有时令人惊喜，有时神秘莫测，有时又可预测，总而言之，它永远令人着迷。

经受住了时间考验的《白板》

2002 年 9 月，我开始进行《白板》的巡回演讲，从那时起我就知道自己的人生将会改写。几乎所有人都会认为《白板》一书颇具争议。我自己当然也非常清楚，一些提出了超前观念的前人都曾受到诽谤、围攻，被列入黑名单，有时候甚至会遭到袭击。为了安全起见，我过去一直有意远离智力的种族差异这一社会科学研究的雷区。但是，不平等、性别、暴力、政治、儿童抚养等诸多热点议题始终萦绕在我身边，因此当接站的出租车到达目的地，我打开车门时，我有充分的理由相信自己正在离开一个令人舒心的学术领域，即将迈入一个痛苦的世界。

我想我可能会遭遇这样一些痛苦：充满辱骂性的评论、BBC 广播电视节目中的大呼小叫，但总的来说，我昂首走过了这段时间，几乎没有受到太大的伤害。《白板》荣获了英国皇家学会科学图书奖，入围了普利策奖终选名单并荣登多项年度最佳图书榜，获得了许多赞美之词，在平装本的扉页上更是足足写了好几页的摘录。我最喜欢的评价是："《白板》一书……出乎意料地令人振奋。这有点像遭遇了入室盗窃，你感到震惊，因为你熟悉的东西都不见了，你忍不住去思考该用什么来取代。”我收到了许许多多的信件、电子邮件以及一些其他形式的读者提问，即便其中一些问题是带有批评性质的，它们也极具建设意义。

为何我的担忧，即《白板》可能会毁掉我的职业生涯，以及可能会招致同事们的警告，最后被证明是毫无根据的？原因可能在于，这本书关注的是对以往捍卫人性的著作的各种过激的批评，因此，任何一种过激的反应都只会证明这本书的主要观点是正确的。

《白板》没有被人们当作一本危险的书，还有另外一个原因：对于批评者们所曲解的试图利用生物学观点来洞察人类事务的宿命论，本书是持否定态度的。正是由于我所欣赏的人性观，使得我能够轻而易举地否定宿命论。尽管我本人大力鼓吹进化心理学和行为遗传学，但就我接受的学术训练以及后来的学术实践而言，我属于一位认知科学家，我非常欣赏思维与语言之间无限组合的能力。正是这些组合能力，使人类能够针对自身进化固有的局限性进而构建出各种权宜之策，并对之进行思考、分享和检验，这些权宜之策包括：教育、科学和民主政府。《白板》认为，这些权宜之策背后涉及的认知能力，同人类更加卑劣、更加原始的驱动力一起构成了人性。“白板说”的盛行，源于这样一种谬误，即承认人性的存在将意味着人们会对来自环境的信息输入变得麻木不仁。事实上，强调人性的存在并不会促使我们去追问，人类是否会对文化环境做出反应。相反，这会促使我们去追问人类是如何创造出自己的文化环境并对之做出反应的。

我不仅看不到承认人性中的阴暗面与指出克服它的最佳方法之间存在矛盾，而且还深入地探讨了为何人类能够成功做到这一点。2011 年，我将本书第 17 章中最后提到的内容扩展成了一本书，即《人性中的善良天使》，这是我记忆当中最为乐观的一本书。这本书针对的是那些对进行心理学常见的批评之声，以及这些批评所引发的困惑，这些批评者断言进化心理学的理论取向会使人类改良社会的希望落空，是在为那种反动的宿命论辩护。

然而，《白板》一书的主要观点不容易被推翻的一个重要原因可能是，它指出了现代知识界的一个禁忌，这也是众多读者所公认的禁忌。我发现，让人很难相信的一点是，任何一位拥有眼睛、拥有生物学知识和一些常识的人会真的相信：男女两性之间是难以区分的；儿童的个性是由父母塑造而成的；所有人的先天智力都是一样的；经过训练，所有人都会认为任何一种事物的美观性与其他任何一种事物一样；所有的攻击行为都应归罪于流行文化。然而，上述这些可能由令人敬仰的知识分子被迫在公众面前公开承认的观点，与他们在私下里声称的观点截然不同。我认为，《白板》阐明了知识界这种令人苦恼的现象。

生物学视角下的人性观被接受了吗

关于《白板》，我被问及的最多的问题是，自这本书出版以来，在这么多年的时间里，知识界是否有所变化。我的回答是："是的，有一点点变化。"过去的情况通常是，任何一本援引生物学观点来解释人类事务的通俗性或学术性作品，只是用生物学来进行解释，而且必须承认这种做法存在多么大的争议。现在，我们可以深入生物学那些能够给我们带来启示的地方，看看某种解释能否在生物学上站得住脚。我围绕着道德、基因组学、生物伦理学、亲属关系、宗教及暴力等议题撰写了大量科普性文章，有时还引入了进化论和遗传学的观点，但这并没有引起编辑或者读者的震惊反应，但若是在 20 世纪 80 年代和 90 年代，他们肯定会感到震惊。当然，这并不是例外。我在写《人性中的善良天使》时所参考的历史和政治科学方面的诸多资料，都恰当地援引了人性的生物学观点，正如那些重要的报纸专栏作家。

但与此同时，很多大众刊物以及其他一些知识论坛依旧在公然表达他们对生物学解释的恐惧。这里仅举三个例子：

- 最近发表的上千篇关于经济不平等的文章中，没有一篇文章对支付给那些天生高智商者更多的报酬是否会导致收入差距进一步加大提出疑问。要注意到，关于这一经验性问题的答案是，无关乎道德与政治的经济不平等问题本就应该减少。事实上，如何更好地阐述这一政治性问题，一个先决条件是要先回答这一经验性问题。

- 另外，新闻界近期还对大学生群体中的性胁迫事件发生率产生了兴趣，其给出的唯一值得一提的解释是，美国大学校园中与美国社会一样存在一种“强奸文化”，它会美化和鼓励人们犯罪。完全强调禁忌也是一种非常可信的解释：因为就平均水平而言，男性比女性更渴望不带感情色彩的性行为。如果把一大批年轻男性和女性放在一个“对性持肯定态度”的校园文化中，就会有很大机会产生醉酒鬼混的行为，性胁迫事件就发生在这种危险情境中。事实上，这种共识常常被看作等同于对强奸的原谅和接受，甚至是纵容。这是众多荒谬的道德推理中最为奇怪的一种，事实上，就人性而言，这种常识依然是传统智慧的一部分。
- 如果我有足够的影响力，我希望“儿童”这一章节可以终结各个时代的科学研究领域的错误，这些研究报告声称，儿童的家庭环境与其大脑发育及行为表现这两者之间存在相关性，并且得出结论说，必定是前者影响到了后者。然而，在我接下来搜集的相关例证中，一篇声称要对青少年进行限制的文章中这样说道：“研究发现，长时间玩暴力游戏或者观看含有暴力内容的电视节目的青少年会表现出更多的暴力倾向。”但它完全忽视了这一可能性，即因为这些青少年充满暴力性，因此，他们才会去寻求暴力性的娱乐方式。还有另外一项研究发现，儿童大脑皮层的表面积与其家庭收入之间存在相关性，并且得出结论说：“富人更有可能获得更多资源，这或许会对儿童大脑结构产生重要影响。”但研究中却从未提及这样一种可能性，即儿童可能遗传了父母的基因，正是这种基因让他们拥有更大的大脑，并因此而更加聪明，更加富裕（事实上这一点已经获得了行为遗传学的充分证明）。第三种研究发现是，与父母分离的孩子或是忽视型父母的孩子会表现出更多的不适应，由此研究者得出结论说：“父母起着关键性作用。”

而另外一些例子是否能够系统地证明“白板说”中的其他一些观念？其中一个例子已经证实了这一点。社会科学家马克·霍洛维茨（Mark Horowitz）、威廉·亚沃尔斯基（William Yaworsky）、肯尼斯·格雷厄姆（Kenneth Kickham）在他们的一篇名为《白板在哪里》的文章中，发表了他们在 2012 年进行的关于社会学家的大样本调查结果。将他们这次的调查结果与 1992 年的一项调查结果进行比较之后发现，在过去的 20 年间，将进化生物学或进化社会学纳入自己的理论观点中的人数比例增长了 3 倍，即由之前的 2.5% 增长到现在的 8.3%。而且，还有 37% 的人“要么信奉进化论，要么充满乐观地相信进化论能够深入揭示社会现象”，这一比例也较 20 多年前有所增长。然而，这些调查结果也表明，2/3 的社会学家并不认为，解释所有生物体起源问题的理论也能够解释人类的社会生活。霍洛维茨等人对他们的研究结果进行了总结：“很显然，由平克所引发的对‘白板说’的批评获得了一定程度的支持。”大多数理论家“否认自然选择在一系列的人类倾向形成过程中的作用”。而且，他们的评论也揭示出许多两极化思维的例子，比如：“我们如何最先了解这一‘世界’，最重要的是通过语言、知识以及社会意义。哪些是与生俱来的，哪些属于后天教养获得的，这一问题是脱离了社会的，是无法给出答案的。如果我们试图去寻找答案，就会导致还原论。”

霍洛维茨等人对该问卷做了补充，又增加了两项关于社会学理论教科书的调查（其中一项是他们自己的调查，一项是由马查勒克和马丁在 2004 年进行的调查）。结果发现，这些教科书中很少提到进化生物学或进化心理学，其中一本教科书的作者认为，这一领域深深陷入了“还原论”和基因决定论当中。人们看起来好像和“机器人”没什么区别：严格按照基因的规定行事，文化环境不产生任何影响……尽管社会生物学的理论和研究经历了数十年的发展，社会学家仍表现得像不可理喻的“稻草人”那样。

然而，对于遗传学和进化论的这种敌意是否源于一种可辩护的学术性质疑呢？我认为大多数的反对意见事实上来自政治方面而非科学方面。可以肯定的是，对于调查中特定问题所做的生物学意义上的解释能否被接受，主要取决于人们的政治倾向。其一，对于同性恋产生的原因，有 70% 的社会学家都同意这种说法：“同性恋具有生物学根源。”无独有偶，这一问题上“政治正确”立场同“白板说”是相对立的：如果同性恋者的性取向天生如此，那么这样一个令人质疑的观点就会随之而来：如果他们做出了不道德的选择也不应该受到指责，而宗教和文化领域的保守派则会指责这种选择。大多数社会学家觉得另外一个可以用生物学解释的问题是：人类对脂肪和糖类的偏好——根据当前人们可以接受的观点，这一点被应用于农产品加工方面，使得人们迷恋上了垃圾食品。对于那些无关乎政治的问题，比如对蛇和蜘蛛的恐惧，大约有一半的受访者认为，进化论层面的解释似乎是可信的。从这一问题开始，随着政治敏感度的提高，能够接受进化解释的人数百分比逐步下降。其中，体现最明显的是关于性别差异的问题。为何相对于女性而言，男性更加淫乱和暴力，更热衷于色情，更痴迷于贞操？在这一问题上，大多数人拒绝接受显而易见的进化论解释。

社会学家群体内部在接受进化论的能力方面也是存在差别的，霍洛维茨等人再次确认了该现象形成的原因，“在任何一种情况下，政治意识形态都是最重要的变量”，而且“强烈反对生物学的往往是一些激进分子”，而信奉“女性主义者的理论观点”（注意，这并不等同于女性主义本身）的人，同样对进化生物学持敌对的态度。这在很大程度上源于进化论思想家们的政治偏执。霍洛维茨等人援引了一位学者的观点：“社会生物学的倡导者们都属于政治上的右翼分子，没有人可以否认这一倾向。”事实上，社会生物学的倡导者可能会否认这一点，因为这种倾向并不存在。两项针对进化论取向的心理学和人类学专业的研究生所做的调查结果表明，这些学生的政治倾向并不比他们那些持非进化论取向的同伴更接近右倾。当然，这一点与我在“政治”一章中对左派达尔文主义的兴起的探讨是一致的。

《白板》引发的种种争议

这些调查证实了我的判断，由《白板》引发的政治、道德以及科学领域的争议，在今天仍具有重要意义，就如同这本书刚刚出版时那样。当然，自从这本书问世以来，其中的大部分争议都一一出现了。这里将出示一些具体的观察结果，这将有助于我们不断更新这本书涉及的各个层面的问题，同时也有助于我自己的思考和写作与时俱进。

前言　基于我自己了解的情况，预期这本书的主题会引发神经科学家们做出怎样的反应：基因与环境如此紧密地交织在一起，我们无法对其中任何一方做出清楚的阐释。就我的个人经验来看，人们做出的这种无法解决的反应属于一种最佳的回避方式，当被人们问及遗传性的问题时，科学家们试图快速逃避，因为该问题的答案使他们感到极不舒服。当然，基因与环境之间存在着极其复杂的交互作用，但科学研究的任务就是要把这些交互作用阐释清楚，弄明白其中的构成要素及其相互关系。在我的文章《为何先天与后天的问题不会消失》当中，我呼吁人们不要回避这一问题，对此问题我称之为“整体式交互作用论”。并且，围绕先天与后天引发的大量问题如果能够被精确地描述出来，事实上这些问题是可以获得科学答案的。

01　三种流行的人性论　我将“白板”这个术语看作对中世纪拉丁语（tabula rasa，即空白的板子）以及洛克的“白纸”隐喻的延伸。心理学家梅兰妮·阿斯里尔（Melanie Asriel）告诉我，这个词有一个更早、更准确的出处。在《论灵魂》（*De Anima*）中亚里士多德这样写道：“从一定意义上讲，心灵就是任何能够思考的事物，但事实上它什么都不是，除非它开始能够思考……心灵所思考的内容必定存在其内部，就好像书写板上所写的字母一样，但实际上心灵上面什么内容都没有。”1300年之后，在其著作《神学大全》（*Summa Theologica*）中，托马斯·阿奎纳（Thomas Aquinas）也提到了亚里士多德的这一隐喻：“然而，说到人类智慧……它体现在对事物的理解能力方面，而且，它首先‘看起来就像一块干干净净的板子，上面什么内容也没有’。”非常有意思的是，两位思想家都强调了人类思维的无限可能性，而不是它最初的空白状态。

03　连接生物学与文化的四座桥梁　反对“白板说”和“机器中的幽灵”的科学证据已经积累得越来越多。认知神经科学、社会神经科学及情感神经科学领域已经开始进行偏重精神体验层面的生理机制定位的研究，这些精神层面的体验包括同理心、道德推理、意志行动、宗教信仰以及自我意识反思。进化心理学已经开始成熟起来，进入了绝大多数的研究领域中（戴维·巴斯在2015年出版了《进化心理学手册》，现在已经出了第二版，其中提及了进化心理学的最新进展），还利用最新的技术来探测人类基因组当中自然选择的明显特征。当《白板》还在撰写过程中时，大脑发育的遗传模式研究尚处于起步阶段，而现在已经成为艾伦脑科学研究所（Allen Institute for Brain Science）在大脑科学领域的研究重点，同时，其他一些国家项目也在计划绘制连接组（即人类大脑的线路图），并模拟大规模的神经网络。这一领域的发展速度非常快，出现了大量研究分支，以至于有时候很难知道如何对那些运算层面的、神经生物学层面的以及进化层面的分析结果加以整合。戴维·吉尔里2005年出版的《心灵起源》（*Origin of Mind*）以及约翰·安德森 2009 年出版的《人类心灵如何产生于物理世界》（*How Can the Mind Occur in the Physical Universe*），这两本书都对该领域进行了大胆的探索。

具有讽刺意味的是，在同一时期内，有关人性的科学研究已经彻底将“机器中的幽灵”驱除，在美国的畅销书排行榜上，几乎全是一些医疗骗子和被操控的孩子们的媚俗回忆录。这些人声称，在濒死体验中他们的灵魂离开了自己的身体，并且还看到了天堂。心理学家朱利安·穆索利诺（Julien Musolino）在他 2015 年出版的一本著作《灵魂的谬误》（*The Soul Fallacy*）当中揭露了这些欺骗和错觉。

过去 14 年间的研究还证明了我对“高贵的野蛮人”学说的怀疑的正确性。在《人性中的善良天使》的第 2 章里面，我对有关非政府社会当中致命性暴力的高发生率的新证据进行了评论。尽管从卢梭提出的“人类学家的和平”当中会得出完全相反的观点，但其他评论还是证实了这个结论。攻击倾向的遗传性（这个说法引发了 BBC 的大呼小叫）在 2002 年得到了相当多的支持，在今天更是已经获得全面性的支持。

谈到遗传力，人性科学当中最受鄙视的行为遗传学获得了最后的胜利。尽管行为遗传学的有关研究发现（尤其是第一定律，即所有行为特性都是可遗传的）通常会受到思想保守的权威人士以及畅销书作者的否认，但正是这些研究发现，避免了最近主流心理学当中发生的可重复性危机。在最近的可重复性闹剧中，受到高度吹捧的心理学研究结果有大约 2/3 是不可重复的。不像新闻记者为了吸引眼球，依据社会心理学实验所炮制的那些矫揉造作、违背人们直觉的东西，行为遗传学的研究发现是大规模的，并非从文件抽屉里面堆积的无意义的研究结果中精挑细选出来的，它是建立在 6 位数到 7 位数的样本基础之上的，在几十年间和许多国家中都得到了重复验证。在一篇名为《行为遗传学中十大可重复的研究发现》（*The Top 10 Replicated Findings from Behavioral Genetics*）的文章中，作者在讲“我们告诉你那样”这句话时几乎毫不掩饰他们的兴奋之情。现在人们还会不时地看到评论家们对于行为遗传学的方法论的攻击，这些人只不过是重复了激进科学的主要观点，但类似的反对意见在很久以前就出现了，并且很容易将之驳倒。

我提出的一个主张对“高贵的野蛮人”理论进行了驳斥，然而这个主张现在需要修改了：德里克·弗里曼对玛格丽特·米德围绕萨摩亚人的性别特征而进行的田野调查提出了批评。人类学家保罗·山克曼（Paul Shankman）指出，米德受到指责，是因为她被其调查对象耍弄了，因为这些青少年向她提供了关于他们自己对两性的漫不经心的态度。弗里曼对米德的指责是不公正的。她与以往一样，受自己的意识形态所驱使，事实上，给人的感觉是她处于半疯状态。那么究竟谁是对的呢？米德的同事，一位人类学家，曾经在萨摩亚进行过田野调查，他告诉我说，米德和弗里曼都是正确的，只不过他们关注的是不同的萨摩亚人。当时，米德还是一位年轻的女性，在萨摩亚人的身份等级中属于一个无名之辈，因而她能够接触到的只是当地的一些普通人，他们的性取向的确要比西方主流社会的人们自由得多。而弗里曼则是一个占优势地位的男性，他访谈的对象主要是一些世家子弟，这些人的态度相对保守和私人化。

04　文化是有助于人类生存的一种独特设计　尽管一些社会科学家仍然坚持涂尔干的学说，认为文化是无关乎心理学和生物学的，然而知识界的融通运动在大步前进，并且有越来越多的研究开始考察个体的选择是如何通过社会网络得以蔓延，从而形成更大规模的文化现象。

从经验层面来看，我们目前生活在大数据时代：关于人类行为的文化产物已经拥有大量的数据资料。我在分析语言这种典型的文化实体时，就多次使用了这些数据资料。我在2007年出版的著作《思想本质》（*The Stuff of Thought*）①，在其中的一章里对英语语言中关于新词的接受进行了分析，此外，在分析其他问题的时候，我还使用了一份详尽的有关婴儿姓名的数据资料，这份资料原本是提供给社会保障局使用的。我还参加了一个由让-巴蒂斯特·米歇尔（Jean-Baptiste Michel）和埃雷兹·利伯曼·艾丹（Erez Lieberman Aidan）领导的项目组，研发出了一套谷歌书籍词频统计器（Google Ngram viewer），这是一种在线工具，可以描绘出近两个世纪的500万册书籍当中字符串的出现频率。此外，还出现了一个新的领域，我们称之为文化组学（Culturomics）。就理论层面而言，我们可以

① 《思想本质》是关于语言与思想关系的深刻论述，一扇进入人类心智的窗户。该书中文简体字版已由湛庐引进，浙江科学技术出版社出版。——编者注

看到将网络科学应用于各种现象的风潮，这些现象包括社会枢纽、社会感染、邻里效应、临界点、扩散性、小世界理论、六度分隔理论等。邓肯·瓦茨（Duncan Watts）的著作《六度分隔》（*Six Degree*）以及尼古拉斯·克里斯塔基斯（Nicholas Christakis）与詹姆斯·福勒（James Fowler）的著作《大连接》（*Connected*）[①]对这些惊人的新发现进行了一定程度的阐释。就我自己来说，我的写作主题当中涉及混合语（lingua francas）的出现以及全球化对于讲不同语言的人会产生怎样的影响（与沙哈尔·罗南、凯萨·伊达尔戈以及其他人合作研究），此外还涉及危险的意识形态的传播（基于迈克尔·梅西及其合作者的已有研究）。心理学家、新闻记者苏珊·平克（Susan Pinker，我的妹妹）在其 2014 年的著作《村庄效应》（*The Village Effect*）中，对社会网络（包括传统社会网络和数字化社会网络）在健康和心理幸福感方面具有的含义进行了阐释。

关于文化的科学理解，还有另一种研究取向，即将其直接与生物进化类比，由此形成了一种被称作“文化进化”或者“文化的群体选择”的理论。我在一篇名为《群体选择的虚假魅力》（*The False Allure of Group Selection*）的文章中提出，这种类比通常是带有误导性的。

05　最后的抵抗　这一章中描述了三类科学发现，我认为这些研究发现通常都被曲解了，目的是给“白板说”提供一个貌似科学的版本。

第一类发现是，人类基因组中蛋白编码基因的数目要比人们预计的少很多。现在这一点被人们视作转移注意力的话题：基因组的其他部分负载着信息，从而调节基因的表达，逐步形成有机体的性状。

第二类发现是，新白板运动起源于人们对人工智能网络或者是联结主义模型的狂热，它们试图通过对大量输入的统计信息的有效利用，从而无须借助任何一丁点儿的先天结构就能实现运行，这种狂热在很大程度上已经延伸到了人工智能的应用领域，如“深度学习”算法为人脸识别、社会网络源以及其他一些应用设备的软件提供动力支持。然而，计算机科学家欧内斯特·戴维斯（Ernest Davis）、

① 《大连接》讲述了社会网络的形成方式以及对人类现实行为的影响。该书中文简体字版已由湛庐引进，北京联合出版公司出版。——编者注

心理学家盖瑞·马库斯已经证明，与一般水平的人类推理相比，这些算法的功能严重不足。前者不仅可以处理那些出现频率高的容易实现的目标，而且还可以处理无穷尽的全新概念，诸如“发霉的蓝莓苏打”和“体操运动员写小说”。因此，基于统计学习的算法证明了人工智能研究的这一典型进展模式：“快速发展……到了一个中等水平，随之而来的就是越来越慢的改进。”就认知心理学内部来说，虽然在 20 世纪 80 年代和 90 年代，非结构性联结主义模型联结者非常盛行，现在很大程度上已经为贝叶斯模型所取代，该模型不仅吸收了大型数据集的统计模型，只不过是与先前的预期，即哪一种假设可能性最大结合了起来，这种预期属于一种先验性知识。关于大脑的第三类知识，即神经系统的可塑性，时至今日仍然是神经科学研究领域的重要议题。

观察到大脑内部因为学习而发生了变化，这类发现所带来的新奇性正在逐步消失，要使学习成为可能，大脑内部必定要发生某些变化，这种观点也得到了越来越多的认可，伴随着这些进展，那些认为任何一个人都能够让其大脑做任何事情的夸大其词也渐渐变得不多见了。关于大脑可塑性研究是伴随着对神经发育过程中基因的指导作用，以及对人类连接组的研究逐步产生的。

寄希望于某些生物现象提供一种出路，让人们从进化论及遗传学的宿命论的束缚下解脱出来的渴望随处可见。因此，不可避免的是，新的研究主题将会不断涌现，作为长久渴望的一种释放途径。最新一个被盯上的研究主题是表观遗传学（epigenetics），这一领域是对基因表达的一种调节。只要我们知道身体当中的每一个细胞都包含有一套完整的基因组版本，我们就会知道，为了对细胞之外的信号做出反应，基因必然会打开或者关闭。否则，当我们的肝细胞分泌出构成角膜的蛋白质的时候，我们的眼球就会一天到晚地释放肝酶。近年来，人们已经更深入地了解到基因调节的一些重要机制，尤其是甲基分子接近或者远离 DNA 链条上的特定位置将会影响到潜在的基因是否能被激活。然而，许多人在面对基因这一调节机制的新发现时，做出的反应就如同这是一个革命性的发现，认为我们需要重新去思考天性与教养的问题。正如 20 世纪 90 年代的时候，研究发现教育或者心理治疗，或者新语言的学习能够改变大脑的内部结构时，许多支持“白板说”的人认为这是一种不可思议的启示一样（似乎学习发生在胰脏内部）！而现在，他们则在大声呼吁，多样化的经验能够真正改变人的基因表达（似乎我们身体的每一个细胞都会不断生产基因组 24/7 当中所需的蛋白质）。表观遗传学已经成为新的橡皮泥，这种可随意塑形、输入－复制型的原材料为我们提供了机会，让我们对遗传与环境进行细致、深入的分析，去信奉那种整体交互作用论。此外，将一种生物必然性错误地当作一种进化方面的发现，以及对表观遗传学的狂热将信息意义上的“基因”与身体的整个蛋白质编码机器意义上的“基因”混淆了，前者的实际功能是对神经发育过程中的大脑活动进行组织。同样地，它还混淆了通过感觉进行信息加工意义上的“环境”和 DNA 分子的生化环境意义上的“环境”。

同样夸大表观遗传学的虚幻妄想的还有一系列真正让人感到惊讶的研究，即一些附属于 DNA 链的表观遗传学标记是由环境信息（通常意义上的压力源，例如饥饿或者母亲的忽视）导致的，这些信息会由母亲传递到子女身上。关于基因表达的这些代际效应有时候会被曲解成拉马克主义（Lamarckian），但事实上并非如此，因为这些效应并没有改变 DNA 序列，经过一到两代之后就会反转过来，它们自身也受到基因的控制作用，或许它们代表了一种达尔文式的适应，这种适应方式有助于有机体为了使其后代更好地适应压力情境而提前做好准备（它们也可能属于一种暂时性损伤）。此外，这种代际间的后生效应（transgenerational epigenetic effects）在啮齿类动物身上得到了证明。这些动物每隔几个月就会繁殖一次；而对于寿命较长的人类来说，外推法（extrapolation）在大多数情况下都属于臆测，或者是基于不可靠的小样本的研究。正如流行病学家乔治·戴夫（George Davey）所指出的那样，将表观遗传学作为“对于不知道任何答案的问题，目前最流行的反应”，对此，许多生物学家相当愤怒。在科因（Coyne）、郝德与马廷尼森（Heard &Martienssen）、君斯特、费斯曼、麦高恩及斯特斯登（Juengst, Fishman, McGowan, & Settersten）、莫菲特（Moffitt）和贝克莱、黑格（Haig）这些人的著作中，都可以看到其他一些关于表观遗传学虚幻妄想的破灭迹象。

第二部分　科学视角 VS 政治视角　尽管进化心理学家和行为遗传学家在公众场合不会再被人指指点点（正如我所提到的，《白板》这本书并没有引发针对我的阴谋诡计），但是自 2002 年以来，针对美国大学中的非传统思想家的恐吓与审查实际上进一步加剧了。民权律师格雷格·鲁卡诺夫（Greg

Lukianoff）在他最近的两本书《言论的自由》（*Freedom from Speech*）和《忘却自由》（*Unlearning Liberty*）中对这种情形的恶化进行了分析。鲁卡诺夫同时还担任个人教育权利基金会总监，该基金会曾试图向美国大学校园中的言论限制开战。我个人对研究“危险的意识形态”时所应秉持的伦理的分析，可以在我为约翰·布罗克曼（John Brockman）于2006年出版的论文集《你的危险思想是什么》（*What is Your Dangerous Idea*）所写的序言中看到。

06　两本著作引发的论战　本章主要描述了人类学家拿破仑·夏侬所遭受的仇视性诽谤，当《白板》一书还在写作阶段时，这个问题依然饱受争议。随着越来越多的能够证明夏侬的清白，并且证明起诉者属于江湖骗子的资料证据的出现，美国人类学协会做出了回应，取消了其在2000年所做的报告。夏侬在2013年出版的自传《高贵的野蛮人》当中，向他的支持者们讲述了这一故事。医学史学家艾丽丝·德雷格尔（Alice Dreger）在《对美国人类学协会的黑暗入侵》（*Darkness's Descent on the American Anthropological Association*）一文，以及在2015年出版的著作《伽利略的中指》（*Galileo's Middle Finger*）中巧妙地将这一传奇故事进行了重新讲述。在这本书中，德雷格尔还记录了另一件丑闻，正好与本章的主体相吻合：性取向研究者迈克尔·贝利（Michael Bailey）的事例。贝利在2003年出版的著作《要成为女王的男人》（*The Man Who Would Be Queen*）中提出的一个理论惹怒了跨性别人士，从此他的生活不得安宁。

第三部分　我们为什么不必为人性而担忧　莫里哀笔下的那位中产阶级绅士在得知自己一生当中一直受到人们的议论时，他感到非常高兴。同样，《白板》出版之后，我非常高兴地发现，原来自己是一位“人道主义者”，自此之后，我就成了倡导世俗伦理运动的代言人，这些世俗伦理是建立在理性、科学以及人类的繁荣昌盛的基础之上的。最近的人道主义宣言包括了格雷戈·爱泼斯坦（Greg Epstein）的《善良无需上帝》（*Good Without God*）、罗伊·斯佩克哈特（Roy Speckhardt）的《人文主义改变世界》（*Creating Change Through Humanism*）、菲利普·基切尔（Philip Kitcher）的《有信仰的人生》（*Life After Faith*）、格雷灵（A. C. Grayling）的《论上帝》（*The God Argument*）。

该部分最后一章的主题是“虚无主义之忧”，即认为我们无需宗教观念上的灵魂，也能够拥有强大的意义和道德观念。2005 年到 2007 年间“新无神论者”撰写的畅销四部曲，使该主题一下子进入了公众意识中。这些畅销书包括：山姆·哈里斯（Sam Harris）的《信仰的终结》（*The End of Faith*）、理查德·道金斯的《上帝错觉》（*The God Delusion*）、丹尼尔·丹尼特的《破除魔咒》（*Breaking the Spell*）、克里斯托弗·希钦斯（Christopher Hitchens）的《上帝并不伟大》（*God is Not Great*）。为了探讨世俗伦理的根源，我推荐我妻子丽贝卡·戈尔茨坦（Rebecca Goldstein）的《背叛斯宾诺莎：带给我们现代性的变节犹太人》（*Betraying Spinoza: The Renegade Jew Who Gave us Modernity*）以及她的《柏拉图在谷歌：为什么哲学不会消亡》（*Plato at the Googleplex: Why Philosophy Won't Go Away*）。世俗和宗教的意义观念所引发的激情被写进了她于 2010 年出版的小说《关于上帝存在的 36 种争议：一本虚构的小说》（*Thirty-Six Arguments for the Existence of God: A Work of Fiction*）。

第四部分　认识自我　在我 2007 年的著作《思想本质》以及《人性中的善良天使》一书中与心理学有关的两章里面（第 8 章和第 9 章），可以看到我对认知、情感以及社会关系的缺陷的更深层次的探讨。近年来，其他许多可查阅的书籍已经对这些章节的内容进行了扩展，这些著作主要有：保罗·布鲁姆（Paul Bloom）的《快乐是如何起作用的》（*How Pleasure Works*）以及《善恶之源》（*Just Babies*）、乔纳森·海特的《正义之心》（*The Righteous Mind*）[①]、乔舒亚·格林（Joshua Greene）的《道德部落》（*Moral Tribes*）、布鲁斯·胡德（Bruce Hood）的《超感官》（*Super Sense*）、罗伯特·特里弗斯的《愚人愚道》（*The Folly of Fools*）、罗伯特·库尔茨班（Robert Kurzban）的《人人都是伪君子》（*Why Everyone (Else) is a Hypocrite*）、丹尼尔·卡尼曼的《思考，快与慢》（*Thinking, Fast and Slow*）。

16　政治　托马斯·索维尔基于左翼和右翼政治意识形态提出的人性对比理论做出了新尝试，它试图提炼出每一个人的本质。在其《道德政治》（*Moral*

① 该书中文简体字版已由湛庐引进，浙江人民出版社出版。——编者注

Politics）一书中，语言学家乔治·莱考夫（George Lakoff）[①]提出，两种意识形态通过不同的家庭隐喻来解释社会，右翼推崇“严父”家庭模式，而左翼推崇“慈爱父母”家庭模式。乔纳森·海特在其《正义之心》中提出，保守派对一系列广泛的思想观念都赋予了道德化的意义，这些观念包括服从权威、遵从社会规范，对纯洁和神圣的保护等，而自由主义者只倡导公平、对需要人士提供关爱以及预防伤害的发生（可参考我于2008年写的文章《道德本能》）。此外，在《人性中的善良天使》中，我补充了美国政治意识形态的地理分布，如南部和西南部的保守“红州”以及北部和沿海地区的自由“蓝州”就属于各地区如何解决这些意识形态之争的历史见证。南部和西南部还有部分边界地区在美国历史上长期处于无法律状态，相应地，在看待女人、教堂以及用自律克制野蛮的规范等问题时，这里的人们发展出一种尊重的文化。北部和沿岸各州继承了欧洲政府的机构设置和相关的尊严文化，这是一个持续了数世纪之久的“文明化的过程”。

这四个理论是存在关联的。如果儿童属于霍布斯学说中的野兽，那么他们就需要一个“严父”；如果他们是“高贵的野蛮人”，那他们将会在其“慈爱父母”的荫庇下茁壮成长。如果人们存在与生俱来的缺陷，那么其行为就必须受到传统文化、权威以及神圣价值观的约束；相反，如果人类生来就具有智慧与理性，那么他们自己就能够判断什么是公平的，什么是有害或无害的。关于美国地理划分的起源，与其说是基于不同的“人性”观，还不如说是基于驯服人性的不同策略。

17　暴力　本章的基本观点是，在人类的历史长河中暴力是呈下降趋势的。我在2011年出版的著作《人性中的善良天使》就是在此基础上形成的。这本新书对本章当中关于暴力发展趋势的分析又做了进一步的扩展，但并不是取代了本章的内容，因为在该书中，关注的焦点是那些普遍存在的、否认暴力具有任何进化性或遗传成分的证据。

18　性别　我认为的《白板》没有引发人们的过激反应的看法也并非完全属实。它只是没有导致针对我本人的过激反应，却把劳伦斯·萨默斯（Lawrence

① 乔治·莱考夫是世界知名语言学家和认知科学家。其作品《别想那只大象》已由湛庐引进，浙江人民出版社出版。——编者注

Summers）推到了风口浪尖上。

早在2005年夏季，萨默斯时任哈佛大学校长，他应邀在一个主题为科学、技术、工程以及数学领域中的性别失衡的（STEM）封闭性会议上发表即兴讲话。萨默斯重复了劳动经济学家们的陈词滥调，认为不同人在就业结果方面的差异并不能证明歧视的存在，因为就业结果不同，也可能是由培训、天赋、生活的优先顺序以及其他一些平均特质导致的。萨默斯曾经读过《白板》一书，并且记住了“性别”这一章当中的文献评论，他提出，要解释在科学、技术、工程以及数学领域中的性别差异问题，必须考虑这四种假定情况：性别歧视以及其他壁垒的持续存在；在养育孩子的责任感方面存在两性差异；在才能、性格以及兴趣的平均水平上存在两性差异；在才能、性格以及兴趣的个体差别方面存在两性差异，那些处于极端水平的往往男性居多。使萨默斯声名狼藉的是，他在这段讲话中提到了“固有天赋”这个短语。生物学家南希·霍普金斯（Nancy Hopkins），我之前的邻居，麻省理工学院的同事，也是我的好朋友，她当时也在听众席上。她同样也说了一段臭名昭著的话：当听到萨默斯的这番话时，她不知道自己是否会“呕吐还是晕过去”。她向《波士顿环球报》的一位作家讲述了这些内容后，随之而来的是一连串的斥责和抗议，事件最后以萨默斯在2006年辞去哈佛大学校长职务而告终（不过促使其辞职的还有其他一些事件）。

那些读过萨默斯讲话的文字记录的人，一定会对他的这番讲话的谨慎和精妙产生深刻印象，但这被证明是与主题不相干的。从萨默斯的批评者们的反应来看，他们正好落入了“忧虑与虚无主义”章节中的某些页面：把批判对象稻草人化、缺乏统计知识、不愿意看数据、混淆了公平和相同、证实了“戈德温法则”[①]的有效性。

几位对此感到相当震惊的学者，为了哈佛大学的信誉考虑，呼吁就这一问题进行一场文明的、以事实为依据的对话。2005年4月，在哈佛大学心智行为计划项目（Mind/Brain/Behavior Initiative）的资助下，我与我的一位好朋友，也是

① “戈德温法则”是指“当一个在线讨论不断扩展时，参与双方用纳粹或希特勒来类比对方的概率趋于1”。

我长期以来的同事、发展心理学家伊丽莎白·史培基（Elizabeth Spelke），就先天的性别差异问题进行了一场对话。我认为任何人，只要他参加了这一盛会，观看了相关视频或者文字，都会认为，即便是人性这一话题中那些最让人感到焦虑的争议，都可以以一种建设性的方式进行讨论。

对于萨默斯来说，这一切来得有些迟了。人们依旧诽谤他具有大男子主义，认为“女性不会做数学题”。然而，在我看来，他所讲的有关兴趣和生活优先次序考虑方面的性别差异的言论，在后来的文献综述中被证明很大程度上是正确的。这些评论包括诸如戴维·吉尔里新版的《男女两性》（*Male, Female*）以及苏珊·平克的《性别悖论》（*The Sexual Paradox*）。而且他所说的关于数学能力和性别歧视的更具煽动性的言论后来也被证明是有道理的。

尽管人们记住萨默斯，是因为他援引了平均能力的水平方面存在性别差异的观点，但是他真正想强调的是能力水平在个体间的性别差异，因为男性在高端分布的不均衡性的现象与当下讨论的（而非其他的）问题，即在精英大学中的科学和工程系里面女性人数严重不足这一问题之间是存在关联性的。2006 年，心理学家史蒂夫·斯特兰德（Steve Strand）和伊恩·媞尔妮（Ian Deary）以 30 万英国小学生为超大样本，对他们的考试成绩进行了分析。结果发现，尽管女孩在言语推理方面的平均得分稍高于男孩，而男孩在数量推理方面的平均得分稍高于女孩，但是在定量分析的得分范围内，无论是高分端还是低分端，男孩所占的比例都要远远高于女生（在最高端的 1/10 范围内，男孩人数占了总人数的 60%）。另一些为萨默斯平反的证据来自心理学家温迪·威廉姆斯（Wendy Williams）和史蒂芬·切奇（Stephen Ceci）进行的系列研究。

在萨默斯的言论中，不能得到证实的是他的推测，即在导致科学、技术工程及数学领域的性别差距的四种原因当中，性别歧视属于最不重要的一个因素。这一点是值得怀疑的，因为在当时几乎很少有对这些因素进行多种排序的依据。威廉姆斯和切奇对有关教授面试与招聘以及研究资助和审稿的大量数据资料进行了分析，最后几乎没有发现与歧视有关的证据，而且在那些依据研究偏见的黄金标准（即评审员对于虚假简历的反应）的新研究中，他们报告说：“在四个领域（生物学、工程学、经济学和心理学）当中，男性和女性教职员工对女性求职者更为偏爱，与同样可以胜任的男性相比，选择女性求职者和选择男性求职者的人数比例是 2∶1。这一性别偏见正好与科学、技术工程和数学领域女性人数严重不足的现象相反。

19 儿童 这是我最喜欢的一章，事实上也是我写的内容当中自己最喜欢的部分。同时，这也属于一个备受争议的问题（撇开萨默斯事件不谈）。几乎所有的反对意见都来自我之前预期的可能出现的误解，尽管我已经使尽了各种解释性技能来预先阻止这些误解的出现。据我所知，根本没有人理解行为遗传学的第二和第三条法则的含义是什么，不管你多么耐心地向他们解释也无济于事。几乎所有人都将它们和第一条法则相混淆了，并得出结论说，行为遗传学唯一的告诫就是“一切取决于基因”。另一种顽固的错误理解则认为，如果父母不能够塑造孩子的个性和智力，那么教养就是“无关紧要的了”。

那么这三大法则能否经受住时间的检验呢？其实，每一条法则都包含在普洛明等人的《行为遗传学中十大可重复的研究发现》之中。最近一项大型的有关双生子的元分析研究，搜索了上千篇公开发表的论文和数以万计的双胞胎数据资料，对这些数据的分析结果也证实了三大法则。最近，智力的可遗传性（第一条法则的主要表现）已经被一种全新的方法所证明，这一方法补充了有关双胞胎和收养子女的经典研究。全基因组关联研究中搜集了数以千计彼此毫不相干的个体基因样本，对各种细微的统计效力进行汇总，结果表明，在智力方面，大约一半的变异是可以通过基因进行预测的，这一结果与传统方法的估计结果相类似。

这让我想到我以前的学生詹姆斯·李（James Lee），还有克里斯多弗·查布里斯（Christopher Chabris）以及其他合作者一起提出了行为遗传学的第四条法则：“一种典型的人类行为特性会关联到很多的基因变异体，而每一种基因变异体都只能解释一小部分比例的行为变化。”幸好，我抵制住了种种误导，并没有在这一章中极力宣扬最近的一些研究发现。这些研究认为，发现了一些单个基因的存在，据说这些基因能够解释所有人类心理特质方面的差异。这样的基因即便真的存在，也是非常少量的。当我成为第一批基因组测序的成员之一时，我个人就非常清楚这一点。而且，我还知道自己携带了一种导致秃顶的基因（但是由于某种环境因素的调节，这种基因并没有发挥作用，我也并没有变成秃顶）。就像20世纪90年代和21世纪初许多强调“X基因”的观点一样，这只是基于小样本人群的研究，是通过对基因组的观测揭示的基因变异与个体特性之间关系的一种假阳性结果。在样本数量足够大的研究中可以发现这样一些基因，它们的影响非常稳定，但效果非常微弱。我和詹姆斯·李、查布里斯参与了一个研究团体，在最近一项研究中确认了三种基因座，每一种只能解释大约一个智商点的1/3，随后，该研究团体又确认了更多的基因座，并将它们与大脑发育的机制联系在一起。最新的情况是，我在写这段话时，收到了李给我发来的一封邮件，他原打算在遗传学大会上展示最新的研究发现，现在却告诉我，该协会主席刚刚发表了一个主题发言，先入为主地谴责这项研究带有种族歧视、性别歧视和仇视同性恋的倾向。

同样，在《行为遗传学中十大可重复的研究发现》当中，有关环境变量的一些研究，比如父母教养行为以及社会经济地位都属于可遗传的，这些结果都令人难以理解（就如同这些变量与儿童的个人特征之间的关系一样）。乍听起来似乎有些自相矛盾：我们的基因怎么会影响到环境？基因的确能够影响环境。基因会影响我们的生活选择，进而让我们处于特定的环境中，同时还通过他人对我们由遗传得来的特征做出的反应来影响环境。换句话说，儿童的智力和个性特征会影响其父母对待他们的方式以及其最终所处的社会环境，甚至反过来这样的影响模式也是成立的。

第三条法则提出了这样一个难题：像琼斯先生一样神秘却又极其强大的因素究竟是什么？它塑造着人的智力、个性以及生活状况，但又不同于基因、家庭或者文化的作用。或者简单地讲，这个难题就是：如何解释在相同环境中一起长大的同卵双胞胎之间的差异？在这一章中，我提出了“独特环境”这一术语（假设降临在一个家庭里面的某个孩子身上的而不是其他孩子身上的经验），这一术语仍需斟酌，而且这一差异也可能是由大脑发育过程中遭遇到的一些随机事件引发的。有时候遗传学家称之为“黯淡的前景”，因为它并不看好我们在预测人格和智力方面的能力。

我个人并不觉得这有多么令人沮丧。不过，这并不会影响到我或其他人的想法，因为这一点正在逐步成为现实。有人每天抽一包烟却活到 90 多岁，而一名年轻的运动员却因心脏病发作而倒地身亡，这让流行病学家备感挫折，因为他们解释不了这一现象（即便是把基因纳入考虑之中也仍旧无法解释），他们也开始认可幸运女神在我们身体的运作过程中发挥的巨大作用。这一点必然会更大程度地作用于我们大脑的运作过程。早在 2002 年，人们已经知道，基因不可能决定大脑中的每一个线路，因此在大脑发育过程中必然存在许多变化莫测的随机事件的作用空间。在此之后，神经科学家已经证实前景可能比这更糟糕，因为还有巨大的随机变异会潜入我们的基因组本身。每个人的基因中都携带有 60 种新的基因突变，这些基因突变似乎是诸如精神分裂症和孤独症之类的精神疾病的主要成因。既然导致人们容易产生心理疾患的基因似乎与导致健康人群出现普通变异的基因是一样的（这属于另一个行为遗传学领域十大可重复的研究发现），那么几乎可以肯定的是，这些基因突变促进了我们人格的形成。而且，这一点可能会令人们感到更加沮丧，因为随着大脑的不断发育和功能的不断完善，我们的神经元依然会面临更多或大或小的突变，这很容易对大脑的运作产生影响。如果这些生殖细胞和体细胞突变算得上是一种重要的如同琼斯先生般不可捉摸的因素，那么基因在塑造我们自身方面所发挥的重要作用就远远超出了经典行为遗传学的估量，因为这些基因突变并不是亲生的兄弟姐妹或者同卵双胞胎之间共有的，他们之间的相似性之前被视作支持遗传影响力的主要证据来源。

关于第三条法则，还有另外一种可能的解释（与基因突变和其他发育型噪声之间并非相互排斥的），即神秘的塑造因素当中包括了反复无常却又对个性发展起关键作用的成长经验，它们构成了我们独特的生命历程。普洛明等人认为，环境的影响就如同遗传的影响一样，可能会分布在上千件事情上，而在每件事情上都只显示了一丁点儿作用。本章的写作灵感主要来自哈里斯于 1998 年出版的著作《教养的迷思》。继该书之后，哈里斯又在 2006 年撰写了《独一无二》（*No Two Alike*），这本书进一步发展了她的理论假设，认为每个儿童都拥有其独特的成长经验，这一经验会赋予他们在朋辈群体中相应的社会角色，在此基础上他们又会进一步发展自己的个性。《教养的迷思》在 2008 年重新出版。哈里斯的这两部著作都精彩绝伦，妙趣横生，任何对“是什么造就了我们”这一问题感兴趣的人都应该把它们列为必读书目。

20 艺术 与第 19 章一样，本章中的议题把人们激怒了，这远远超出了我的预期，因为同种族、性别、暴力、政治或者不公平等问题相比，这一问题引发了更多的争议。一些评论者认为我是在攻击现代主义的艺术价值，但我既没有资格，也无意去这样做。事实上，我一点儿也不反对弗吉尼亚·伍尔芙、巴勃罗·毕加索和包豪斯，而且我个人的艺术品位也倾向于现代主义。我并非在假装自己是一个艺术评论家，我只是尝试着将 20 世纪中先后出现的现代主义和后现代主义的艺术风格这一发展趋势与本书的主题，即对人性的否定联系起来。在此情况下，必然由“白板说”得出这样一种推论：审美方面的愉悦感属于一种社会建构，与我们的感知和情感方面的能力没有任何关系。我认为，这种推断正好可以反过来解释某些形式的精英艺术、评论以及学术研究为何越来越缺乏活力和声望。

要是我现在去撰写这一章的话，我会做出更精细的区分。在小说、艺术以及建筑等领域中出现的现代主义的伟大作品，的确与我们的审美能力密切相关，当然，这种关系只是以某些非传统的方式存在的。某些艺术形式（比如现代主义的精英音乐）要比其他一些艺术形式（比如小说和诗歌）对美的排斥更为强烈。先是现代主义对精英艺术施加了限制，然后催生了后现代主义，这个时候对内在美的排斥走向了极端，于是就出现了无调音乐、粗野主义建筑、后现代主义文学评论以及怪诞的概念艺术等诸多流派。

本章的另一个主题是，人们过分哀叹人文学科的衰落，在很大程度上是由于蔑视科学的思维方式、拒绝将人性科学的新理念纳入艺术分析当中导致的。这一点几乎没有任何改变，相关证据可以参见 2013 年我同评论家及编辑里昂·维瑟缇尔（Leon Wieseltier）的意见交换。

利用心理学和生物学的知识为艺术作品提供新的借鉴，这一方面的进展速度非常缓慢，对此我大失所望。当然，有些例外情况，比如像丹尼斯·达顿（Denis Dutton）的《艺术本能》（*The Art Instinct*）、阿尼鲁达·帕特尔（Anirudh Patel）的

《音乐、语言和大脑》(*Music, Language, and the Brain*)、乔纳森·戈特沙的《讲故事的动物》(*The Storytelling Animal*)。其中一层障碍是，科学家和人文学者之间缺少合作，他们在专业特长方面原本是可以相互补充的。人文学者认为，科学家试图按照科学标准来解释艺术，但他们的解释非常浅薄而且过于简单化。在这一点上，人文学者的看法是对的。对人文学者而言，有足够的理由去尝试将自己在各类作品与流派方面的学识与有关人类情感和审美反应的科学认识结合起来。最好的办法是，在大学里面培养新一代深谙这两种文化的学者。但是，人文学科的毕业生告诉我说，任何讨论，只要涉及达尔文而不是涉及德里达或者福柯，最后都会无一例外地证明了“戈德温法则”的正确性。

尽管对科学持友好态度的学者尝试去弥合这两种文化之间的鸿沟，但他们自身的盲点构成了知识大融通的另一层障碍。正如我在对威尔逊主编的《文学动物》(*The Literary Animal*，2007 年出版的一个论文集，收集了达尔文主义文学评论的文章）的评论中指出的，这些学者往往只是借鉴了进化心理学的一小部分观点，主要是择偶的进化心理学思想来为艺术提供借鉴。此外，他们还经常援引一种从生物学上来看极不靠谱的民间智慧式的进化观点，该观点认为，一切适应都是为了形成“群体凝聚力”。要想加强科学在艺术领域中的应用，必须将认知科学和进化心理学关于社会冲突的分析成果富有成效地结合起来，就如同“人类苦难的诸多根源”那一章中深入探讨的。

最后的反思

虽然我一直强调，《白板》在今天的重要意义仍然不亚于其在 2002 年的重要意义，但是如果认为它在十几年间没有发生任何的变化，则属于一种思想僵化的表现。我个人最大的转变就是由原来对人性黑暗面的强调转变到对人性光明面的强调。我依然相信，人类的前景仍是黯淡的，而不是乌托邦式的空想，从扭曲的人性中得不出任何笔直的东西。我们是散落的星骸，终究无法回归那片最初的花海。而且，自《白板》出版以来，我的世界观开始向积极的方向转变。人类发展进程的早期充满了暴力，但现代人类尊崇长寿、健康、文化素养以及物质财富。我获悉的这些资料进一步强化了我在第17章的后半部分的结尾处提出的观点：对于人类的许多弊病来说，一方面人性既是问题所在，另一方面它也为我们提供了解决问题的出路。

参考文献

Abbott, H. P. E. 2001. Imagination and the adapted mind: A special double issue.*SubStance*, 30.

Adams, B., Breazeal, C., Brooks, R. A., & Scassellati, B. 2000. Humanoid robots: A new kind of tool. *IEEE Intelligent Systems*, 25–31.

Agrawal, A. F., Brodie, E. D. I., & Brown, J. 2001. Parentoffspring coadaptation and the dual genetic control of maternal care. *Science, 292*, 1710–1712.

Ahn, W.-K., Kalish, C., Gelman, S. A., Medin, D. L., Luhmann, C., Atran, S., Coley, J. D., & Shafto, P. 2001. Why essences are essential in the psychology of concepts. *Cognition, 82*, 59–69.

Aiello, R., & Sloboda, J. A. (Eds.) 1994. *Musical perceptions*. New York: Oxford University Press.

Aiken, N. E. 1998. *The biological origins of art*. Westport, Conn.: Praeger.

Akerlof, G. A. 1984. *An economic theorist's book of tales:Essays that entertain the consequences of new assumptions in economic theory*. New York: Cambridge University Press.

Alcock, J. 1998. Unpunctuated equilibrium in the *Natural History essays* of Stephen Jay Gould. *Evolution and Human Behavior, 19*, 321–336.

Alcock, J. 2001. *The triumph of sociobiology*. New York: Oxford University Press.

Alexander, R. D. 1987. *The biology of moral systems*. Hawthorne, N.Y.: Aldine de Gruyter

Allen, E., Beckwith, B., Beckwith, J., Chorover, S., Culver, D., Duncan, M., Gould, S. J., Hubbard, R., Inouye, H., Leeds, A., Lewontin, R., Madansky, C., Miller, L., Pyeritz, R., Rosenthal, M., & Schreier, H. 1975. Against "sociobiology." *New York Review of Books, 22*, 43–44.

Allen, G. E. 2001. Is a new eugenics afoot? *Science, 294*, 59–61.

Ames, B., Profet, M., & Gold, L. S. 1990. Dietary pesticides (99.9% all natural). *Proceedings of the National Academy of Sciences, 87*, 7777–7781.

Anderson, J. R. 1976. *Language, memory, and thought*. Mahwah, N.J.: Erlbaum.

Anderson, J. R. 1983. *The architecture of cognition*. Cambridge, Mass.: Harvard University Press.

Anderson, J. R. 1990. *The adaptive character of thought*. Mahwah, N.J.: Erlbaum.

Anderson, J. R. 1993. *Rules of the mind*. Mahwah, N.J.: Erlbaum.

Anderson, J. R. 1995. *Cognitive psychology and its implications* (4th ed.). New York: W. H. Freeman.

Anderson, S. W., Bechara, A., Damasio, H., Tranel, D., & Damasio, A. R. 1999. Impairment of social and moral behavior related to early damage in human prefrontal cortex. *Nature Neuroscience, 2,* 1032–1037.

Andreasen, N. C., Flaum, M., Swayze, V., O'Leary, D. S., Alliger, R., Cohen, G., Ehrhardt, J., & Yuh, W. T. C. 1993. Intelligence and brain structure in normal individuals. *American Journal of Psychiatry, 150,* 130–134.

Antonaccio, M., & Schweiker, W. (Eds.) 1996. *Iris Murdoch and the search for human goodness*. Chicago: University of Chicago Press.

Archibald, W. P. 1989. *Marx and the missing link: Human nature*. Atlantic Highlands, N.J.: Humanities Press International.

Arditi, A., Holtzman, J. D., & Kosslyn, S. M. 1988. Mental imagery and sensory experience in congenital blindness. *Neuropsychologia, 26,* 1–12.

Armstrong, S. L., Gleitman, L. R., & Gleitman, H. 1983. What some concepts might not be. *Cognition, 13,* 263–308.

Aronson, E. 1980. *The social animal*. San Francisco: W. H. Freeman.

Atran, S. 1995. Causal constraints on categories and categorical constraints on biological reasoning across cultures. In D. Sperber, D. Premack, & A. J. Premack (Eds.), *Causal cognition*. New York: Oxford University Press.

Atran, S. 1998. Folk biology and the anthropology of science: Cognitive universals and cultural particulars. *Behavioral and Brain Sciences, 21,* 547–609.

Austad, S. 2000. Varied fates from similar states. *Science, 290,* 944.

Axelrod, R. 1984. *The evolution of cooperation*. New York: Basic Books.

Babcock, L., & Loewenstein, G. 1997. Explaining bargaining impasse: The role of self-serving biases. *Journal of Economic Perspectives, 11,* 109–126.

Baddeley, A. D. 1986. *Working memory*. New York: Oxford University Press.

Bailey, R. 2000. The law of increasing returns. *Public Interest, 59,* 113–121.

Bailyn, B. 1967/1992. *The ideological origins of the American revolution*. Cambridge, Mass.: Harvard University Press.

Baker, M. 2001. *The atoms of language*. New York: Basic Books.

Baldwin, D. A. 1991. Infants' contribution to the achievement of joint reference. *Child Development, 62,* 875–890.

Bamforth, D. B. 1994. Indigenous people, indigenous violence: Precontact warfare on the North American Great Plains. *Man, 29,* 95–115.

Barkley, R. A., Ullman, D. G., Otto, L., & Brecht, J. M. 1977. The effects of sex typing and sex appropriateness of modeled behavior on children's imitation. *Child Development, 48,* 721–725.

Barkow, J. H., Cosmides, L., & Tooby, J. 1992. *The adapted mind: Evolutionary psychology and the generation of culture*. New York: Oxford University Press.

Baron-Cohen, S. 1995. *Mindblindness: An essay on autism and theory of mind*. Cambridge, Mass.: MIT Press.

Barry, D. 1995. *Dave Barry's complete guide to guys*. New York: Ballantine.

Barsky, R. F. 1997. *Noam Chomsky: A life of dissent*. Cambridge, Mass.: MIT Press.

Barthes, R. 1972. To write: An intransitive verb? In R. Macksey & E. Donato (Eds.), *The languages of criticism and the science of man: The structuralist controversy*. Baltimore: Johns Hopkins University Press.

Bauer, R. A. 1952. *The new man in Soviet psychology*. Cambridge, Mass.: Harvard University Press.

Becker, G.S. 1991. *A treatise on the family* (enlarged ed.). Cambridge, Mass.: Harvard University Press.

Behe, M. J. 1996. *Darwin's black box: The biochemical challenge to evolution*. New York: Free Press.

Behrens, R. R. 1998. Art, design, and gestalt theory. *Leonardo, 31*, 299–304.

Belenky, M. F., Clinchy, B. M., Goldberger, N. R., & Tarule, J. M. 1986. *Women's ways of knowing*. New York: Basic Books.

Bell, Q. 1992. *On human finery*. London: Allison & Busby.

Benedict, R. 1934/1959. Anthropology and the abnormal. In M. Mead (Ed.), *An anthropologist at work: Writings of Ruth Benedict*. Boston: Houghton Mifflin.

Benjamin, J., Li, L., Patterson, C., Greenberg, B. D., Murphy, D. L., & Hamer, D. H. 1996. Population and familial association between the D4 dopamine receptor gene and measures of novelty seeking. *Nature Genetics, 12*, 81–84.

Berent, I., Pinker, S., & Shimron, J. 1999. Default nominal inflection in Hebrew: Evidence for mental variables. *Cognition, 72*, 1–44.

Berlin, I. 1996. *The sense of reality: Studies in ideas and their history*. New York: Farrar, Straus, & Giroux.

Berra, T. M. 1990. *Evolution and the myth of creationism*. Stanford, Calif.: Stanford University Press.

Besançon, A. 1981. *The intellectual origins of Leninism*. Oxford: Basil Blackwell.

Besançon, A. 1998. Forgotten communism. *Commentary*, 24–27.

Betzig, L. L. 1997. *Human nature: A critical reader*. New York: Oxford University Press.

Bishop, K. M., Coudreau, G., & O'Leary, D. D. M. 2000. Regulation of area identity in the mammalian neocortex by *Emx2* and *Pax6*. *Science, 288*, 344–349.

Blair, J., & Cipolotti, L. 2000. Impaired social response reversal: A case of "acquired sociopathy." *Brain, 123*, 1122–1141.

Blinkhorn, S. 1982. Review of S. J. Gould's "The mismeasure of man." *Nature, 296*, 506.

Bloom, P. 1994. Generativity within language and other cognitive domains. *Cognition, 51*, 177–189.

Bloom, P. 1996. Intention, history, and artifact concepts. *Cognition, 60*, 1–29.

Blum, D. 1997. *Sex on the brain: The biological differences between men and women*. New York: Viking.

Boas, F. 1911. Language and thought. In *Handbook of American Indian languages*. Lincoln, Nebr.: Bison Books.

Bock, G. R., & Goode, J. A. (Eds.) 1996. *The genetics of criminal and antisocial behavior*. New York: Wiley.

Bodmer, W. F., & Cavalli-Sforza, L. L. 1970. Intelligence and race. *Scientific American*.

Boehm, C. 1999. *Hierarchy in the forest: The evolution of egalitarian behavior*. Cambridge, Mass.: Harvard University Press.

Borges, J. L. 1964. The lottery in Babylon. In *Labyrinths: Selected stories and other writings*. New York: New Directions.

Bouchard, T. J., Jr. 1994. Genes, environment, and personality. *Science, 264*, 1700–1701.

Bouchard, T. J., Jr. 1998. Genetic and environmental influences on intelligence and special mental abilities. *Human Biology, 70*, 257–259.

Bouchard, T. J., Jr., Lykken, D. T., McGue, M., Segal, N. L., & Tellegen, A. 1990. Sources of human psychological differences: The Minnesota Study of Twins Reared Apart. *Science, 250*, 223–228.

Bourdieu, P. 1984. *Distinction: A social critique of the judgment of taste*. Cambridge, Mass.: Harvard University Press.

Bourgeois, J.-P., Goldman-Rakic, P. S., & Rakic, P. 2000. Formation, elimination, and stabilization of synapses in the primate cerebral cortex. In M. S. Gazzaniga (Ed.), *The new cognitive neurosciences*. Cambridge, Mass.: MIT Press.

Bourke, J. 1999. *An intimate history of killing: Face-to-face killing in 20th-century warfare*. New York: Basic Books.

Bowles, S., & Gintis, H. 1998. Is equality passé? Homo reciprocans and the future of egalitarian politics. *Boston Review*.

Bowles, S., & Gintis, H. 1999. *Recasting egalitarianism: New rules for communities, states, and markets*. New York: Verso.

Boyd, B. 1998. Jane, meet Charles: Literature, evolution, and human nature. *Philosophy and Literature, 22*, 1–30.

Boyd, R., & Richerson, P. 1985. *Culture and the evolutionary process*. Chicago: University of Chicago Press.

Boyd, R., & Silk, J. R. 1996. *How humans evolved*. New York: Norton.

Boyer, P. 1994. Cognitive constraints on cultural representations: Natural ontologies and religious ideas. In L. A. Hirschfeld & S. A. Gelman (Eds.), *Mapping the mind: Domain specificity in cognition and culture*. New York: Cambridge University Press.

Braine, M. D. S. 1994. Mental logic and how to discover it. In J. Macnamara & G. Reyes (Eds.), *The logical foundations of cognition*. New York: Oxford University Press.

Bregman, A. S. 1990. *Auditory scene analysis: The perceptual organization of sound*. Cambridge, Mass.: MIT Press.

Bregman, A. S., & Pinker, S. 1978. Auditory streaming and the building of timbre. *Canadian Journal of Psychology, 32*, 19–31.

Breland, K., & Breland, M. 1961. The misbehavior of organisms. *American Psychologist, 16*, 681–684.

Brink, D. O. 1989. *Moral realism and the foundations of ethics*. New York: Cambridge University Press.

Brociner, K. 2001. Utopianism, human nature, and the left. *Dissent*, 89–92.

Brock, D. W. 1993. *Life and death: Philosophical essays in biomedical ethics*. New York: Cambridge University Press.

Brooker, P. 1999. *A concise glossary of cultural theory*. New York: Oxford University Press.

Brown, D. E. 1991. *Human universals*. New York: McGraw-Hill.

Brown, D. E. 2000. Human universals and their implications. In N. Roughley (Ed.), *Being humans: Anthropological universality and particularity in transdisciplinary perspectives*. New York: Walter de Gruyter.

Brown, R. 1985. *Social psychology: The second edition*. New York: Free Press.

Browne, K. 1998. *Divided labors: An evolutionary view of women at work*. London: Weidenfeld and Nicholson.

Brownmiller, S. 1975. *Against our will: Men, women, and rape*. New York: Fawcett Columbine.

Brownmiller, S., & Merhof, B. 1992. A feminist response to rape as an adaptation in men. *Behavioral and Brain Sciences, 15*, 381–382.

Bruer, J. 1997. Education and the brain: A bridge too far. *Educational Researcher, 26*, 4–16.

Bruer, J. 1999. *The myth of the first three years: A new understanding of brain development and lifelong learning*. New York: Free Press.

Brugger, P., Kollias, S. S., Müri, R. M., Crelier, G., Hepp-Reymond, M.-C., & Regard, M. 2000. Beyond remembering: Phantom sensations of congenitally absent limbs.*Proceedings of the National Academy of Science, 97*, 6167–6172.

Bueno de Mesquita, B. 1981. *The war trap*. New Haven, Conn.: Yale University Press.

Bullock, A. 1991. *Hitler and Stalin: Parallel lives*. London: HarperCollins.

Burke, E. 1790/1967. *Reflections on the revolution in France*. London: J. M. Dent & Sons. Burnham, R., & Phelan, J. 2000. *Mean genes: From sex to money to food: Taming our primal instincts*. Cambridge, Mass.: Perseus.

Burnstein, E., Crandall, C., & Kitayama, S. 1994. Some neo-Darwinian decision rules for altruism: Weighing cues for inclusive fitness as a function of the biological importance of the decision. *Journal of Personality and Social Psychology, 67*, 773–789.

Buss, D., & Duntley, J. D. In press. Why the mind is designed for murder: The coevolution of killing and death prevention strategies. *Behavioral and Brain Sciences*.

Buss, D. M. 1992. Mate preference mechanisms: Consequences for partner choice and intrasexual competition. In J. Barkow, L. Cosmides, & J. Tooby (Eds.), *The adapted mind: Evolutionary psychology and the generation of culture*. New York: Oxford University Press.

Buss, D. M. 1994. *The evolution of desire*. New York: Basic Books.

Buss, D. M. 1995. Evolutionary psychology: A new paradigm for psychological science. *Psychological Inquiry, 6*, 1–30.

Buss, D. M. 1999. *Evolutionary psychology: The new science of the mind*. Boston: Allyn and Bacon.

Buss, D. M. 2000. *The dangerous passion: Why jealousy is as necessary as love and sex*. New York: Free Press.

Butterworth, B. 1999. *The mathematical brain*. London: Macmillan.

Calvin, W. H. 1996a. *The cerebral code*. Cambridge, Mass.: MIT Press.

Calvin, W. H. 1996b. *How brains think*. New York: Basic Books.

Calvin, W. H., & Bickerton, D. 2000. *Lingua ex machina: Reconciling Darwin and Chomsky with the human brain*. Cambridge, Mass.: MIT Press.

Calvin, W. H., & Ojemann, G. A. 2001. *Inside the brain: Mapping the cortex, exploring the neuron*.

Campbell, J. D., & Fairey, P. J. 1989. Informational and normative routes to conformity: The effect of faction size as a function of norm extremity and attention to the stimulus. *Journal of Personality and Social Psychology, 51*, 315–324.

Cappon, L. J. (Ed.) 1959. *The Adams-Jefferson letters*. New York: Simon & Schuster.

Caramazza, A., & Shelton, J. A. 1998. Domain-specific knowledge systems in the brain: The animate-inanimate distinction. *Journal of Cognitive Neuroscience, 10*, 1–34.

Carey, S. 1986. Cognitive science and science education. *American Psychologist, 41*, 1123–1130.

Carey, S., & Spelke, E. 1994. Domain-specific knowledge and conceptual change. In L. A. Hirschfeld & S. A. Gelman (Eds.), *Mapping the mind: Domain specificity in cognition and culture*. New York: Cambridge University Press.

Carpenter, M., Akhtar, N., & Tomasello, M. 1998. Fourteenthrough eighteen-month-old infants differentially imitate intentional and accidental actions. *Infant Behavior and Development, 21*, 315–330.

Carroll, J. 1995. *Evolution and literary theory*. Columbia: University of Missouri Press.

Cartmill, M. 1998. Oppressed by evolution. *Discover, 19*, 78–83.

Cartwright, J. 2000. *Evolution and human behavior*. Cambridge, Mass.: MIT Press.

Caryl, P. G. 1994. Early event-related potentials correlate with inspection time and intelligence. *Intelligence, 18*, 15–46.

Cashdan, E. 1989. Hunters and gatherers: Economic behavior in bands. In S. Plattner (Ed.), *Economic anthropology*. Stanford, Calif.: Stanford University Press.

Caspi, A. 2000. The child is father of the man: Personality continuities from childhood to adulthood. *Journal of Personality and Social Psychology, 78*, 158–172.

Catalano, S. M., & Shatz, C. J. 1998. Activity-dependent cortical target selection by thalamic axons. *Science, 24*, 559–562.

Cavalli-Sforza, L. L. 1991. Genes, people, and languages. *Scientific American, 223*, 104–110.

Cavalli-Sforza, L. L., & Feldman, M. W. 1981. *Cultural transmission and evolution: A quantitative approach*. Princeton, N.J.: Princeton University Press.

Chabris, C. F. 1999. Prelude or requiem for the "Mozart effect" ? *Nature, 400*, 826–828.

Chagnon, N. A. 1988. Life histories, blood revenge, and warfare in a tribal population. *Science, 239*, 985–992.

Chagnon, N. A. 1992. *Yanomam?: The last days of Eden*. New York: Harcourt Brace.

Chagnon, N. A. 1996. Chronic problems in understanding tribal violence and warfare. In G. Bock & J. Goode (Eds.), *The genetics of criminal and antisocial behavior*. New York: Wiley.

Chalupa, L. M. 2000. A comparative perspective on the formation of retinal connections in the mammalian brain. In M. S. Gazzaniga (Ed.), *The new cognitive neurosciences*. Cambridge, Mass.: MIT Press.

Chandler, D. P. 1999. *Brother number one: A political biography of Pol Pot*. Boulder, Colo.: Westview Press.

Charlesworth, B. 1987. The heritability of fitness. In J. W. Bradbury & M. B. Andersson (Eds.), *Sexual selection: Testing the hypotheses*. New York: Wiley.

Charlton, T. 1997. The inception of broadcast television: A naturalistic study of television's effects in St. Helena, South Atlantic. In T. Charlton & K. David (Eds.), *Elusive links: Television, video games, and children's behavior*. Cheltenham, U.K.: Park Published Papers.

Chase, W. G., & Simon, H. A. 1973. Perception in chess. *Cognitive Psychology, 4*, 55–81.

Check, J. V. P., & Malamuth, N. 1985. An empirical assessment of some feminist hypotheses about rape. *International Journal of Women's Studies, 8*, 414–423.

Chirot, D. 1994. *Modern tyrants*. Princeton, N.J.: Princeton University Press.

Chomsky, N. 1970. Language and freedom. *Abraxas, 1*, 9–24.

Chomsky, N. 1973. Psychology and ideology. In N. Chomsky (Ed.), *For reasons of state*. New York: Vintage.

Chomsky, N. 1975. *Reflections on language*. New York: Pantheon.

Chomsky, N. 1980. *Rules and representations*. New York: Columbia University Press.

Chomsky, N. 1988a. *Language and politics*. Montreal: Black Rose Books.

Chomsky, N. 1988b. *Language and problems of knowledge: The Managua lectures*. Cambridge, Mass.: MIT Press.

Chomsky, N. 1993. *Language and thought*. Wakefield, R.I.: Moyer Bell.

Chomsky, N. 2000. *New horizons in the study of language and mind*. New York: Cambridge University Press.

Chorney, M. J., Chorney, K., Seese, N., Owen, M. J., McGuffin, P., Daniels, J., Thompson, L. A., Detterman, D. K., Benbow, C. P., Lubinski, D., Eley, T. C., & Plomin, R. 1998. A quantitative trait locus (QTL) associated with cognitive ability in children. *Psychological Science, 9*, 159–166.

Chorover, S. L., 1979. *From genesis to genocide: The meaning of human nature and the power of behavior control*. Cambridge, Mass.: MIT Press.

Clahsen, H. 1999. Lexical entries and rules of language: A multidisciplinary study of German inflection. *Behavioral and Brain Sciences, 22*, 991–1013.

Clark, R. 1970. *Crime in America: Observations on its nature, causes, prevention, and control*. New York: Simon & Schuster.

Claverie, J.-M. 2001. What if there are only 30,000 human genes? *Science, 291*, 1255–1257.

Cohen, J. 1997. The natural goodness of humanity. In A. Reath, B. Herman, & C. Korsgaard (Eds.), *Reclaiming the history of ethics: Essays for John Rawls*. New York: Cambridge University Press.

Colapinto, J. 2000. *As nature made him: The boy who was raised as a girl*. New York: HarperCollins. Collins, W. A., Maccoby, E. E., Steinberg, L., Hetherington, E. M., & Bornstein, M. H. 2000. Contemporary research on parenting: The case for nature *and* nurture. *American Psychologist, 55*, 218–232.

Conquest, R. 2000. *Reflections on a ravaged century*. New York: Norton.

Cooke, B., & Turner, F. (Eds.) 1999. *Biopoetics: Evolutionary explorations in the arts*. St. Paul, Minn.: Paragon House.

Cosmides, L., & Tooby, J. 1992. Cognitive adaptations for social exchange. In J. H. Barkow, L. Cosmides, & J. Tooby (Eds.), *The adapted mind: Evolutionary psychology and the generation of culture*. New York: Oxford University Press.

Cosmides, L., & Tooby, J. 1996. Are humans good intuitive statisticians after all? Rethinking some conclusions from the literature on judgment under uncertainty. *Cognition, 58*, 1–73.

Courtois, S., Werth, N., Panné, J.-L., Paczkowski, A., Barto? sek, K., & Margolin, J.-L. 1999. *The black book of communism: Crimes, terror, repression*. Cambridge, Mass.: Harvard University Press.

Cowen, T. 1998. *In praise of commercial culture*. Cambridge, Mass.: Harvard University Press.

Cowie, F. 1999. *What's within? Nativism reconsidered*. New York: Oxford University Press. Crair, M. C., Gillespie, D. C., & Stryker, M. P. 1998. The role of visual experience in the development of columns in cat visual cortex. *Science, 27*, 566–570.

Cramer, K. S., & Sur, M. 1995. Activity-dependent remodeling of connections in the mammalian visual system. *Current Opinion in Neurobiology, 5*, 106–111.

Crawford, C., & Krebs, D. L. (Eds.) 1998. *Handbook of evolutionary psychology: Ideas, issues, and applications*. Mahwah, N.J.: Erlbaum.

Crevier, D. 1993. *AI: The tumultuous history of the search for artificial intelligence*. New York: Basic Books.

Crews, F. 2001. Saving us from Darwin. *New York Review of Books*, October 4 and October 18.

Crick, F. 1994. *The astonishing hypothesis: The scientific search for the soul*. New York: Simon & Schuster.

Crick, F., & Koch, C. 1995. Are we aware of neural activity in primary visual cortex? *Nature, 375*, 121–123.

Crittenden, D. 1999. *What our mothers didn't tell us: Why happiness eludes the modern woman*. New York: Simon & Schuster.

Cronin, H. 1992. *The ant and the peacock*. New York: Cambridge University Press.

Cronk, L. 1999. *That complex whole: Culture and the evolution of human behavior*. Boulder, Colo.: Westview Press.

Cronk, L., Chagnon, N.,& Irons, W. (Eds.) 2000. *Adaptation and human behavior*. Hawthorne, N.Y.: Aldine de Gruyter.

Crow, J. F. 2002. Unequal by nature: A geneticist's perspective on human differences. *Daedalus*, Winter, 81–88.

Crowley, J. C., & Katz, L. C. 2000. Early development of ocular dominance columns. *Science, 290*, 1321–1324.

Cummins, D. D. 1996. Evidence for the innateness of deontic reasoning. *Mind and Language, 11*, 160–190.

Curti, M. 1980. *Human nature in American thought: A history*. Madison: University of Wisconsin Press.

Curtiss, S., de Bode, S., & Shields, S. 2000. Language after hemispherectomy. In J. Gilkerson, M. Becker, & N. Hyams (Eds.), *UCLA Working Papers in Linguistics* (Vol. 5, pp. 91–112). Los Angeles: UCLA Department of Linguistics.

Dabbs, J. M., & Dabbs, M. G. 2000. *Heroes, rogues, and lovers: Testosterone and behavior*. New York: McGraw-Hill.

Daly, M. 1991. Natural selection doesn't have goals, butit's the reason organisms do (Commentary on P. J. H. Shoemaker, "The quest for optimality: A positive heuristic of science?"). *Behavioral and Brain Sciences, 14*, 219–220.

Daly, M., Salmon, C., & Wilson, M. 1997. Kinship: The conceptual hole in psychological studies of social cognition and close relationships. In J. Simpson & D. Kenrick (Eds.), *Evolutionary social psychology*. Mahwah, N.J.: Erlbaum.

Daly, M., & Wilson, M. 1983. *Sex, evolution, and behavior* (2nd ed.). Belmont, Calif.: Wadsworth.

Daly, M., & Wilson, M. 1988. *Homicide*. Hawthorne, N.Y.: Aldine de Gruyter.

Daly, M., & Wilson, M. 1994. Evolutionary psychology of male violence. In J. Archer (Ed.), *Male violence*. London: Routledge.

Daly, M., & Wilson, M. 1999. *The truth about Cinderella: A Darwinian view of parental love*. New Haven, Conn.: Yale University Press.

Daly, M., Wilson, M., & Vasdev, S. 2001. Income inequality and homicide rates in Canada and the United States. *Canadian Journal of Criminology, 43*, 219–236.

Damasio, A. R. 1994. *Descartes' error: Emotion, reason, and the human brain*. New York: Putnam.

Damasio, H. 2000. The lesion method in cognitive neuroscience. In F. Boller & J. Grafman (Eds.), *Handbook of neuropsychology* (2nd ed.), Vol. 1. New York: Elsevier.

Damewood, M. D. 2001. Ethical implications of a new application of preimplantation diagnosis. *Journal of the American Medical Association, 285*, 3143–3144.

Darwin, C. 1872/1998. *The expression of the emotions in man and animals: Definitive edition*. New York: Oxford University Press.

Davidson, R. J., Putnam, K. M., & Larson, C. L. 2000. Dysfunction in the neural circuitry of emotion regulation: A possible prelude to violence. *Science, 289*, 591–594.

Davis, B. D. 1983. Neo-Lysenkoism, IQ, and the press. *Public Interest, 73*, 41–59.

Dawkins, R. 1976/1989. *The selfish gene* (new ed.). New York: Oxford University Press.

Dawkins, R. 1983. Universal Darwinism. In D. S. Bendall (Ed.), *Evolution from molecules to man*. New York: Cambridge University Press.

Dawkins, R. 1985. Sociobiology: The debate continues (Review of Lewontin, Rose, & Kamin's "Not in our genes"). *New Scientist, 24*, 59–60.

Dawkins, R. 1986. *The blind watchmaker: Why the evidence of evolution reveals a universe without design*. New York: Norton.

Dawkins, R. 1998. *Unweaving the rainbow: Science, delusion and the appetite for wonder*. Boston: Houghton Mifflin.

de Waal, F. 1998. *Chimpanzee politics: Power and sex among the apes*. Baltimore: Johns Hopkins University Press.

Deacon, T. 1997. *The symbolic species: The oevolution of language and the brain*. New York: Norton.

Deary, J. J. 2000. *Looking down on human intelligence: From psychometrics to the brain*. New York: Oxford University Press.

Deater-Deckard, K., & Plomin, R. 1999. An adoption study of the etiology of teacher and parent reports of externalising behavior problems in middle childhood. *Child Development, 70*, 144–154.

Degler, C. N. 1991. *In search of human nature: The decline and revival of Darwinism in American social thought*. New York: Oxford University Press.

Dehaene, S. 1997. *The number sense: How the mind reates mathematics*. New York: Oxford University Press.

Dehaene, S., Spelke, L., Pinel, P., Stanescu, R., & Tsivkin, S. 1999. Sources of mathematical thinking: Behavioral and brain-imaging evidence. *Science, 284*, 970–974.

Denfeld, R. 1995. *The new Victorians: A young woman's challenge to the old feminist order*. New York: Warner Books.

Dennett, D. C. 1984. *Elbow room: The varieties of free will worth wanting*. Cambridge, Mass.: MIT Press.

Dennett, D. C. 1986. The logical geography of computational approaches: A view from the East Pole. In M. Harnish & M. Brand (Eds.), *The representation of knowledge and belief*. Tucson: University of Arizona Press.

Dennett, D. C. 1991. *Consciousness explained*. Boston: Little, Brown.

Dennett, D. C. 1995. *Darwin's dangerous idea: Evolution and the meanings of life*. New York: Simon & Schuster.

Dershowitz, A. M. 1994. *The abuse excuse*. Boston: Little, Brown.

Descartes, R. 1637/2001. *Discourse on method*. New York: Bartleby.com.

Descartes, R. 1641/1967. Meditations on first philosophy. In R. Popkin (Ed.), *The philosophy of the 16th and 17th centuries*. New York: Free Press.

Deutsch, M., & Gerard, G. B. 1955. A study of normative and informational social influence upon individual judgment. *Journal of Abnormal and Social Psychology, 51*, 629–636.

Devlin, K. 2000. *The math gene: How mathematical thinking evolved and why numbers are like gossip*. New York: Basic Books.

Diamond, J. 1992. *The third chimpanzee: The evolution and future of the human animal*. New York: HarperCollins.

Diamond, J. 1997. *Guns, germs, and steel: The fates of human societies*. New York: Norton.

Diamond, J. 1998. *Why is sex fun? The evolution of human sexuality*. New York: Basic Books.

Diamond, M., & Sigmundson, K. 1997. Sex reassignment at birth: Long-term review and clinical implications. *Archives of Pediatric and Adolescent Medicine, 151*, 298–304.

Dickinson, E. 1976. *The complete poems of Emily Dickinson*. New York: Little, Brown.

Dissanayake, E. 1992. *Homo aestheticus: Where art comes from and why*. New York: Free Press.

Dissanayake, E. 1998. Komar and Melamid discover Pleistocene taste. *Philosophy and Literature, 22*, 486–496.

Dissanayake, E. 2000. *Art and intimacy: How the arts began*. Seattle: University of Washington Press.

Divale, W. T. 1972. System population control in the middle and upper Paleolithic: Inferences based on contemporary hunter-gatherers. *World Archaeology, 4*, 222–243.

Dorit, R. 1997. Review of Michael Behe's "Darwin's black box." *American Scientist, 85*, 474–475.

Drake, S. 1970. *Galileo studies: Personality, tradition, and revolution*. Ann Arbor: University of Michigan Press.

Dugatkin, L. 1992. The evolution of the con artist. *Ethology and Sociobiology, 13*, 3–18.

Dunbar, R. 1998. *Grooming, gossip, and the evolution of language*. Cambridge, Mass.: Harvard University Press.

Dunn, J., & Plomin, R. 1990. *Separate lives: Why siblings are so different*. New York: Basic Books.

Dunphy, D. 1963. The social structure of early adolescent peer groups. *Sociometry, 26*, 230–246.

Durham, W. H. 1982. Interactions of genetic and cultural evolution: Models and examples. *Human Ecology, 10*, 299–334.

Durkheim, E. 1895/1962. *The rules of the sociological method*. Glencoe, Ill.: Free Press.

Dutton, D. 1998. America's most wanted, and why no one wants it. *Philosophy and Literature, 22*, 530–543.

Dutton, D. 2000. Mad about flowers. *Philosophy and Literature, 24*, 249–260.

Dutton, D. 2001. Aesthetic universals. In B. Gaut & D. M. Lopes (Eds.), *The Routledge companion to aesthetics*. New York: Routledge.

Dworkin, A. 1993. Sexual economics: The terrible truth. In *Letters from a war-zone*. New York: Lawrence Hill.

Eagly, A. H. 1995. The science and politics of comparing women and men. *American Psychologist, 50,* 145–158.

Easterlin, N., Riebling, B., & Crews, F. 1993. *After poststructuralism: Interdisciplinarity and literary theory (rethinking theory)*. Evanston, Ill.: Northwestern University Press.

Eaves, L. J., Eysenck, H. J., & Martin, N. G. 1989. *Genes, culture, and personality: An empirical approach*. San Diego: Academic Press.

Edgerton, R. B. 1992. *Sick societies: Challenging the myth of primitive harmony*. New York: Free Press.

Eibl-Eibesfeldt, I. 1989. *Human ethology*. Hawthorne, N.Y.: Aldine de Gruyter.

Ekman, P. 1987. A life's pursuit. In T. A. Sebeok & J. Umiker-Sebeok (Eds.), *The semiotic web 86: An international yearbook*. Berlin: Mouton de Gruyter.

Ekman, P. 1998. Afterword: Universality of emotional expression? A personal history of the dispute. In C. Darwin, *The expression of the emotions in man and animals: Definitive edition*. New York: Oxford University Press.

Ekman, P., & Davidson, R. J. 1994. *The nature of emotion*. New York: Oxford University Press.

Ellis, B. J. 1992. The evolution of sexual attraction: Evaluative mechanisms in women. In J. H. Barkow, L. Cosmides, & J. Tooby (Eds.), *The adapted mind: Evolutionary psychology and the generation of culture*. New York: Oxford University Press.

Ellis, L., & Beattie, C. 1983. The feminist explanation for rape: An empirical test. *Journal of Sex Research, 19*, 74–91.

Elman, J. L., Bates, E. A., Johnson, M. H., Karmiloff-Smith, A., Parisi, D., & Plunkett, K. 1996. *Rethinking innateness: A connectionist perspective on development*. Cambridge, Mass.: MIT Press.

Ember, C. 1978. Myths about hunter-gatherers. *Ethnology, 27*, 239–248.

Epstein, J. 1994. On the mathematical biology of arms races, wars, and revolutions. In L. Nadel & D. Stein (Eds.), *1992 lectures in complex systems*, Vol. 5. Reading, Mass.: Addison Wesley.

Epstein, J., & Axtell, R. L. 1996. *Growing artificial societies: Social science from the bottom up*. Cambridge, Mass.: MIT Press.

Erikson, M. A., & Kruschke, J. K., 1998. Rules and exemplars in category learning. *Journal of Experimental Psychology: General, 127*, 107–140.

Estrich, S. 2000. *Sex and power*. New York: Riverhead Press.

Etcoff, N. L. 1999. *Survival of the prettiest: The science of beauty*. New York: Doubleday.

Evans, D., & Zarate, O. 1999. *Introducing evolutionary psychology*. New York: Totem Books.

Evans, D. A. 1998. Evolution and literature. *South Dakota Review, 36*, 33–46.

Faigman, D.L. 1999. *Legal alchemy: The use and misuse of science in the law*. New York: W.H. Freeman. Farah, M. J., Rabinowitz, C., Quinn, G. E., & Liu, G. T. 2000. Early commitment of neural substrates for face recognition. *Cognitive Neuropsychology, 17*, 117–123.

Fausto-Sterling, A. 1985. *Myths of gender: Biological theories about women and men*. New York: Basic Books.

Fehr, E., Fischbacher, U., & Gächter, S. In press. Strong reciprocity, human cooperation and the enforcement of social norms. *Human Nature*.

Fehr, E., & Gächter, S. 2000. Fairness and retaliation: The economics of reciprocity. *Journal of Economic Perspectives, 14*, 159–181.

Fernández-Jalvo, Y., Diez, J. C., Bermúdez de Castro, J. M., Carbonell, E., & Arsuaga, J. L. 1996. Evidence of early cannibalism. *Science, 271*, 277–278.

Festinger, L. 1957. *A theory of cognitive dissonance*. Stanford, Calif.: Stanford University Press. Finch, C. E., & Kirkwood, T. B. L. 2000. *Chance, development, and aging*. New York: Oxford University Press.

Fischoff, S. 1999. Psychology's quixotic quest for the media-violence connection. *Journal of Media Psychology, 4*.

Fisher, S. E., Vargha-Khadem, F., Watkins, K. E., Monaco, A. P., & Pembrey, M. E. 1998. Localisation of a gene implicated in a severe speech and language disorder. *Nature Genetics, 18*, 168–170.

Fiske, A. P. 1992. The four elementary forms of sociality: Framework for a unified theory of social relations. *Psychological Review, 99*, 689–723.

Flynn, J. R. 1999. Searching for justice: The discovery of IQ gains over time. *American Psychologist 54*, 5–20.

Fodor, J. A. 1981. The present status of the innateness controversy. In J. A. Fodor (Ed.), *RePresentations*. Cambridge, Mass.: MIT Press.

Fodor, J. A. 1983. *The modularity of mind*. Cambridge, Mass.: MIT Press.

Fodor, J. A. 1994. *The elm and the expert: Mentalese and its semantics*. Cambridge, Mass.: MIT Press. Fodor, J. A., & Pylyshyn, Z. 1988. Connectionism and cognitive architecture: A critical analysis. *Cognition, 28*, 3–71.

Fox, J. A., & Zawitz, M. W. 2000. *Homicide trends in the United States*. Washington, D.C.: U.S. Department of Justice.

Fox, R. 1984. *Kinship and marriage: An anthropological perspective*. New York: Cambridge University Press.

Fox, R. 1989. *The search for society: Quest for a biosocial science and morality*. New Brunswick, N.J.: Rutgers University Press.

Frangiskakis, J. M., Ewart, A. K., Morris, A. C., Mervis, C. B., Bertrand, J., Robinson, B. F., Klein, B. P., Ensing, G. J., Everett, L. A., Green, E. D., Proschel, C., Gutowski, N. J., Noble, M., Atkinson, D. L., Odelberg, S. J., & Keating, M. T. 1996. LIM-Kinase1 hemizygosity implicated inimpaired visuospatial constructive cognition. *Cell, 86*, 59–69.

Frank, R. 1999. *Luxury fever: When money fails to satisfy in an era of excess*. New York: Free Press.

Frank, R. H. 1985. *Choosing the right pond: Human behavior and the quest for status*. New York: Oxford University Press.

Frank, R. H. 1988. *Passions within reason: The strategic role of the emotions*. New York: Norton. Frank, R. H., Gilovich, T., & Regan, D. 1993. The evolution of one-shot cooperation: An experiment. *Ethology and Sociobiology, 14*, 247–256.

Frazer, J. G. 1890/1996. *The golden bough*. New York: Simon & Schuster.

Freedman, J. L. 1984. Effect of television violence on aggressiveness. *Psychological Bulletin, 96*, 227–246.

Freedman, J. L. 1996. Violence in the mass media and violence in society: The link is unproven. *Harvard Mental Health Letter, 12*, 4–6.

Freedman, J. L. 2002. *Media violence and aggression: No evidence for a connection*. Toronto: University of Toronto Press.

Freeman, D. 1983. *Margaret Mead and Samoa: The making and unmaking of an anthropological myth*. Cambridge, Mass.: Harvard University Press.

Freeman, D. 1999. *The fateful hoaxing of Margaret Mead: A historical analysis of her Samoan research*. Boulder, Colo.: Westview Press.

Frith, C. 1992. *The cognitive neuropsychology of schizophrenia*. New York: Psychology Press.

Fry, D. 2000. Conflict management in cross-cultural perspective. In F. Aureli & F. B. M. de Waal (Eds.), *Natural conflict resolution*. Berkeley: University of California Press.

Furchtgott-Roth, D., & Stolba, C. 1999. *Women's figures: An illustrated guide to the economic progress of women in America*. Washington, D.C.: American Enterprise Institute Press.

Galileo, G. 1632/1967. *Dialogue concerning the two chief world systems*. Berkeley: University of California Press.

Gallistel, C. R. 1990. *The organization of learning*. Cambridge, Mass.: MIT Press.

Gallistel, C. R. (Ed.) 1992. *Animal cognition*. Cambridge, Mass.: MIT Press.

Gallistel, C. R. 2000. The replacement of general-purpose theories with adaptive specializations. In M. S. Gazzaniga (Ed.), *The new cognitive neurosciences*. Cambridge, Mass.: MIT Press.

Gangestad, S., & Thornhill, R. 1998. Menstrual cycle variation in women's preferences for the scent of symmetrical men. *Proceedings of the Royal Society of London B, 265*, 927–933.

Gardner, H. 1983. *Frames of mind: The theory of multiple intelligences*. New York: Basic Books.

Gardner, H. 1985. *The mind's new science: A history of the cognitive revolution*. New York: Basic Books.

Gardner, H. 1999. *Intelligence reframed: Multiple intelligences for the 21st century*. New York: Basic Books.

Gaulin, S., & McBurney, D. 2000. *Evolutionary psychology*. Englewood Cliffs, N.J.: Prentice Hall.

Gaulin, S. J. C., & McBurney, D. H. 2001. *Psychology: An evolutionary approach*. Upper Saddle River, N.J.: Prentice Hall.

Gazzaniga, M. S. 1992. *Nature's mind: The biological roots of thinking, emotion, sexuality, language, and intelligence*. New York: Basic Books.

Gazzaniga, M. S. 1998. *The mind's past*. Berkeley: University of California Press.

Gazzaniga, M. S. 2000a. *Cognitive neuroscience: A reader*. Malden, Mass.: Blackwell.

Gazzaniga, M.S. (Ed.) 2000b. *The new cognitive neurosciences*. Cambridge, Mass.: MIT Press.

Gazzaniga, M. S., Ivry, R. B., & Mangun, G. R. 1998. *Cognitive neuroscience: The biology of the mind*. New York: Norton.

Geary, D. C. 1994. *Children's mathematical development*. Washington, D.C.: American Psychological Association.

Geary, D. C. 1995. Reflections on evolution and culture in children's cognition. *American Psychologist, 50,* 24–37.

Geary, D. C. 1998. *Male, female: The evolution of human sex differences*. Washington, D.C.: American Psychological Association.

Geary, D. C. In press. Principles of evolutionary educational psychology. *Learning and Individual Differences.*

Geary, D. C., & Huffman, K. J. 2002. Brain and cognitive evolution: Forms of modularity and functions of mind. *Psychological Bulletin*.

Geertz, C. 1973. *The interpretation of cultures: Selected essays*. New York: Basic Books. Gelman, S. A., Coley, J. D., & Gottfried, G. M. 1994. Essentialist beliefs in children: The acquisition of concepts and theories. In L. A. Hirschfeld & S. A. Gelman (Eds.), *Mapping the mind: Domain specificity in cognition and culture*. New York: Cambridge University Press.

Getty, J. A. 2000. The future did not work (Reviews of Furet's "The passing of an illusion" and Courtois et al.'s "The black book of communism"). *Atlantic Monthly, 285,* 113–116.

Ghiglieri, M. P. 1999. *The dark side of man: Tracing the origins of male violence*. Reading, Mass.: Perseus Books.

Gibbons, A. 1997. Archaeologists rediscover cannibals. *Science*, *277,* 635–637.

Gibbons, A. 2000. Europeans trace ancestry to Paleolithic people. *Science, 290*, 1080–1081.

Gigerenzer, G. 1991. How to make cognitive illusions disappear: Beyond heuristics and biases. *European Review of Social Psychology, 2,* 83–115.

Gigerenzer, G. 1997. Ecological intelligence: An adaptation for frequencies. In D. Cummins & C. Allen (Eds.), *The evolution of mind*. New York: Oxford University Press.

Gigerenzer, G., & Hug, K. 1992. Domain specific reasoning: Social contracts, cheating and perspective change. *Cognition, 43,* 127–171.

Gigerenzer, G., & Selten, R. (Eds.) 2001. *Bounded rationality: The adaptive toolbox*. Cambridge, Mass.: MIT Press.

Gilbert, D. T., & Hixon, J. G. 1991. The trouble of thinking: Activation and application of stereotypic beliefs. *Journal of Personality and Social Psychology, 60,* 509–517.

Gilligan, C. 1982. *In a different voice: Psychological theory and women's development*. Cambridge, Mass.: Harvard University Press.

Gintis, H. 2000. Strong reciprocity and human sociality. *Journal of Theoretical Biology, 206,* 169–179.

Glendon, M. A. 2001. *A world made new: Eleanor Roosevelt and the Universal Declaration of Human Rights*. New York: Random House.

Glover, J. 1977. *Causing death and saving lives*. London: Penguin.

Glover, J. 1999. *Humanity: A moral history of the twentieth century*. London: Jonathan Cape.

Godfray, H. C. 1995. Evolutionary theory of parent-offspring conflict. *Nature, 376,* 133–138.

Goguen, J. A. E. 1999. Special Issue on Art and the Brain. *Journal of Consciousness Studies, 6.*

Goldberg, L. R. 1968. Simple models or simple processes? Some research on clinical judgments. *American Psychologist, 23,* 483–496.

Goldenberg, J., Mazursky, D., & Solomon, S. 1999. Creative sparks. *Science, 285,* 1495–1496.

Goldin, C. 1990. *Understanding the gender gap: An economic history of American workers*. New York: Oxford University Press.

Goleman, D. 1985. *Vital lies, simple truths: The psychology of self-deception*. New York: Simon & Schuster.

Gombrich, E. 1982/1995. *The sense of order: A study in the psychology of decorative art* (2nd ed.). London: Phaidon Press.

Gopnik, A., Meltzoff, A. N., & Kuhl, P. K. 1999. *The scientist in the crib: Minds, brains, and how children learn*. New York: William Morrow.

Gordon, M. T., & Riger, S. 1991. *The female fear: The social cost of rape*. Urbana: University of Illinois Press.

Gottfredson, L. S. 1988. Reconsidering fairness: A matter of social and ethical priorities. *Journal of Vocational Behavior, 29,* 379–410.

Gottfredson, L. S. 1997. Mainstream science on intelligence: An editorial with 52 signatories, history, and bibliography. *Intelligence, 24,* 13–23.

Gottfredson, M. R., & Hirschi, T. 1990. *A general theory of crime*. Stanford, Calif.: Stanford University Press.

Gottschall, J., & Gottschall, R. 2001. The reproductive success of rapists: An exploration of the per-incident rape-pregnancy rate. Paper presented at the Annual Meeting of the Human Behavior and Evolution Society, London.

Gottschall, J., & Jobling, I. (Eds.) In preparation. *Evolutionary psychology and literary studies: Toward integration*

Gould, S. J. 1976a. Biological potential vs. biological determinism. In S. J. Gould (Ed.), *Ever since Darwin: Reflections in natural history*. New York: Norton.

Gould, S. J. 1976b. Criminal man revived. *Natural History, 85,* 16–18.

Gould, S. J. 1980. *The panda's thumb*. New York: Norton.

Gould, S. J. 1981. *The mismeasure of man*. New York: Norton.

Gould, S. J. 1992. Life in a punctuation. *Natural History, 101,* 10–21.

Gould, S. J. 1995. Ordering nature by budding and fullbreasted exuality. In *Dinosaur in a haystack*. New York: Harmony Books.

Gould, S. J. 1998a. The Diet of Worms and the defenestration of Prague. In *Leonardo's mountain of clams and the Diet of Worms: Essays in natural history*. New York: Harmony Books.

Gould, S. J. 1998b. The great asymmetry. *Science, 279,* 812–813.

Grant, J. 1993. *Fundamental feminism: Contesting the core concepts of feminist theory*. New York: Routledge.

Graves, D. E. 1992. "Naked truths for the asking" : Twentieth-century military historians and the battlefield narrative. In D. A. Charters, M. Milner, & J. B. Wilson (Eds.), *Military history and the military profession*. Westport, Conn.: Greenwood Publishing Group.

Green, R. M. 2001. *The human embryo research debates: Bioethics in the vortex of controversy*. New York: Oxford University Press.

Greenwald, A. 1988. Self-knowledge and self-deception. In J. S. Lockard & D. L. Paulhaus (Eds.), *Self-deception: An adaptive mechanism*. Englewood Cliffs, N.J.: Prentice Hall.

Gu, X., & Spitzer, N. C. 1995. Distinct aspects of neuronal differentiation encoded by frequency of spontaneous Ca^{2+} transients. *Nature, 375,* 784–787.

Gur, R. C., & Gur, R. E. In press. Gender differences in neuropsychological functions. In L. J. Dickstein & B. L. Kennedy (Eds.), *Gender differences in the brain: Linking biology to psychiatry*. New York: Guilford Publications.

Gur, R. C., Turetsky, B. I., Matsui, M., Yan, M., Bilker, W., Hughett, P., & Gur, R. E. 1999. Sex differences in brain gray and white matter in healthy young adults: Correlations with cognitive performance. *Journal of Neuroscience, 19,* 4065–4072.

Gutknecht, L., Spitz, E., & Carlier, M. 1999. Long-term effect of placental type on anthropometrical and psychological traits among monozygotic twins: A follow-up study. *Twin Research, 2,* 212–217.

Hacking, I. 1999. *The social construction of what?* Cambridge, Mass.: Harvard University Press.

Hadley, R. F. 1994a. Systematicity in connectionist language learning. *Mind and Language, 9,* 247–272.

Hadley, R. F. 1994b. Systematicity revisited: Reply to Christiansen and Chater and Niklasson and Van Gelder. *Mind and Language, 9,* 431–444.

Haidt, J. 2001. The emotional dog and its rational tail: A social intuitionist approach to moral judgment. *Psychological Review, 108,* 813–834.

Haidt, J. In press. The moral emotions. In R. J. Davidson (Ed.), *Handbook of affective sciences*. New York: Oxford University Press.

Haidt, J., & Hersh, M. A. 2001. Sexual morality: The cultures and emotions of conservatives and liberals. *Journal of Applied Social Psychology, 31,* 191–221.

Haidt, J., Koller, H., & Dias, M. G. 1993. Affect, culture, and morality, or Is it wrong to eat your dog? *Journal of Personality and Social Psychology, 65,* 613–628.

Haier, R. J., Siegel, B., Tang, C., Abel, L., & Buchsbaum, M. S. 1992. Intelligence and changes in regional cerebral glucose metabolic rate following learning. *Intelligence, 16,* 415–426.

Haig, D. 1993. Genetic conflicts in human pregnancy. *Quarterly Review of Biology, 68,* 495–532.

Halpern, D. 2000. *Sex differences in cognitive abilities* (3rd ed.). Mahwah, N.J.: Erlbaum.

Halpern, D. F., Gilbert, R., & Coren, S. 1996. PC or not PC? Contemporary challenges to unpopular research findings. *Journal of Social Distress and the Homeless, 5,* 251–271.

Hamer, D., & Copeland, P. 1994. *The science of desire: The search for the gay gene and the biology of behavior*. New York: Simon & Schuster.

Hamer, D., & Copeland, P. 1998. *Living with our genes: Why they matter more than you think*. New York: Doubleday.

Hamilton, W. D. 1964. The genetical evolution of social behaviour (I and II). *Journal of Theoretical Biology, 7,* 1–16, 17–52.

Hardcastle, V. G., & Buller, D. J. 2000. Evolutionary psychology, meet developmental neurobiology: Against promiscuous modularity. *Brain and Mind, 1,* 307–325.

Hare, R. D. 1993. *Without conscience: The disturbing world of the psychopaths around us*. New York: Guilford Press.

Harpending, H., & Sobus, J. 1987. Sociopathy as an adaptation. *Ethology and Sociobiology, 8,* 63–72.

Harris, J. R. 1995. Where is the child's environment? A group socialization theory of development. *Psychological Review, 102,* 458–489.

Harris, J. R. 1998a. *The nurture assumption: Why children turn out the way they do*. New York: Free Press.

Harris, J. R. 1998b. The trouble with assumptions (Commentary on "Parental socialization of emotion" by Eisenberg, Cumberland, and Spinrad). *Psychological Inquiry, 9,* 294–297.

Harris, J. R. 2000a. Research on child development: What we can learn from medical research. Paper presented at the Children's Roundtable, Brookings Institution, Washington, D. C., September 28.

Harris, J. R. 2000b. Socialization, personality development, and the child's environments: Comment on Vandell (2000). *Developmental Psychology, 36,* 711–723.

Harris, J. R. In press. Personality and birth order: Explaining the differences between siblings. *Politics and the Life Sciences.*

Harris, M. 1985. *Good to eat: Riddles of food and culture*. New York: Simon & Schuster.

Hartman, J. L., Garvik, B., & Hartwell, L. 2001. Principles for the buffering of genetic variation. *Science, 291,* 1001–1004.

Haugeland, J. 1981. Semantic engines: An introduction to mind design. In J. Haugeland (Ed.), *Mind design: Philosophy, psychology, artificial intelligence*. Cambridge, Mass.: MIT Press.

Hauser, M. D. 1996. *The evolution of communication*. Cambridge, Mass.: MIT Press. Hauser, M. D. 2000. *Wild minds: What animals really think*. New York: Henry Holt.

Hausman, P. 1999. *On the rarity of mathematically and mechanically gifted females*. The Fielding Institute, Santa Barbara, Calif.

Hawkes, K., O'Connell, J., & Rogers, L. 1997. The behavioral ecology of modern hunter-gatherers, and human evolution. *Trends in Evolution and Ecology, 12,* 29–32.

Hayek, F. A. 1960/1978. *The constitution of liberty*. Chicago: University of Chicago Press. Hayek, F. A. 1976. *Law, legislation, and liberty* (Vol. 2: *The mirage of social justice*). Chicago: University of Chicago Press.

Hedges, L. V., & Nowell, A. 1995. Sex differences in mental test scores, variability, and numbers of high-scoring individuals. *Science, 269,* 41–45.

Hernadi, P. 2001. Literature and evolution. *SubStance, 30,* 55–71. Herrnstein, R. 1971. I.Q. *Atlantic Monthly,* 43–64.

Herrnstein, R. J. 1973. On challenging an orthodoxy. *Commentary,* 52–62.

Herrnstein, R. J., & Murray, C. 1994. *The bell curve: Intelligence and class structure in American life*. New York: Free Press.

Hinton, G. E., & Nowlan, S. J. 1987. How learning can guide evolution. *Complex Systems, 1,* 495–502.

Hirschfeld, L. A., & Gelman, S. A. 1994. *Mapping the mind: Domain specificity in cognition and culture*. New York: Cambridge University Press.

Hirshleifer, J. 1987. On the emotions as guarantors of threats and promises. In J. Dupré (Ed.), *The latest on the best: Essays on evolution and optimality*. Cambridge, Mass.: MIT Press.

Hobbes, T. 1651/1957. *Leviathan*. New York: Oxford University Press.

Hoffrage, U., Lindsey, S., Hertwig, R., & Gigerenzer, G. 2000. Communicating statistical information. *Science, 290,* 2261–2262.

Hogan, P. C. 1997. Literary universals. *Poetics Today, 18,* 224–249. Holden, C. 1987. The genetics of personality. *Science, 237,* 598–601.

Holden, C. 2000. Molecule shows Anasazi ate their enemies. *Science, 289,* 1663.

Horgan, J. 1993. Eugenics revisited: Trends in behavioral genetics. *Scientific American, 268,* 122–131.

Horgan, J. 1995. The new Social Darwinists. *Scientific American, 273,* 174–181.

Horowitz, D. L. 2001. *The deadly ethnic riot.* Berkeley: University of California Press.

Hrdy, S. B. 1999. *Mother nature: A history of mothers, infants, and natural selection.* New York: Pantheon Books.

Hubel, D. H. 1988. *Eye, brain, and vision.* New York: Scientific American.

Hume, D. 1739/2000. *A treatise of human nature.* New York: Oxford University Press.

Hummel, J. E., & Biederman, I. 1992. Dynamic binding in a neural network for shape recognition. *Psychological Review, 99,* 480–517.

Hummel, J. E., & Holyoak, K. J. 1997. Distributed representations of structure: A theory of analogical access and mapping. *Psychological Review, 104,* 427–466.

Hunt, M. 1999. *The new know-nothings: The political foes of the scientific study of human nature.* New Brunswick, N.J.: Transaction Publishers.

Hyman, S. E. 1999. Introduction to the complex genetics of mental disorders. *Biological Psychiatry, 45,* 518–521.

Jackendoff, R. 1990. *Semantic structures.* Cambridge, Mass.: MIT Press. Jackendoff, R. 1996. How language helps us think. *Pragmatics and Cognition, 4,* 1–34.

Jackendoff, R. S. 1987. *Consciousness and the computational mind.* Cambridge, Mass.: MIT Press.

Jackson, D. J., & Huston, T. L. 1975. Physical attractiveness and assertiveness. *Journal of Social Psychology, 96,* 79–84.

Jaffe, S., & Hyde, J. S. 2000. Gender differences in moral orientation. *Psychological Bulletin, 126,* 703–726.

Jaggar, A. M. 1983. *Feminist politics and human nature.* Lanham, Md.: Rowman & Littlefield. James, W. 1890/1950. *The principles of psychology.* New York: Dover.

Janda, L. H. 1998. *Psychological testing: Theory and applications.* Boston: Allyn & Bacon.

Jensen, A. 1969. How much can we boost IQ and scholastic achievement? *Harvard Educational Review, 39,* 1–123.

Jensen, A. 1971. A note on why genetic correlations are not squared. *Psychological Bulletin, 75,* 223–224.

Jensen, A. R. 1972. *Genetics and education.* New York: Harper and Row. Jensen, A. R. 1982. The debunking of scientific fossils and straw persons: Review of "The mismeasure of man." *Contemporary Education Review, 1,* 121–135.

Jensen, A. R. 1998. *The g factor: The science of mental ability.* Westport, Conn.: Praeger. Jespersen, O. 1938/1982. *Growth and structure of the English language.* Chicago: University of Chicago Press.

Johnson, G. R., Ratwik, S. H., & Sawyer, T. J. 1987. The evocative significance of kin terms in patriotic speech. In V. Reynolds, V. Falger, & I. Vine (Eds.), *The sociobiology of ethnocentrism.* London: Croon Helm.

Jones, O. 2000. Reconsidering rape. *National Law Journal,* February 21, A21. Jones, O. 2001. Time-shifted rationality and the Law of Law's Leverage: Behavioral economics meets behavioral biology. *Northwestern University Law Review, 95,* 1141–1205.

Jones, O. D. 1997. Evolutionary analysis in law: An introduction and application to child abuse. *North*

Carolina Law Review, 75, 1117–1242.

Jones, O. D. 1999. Sex, culture, and the biology of rape: Toward explanation and prevention. *California Law Review, 87,* 827–942.

Junger, S. 1997. *The perfect storm: A true story of men against the sea*. New York: Norton.

Jussim, L. J., & Eccles, J. 1995. Are teacher expectations biased by students' gender, social class, or ethnicity? In Y.-T. Lee, L. J. Jussim, & C. R. McCauley (Eds.), *Stereotype accuracy: Toward appreciating group differences*. Washington, D.C.: American Psychological Association.

Jussim, L. J., McCauley, C. R., & Lee, Y.-T. 1995. Why study stereotype accuracy and inaccuracy? In Y.-T. Lee, L. J. Jussim, & C. R. McCauley (Eds.), *Stereotype accuracy: Toward appreciating group differences*. Washington, D.C.: American Psychological Association.

Kaas, J. H. 2000. The reorganization of sensory and motor maps after injury in adult mammals. In M. S. Gazzaniga (Ed.), *The new cognitive neurosciences*. Cambridge, Mass.: MIT Press.

Kahneman, D., & Tversky, A. 1982. On the study of statistical intuitions. *Cognition, 11,* 123–141.

Kahneman, D., & Tversky, A. 1984. Choices, values, and frames. *American Psychologist, 39,* 341–350.

Kamin, L. 1974. *The science and politics of IQ*. Mahwah, N.J.: Erlbaum.

Kaminer, W. 1990. *A fearful freedom: Women's flight from equality*. Reading, Mass.: Addison Wesley.

Kandel, E. R., Schwartz, J. H., & Jessell, T. M. 2000. *Principles of neural science* (4th ed.). New York: McGraw-Hill.

Kane, R. 1998. *The significance of free will*. New York: Oxford University Press.

Kanwisher, N., & Moscovitch, M. 2000. The cognitive neuroscience of face processing: An introduction. *Cognitive Neuropsychology, 17,* 1–13.

Kaplan, H., Hill, K., & Hurtado, A. M. 1990. Risk, foraging, and food sharing among the Ache. In E. Cashdan (Ed.), *Risk and uncertainty in tribal and peasant economies*. Boulder, Colo.: Westview Press.

Kaplan, J. 1973. *Criminal justice: Introductory cases and materials*. Mineola, N.Y.: The Foundation Press.

Kaplan, S. 1992. Environmental preference in a knowledgeseeking, knowledge-using organism. In J. H. Barkow, L. Cosmides, & J. Tooby (Eds.), *The adapted mind: Evolutionary psychology and the generation of culture*. New York: Oxford University Press.

Karmiloff-Smith, A. 1992. *Beyond modularity: A developmental perspective on cognitive science*. Cambridge, Mass.: MIT Press.

Karmiloff-Smith, A., Klima, E. S., Bellugi, U., Grant, J., & Baron-Cohen, S. 1995. Is there a social module? Language, face processing, and Theory of Mind in individuals with Williams syndrome. *Journal of Cognitive Neuroscience, 7,* 196–208.

Katz, L. C., & Crowley, J. C. 2002. Development of cortical circuits: Lessons from ocular dominance columns. *Nature Neuroscience Reviews, 3,* 34–42.

Katz, L. C., & Shatz, C. J. 1996. Synaptic activity and the construction of cortical circuits. *Science, 274,* 1133–1137.

Katz, L. C., Weliky, M., & Crowley, J. C. 2000. Activity and the development of the visual cortex: New perspectives. In M. S. Gazzaniga (Ed.), *The new cognitive neurosciences*. Cambridge, Mass.: MIT Press.

Keegan, J. 1976. *The face of battle*. New York: Penguin.

Keeley, L. H. 1996. *War before civilization: The myth of the peaceful savage*. New York: Oxford University Press.

Keil, F. C. 1989. *Concepts, kinds, and cognitive developmen*. Cambridge, Mass.: MIT Press.

Keil, F. C. 1995. The growth of casual understandings of natural kinds. In D. Sperber, D. Premack, amp; A. J. Premack (Eds.), *Causal cognition*. New York: Oxford University Press.

Kelling, G. L., & Sousa, W. H. 2001. *Do police matter? An analysis of the impact of New York City's police reforms* (Civic Report 22). New York: Manhattan Institute for Policy Research.

Kelman, H. 1958. Compliance, identification, and internalization: Three processes of attitude change. *Journal of Conflict Resolution, 2,* 51–60.

Kennedy, J. 1993. *Drawings in the blind*. New Haven, Conn.: Yale University Press.

Kennedy, R. 1997. *Race, crime, and the law*. New York: Vintage.

Kenrick, D., Groth, G., Trost, M., & Sadalla, E. 1993. Integrating evolutionary and social exchange perspectives on relationships: Effects of gender, self-appraisal, and involvement level on mate selection criteria. *Journal of Personality and Social Psychology, 64,* 951–969.

Kenrick, D., & Sheets, V. 1994. Homicide fantasies. *Ethology and Sociobiology, 14,* 231–246.

Kevles, D. J. 1985. *In the name of eugenics: Genetics and the uses of human heredity*. Cambridge, Mass.: Harvard University Press.

Keyser, S. J. 1999. Meter and poetry. In R. A. Wilson & F. C. Keil (Eds.), *The MIT Encyclopedia of the Cognitive Sciences*. Cambridge, Mass.: MIT Press.

Keyser, S. J., & Halle, M. 1998. On meter in general and on Robert Frost's loose iambics in particular. In E. Iwamoto (Ed.), *Festschrift for Professor K. Inoue*. Tokyo: Kanda University of International Studies.

Kimura, D. 1999. *Sex and cognition*. Cambridge, Mass.: MIT Press.

Kingdon, J. 1993. *Self-made man: Human evolution from Eden to extinction?* New York: Wiley.

Kirwin, B. R. 1997. *The mad, the bad, and the innocent: The criminal mind on trial*. Boston: Little, Brown.

Kitcher, P. 1982. *Abusing science: The case against creationism*. Cambridge, Mass.: MIT Press.

Klaw, S. 1993. *Without sin: The life and death of the Oneida community*. New York: Penguin.

Klein, R. G. 1989. *The human career: Human biological and cultural origins*. Chicago: University of Chicago Press.

Kleinfeld, J. 1999. *MIT tarnishes its reputation with gender junk science* Special report. Arlington, Va.: Independent Women's Forum.

Klima, E., & Bellugi, U. 1979. *The signs of language*. Cambridge, Mass.: Harvard University Press.

Knauft, B. 1987. Reconsidering violence in simple human societies. *Current Anthropology, 28,* 457–500.

Koestler, A. 1959. *The sleepwalkers: A history of man's changing vision of the universe*. London: Penguin.

Komar, B., Melamid, A., & Wypijewski, J. 1997. *Painting by numbers: Komar and Melamid's scientific guide to art*. New York: Farrar, Straus & Giroux.

Kors, A. C., & Silverglate, H. A. 1998. *The shadow university: The betrayal of liberty on America's campuses*. New York: Free Press.

Kosof, A. 1996. *Living in two worlds: The immigrant children's experience*. New York: Twenty-First Century Books.

Kosslyn, S. M. 1980. *Image and mind*. Cambridge, Mass.: Harvard University Press.

Kosslyn, S. M. 1994. *Image and brain: The resolution of the imagery debate*. Cambridge, Mass.: MIT Press.

Krebs, D., & Denton, K. 1997. Social illusions and selfdeception: The evolution of biases in person perception. In J. A. Simpson & D. T. Kenrick (Eds.), *Evolutionary social psychology*. Mahwah, N.J.: Erlbaum.

Krebs, D. L. 1998. The evolution of moral behaviors. In C. Crawford & D. L. Krebs (Eds.), *Handbook of evolutionary psychology: Ideas, issues, and applications*. Mahwah, N.J.: Erlbaum.

Krech, S. 1994. Genocide in tribal society. *Nature, 371,* 14–15.

Krech, S. 1999. *The ecological Indian: Myth and history*. New York: Norton.

Krubitzer, L., & Huffman, K. J. 2000. A realization of the neocortex in mammals: Genetic and epigenetic contributions to the phenotype. *Brain, Behavior, and Evolution, 55,* 322–335.

Krueger, R. F., Hicks, B. M., & McGue, M. 2001. Altruism and antisocial behavior: Independent tendencies, unique personality correlates, distinct etiologies. *Psychological Science, 12,* 397–402.

Kubovy, M. 1981. Concurrent pitch segregation and the theory of indispensable attributes. In M. Kubovy & J. Pomerantz (Eds.), *Perceptual organization*. Mahwah, N.J.: Erlbaum.

Kubovy, M. 1986. *The psychology of perspective and Renaissance art*. New York: Cambridge University Press.

Lachter, J., & Bever, T. G. 1988. The relation between linguistic structure and associative theories of language learning—A constructive critique of some connectionist learning models. *Cognition, 28,* 195–247.

Lai, C. S. L., Fisher, S. E., Hurst, J. A., Vargha-Khadem, F., & Monaco, A. P. 2001. A novel forkhead-domain gene is mutated in a severe speech and language disorder. *Nature, 413,* 519–523.

Lakoff, G. 1996. *Moral politics: What conservatives know that liberals don't*. Chicago: University of Chicago Press.

Lakoff, G., & Johnson, M. 1980. *Metaphors we live by*. Chicago: University of Chicago Press.

Lakoff, G., & Nunez, R. E. 2000. *Where mathematics comes from: How the embodied mind brings mathematics into being*. New York: Basic Books.

Lalumière, M. L., Harris, G. T., & Rice, M. E. 2001. Psychopathy and developmental instability. *Evolution and Human Behavior, 22,* 75–92.

Lander, E. S., Patrinos, A., Morgan, J. J., & International Human Genome Sequencing Consortium. 2001. Intitial sequencing and analysis of the human genome. *Nature, 409,* 813–958.

Latané, B., & Nida, S. 1981. Ten years of research on group size and helping. *Psychological Bulletin, 89,* 308–324.

Laubichler, M. D. 1999. Frankenstein in the land of *Dichter* and *Denker. Science, 286,* 1859–1860.

Lazarus, R. S. 1991. *Emotion and adaptation*. New York: Oxford University Press.

Lee, Y.-T., Jussim, L. J., & McCauley, C. R. (Eds.) 1995. *Stereotype accuracy: Toward appreciating group differences*. Washington, D.C.: American Psychological Association.

Lehman, D. 1992. *Signs of the times: Deconstructionism and the fall of Paul de Man*. New York: Simon amp; Schuster.

Lehrman, K. 1997. *The lipstick proviso: Women, sex, and power in the real world*. New York: Doubleday.

Leibniz, G. W. 1768/1996. *New essays on human understanding*. New York: Cambridge University Press.

Lerdahl, F., & Jackendoff, R. 1983. *A generative theory of tonal music*. Cambridge, Mass.: MIT Press.

Lesch, K.-P., Bengel, D., Heils, A., Sabol, S. Z., Greenberg, B. D., Petri, S., Benjamin, J., Muller, C.y R., Hamer, D. H., & Murphy, D. L. 1996. Association of anxiety-related traits with a polymorphism in the serotonin transporter gene regulatory region. *Science, 274,* 1527–1531.

Leslie, A. M. 1994. ToMM, ToBY, and agency: Core architecture and domain specificity. In L. A. Hirschfeld & S. A. Gelman (Eds.), *Mapping the mind: Domain specificity in cognition and culture*. New York: Cambridge University Press.

Leslie, A. M. 1995. Pretending and believing: Issues in the theory of ToMM. *Cognition, 50,* 193–220.

LeVay, S. 1993. *The sexual brain*. Cambridge, Mass.: MIT Press.

Levins, R., & Lewontin, R. C. 1985. *The dialectical biologist*. Cambridge, Mass.: Harvard University Press.

Levitt, P. 2000. Molecular determinants of regionalization of the forebrain and cerebral cortex. In M. S. Gazzaniga (Ed.), *The new cognitive neurosciences*. Cambridge, Mass.: MIT Press.

Lewis, H. W. 1990. *Technological risk*. New York: Norton.

Lewontin, R. 1990. How much did the brain have to change for speech? (Commentary on Pinker & Bloom's "Natural language and natural selection"). *Behavioral and Brain Sciences, 13*, 740–741.

Lewontin, R. 1992. *Biology as ideology: The doctrine of DNA*. New York: HarperCollins.

Lewontin, R. C. 1982. *Human diversity*. San Francisco: Scientific American. Lewontin, R. C. 1983. The organism as the subject and object of evolution. *Scientia, 118,* 65–82.

Lewontin, R. C., Rose, S., & Kamin, L. J. 1984. *Not in our genes*. New York: Pantheon.

Lingua Franca, Editors of. 2000. *The Sokal hoax: The sham that shook the academy*. Lincoln: University of Nebraska Press.

Lockard, J. S., & Paulhaus, D. L. (Eds.) 1988. *Selfdeception: An adaptive mechanism*. Englewood Cliffs, N.J.: Prentice Hall.

Locke, J. 1690/1947. *An essay concerning human understanding*. New York: E. P. Dutton.

Loehlin, J. C. 1992. *Genes and environment in personality development*. Newbury Park, Calif.: Sage.

Loehlin, J. C. 2001. Behavior genetics and parenting theory. *American Psychologist, 56,* 169–170.

Loehlin, J. C., & Nichols, R. C. 1976. *Heredity, environment, and personality: A study of 850 sets of twins.* Austin: University of Texas Press.

Loury, G. 2002. *The anatomy of racial inequality: Stereotypes, stigma, and the elusive quest for racial justice in the United States*. Cambridge, Mass.: Harvard University Press.

Lubinski, D., & Benbow, C. 1992. Gender differences in abilities and preferences among the gifted: Implications for the math-science pipeline. *Current Directions in Psychological Science, 1,* 61–66.

Lumsden, C., & Wilson, E. O. 1981. *Genes, mind, and culture*. Cambridge, Mass.: Harvard University Press.

Lutz, D. 1984. The relative influence of European writers on late eighteenth-century American political thought. *American Political Science Review, 78,* 189–197.

Lykken, D. T. 1995. *The antisocial personalities*. Mahwah, N.J.: Erlbaum.

Lykken, D. T. 2000. The causes and costs of crime and a controversial cure. *Journal of Personality, 68,* 559–605.

Lykken, D. T., McGue, M., Tellegen, A., & Bouchard, T. J., Jr. 1992. Emergenesis: Genetic traits that may not run in families. *American Psychologist, 47,* 1565–1577.

Lytton, H. 1990. Child effects—Still unwelcome? Response to Dogge and Wahler. *Developmental Psychology, 26,* 705–709.

Lytton, H., & Romney, D. M. 1991. Parents' differential socialization of boys and girls: A meta-analysis. *Psychological Bulletin, 109,* 267–296.

Maccoby, E. E., & Jacklin, C. N. 1987. *The psychology of sex differences*. Stanford, Calif.: Stanford University Press.

Maccoby, E. E., & Martin, J. A. 1983. Socialization in the context of the family: Parent-child interaction.

In P. H. Mussen & E. M. Hetherington (Eds.), *Handbook of child psychology: Socialization, personality, and social development* (4 ed., Vol. 4). New York: Wiley.

Macnamara, J. 1999. *Through the rearview mirror: Historical reflections on psychology*. Cambridge, Mass.: MIT Press.

Macnamara, J., & Reyes, G. E. (Eds.) 1994. *The logical foundations of cognition*. New York: Oxford University Press.

Maguire, E. A., Gadian, D. G., Johnsrude, I. S., Good, C. D., Ashburner, J., Frackowiak, R. S. J., & Frith, C. D. 2000. Navigation-related structural change in the hippocampi of taxi drivers. *PNAS, 97,* 4398–4403.

Maier, P. 1997. *American scripture: Making the Declaration of Independence*. New York: Knopf.

Mallon, R., & Stich, S. 2000. The odd couple: The compatibility of social construction and evolutionary psychology. *Philosophy of Science, 67,* 133–154.

Marcus, G. F. 1998. Rethinking eliminative connectionism. *Cognitive Psychology, 37,* 243–282.

Marcus, G. F. 2001a. *The algebraic mind: Reflections on connectionism and cognitive science*. Cambridge, Mass.: MIT Press.

Marcus, G. F. 2001b. Plasticity and nativism: Towards a resolution of an apparent paradox. In S. Wermter, J. Austin, & D. Willshaw (Eds.), *Emergent neural computational architectures based on neuroscience*. New York: Springer- Verlag.

Marcus, G. F., Brinkmann, U., Clahsen, H., Wiese, R., & Pinker, S. 1995. German inflection: The exception that proves the rule. *Cognitive Psychology, 29,* 189–256.

Marks, I. M., & Nesse, R. M. 1994. Fear and fitness: An evolutionary analysis of anxiety disorders. *Ethology and Sociobiology, 15,* 247–261.

Marr, D. 1982. *Vision*. San Francisco: W. H. Freeman.

Marslen-Wilson, W. D., & Tyler, L. K. 1998. Rules, representations, and the English past tense. *Trends in Cognitive Science, 2,* 428–435.

Martin, N. G., Eaves, L. J., Heath, A. C., Jardine, R., Feingold, L. M., & Eysenck, H. J. 1986. Transmission of social attitudes. *Proceedings of the National Academy of Science, 83,* 4364–4368.

Martindale, C. 1990. *The clockwork muse: The predictability of artistic change*. New York: BasicBooks.

Marx, K. 1845/1989. Theses on Feuerbach. In K. Marx & F. Engels, *Basic writings on politics and philosophy*. New York: Anchor Books.

Marx, K. 1847/1995. *The poverty of philosophy*. Amherst, N.Y.: Prometheus Books.

Marx, K. 1859/1979. *Contribution to the critique of political economy*. New York: International Publishers.

Marx, K. 1867/1993. *Capital: A critique of political economy*. London: Penguin.

Marx, K., & Engels, F. 1844/1988. *The economic and philosophic manuscripts of 1844*. Amherst, N.Y.: Prometheus Books.

Marx, K., & Engels, F. 1846/1963. *The German ideology: Parts I & III.* New York: New World Paperbacks/ International Publishers.

Masters, R. D. 1982. Is sociobiology reactionary? The political implications of inclusive-fitness theory. *Quarterly Review of Biology, 57,* 275–292.

Masters, R. D. 1989. *The nature of politics*. New Haven, Conn.: Yale University Press. Maynard Smith, J. 1975/1993. *The theory of evolution*. New York: Cambridge University Press.

Maynard Smith, J., & Szathmáry, E. 1997. *The major transitions in evolution*. New York: Oxford University

Press.

Mayr, E. 1963. *Animal species and evolution*. Cambridge, Mass.: Harvard University Press. Mayr, E. 1982. *The growth of biological thought*. Cambridge, Mass.: Harvard University Press.

McCauley, C. R. 1995. Are streotypes exaggerated? A sampling of racial, gender, academic, occupational, and political stereotypes. In Y.-T. Lee, L. J. Jussim, & C. R. McCauley (Eds.), *Stereotype accuracy: Toward appreciating group differences*. Washington, D.C.: American Psychological Association.

McClelland, J. L., Rumelhart, D. E., & the PDP Research Group. 1986. *Parallel distributed processing: Explorations in the microstructure of cognition* (Vol. 2: *Psychological and biological models*).

Cambridge, Mass.: MIT Press.

McCloskey, M. 1983. Intuitive physics. *Scientific American, 248,* 122–130.

McCloskey, M., & Cohen, N. J. 1989. Catastrophic interference in connectionist networks: The sequential learning problem. In G. H. Bower (Ed.), *The psychology of learning and motivation* (Vol. 23). New York: Academic Press.

McCord, W. M. 1989. *Voyages to Utopia: From monastery to commune: The search for the perfect society in modern times*. New York: Norton.

McCrae, R. R., Costa, P. T., Ostendorf, F., Angleitner, A., Hrebickova, M., Avia, M. D., Sanz, J., Sanchez-Bernardos, M. L., Kusdil, M. E., Woodfield, R., Saunders, P. R., & Smith, P. B. 2000. Nature over nurture: Temperament, personality, and life span development. *Journal of Personality and Social Psychology, 78,* 173–186.

McElroy, W. 1996. *Sexual correctness: The gender-feminist attack on women*. Jefferson, N.C.: McFarland.

McGinn, C. 1993. *Problems in philosophy: The limits of inquiry*. Cambridge, Mass.: Blackwell. McGinn, C. 1997. *Evil, ethics, and fiction*. New York: Oxford University Press.

McGinn, C. 1999. *The mysterious flame: Conscious minds in a material world*. New York: Basic Books. McGinnis, J. O. 1996. The original constitution and our origins. *Harvard Journal of Law and Public Policy, 19,* 251–261.

McGinnis, J. O. 1997. The human constitution and constitutive law: A prolegomenon. *Journal of Contemporary Legal Issues, 8,* 211–239.

McGue, M. 1997. The democracy of the genes. *Nature, 388,* 417–418.

McGuinness, D. 1997. *Why our children can't read*. New York: Free Press.

McLearn, G. E., Johansson, B., Berg, S., Pedersen, N. L., Ahern, F., Petrill, S. A., & Plomin, R. 1997. Substantial genetic influence on cognitive abilities in twins 80 or more years old. *Science, 276,* 1560–1563.

McLeod, P., Plunkett, K., & Rolls, E. T. 1998. *Introduction to connectionist modeling of cognitive processes*. New York: Oxford University Press.

Mead, M. 1928. *Coming of age in Samoa: A psychological study of primitive youth for Western Civilisation*. New York: Blue Ribbon Books.

Mead, M. 1935/1963. *Sex and temperament in three primitive societies*. New York: William Morrow.

Mealey, L. 1995. The sociobiology of sociopathy: An integrated evolutionary model. *Behavioral and Brain Sciences, 18,* 523–541.

Mealey, L., Daood, C., & Krage, M. 1996. Enhanced memory for faces of cheaters. *Ethology and Sociobiology, 17,* 119–128.

Meltzoff, A. N. 1995. Understanding the intentions of others: Re-enactment of intended acts by 18-month-old children. *Developmental Psychology, 31,* 838–850.

Melzack, R. 1990. Phantom limbs and the concept of a neuromatrix. *Trends in Neurosciences, 13,* 88–92.

Melzack, R., Israel, R., Lacroix, R., & Schultz, G. 1997. Phantom limbs in people with congenital limb deficiency or amputation in early childhood. *Brain, 120,* 1603–1620.

Mesquida, C. G., & Wiener, N. I. 1996. Human collective aggression: A behavioral ecology perspective. *Ethology and Sociobiology, 17,* 247–262.

Miller, E. E. 1997. Could nonshared environmental variation have evolved to assure diversification through randomness? *Evolution and Human Behavior, 18,* 195–221.

Miller, E. K. 2000. The prefrontal cortex and cognitive control. *Nature Reviews Neuroscience, 1,* 59–65.

Miller, G. A., Galanter, E., & Pribram, K. H. 1960. *Plans and the structure of behavior*. New York: Adams-Bannister-Cox.

Miller, G. F. 2000a. *The mating mind: How sexual choice shaped the evolution of human nature*. New York: Doubleday.

Miller, G. F. 2000b. Sexual selection for indicators of intelligence. In G. Bock, J. A. Goode, & K. Webb (Eds.),*The nature of intelligence*. Chichester, U.K.: Wiley.

Miller, G.F. 2001. Aesthetic fitness: How sexual selection shaped artistic virtuosity as a fitness indicator and aesthetic preferences as mate choice criteria. *Bulletin of Psychology and the Arts, 2,* 20–25.

Miller, K. D., Keller, J. B., & Stryker, M. P. 1989. Ocular dominance and column development: Analysis and simulation. *Science, 245,* 605–615.

Miller, K. R. 1999. *Finding Darwin's God: A scientist's search for common ground between God and evolution*. New York: Cliff Street Books.

Minogue, K. 1985. *Alien powers: The pure theory of ideology*. New York: St. Martin's Press.

Minogue, K. 1999. Totalitarianism: Have we seen the last of it? *National Interest, 57,* 35–44.

Minsky, M., & Papert, S. 1988. Epilogue: The new connectionism. In *Perceptrons* (expanded ed.). Cambridge, Mass.: MIT Press.

Mithen, S. J. 1996. *The prehistory of the mind: A search for the origins of art, religion, and science*. London: Thames and Hudson.

Miyashita-Lin, E. M., Hevner, R., Wassarman, K. M., Martinez, S., & Rubenstein, J. L. R. 1999. Early neocortical regionalization in the absence of thalamic innervation. *Science, 285,* 906–909.

Monaghan, E., & Glickman, S. 1992. Hormones and aggressive behavior. In J. Becker, M. Breedlove,& D. Crews (Eds.),*Behavioral endocrinology*. Cambridge, Mass.: MIT Press.

Montagu, A. (Ed.) 1973a. *Man and aggression* (2nd ed.). New York: Oxford University Press.

Montagu, A. 1973b. The new litany of "innate depravity," or original sin revisited. In *Man and aggression*. New York: Oxford University Press.

Moore, G. E. 1903/1996. *Principia ethica*. New York: Cambridge University Press.

Mount, F. 1992. *The subversive family: An alternative history of love and marriage*. New York: FreePress.

Mousseau, T. A., & Roff, D. A. 1987. Natural selection and the heritability of fitness components. *Heredity, 59,* 181–197.

Muravchik, J. 2002. *Heaven on Earth: The rise and fall of socialism*. San Francisco: Encounter Books.

Murdoch, I. 1993. *Metaphysics as a guide to morals*. London: Allen Lane.

Murphy, J. P. M. 1999. Hitler was *not* an atheist. *Free Inquiry,* Spring, 9.

Nagel, T. 1970. *The possibility of altruism*. Princeton, N.J.: Princeton University Press.

Neel, J. V. 1994. *Physician to the gene pool: Genetic lessons and other stories*. New York: Wiley.

Neisser, U. 1967. *Cognitive psychology*. Englewood Cliffs, N.J.: Prentice-Hall.

Neisser, U., Boodoo, G., Bouchard, T. J., Jr., Boykin, A. W., Brody, N., Ceci, S. J., Halpern, D. F., Loehlin, J. C., Perloff, R., Sternberg, R. J., & Urbina, S. 1996. Intelligence: Knowns and unknowns. *American Psychologist, 51,* 77–101.

Nesse, R. M., & Lloyd, A. T. 1992. The evolution of psychodynamic mechanisms. In J. H. Barkow, L. Cosmides, & J. Tooby (Eds.), *The adapted mind: Evolutionary psychology and the generation of culture*. New York: Oxford University Press.

Neville, H. J., & Bavelier, D. 2000. Specificity and plasticity in neurocognitive development in humans. In M. S. Gazzaniga (Ed.), *The new cognitive neurosciences*. Cambridge, Mass.: MIT Press.

Newell, A. 1980. Physical symbol systems. *Cognitive Science, 4,* 135–183.

Newsome, W. T. 2001. Life of faith, life of science. Paper presented at the conference "Science and the Spiritual Quest," Memorial Church, Harvard University, Cambridge, Mass.

Nisbett, R. E., & Cohen, D. 1996. *Culture of honor: The psychology of violence in the South*. New York: HarperCollins.

Nolfi, S., Elman, J. L., & Parisi, D. 1994. Learning and evolution in neural networks. *Adaptive Behavior, 3,* 5–28.

Norenzayan, A., & Atran, S. In press. Cognitive and emotional processes in the cultural transmission of natural and nonnatural beliefs. In M. Schaller & C. Crandall (Eds.), *The psychological foundations of culture*. Mahwah, N.J.: Erlbaum.

Nowak, M. A., May, R. M., & Sigmund, K. 1995. The arithmetic of mutual help. *Scientific American, 272,* 50–55.

Nozick, R. 1974. *Anarchy, state, and utopia*. New York: Basic Books.

Nozick, R. 1981. *Philosophical explanations*. Cambridge, Mass.: Harvard University Press.

Nunney, L. 1998. Are we selfish, are we nice, or are we nice because we are selfish? (Review of E. Sober and D. S. Wilson's "Unto others"). *Science, 281,* 1619–1621.

Orians, G. H. 1998. Human behavioral ecology: 140 years without Darwin is too long. *Bulletin of the Ecological Society of America, 79,* 15–28.

Orians, G. H., & Heerwgen, J. H. 1992. Evolved responses to landscapes. In J. H. Barkow, L. Cosmides, & J. Tooby (Eds.), *The adapted mind: Evolutionary psychology and the generation of culture*. New York: Oxford University Press.

Ortega y Gasset, J. 1932/1985. *The revolt of the masses*. Notre Dame, Ind.: University of Notre Dame Press.

Ortega y Gasset, J. 1935/2001. *Toward a philosophy of history*. Chicago: University of Illinois Press.

Orwell, G. 1949/1983. *1984*. New York: Harcourt Brace Jovanovich.

Padden, C. A., & Perlmutter, D. M. 1987. American Sign Language and the architecture of phonological theory. *Natural Language and Linguistic Theory, 5,* 335–375.

Paglia, C. 1990. *Sexual personae: Art and decadence from Nefertiti to Emily Dickinson*. New Haven, Conn.: Yale University Press.

Paglia, C. 1992. *Sex, art, and American culture*. New York: Vintage.

Panksepp, J., & Panksepp, J. B. 2000. The seven sins of evolutionary psychology. *Evolution and Cognition, 6,* 108–131.

Passmore, J. 1970. *The perfectibility of man*. New York: Scribner.

Patai, D. 1998. *Heterophobia: Sexual harassment and the future of feminism*. New York: Rowman & Littlefield.

Patai, D., & Koertge, N. 1994. *Professing feminism: Cautionary tales from the strange world of women's studies*. New York: Basic Books.

Patai, R., & Patai, J. 1989. *The myth of the Jewish race* (rev. ed.). Detroit: Wayne State University Press.

Patterson, O. 1995. For whom the bell curves. In S. Fraser (Ed.), *The Bell Curve wars: Race, intelligence, and the future of America*. New York: Basic Books.

Patterson, O. 1997. *The ordeal of integration*. Washington, D.C.: Civitas.

Patterson, O. 2000. Taking culture seriously: A framework and an Afro-American illustration. InL. E. Harrison & S. P. Huntington (Eds.), *Culture matters: How values shape human progress*. New York: Basic Books.

Pedersen, N. L., McClearn, G. E., Plomin, R., & Nesselroade, J. R. 1992. Effects of early rearing environment on twin similarity in the last half of the life span. *British Journal of Developmental Psychology*, 10, 255–267.

Pennock, R. T. 2000. *Tower of Babel: The evidence against the new creationism*. Cambridge, Mass.: MIT Press.

Pennock, R.T. (Ed.) 2001. *Intelligent design: Creationism and its critics*. Cambridge, Mass.: MIT Press.

Peretz, I., Gagnon, L., & Bouchard, B. 1998. Music and emotion: Perceptual determinants, immediacy, and isolation after brain damage. *Cognition, 68,* 111–141.

Perloff, M. 1999. In defense of poetry: Put the literature back into literary studies. *Boston Review, 24,* 22–26.

Perry, B. D. 1997. Incubated in terror: Neurobiological factors in the "cycle of violence." In J. D. Osofsky (Ed.), *Children in a violent society*. New York: Guilford Press.

Persico, N., Postlewaite, A., & Silverman, D. 2001. *The effect of adolescent experience on labor market outcomes: The case of height*. Philadelphia: Department of Economics, University of Pennsylvania.

Petitto, L. A., Zatorre, R. J., Gauna, K., Nikelski, E. J., Dostie, D., & Evans, A. C. 2000. Speech-like cerebral activity in profoundly deaf people while processing signed language: Implications for the neural basis of all human language. *Proceedings of the National Academy of Sciences, 97* 13961–13966.

Petrinovich, L. F. 1995. *Human evolution, reproduction, and morality*. New York: Plenum Press.

Petrinovich, L. F., O'Neill, P., & Jorgensen, M. 1993. An empirical study of moral intuitions: Toward an evolutionary ethics. *Journal of Personality and Social Psychology, 64,* 467–478.

Pinker, S. 1979. Formal models of language learning. *Cognition, 7,* 217–283.

Pinker, S. 1984a. *Language learnability and language development* (Reprinted with a new introduction, 1996). Cambridge, Mass.: Harvard University Press.

Pinker, S. 1984b. Visual cognition: An introduction. *Cognition, 18,* 1–63.

Pinker, S. 1989. *Learnability and cognition: The acquisition of argument structure*. Cambridge, Mass.: MIT Press.

Pinker, S. 1990. A theory of graph comprehension. In R. Friedle (Ed.), *Artificial intelligence and the future of testing*. Mahwah, N.J.: Erl baum.

Pinker, S. 1991. Rules of language. *Science, 253,* 530–535.

Pinker, S. 1994. *The language instinct*. New York: HarperCollins.

Pinker, S. 1996. Language learnability and language development revisited. In *Language learnability and language development*. Cambridge, Mass.: Harvard University Press.

Pinker, S. 1997. *How the mind works*. New York: Norton.

Pinker, S. 1998. Still relevant after all these years (Review of Darwin's "The expression of the emotions in man and animals, 3rd ed."). *Science, 281,* 522–523.

Pinker, S. 1999. *Words and rules: The ingredients of language* New York: HarperCollins.

Pinker, S. 2001a. Four decades of rules and associations, or whatever happened to the past tense debate? In E. Dupoux (Ed.), *Language, the brain, and cognitive development*. Cambridge, Mass.: MIT Press.

Pinker, S. 2001b. Talk of genetics and vice-versa. *Nature, 413,* 465–466.

Pinker, S., & Mehler, J. (Eds.) 1988. *Connections and symbols*. Cambridge, Mass.: MIT Press.

Pinker, S., & Prince, A. 1988. On language and connectionism: Analysis of a Parallel Distributed Processing model of language acquisition. *Cognition, 28*, 73–193.

Pinker, S., & Prince, A. 1996. The nature of human concepts: Evidence from an unusual source. *Communication and Cognition*, 29, 307–361.

Plamenatz, J. 1963. *Man and society: A critical examination of some important social and political theories from Machiavelli to Marx* (Vol. 2). London: Longman.

Plamenatz, J. 1975. *Karl Marx's philosophy of man*. New York: Oxford University Press.

Plomin, R. 1990. The role of inheritance in behavior. *Science, 248,* 183–248.

Plomin, R. 1991. Continuing commentary: Why children in the same family are so different from one another. *Behavioral and Brain Sciences, 13,* 336–337.

Plomin, R. 1994. *Genetics and experience: The interplay between nature and nurture*. Thousand Oaks, Calif.: Sage.

Plomin, R., & Daniels, D. 1987. Why are children in the same family so different from one another? *Behavioral and Brain Sciences, 10,* 1–60.

Plomin, R., DeFries, J. C., & Fulker, D. W. 1988. *Nature and nurture in infancy and early childhood*. New York: Cambridge University Press.

Plomin, R., DeFries, J. C., McClearn, G. E., & McGuffin, P. 2001. *Behavior genetics* (4th ed.). New York: Worth.

Plomin, R., DeFries, J. C., McClearn, G. E., & Rutter, M. 1997. *Behavioral genetics* (3rd ed.). New York: W. H. Freeman.

Plomin, R., Owen, M. J., & McGuffin, P. 1994. The genetic basis of complex human behaviors. *Science, 264,* 1733–1739.

Polti, G. 1921/1977. *The thirty-six dramatic situations*. Boston: The Writer, Inc.

Pons, T. M., Garraghty, P. E., Ommaya, A. K., Kass, J. H., Taub, E., & Mishkin, M. 1991. Massive cortical reorganization after sensory deafferentation in adult macaques. *Science, 252,* 1857–1860.

Pope, G. G. 2000. *The biological bases of human behavior*. Needham Heights, Mass.: Allyn & Bacon.

Pratto, F., & Bargh, J. A. 1991. Stereotyping based on apparently individuating information: Trait and global components of sex stereotypes under attention overload. *Journal of Experimental Social Psychology, 27*, 26–47.

Preuss, T. 1995. The argument from animals to humans in cognitive neuroscience. In M. S. Gazzaniga (Ed.), *The new cognitive neurosciences*. Cambridge, Mass.: MIT Press.

Preuss, T. M. 2000. What's human about the human brain? In M. S. Gazzaniga (Ed.), *The new cognitive neurosciences*. Cambridge, Mass.: MIT Press.

Preuss, T. M. 2001. The discovery of cerebral diversity: An unwelcome scientific revolution. In D. Falk

& K. Gibson (Eds.), *Evolutionary anatomy of the primate cerebral cortex*. New York: Cambridge University Press.

Price, M. E., Cosmides, L., & Tooby, J. 2002. Punitive sentiment as an anti-free rider psychological device. *Evolution and Human Behavior, 23,* 203–231.

Proctor, R. 1999. *The Nazi war on cancer*. Princeton, N.J.: Princeton University Press.

Provine, R. R. 1993. Laughter punctuates speech: Linguistic, social, and gender contexts of laughter. *Ethology, 95,* 291–298.

Putnam, H. 1973. Reductionism and the nature of psychology.*Cognition, 2,* 131–146.

Quartz, S. R., & Sejnowski, T. J. 1997. The neural basis of cognitive development: A constructivist manifesto. *Behavioral and Brain Sciences, 20,* 537–596.

Quine, W. V. O. 1969. Natural kinds. In W. V. O. Quine (Ed.),*Ontological relativity and other essays*. New York: Columbia University Press.

Rachels, J. 1990. *Created from animals: The moral implications of Darwinism*. New York: Oxford University Press.

Raine, A., Lencz, T., Bihrle, S., LaCasse, L., & Colletti, P. 2000. Reduced prefrontal gray matter volume and reduced autonomic activity in antisocial personality disorder. *Archives of General Psychiatry, 57,* 119–127.

Rakic, P. 2000. Setting the stage for cognition: Genesis of the primate cerebral cortex. In M. S. Gazzaniga (Ed.), *The new cognitive neurosciences*. Cambridge, Mass.: MIT Press.

Rakic, P. 2001. Neurocrationism—Making new cortical maps. *Science, 294,* 1011–1012.

Ramachandran, V. S. 1993. Behavioral and magnetoencephalographic correlates of plasticity in the adult human brain. *Proceedings of the National Academy of Sciences, 90,* 10413–10420.

Ramachandran, V. S., & Blakeslee, S. 1998. *Phantoms in the brain: Probing the mysteries of the human mind*. New York: William Morrow.

Ramachandran, V. S., & Hirstein, W. 1999. The science of art. *Journal of Consciousness Studies, 6/7,* 15–41.

Rapin, I. 2001. An 8-year-old boy with autism. *Journal of the American Medical Association, 285,* 1749–1757.

Ravitch, D. 2000. *Left back: A century of failed school reforms*. New York: Simon & Schuster.

awls, J. 1976. *A theory of justice*. Cambridge, Mass.: Harvard University Press.

Recanzone, G. H. 2000. Cerebral cortical plasticity: Perception and skill acquisition. In M. S. Gazzaniga (Ed.), *The new cognitive neurosciences*. Cambridge, Mass.: MIT Press.

Redmond, E. 1994. *Tribal and chiefly warfare in South America*. Ann Arbor: University of Michigan Museum.

Reed, T. E., & Jensen, A. R. 1992. Conduction velocity in a brain nerve pathway of normal adults correlates with intelligence level. *Intelligence, 17,* 191–203.

Reeve, H. K. 2000. Review of Sober & Wilson's "Unto others." *Evolution and Human Behavior, 21,* 65–72.

Reiner, W. G. 2000. Cloacal exstrophy. Paper presented at the Lawson Wilkins Pediatric Endocrine Society, Boston.

Reiss, D., Neiderhiser, J. M., Hetherington, E. M., & Plomin, R. 2000. *The relationship code: Deciphering genetic and social influences on adolescent development*. Cambridge, Mass.: Harvard University Press.

Renfrew, J. W. 1997. *Aggression and its causes: A biopsychosocial approach*. New York: Oxford University

Press.

Rice, M. 1997. Violent offender research and implications for the criminal justice system. *American Psychologist, 52,* 414–423.

Richards, R. J. 1987. *Darwin and the emergence of evolutionary theories of mind and behavior*. Chicago: University of Chicago Press.

Richardson, L. F. 1960. *Statistics of deadly quarrels*. Pittsburgh: Boxwood Press.

Ridley, M. 1986. *The problems of evolution*. New York: Oxford University Press.

Ridley, M. 1993. *The red queen: Sex and the evolution of human nature*. New York: Macmillan.

Ridley, M. 1997. *The origins of virtue: Human instincts and the evolution of cooperation*. New York: Viking.

Ridley, M. 2000. *Genome: The autobiography of a species in 23 chapters*. New York: HarperCollins.

Roback, J. 1993. Beyond equality. *Georgetown Law Journal, 82,* 121–133.

Rogers, A. R. 1994. Evolution of time preference by natural selection. *American Economic Review, 84,* 460–481.

Roiphe, K. 1993. *The morning after: Sex, fear, and feminism on campus*. Boston: Little, Brown.

Romer, P. 1991. Increasing returns and new developments in the theory of growth. In W. Barnett,

B. Cornet, C. d'Aspremont, J. Gabszewicz, & A. Mas-Collel (Eds.),*International Symposium in Economic Theory and Econometrics*. New York: Cambridge University Press.

Romer, P., & Nelson, R. R. 1996. Science, economic growth, and public policy. In B. L. R. Smith & C. E. Barfield (Eds.),*Technology, R& D, and the economy*. Washington, D.C.: Brookings Institution.

Rose, H., & Rose, S. (Eds.) 2000. *Alas, poor Darwin! Arguments against evolutionary psychology*. New York: Harmony Books.

Rose, S. 1978. Pre-Copernican sociobiology? *New Scientist, 80,* 45–46.

Rose, S. 1997. *Lifelines: Biology beyond determinism*. New York: Oxford University Press.

Rose, S., & the Dialectics of Biology Group. 1982. *Against biological determinism*. London: Allison & Busby.

Rosen, S. 1992. War power and the willingness to suffer. In J. A. Vasquez & M. T. Henehan (Eds.),*The scientific study of peace and war: A text reader*. New York: Lexington Books.

Rossen, M., Klima, E. S., Bellugi, U., Bihrle, A., & Jones, W. 1996. Interaction between language and cognition: Evidence from Williams syndrome. In J. H. Beitchman, N. J. Cohen, M. M. Konstantareas, & R. Tannock (Eds.), *Language, learning, and behavior disorders: Developmental, biological, and clinical perspectives*. New York: Cambridge University Press.

Rossiter, C. (Ed.) 1961. *The Federalist Papers*. New York: New American Library.

Rousseau, J.-J. 1755/1986. *The first and second discourses together with the replies to critics and Essay on the origin of languages*. New York: Perennial Library.

Rousseau, J.-J. 1755/1994. *Discourse upon the origin and foundation of inequality among mankind*. New York: Oxford University Press.

Rousseau, J.-J. 1762/1979. *Emile*. New York: Basic Books.

Rowe, D. 1994. *The limits of family influence: Genes, experience, and behavior*. New York: Guilford Press.

Rowe, D. C. 2001. The nurture assumption persists. *American Psychologist, 56,* 168–169.

Rozin, P. 1996. Towards a psychology of food and eating: From motivation to module to model to marker, morality, meaning, and metaphor. *Current Directions in Psychological Science, 5,* 18–24.

Rozin, P. 1997. Moralization. In A. Brandt & P. Rozin (Eds.),*Morality and health*. New York: Routledge.

Rozin, P., & Fallon, A. 1987. A perspective on disgust. *Psychological Review, 94,* 23–41.

Rozin, P., Markwith, M., & Stoess, C. 1997. Moralization and becoming a vegetarian: The transformation of preferences into values and the recruitment of disgust. *Psychological Science, 8,* 67–73.

Rue, L. 1994. *By the grace of guile: The role of deception in natural history and human affairs*. New York: Oxford University Press.

Rumelhart, D. E., & McClelland, J. L. 1986. PDP models and general issues in cognitive science. In D. E. Rumelhart, J. L. McClelland, & the PDP Research Group (Eds.), *Parallel distributed processing: Explorations in the microstructure of cognition* (Vol. 1: *Foundations*). Cambridge, Mass.: MIT Press.

Rumelhart, D. E., McClelland, J. L., & the PDP Research Group. 1986. *Parallel distributed processing: Explorations in the microstructure of cognition* (Vol. 1: *Foundations*). Cambridge, Mass.: MIT Press.

Ruse, M. 1998. *Taking Darwin seriously: A naturalistic approach to philosophy*. Amherst, N.Y.: Prometheus Books.

Ruse, M. 2000. *Can a Darwinian be a Christian? The relationship between science and religion*. New York: Cambridge University Press.

Rushton, J. P. 1996. Race, intelligence, and the brain: The errors and omissions of the "revised" edition of S. J. Gould's "The mismeasure of man." *Personality and Individual Differences, 23,* 169–180.

Rushton, J. P., Fulker, D. W., Neale, M. C., Nias, D. K. B., & Eysenck, H. J. 1986. Altruism and aggression: The heritability of individual differences. *Journal of Personality and Social Psychology, 50,* 1192–1198.

Rutter, M. 1997. Nature-nurture integration: The example of antisocial behavior. *American Psychologist, 52,* 390–398.

Ryle, G. 1949. *The concept of mind.* London: Penguin. Sadato, N., Pascual-Leone, A., Grafman, J., Ibañez, V., Delber, M.- P., Dold, G., & Hallett, M. 1996. Activation of the primary visual cortex by Braille reading in blind subjects. *Nature, 380,* 526–528.

Sahlins, M. 1976. *The use and abuse of biology: An anthropological critique of sociobiology*. Ann Arbor: University of Michigan Press.

Salmon, C. A. 1998. The evocative nature of kin terminology in political rhetoric. *Politics and the Life Sciences, 17,* 51–57.

Salmon, C. A., & Symons, D. 2001. *Warrior lovers*. New Haven, Conn.: Yale University Press.

Samelson, F. 1982. Intelligence and some of its testers (Review of S. J. Gould's "The mismeasure of man").*Science, 215,* 656–657.

Saperstein, A. M. 1995. War and chaos. *American Scientist, 83,* 548–557.

Sapolsky, R. M. 1997. *The trouble with testosterone: And other essays on the biology of the human predicament*. New York: Simon & Schuster.

Sayre-McCord, G. 1988. *Essays on moral realism*. Ithaca, N.Y.: Cornell University Press.

Scarr, S., & Carter-Saltzman. 1979. Twin method: Defense of a critical assumption. *Behavior Genetics, 9,* 527–542.

Scarr, S., & Weinberg, R. A. 1981. The transmission of authoritarian attitudes in families: Genetic resemblance in social-political attitudes? In S. Scarr (Ed.), *Race, social class, and individual differences in IQ*. Mahwah, N.J.: Erlbaum.

Scarry, E. 1999. *Dreaming by the book*. New York: Farrar, Straus & Giroux.

Schaller, M., & Crandall, C. (Eds.) In press. *The psychological foundations of culture*. Mahwah, N.J.: Erlbaum.

Schellenberg, E. G., & Trehub, S. E. 1996. Natural musical intervals: Evidence from infant listeners. *Psychological Science, 7,* 272–277.

Schelling, T. 1960. *The strategy of conflict*. Cambridge, Mass.: Harvard University Press.

Schütze, Y. 1987. The good mother: The history of the normative model "mother-love." In P. A. Adler, P. Adler, & N. Mandell (Eds.),*Sociological studies of child development* (Vol. 2). Greenwich, Conn.: JAI Press.

Schwartz, F. N. 1992. *Breaking with tradition: Women and work, the new facts of life*. New York: Warner Books.

Scott, J. C. 1998. *Seeing like a state: How certain schemes to improve the human condition failed*. New Haven, Conn.: Yale University Press.

Searle, J. R. 1995. *The construction of social reality*. New York: Free Press.

Segal, N. 2000. Virtual twins: New findings on within-family environmental influences on intelligence. *Journal of Educational Psychology, 92,* 442–448.

Segerstr ° ale, U. 2000. *Defenders of the truth: The battle for sociobiology and beyond*. New York: Oxford University Press.

Seligman, M. E. P. 1971. Phobias and preparedness. *Behavior Therapy, 2,* 307–320.

Sen, A. 1984. *Poverty and famines: An essay on entitlement and deprivation*. New York: Oxford University Press.

Sen, A. 2000. East and West: The reach of reason. *New York Review of Books*, July 20.

The Seville Statement on Violence. 1990. *American Psychologist, 45,* 1167–1168.

Shalit, W. 1999. *A return to modesty: Discovering the lost virtue*. New York: Free Press.

Sharma, J., Angelucci, A., & Sur, M. 2000. Induction of visual orientation modules in auditory cortex. *Nature, 404,* 841–847.

Sharpe, G. 1994. *William Hill's bizarre bets*. London: Virgin Books.

Shastri, L. 1999. Advances in SHRUTI: A neurally motivated model of relational knowledge representation and rapid inference using temporal synchrony. *Applied Intelligence, 11,* 79–108.

Shastri, L., & Ajjanagadde, V. 1993. From simple associations to systematic reasoning: A connectionist representation of rules, variables, and dynamic bindings using temporal synchrony. *Behavioral and Brain Sciences, 16,* 417–494.

Shatz, A. 1999. The guilty party. *Lingua Franca,* B17–B21.

Shepard, R. N. 1990. *Mind sights: Original visual illusions, ambiguities, and other anomalies*. New York: W. H. Freeman.

Sherif, M. 1966. *Group conflict and cooperation: Their social psychology*. London: Routledge & Kegan Paul.

Shipman, P. 1994. *The evolution of racism*. New York: Simon & Schuster. Short, P. 1999. *Mao: A life*. New York: Henry Holt.

Shoumatoff, A. 1985. *The mountain of names: A history of the human family*. New York: Simon & Schuster.

Shweder, R. A. 1990. Cultural psychology: What is it? In J. W. Stigler, R. A. Shweder, & G. H. Herdt Eds.),*Cultural*

psychology: Essays on comparative human development. New York: Cambridge University Press.

Shweder, R. A. 1994. "You're not sick, you're just in love" : Emotion as an interpretive system. In P.

Ekman & R. J. Davidson (Eds.),*The nature of emotion*. New York: Oxford University Press.

Shweder, R. A., Much, N. C., Mahapatra, M., & Park, L. 1997. The "big three" of morality (autonomy, community, and divinity) and the "big three" explanations of suffering. In A. Brandt & P. Rozin (Eds.),*Morality and health*. New York: Routledge.

Siegal, M., Varley, R., & Want, S. C. 2001. Mind over grammar: Reasoning in aphasia and development. *Trends in Cognitive Sciences, 5,* 296–301.

Silverman, I., & Eals, M. 1992. Sex differences in spatial abilities: Evolutionary theory and data. In J. Barkow, L. Cosmides, & J. Tooby (Eds.),*The adapted mind: Evolutionary psychology and the generation of culture*. New York: Oxford University Press.

Simon, J. L. 1996. *The ultimate resource 2*. Princeton, N.J.: Princeton University Press.

Singer, I. B. 1972. *Enemies, a love story*. New York: Farrar, Straus & Giroux.

Singer, P. 1981. *The expanding circle: Ethics and sociobiology*. New York: Farrar, Straus & Giroux.

Singer, P. 1999. *A Darwinian left: Politics, evolution, and cooperation*. New Haven, Conn.: Yale University Press.

Siple, P., & Fischer, S. D. (Eds.) 1990. *Theoretical issues in sign language research*. Chicago: University of Chicago Press.

Skinner, B. F. 1948/1976. *Walden Two*. New York: Macmillan.

Skinner, B. F. 1971. *Beyond freedom and dignity*. New York: Knopf.

Skinner, B. F. 1974. *About behaviorism*. New York: Knopf.

Skuse, D. H., James, R. S., Bishop, D. V. M., Coppin, B., Dalton, P., Aamodt-Leeper, G., Bacarese-Hamilton, M., Cresswell, C., McGurk, R., & Jacobs, P. A. 1997. Evidence from Turner's Syndrome of an imprinted X-linked locus affecting cognitive function. *Nature, 287,* 705–708.

Sloman, S. A. 1996. The empirical case for two systems of reasoning. *Psychological Bulletin, 119,* 3–22.

Slovic, P., Fischof, B., & Lichtenstein, S. 1982. Facts versus fears: Understanding perceived risk. In D. Kahneman, P. Slovic, & A. Tversky (Eds.),*Judgment under uncertainty: Heuristics and biases*. New York: Cambridge University Press.

Smith, A. 1759/1976. *The theory of moral sentiments*. Indianapolis: Liberty Classics.

Smith, A., Jussim, L., & Eccles, J. 1999. Do self-fulfilling prophesies accumulate, dissipate, or remain stable over time? *Journal of Personality and Social Psychology, 77,* 548–565.

Smolensky, P. 1990. Tensor product variable binding and the representation of symbolic structures in connectionist systems. *Artificial Intelligence, 46,* 159–216.

Smolensky, P. 1995. Reply: Constituent structure and explanation in an integrated connectionist/symbolic cognitive architecture. In C. MacDonald & G. MacDonald (Eds.),*Connectionism: Debates on Psychological Explanations* (Vol. 2). Cambridge, Mass.: Blackwell.

Snyderman, M., & Rothman, S. 1988. *The IQ controversy: The media and public policy*. New Brunswick, N.J.: Transaction.

Sommers, C. H. 1994. *Who stole feminism?* New York: Simon & Schuster.

Sommers, C. H. 1998. Why Johnny can't tell right from wrong. *American Outlook,* 45–47.

Sommers, C. H. 2000. *The war against boys: How misguided feminism is harming our young men*. New York: Touchstone Books.

Sougné, J. 1998. Connectionism and the problem of multiple instantiation. *Trends in Cognitive Sciences, 2,* 183–189.

Sowell, T. 1980. *Knowledge and decisions*. New York: Basic Books.

Sowell, T. 1985. *Marxism: Philosophy and economics*. New York: Quill.

Sowell, T. 1987. *A conflict of visions: Ideological origins of political struggles*. New York: Quill.

Sowell, T. 1994. *Race and culture: A world view*. New York: Basic Books.

Sowell, T. 1995a. Ethnicity and IQ. In S. Fraser (Ed.),*The Bell Curve wars: Race, intelligence, and the future of America*. New York: Basic Books.

Sowell, T. 1995b. *The vision of the anointed: Selfcongratulation as a basis for social policy*. New York: Basic Books.

Sowell, T. 1996. *Migrations and cultures: A world view*. New York: Basic Books.

Sowell, T. 1998. *Conquests and cultures: An international history*. New York: Basic Books.

Spann, E. K. 1989. *Brotherly tomorrows: Movements for a cooperative society in America, 1820–1920*. New York: Columbia University Press.

Spelke, E. 1995. Initial knowledge: Six suggestions. *Cognition, 50,* 433–447. Spelke, E. S., Breinlinger, K., Macomber, J., & Jacobson, K. 1992. Origins of knowledge. *Psychological Review, 99,* 605–632.

Sperber, D. 1985. Anthropology and psychology: Towards an epidemiology of representations. *Man, 20,* 73–89.

Sperber, D. 1994. The modularity of thought and the epidemiology of representations. In L. Hirschfeld & S. Gelman (Eds.),*Mapping the mind: Domain specificity in cognition and culture*. New York: Cambridge University Press.

Spiller, R. J. 1988. S. L. A. Marshall and the ratio of fire. *RUSI Journal, 133*.

Sponsel, L. 1996. The natural history of peace: The positive view of human nature and its potential. In T. Gregor (Ed.),*A natural history of peace*. Nashville, Tenn.: Vanderbilt University Press.

Sponsel, L. 1998. Yanomami: An area of conflict and aggression in the Amazon. *Aggressive Behavior, 24,* 97–122.

Staddon, J. R. 1999. On responsibility in science and law. In E. Paul, F. Miller, & J. Paul (Eds.),*Responsibility* (Vol. 16). New York: Cambridge University Press.

Steiner, G. 1967. *Language and silence: Essays on language, literature, and the inhuman*. New Haven, Conn.: Yale University Press.

Steiner, G. 1984. *Antigones: How the Antigone legend has endured in Western literature, art, and thought*. New Haven, Conn.: Yale University Press.

Steiner, W. 2001. *Venus in exile: The rejection of beauty in 20th-century art*. New York: Free Press.

Stevens, M. 2001. Only causation matters: Reply to Ahn et al. *Cognition, 82,* 71–76.

Stevens, P. 2001. Magical thinking in complementary and alternative medicine. *Skeptical Inquirer,* 32–37.

Stevens, W. 1965. *The necessary angel*. New York: Random House.

Stevenson, L., & Haberman, D. L. 1998. *Ten theories of human nature*. New York: Oxford University Press.

Stoolmiller. 2000. Implications of the restricted range of family environments for estimates of heritability and nonshared environment in behavior-genetic adoption studies. *Psychological Bulletin, 125,* 392–407.

Storey, R. 1996. *Mimesis and the human animal*. Evanston, Ill.: Northwestern University Press.

Stromswold, K. 1998. Genetics of spoken language disorders. *Human Biology, 70,* 297–324.

Stromswold, K. 2000. The cognitive neuroscience of language acquisition. In M. S. Gazzaniga (Ed.),*The new cognitive neurosciences*. Cambridge, Mass.: MIT Press.

Stryker, M. P. 1994. Precise development from imprecise rules. *Science, 263,* 1244–1245.

Sulloway, F. J. 1995. Birth order and evolutionary psychology: A meta-analytic overview. *Psychological Inquiry, 6,* 75–80.

Sulloway, F. J. 1996. *Born to rebel: Family conflict and radical genius*. New York: Pantheon.

Sur, M. 1988. Visual plasticity in the auditory pathway: Visual inputs induced into auditory thalamus and cortex illustrate principles of adaptive organization in sensory systems. In M. A. Arbib & S. Amari (Eds.),*Dynamic interactions in neural networks* (Vol. 1. *Models and data*). New York: Springer-Verlag.

Sur, M., Angelucci, A., & Sharma, J. 1999. Rewiring cortex: The role of patterned activity in development and plasticity of neocortical circuits. *Journal of Neurobiology, 41,* 33–43.

Swim, J. K. 1994. Perceived versus meta-analytic effect sizes: An assessment of the accuracy of gender stereotypes. *Journal of Personality and Social Psychology, 66,* 21–36.

Symons, D. 1979. *The evolution of human sexuality*. New York: Oxford University Press.

Symons, D. 1995. Beauty is in the adaptations of the beholder: The evolutionary psychology of human female sexual attractiveness. In P. R. Abramson & S. D. Pinkerton (Eds.), *Sexual nature, sexual culture*. Chicago: University of Chicago Press.

Szathmáry, E., Jordán, F., & Pál, C. 2001. Can genes explain biological complexity? *Science, 292,* 1315–1316.

Tajfel, H. 1981. *Human groups and social categories*. New York: Cambridge University Press.

Talmy, L. 2000. The cognitive culture system. In L. Talmy (Ed.),*Toward a cognitive semantics* (Vol. 2. *Typology and process in concept structuring*). Cambridge, Mass.: MIT Press.

Taylor, J. K. 1992. *Reclaiming the mainstream: Individualist feminism rediscovered*. Buffalo, N.Y.: Prometheus Books.

Taylor, S.E. 1989. *Positive illusions: Creative selfdeception and the healthy mind*. New York: Basic Books.

Tesser, A. 1993. The importance of heritability in psychological research: The case of attitudes. *Psychological Review, 100,* 129–142.

Tessier-Lavigne, M., & Goodman, C. S. 1996. The molecular biology of axon guidance. *Science, 274,* 1123–1132.

Tetlock, P. E. 1999. Coping with tradeoffs: Psychological constraints and political implications. In A. Lupia, M. McCubbins, & S. Popkin (Eds.),*Political reasoning and choice*. Berkeley: University of California Press.

Tetlock, P. E., Kristel, O. V., Elson, B., Green, M. C., & Lerner, J. 2000. The psychology of the unthinkable: Taboo tradeoffs, forbidden base rates, and heretical counterfactuals. *Journal of Personality and Social Psychology, 78,* 853–870.

Teuber, M. 1997. Gertrude Stein, William James, and Pablo Picasso ' s Cubism. In W. G. Bringmann, H. E. Luck, R. Miller, & C. E. Early (Eds.),*A pictorial history of psychology*. Chicago: Quintessence Publishing.

Thaler, R. H. 1994. *The winner's curse*. Princeton, N.J.: Princeton University Press.

Thiessen, D., & Young, R. K. 1994. Investigating sexual coercion. *Society, 31,* 60–63.

Thompson, P. M., Cannon, T. D., Narr, K. L., van Erp, T. G. M., Poutanen, V.-P., Huttunen, M., Lönnqvist, J., Standertskjöld-Nordenstam, C.-G., Kaprio, J., Khaledy, M., Dail, R., Zoumalan, C. I., & Toga, A. W. 2001. Genetic influences on brain structure. *Nature Neuroscience, 4,* 1–6.

Thornhill, R. 1998. Darwinian aesthetics. In C. Crawford & D. L. Krebs (Eds.), *Handbook of evolutionary psychology: Ideas, issues, and applications*. Mahwah, N.J.: Erlbaum.

Thornhill, R., & Palmer, C. T. 2000. *A natural history of rape: Biological bases of sexual coercion*. Cambridge, Mass.: MIT Press.

Thornhill, R., & Palmer, C. T. 2001. Rape and evolution: A reply to our critics (Preface to the paperback ed.),*A natural history of rape: Biological bases of sexual coercion* (paperback ed.). Cambridge, Mass.: MIT Press.

Tierney, P. 2000. *Darkness in El Dorado: How scientists and journalists devastated the Amazon*. New York: Norton.

Tinbergen, N. 1952. Derived activities: Their causation, biological significance, origin, and emancipation during evolution. *Quarterly Review of Biology, 27,* 1–32.

Tomasello, M. 1999. *The cultural origins of human cognition*. Cambridge, Mass.: Harvard University Press.

Tong, R. 1998. *Feminist thought: A more comprehensive introduction* (2nd ed.). Boulder, Colo.: Westview Press.

Tooby, J., & Cosmides, L. 1990. On the universality of human nature and the uniqueness of the individual: The role of genetics and adaptation. *Journal of Personality, 58,* 17–67.

Tooby, J., & Cosmides, L. 1992. Psychological foundations of culture. In J. Barkow, L. Cosmides, & J. Tooby (Eds.), *The adapted mind: Evolutionary psychology and the generation of culture*. New York: Oxford University Press.

Tooby, J., & DeVore, I. 1987. The reconstruction of hominid evolution through strategic modeling. In W.G. Kinzey (Ed.), *The evolution of human behavior: Primate models*. Albany, N.Y.: SUNY Press.

Tooley, M. 1972. Abortion and infanticide. *Philosophy and Public Affairs, 2,* 37–65. Toussaint-Samat, M. 1992. *History of food*. Cambridge, Mass.: Blackwell.

Tramo, M. J., Loftus, W. C., Thomas, C. E., Green, R. L., Mott, L. A., & Gazzaniga, M. S. 1995. Surface area of human cerebral cortex and its gross morphological subdivisions: In vivo measurements in monozygotic twins suggest differential hemispheric effects of genetic factors. *Journal of Cognitive Neuroscience, 7,* 267–91.

Tribe, L. 1971. Trial by mathematics: Precision and ritual in the legal process. *Harvard Law Review, 84,* 1329–1393.

Trivers, R. 1971. The evolution of reciprocal altruism. *Quarterly Review of Biology, 46,* 35–57.

Trivers, R. 1972. Parental investment and sexual selection. In B. Campbell (Ed.), *Sexual selection and the descent of man*. Chicago: Aldine.

Trivers, R. 1974. Parent-offspring conflict.*American Zoologist, 14,* 249–264.

Trivers, R. 1976. Foreword. In R. Dawkins, *The selfish gene*. New York: Oxford University Press.

Trivers, R. 1981. Sociobiology and politics. In E. White (Ed.), *Sociobiology and human politics*. Lexington, Mass.: D. C. Heath.

Trivers, R. 1985. *Social evolution*. Reading, Mass.: Benjamin/Cummings.

Trivers, R. 1998. As they would do to you: A review of E. Sober & D. S. Wilson's "Unto others." *Skeptic, 6,* 81–83.

Trivers, R., & Newton, H. P. 1982. The crash of Flight 90: Doomed by self-deception? *Science Digest,* 66–68.

Trivers, R. L., & Willard, D. E. 1973. Natural selection of parental ability to vary the sex ratio of offspring. *Science, 179,* 90–91.

Turkheimer, E. 2000. Three laws of behavior genetics and what they mean. *Current Directions in Psychological Science, 5,* 160–164.

Turkheimer, E., & Waldron, M. 2000. Nonshared environment: A theoretical, methodological, and quantitative review. *Psychological Bulletin, 126,* 78–108.

Turner, F. 1985. *Natural classicism: Essays on literature and science*. New York: Paragon.

Turner, F. 1995. *The culture of hope*. New York: Free Press.

Turner, F. 1997. Modernism: Cure or disease? *Critical Review, 11,* 169–180.

Turner, M. 1991. *Reading minds: The study of English in the age of cognitive science*. Princeton, N.J.: Princeton University Press.

Turner, M. 1996. *The literary mind*. New York: Oxford University Press.

Tversky, A., & Kahneman, D. 1973. Availability: A heuristic for judging frequency and probability. *Cognitive Psychology, 4,* 207–232.

Tversky, A., & Kahneman, D. 1974. Judgment under uncertainty: Heuristics and biases. *Science, 185,* 1124–1131.

Twain, M. 1884/1983. *Adventures of Huckleberry Finn* . In D. Voto (Ed.),*The portable Mark Twain*. New York: Penguin.

Valero, H., & Biocca, E. 1965/1996. *Yanoáma: The story of Helena Valero, a girl kidnapped by Amazonian Indians*. New York: Kodansha.

Valian, V. 1998. *Why so slow? The advancement of women*. Cambridge, Mass.: MIT Press.

van den Berghe, P. L. 1981. *The ethnic phenomenon*. Westport, Conn.: Praeger.

Van Essen, D. C., & Deyoe, E. A. 1995. Concurrent processing in the primate visual cortex. In M. S. Gazzaniga (Ed.),*The cognitive neurosciences*. Cambridge, Mass.: MIT Press.

Van Valen, L. 1974. Brain size and intelligence in man. *American Journal of Physical Anthropology, 40,* 417–424.

Vandell, D. L. 2000. Parents, peer groups, and other socializing influences. *Developmental Psychology, 36,* 699–710.

Vasquez, J. A. 1992. The steps to war: Toward a scientific explanation of Correlates of War findings. In J. A. Vasquez & M. T. Henehan (Eds.),*The scientific study of peace and war: A text reader*. New York: Lexington Books.

Veblen, T. 1899/1994. *The theory of the leisure class*. New York: Penguin.

Venable, V. 1945. *Human nature: The Marxian view*. New York: Knopf.

Venter, C., et al. 2001. The sequence of the human genome. *Science, 291,* 1304–1348.

Verhage, M., Maia, A. S., Plomp, J. J., Brussaard, A. B., Heeroma, J. H., Vermeer, H., Toonen, R. F., Hammer, R. E., van der Berg, T. K., Missler, M., Geuze, H. J., & Südhoff, T. C. 2000. Synaptic assembly of the brain in the absence of neurotransmitter secretion. *Science, 287,* 864–869.

Vonnegut, K. 1968/1998. *Welcome to the monkey house*. New York: Doubleday.

Waddington, D. H. 1957. *The strategy of the genes*. London: Allen & Unwin.

Wakefield, J. C. 1992. The concept of mental disorder: On the boundary between biological facts and social values. *American Psychologist, 47,* 373–388.

Walker, L. J. 1984. Sex differences in the development of moral reasoning: A critical review. *Child Development, 55,* 677–691.

Walker, P. L. 2001. A bioarchaeological perspective on the history of violence. *Annual Review of Anthropology, 30,* 573–596.

Walker, R. (Ed.) 1995. *To be real: Telling the truth and changing the face of feminism*. New York: Anchor Books.

Wang, F. A., Nemes, A., Mendelsohn, M., & Axel, R. 1998. Odorant receptors govern the formation of a precise topographic map. *Cell, 93,* 47–60.

Ward, K. 1998. *Religion and human nature*. New York: Oxford University Press.

Warren, M. A. 1984. On the moral and legal status of abortion. In J. Feinberg (Ed.),*The problem of abortion*. Belmont, Calif.: Wadsworth.

Watson, G. 1985. *The idea of liberalism*. London: Macmillan.

Watson, J. B. 1924/1998. *Behaviorism*. New Brunswick, N.J.: Transaction.

Weiskrantz, L. (Ed.) 1988. *Thought without language*. New York: Oxford University Press.

Weizenbaum, J. 1976. *Computer power and human reason*. San Francisco: W. H. Freeman.

White, S. H. 1996. The relationships of developmental psychology to social policy. In E. Zigler, S. L. Kagan, & N. Hall (Eds.),*Children, family, and government: Preparing for the 21st century*. New York: Cambridge University Press.

Whorf, B. L. 1956. *Language, thought, and reality: Selected writings of Benjamin Lee Whorf*. Cambridge, Mass.: MIT Press.

Wilkinson, M. J. In press. The Greek-Turkish-American triangle. In M. Abramovitz (Ed.), *Turkey and the United States*. New York: Century Foundation.

Wilkinson, R. 2000. *Mind the gap: Hierarchies, health, and human evolution*. London: Weidenfeld and Nicholson.

Willerman, L., Schultz, R., Rutledge, J. N., & Bigler, E. D. 1991. In vivo brain size and intelligence. *American Journal of Physical Anthropology, 15,* 223–238.

Williams, G. C. 1966. *Adaptation and natural selection: A critique of some current evolutionary thought*. Princeton, N.J.: Princeton University Press.

Williams, G. C. 1988. Huxley's evolution and ethics in sociobiological perspective. *Zygon: Journal of Religion and Science, 23,* 383–407.

Williams, J. M. 1990. *Style: Toward clarity and grace*. Chicago: University of Chicago Press.

Williams, K., Harkins, S., & Latané, B. 1981. Identifiability as a deterrent to social loafing: Two cheering experiments. *Journal of Personality and Social Psychology, 40,* 303–311.

Wilson, D. S., & Sober, E. 1994. Re-introducing group selection to the human behavior sciences. *Behavioral and Brain Sciences, 17,* 585–608.

Wilson, E. O. 1975/2000. *Sociobiology: The new synthesis* (25th-anniversary ed.). Cambridge, Mass.: Harvard University Press.

Wilson, E. O. 1984. *Biophilia*. Cambridge, Mass.: Harvard University Press.

Wilson, E. O. 1994. *Naturalist*. Washington, D.C.: Island Press.

Wilson, E. O. 1998. *Consilience: The unity of knowledge*. New York: Knopf.

Wilson, J. Q. 1993. *The moral sense*. New York: Free Press.

Wilson, J. Q., & Herrnstein, R. J. 1985. *Crime and human nature*. New York: Simon & Schuster.

Wilson, M., & Daly, M. 1992. The man who mistook his wife for a chattel. In J. H. Barkow, L. Cosmides, & J. Tooby (Eds.),*The adapted mind: Evolutionary psychology and the generation of culture*. New York: Oxford University Press.

Wilson, M., & Daly, M. 1997. Life expectancy, economic inequality, homicide, and reproductive timing in Chicago neighborhoods. *British Medical Journal, 314,* 1271–1274.

Wilson, R. A., & Keil, F. C. 1999. *The MIT Encyclopedia of the Cognitive Sciences*. Cambridge, Mass.: MIT Press.

Witelson, S. F., Kigar, D. L., & Harvey, T. 1999. The exceptional brain of Albert Einstein. *Lancet, 353,* 2149–2153.

Wolfe, T. 1975. *The painted word*. New York: Bantam Books.

Wolfe, T. 1981. *From Bauhaus to our house*. New York: Bantam Books.

Wolfe, T. 2000. Sorry, but your soul just died. In *Hooking up*. New York: Farrar, Straus & Giroux.

Wrangham, R. 1999. Is military incompetence adaptive? *Evolution and Human Behavior, 20,* 3–17.

Wrangham, R. W., & Peterson, D. 1996. *Demonic males: Apes and the origins of human violence*. Boston: Houghton Mifflin.

Wright, F. A., Lemon, W. J., Zhao, W. D., Sears, R., Zhuo, D., Wang, J.-P., Yang, H.-Y., Baer, T., Stredney, D., Spitzner, J., Stutz, A., Krahe, R., & Yuan, B. 2001. A draft annotation and overview of the human genome. *Genome Biology, 2,* 0025.1–0025.18.

Wright, L. 1995. Double mystery. *New Yorker,* August 7, 45–62.

Wright, R. 1994. *The moral animal: Evolutionary psychology and everyday life*. New York: Pantheon.

Wright, R. 2000. *NonZero: The logic of human destiny*. New York: Pantheon.

Yinon, Y., & Dovrat, M. 1987. The reciprocity-arousing potential of the requestor's occupation, its status, and the cost and urgency of the request as determinants of helping behavior. *Journal of Applied Social Psychology, 17,* 429–435.

Young, C. 1999. *Ceasefire! Why women and men must join forces to achieve true equality*. New York: Free Press.

Zahavi, A., & Zahavi, A. 1997. *The handicap principle: A missing piece of Darwin's puzzle*. New York: Oxford University Press.

Zahn-Wexler, C., Radke-Yarrow, M., Wagner, E., & Chapman, M. 1992. Development of concern for others. *Developmental Psychology, 28,* 126–136.

Zentner, M. R., & Kagan, J. 1996. Perception of music by infants. *Nature, 383,* 29.

Zhou, R., & Black, I. B. 2000. Development of neural maps: Molecular mechanisms. In M. S. Gazzaniga (Ed.),*The new cognitive neurosciences*. Cambridge, Mass.: MIT Press.

Zimbardo, P. G., Maslach, C., & Haney, C. 2000. Reflections on the Stanford Prison Experiment: Genesis, transformations, consequences. In T. Blass (Ed.),*Current perspectives on the Milgram paradigm*. Mahwah, N.J.: Erlbaum.

Zimler, J., & Keenan, J. M. 1983. Imagery in the congenitally blind: How visual are visual images? *Journal of Experimental Psychology: Learning, Memory, and Cognition, 9,* 269–282.

译者后记

人性是人类社会的一个永恒的主题。虽然关于人性的天性与教养之争已经持续了多年，但平克的《白板》正是从这样一个人们普遍觉得老生常谈、很难有什么新意的话题出发，以神经科学、基因科学、进化心理学等诸多领域的最新科学研究发现为立论依据，对人性问题进行了全新的阐释。

在平克看来，当代西方社会对人性的谈论似乎成了一个禁区。由于人们总是顾虑，承认人性的存在会引发一系列糟糕的政策主张，因此对于科学领域的新发现往往采取拒斥的态度。不仅如此，人们还普遍信奉所谓的官方教义：要么把人类大脑看作白板一块，根本不存在先天的人性，所有的人性都是后天教化的结果；要么是觉得存在所谓的“高贵的野蛮人”，即原始社会的文化相对于现代社会来说更好，现代人存在的种种问题都是人类不断堕落的结果；要么是觉得人性就是“机器中的幽灵”，即一方面承认力学、化学等科学原理适用于包括人类在内的所有生物，另一方面又觉得人类贵为万物之灵，科学原理只适用于人类的肉体，不适用于人类的心智活动。平克认为，这些观点具有强烈的政治色彩，一点也不符合现实情况，我们要做的就是敢于正视科学领域的新发现，如此才能认识到人类自身的局限性。

平克认为，即便是承认人类天性中的阴暗面，比如自利、暴力等，不仅不会导致糟糕的政策，相反，这恰恰是解决种种社会问题的出发点，因为只有直面问题，找到其背后的根源，才能够从根本上解决问题。而且，人类天性中还存在很多美好的一面，比如创造力、道德感，而这些正是推动人类社会不断进步的力量。

从基因科学的角度来看待人性，往往也会导致一些科学门外汉的误解。例如，一些人认为，进化心理学强调基因是自私的，那么人也必然是自私的。但在平克看来，这是典型的合成谬误，即自私的基因并不必然导致个体的行为也是自私的。这涉及我们对客观事物的分析层面问题，比如我们对父母为了子女可以牺牲自身生命的现象的解释，在基因这个层面来看，父母的行为是自私的基因在起作用，这种分析是有道理的；但就个体行为层面而言，这种分析是一种错位，就如同面对同样一朵花，生物学家联想到的是门纲目科属种，而诗人则会联想到各种美好的事物。这实际上是平克在书中始终强调的一点：既要打通不同学科领域之间的壁垒，又要注意不同学科的适用范围。平克在描述很多人类行为时，会援引大量文学名著的精彩片段，给读者留下了深刻的印象。但是他在阐释这些行为背后的心理机制时，非常注重科学发现的结论是什么，文学描写中哪些反映了现实，哪些是艺术家的加工与想象，以及每种现象的不合理之处在哪里。自始至终，平克都坚持着一种科学的立场。

对于中国读者而言，人性观并不陌生，性善论与性恶论的争论也有上千年的历史了。然而，《白板》为我们在中国文化语境下重新审视人性问题提供一个全新的思路。比如，孟子提出“恻隐之心，人皆有之”，平克则举例：无论谁看到婴儿往井口爬都会出手相救。从进化心理学的角度来看，这无疑是人类天性的一部分，就像有心理学实验揭示的那样，在钱包里边放上婴儿的照片，则钱包被归还的概率会提高很多。如果能够看到这一点，我们就能明白陆九渊所说的“东海西海，心同此理”。这样，我们在面对传统文化的时候，就知道可以将哪些观点建立在科学发现的基础之上，而不再是一种单纯的思辨的产物。同样，平克对很多现实社会问题的探讨也会给我们带来不少启示。

回顾整本书的翻译过程，让我感慨颇多，也收获良多。2010 年伊始，我最初拿到《白板》英文原版后，立刻就被它深深吸引住了，尽管当时觉得翻译这本巨著对自己而言，无疑是一个巨大的挑战，但面对这样一本好书，岂能言弃？我抱着学习的心态开始着手翻译《白板》。期间我对译稿进行了多次修改和完善，但总是诚惶诚恐，担心自己不能将原文的精妙准确地表达出来。此外，本书翻译期间我本人也经历了结婚、生育等人生的一系列重要事件，这些让我对平克教授的很多观点有了更深的体悟，也希望读者朋友能够从这本书中获得更多关于人性的感悟。

这本书的中文译本能够与读者见面，得益于许多人的帮助：衷心感谢深圳大学心理学系李晓东教授，正是他的厚爱与引荐，使我有幸接触到平克教授的这部杰作。衷心感谢湛庐的多位编辑老师，他们为此书的出版付出了大量的心血。同时，也衷心感谢我的硕士研究生冯伟、郭芳芳、薛征、高之乔、朱健鹰、胡博雅、刘龙婷、刘君云、鲍海虹、马新歌、袁颖等多位同学。感谢社会学系的本科生邓旭昶、阳鑫、陈敏钰、邓婧、许黄昳楠、张朝飞、潘晓健、吴丽萍、孙声东等多位同学，这些充满青春活力的学生不仅帮我分担了许多烦琐的文字校对和整理工作，而且带给我很多的灵感和启发。此外，还要衷心感谢我的先生郭英博士，他在繁忙的工作之余主动承担了更多的家务琐事，并且还帮助我分担了重要的文字校对和润色工作，在本书的翻译过程中，当我感到万分沮丧的时候，是他给了我莫大的鼓励和支持。最后，要感谢我那乖巧可爱的女儿，她的出生和成长让我见证了生命的奇迹和无限可能，并为我的生活赋予了全新的意义。

最后，由于本人学识和水平有限，翻译中难免会有不当或者错误之处，敬请广大读者不吝指正。

袁冬华

写于江西财经大学蛟桥园

未来，属于终身学习者

我们正在亲历前所未有的变革——互联网改变了信息传递的方式，指数级技术快速发展并颠覆商业世界，人工智能正在侵占越来越多的人类领地。

面对这些变化，我们需要问自己：未来需要什么样的人才？

答案是，成为终身学习者。终身学习意味着具备全面的知识结构、强大的逻辑思考能力和敏锐的感知力。这是一套能够在不断变化中随时重建、更新认知体系的能力。阅读，无疑是帮助我们整合这些能力的最佳途径。

在充满不确定性的时代，答案并不总是简单地出现在书本之中。“读万卷书”不仅要亲自阅读、广泛阅读，也需要我们深入探索好书的内部世界，让知识不再局限于书本之中。

湛庐阅读 App：与最聪明的人共同进化

我们现在推出全新的湛庐阅读 App，它将成为您在书本之外，践行终身学习的场所。

- 不用考虑“读什么”。这里汇集了湛庐所有纸质书、电子书、有声书和各种阅读服务。
- 可以学习“怎么读”。我们提供包括课程、精读班和讲书在内的全方位阅读解决方案。
- 谁来领读？您能最先了解到作者、译者、专家等大咖的前沿洞见，他们是高质量思想的源泉。
- 与谁共读？您将加入到优秀的读者和终身学习者的行列，他们对阅读和学习具有持久的热情和源源不断的动力。

在湛庐阅读App首页，编辑为您精选了经典书目和优质音视频内容，每天早、中、晚更新，满足您不间断的阅读需求。

【特别专题】【主题书单】【人物特写】等原创专栏，提供专业、深度的解读和选书参考，回应社会议题，是您了解湛庐近千位重要作者思想的独家渠道。

在每本图书的详情页，您将通过深度导读栏目【专家视点】【深度访谈】和【书评】读懂、读透一本好书。

通过这个不设限的学习平台，您在任何时间、任何地点都能获得有价值的思想，并通过阅读实现终身学习。我们邀您共建一个与最聪明的人共同进化的社区，使其成为先进思想交汇的聚集地，这正是我们的使命和价值所在。

浙江省版权局图字：11-2023-138

图书在版编目（CIP）数据

白板 /（美）史蒂芬·平克著；袁冬华译 .— 杭州：浙江科学技术出版社，2023.6（2024.3重印）
ISBN 978-7-5739-0623-6

Ⅰ. ①白…　Ⅱ. ①史… ②袁…　Ⅲ. ①认知心理学　Ⅳ. ① B842.1

中国国家版本馆 CIP 数据核字（2023）第 070859 号

书　　名	**白板**
著　　者	[美] 史蒂芬·平克
译　　者	袁冬华

出版发行	**浙江科学技术出版社**
	地址：杭州市体育场路 347 号　邮政编码：310006
	办公室电话：0571-85176593
	销售部电话：0571-85062597
	E-mail:zkpress@zkpress.com
印　　刷	唐山富达印务有限公司

开　　本	710mm×965mm　1/16	**印　　张**	38
字　　数	617 千字		
版　　次	2023 年 6 月第 1 版	**印　　次**	2024 年 3 月第 3 次印刷
书　　号	ISBN 978-7-5739-0623-6	**定　　价**	169.90 元

责任编辑	余春亚	**责任美编**	金　晖
责任校对	张　宁	**责任印务**	田　文